Alles Mathematik

Martin Aigner · Ehrhard Behrends
Herausgeber

Alles Mathematik

Von Pythagoras zu Big Data

4., erweiterte Auflage

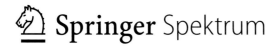 Springer Spektrum

Martin Aigner
Freie Universität Berlin
Berlin, Deutschland

Ehrhard Behrends
Freie Universität Berlin
Berlin, Deutschland

ISBN 978-3-658-09989-3 ISBN 978-3-658-09990-9 (eBook)
DOI 10.1007/978-3-658-09990-9

Die Deutsche Nationalbibliothek verzeichnet diese Publikation in der Deutschen Nationalbibliografie; detaillierte bibliografische Daten sind im Internet über http://dnb.d-nb.de abrufbar.

Springer Spektrum
© Springer Fachmedien Wiesbaden 2000, 2002, 2009, 2016

Einbandabbildung: Tobias Höllerer
Planung: Ulrike Schmickler-Hirzebruch
Textgestaltung: Christoph Eyrich

Gedruckt auf säurefreiem und chlorfrei gebleichtem Papier.

Springer Fachmedien Wiesbaden GmbH ist Teil der Fachverlagsgruppe Springer Science+Business Media
(www.springer.com)

Einleitung

Ein Blick in das Frühjahrsprogramm 1990 der Urania genügte, um festzustellen, dass diese traditionsreiche Berliner Bildungsstätte eine erstaunliche Breite an Themen aufwies: Frühgeschichte und aktuelle Politik, Geistes- und Naturwissenschaften, Dia-Vorträge über den Hindukusch und medizinische Vorsorgetipps – alle Gebiete waren vertreten. Alle bis auf eines: Es gab keinen einzigen Vortrag über Mathematik. Als wir im Mai 1990 mit dem Direktor der Urania darüber sprachen, wollten wir genau dies ändern und mit den gängigen Vorurteilen aufräumen: zu schwer, zu trocken, zu abstrakt, zu abgehoben. Ob uns dies gelungen ist, müssen die Zuhörer der mehr als 50 Urania-Vorträge über Mathematik seit dem Herbst 1990 entscheiden, und natürlich auch die Leser der Auswahl, die wir hier zusammengefasst haben.

In der Gliederung dieses Bandes haben uns zwei einfache Grundthesen geleitet. Erstens: Mathematik ist überall, ganz einfach, weil sie in vielen Fällen das (oft einzige) Mittel ist, die Probleme zu analysieren und zu verstehen. Vom CD-Player zur Börse, von der Computertomographie zur Verkehrsplanung – alles (auch) Mathematik. Zweitens ist Mathematik wie keine andere Wissenschaft zwei Seiten einer Medaille: einmal die reinste Wissenschaft – Denken als Kunst –, und andererseits die denkbar angewandteste und nützlichste. Das klingt nun ganz anders als das eingangs erwähnte Attribut: abstrakt und abgehoben. Aber hätten Sie gedacht, dass die Primzahlen, diese mysteriösen Zahlen, die seit der Antike die Mathematiker beschäftigt haben, heute ganz wesentlich zu unser aller Datensicherheit beitragen?

Diese beiden Aspekte entsprechen in unserem Buch den Teilen *Fallstudien* und *Der rote Faden*. Drittens wollten wir natürlich auch einige „heiße" Themen und ganz aktuelle Entwicklungen wie die Lösung des Fermatschen Problemes aufnehmen oder die Börsenformel, für die es einen Nobelpreis gab. Und zusätzlich finden Sie zwei Beiträge über Mathematik und Musik, einen Prolog, geschrieben von einem Wissenschaftsjournalisten, und einen Epilog von einem Mathematiker-Philosophen.

Unser herzlicher Dank gilt allen Autoren für ihre Bereitschaft, einen mündlichen Vortrag auch noch in Schriftform zu bringen, was bekanntlich schwieriger ist als man anfangs glaubt. Dank auch an Frau Schmickler-Hirzebruch vom Vieweg-Verlag für das Interesse und die Unterstützung dieses Projektes, und vor allem an Christoph Eyrich für die kompetente technische Gestaltung des Buches. Uns haben die Vorträge und jetzt auch das Verfassen dieses Bandes Freude bereitet – genau dies wünschen wir auch unseren Lesern.

Berlin, im Juli 2000   *Martin Aigner · Ehrhard Behrends*

Einleitung zur zweiten Auflage

Die erste Auflage dieses Buches wurde sehr freundlich aufgenommen, und wir haben eine ganze Reihe von Kommentaren und Vorschlägen erhalten. In der jetzt vorliegenden Fassung haben wir die bisherigen Texte gründlich überarbeitet und außerdem drei neue Beiträge zu aktuellen Themen aufgenommen: Intelligente Materialien, Diskrete Tomographie und Spieltheorie.

Wir sind sicher, dass in diesen Kapiteln wieder Interessantes, Wissenswertes und vielleicht Überraschendes zu finden sein wird. Wir hoffen, dass unser Panorama aus klassischen und aktuellen Themen auch weiterhin die Leser davon überzeugen wird, dass (fast) „Alles Mathematik" ist.

Berlin, im Juli 2002   *Martin Aigner · Ehrhard Behrends*

Einleitung zur dritten Auflage

Zum *Jahr der Mathematik 2008* gibt es die dritte Auflage von „Alles Mathematik". Seit dem Erscheinen der zweiten Auflage sind viele weitere interessante Mathematikvorträge an der Urania gehalten worden, und einige haben wir ausgewählt, um das Spektrum der in diesem Buch behandelten Themen zu erweitern. Man kann sich nun auch über Klimamodelle (ein Artikel von R. Klein), die Poincaré-vermutung (K. Ecker), die Mathematik der Spiegelungen (J. Richter-Gebert) und den Zufall (E. Behrends) informieren, und Gero von Randow hat einen neuen Prolog beigesteuert. Bei der Gelegenheit haben wir außerdem die Autoren der schon in den früheren Auflagen enthaltenen Beiträge gebeten, ihre Artikel zu aktualisieren.

Wir wünschen unseren Lesern wieder viele spannende Stunden beim Entdecken der verschiedenen Facetten der Mathematik.

Berlin, im August 2008   *Martin Aigner · Ehrhard Behrends*

Einleitung zur vierten Auflage

Es ist nun schon 15 Jahre her, dass wir das Projekt „Alles Mathematik" mit einer Sammlung von Vorträgen in der Berliner Urania starteten. Inzwischen ist es mit zwei weiteren Auflagen, einer Übersetzung ins Englische, vielen Vorschlägen und Zuschriften, freundlichen Rezensionen und weiteren interessanten Beiträgen ein Teil unseres mathematischen Lebens geworden. In der nun vorliegenden vierten Auflage gibt es neben Verbesserungen und Ergänzungen wieder eine Reihe von neuen Aufsätzen zu aktuellen Themen, die, wie wir hoffen, das Interesse der Leser finden werden. Zwei Beiträge, von Gitta Kutyniok und Tim Conrad, beschäftigen sich mit verschiedenen Aspekten von Big Data, und wie wir die Datenflut in den Griff bekommen können. Martin Henk und Günter Ziegler bzw. John Sullivan berichten über gelöste und (viele) ungelöste geometrische Probleme, die sich aus dem Studium von Packungen und der Kepler Vermutung bzw. von Clustern von Seifenkugeln ergeben. Ehrhard Behrends geht den Schwierigkeiten nach, ein allseits gerechtes Wahlverfahren (durch Mathematik) zu finden. Und schließlich ist es uns eine große Freude, zwei Gastbeiträge von Doron Zeilberger und Zvi Artstein zu präsentieren, die zum Nachdenken über die Zukunft der Mathematik in einer computerisierten Welt anregen wollen.

Mit herzlichem Dank an alle Autoren wünschen wir viele anregende Stunden und Vergnügen beim Lesen.

Berlin, im September 2015 *Martin Aigner · Ehrhard Behrends*

Inhalt

Themen in der aktuellen Diskussion

Der rote Faden

Epilog

Prolog

Mathe wird Kult – Beschreibung einer Hoffnung

Gero von Randow

Es hat sich etwas geändert. Seit der vorigen Auflage dieses Buches wird die Mathematik populär. Kein peinliches Schweigen mehr, wenn jemand auf einer Party sagt, er sei Mathematiker, stattdessen Bewunderung. Das Kokettieren damit, von Mathe keine Ahnung zu haben, ist auch nicht mehr en vogue. Und dass Mathematiker verschrobene Käuze seien, dieses Vorurteil befindet gleichfalls auf dem Rückzug.

Woran mag das liegen?

Die Auseinandersetzung um PISA und die Folgen dürften dazu beigetragen haben. Die Erkenntnis greift um sich, dass all' die neuen Ideen und Dinge, unsere Gesellschaft zu einer Wissenschaftsgesellschaft machen, eine mathematische Seele haben, von der Klimasimulation über Internetsoftware bis zur Biotechnologie; ja, dass sogar die Globalisierung ein mathematisch getriebenes Phänomen ist, denn ihr Kern ist die Auflösung von Zeit und Raum durch computervermittelten Informations- und Kapitalverkehr.

Und zugleich haben es die Mathematiker selbst verstanden, unterstützt von journalistischen Sympathisanten, ihre Wissenschaft dem Publikum näher zu bringen. Mittlerweile geht kein anderer Forschungszweig so offensiv, gut gelaunt und ideenreich an die Öffentlichkeit wie die Mathematik. Und das ist vielleicht noch wichtiger als die Pisadebatte. Denn die Bürger sollen nicht nur begreifen, dass Mathematik nötig ist, sondern dass sie Freude macht. Die Angewandte Mathematik, weil sie eine kreative Beschäftigung mit interessanten Problemen der Welt ist, und die Reine Mathematik, weil sie eine kreative Beschäftigung mit interessanten Problemen des Geistes ist.

Mit anderen Worten: Mathematik, das ist nicht nur Notwendigkeit, sondern auch Freiheit.

Mathematiker sind in gewisser Hinsicht freier als andere Wissenschaftler. Sie dürfen, ja sie müssen unausgesetzt ihre Kalküle verändern. Heute bauen sie diese Struktur, morgen jene. Heute legen sie diese Annahme zugrunde, morgen jene.

Sie dürfen das Unmögliche möglich machen. Sie erfinden beispielsweise eine Geometrie, in der es zu einer Geraden mehrere Parallelen gibt, die alle durch den gleichen Punkt gehen. Oder einen vier-, einen fünf-, einen 100- oder einen n-dimensionalen Raum. Theologen, die in ihrer Disziplin Ähnliches tun wollten, müssten mit Schwierigkeiten rechnen.

Mathematiker können sich Unvorstellbares ausdenken, weil sie von Vorstellungen abstrahieren, weil sie formalisieren. Dazu eine kleine Anekdote. Ein Ingenieur und ein Mathematiker besuchen eine Physikvorlesung, in der von Räumen mit elf Dimensionen die Rede ist. Zum Schluss sagt der Ingenieur: Das ist mir zu hoch, ein elfdimensionaler Raum. Darauf der Mathematiker: Ist doch ganz einfach. Sie denken sich einen n-dimensionalen Raum, und dann setzen Sie n gleich elf.

Ich will nicht übertreiben. Theoretische Abstraktion und Gedankenfreiheit sind in jeder Disziplin notwendig, von der Theologie bis zur Physik. Und es ist auch nicht so, dass Mathematiker willkürlich mit ihren Axiomen oder Grundregeln herumspielen. Nicht jede frei gewählte Notation, Annahme oder Umwandlungsregel ergibt etwas Sinnvolles, etwas Interessantes, etwas Praktisches, und auch nicht unbedingt einen Forschungsauftrag. Die mathematische Freiheit ist eine Idee, die nie rein umgesetzt wird. Aber sie gibt der Disziplin Kraft.

„Das Wesen der Mathematik liegt in ihrer Freiheit", schrieb Georg Cantor, der große Mathematiker. Es ist dem deutschen Schul- und Hochschulunterricht zu wünschen, dass er diese Freiheit anschaulich werden lässt. Sie ist nicht zu haben ohne formale Strenge, und auch nicht ohne konzentriertes Lernen, von mir aus Büffeln. Aber der kreative Geist der Mathematiker, der darf nicht davongepaukt werden.

Wer sich der Mathematik verschreibt, als Schüler im Leistungskurs, Student oder auch als Späteinsteiger, dem winken viele schöne Preise. Die Fähigkeit, Probleme kreativ zu lösen – kein Zufall, dass Personalabteilungen von Unternehmen an Bewerbungen von Mathematikern (und Physikern) so interessiert sind. Oder die Fähigkeit, die Plausibilität von Behauptungen und Rechnungen abzuschätzen. Ebenso erlernt man das Vermögen, sich geistig zu konzentrieren. Und wer die wichtigsten Methoden der Mathematik kennt, arbeitet sich schnell in neue Wissensgebiete ein.

Außerdem ist es mittlerweile cool, Mathematiker zu sein. Ich beneide jeden darum, gerade auch aus diesem Grund.

Konkrete Fallstudien

Die Mathematik der Compact Disc

Jack H. van Lint

Jeder verwendet heute ganz selbstverständlich Compact Discs. Warum ist aber die Musikübertragung auf einer CD reiner als auf einer herkömmlichen Schallplatte? Die Antwort lautet, um einen populären Slogan abzuwandeln: There is mathematics inside! Genauer gesagt, ein Zweig der Diskreten Mathematik, nämlich die Theorie der Fehler-korrigierenden Codes. In diesem Artikel soll über die Anwendung solcher Codes auf den Design des Compact-Disc-Audio-Systems berichtet werden, das von Philips Electronics und Sony entwickelt wurde.

Wörter und Codes

Wir werden das folgende leicht verständliche mathematische Konzept verwenden. Betrachten wir zwei n-Tupel $a = (a_1, a_2, \ldots, a_n)$ und $b = (b_1, b_2, \ldots, b_n)$, wobei die a_i und b_i aus einer Menge Q, genannt das *Alphabet*, stammen. Der *Hamming-Abstand* von a und b ist definiert durch

$$d(a, b) = \text{Anzahl der } i \text{ mit } a_i \neq b_i.$$

Wir nennen a und b *Wörter der Länge n* über dem Alphabet Q.

Die Analogie dieses Begriffes „Wörter" zur gewöhnlichen Sprache ist absichtlich. Nehmen wir an, wir lesen ein Wort (sagen wir, in einem Buch auf Englisch) und bemerken, dass das Wort zwei Druckfehler enthält. Dann heißt das in unserer Terminologie, dass das gedruckte Wort Hamming Abstand 2 zum korrekten Wort hat. Der Grund, warum wir die 2 Druckfehler erkennen, liegt darin, dass in der englischen Sprache nur ein einziges Wort mit so einem kleinen Abstand zum gedruckten (fehlerhaften) Wort existiert. Das ist auch schon das grundlegende Prinzip der Fehler-korrigierenden Codes: Entwirf eine Sprache (genannt *Code*) von Wörtern einer festen Länge über einem Alphabet Q, so dass je zwei Codewörter mindestens Abstand $2e + 1$ haben. Diese Größe $2e + 1$ heißt dann der Minimalabstand des Codes. Offensichtlich ist ein Wort, das höchstens e Fehler enthält, näher zum korrekten Wort als zu jedem anderen Codewort.

Ein einfaches Beispiel

Ein Beispiel solch codierter Information ist jedem von uns geläufig: Es sind die *Strich-Codes*, mit denen heute die meisten Produkte versehen sind. Zunächst wird jedes Produkt mit einer Folge von 12 Zahlen (aus 0 bis 9) indentifiziert. Jede Zahl

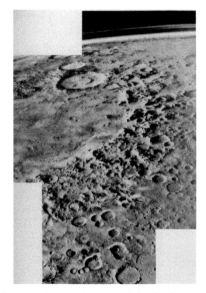

Abbildung 1. Strich-Code und Viking-Aufnahme vom Mars (Jet Propulsion Laboratory of the California Institute of Technology)

wird ersetzt durch ein Codewort mit sieben 0'en und 1'en. Auf dem Produkt werden 0 und 1 durch einen dünnen Strich dargestellt: 0 durch einen weißen Strich und 1 durch einen schwarzen Strich. Zum Beispiel wird 5 codiert durch 0110001, so dass auf dem Produkt ein weißer Strich erscheint, eine Einheit breit, gefolgt von einem schwarzen Strich, zwei Einheiten breit, einem weißen Strich, drei Einheiten breit, und einem abschließenden schwarzen Strich. Wird nun das Produkt an der Kasse des Supermarktes gescannt, so kann es passieren, dass ein Bit (d. h. eine 0 oder 1) falsch gelesen wird. Die Codewörter für die Zahlen und für die Produkte sind so gewählt, dass der Scanner den Fehler entdeckt und der Kassiererin ein Signal gibt, den Scanning Vorgang zu wiederholen. Jeder von uns hat dies sicher schon des öfteren erlebt.

Einer der frühesten Erfolge von Fehler-korrigierenden Codes war die Qualität der Bilder von Satelliten, z. B. vom Mars. Wären diese Bilder ohne die Verwendung von Codes zur Erde übertragen worden, so wäre überhaupt nichts zu erkennen gewesen. Die Kontrollstationen hätten nur einen unverständlichen Bildsalat erhalten (in der Fachsprache: random noise).

Der erste effiziente Fehler-korrigierende Code wurde von R. W. Hamming 1948 in den Bell Laboratories entworfen. Eine binäre Folge (d. h. eine Folge von 0 und 1) wurde in Blöcke zu je 4 Bits zerlegt. Hammings Idee war es, jedem 4-Block drei *Korrekturbits* anzuhängen, mit Hilfe der folgenden Regel. Betrachten wir das folgende Diagramm:

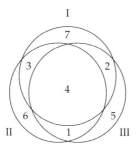

Die 4 Bits (z. B. 1101) werden in die Teile mit den Nummern 1 bis 4 geschrieben. Die Korrekturbits kommen von den Teilen 5 bis 7. Die Regel ist, dass jeder Kreis eine *gerade* Anzahl von 1'en enthalten muss. Eine Konfiguration von 7 Bits, welche *einen* Fehler enthält, ergibt einen oder mehrere Kreise mit einer ungeraden Anzahl von 1'en. Das Bit, welches in all diesen Kreisen mit ungerader Parität enthalten ist, aber nicht in jener mit gerader Parität, muss dann das fehlerhafte Bit sein.

Wir sehen in diesem Beispiel, dass jedes Wort der Länge 7 genau 4 Informationsbits enthält. Daher sagen wir, dass der Hamming Code ein binärer [7,4]-Code ist mit *Informationsrate* $\frac{4}{7}$. Wir bemerken, dass die einfache Wiederholung der 4 Informationsbits einen [8,4]-Code ergibt, also einen Code mit Informationsrate $\frac{4}{8} = \frac{1}{2}$ (schlechter als im Hamming Code). Und dieser Code kann zwar einen Fehler entdecken, aber nicht korrigieren.

Von Musik zu Audiobits

Bevor wir uns den Codes zuwenden, wollen wir besprechen, wie Musik in eine Folge sogenannter Audiobits umgewandelt wird. Im CD-System wird das Analogsignal 44100 Mal pro Sekunde bemustert (in der Fachsprache „sampled"). Diese Rate von 44,1 kHz ist ausreichend, um Frequenzen bis zu 20000 Hz hören zu können. Die Muster werden uniform in 16 Bits zerlegt, und da wir Stereo-Musik empfangen wollen, so entspricht jedes Muster einer Folge von 32 Bits. So eine Folge von 32 Bits wird aufgefasst als 4 aufeinanderfolgende Bytes (ein Byte ist eine Folge von 8 Bits). Für den Codierungsvorgang werden diese Bytes als Elemente das Körpers $\mathbb{F}_{2^8}$ aufgefasst. Wer nicht weiß, was ein (mathematischer) Körper ist: In einem Körper gelten die üblichen Rechenregeln, d. h. wir können Bytes addieren, multiplizieren und dividieren, wie wir es gewohnt sind.

Genauso wie bei den Hamming-Codes wird die Folge der Bytes in Gruppen fester Länge zerlegt, an die dann Korrekturbytes angehängt werden. Im CD-System wird eine Folge von 24 Bytes in zwei Schritten zu einem Codewort der Länge 32 Bytes verwandelt. Die dabei verwendeten Codes sind sogenannte *Reed–Solomon-Codes* vom Typ [28,24] bzw. [32,28], die im nächsten Abschnitt erklärt werden. Schließlich wird noch ein Extrabyte hinzugefügt, welches die Kontroll- und Anzeigeinformation enthält. So kann der CD-Player (und der Hörer) erkennen, auf welcher Spur sich die CD gerade befindet. Also: Sechs Muster führen zu 33 Datenbytes, von denen jedes aus 8 Bits besteht.

Wie später erklärt wird, können diese Datenbytes noch nicht direkt auf die CD übertragen werden. Die Transformation in die Sequenz von Kanalbits (welche dann die Tonspur ergeben) wandelt 8 Datenbits in 17 Kanalbits um, und nach jeder Folge von 33 mal 17 Kanalbits wird eine Sequenz von 27 Synchronisationsbits eingefügt. Diese Synchronisationsbits identifizieren den Beginn der nächsten Codesequenz. Die Synchronisationszeichen sind natürlich so gewählt, dass sie auf keinen Fall in einer Codesequenz auftreten können, eine Verwechslung also unmöglich ist.

Nehmen wir alles zusammen, so erhalten wir folgendes Schema:

$$6 \text{ Muster} \longrightarrow 33 \times 8 = 264 \text{ Datenbits} \longrightarrow 264 \times \frac{33 \times 17 + 27}{33 \times 8} = 588 \text{ Kanalbits}.$$

Eine Sekunde Musik führt also zu einer Folge von 4321800 Bits auf der Tonspur. Falls der CD-Player ein Bit mit der sehr kleinen Wahrscheinlichkeit von 10^{-4} falsch interpretieren würde, so würden immer noch hunderte Fehler pro Sekunde passieren!

Es gibt mehrere Gründe für Fehler auf einer CD. Es könnte Schmutz auf der CD sein, Luftblasen im Plastikmaterial, Ungenauigkeiten beim Druck, Fingerabdrücke, Kratzer, Oberflächenfehler. Es sei angemerkt, dass Fehler hauptsächlich hintereinander auftreten (sogenannte „burst errors"). Da wir Codes verwenden, die *zufällige* Fehler korrigieren, so erfordert dies ein systematisches Austauschen von Bytes, damit Bytes, die in den Codewörtern aufeinanderfolgen, nicht mehr benachbart sind auf der CD.

Reed–Solomon-Codes

Das Codierungssystem, das auf einer Compact Disc verwendet wird, hat den Fachnamen CIRC (Cross-Interleaved Reed–Solomon-Code). Der Inhalt dieses Abschnittes sind die mathematischen Prinzipien, die in der Fehlerkorrektur auf CDs eine Rolle spielen. Wie wir gesehen haben, besteht das Code-Alphabet auf der CD aus $2^8 = 256$ Buchstaben, welche den Körper $\mathbb{F}_{2^8}$ bilden. Um die etwas komplizierten Rechnungen in $\mathbb{F}_{2^8}$ zu vermeiden, illustrieren wir die Arbeitsweise der Reed–Solomon-Codes an einem Beispiel über einem Alphabet mit 31 Elementen, d. h. über dem Körper $\mathbb{F}_{31}$. Die Elemente von $\mathbb{F}_{31}$ sind $0, 1, 2, \ldots, 30$ und die Rechenoperationen werden wie üblich ausgeführt, wobei das Ergebnis jeweils modulo 31 reduziert wird. Das heißt: Wollen wir z.B. 6 und 9 multiplizieren, so erhalten wir $6 \times 9 = 54$ und dividieren anschließend das Resultat durch 31. Das „Produkt" 6×9 in F_{31} ist dann der Rest 23

$$6 \times 9 = 54 = 31 + 23.$$

Wir schreiben kurz: $6 \times 9 = 23$ (modulo 31).

Als ein Beispiel betrachten wir ein Buch mit 200 Seiten, das beschrieben werden soll mit einer Druckgröße, die 3000 Symbole pro Seite erlaubt. Wir identifizieren die Buchstaben a bis z mit den Zahlen 1 bis 26, den Zwischenraum mit 0, und benutzen 27 bis 30 für Punkt, Komma, Strichpunkt und ein weiteres Symbol.

Wir werden vom Drucker informiert, dass die Technik, die er benutzt, nicht allzu gut ist. Tatsächlich ist sie so schlecht, dass jedes Symbol auf einer Seite mit Wahrscheinlichkeit 0, 1% inkorrekt ist. Das bedeutet, dass im Durchschnitt 3 Druckfehler pro Seite passieren, was eindeutig zu viel ist. Man bedenke nur, wie lästig schon ein gelegentliches Klopfen auf der Schallplatte ist. Um die Situation zu verbessern, verwenden wir Ideen aus der Codierungstheorie.

In einem ersten Ansatz zerlegen wir die Folge der Symbole in Gruppen zu je 4. Vor jeder Gruppe von 4 Symbolen werden zwei 2 Korrektursymbole eingefügt. Wir bezeichnen das resultierende Codewort mit $\boldsymbol{a} = (a_0, a_1, \ldots, a_5)$, wobei a_0 und a_1 die Korrektursymbole und a_2, a_3, a_4, a_5 die 4 Informationssymbole sind (alles in $\mathbb{F}_{31}$).

Betrachten wir das Word CODE. Dieses Wort korrespondiert zu $(a_2, a_3, a_4, a_5) = (3, 15, 4, 5)$. Die Codierungsregeln, um a_0 und a_1 zu berechnen, sind nun:

(i) $a_0 + a_1 + a_2 + a_3 + a_4 + a_5 = 0$ (modulo 31)

(ii) $a_1 + 2a_2 + 3a_3 + 4a_4 + 5a_5 = 0$ (modulo 31).

Daraus erhalten wir $a_0 = 3$ und $a_1 = 1$, so dass CODE als CACODE codiert wird.

Gehen wir zum anderen Ende und nehmen wir an, wir erhalten EPGOOF. Wenn wir die Korrektursymbole auslassen, so würde GOOF als gesendetes Word resultieren. Aber wir sehen sofort, dass ein Fehler passiert sein muß, denn EP-GOOF korrespondiert zu $(a_0, a_1, \ldots, a_5) = (5, 16, 7, 15, 15, 6)$ und die Summe der a_i ist

$$5 + 16 + \ldots + 6 = 64 = 2 \quad \text{(modulo 31)},$$

was unserer Codierungsregel widerspricht. Wir vermuten, dass wahrscheinlich eines der Symbole a_i durch $a_i + 2$ ersetzt wurde. Der Wert des Fehler in a_i ist 2, das heißt wir werden $2i$ als Fehlerwert erhalten, wenn wir $a_0, \ldots, a_5$ in Gleichung (ii) einsetzen. Einsetzen ergibt

$$a_1 + 2a_2 + \ldots + 5a_5 = 16 + 14 + 45 + 60 + 30 = 165 = 10 \quad \text{(modulo 31)},$$

also ist $i = \frac{10}{2} = 5$, das heißt der Fehler passierte in der fünften Position. Anstelle von 6 sollte 4 stehen – und wir decodieren EPGOOF in GOOD! Wie schon gesagt, die arithmetischen Operationen in $\mathbb{F}_{2^8}$ sind ein wenig komplizierter, aber alle Reed–Solomon-Codes verwenden Codierungs- und Decodierungsregeln wie die Gleichungen (i) und (ii).

Wenn wir nun auch wissen, dass dieser Code einen Fehler in einer 6-Gruppe korrigieren kann, so müssen wir ehrlicherweise auf ein Problem eingehen, das auch auf der CD auftritt. Der Code hat eine Informationsrate von $\frac{4}{6} = \frac{2}{3}$. Da wir dieselbe Anzahl von Seiten derselben Größe benutzen wollen, so müssen wir also $1^1/2$-mal so viele Symbole pro Seite unterbringen. Zu unserer Ernüchterung teilt uns aber der Drucker mit, dass die Druckfehlerwahrscheinlichkeit der $1^1/2$-mal kleineren Druckgröße *doppelt so hoch* ist! Mit anderen Worten: Mit dem kleineren Font müssen wir im Durchschnitt 9 Fehler pro Seite *vor der Fehlerkorrektur* in Kauf

nehmen. Und nach der Korrektur? Ein Wort mit 6 Symbolen wird korrekt decodiert, falls es höchstens einen Fehler enthält. Die Wahrscheinlichkeit, dass mehr
als ein Fehler passiert ist

$$\sum_{i=2}^{6} \binom{6}{i} (0.002)^i (0.998)^{6-i} \approx 0.00006\,.$$

Im Buch wird es einige Wörter geben, die zwei oder mehr Druckfehler enthalten,
aber es werden im Schnitt nicht mehr als 10 Wörter im gesamten Buch sein – eine
bemerkenswerte Verbesserung!.

Mit einer geringfügigen Veränderung wird die Situation dramatisch besser.
Dazu verwenden wir einen etwas komplizierteren Reed–Solomon Code. Wir zerlegen die Symbole in Gruppen von 8, die wir mit $(a_4, a_5, \ldots, a_{11})$ bezeichnen. Davor fügen wir 4 Korrekturzeichen hinzu nach den folgenden Regeln:

(i) $a_0 + a_1 + a_2 + a_3 + \ldots + a_{11} = 0$ (modulo 31)

(ii) $a_1 + 2^k a_2 + 3^k a_3 + \ldots + 11^k a_{11} = 0$ (modulo 31) $(k = 1, 2, 3)$.

Die Codierung besteht also aus der Lösung von 4 Gleichungen mit den 4 Unbekannten a_0, a_1, a_2, a_3. Der Leser kann sich sofort wie oben überlegen, wie ein Fehler
korrigiert wird. Nehmen wir an, es passierten zwei Fehler, mit den Abweichungen e_1 und e_2 in Positionen i und j. Einsetzen in die Gleichungen (i) und (ii) ergibt
sofort

$$e_1 + e_2 \text{ und } i^k e_1 + j^k e_2 \quad (k = 1, 2, 3).$$

Daraus können wir e_1 und e_2 eliminieren und erhalten eine quadratische Gleichung mit i und j als Lösungen. Danach können wir e_1 und e_2 ermitteln und die
beiden Fehler korrigieren. Der neue Code ist also ein 2-fehlerkorrigierender Code.

Glücklicherweise ergibt das kein neues Problem beim Drucken. Dieser neue
Reed–Solomon-Code hat wiederum Informationsrate $\frac{2}{3} \left(= \frac{8}{12}\right)$ wie der vorige, so
dass die Druckfehlerwahrscheinlichkeit wieder $= 0,2\%$ pro Symbol ist. Die Decodierung wird nur versagen, wenn ein gedrucktes Wort von 12 Symbolen mehr als
zwei Fehler enthält. Die Wahrscheinlichkeit, dass dies passiert, ist

$$\sum_{i=3}^{12} \binom{12}{i} (0.002)^i (0.998)^{12-i} < 0.000002.$$

Das gesamte Buch hat 600.000 Symbole, also 75.000 Wörter der Länge 8. Da
$75000 \times 0.000002 = 0,15$ ist, so ist es unwahrscheinlich, dass überhaupt ein Druckfehler auftritt! Das ist nun tatsächlich eine eindrucksvolle Verbesserung!

Auf einer CD ist die Informationsrate, wie im letzten Abschnitt erwähnt,
$\frac{24}{32} = \frac{3}{4}$. Wie eben erläutert (am Beispiel des kleineren Fonts) wird die Fehlerwahr-
scheinlichkeit für ein Bit dadurch erhöht im Vergleich zur Situation, wenn keine
Korrektur durchgeführt wird. Wie wir schon erwähnt haben, kann eine CD ohne

weiteres 500.000 Bitfehler enthalten. Allerdings passieren diese Fehler nicht zufällig (wie in unserem Beispiel des Buches), sondern meistens in „bursts" (hintereinander). Es kann vorkommen, dass einige 1000 aufeinanderfolgende Symbole (z. B.
durch einen Kratzer) fehlerhaft sind. Dem wird entgegengewirkt, indem benachbarte Informationssymbole in *verschiedenen* Codewörtern aufscheinen (genannt
„Interleaving"). Eines muss man sich außerdem bei Design eines CD-Systems vor
Augen halten: Der Speicher, der für die Bits zur Verfügung steht, kann nicht zu
groß sein. Das impliziert natürlich Beschränkungen bei der Länge der Codewörter und beim Interleaving. Alle Berechnungen, die zur Fehlerkorrektur benötigt
werden, passieren im Bruchteil einer Sekunde, und das ist der Grund, warum wir
Musik hören, praktisch unmittelbar, nachdem der CD-Player eingeschaltet wird.
In dem Buch-Beispiel sahen wir, dass ein längerer Code zwar bessere Korrektur-
leistung bringt, aber auch mehr Berechnungen benötigt.

Wie wir im letzten Abschnitt erwähnt haben, wird die Codierung auf der CD
in zwei Schritten mit Hilfe eines [28,24]-Codes C_1 und eines [32,28]-Codes C_2 ausgeführt. Diese Codes sind ziemlich kurz und nicht besonders leistungsstark. Einer
der Hauptgründe für die Effizienz dieses Codierungsschemas besteht darin, dass
die beiden Codes *zusammenarbeiten*. Anstelle des tatsächlichen Schemas, das auf
der CD benutzt wird, beschreiben wir eine sehr ähnliche Situation, in der zwei
Codes C_1 und C_2 zusammenarbeiten – mit bemerkenswerten Ergebnissen. Die
Idee ist, ein *Produkt* von Codes einzuführen. Angenommen, 24×28 Informationssymbole werden in einer rechteckigen Matrix mit 24 Zeilen und 28 Spalten hingeschrieben. Diese 24×28-Matrix wird als der linke obere Teil einer 28×32-Matrix
A aufgefasst. Die verbleibenden Stellen von A werden definiert, indem man fordert, dass jede Spalte von A (Länge 28) im Code C_1 ist und jede Zeile von A (Länge
32) im Code C_2 ist. Aus den Rechenregeln folgt, dass dies möglich ist.

Es ist nicht schwer sich zu überlegen, dass dieser „Produkt-Code" Minimalabstand 25 hat und daher bis zu 12 Fehler in dem Codewort (welches jetzt eine
28×32-Matrix ist) korrigieren kann. Betrachten wir eine besonders schlechte Situation: Es treten 21 Fehler auf, und zwar 12 Spalten mit 1 Fehler, 1 Spalte mit 2
Fehlern, 1 Spalte mit 3 Fehlern, und eine Spalte mit 4 Fehlern. Wir können nicht
erwarten, dass wir diese Situation in den Griff bekommen und tatsächlich ist die
Decodierung der Spalten nicht möglich. Wir entscheiden uns, C_1 zu benutzen, um
nur *einen* Fehler zu korrigieren. Das hat nun den Effekt, dass wir die beiden Spalten *erkennen*, welche zwei oder drei Fehler enthalten, da sie Abstand mindestens 2
zum nächsten Codewort in C_1 haben. Im Fall der Spalte mit 4 Fehlern ist es allerdings durchaus möglich, dass der Korrektur-Algorithmus glaubt, er hätte einen
Fehler korrigiert, während in Wirklichkeit ein fünfter Fehler eingeführt wurde!
Hier ist der Trick, der dies umgeht: Wir korrigieren die Spalten und erklären die
zwei Spalten (mit 2 oder 3 Fehlern) als *gelöscht*. Das bedeutet, dass nach der Korrektur aller Spalten, 29 Spalten korrekt, 2 gelöscht sind und eine Spalte 5 Fehler
hat. Nun betrachten wir die Zeilen, welche ja von C_2 herkommen. In jeder Zeile
gibt es zwei gelöschte Stellen und in fünf der Zeilen ist ein Fehler. Da C_2 Minimalabstand 5 hat, können alle Zeilen richtig decodiert werden.

Die Compact Disc

Die Musik wird auf einer Compact Disc in Digitalform als eine 5 km lange spiral-
förmige Spur aufgezeichnet, welche aus einer Folge von sogenannten *Pits* besteht.
Die Teile zwischen aufeinanderfolgenden Pits heißen *Lands*. Die Steigung der Spur
ist 1,6μm, die Breite ist 0,6μm und die Tiefe der Pits ist 0,12μm. Die Abbildung
zeigt eine Vergrößerung mehrerer paralleler Spuren.

   Die Spur wird optisch von einem Laserstrahl gescannt. Jeder Land/Pit oder
Pit/Land Übergang wird als 1 interpretiert, und alle anderen Bits als 0. Ein Kanal-
bit auf der Spur hat Länge 0,3 μm. So wird z. B. ein Pit der Länge 1,8 μm gefolgt
von einem Land der Länge 0.9 μm übersetzt in die Folge 100000100. Der Durchmesser des Lichtstrahls ist ungefähr 1 μm. Wenn er auf ein Land fällt, so wird
er fast völlig reflektiert. Da die Tiefe eines Pits ungefähr 1/4 der Wellenlänge des
Lichtes im Material der Disc ist, so bewirkt Interferenz, dass weniger Licht von
den Pits in die Öffnung des Objektives reflektiert wird.

   Es gibt mehrere Anforderungen an die Folge der Bits, die in der CD beachtet werden müssen. Jedes Pit oder Land muss mindestens 3 Bits lang sein. Das
wird gefordert, um zu vermeiden, dass der Lichtstrahl zwei aufeinanderfolgende
Übergänge zwischen Pits und Lands gleichzeitig registriert, was eine sogenannte
Intersymbol-Interferenz bewirken würde. Jedesmal wenn ein Übergang auftritt,
wird die „Bit-Uhr" im CD-Player synchronisiert. Da dies so rechtzeitig erfolgen
muß, um einen Verlust an Synchronisation zu vermeiden, darf kein Pit oder Land
länger als 3,3μm sein, d. h. zwei 1'en in der Sequenz sind durch höchstens 10 0'en
getrennt. Die Einschränkung an die maximale Landlänge ist außerdem notwendig
für den Mechanismus, der den Laser auf der Spur hält. Eine letzte Anforderung
ist, dass der Niedrig-Frequenz Anteil des Signals auf ein Minimum beschränkt
ist. Dies bedingt, dass die Gesamtlänge der Pits und Lands, von Beginn der Spur
an, ungefähr gleich ist. Diese Bedingung wird für den Mechanismus benötigt, der
entscheidet, ob etwas „hell" oder „dunkel" ist. (Das vermindert auch den negativen Effekt eines Fingerabdruckes auf der CD.) Als letztes betrachten wir nun die
Konversion der Bytes (welche die Symbole in unseren Codewörtern sind) in die
Sequenzen, welche endgültig auf die Disc übertragen werden. Diese Konversion
wird EFM bezeichnet (= Eight-to-Fourteen-Modulation). Warum 14? Klarerweise

Abbildung 2. Vergrößerung mehrerer paralleler Spuren einer CD

wird eine Zahl benötigt, die den obigen Anforderungen genügt und so klein wie möglich ist.

Ein altbekanntes Problem in der Kombinatorik ist die Bestimmung der Anzahl der Folgen von 0 und 1 der Länge n, so dass keine zwei aufeinanderfolgenden 1'en auftreten. Nennen wir diese Zahl F_n. Eine Folge, die mit 1 endet, muß eine 0 an vorletzter Stelle haben. Davor kann jede Folge mit $n - 2$ Symbolen sein (ohne aufeinanderfolgende 1'en). Endet aber die Folge in 0, so kann jede zulässige $(n - 1)$–Folge davor auftreten. Wir erhalten somit

$$F_n = F_{n-1} + F_{n-2}.$$

Da $F_0 = 1$, $F_1 = 2$, so erhalten wir $F_2 = 3$, $F_3 = 5$, $F_4 = 8$ und allgemein die berühmte Folge der *Fibonacci-Zahlen*.

In unserem Fall ist die Sache nur unwesentlich schwieriger. Es sei $a(n)$ die Anzahl der Folgen von 0 und 1 der Länge n, in denen zwischen zwei 1'en mindestens zwei 0'en auftreten, aber niemals mehr als 10 aufeinanderfolgende 0'en. Für diese Größe $a(n)$ kann eine ähnliche Rekursion wie für die Fibonacci Zahlen aufgestellt werden. Wir müssen nun die $2^8 = 256$ möglichen Bytes (0,1-Wörter der Länge 8) in Folgen übersetzen, welche den technischen Anforderungen, wie eben geschildert, genügen. Es ergibt sich, dass $n = 14$ der kleinste Wert ist, für den $a(n) > 256$ ist, nämlich $a(14) = 267$.

Wir müssen noch ein letztes Problem meistern. Falls zwei Folgen der Länge 14 (welche beide den Anforderungen genügen) aneinanderhängen, so kann es passieren, dass die Folge der 28 Symbole die Bedingungen verletzt. Nach Entfernung der 11 schwierigsten Folgen aus den 267 ergibt sich, dass es möglich ist, zwei 14-er Sequenzen mit Hilfe von 3 „Merging Bits" zu vereinigen, wobei wir einige Freiheit in der Wahl dieser 3 Bits haben. Diese werden dann so gewählt, dass die Gesamtlänge der Pits und Lands wie gefordert ungefähr gleich ist.

Wir haben gezeigt, dass jedes Byte in einem Codewort in 17 Kanalbits auf der CD umgewandelt wird. Wenn die CD gelesen wird, so werden diese Bits zurück verwandelt in Bytes. Dann folgt De-Interleaving, Fehlerkorrektur, Digital-zu-Analog Konversion und schließlich hören wir Musik, mit Dank an Mozart und anderen – und an *Mathematik*.

Literatur

Die Fachliteratur ist für Laien nur schwer zugänglich. Eine Einführung in die Codierungstheorie findet sich im folgenden Band:
Ralph-Hardo Schulz: *Codierungstheorie – eine Einführung*. Vieweg Verlag 1991, 2. Auflage 2003.

Therapieplanung an virtuellen Krebspatienten

Peter Deuflhard

Medizintechnik dominiert heutzutage immer mehr medizinische Behandlungsformen, insbesondere in der Krebstherapie. Viele Menschen sehen in diesem Trend vorrangig den Aspekt der Entfremdung von Arzt und Patient. Parallel dazu hat sich jedoch, gerade wegen dieser Technisierung, eine methodisch extrem sorgfältige Therapieplanung als zwingende Notwendigkeit ergeben. Geplant wird eine auf den einzelnen Patienten präzise zugeschnittene Behandlung – der einzelne Mensch steht also mehr denn je im Blickpunkt des ärztlichen Interesses, wenn auch in einer abstrakteren Form. Sorgfältige und verlässliche Therapieplanung für jeden einzelnen Patienten verlangt in der Regel eine enge Kooperation der Medizin mit Mathematik und Informatik. Die Arbeitsgruppe des Autors am Konrad-Zuse-Zentrum für Informationstechnik (ZIB) ist in zahlreiche mathematisch-informatische Projekte mit der Medizin eingebunden. Der folgende Beitrag gibt einen Einblick in die Therapieplanung am ausgewählten Beispiel der Krebstherapie Hyperthermie.

Hyperthermie, eine neue Krebstherapie

Bereits in den siebziger Jahren hat Manfred von Ardenne in Dresden versucht, Krebspatienten mit einer Therapie der Überwärmung, der sogenannten Hyperthermie, zu behandeln. Seine Patienten wurden dabei in eine Badewanne mit heißem Wasser gelegt, also am ganzen Körper erwärmt. Diese Ganzkörperhyperthermie wird inzwischen eher selten angewandt – allenfalls bei der Behandlung von sogenannten Mikrometastasen, die auch durch moderne bildgebende Verfahren der Medizin nicht erkennbar sind.

Stattdessen richtet sich die medizinische Aufmerksamkeit heute mehr und mehr auf die sogenannte regionale Hyperthermie (RH), bei der nur die Krebsgeschwulst, also der Tumor, örtlich begrenzt erwärmt werden soll. Sie bietet vielfache Anwendungsmöglichkeiten nicht nur in der Krebstherapie, sondern auch bei anderen Erkrankungen. RH wird derzeit meist nicht als alleinige Therapieform eingesetzt, sondern in Verbindung mit Strahlentherapie oder Chemotherapie oder beiden. Bei Temperaturen von 40,5–44 °C findet noch keine Zerstörung von Tumorzellen in größerem Maßstab statt; vielmehr wirkt RH über biochemische Reaktionen innerhalb der Zellen, die erst in jüngster Zeit verstanden worden sind: Wir wissen heute, dass durch RH in gesunden wie kranken Zellen massenhaft chemische Substanzen produziert werden (für Interessierte: sogenannte HitzeschockProteine), die in menschlichen Tumorzellen bestimmte Immunvorgänge auslösen. Die RH funktioniert wie ein örtlicher Schalter, der im natürlichen Lebenszyklus

von Zellen gerade an dem Punkt angreift, der durch die Krebserkrankung außer
Takt geraten ist. Seit Jahren schon war aus Laborversuchen bekannt, dass Temperaturerhöhung in Tumoren ab 40°C zu einer dramatischen Erhöhung der Wirksamkeit von Chemotherapie führen kann; in den letzten Jahren wurde deshalb
in der Forschung verstärkt daran gearbeitet, diesen Effekt vom Reagenzglas auf
den lebenden Menschen zu übertragen. Ähnlich dramatisch wie die Wirkung der
Hyperthermie in Kombination mit Chemotherapie ist ihre Wirkung in Kombination mit Strahlentherapie: Bei gleichzeitiger Anwendung von Temperaturerhöhung
und Bestrahlung ist eine bis zu 5-fache Wirkungsverstärkung zu erwarten, was
jedoch aus technischen Gründen bei Patienten derzeit nicht möglich ist. Bei der
technisch möglichen Anwendung nacheinander – im Allgemeinen erst Wärmebe-
handlung, dann Bestrahlung – ist der Effekt geringer, aber immer noch deutlich
vorhanden. Nach alleiniger Strahlentherapie ist die Rückfallrate häufig sehr hoch;
durch Kombination mit Hyperthermie erscheint jedoch eine deutliche Wirkungsverstärkung der Strahlentherapie erreichbar.

Die Schwierigkeit in der regionalen Hyperthermie ist jedoch, dass häufig neben der erwünschten Aufheizung des Tumors zugleich eine unerwünschte Erwärmung von örtlichen Zonen in gesundem Gewebe auftritt, die sogenannten hot
spots. Die Behandlung von Patienten durch RH muß deshalb sehr sorgfältig vorab
geplant werden. Wie im folgenden dargelegt werden wird, benötigt die Aufgabe
der medizinischen Therapieplanung modernste Methoden der Mathematik und
Informatik. Grundidee jeder Therapieplanung ist, die einzelnen *realen* Patienten
als *virtuelle* Patienten in den Rechner abzubilden, die Therapie an den virtuellen
Patienten individuell zu optimieren und schließlich die berechnete optimale Therapie in die klinische Behandlung der realen Patienten umzusetzen.

Natürlich könnte man auch daran denken, die Temperaturen im Tumor derart
zu erhöhen, dass die Krebszellen ganz abgetötet werden; die toten Zellen würden
dann vom Körper selbst abgebaut. Eine solche Erhöhung der Temperatur wäre
jedoch erst dann möglich, wenn vorab garantiert werden könnte, dass keine Hot
Spots außerhalb des Tumors entstehen. Dies ist für die heutigen Behandlungsgeräte und die derzeit verfügbare Therapieplanung nicht möglich. Obwohl Forschung und Entwicklung für eine derartige Therapieform heute noch nicht reif
sind, erscheint jedoch ein solches Ziel für die Zukunft anstrebenswert. In einem
solchen Zusammenhang werden dann umsomehr mathematische Methoden eine
wichtige Rolle spielen.

Von der klinischen Wirklichkeit zum mathematischen Modell

An der Berliner Charité, insbesondere dem Rudolf-Virchow-Klinikum in Wed-
ding sowie der Reinhard-Rössle-Klinik in Buch, wurde die regionale Hyperthermie (RH) seit Jahren intensiv und erfolgreich erforscht und weiter entwickelt. Sie
ist eine inzwischen weitgehend anerkannte Therapie zur Behandlung von örtlich

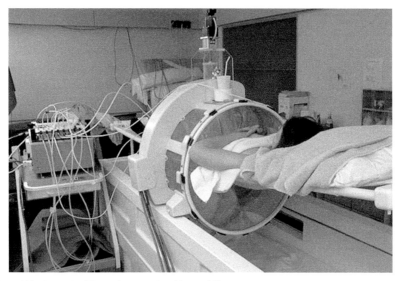

Abbildung 1. Patientin im Hyperthermie-Applikator/Charité

begrenzten Tumoren, die nur schwer oder gar nicht operierbar sind, wie etwa solchen am Enddarm, am Gebärmutterhals, an der Prostata oder an der Blase. Ist bei einem dieser Tumoren eine Operation nicht ratsam, so zielt man ersatzweise darauf ab, den Tumor zunächst zu verkleinern (*downstaging* in der Sprache der Medizin), und ihn erst anschließend zu operieren. Dieses Vorgehen verbessert in der Regel die Heilungsaussichten beträchtlich; immerhin verstirbt heutzutage ein Drittel aller Patienten gerade am unkontrollierbaren örtlichen Wachstum von Tumoren.

In Abbildung 1 ist die klinische Situation in einem RH-Behandlungsraum der Charité dargestellt. Die (natürlich reale) Patientin liegt in einem ringförmigen Gerät, dem sogenannten Applikator, an dessen Innenseite (für den Betrachter nicht erkennbar) acht Antennen angebracht sind. Die Antennen erzeugen Radiowellen im UKW-Bereich bei etwa 100 MHz. Damit die Radiowellen mit möglichst geringen Verlusten durch die Haut in den Körper eindringen können, ist zwischen Patientin und Antennen ein sogenannter Wasserbolus angebracht (siehe Abbildung). Die gestellte Aufgabe ist nun, die Antennen (genauer: ihre Amplituden und Phasen) optimal derart einzustellen, dass im Tumor möglichst hohe Temperaturen erzeugt werden, in gesundem Gewebe aber keine Hot Spots entstehen.

Seit 1994 existiert in Berlin der interdisziplinäre Sonderforschungsbereich *Hyperthermie: Methodik und Klinik*, in dem Mathematik und wissenschaftliche Visualisierung von Anfang an einen hohen Stellenwert hatten. Um die RH in der Klinik im gesicherten Rahmen ablaufen lassen zu können, ist vorab eine sorgfältige Planung der Therapie vonnöten, wie bereits eingangs erwähnt. Die von der Medizin

gestellte Aufgabe führt somit zu einer mathematischen Aufgabe, die in vielfacher
Hinsicht nicht einfach zu lösen ist und in der Tat eine Reihe von innovativen Entwicklungen im Bereich der Numerischen Mathematik, der Informatik und der
wissenschaftlichen Visualisierung nötig gemacht hat. Um auch interessierten Lai-
en eine Idee zu vermitteln, welche mathematischen Fragen dabei eine Rolle spielen, seien hier einige dieser neueren Entwicklungen kurz im Zusammenhang mit
den medizintechnischen Problemen skizziert.

○ Bei einer Frequenz von 100 MHz ist die Wellenlänge in Wasser ca. 30 cm, also vergleichbar mit den Abmessungen des menschlichen Körpers. Die Wellenlänge in Gewebe hängt stark von ihrem Wassergehalt ab, ist also unterschiedlich in Knochen, Muskeln, Fett oder den verschiedenen Organen. Bei den im
Körper realisierten Wellenlängen tritt somit als wesentlicher Effekt eine Überlagerung von Wellen auf, in der Physik als Interferenz bezeichnet; diese Interferenz ist ausgesprochen erwünscht, um die Therapie jeweils für stark unterschiedliche Patienten anpassen zu können, also möglichst variabel zu halten.
Im Unterschied zur reinen Strahlentherapie könnte man deshalb die Hyperthermie quasi als „Wellentherapie" bezeichnen. Dieser unterschiedliche Charakter hat zur Folge, dass das mathematische Problem der Therapieplanung
in der RH wesentlich komplexer ist als das der herkömmlichen Strahlentherapie: Während dort lediglich eine geometrische Bündelung von Strahlen (genauer: Röntgenstrahlen) zu optimieren ist, müssen in der RH die sogenannten
Maxwell-Gleichungen herangezogen werden. (Für Interessierte: Die Maxwell-
Gleichungen sind diejenigen partiellen Differentialgleichungen, die das elektrische Feld mathematisch beschreiben.) Diese Gleichungen müssen im Computer
gelöst werden – über dem dreidimensionalen Raum mit Patient, Wasserbolus,
Antennen und Luft (den Rest des Behandlungsraumes können wir hier weglassen). Bei der relativ hohen Frequenz von ca. 100 MHz stellt dies auch heute
noch eine wissenschaftliche Herausforderung für die Numerische Mathematik
dar.

○ Durch die Absorption elektrischer Energie im Körper entsteht Wärme, in unterschiedlichen Geweben unterschiedlich, beispielsweise wenig in Knochen, viel
in Muskeln. Diese Wärme wird jedoch durch den Blutkreislauf im Körper wieder verteilt. Dies geschieht in fein verästelten Netzwerken aus dünnen Adern
meist „schwammartig", was sich auch mit mathematischen Methoden intelligent nachbilden lässt. In größeren Adern, die man einzeln im Computer darstellen muss, wird die Wärme direkt mit dem Blut transportiert. Klammert man
der Einfachheit halber zunächst Tumoren mit stark durchbluteten Gefäßen aus,
so läßt sich die Wirkung der „schwammartigen" Durchblutung auf die Wärmeverteilung im Körper durch die sogenannte Biowärmetransport-Gleichung
(BWT) mathematisch beschreiben (für Interessierte: Wiederum eine partielle
Differentialgleichung, aber von anderem Typ als die obengenannten Maxwell-
Gleichungen). Diese Gleichung muss ebenfalls für den dreidimensionalen Menschen mit Hilfe des Computers gelöst werden. Falls darüberhinaus die Reaktion des gesamten Körpers auf die örtliche Überwärmung, die bei jedem Men-

schen anders verläuft, mit in die beschreibenden mathematischen Gleichungen genommen wird, so ergibt sich ein deutlich schwierigeres Problem. Die Hinzunahme stark durchbluteter Gefäße schließlich steigert den mathematischen Schwierigkeitsgrad ein weiteres Mal.

Alle Gleichungen zusammen ergeben eine näherungsweise mathematische Beschreibung der Hyperthermiebehandlung. Anstelle der klinischen Wirklichkeit haben wir ein mathematisches Modell gesetzt, das wir im Computer lösen wollen. Mit anderen Worten: Wir ersetzen die Realität durch eine *virtuelle Realität*. Auf der Basis dieses Modells können wir nun versuchen, die Therapie zu optimieren, d. h. eine optimale Steuerung der Antennen des Applikators so zu bestimmen, dass der Tumor möglichst stark erwärmt wird, aber keine Hot Spots entstehen.

Vom mathematischen Modell zum virtuellen Labor

Ziel der Therapieplanung ist, für jeden einzelnen Krebspatienten in der Klinik auch tatsächlich die für ihn optimale Hyperthermiebehandlung zu erreichen. Dies geschieht auf der Basis des oben hergeleiteten mathematischen Modells. Die Kenntnis dieses Modells alleine heißt jedoch noch nicht, dass wir schon wüssten, wie die genannten Gleichungen im Computer schnell und zuverlässig zu lösen sind. Dies ist eine Aufgabe der Numerischen Mathematik. Und selbst wenn wir wissen, wie die Gleichungen zu lösen sind, verbleibt immer noch eine ganze Reihe zusätzlicher Aufgaben aus Mathematik und Informatik zu erledigen.

Das Grundmuster der Therapieplanung, für die Hyperthermie ebenso wie für eine Reihe anderer Therapieformen, lässt sich in den folgenden typischen Grundschritten zusammenfassen:

○ Zunächst bilden wir den realen Patienten mit Methoden der Informatik als virtuellen Patienten in den Rechner ab; diese Abbildung muss für den Zweck der Therapie genau genug sein.
○ Sodann simulieren und optimieren wir die Therapie am virtuellen Patienten im Computer mit Methoden der Numerischen Mathematik.
○ Die Resultate dieser Rechnungen, hier also die optimale Einstellung der Antennen, werden im Rechner visualisiert (auch dahinter steckt eine Menge Mathematik und Informatik) und durch den behandelnden Arzt in die tatsächliche Therapie für den *realen Patienten* übernommen.

Es versteht sich von selbst, dass alle einzelnen Teilschritte dieses Verfahrens mit hoher Präzision ablaufen müssen, damit Mediziner schließlich verläßliche Aussagen bekommen, auf die sie ihre Therapie mit Fug und Recht aufbauen können. Hinzu kommt: Damit das ganze Vorgehen in der klinischen Praxis nutzbar ist, müssen alle Rechnungen auf einer Workstation innerhalb der klinischen Umgebung möglichst rasch durchführbar sein. Um dem Arzt zudem jederzeit die Kontrolle über alle Teilschritte des Rechenprozesses zu gestatten, ist der gesamte Ablauf geeignet zu visualisieren. Methoden der wissenschaftlichen Visualisierung, einem Grenzgebiet zwischen Mathematik und Informatik, werden demge-

mäß eine ebenso wichtige Rolle spielen wie Methoden der Numerischen Mathematik. Sämtliche Teilschritte der Therapieplanung werden in einem sogenannten
virtuellen Labor im Computer zusammengefasst.

Im Folgenden wollen wir einige dieser Teilschritte herausgreifen, um sie genauer zu beschreiben.

Markierung von Gewebegrenzen. Zum Aufbau eines virtuellen Patienten gehen wir heute aus von einem Stapel von ca. 50–60 Computertomogrammen (CT)
– siehe Abbildung 2. Dieser Stapel von Bilder enthält lediglich Informationen über
die Dichte in den ausgewählten Körperquerschnitten.

Wir benötigen jedoch zusätzliche Informationen über die elektrischen und
physiologischen Eigenschaften der einzelnen Körperteile, um die oben genannten
Gleichungen lösen zu können – und dies schließlich in drei Raumdimensionen. In
einem ersten Schritt, der sogenannten Segmentierung, muss deshalb die fehlende
Information aus den CTs herausgeholt werden. Dieses äußerst schwierige Problem der Informatik wurde bisher am Deutschen Herzzentrum Berlin behandelt.
Ziel ist, einzelne Knochen, Gewebe und Organe zu erkennen und ihre Grenzen
möglichst genau zu markieren. Die Markierung der Grenzen ist nicht vollkommen automatisierbar, erfordert also zum Teil den interaktiven Einsatz von medi-
zinischem Personal. Insbesondere die Entscheidung, welche Bereiche als Tumoren
und welche als gesund einzustufen sind, sollte naturgemäß vom Arzt, nicht etwa
vom Mathematiker getroffen und verantwortet werden. Wir können allerdings

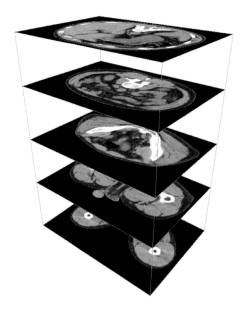

Abbildung 2. Stapel von Computertomogrammen

den Arzt (oder natürlich auch die Ärztin) beim Einzeichnen der Gewebegrenzen unterstützen: dazu haben wir eigens einen *intelligenten Griffel* entwickelt, in dem ebenfalls eine gute Portion Mathematik steckt.

Ausdünnung von Gittern.   Aus dem Satz von segmentierten zweidimensionalen CT-Bildern bauen wir in einem nächsten Schritt ein dreidimensionales Gittermodell des Patienten auf. Wählt man dazu die übliche informatische Methode, so entstehen zunächst „zu viele" Gitterpunkte (siehe Abbildung 3 links). Als Konsequenz daraus würden in einem späteren Teilschritt unsere Berechnungen der elektrischen Energie und der Temperatur „zu langsam"; der Rechenaufwand der von uns verwendeten Methoden zur Lösung der Gleichungen ist nämlich proportional zur Anzahl der verwendeten Gitterpunkte. Mit Blick auf diese späteren Rechnungen dünnen wir deswegen bereits in diesem Teilschritt die Raumgitter derart aus, dass nur noch das Wesentliche der Geometrie des Patienten abgebildet wird. Auch für diese Aufgabe haben wir speziell ein leistungsfähiges mathematisches Lösungsverfahren entwickelt (siehe Abbildung 3 rechts). In typischen Beispielen von Patienten sparen wir damit mehr als einen Faktor 10 an Rechenzeit und Speicherplatz ein – ein wichtiger Gesichtspunkt für die klinische Anwendbarkeit unserer Methodik.

Virtueller Patient.   So entsteht schließlich ein ausreichend genaues Abbild des Patienten im Rechner, der virtuelle Patient (siehe Abbildung 4). In ihm ist die Geometrie des realen Patienten hinreichend genau wiedergegeben; zudem sind die einzelnen Körperteile mit ihren elektrischen Eigenschaften (etwa Dielektrizitätskonstanten), ihren thermischen Eigenschaften (etwa spezifischen Wärmen)

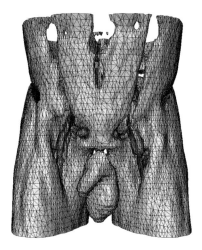
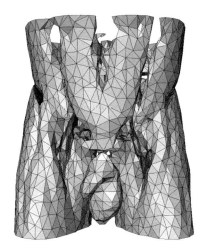

Abbildung 3. Ausdünnung dreidimensionaler Gitter

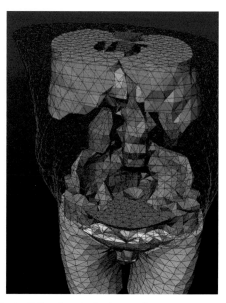

Abbildung 4. Virtueller Patient mit Enddarmkrebs (purpur)

und ihren physiologischen Eigenschaften (etwa der Durchblutung in Gewebe) versehen – womit die Voraussetzungen zur Lösung der obengenannten mathematischen Modellgleichungen geschaffen sind. Dabei sind die rein physikalischen Eingabewerte zu elektrischen und thermischen Eigenschaften im allgemainen relativ verlässlich, während die Eingabewerte für die physiologischen Eigenschaften zwischen verschiedenen Patienten und sogar bei ein und demselben Patienten zu verschiedenen Behandlungsterminen stark variieren. (Um diese Variationen genauer zu erfassen, wird in absehbarer Zeit ein neuartiges System unter Einbeziehung von Magnetresonanztomographie (MRT) in einer Berliner Klinik aufgebaut werden.)

Simulation der elektrischen Energie.   Auf der Basis des dreidimensionalen Gitterpatienten ist nun eine schnelle und verlässliche Lösung der Maxwell-Gleichungen möglich, d. h. die *Simulation* des durch die Antennen abgestrahlten elektrischen Feldes bzw. der im Körper deponierten elektrischen Energie. Zu lösen sind typischerweise Gleichungen mit etwa 100.000 bis 1.000.000 Unbekannten. Bei einer Frequenz von ca. 100 MHz ist dies auch heute noch eine wissenschaftliche Herausforderung an die Numerische Mathematik: Dafür haben wir äußerst schnelle Rechenmethoden (für Fachleute: *adaptive Mehrgitteralgorithmen*) entwickelt, die uns in diesem Bereich der elektrotechnischen Simulation weltweit an die Spitze gebracht haben. Wir sind damit auch in der Lage, die Entwicklung hochspezifischer Antennen, die derzeit in Kooperation mit der Physikalisch-Technischen Bundesanstalt Berlin (PTB) innerhalb des Sonderforschungsbereiches

vorangetrieben wird, durch unsere Rechnungen zu begleiten und schon vor ihrem
expliziten Bau anhand der Wirkung auf die virtuellen Patienten zu bewerten.

Simulation der Wärmeausbreitung.   Sobald man die elektrische Energie für jeden Punkt im Körper des Patienten berechnet hat, ist auch ihre Absorption in den
unterschiedlichen Geweben bekannt, falls die entsprechenden Eigenschaften der
Gewebe bekannt sind. Damit kann nun auch die Ausbreitung der entstandenen
Wärme im Wechselspiel mit der Durchblutung simuliert werden. Die entstehenden Gleichungen mit mindestens 100.000 Unbekannten werden ebenfalls mittels
besonders schneller und verläßlicher mathematischer Methoden (wieder: Adaptive Mehrgittermethoden) gelöst, die wir eigens für diese Problemklasse innerhalb
dieses medizinischen Projektes zur Reife entwickelt haben.

Optimierung der Antenneneinstellung.   Auf der Basis der bisher beschriebenen Simulation erfolgt schließlich die Optimierung der Therapie. Ziel ist, möglichst konstante Erwärmung im Tumor zu erreichen, aber Hot Spots in gesundem
Gewebe zu vermeiden. Leider ist dieses Ziel nicht für jeden Patienten bei gegebenem Applikator erreichbar. Als Illustration diene Abbildung 5 links: sie zeigt
das Resultat der Temperaturoptimierung für einen individuellen Patienten mit
Enddarmkrebs bei Verwendung des in Abbildung 1 gezeigten Applikators mit
ringförmigem Querschnitt und 8 fest eingebauten Antennen. Die Fläche zur konstanten Temperatur 42.5 °C ist rot dargestellt; im besten Fall sollte sie exakt den
Tumor (weißes Gitter im Enddarmbereich) einhüllen.

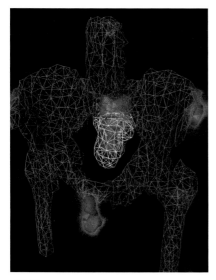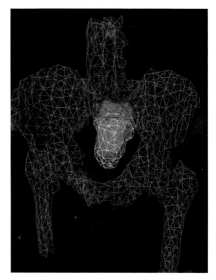

Abbildung 5. Vermeidung von Hot Spots durch verbessertes Behandlungsgerät

Entwurf verbesserter Behandlungsgeräte. Die unerwünschten Hot Spots sind
beim jetzigen Stand der Behandlungsgeräte nicht generell vermeidbar – dies ist
(leider) eine gesicherte mathematische Aussage. Unser virtuelles Labor für die
Hyperthermieplanung gestattet jedoch in bequemer Weise, alle möglichen Verbesserungen der Behandlungsgeräte im Detail zu studieren. So haben wir schon früh,
auf der Basis unserer ersten dreidimensionalen Simulationen, am Entwurf eines
neuen Applikators mit etwas flacherem Querschnitt und 24 Antennen mitgewirkt.
Das entsprechende Resultat für den gleichen Patienten, nun aber im neuen Applikator, ist in Abbildung 5 rechts zu sehen. Die therapeutische Verbesserung ist au-
genfällig. Weitere Verbesserungen scheinen auch durch Radiofrequenzen höher
als 100 MHz und durch speziell entwickelte Antennen erreichbar. Die Entwicklung ist noch im Fluss – und die Mathematik ist mittendrin dabei.

Zusammenfassung

Unser Therapieplanungs-System ist bereits im jetzigen Zustand in der Lage, mit
hoher Verlässlichkeit vorherzusagen, ob ein bestimmter Krebspatient hyperther-
mierbar ist oder nicht. Es nimmt deshalb nicht wunder, dass der amerikanische
Hersteller der Applikatoren (BSD Medical Corp., Salt Lake City, USA) die Lizenz
des vom ZIB entwickelten Hyperthermie-Planungssystems HyperPlan gekauft hat
und zusammen mit den Applikatoren weltweit vertreibt. Auch hier zeigt sich wieder ein inzwischen typisches Muster: Viele hochkomplizierte medizintechnische
Behandlungsgeräte entfalten ihre volle Wirksamkeit erst durch die Kopplung mit
geeigneter mathematischer Software.

Literatur

Wer sich einen deutschsprachigen Überblick über die Hyperthermie ohne mathematische Formeln verschaffen will, dem sei noch der folgende populärwissen-
schaftliche Artikel mit unseren Kooperationspartnern empfohlen:

P. Wust, R. Felix, P. Deuflhard: *Künstliches Fieber gegen Krebs.* Spektrum der Wissenschaft, Dez. 1999, Seite 78–84.

   Für mathematisch und naturwissenschaftlich Interessierte, die sich genauer
über die neuen Rechenverfahren informieren wollen, bleibt nur englischsprachige Literatur. Einen Überblick über die schnellen Mehrgittermethoden, die in der
Hyperthermie-Planung eine Rolle spielen, gibt die neuere Arbeit:

P. Deuflhard, M. Seebaß: *Adaptive Multilevel FEM as Decisive Tools in the Clinical
Cancer Therapy Hyperthermia.* In: Choi-Hong Lai, Peter E. Bjørstad, Mark Cross,

and Olof O. Widlund (eds.), Domain Decomposition Methods in Sciences and Engineering, DDM-org Press, Bergen, pp. 403–414 (1999).

Die spezielle Mehrgittermethode für die Berechnung der elektrischen Energie, die auch in anderen Problemen der Hochfrequenztechnik eine Rolle spielt, findet sich in der Arbeit:

R. Beck, P. Deuflhard, R. Hiptmair, B. Wohlmuth, R. H. W. Hoppe: *Adaptive Multilevel Methods for Edge Element Discretizations of Maxwell's Equations.* Surveys on Mathematics for Industry, Band 8, Seite 271–312, Springer-Verlag (1999).

Wer sich für den *Intelligenten Griffel* näher interessiert, der das Einzeichnen von Gewebegrenzen in Computertomogrammen interaktiv unterstützt, dem kann die folgende Publikation genannt werden:

D. Stalling, H.-C. Hege, *Intelligent Scissors for Medical Image Segmentation.* In: B. Arnolds, H. Müller, D. Saupe, T. Tolxdorff (eds.), Tagungsband zum 4. Freiburger Workshop *Digitale Bildverarbeitung in der Medizin*, Freiburg, März 1996, pp. 32–36, auch als ps-file im Internet verfügbar unter http://www.zib.de/Visual/papers/index.html

Für Mathematiker, die neben der Hyperthermie noch weitere vergleichbare Anwendungen der Mathematik kennenlernen wollen, ist vielleicht auch der folgende Artikel von Interesse:

P. Deuflhard: *Differential Equations in Technology and Medicine. Computational Concepts, Adaptive Algorithms, and Virtual Labs.* Erscheint in: *Computational Mathematics Driven by Industrial Applications.* Lecture Notes in Mathematics, Springer-Verlag (2000). Erhältlich als ZIB-Preprint SC 99–34 (Sept. 1999) und als ps-file über die Internetadresse: http://www.zib.de/bib/pub/pw/index.en.htm

Bildverarbeitung und Visualisierung für die Operationsplanung am Beispiel der Leberchirurgie

Heinz-Otto Peitgen, Carl Evertsz, Bernhard Preim, Dirk Selle,
Thomas Schindewolf und Wolf Spindler

1   Einleitung

Mathematik und Medizin sind keineswegs Wissenschaften, die auf eine reiche Tradition wechselseitiger Befruchtung und Zusammenarbeit zurückblicken. Mit dem fortschreitenden Einzug von Computerunterstützung in der Medizin ändert sich die Situation. Besondere Bedeutung haben dabei mathematische Methoden für die Diagnoseunterstützung in der Radiologie. In der Vergangenheit war die Radiologie an das analoge Medium des Films gefesselt und konnte sich deshalb nur im Rahmen einer ausschließlich erfahrungsbasierten, filmbetrachtenden Disziplin entwickeln. Die Digitalisierung in der Radiologie eröffnet viele Möglichkeiten der Quantifizierung, und damit wächst ein bisher fehlendes Bindeglied zur Mathematik. Weltweit entsteht ein neues, interdisziplinäres Gebiet: die computerunterstützte Radiologie. Ziel der Anstrengungen ist es, dem Radiologen intelligente und hoch integrierte Softwareassistenten an die Seite zu stellen.

Als Beispiel stellen wir Methoden vor, die für die Leberchirurgie entwickelt wurden. Dabei stehen zwei Anwendungen im Vordergrund. Patienten mit Lebertumoren kann unter Umständen durch eine Operation geholfen werden. Die Umstände betreffen Zahl und Volumen der Tumoren sowie ihre räumliche Lage zu den Gefäßsystemen der Leber. Die zweite Anwendung betrifft die Split-Liver-Transplantation. Dabei geht es um das ehrgeizige Ziel, aus einer Spenderleber durch Trennung zwei funktionsfähige Transplantate zu erhalten.

Für die Operationsplanung ist es wichtig, dass die relevanten anatomischen Strukturen des zu operierenden Patienten dreidimensional dargestellt werden, so dass die räumlichen Verhältnisse deutlich werden. Eine solche Visualisierung erfordert die Identifikation dieser Strukturen in den medizinischen Datensätzen. Aufbauend auf einer 3D-Visualisierung können die Lagebeziehungen mit geeigneten (3D-)Interaktionstechniken erkundet werden. Dadurch kann besser präoperativ beurteilt werden, ob eine Operation erfolgversprechend ist. Die dazu notwendigen Schritte werden exemplarisch anhand der Leberchirurgie beschrieben. Die Darstellung von Tumoren und Gefäßen sowie von Gebieten, die durch die Gefäße versorgt werden, ist dabei entscheidend.

Die Unterstützung der Operationsplanung in der Leberchirurgie wird seit 1992 am Centrum für Complexe Systeme und Visualisierung (CeVis) der Universität Bremen bearbeitet. Seit der Gründung von MeVis (Centrum für Medizinische

Diagnosesysteme und Visualisierung an der Universität Bremen) 1995 wurde diese Arbeit intensiviert, wobei das Ziel darin besteht, durchgängig den gesamten
diagnostischen Prozess zu unterstützen.

2   Medizinischer Hintergrund

Die Leber weist eine komplexe Anatomie auf, die durch die Blutversorgung durch
Pfortaderäste und Arterien sowie durch den Blutabfluss durch Lebervenen gekennzeichnet ist. Pfortadern und Arterien verlaufen annähernd parallel zueinander und sind eng benachbart, wobei der Pfortader die Bedeutung einer Leit-
struktur zukommt. Die Lebervenen „greifen" dazwischen (siehe Abbildung 1).
Die Gefäßsysteme der Leber besitzen eine baumartige Verzweigungsstruktur. Die
hierarchische Gliederung der Gefäßsysteme definiert die voneinander unabhängigen Versorgungsgebiete der Leber – die Segmente. Aufgrund der komplizierten
Gefäßaufteilung hat sich die Leberchirurgie erst relativ spät entwickelt. Für Lebertumoren ist die vollständige chirurgische Entfernung unter den etablierten Tu-
morbehandlungsverfahren die einzige potenziell heilende Therapie. Die 5-Jahres-
Überlebensrate bei diesen Operationen liegt bei etwa 30 Prozent.

     Bei der Resektion muss sichergestellt werden, dass ausreichend gesundes Le-
bergewebe verbleibt (mindestens 30 Prozent). Dieses Gewebe muss einerseits von
intakten Blutgefäßen versorgt werden, andererseits muss der Blut- und Gallenab-
fluss gesichert sein. Um die Operabilität abzuschätzen, ist es daher wichtig, dass
Tumoren in Relation zu diesen Strukturen dargestellt werden. Dadurch wird erkennbar, welche Strukturen von einem Tumor betroffen sind oder sich in dessen
unmittelbarer Nähe befinden und welche Gefäße das Gebiet um den Tumor versorgen. Die Lageverhältnisse, z. B. die Verzweigungsmuster der Gefäße, sind individuell sehr verschieden. Besonders große interindividuelle Unterschiede treten

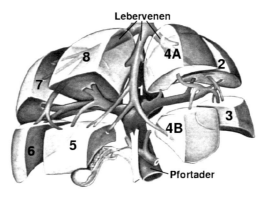

Abbildung 1. Explosionsdarstellung der schematischen Segmenteinteilung einer Leber nach Couinaud
und Bismuth

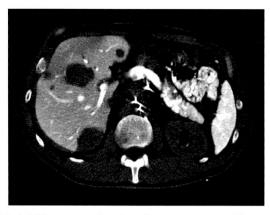

Abbildung 2. Ein 2D-Schnittbild einer portalvenösen Computertomographie aus einer Serie von 80 Bildern. Deutlich sind dunkle Rundherde (Metastasen) und helle Pfortaderäste in der Leber (linke Bildhälfte) zu erkennen.

oft bei krankhaften Veränderungen durch die Tumorerkrankung oder andere Erkrankungen auf.

Bei Verdacht auf einen Lebertumor werden in der Radiologie Computertomographien (CT) oder Magnet-Resonanz-Tomographien durchgeführt, wobei Kontrastmittel eingesetzt werden, um Tumoren und Blutgefäße möglichst gut sichtbar zu machen. Die in diesem Beitrag vorgestellten Methoden sind an CT-Bildern erprobt worden, bei denen ein Kontrastmittel über einen durch die Beinarterien geführten Katheter in den Bauchraum gespritzt wird.

Abbildung 2 zeigt eine Original-Schichtaufnahme mit kontrastierter Pfortader und zwei Lebermetastasen. Da die Tumoren (in der Regel) arteriell versorgt werden, erscheinen sie bei einer Kontrastierung des portalvenösen Systems dunkel. Die Bilder haben eine Auflösung von 512 × 512 Bildpunkten (Abstand zwischen den Bildpunkten etwa 0,5–1 mm). Der Schichtabstand beträgt 4–6 mm (etwa 50–80 Schichten). Die Qualität der Bilder ist eingeschränkt, weil z. B. durch Herzschlag und Atmung kleine Bewegungsartefakte auftreten. Für die Rekonstruktion der dreidimensionalen Strukturen ist der relativ große Schichtabstand problematisch.

Anhand dieser Schnittbilder wird eine Diagnose gestellt. Dabei spielen quantitative Werte (Tumorgröße und -ausdehnung) sowie die Lokalisation des Tumors eine wichtige Rolle. Ob ein Tumor erkannt wird und wie seine Ausdehnung abgeschätzt wird, hängt von der Erfahrung des Radiologen ab. Die Lokalisation wird mit dem verbreiteten Schema des Leberaufbaus nach Couinaud beschrieben. Dabei handelt es sich um ein stark idealisiertes Schema, das zur groben Orientierung geeignet ist. In diesem Schema besteht die Leber aus acht Segmenten, die unabhängig voneinander versorgt werden (siehe Abbildung 1). Die dargestellten Pfortaderäste der dritten Ordnung (nach der dritten Verzweigung vom Stamm aus) verlaufen durch die Mitte der Segmente und versorgen die funktionell eigenständigen Segmente durch Seitenäste, die sich weiter und weiter verzweigen. Die

Lage und Ausdehnung der Segmente ist individuell sehr unterschiedlich, so dass die Anwendung des Schemas ohne Berücksichtigung des individuellen Gefäßverlaufs sehr ungenau ist. Das Couinaud-Schema ist in der Kommunikation mit Chirurgen von Bedeutung, weil häufig das Ziel angestrebt wird, Segmente komplett zu entnehmen. Eine Resektion der patientenindividuell bestimmten Segmente sichert die Versorgung des verbleibenden Lebergewebes und führt in den meisten Fällen dazu, dass der Tumor ausreichend radikal entfernt wird.

3   Architektur eines Systems zur Operationsplanung

Aus den geschilderten medizinischen Problemen ergeben sich für eine Computerunterstützung der Operationsplanung folgende Ziele:
○ Segmentierung der Leber und von Tumoren aus den Schichtbildern mit minimaler Interaktion und damit größtmöglicher Objektivität,
○ Volumetrie der Leber und der Tumoren,
○ Segmentierung und Analyse der Lebergefäße,
○ Abschätzung der durch die Gefäße bestimmten Versorgungsgebiete, d. h. der Lebersegmente,
○ 3D-Darstellung der segmentierten Strukturen und Bereitstellung von Interaktionstechniken, um die räumlichen Verhältnisse zu erkunden.
   Entsprechend den Zielen bestehen folgende Teilaufgaben: Die Bilddaten müssen importiert und angezeigt werden, wobei ein flexibles „Durchblättern" durch die Schichten der Originaldaten möglich sein muss. Darauf aufbauend kann die Segmentierung von Leber, Tumoren und Gefäßen erfolgen. Unter „Segmentierung der Leber" wird hier die Bestimmung der Abgrenzung der Leber aus den Schichtdaten und nicht die oben beschriebene Einteilung in Segmente verstanden. Die Bestimmung von Lebersegmenten ist erst möglich, wenn die Leber und die Gefäße extrahiert wurden. Von den segmentierten Strukturen kann leicht das Volumen bestimmt werden. Bei der Gefäßanalyse wird vor allem die Verzweigungsstruktur untersucht. Die Gefäßanalyse ist eine Voraussetzung, um die Versorgungsgebiete abzuschätzen. Die analysierten Daten können dreidimensional dargestellt und erkundet werden. Abbildung 3 fasst die Schritte zusammen.

4   Leber- und Tumorsegmentierung

Weitverbreitete Verfahren zur Segmentierung sind die Segmentierung durch Bereichswachstum ausgehend von einem (vom Benutzer anzugebenden) Saatpunkt und die schwellwertbasierte Segmentierung. Die schwellwertbasierte Segmentierung ordnet alle Voxel (Abkürzung für *volume element*) in einem bestimmten Intensitätsbereich einem Objekt zu. Dadurch können z. B. Knochen und Weichteilgewebe unterschieden werden.

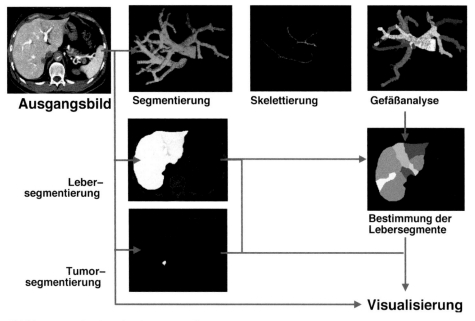

Ausgangsbild Segmentierung   Skelettierung   Gefäßanalyse

Leber–
segmentierung

Bestimmung der
Lebersegmente

Tumor–
segmentierung

Visualisierung

Abbildung 3. Architektur des Operationsplanungssystems

Für die Segmentierung der Leber und der darin enthaltenen Tumoren in einer CT-Aufnahme sind diese Verfahren ungeeignet, weil sie zu empfindlich für Rauschen bzw. für ungleichmäßige Verteilungen des Kontrastmittels sind. Die von Vincent und Soille 1991 beschriebene *Wasserscheidentransformation* hat sich als guter Ausgangspunkt erwiesen und wurde bei MeVis für die Leber- und Tumorsegmentierung weiterentwickelt.

Segmentierung mit einer modifizierten Wasserscheidentransformation. Der Grundgedanke der Wasserscheidentransformation besteht darin, dass die Intensitätsunterschiede klein sind, solange sie zu einem Objekt gehören. Starke Gradienten zeigen eine Objektgrenze an. Daher werden in einem ersten Schritt diese Gradienten berechnet. Die ursprüngliche Wasserscheidentransformation nach Vincent und Soille ist für dieses Projekt so erweitert worden, dass sie hierarchisch angewendet werden kann. So ist es möglich, das Lebergewebe in den Schichtdaten zu segmentieren und anschließend die darin enthaltenen Tumoren zu segmentieren. Das Verfahren ist außerdem auf 3D-Datensätze erweitert worden. Dadurch kann die räumliche Begrenzung eines gut kontrastierten 3D-Objektes durch zwei Markierungen (eine innerhalb und eine außerhalb der zu segmentierenden Struktur) bestimmt werden. Die segmentierten Bereiche können auf verschiedene Weise visualisiert werden (siehe Abbildung 4).

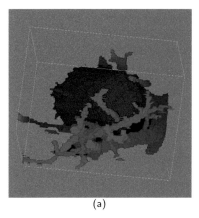 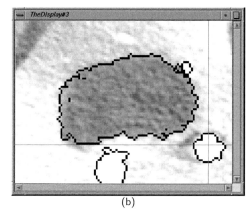

(a)   (b)

Abbildung 4. Visualisierung der Segmentierung eines Tumors und der umgebenden Teile des portalvenösen Systems. Links: Volumenvisualisierung mit umschließendem Quader. Rechts: Darstellung der Randkontur in einer Schicht.

Manuelle Nachbearbeitung von Segmentierungsergebnissen.   Eine robuste Segmentierung, die bei der großen Vielfalt der individuellen Daten zu guten Ergebnissen führt, ist häufig nur möglich, wenn die Ergebnisse der Segmentierung interaktiv verfeinert werden. Eine derartige Verfeinerung ist bei einer vorhergehenden Wasserscheidentransformation gut möglich. Anatomische Strukturen sind oft in bestimmten Bereichen stark, in anderen dagegen weniger gut kontrastiert. In diesen Fällen kann die Interaktion auf die schlecht kontrastierten Bereiche konzentriert werden.

Für die Nachbearbeitung wurde ein Werkzeug entwickelt, mit dem sich geometrische Primitive wie Ellipsoide, Quader und Polygone in ein Bild einzeichnen lassen. Diese Primitive können durch arithmetische und binäre Operationen beliebig mit den Segmentierungsergebnissen kombiniert werden. Diese Flexibilität ermöglicht es dem Radiologen, seine Kenntnisse bezüglich der anatomischen Verhältnisse einzubringen.

Volumetrie.   Auf der Grundlage der Segmentierung kann das Volumen der erfassten Objekte berechnet werden. Das Volumen stellt eine wichtige Entscheidungsunterstützung für Chirurgen dar. Für die Volumetrie muss bekannt sein, welche reale Volumenausdehnung ein Voxel des Schichtdatensatzes hat. Daraus ergibt sich das Volumen eines Objektes unmittelbar aus der Zahl der zugehörigen Voxel. Dieses einfache Verfahren liefert bei filigranen Strukturen mit großen Oberflächen allerdings nur ungenaue Ergebnisse. Bei solchen Objekten mit vielen Randvoxeln muss die partielle Belegung eines Voxels durch ein Objekt erfasst werden.

5 Gefäßsegmentierung und -analyse

Die korrekte Darstellung der Gefäße ist ein essenzieller Schritt, um die Operabilität eines Patienten zu beurteilen. Dazu werden zunächst die Gefäße segmentiert und anschließend analysiert. Ein wichtiges Ziel bei der Analyse besteht darin, die Verzweigungsstruktur zu ermitteln und daraus die Pfortaderäste dritter Ordnung zu bestimmen, weil darauf aufbauend die selbständigen Versorgungsgebiete abgeschätzt werden.

Gefäßsegmentierung. Aufgrund der Kontrastierung der Gefäße in den Schichtbildern ist ein Bereichswachstumsverfahren für die Gefäßsegmentierung anwendbar. Der Algorithmus zur Gefäßsegmentierung geht von einem Startpunkt am Pfortadereingang aus und arbeitet sich „wellenförmig" in die Leber hinein. Zunächst werden die Voxel in unmittelbarer Nähe des Startpunktes auf das Schwellwertkriterium untersucht und die Voxel hinzugenommen, für die das Kriterium erfüllt ist und die somit zur Pfortader gehören. Dieser Test wird rekursiv auf alle hinzugekommenen Voxel ausgedehnt. Um sicherzustellen, dass jedes Voxel nur einmal betrachtet wird, wird eine Liste der Voxel, die zur aktuellen „Wellenfront" gehören, verwaltet. Die bereits bearbeiteten Voxel werden markiert, um Zyklen zu vermeiden. Diese Markierung ist inspiriert und abgeleitet von Methoden der mathematischen Kontinuitätstheorie [1].

Mit diesem Verfahren lassen sich die Pfortaderäste dritter Ordnung sicher segmentieren, wobei nach dem Segmentierungsschritt noch unklar ist, welche Voxel zu einem Pfortaderast einer bestimmten Ordnung gehören. Parallel zur Segmentierung der Gefäße wird ein Graph aufgebaut, der die Verzweigungsstruktur repräsentiert. Die enge Verzahnung der beiden Teilaufgaben hat sich als ungünstig erwiesen. Oft muss die Segmentierung mit einem Bereichswachstum mehrfach wiederholt werden, bis ein günstiger Schwellwert gefunden ist. Dabei wird der zeitaufwändige Aufbau der symbolischen Beschreibung jeweils wiederholt.

Als Verbesserung wurde ein separater Algorithmus zur Gefäßsegmentierung entwickelt, der ausgehend von einem selektierten Voxel der Pfortader die Gefäße verfolgt. Dabei wurde der Schwellwert für das Bereichswachstum – ausgehend von dem Pfortadereingang – automatisch ermittelt. Der Schwellwert wird zunächst auf den Intensitätswert des (sehr hellen) Pfortadereingangs gesetzt und dann sukzessive verringert, wobei feinere Gefäße hinzukommen. Wenn sich in einem Schritt die Zahl der hinzukommenden Voxel stark erhöht, ist offensichtlich Lebergewebe oder eine andere Struktur hinzugekommen – die Verringerung des Schwellwertes wird rückgängig gemacht und das Verfahren beendet. Die automatische Schwellwertbestimmung trägt entscheidend zu der erwünschten objektiven, untersucherunabhängigen Diagnose bei.

Gefäßanalyse. Bei der Skelettierung der segmentierten Gefäße wird versucht, die Gefäßstruktur durch ein Gerüst aus dünnen Linien (Linienbreite ein Voxel) zu charakterisieren, die es erlauben, Verzweigungen sicher zu detektieren und Vermessungen zu erleichtern. Für die Analyse von Leberdatensätzen wurde ein Skelettierungsverfahren entwickelt, das die Topologie erhält und exakt die Mittellinien repräsentiert. Dazu wurden die gängigen Verfahren der Ausdünnung durch fortgesetzte Erosion und der Distanztransformation kombiniert. Im Ergebnis entsteht ein (diskreter) Skelettgraph, wobei zu jedem Voxel der Abstand zum Rand erfasst ist. Auf dieser Grundlage können Messungen bzgl. der Verzweigungsanzahl, der Baumlänge und des Querschnittes durchgeführt werden.

Wegen der begrenzten Auflösung treten zwischen den Gefäßsystemen häufig scheinbare Berührpunkte auf. Dies trifft vor allem für Pfortaderäste und Lebervenen zu. Die Trennung dieser fälschlich als verbunden angenommenen Gefäßsysteme ist eine Voraussetzung für die Segmenteinteilung. Mit der Modellannahme, dass der Gefäßdurchmesser von der Wurzel in Richtung Peripherie abnimmt, lassen sich die Gefäße trennen.

Segmenteinteilung der Leber.   Die Gefäßsegmentierung ist Voraussetzung für die Abschätzung der von den Gefäßen versorgten Gewebeteile und damit für die Abschätzung der Territorien, die bei einer segmentorientierten Operation entfernt werden. Diese Territorien sollen einerseits die Versorgungsgebiete durch die Pfortaderäste so exakt wie möglich erfassen, andererseits aber auch die Lage der Lebervenen berücksichtigen, die den Blutabfluss sichern.

Dass die Abschätzung von Versorgungsgebieten schwierig ist, sollen die folgenden Zahlen illustrieren, die sich auf Analysen an acht Ausgusspräparaten beziehen, die von Professor Fasel an der Universität Genf, Abteilung Morphologie, angefertigt wurden. Die Gesamtlänge der in einem routinemäßig erstellten klinischen Datensatz rekonstruierbaren Pfortaderäste beträgt etwa 1–1,5 Meter. Bei einem Ausgusspräparat beträgt die Länge der rekonstruierbaren Pfortaderäste 10–18 Meter. Diese Zahl ist immer noch deutlich kleiner als die Summe der Längen von Pfortaderästen bis zu den etwa 1 mm großen Leberläppchen beim Menschen, die etwa 2 km beträgt.

Die Schwierigkeit der Segmenteinteilung rührt aber auch daher, dass die klinischen Daten nicht homogen sind. Diese Inhomogenität rührt zum einen aus der Aufnahmetechnik (anisotroper Datensatz mit einer Auflösung in den Schichten zwischen 0,5 und 1 mm und zwischen den Schichten 4–6 mm). Daher können zwischen den Schichten sogar relativ große Gefäße unter Umständen nicht detektiert werden. Die Inhomogenität ist aber auch auf krankhafte Veränderungen zurückzuführen. So kommt es in den Teilen einer Leber, die zirrhotisch sind, zu einem Stau, der die Gefäße so zuschnürt, dass sie nicht extrahiert werden können.

Bei der Segmenteinteilung wird zu jedem Voxel der Leber der Pfortaderast gesucht, der ihn versorgt. Die dabei auftretende Fragestellung betrifft die Metrik, nach der der Abstand eines Lebervoxels zu einem Gefäßsegment minimal ist. Hier müssen verschiedene Verfahren realisiert und validiert werden, um Indizien für die korrekte Metrik zu finden. Die naheliegendste Metrik ist der euklidische

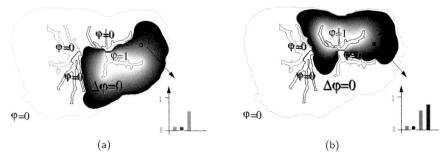

Abbildung 5. Bei der potenzialtheoretischen Methode wird das Potenzial ϕ jeweils für einen Pfortaderast auf 1 gesetzt und für die anderen auf 0. Für den fraglichen Punkt wird in dem Diagramm unten jeweils das Potenzial eingetragen und das Maximum ermittelt.

Abstand (Nächste Nachbar-Methode), bei dem jedes Voxel durch das im euklidischen Sinne nächste Gefäß versorgt wird.

Eine weitere Hypothese ist die Annahme, dass Gefäße potenzialgeleitet wachsen. Diese Annahme ist dadurch motiviert, dass in einer Reihe von Vorgängen in der Natur potenzialgeleitetes Wachstum vorliegt (z. B. das Wachstum von Bakterienkolonien, Diffusionsvorgänge). Dabei wird die Strukturbildung durch die Laplace-Gleichung $\Delta\phi = 0$ mit geeigneten Randbedingungen beschrieben. Dadurch entsteht eine nichtlineare Metrik, die so angewendet wird, dass sukzessive für jeden Pfortaderast dritter Ordnung das Potenzial $\phi = 1$ gesetzt wird und an den Rändern der Leber das Potenzial $\phi = 0$ ist. Jedes Voxel wird dabei dem Pfortaderast zugeordnet, bei dem das Potenzial maximal ist (siehe Abbildung 5). Dieser potenzialtheoretische Ansatz erlaubt eine flexible Modellbildung. So kann die anatomische Tatsache, dass Lebervenen zentral durch die Segmente verlaufen, integriert werden, indem das Potenzial für die Lebervenen $\phi = 0$ gesetzt wird. Diese Randbedingung ist sehr sinnvoll, weil dadurch ein Territorium bestimmt wird, das nicht nur das Versorgungsgebiet eines Pfortaderastes gut widerspiegelt, sondern auch die Lebervene respektiert. Eine weitere anatomisch motivierte Randbedingung betrifft die Gefäßdurchmesser, die aus der Analyse bekannt sind. Anstatt das Potenzial für den gesamten Pfortaderast $\phi = 1$ zu setzen, kann es in Abhängigkeit vom Gefäßdurchmesser verringert werden. Dies hat folgende Wirkung: Endet ein Gefäß mit einem relativ großen Durchmesser, hat es ein höheres Potenzial als ein Gefäß mit einem kleinen Durchmesser. Dadurch wird diesem Gefäß mit großem Durchmesser ein größeres Versorgungsgebiet zugeordnet. Dies ist dadurch gerechtfertigt, dass in der anatomischen Realität große Gefäße nicht abrupt enden. Das jähe Ende ist dagegen mit viel höherer Wahrscheinlichkeit auf die Aufnahmetechnik (hoher Schichtabstand) oder auf einen Blutstau zurückzuführen. Ein weiterer Parameter des potenzialtheoretischen Ansatzes steuert, wie stark das Potenzial abfällt. Insgesamt ist das potenzialtheoretische Modell in der Lage, lokale krankhafte Veränderungen zu berücksichtigen.

Validierung der Segmenteinteilung der Leber. Eine Validierung der Segmenteinteilung ist aufgrund der großen Varianz in den biologischen Daten schwierig. Die Analyse detaillierter Ausgusspräparate (Darstellung von Strukturen ab etwa 0,1 mm) ist eine Möglichkeit einer solchen Validierung. Allerdings ist die Aussagekraft dieser Validierung dadurch begrenzt, dass die Ausgusspräparate von gesunden Patienten angefertigt wurden und damit die besondere Variabilität der Gefäße, z. B. beim Vorliegen einer Zirrhose, nicht widerspiegeln.

Sowohl die euklidische Metrik (Nächster Nachbar) als auch das potenzialtheoretische Modell wurden anhand von acht Ausgusspräparaten überprüft. In Abbildung 6 sind ein Ausgusspräparat und die daraus extrahierten Pfortaderäste dargestellt. Die dabei extrahierten Gefäße sind so fein verästelt, dass eine Abschätzung der Segmente auf dieser Basis als korrekt angenommen werden kann und zum Vergleich mit den Segmentabschätzungen auf der Basis von Gefäßstümpfen benutzt werden kann.

Das von der Realisierung her einfachere Verfahren ist das Nächste-Nachbar-Verfahren. Dieses Verfahren liefert sehr gute Ergebnisse (siehe Abbildung 7). Die Überlappung zwischen den approximierten Segmenten, die aus den Pfortaderästen dritter und vierter Ordnung ermittelt wurden und den exakten Segmenten, wie sie anhand der Ausgusspräparate errechnet wurden, liegt zwischen 80 und 90 Prozent. Das potenzialtheoretische Modell liefert ähnliche Ergebnisse. Bei der Interpretation dieser Ergebnisse muss berücksichtigt werden, dass die Abweichungen zur Realität (10 bis 20 Prozent des Volumens) sich auf die Segmentränder beziehen, in denen nur sehr kleine Gefäße vorhanden sind, deren Trennung unproblematisch ist.

Aufgrund der komplizierten Realisierung (numerische Verfahren zur Lösung partieller Differentialgleichungen) ist das potenzialtheoretische Verfahren von der Laufzeit her sehr aufwändig. Der in diesem Abschnitt beschriebene Vergleich der

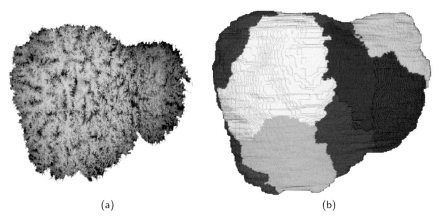

(a)   (b)

Abbildung 6. Ein Ausgusspräparat und die daraus rekonstruierten Segmente zur Validierung der Segmenteinteilung.

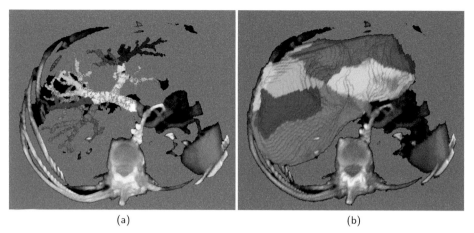

(a)   (b)

Abbildung 7. Im Ergebnis der Gefäßanalyse entsteht ein Skelett der Pfortaderäste, von dem ausgehend die Couinaud-Segmente nach der Nächste-Nachbar-Methode abgeschätzt wurden. Die Segmente unterscheiden sich deutlich von den durch planare Flächen begrenzten Segmenten im Couinaud-Schema (vgl. Abbildung 1 auf S. 30). Die Farbe der Gefäße im linken Bild entspricht der Farbe der Couinaud-Segmente im rechten Bild.

Methoden bezieht ausschließlich die Überlappung der Volumen ein. Welche der mit den einzelnen Methoden ermittelten Territorien für eine Resektion günstiger sind, kann auf diese Weise nicht beurteilt werden. Zu erwarten ist, dass die explizite Berücksichtigung der Lebervene im potenzialtheoretischen Modell vorteilhaft ist.

6 Visualisierung und Exploration der analysierten Daten

Die aufwändigen Analyseschritte sind Voraussetzung für eine Visualisierung dieser Strukturen und damit für die Operationsplanung. Bei der Visualisierung können einzelne Objekte (Gefäßabschnitte, Tumoren, Lebersegmente) ein- und ausgeblendet werden. Der Rendering-Stil kann aus Drahtgitterdarstellung, Oberflächen- und Volumenvisualisierung ausgewählt werden. In Abbildung 8 sind die Tumoren in der linienhaft dargestellten Leberhülle zu sehen. Aus den Randvoxeln der vorher segmentierten Volumendaten kann eine Oberfläche extrahiert werden. Ausgehend von einer solchen Oberfläche können schattierte und damit sehr plastisch wirkende Ansichten generiert werden.

Für jedes Objekt können Farbe und Transparenz beliebig eingestellt werden. Bei der Rotation des 3D-Modells wird automatisch eine geringer aufgelöste Variante der Daten benutzt. Dabei wird die Qualität der Darstellung reduziert, aber eine schnelle Bildwiederholrate gesichert. Für eine gute Erkennbarkeit der räumlichen Verhältnisse kann eine Grundfläche mit Schatten eingeblendet werden. Dies ist bei tubulären Strukturen wie Gefäßen (siehe Abbildung 9 und Abbildung 10)

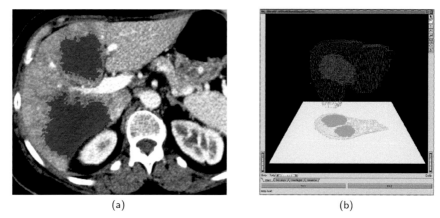

(a)   (b)

Abbildung 8. Visualisierung von zwei segmentierten Tumoren. (a) Die segmentierten Tumoren werden den CT-Daten überlagert, (b) 3D-Visualisierung der Tumoren innerhalb des linienhaft dargestellten Lebergewebes. Erst in der Schattenprojektion wird deutlich, dass es sich um zwei Tumoren handelt.

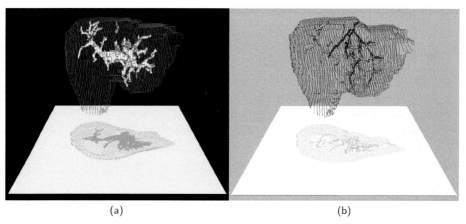

(a)   (b)

Abbildung 9. Die segmentierten Gefäße und das daraus analysierte Skelett innerhalb des linienhaft dargestellten Lebergewebes

besonders hilfreich. Die Fläche wird automatisch so dimensioniert, dass der Schatten des Modells komplett sichtbar ist. Bezüglich der Interaktion kann eine herkömmliche Maus, aber auch ein SpaceBall, ein Gerät zur 3D-Eingabe, genutzt werden. Die 3D-Eingabe ermöglicht eine präzisere Steuerung der Rotation.

Neben der Visualisierung der identifizierten Strukturen ist es möglich, um einen Tumor einen Sicherheitsrand zu definieren, der den Tumor konzentrisch einschließt. Der Sicherheitsrand wird standardmäßig semitransparent dargestellt, kann aber auch linienhaft dargestellt werden. Diese beiden Visualisierungsarten sind in Abbildung 11 gegenübergestellt. Die semitransparente Darstellung ist vor allem vorteilhaft, wenn das umgebende Lebergewebe linienhaft dargestellt ist. Wenn ein Sicherheitsrand bestimmt wird, wird analysiert, welche Gefäße sich in

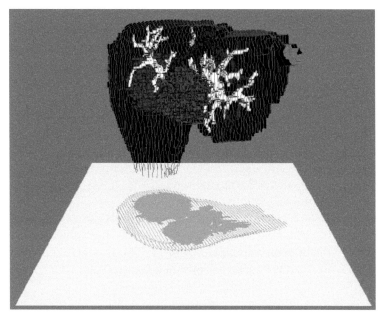

Abbildung 10. Tumoren und Gefäße innerhalb des Leberparenchyms. Das Pfortadersystem (weiß) und die Lebervenen wurden automatisch getrennt.

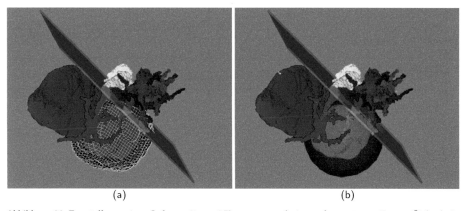

(a)   (b)

Abbildung 11. Darstellung einer Leber mit zwei Tumoren, wobei um den unteren Tumor Sicherheitsränder definiert wurden. Diese Ränder werden linienhaft (a) bzw. semitransparent (b) dargestellt. Mit einer Schnittebene kann angedeutet werden, wo die Gefäße durchtrennt werden müssen.

diesem Bereich befinden und welche Versorgungsgebiete betroffen sind. Auf diese Weise wird die Operationsplanung wirkungsvoll unterstützt: Ausgehend von einem Tumor, der mit einem Sicherheitsrand (oft 1 cm) reseziert werden soll, wird das zu resezierende Versorgungsgebiet abgeschätzt.

7 Zusammenfassung

Dieser Beitrag beschreibt, wie aus medizinischen Schichtbildern die relevanten anatomischen Strukturen extrahiert und vermessen werden und wie daraus interaktiv handhabbare räumliche Darstellungen werden, die die radiologische Diagnosestellung und die chirurgische Planung unterstützen. Dies ermöglicht eine Resektion von patientenindividuellen Segmenten. Insbesondere die modellbasierte Berechnung der individuellen Lebersegmente ist mathematikintensiv. Dabei wird ein komplexes potenzialtheoretisches Modell benutzt. Dieses Projekt ist interdisziplinär: Die chirurgische Operationsplanung wird durch die Analyse und Visualisierung von Schichtdaten aus der Radiologie verbessert. Für die Validierung der Segmenteinteilung ist eine Kooperation mit der Anatomie, insbesondere die Analyse von Ausgusspräparaten, unerlässlich. Die durchgängige Unterstützung aller Phasen und die klinische Evaluierung anhand einer Vielzahl realer Fälle sind die besonderen Stärken dieses Projektes. Diese Verfahren werden vor allem bei komplizierten Fällen (Tumor in zentraler Lage oder mehrere Metastasen) eingesetzt.

In diesem Beitrag wurde auch diskutiert, wie die für die Operationsplanung bedeutsame Segmenteinteilung hinsichtlich der anatomischen Korrektheit validiert werden kann. Die Korrektheit der Methoden sichert allerdings nicht, dass sie praktisch nützlich und hilfreich sind und muss daher durch eine klinische Evaluierung ergänzt werden.

Eine derartige Evaluierung hat zu folgenden Erfahrungen geführt. Für den Operateur wird bei schwierigen Operationen die Sicherheit des Eingriffs erhöht und die Notwendigkeit, weitreichende Entscheidungen erst während der Operation zu treffen, reduziert. Vor allem technisch aufwändige Resektionen werden so besser planbar. Eine exakte Planung verbessert die intraoperative Orientierung. Inwieweit die mit diesen Mitteln geplanten Resektionen die Überlebensrate erhöht, ist nur in langjährigen Studien abschätzbar.

8 Ausblick

Bei der Weiterführung dieses Projektes geht es darum, die chirurgische Operationsvorbereitung – über die Visualisierung hinaus – wirkungsvoll zu unterstützen. Dazu ist es nötig, dass der Chirurg beliebige Resektionen am 3D-Modell vornehmen kann. Ausgangspunkt unserer Überlegungen dazu ist eine wirkungsvolle Entscheidungsunterstützung, die es dem Chirurgen erlaubt, in kurzer Zeit mehrere Operationsstrategien durchzuspielen. Das System muss als Reaktion darauf die so spezifizierten Pläne hinsichtlich des verbleibenden Volumens, des erreichten Sicherheitsabstandes zum Tumor und hinsichtlich der betroffenen Gefäße analysieren.

Literatur

[1] E. L. Allgower, K. Georg: *Introduction to Numerical Continuation Methods*, Springer-Verlag New York.

[2] H.-O. Peitgen, D. Selle, J. H. D. Fasel, K. J. Klose, H. Jürgens und C. J. G. Evertsz: *„Mathematik, Complexe Systeme, Medizin: Von der Potentialtheorie zu neuen radiologischen Werkzeugen", Visualisierung in Mathematik, Technik und Kunst*, Vieweg-Verlag, 1999, S. 91–107. Die Segmenteinteilung der Leber und die Validierung der Methoden sind in diesem Beitrag ausführlich beschrieben.

Big Data – Die Analyse großer Datenmengen in der Medizin

Tim Conrad

„Ihre Blut-Werte sind in Ordnung!" Diesen Satz hat jeder bestimmt schon mal so oder so ähnlich von seinem Arzt gehört. Doch was heißt das eigentlich genau? In den meisten Fällen bedeutet dies, dass der Arzt die Konzentration von etwa dreißig im Blut vorkommenden Stoffen bzw. Eiweißen bestimmen ließ, diese mit Referenzwerten verglichen und keine Abweichungen festgestellt hat. Hätte der Arzt allerdings Abweichungen festgestellt, wären möglicherweise weitere Tests die Folge gewesen, die mit weiteren Referenzen verglichen worden wären und so weiter. Am Ende dieser Kette könnten dann eine Diagnose und eine Behandlung stehen. Im besten Fall ist die Krankheit dann nach kurzer Zeit geheilt.

Selbstverständlich ist diese Beschreibung stark vereinfacht und natürlich wird ein Arzt seine Diagnose nicht allein auf einige wenige Zahlen stützen, sondern auf sein medizinisches Wissen und seine Erfahrung. Aber das Beispiel kann dennoch zum Nachdenken anregen: etwa über die Frage, wieso gerade diese 30 Parameter über den Gesundheitszustand eines Menschen Auskunft geben sollen. Wäre es nicht besser, wenn man gleich viel mehr dieser Werte untersuchen und in die diagnostische Einschätzung einbeziehen würde? In diesem Kapitel werde ich zeigen, dass die Antwort auf diese Frage prinzipiell „ja" lautet, in der praktischen Umsetzung dabei aber große Probleme auftauchen. Und ich werde erklären, wie moderne Mathematik zur Lösung dieser Probleme eingesetzt werden kann.

1 Was wäre möglich?

Eine der großen Hoffnungen der Wissenschaft wurde bereits in frühen Science-Fiction Filmen wie etwa der Serie „Star Trek" hinreichend oft beschrieben: Ein Arzt streicht mit einem kleinen Gerät – dem *Tricorder* (siehe Abb. 2) – einmal kurz über die Hand des Patienten und kann danach sofort auf dem Display ablesen, was der Person fehlt. Und nicht nur das: Auch die Ursache des Problems sowie alle möglichen weiteren Informationen über den medizinischen Zustand werden ebenfalls angezeigt. Ob diese Technologie einmal möglich wird ist aus heutiger Sicht unklar. Der Trend geht aber tatsächlich in diese – futuristische anmutende – Richtung. Bereits heute sind Wissenschaftler in der Lage, aus nur einem Tropfen Blut Milliarden von Signalen herauszulesen. Aus diesen Signalen sollten sich – soweit die Theorie – alle notwendigen Informationen extrahieren lassen, um eine ähnliche Funktion wie die des Tricorders zu erhalten. Dass dies prinzipiell klappt, wurde bereits in vielen wissenschaftlichen Studien belegt. Dazu wurden für ein-

 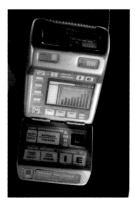

Abbildung 1. Ein einzelner Blutstropfen enthält Unmengen an Informationen ["Blood Drop" (C) 2006 by Mattia Belletti, made available under a Attribution 2.0 Generic license]

Abbildung 2. Der sog. Tricorder aus der Serie Star Treck ["Close-up of a tricorder" (C) 2014 by Connie Ma, made available under a Attribution-ShareAlike 2.0 Generic license]

zelne Krankheiten spezifische Muster bestimmt, die nur dann im Blut nachweisbar sind, wenn ein Mensch mit dieser Krankheit infiziert ist. Diese spezifischen Muster, auch Krankheitsfingerabdruck genannt, können dann gezielt in einer zu analysierenden Blutprobe gesucht werden, um diese Krankheit auszuschließen oder zu bestätigen. Würde es nun gelingen, für jede bekannte Krankheit einen verräterischen Fingerabdruck zu bestimmen, müsste man bei einer Untersuchung nur noch das Blut auf alle bekannten Fingerabdrücke prüfen und hätte damit die Ursache einer Erkrankung schnell festgestellt. Das Problem dabei: Das Finden dieser Muster gestaltet sich wie die berüchtigte Suche nach der Nadel im Heuhaufen. Durch die schiere Menge an zur Verfügung stehenden Daten, die alleine in einem Blutstropfen stecken, ist das Bestimmen der krankheitsspezifischen Fingerabrücke ein sehr zeitaufwendiges Problem. Durch bloßes Ausprobieren aller möglichen verschiedenen Signalkombinationen wären selbst modernste Supercomputer deutlich länger beschäftigt, als unser Universum bisher existiert (etwa 10^{10} Jahre). Einfache „Ausprobier"-Ansätze zur Lösung dieser Aufgabe scheinen also nicht angebracht. Im Verlauf dieses Kapitels werde ich daher moderne mathematische Methoden beschreiben, die eine Lösung möglich erscheinen lassen. Bevor wir dazu kommen, aber erst eine kurze Bestandsaufnahe über die heutigen Methoden der daten- oder Evidenz-basierten Medizin.

2   Die moderne Evidenz-basierte Medizin

Lange Zeit haben Mediziner ihre Entscheidungen und Diagnosen allein auf Fachwissen, Erfahrung und Instinkt basiert. Seit in den 1970ern die Akzeptanz von (randomisierten kontrollierten) klinischen Studien zunahm, wird zusätzlich auch immer mehr dieses aus Studien abgeleitete Wissen in Diagnostik und Therapie eingebunden. Grundsätzlich geht es dabei darum, den wissenschaftlichen Beleg für die Wirksamkeit von z. B. (1) eines Medikaments oder (2) der Güte eines neuen diagnostischen Tests zu finden bzw. nachzuweisen. In diesen Studien werden im ersten Beispiel für gewöhnlich zwei Patientengruppen mit der gleichen Krankheit einmal mit einem herkömmlichen Medikament und einmal mit dem neuen Medikament behandelt. Danach wird überprüft, ob das neue Medikament besser wirkt als das alte. Im zweiten Fall wird analysiert, ob mithilfe eines neu vorgeschlagenen Tests (etwa auf der Basis von speziellen Blutparametern) eine Krankheit zuverlässig diagnostiziert werden kann. Werden diese Studien nach anerkannten Standards ausgeführt und die Ergebnisse überzeugen, kann das neue Medikament eingesetzt bzw. die neue Diagnosemethode zum Nachweis einer Krankheit benutzt werden. Man mag nun einwenden, dass sich die Medizin eigentlich schon immer auf bekannte Evidenzen gestützt hat. Das ist sicherlich richtig und die Entwicklung in den letzten Jahrzehnten liegt daher auch eher weniger in der Methodik, als vielmehr in der Masse der zur Verfügung stehenden Evidenzen. Aus diesem Grund spricht man auch oft von einem neuen Trend von der Hypothesen-basierten zur (Big-)Daten-basierten Forschung erkennen.

3 Von Small-Data zu Big-Data

In den meisten Krankenhäusern sieht der Routine-Alltag der Ärzte und des übrigen Pflegepersonals auf den Kranken-Stationen immer noch so aus, wie vor 20 Jahren: Bei der täglichen Visite wird der Zustand der Patienten festgestellt und in einem Bericht festgehalten. Anhand dieser Daten können bestenfalls ein Dutzend von einigen hunderten möglichen Risikobewertungen durchgeführt werden, um den tatsächlichen Zustand zu ermitteln. Bei einer akuten Venen-Thrombose etwa wird das individuelle Risiko aufgrund dieser wenigen Daten – meiste noch manuell – errechnet und die weitere Behandlung basierend darauf durchgeführt. Das Problem dabei ist, dass bei einer nicht angemessenen Behandlung das Sterblichkeitsrisiko deutlich ansteigt. Interessanterweise könnte mit besser aufbereiteten Daten und automatischen Bewertungsmethoden das individuelle Risiko deutlich besser ermittelt und damit – in den meisten Fällen – bessere Behandlungen erfolgen. Ohne diese bleibt das eigentliche vorhandene Wissen jedoch weitgehend unbenutzt. Mit der Einführung der sogenannten elektronischen Patientenakte (EPA) wird sich diese Situation in den nächsten Jahren und Jahrzehnten sicherlich verbessern. Es gibt erste Studien[1] die gezeigt haben, dass mit statistischen Methoden nur aufgrund der in den EPAs beschriebenen Begleiterkrankungen bestimmte genetische Sub-Typen bei Patienten erkennbar sind. Solche Informationen könn-

---

1. Blair et al: A Nondegenerate Code of Deleterious Variants in Mendelian Loci Contributes to Complex Disease Risk. Cell 2013;155(1):70-80.

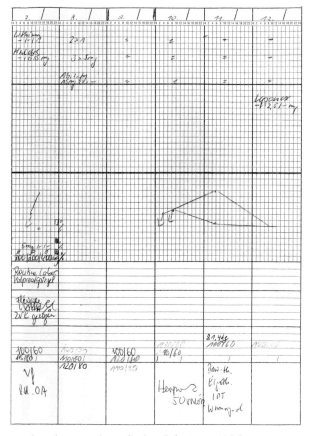

Abbildung 3. Patientenakte – heute noch im gleichen Stil wie vor 20 Jahren

ten einem Mediziner bei bestimmten Krankheitsbildern von unschätzbarem Wert sein.

Trotzdem befinden wir uns in dem bisher beschriebenen Szenario immer noch in der Welt der „Small Data": einige hundert Zahlenwerte über gemessene Parameter, erhaltenen Medikation und Information über klinische Symptome. Selbst auf die gesamte Bevölkerung von Deutschland hochgerechnet ist dies noch keine Datenmenge, die Statistikern oder Datenbankspezialisten Angst macht. Unbestritten ist, dass mit diesen „Small Data" bereits eine neue Art von Krankheits-Diagnostik möglich werden würde – beispielsweise würde die Auswertung der zusätzlichen Informationen dazu führen, dass die 85-jährige Diabetikerin mit Bluthochdruck anders behandelt werden würde als der 47-jährige Sportler, ebenfalls mit der Diagnose Diabetes und Bluthochdruck. Ein Umstand, der in der aktuellen Welt der modernen Medizin leider nicht immer Realität ist.

4   Big Data in der Medizin

In der Welt der Medizin bricht gerade ein Daten-Tsunami über uns herein: Neben der bereits erwähnten elektronischen Patientenakte werden zusätzlich DNA Sequenzen, biologische Daten zu Krankheitsmechanismen, klinische Studien, medizinische Bilddaten und pharmazeutische Erkenntnisse – um nur einige zu nennen – erhoben. Die Hoffnung: Könnten alle diese großen Datensätze sinnvoll miteinander verknüpft und ausgewertet werden, würden neue innovative Ansätze zur Behandlung von Krankheiten und verbesserter Zugang zu medizinischer Versorgung entstehen.

Man könnte nun meinen, dass es doch schon andere Bereiche in der Wissenschaft gibt, in denen große Mengen von Daten erzeugt und ausgewertet werden. Beispielsweise werden im „Large Hadron Collider" (LHC) in Genf pro Tag gigantische Datensammlungen erzeugt und analysiert. Wieso benutzt man nicht einfach diese Methoden auch in der Medizin? Der zentrale Unterschied zwischen den Daten des LHC und den medizinischen Daten ist ihre unterschiedliche Komplexität. Während die LHC Daten verhältnismäßig einfach strukturiert und annotiert sind, sind die medizinischen Daten grundsätzlich schwieriger zu organisieren. Neben – relativ einfach strukturierten – genetischen oder klinischen Daten spielen so genannte unstrukturierte Daten wie Texte (Arztbriefe, Notizen in Patientenakten, wissenschaftliche Publikationen), Bilder (Röntgen, CT) und Videos (Ultraschall vom Herz oder anderen Organen), Audio (Lungengeräusche, Herztöne), Ergebnisse von molekularen Experimenten von Biopsie-Zellen etc. ein wichtige Rolle. Dazu kommen weitere Quellen von wiederum anderer Struktur, wie etwa demografische Studien. Aktuelle Schätzungen gehen davon aus, dass die unstrukturierten Daten dabei einen Anteil von etwa 80 % ausmachen.

Die große Hoffnung für die Analyse dieser Daten ist, dass zum einen in großen Datenmengen Muster erkannt werden können, die in kleineren Datensammlungen nicht vorkommen und zum anderen, dass nur scheinbar richtige (falsch positive) Signale durch die reiner Größe der Datensammlung nahezu ausgeschlossen werden können. Ein oft genanntes Beispiel ist hierfür die Früherkennung von Krebs. In unzähligen Studien werden biologische Marker beschrieben, die die sehr frühe Erkennung einer Krebserkrankung ermöglichen sollen. Die meisten dieser Studien lassen sich allerdings leider nicht reproduzieren, was bedeutet, dass der beschriebene Marker bei einer leicht anderen Patientengruppe nicht relevant ist. Hätte man von vornerein „alle möglichen" Typen von Patienten analysiert, wäre dies vielleicht nicht passiert. Doch kann das so einfach sein? Einfach (möglichst) alle in Frage kommenden Patienten untersuchen und damit werden nur noch richtige Ergebnisse (z.B. biologische Marker) gefunden? Mitnichten. Im folgenden Abschnitt werde ich kurz die wichtigsten Probleme dabei beschreiben.

Abbildung 4. Das menschliche Genom in 100 Bänden zu je 1000 Seiten ["human genome. 100 books of 1000 pages" (C) 2014 by Darren Foreman, made available under a Attribution 2.0 Generic license]

5   Probleme bei der Big Data Analyse

Es gibt viele Ideen, wie mit der Auswertung von großen Datenmengen Probleme gelöst werden können, die mit heutigen Methoden bzw. Datensammlungen nicht zu bewältigen sind. Dabei sollte man sich immer über die grundlegenden Probleme und Fallstricke bei der Interpretation der Ergebnisse im Klaren sein. Die folgende Liste ist sicherlich nur eine kleine Auswahl dieser und erhebt keinesfalls den Anspruch auf Vollständigkeit.

Korrelation ersetzt Kausalität.   Korrelation zwischen Variablen zu finden ist eine der großen Stärke von Big Data Analyse. Eine Korrelation liegt dann vor, wenn ein Ereignis „A" (oft) zusammen mit einem Ereignis „B" beobachtet wird. Im Gegensatz zu Korrelation bedeutet Kausalität, dass ein Ereignis ein anderes nach sich zieht, es also verursacht. Beispielsweise könnte die Analyse einer medizinischen Studie darauf zielen herauszufinden, welche Variablen (etwa das Alter eines Menschen oder eine bestimmte Gen-Mutation) mit einer bestimmten Erkrankung zusammenhängen, also einen kausalen Zusammenhang haben. Zeigt eine Analyse eine hohe Korrelation zwischen „A" und „B" kann das verschiedene Ursachen haben: „A" verursacht tatsächlich „B", eigentlich verursacht „B" das Ereignis „A", „A" und „B" verursachen sich gleichzeitig, ein dritter Faktor „C" verursacht „A" und „B" oder die Korrelation ist schlichtweg reiner Zufall. Noch problematischer wird es, wenn man an das Versprechen der Big Data Analysten glaubt: Je größer die analysierte Datenmenge, desto höher ist auch die Wahrscheinlichkeit, sehr schwache Korrelationen zu entdecken, die die Analyse einer kleineren Datenmenge vermutlich nicht gefunden hätte. Allein durch die große Menge entdeckter Korrelationen wird es nun noch einfacher, in die gefundenen Korrelationen fälschlicherweise eine Kausalität hineinzuinterpretieren. Beispielsweise gibt es wissenschaftlich ermittelte Korrelation zwischen der Anzahl der Hausgeburten und der Anzahl von Störchen[2] in Berlin. Eine andere Studie weist eine Korrelation zwischen dem Verzehr von Fertignahrung und dem Erleiden einer Depression[3] nach. Man sollte sich im Klaren darüber sein, dass eine gefundene Korrelation zwischen steigender Anzahl von Störchen und Hausgeburten vermutlich keinen kausalen Zusammenhang hat und auch der Verzehr von Fertignahrung eher weniger das Risiko einer Depression erhöht.

Jede Korrelation ist richtig und wichtig. Ein weiteres zentrales Probleme ist, dass mit steigender Größe und Komplexität der untersuchten Daten gleichzeitig auch die Anzahl der gefundenen Korrelationen steigt. Und dass sich – aus reiner Datensicht – grundsätzlich keine Aussagen über deren Sinnhaftigkeit oder Korrektheit ableiten lassen. Weiterhin sind viele der gefundenen Korrelationen nur so genannte Schein-Korrelationen. Diese entstehen, da im Kontext von „Big Data" sehr viele verschiedene Ereignisse betrachtet werden. Dies liegt daran, dass klassische, hypothesen-basierte statistische Verfahren die Güte einer Korrelation nach ihrer Signifikanz beurteilen. Eine typische Hypothese im oberen Beispiel ist „Zwei Variablen A und B sind korreliert." Die Grenze, nach der eine gefundene Korrelation als signifikant einzustufen ist, ist dabei umgekehrt proportional zur Anzahl der analysierten Daten. Anders ausgedrückt: Werden sehr viele Daten analysiert, muss die Güte der Korrelation nicht mehr so hoch sein, als wenn nur sehr wenige Daten analysiert werden würden, damit sie als signifikant eingestuft wird. Bei der Einstufung einer Korrelation als signifikant können nun zwei Fehler gemacht werden: (1) eine falsche Korrelation wird als signifikant bewertet (falsch positiv) und (2) eine korrekte Korrelation wird übersehen (falsch negativ). Im ersten Fall spricht man auch vom *Typ 1 Fehler* im zweiten Fall vom *Typ 2 Fehler*. Klassische statistische Tests basieren nun auf der Idee, dass eine Korrelation als signifikant anzusehen ist, wenn die Wahrscheinlichkeit, eine falsche Korrelation als signifikant (also richtig) zu bewerten (Typ 1 Fehler), unterhalb von 5 % liegt. Das heißt: Von 100 gefundenen (signifikanten) Korrelationen sind im schlimmsten Fall 5 falsch. Ein zweites wichtiges Konzept ist das der *Teststärke*, die die Wahrscheinlichkeit des Typ 2 Fehlers angibt. Eine Teststärke von 80 % besagt zum Beispiel, dass von 10 korrekten Hypothesen (z. B. den gesuchten Korrelationen) 8 richtig erkannt werden. Mit diesen beiden Werten wollen wir ein einfaches Beispiel verstehen (siehe auch Abb. 5): Angenommen, wir testen 1000 Korrelationen auf ih-

2.   Höfer et al.: New evidence for the theory of the stork. Paediatr Perinat Epidemiol 2004;18(1)
3.   Akbaraly: Dietary pattern and depressive symptoms in middle age, Br J Psychiatry. 2009; 195(5)

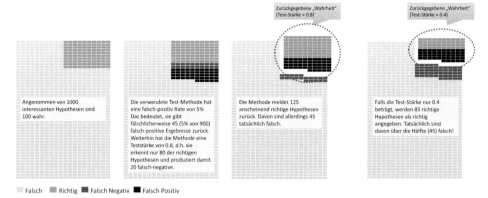

Falsch   Richtig   Falsch Negativ   Falsch Positiv

Abbildung 5. Übersicht der Auswirkungen von falsch-positiv-Rate und Test-Stärke (nach Darstellung im „The Economist", Ausgabe vom 19. 10. 2013)

re Signifikanz, von denen wir wissen, dass 100 richtig sind. Ein Test mit einer Teststärke von 80 % wird nun 80 der richtigen Korrelation finden. Von den 900 falschen Korrelationen wird der Test allerdings 45 als richtig einstufen (5 % Typ 1 Fehler). Damit wird der Test insgesamt 125 signifikante Korrelationen zurückmelden – etwa ein Drittel davon schlichtweg falsch. Leider liegt eine eher realistische Teststärke in manchen wissenschaftlichen Bereichen eher bei unter 40 %[4] – damit ergäben sich im oberen Beispiel 85 signifikante Korrelationen, von denen allerdings 45 – und damit mehr als die Hälfte – falsch wären.

Datenbasierte Analyse ersetzt Experten-Modelle. Obwohl in den Anfängen der datengetriebenen Analyse die Hoffnung galt, dass mit genügend Daten Modelle basierend auf Expertenwissen überflüssig werden würden, hat sich diese Hoffnung zumindest bisher nicht erfüllt. Als Beispiel sei hier die Vorhersage von Grippeausbreitung mittels der Analyse von Suchanfragen bei Google genannt. Im Jahr 2009 entwickelten Wissenschaftler von Google ein Verfahren, das die Ausbreitung von Grippe in Amerika genauso gut aber deutlich schneller vorhersagen konnte, als die Mitarbeiter des nationalen Zentrums für Krankheitskontrolle und Prävention (CDC), die dies mittels wöchentlichen Befragungen von niedergelassenen Ärzten und Krankenhäusern im ganzen Land ermitteln. Das Google-Verfahren basierte auf der Häufigkeitsanalyse von Suchbegriffen. Die Hauptidee dabei: Wenn in einem Ort plötzlich mehr Menschen als üblich nach Wörtern wie „Grippesymptome" oder „Grippemedikament" suchen, dann ist die Grippewelle höchstwahrscheinlich gerade angekommen. Welche Begriffe für die Ausbreitungsvorhersage am besten geeignet waren, entschieden allerdings nicht die Wissenschaftler, sondern ein Computeralgorithmus, der dafür hunderte Milliarden

---

4.   Bakker et al.: The Rules of the Game Called Psychological Science; Perspectives on Psychological Science 7(6), 2012

von Suchanfragen der vergangenen fünf Jahre auswertete. Heraus kam ein prä-
diktives Modell, das im Kern aus einer Liste von 45 Suchanfragen besteht. In den
ersten zwei Jahren war das Modell tatsächlich in der Lage, die Grippeausbreitung
in den USA aufgrund der überwachten Suchanfragen sehr genau vorherzusagen.
Danach jedoch gingen die Vorhersagen und die Realität immer weiter auseinander: Ab August 2011 waren die Vorhersagen für 100 von 108 Wochen falsch. Interessanterweise war ein einfaches Modell, das eine Vorhersage aufgrund der CDC
Daten des vorangegangenen Monats berechnete, besser als das Google Modell.
Die Hauptursachen für das Absinken der Qualität des Google-Modells war vermutlich eine Veränderung in den zugrundeliegenden Daten oder anders gesagt:
Die Nutzer veränderten ihr (Such-)Verhalten, der Algorithmus basierte aber auf
den veralteten Annahmen. Zusammengefasst: Für die Vorhersage von Grippeaus-
breitung war das Ergebnis der Big Data Analyse dem einfachen wissensbasierten
Modell unterlegen. Hier gilt also nicht die Annahme, dass mehr Daten bessere
Vorhersagen ermöglichen.

6   Andere Ansätze für Big Data Analyse

In den vorherigen Abschnitten haben wir gesehen, dass klassische statistische Verfahren grundsätzliche Probleme bei der Analyse von Big Data haben. Fehler in
den Daten, sich verändernde Daten oder schlichtweg nicht verlässliche Methoden erschweren das Finden von sinnvollen Ergebnissen, wie – im oberen Beispiel
– Korrelationen zwischen biologischen Merkmalen und einer Krankheit. Dennoch
gibt es Möglichkeiten, bessere Ergebnisse zu erlangen. Im zweiten Teil dieses Kapitels werde ich nun einen alternativen Ansatz zur klassischen statistischen Analyse vorstellen, der seit Anfang der 2000er Jahre unter dem Namen „Compressed
Sensing" vermehrt Aufmerksamkeit erlangt hat. Diese Methode basiert im Kern
auf dem Prinzip der Regularisierung. Regularisierung bedeutet in diesem Zusammenhang, dass man weitere Informationen zur Lösung des Problems benutzt bzw.
gewisse Vorgaben macht. In der Mathematik – insbesondere in der Statistik – gibt
es mehrere Arten von Regularisierung. In unserem speziellen Fall sind wir an
einer sehr einfachen Form der Regularisierung und damit der Lösungsstruktur
interessiert: Die Lösung soll möglichst wenige Parameter bzw. Komponenten enthalten. Damit ändert sich der grundlegende Ansatz zur Problemlösung. Zur Erinnerung: Das betrachtete Problem besteht darin, dass in einer sehr großen Menge
von Informationen (Milliarden von Variablen aus biomedizinischen Messungen,
wie etwa dem Genom) diejenigen Variablen identifiziert werden sollen, die mit
dem untersuchten Merkmal (beispielsweise einer Krankheit) korreliert sind. Im
ersten Teil dieses Kapitels galten alle Korrelationen als generell wichtig und interessant. Im neuen Ansatz sind jetzt nicht mehr alle, sondern nur noch eine Menge (Auswahl) aller möglichen Korrelationen wichtig, die im Zusammenspiel mit
dem untersuchten Merkmal korreliert sind. Damit führt die oben beschriebene Art

der Regularisierung – auch unter dem Begriff Ockhams Rasiermesser bekannt – eine Art zweites Bewertungskriterium für eine potentielle Lösung ein: Die Erklärung eines Merkmals muss nicht mehr nur aus Korrelationen bestehen, sie muss zusätzlich aus möglichst wenigen Korrelationen bestehen. Als Konsequenz wird dadurch wird die Anzahl der möglichen Lösungen kleiner und das Risiko, eine falsche Lösung als richtig anzusehen, geringer.

7 Mathematische Formulierung

Um das Analyse-Problem anzugehen, muss es zunächst mathematisch formuliert werden. Wir transformieren dazu alle Informationen (Variablen) über einen Patienten derart, dass sie durch einen n-dimensionalen Vektor $x \in R^n$ beschrieben werden, wobei n die Anzahl aller Variablen ist. Dieser Vektor enthält beispielsweise alle zur Verfügung stehenden Daten aus Genomics- und Proteomics-Experimenten, klinische Daten und entsprechend digitalisierte Röntgenbilder – alles in der Form einer sehr langen Zahlenreihe. Da wir daran interessiert sind, ob ein Patient eine bestimmte Krankheit hat oder nicht, codieren wir dies in einer Variable $y \in \{-1, 1\}$. „−1" steht dabei für „Patient hat die Krankheit nicht" und „1" für Patient leidet an der untersuchten Krankheit. Das Ziel im Folgenden wird das Finden einer *Klassifikatorfunktion* c in der folgenden Form sein: $c(x) = sign(\omega^T x)$. Die Signum-Funktion, $sign(r)$, ergibt „−1" wenn $r < 0$ und „1" wenn $r > 0$ (und andernfalls „0") und das Skalarprodukt, $\langle a, b \rangle$, von zwei n-dimensionalen Vektoren a und b ist definiert als: $\langle a, b \rangle = \sum_{k=1}^{n} a_k b_k$). Eine wichtige Rolle kommt offensichtlich dem Gewichts-Vektor ω zu: Die Einträge dieses Vektors legen fest, welche Variablen des Daten-Vektors x in welcher Form in die Berechnung eingehen. Ist der i-te Eintrag in $\omega_i = 0$, dann hat die i-te Variable keinen Einfluss auf die Lösung. Oder in anderen Worten: Es wird von keiner Korrelation ausgegangen, wie im folgenden Beispiel zu sehen:

$$(2 \quad 0 \quad -1) * \begin{pmatrix} a \\ b \\ c \end{pmatrix} = 2a + 0b - c.$$

Hier sind „2", „0" und „−1" die Einträge des Gewichtsvektors ω und „a", „b", und „c" die Einträge (Variablen) des Datenvektors x, die aus einer biomedizinischen Untersuchung eines bestimmten Patienten stammen. Abhängig von den tatsächlichen Werten der Variablen ist das Ergebnis damit positiv oder negativ (oder 0 und liefert damit keine Entscheidung). Wie oben beschrieben, gilt das Interesse in diesem Teil einer Lösung mit möglichst wenig relevanten Variablen. Auf unser Beispiel angewandt bedeutet dies: Wenn eine Krankheit mit fünf oder zehn korrelierten Merkmalen beschrieben werden kann, sollte das Modell mit fünf Parametern vorgezogen werden. Offensichtlich müssen dazu in der betrachten Formulierung möglichst viele Einträge von ω gleich „0" sein.

L0-Regularisierung. In der Mathematik „zählt" man die Anzahl der nicht-Null Einträge in einem gegebenen Vektor, z. B. $\omega \in R^n$, durch die Benutzung der *L0-Norm*, dargestellt durch: $\|\omega\|_0$. Diese ist (normalerweise) definiert als: $\|\omega\|_0 = ?\{i \vee \omega_i \neq 0\}$, was bedeutet, dass die Anzahl von Nicht-Null Elementen im Vektors ω mittels einer Laufvariable $i = 1\ldots n$ (wobei n die Anzahl der Dimensionen von ω ist) gezählt wird. Wir können nun erstmals das gesamte Problem in einer Formel zusammenfassen und erkennen, dass wir ein Modell suchen, dass gleichzeitig zwei Dinge erfüllt: (1) es soll die korrekten statistischen Korrelationen (Variablen) enthalten und (2), es soll so wenig wie möglich davon enthalten. Mathematisch kann dies mit Hilfe einer *Loss-Funktion* (L) folgendermaßen dargestellt werden:

$$L = \sum_{i=1}^{n} \|y_i - \langle x_i, \omega \rangle\|_2 + \|\omega\|_0$$

(auch unter der Bezeichnung „L0 regularisierte least-squares Regression" bekannt). Dabei hat „L" (die Güte der Lösung) zwei Teile: (1) die Summe der tatsächlich begangene Fehler, also die Abweichungen zwischen den jeweiligen echten Ergebnissen (y_i) und der entsprechenden Vorhersage ($\langle x_i, \omega \rangle$) und (2) die Anzahl der verwendeten Komponenten (Modell-Komplexität, gemessen in der L0-Norm). Wie oben beschrieben, beschreibt der Vektor ω, welche Komponente in das Modell eingehen. Existieren z. B. fünf Komponenten und ω sieht so aus [1; 0; 0; 1; 0], dann werden in diesem Modell von allen möglichen nur die erste und die vierte Komponente benutzt. Die tatsächlichen Zahlenwerte der beiden Teile werden jeweils mittels der verwendeten Norm berechnet. Die 2-Norm (oder auch euklidische Norm, angegeben durch $\|\cdot\|_2$) wird berechnet durch $\|x\|_2 := \sqrt{x_1^2 + x_2^2 + \ldots + x_n^2}$. Damit ist klar, dass eine Lösung umso besser ist, je kleiner der Wert der Loss-Funktion ausfällt. Offensichtlich können wir nur die Einträge des Vektors ω beeinflussen (da die x_i's und y_i's durch die gegebenen Daten festgelegt sind) und suchen damit dasjenige ω, welches den Wert der Loss-Funktion minimiert – mathematisch: $\min_{\omega} L$. Damit haben wir unser Ausgangs-Problem nun in Form eines Minimierungs-Problems ausgedrückt. Im Vergleich zur klassischen Vorgehensweise haben wir dadurch nicht nur allein auf die Auswahl der besten Komponenten geachtet, sondern gleichzeitig auch versucht, möglichst wenige davon einzubeziehen. Die Hoffnung dabei ist, dass durch die zusätzliche „Information" (weniger ist besser) auch tatsächlich die relevanten Komponenten ausgewählt werden. Naturlich gibt es auch andere Möglichkeiten der Regularisierung, die in der Literatur unter Namen wie: Ridge Regression, Lasso oder Dantzig Selector bekannt sind und jeweils für spezielle Problemklassen entwickelt worden sind.

8 Grundlagen zur Lösung des Minimierung-Problems

Die mathematische Beschreibung des Problems in Form der oben beschriebenen Loss-Funktion ist eine Sache, die entsprechende optimale Lösung mit dem minimalen Wert von L zu finden natürlich eine ganz andere. Offensichtlich bestimmen die nicht-Null Komponenten des ω-Vektors die Qualität der Lösung – im schlimmsten Fall müssten also alle möglichen Varianten durchprobiert werden, bis die beste Lösung gefunden ist. Es dürfte nicht weiter überraschen, dass es für solche Art von Problemen in der Mathematik einige Lösungsstrategien existieren. Im Folgenden wird eine Strategie aus einem Gebiet der Mathematik betrachtet, das als *Compressed Sensings* bezeichnet wird - wobei an dieser Stelle noch einmal klar betont werden soll, dass dies nur eine Möglichkeit unter vielen ist.

1-bit Compressed Sensing. In diesem Szenario sind m Daten $x_1, \ldots, x_m \epsilon R^n$ und ihre jeweils zugehörigen 1-Bit Beobachtungen „1" für „gesund" oder „−1" für erkrankt ($y_1, \ldots, y_m \in \{-1, 1\}$) gegeben. Das Ziel ist das Finden eines unbekannten Vektors ω, so dass das Skalarprodukt (bzw. das Vorzeichen davon) von jedem einzelnen Datum x_i mit dem Vektor ω die jeweilige Beobachtung y_i ergibt:

$$y_i = sign\left(\langle \omega, x_i \rangle\right), \quad i = 1 \ldots m$$

Der mathematische Ansatz zum Finden des optimalen ω lautet:

$$\omega = \arg\max_{\widehat{\omega} \epsilon R^n} \sum_{i=1}^{m} y_i \langle x_i, \widehat{\omega} \rangle$$

Dies heißt zunächst einmal nichts weiter, als dass alle Möglichkeiten durchprobiert und die beste Variante ausgewählt werden soll. Allerdings soll ω eine bestimmte Struktur – wie oben beschrieben – haben, nämlich wenige nicht-Null Elemente, die mittels der 0-Norm gezählt werden. Die maximale Anzahl von akzeptierten nicht-Null Elementen werden wir durch den Parameter s begrenzen, damit wir eine Kontrollmöglichkeit haben. Dies wird das Finden des optimalen ω einfacher machen, da es aus einer definierten Menge M0 von Lösungen stammen muss, die diese Eigenschaft haben und damit die möglichen Lösungen immerhin einschränkt. Eine weitere Einschränkung machen wir, indem wir bestimmen, dass die euklidische Länge (also die 2-Norm) von ω kleiner als 1 sein soll, damit die einzelnen Einträge nicht einfach relativ skaliert werden. Mit diesen beiden Einschränkungen ist die Meng der zulässigen Lösungen definiert als:

$$M0 = \{\omega \in R^n : \|\omega\|_0 \leq s, \|\omega\|_2 \leq 1\}$$

Leider hilft das in dieser Form noch nicht viel weiter, da es keinen bekannten Algorithmus gibt, der dieses Problem effizient lösen würde. Das Problem dabei ist der erste Teil der Forderung an M0: die Benutzung der 0-Norm, die vorgibt, dass es nur maximal s nicht-Null Einträge geben darf. Durch diese Forderung wird das Problem schwer zu untersuchen, da es *nicht-konvex* ist und damit viele scheinbare (lokal) optimale Lösungen geben kann. Im Gegensatz dazu hat ein *konvexes* Problem nur eine global optimale Lösung. In Abb. 6 wird dies graphisch verdeutlicht: Angenommen, es soll für die beiden dargestellten Funktionen der jeweils

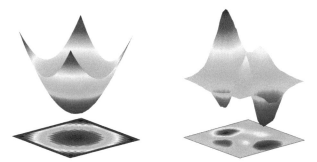

Abbildung 6. Eine konvexe Funktion (links) fällt an jeder Stelle in Richtung des Minimums (blaue Bereiche) ab, während eine nicht-konvexe Funktion (rechts) mehrere Bassins (lokale Minima) haben kann.

kleinste Wert bestimmt werden. Im konvexen Fall (Abb. 6 links) ist die Bestimmung einfach, da nur in Richtung des steilsten Abstiegs gesucht werden muss. Im nicht-konvexen Fall (Abb. 6 rechts) funktioniert diese Strategie nicht, da man hier in mehreren Senken (lokal optimalen Lösungen) landen könnte, ohne zu wissen, dass es noch eine bessere Lösung gibt. Nicht-konvexe Probleme sind also in den meisten Fällen schwieriger zu lösen, weil oft alle zugelassenen Möglichkeiten ausprobiert werden müssen, und da nie abgeschätzt werden kann, ob die beste bereits gefunden wurde.

Ende der 90er Jahre wurde auf diesem Gebiet allerdings ein Durchbruch erzielt: Es konnte gezeigt werden[5], dass die (nicht-konvexe) 0-Norm durch die konvexe 1-Norm ersetzt und trotzdem (unter bestimmten technischen Annahmen) die gleiche optimale Lösung gefunden werden kann. In Abb. 7 wird dies anhand eines Beispiels demonstriert: Angenommen es soll die Lösung zu einem unterbestimmte Gleichungssystem $10y + 7x = 20$ gefunden werden. Ohne weitere Informationen gibt es dafür unendlich viele Lösungen, die auf der schwarzen Geraden liegen. Fordert man aber zusätzlich, dass eine bestimmte Norm des Lösungsvektors minimal sein soll, so wird die Anzahl der möglichen Lösungen auf die Schnittpunkte der Geraden mit der gewählten Normfläche eingeschränkt. Die Abbildung verdeutlicht auch hier was passiert: Die Optimierung des Systems unter Verwendung einer p-Norm, wobei $p = 1$ oder $p < 1$ ist, führt zu der gleichen Lösung, bei der nur einer der beiden Variablen nicht-Null wird.

Mit dieser Erkenntnis kann das Problem also in eine konvexe Variante umgeschrieben werden, für dessen Lösung sehr effiziente Algorithmen aus dem Bereich der konvexen Optimierung bekannt sind. Zusammengenommen ändert sich also die Menge der zugelassenen Lösungen von M0 (siehe oben) zu:

$$M1 = \left\{ \omega \in R^n : \|\omega\|_1 \leq \sqrt{s}, \|\omega\|_2 \leq 1 \right\}$$

---

5.   Chen, Donoho, and Saunders: "Atomic decomposition by basis pursuit"; SIAM J. Sci. Comput (20); 1998

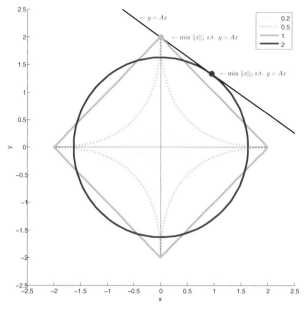

Abbildung 7. Lösung einer unterbestimmten Gleichung unter Verwendung verschiedener Regularisie-
rungen. Die schwarze Linie zeigt die möglichen Lösungen für das Gleichungssystem $10y + 7x = 20$,
die farbigen Kreise mögliche Lösungen.

Unter der Bedingung, dass ω aus M1 stammt, kann die optimale Lösung von

$$\omega = \underset{\widehat{\omega} \epsilon R^n}{argmax} \sum_{i=1}^{m} y_i \langle x_i, \widehat{\omega} \rangle$$

(bzw. ein äquivalentes lineares Programm) mithilfe des sogenannten *Simplex-
Verfahren* sehr effizient bestimmt werden. Damit kann also der gesuchte Vektor
ω auch für große Probleme berechnet werden und wir haben das oben gestellte
Ziel erreicht.

9   Zurück zur Medizin – Interpretation der Lösung

Das Ergebnis des oben beschriebenen mathematischen Problems ist ein schlanker
Lösungsvektor ω, der nur wenige Einträge enthält, die größer als Null sind. Wie
oben beschrieben, repräsentieren diese nicht-Null Einträge genau diejenigen Signale – und damit den gesuchten Fingerabdruck – die für die Identifikation der
untersuchten Krankheit wichtig sind, bzw. eine biologische Relevanz haben. Ein
Beispiel aus dem Bereich der Proteomics-Forschung ist in Abb. 8 zu sehen.

In Massenspektrometrie (MS)-Experimenten wird gemessen, wie viele Kopien
eines Proteins zum Zeitpunkt der Messung in einer Probe (z. B. einer Blutprobe)
existierten. Die Messung funktioniert im Wesentlichen wie eine sehr empfindliche

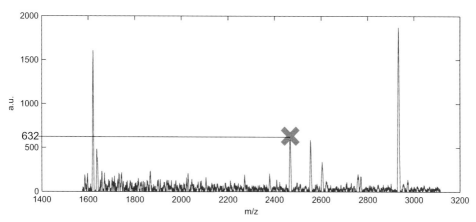

Abbildung 8. Ein kleiner Ausschnitt aus einem Massenspektrometrie-Datensatz aus der Proteomics-Forschung. Der mit dem grünen Kreuz markierte Peak repräsentiert ein Teilchen der Masse 2467, das 632× in der gemessenen Probe vorkam.

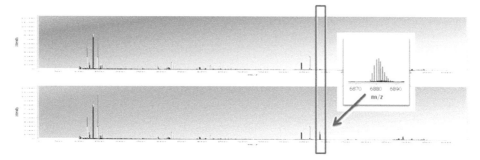

Abbildung 9. MS Daten für zwei verschiedene Gruppen. Oben: Daten einer gesunden Kontroll-Gruppe. Unten: Daten einer Gruppe von erkrankten Patienten. Der signifikante Unterschied in den Signalen beider Gruppen ist durch den roten Kasten gekennzeichnet.

Waage: Jedes Teilchen in der Probe wird gewogen und dabei gezählt, wie oft es insgesamt vorkam. In den entstehenden Spektren werden diese Informationen als Teilchen-Masse (x-Achse) gegen Teilchen-Anzahl (y-Achse) aufgetragen.

Aus diesen Daten kann prinzipiell abgeleitet werden, welche Proteine zum Zeitpunkt der Messung gerade aktiv waren und damit auch, welche Mechanismen in einer Zelle gerade abliefen. Diese Information wird dann besonders interessant, wenn man die Aktivitätsmuster verschiedener Ausprägungen miteinander vergleicht, wie beispielsweise die Daten einer Gruppe von erkrankten Patienten gegen die von einer gesunden Kontrollgruppe, wie in Abb. 9 gezeigt.

Die MS-Experimente ermöglichen damit unter anderem den Vergleich der Proteinaktivität zwischen den beiden Gruppen. Daraus lassen sich Rückschlüsse über die Mechanismen einer bestimmten Erkrankung erlangen und möglicherweise Ziele für neuartige Medikamente bzw. Behandlungen finden. Das Ergebnis einer

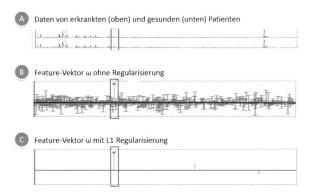

Abbildung 10. Ergebnis der Feature-Selektions Analyse mit und ohne Regularisierung

solchen Analyse ist im Allgemeinen eine Liste von Signalen, in denen sich zwei Proben-Gruppen signifikant unterscheiden. Je nach Art des MS-Experiments umfasst die Messung mehrere Tausend bis mehrere Millionen von Signalen. Klassisch wird auch hier pro Signal ein Hypothesentest durchgeführt („Signal x in beiden Zellen gleich oder nicht?") womit – der obigen Argumentation folgend – davon auszugehen ist, dass dabei sehr viele Falsch-Positive Signale auf der Ergebnisliste landen. Dies ist in Abb. 10 verdeutlicht: Während im un-regularisierten Ansatz von der Methode sehr viele Signale ausgewählt werden, gibt der L1 regularisierte Ansatz einen deutlich schlankeren Feature-Vektor zurück.

10   Fazit: Die Hoffnung der medizinischen Big Data Analyse

Viele Wissenschaftler verfolgen mit den neuen Möglichkeiten der Big Data Analyse die folgende Strategie: (1) Zunächst muss eine groß angelegte Datenbank erstellt werden, in der so viele Daten wie möglich von grundsätzlich gesunden Personen vorhanden sind. Dies umfasst genomische Daten, Daten aus Proteomics (MS) Experimenten, klinische Daten etc. und wird im Allgemeinen als Kontrollgruppe bezeichnet. (2) Im zweiten Schritt werden dann Vergleichsdaten von Patienten erzeugt, die an einer bestimmten Krankheit leiden. (3) Über die oben beschriebenen Methoden werden dann Listen von Genen, Proteinen usw. erzeugt, die mit dem Auftreten der Krankheit korreliert sind. Aus den Ergebnissen des dritten Schrittes ließen sich bereits einfache diagnostische Tests entwickeln. (4) Mithilfe der gefundenen Korrelationen werden mathematische Modelle entwickelt, die die zugrundeliegenden Mechanismen beschreiben.

11 Ausblick: Modellbildung durch wissens-basierte Regularisierung

Bei vielen Big Data Analyse Projekten existiert bereits im Vorfeld ein grundlegendes Verständnis darüber, wie die grundlegende Struktur der zu analysierenden Daten aussieht. Beispielsweise wird bei den bereits genannten Massenspektrometrie-Experimenten gemessen, wie viele Kopien eines Proteins zum Zeitpunkt der Messung in einer Probe (z. B. einer Blutprobe) existierten. Daraus kann prinzipiell abgeleitet werden, welche Proteine gerade aktiv waren und damit auch, welche Mechanismen in einer Zelle gerade abliefen. Diese Information wird dann besonders interessant, wenn man die Aktivitätsmuster verschiedener Ausprägungen miteinander vergleicht. MS-Experimente ermöglichen unter anderem den Vergleich der Proteinaktivität zwischen gesunden Zellen und Krebszellen. Daraus lassen sich Rückschlüsse über die Mechanismen einer Krebserkrankung erlangen und möglicherweise Ziele für neuartige Medikamente bzw. Behandlungen finden. Das Ergebnis einer solchen Analyse ist im Allgemeinen eine Liste von Proteinen, deren Aktivitätsmuster sich zwischen zwei Proben signifikant unterscheidet. Bei einem typischen MS-Experiment umfasst die Messung einige 10.000 Proteine. Klassisch wird auch hier pro Protein ein Hypothesentest durchgeführt („Aktivität in beiden Zellen gleich oder nicht?") und damit ist klar, dass sehr viele Falsch-Positive und Falsch-Negative Gen-Namen auf der Ergebnisliste landen. An dieser Stelle kann biologisches Wissen helfen. Die meisten Proteine arbeiten nämlich nicht isoliert von den restlichen Vorgängen in einer Zelle, sondern sie interagieren mit anderen Proteinen oder anderen Zellbestandteilen (etwa Metabolite). Viele dieser Interaktionen sind bekannt und ermöglicht somit eine Bewertung der gefundenen Protein-Ergebnisliste: Sind etwa mehrere Interaktionspartner eines Proteins A auf der Liste bekannt, aber keines der Partner von A findet sich ebenfalls unter den Resultaten, so ist es eher unwahrscheinlich, dass A tatsächlich ein verändertes Muster zeigt. Auch wenn die experimentellen Daten dies anscheinend zeigen. In der Praxis werden für diese Art der Regularisierung vorhandene Protein-Protein-Interaktionsnetzwerke (PPIs) als Grundlage benutzt. Die Knoten in solch einem Netzwerk können die gemessenen Proteine sein, Verbindungen (Kanten) zwischen zwei Knoten existieren nur dann, wenn eine Interaktion bekannt ist. Durch diese Art der Regularisierung kann eine bessere Lösung erzeugt werden, indem die zunächst nur auf experimentellen Daten basierten Ergebnisse mit den zusätzlichen Informationen neu bewertet werden.

Der schnellste Weg zum Ziel

Ralf Borndörfer, Martin Grötschel und Andreas Löbel

1 Historische Ouvertüre

Das Thema „Wege" weckt Assoziationen zu Straßen, Transport, Verkehr – und Mathematik. Hier sind vier Beispiele.

Das Königsberger Brückenproblem.   Der Mathematiker, Astronom und Physiker Leonhard Euler (1707–1783) studierte im Jahr 1736 die in Abbildung 1 wiedergegebene einfache und doch geheimnisvolle Skizze.

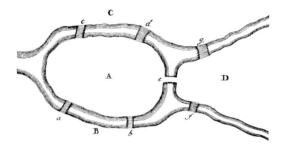

Abbildung 1. Das Königsberger Brückenproblem (aus: Leonhard Euler, *Solutio problematis ad geometriam situs pertinentis*, Bild: Wikimedia Commons, gemeinfrei)

Das Problem, das ziemlich bekannt sein soll, war folgendes: Zu Königsberg in Preußen ist eine Insel A, genannt „der Kneiphof", und der Fluß, der sie umfließt, teilt sich in zwei Arme, wie dies aus Abbildung 1 ersichtlich ist. Über die Arme dieses Flusses führen sieben Brücken a, b, c, d, e, f und g. Nun wurde gefragt, ob jemand seinen Spaziergang so einrichten könne, daß er jede dieser Brücken einmal und nicht mehr als einmal überschreite. Es wurde mir gesagt, daß einige diese Möglichkeit verneinen, andere daran zweifeln, daß aber niemand sie erhärte. Hieraus bildete ich mir folgendes höchst allgemeine Problem: Wie auch die Gestalt des Flusses und seine Verteilung in Arme, sowie die Anzahl der Brücken ist, zu finden, ob es möglich sei, jede Brücke genau einmal zu überschreiten oder nicht.

Das war das *Königsberger Brückenproblem*. Es war höchst ungewöhnlich: zweifellos mathematischer Natur, und doch so beschaffen, „daß es weder die Bestimmung einer Größe erforderte, noch eine Lösung mit Hilfe des Größenkalküls gestattete". *Geometria situs, Geometrie der Lage*, nennt Euler (der den Begriff einem Brief von Leibniz aus dem Jahre 1679 entnimmt) diese neue Mathematik ohne Zahlen, in der Größe und Form keine Rolle spielen, sondern nur die Struktur der Anordnung.

Eulers erster Schritt in das unbekannte Gebiet war eine geniale Abstraktion. Aus der Karte in Abbildung 1 hatte er das Diagramm in Abbildung 2 gebildet. In diesem *Graphen* hatten sich die Inseln in formlose Knoten und die Brücken

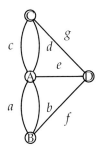

Abbildung 2. Der 1. Graph   *Abbildung 3.* Königsberg 1736 (Stich   *Abbildung 4.* L. Euler
                                    von Merian-Erben, Bild: Wikimedia   (Gemälde von
                                    Commons, gemeinfrei)   J. E. Handmann, Bild:
                                                                                Wikimedia Commons,
                                                                                gemeinfrei)

in Linien (wir nennen diese heute Kanten) verwandelt. Bei der Betrachtung dieser Darstellung bemerkte Euler, dass die Anzahl der Kanten, die in einen Knoten führen, der *Grad*, eine wichtige Rolle spielt. Diese Größe war der Schlüssel zur Lösung nicht nur des Königsberger, sondern überhaupt aller Brückenprobleme durch zwei wunderbare Resultate:

Theorem 1.1
Die Anzahl der Knoten mit ungeradem Grad ist gerade.

Theorem 1.2
Einen Spaziergang, der jede Kante genau einmal benutzt, gibt es genau dann, wenn höchstens zwei Knoten ungeraden Grad haben.

Für einen solchen Spaziergang muss man einen Startknoten und einen Endknoten finden, die beiden dürfen übereinstimmen, müssen es aber nicht.

Eulers Sätze waren die ersten Beiträge zur *Topologie*, wie die Geometrie der Lage jetzt heisst, genauer gesagt zu dem mathematischen Fachgebiet, das man heute *Graphentheorie* nennt. Die höchste Ehre, die es in der Mathematik gibt, ist die Benennung einer Entdeckung nach einer Person. Die Bezeichung *Eulerweg* für Spaziergänge in Graphen ist eine dieser Referenzen, mit denen die Mathematiker noch heute die Arbeit Eulers würdigen. Es bleibt die Frage an Sie, lieber Leser:

Aufgabe 1 (Lösung in Abschnitt 6)
Gibt es einen Eulerweg über die Königsberger Brücken?

Das Hamiltonsche Kreisproblem. Im Jahre 1857 erfand der irische Mathematiker Sir William Rowan Hamilton (1805–1865) das auf den ersten Blick sehr ähnliche „Icosian Game" in Abbildung 5. In dem Graphen in Abbildung 7, dessen Knoten Orte wie Brüssel, Canton, Delhi bis Zanzibar darstellten, sollte man eine geschlossene *Rundreise* (einen Kreis) bestimmen, der jeden Ort genau einmal

Abbildung 5. Das Icosian Game
(aus: Lawler et al., *The Traveling
Salesman Problem*, Wiley 1985)

Abbildung 6. W. R. Hamilton
(Bild: Wikimedia Commons,
gemeinfrei)

besucht. Versuchen Sie es einmal! Probieren Sie auch die „Bienenwabe" in Abbildung 8 daneben, die etwa gleichzeitig von Hamiltons englischem Kollegen Thomas Penyngton Kirkman (1806–1895) erfunden wurde. Sie werden einen Unterschied feststellen!

Aufgabe 2 (Lösung in Abschnitt 6)
Gibt es eine geschlossene Rundreise im Icosian Game?

Aufgabe 3 (Lösung in Abschnitt 6)
Gibt es eine geschlossene Rundreise in der Bienenwabe?

Geschlossene Rundreisen in Graphen nennt man *Hamiltonkreise*, und die Frage, ob ein Graph eine solche zulässt, ist das *Hamiltonsche Kreisproblem* (Hamiltonian Circuit Problem, kurz: HCP). Das Erstaunliche am HCP ist Folgendes: Obwohl das Problem beinahe wie das Brückenproblem aussieht, gibt es keine vergleichbare

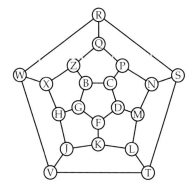

Abbildung 7. Graph zum Icosian Game

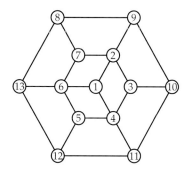

Abbildung 8. Die „Bienenwabe"

Abbildung 9. Die platonischen Körper: Tetra-, Hexa-, Okta-, Ikosa-, Dodekaeder

Lösungsmethode. Alle bekannten Verfahren müssen sich im schlimmsten Fall damit retten, sämtliche Möglichkeiten durch *Enumeration* auszuprobieren. Der verblüffende Grund dafür ist, dass es höchstwahrscheinlich nicht besser geht! Die *Komplexitätstheorie* zeigt, dass das HCP zur Klasse der $\mathcal{NP}$-*vollständigen Probleme* gehört, die in einem mathematisch präzisierbaren Sinne schwierig sind. Ein endgültiger Beweis für die Unvermeidbarkeit der Enumeration bei $\mathcal{NP}$-vollständigen Problemen ist allerdings trotz großer Forschungsanstrengungen bisher nicht erbracht.

Für spezielle Graphen kann man mehr tun und besondere Algorithmen entwickeln. Hamilton wusste für sein Ikosaederspiel eine Lösungsmethode, bei der er sogar die Anfangsstädte vorschreiben konnte. Diese basierte auf einer von ihm erfundenen „Icosian Algebra", die etwas mit Symmetrieeigenschaften des Ikosaeders zu tun hat. Hamilton verkaufte sein Spiel 1859 für 25 £ an einen Spieleverlag, der es unter dem Namen „Around the World" vermarktete. Es war jedoch ein Ladenhüter. Das war allerdings kein Wunder. Allein der Beginn der Anleitung, in der Hamilton erklärt, warum sein Spiel auf einem *Dodekaeder* stattfindet (siehe Abbildung 9), kann einem die Spielfreude verderben. Hamilton verstand etwas von Mathematik, aber offensichtlich nichts von Marketing!

Das Problem des Handlungsreisenden.   Eine Optimierungsvariante des HCPs ist das *Problem des Handlungsreisenden* (Travelling Salesman Problem, kurz: TSP). In einem *vollständigen Graphen* (mit allen denkbaren Kanten), dessen Kanten *Längen* haben, ist die kürzeste Rundreise gesucht. Nützlich für Handlungsreisende und Bohrautomaten, doch am wichtigsten ist das TSP als *das* Benchmarkproblem der kombinatorischen Optimierung.

Im Gegensatz zum HCP liegt die Schwierigkeit beim TSP nicht im Finden einer Rundreise: In einem vollständigen Graphen mit n Knoten stehen $\frac{1}{2}(n-1)!$ Rundreisen zur Auswahl. Abbildung 10 deutet die wahren Probleme an. Man kann jedes HCP (hier die Bienenwabe) in ein TSP verwandeln: Eine Rundreise der Länge 0 gibt es genau dann, wenn das Ausgangs-HCP einen Hamiltonkreis zulässt. Diese *Problemtransformation* zeigt, dass das TSP $\mathcal{NP}$-*schwer* ist. ($\mathcal{NP}$-vollständige Optimierungsprobleme nennt man $\mathcal{NP}$-schwer.)

$\mathcal{NP}$-schwer heisst trotzdem nicht, dass Trivialenumeration die einzige Lösungsmöglichkeit ist. Eine Idee ist, Enumeration mit empirisch effizienten Techniken zu kombinieren, die in der Praxis bei Problemen bis zu einer gewissen Größe

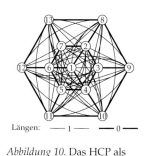

Längen: —— 1 ——   — 0 ——

Abbildung 10. Das HCP als
TSP

Applegate et al. (2006)
Applegate et al. (2005)
Applegate et al. (2004)
Applegate et al. (2001)
Applegate et al. (1998)
Applegate et al. (1998)
Applegate et al. (1993)
Applegate et al. (1991)
Padberg & Rinaldi (1991)
Grötschel & Holland (1991)
Padberg & Rinaldi (1987)
Crowder & Padberg (1980)
Grötschel (1977)
Dantzig at al. (1954)
Jahr

80000
70000
60000
50000
40000
30000
20000
10000
Städte

1950 1960 1970 1980 1990 2000 2010

Abbildung 11. TSP Weltrekorde

zu erträglichen Laufzeiten führen. *Branch & Bound*, *Branch & Cut* und *Branch & Price* sind die Hauptvertreter dieser Linie von Algorithmen. „Branch" steht für Enumeration, „Bound", „Cut" und „Price" für verschiedene Beschleunigungstechniken. Nur getunte Enumeration? Komplexitätstheoretisch ja, und doch unendlich wertvoll im *konkreten Einzelfall*. Abbildung 11 zeigt die Entwicklung beim TSP. 1991 war die 666-Städte-Reise in Abbildung 12 die Grenze des Möglichen. Heute kann man dieses Problem in Sekundenschnelle lösen, und der Weltrekord, aufgestellt im Jahre 2006 von dem siebenköpfigen Team David Applegate, Bob Bixby, Bill Cook, Vašek Chvátal, Daniel Espinoza, Marcos Goycoolea und Keld Helsgaun, steht bei 85.900 Städten! Gegenüber dem 666-Städte-Problem sind das 129× mehr Städte, 16.660× mehr Kanten und $7.4 \cdot 10^{348.931}$× mehr Rundreisen! Zur Zeit wird von derselben Gruppe versucht, die kürzeste Rundreise durch alle

Abbildung 12. Die kürzeste Reise um die Welt (Bild: Tobias Höllerer)

1.904.711 besiedelten Orte der Welt zu finden. Die Länge der besten bisher gefundenen Tour beträgt 7.516.043.366 m, und man weiss, dass die Tour nicht kürzer als 7.511.705.615 m sein kann, d.h. man kann sich höchstens noch um 0.05 % verbessern. Der sich hier zeigende algorithmische Fortschritt ist natürlich schwer zu quantifizieren. Eins lässt sich aber nicht abstreiten: *Branch & Co* ist mehr als Trivialenumeration.

Eine Alternative zu diesen exakten Verfahren ist, statt der besten auch „gute" Lösungen zu akzeptieren, die vom (unbekannten!) Optimum nicht mehr als einen vorher festgelegten Prozentsatz abweichen. Gibt es schnelle *approximative Algorithmen* mit solchen *Gütegarantien* für $\mathcal{NP}$-schwere Probleme? Manchmal ja! Für *euklidische TSPs* (mit Luftlinienentfernungen, eine immer noch $\mathcal{NP}$-schwere Variante) hat der indische Mathematiker Sanjeev Arora im Jahre 1996 eine solche Methode entdeckt, bei der sich die Güte sogar beliebig einstellen lässt. Für allgemeine TSPs kann man beweisen, dass es ein solches Verfahren nicht geben kann.

Das Kürzeste-Wege-Problem.   Das älteste uns bekannte Wegeproblem entstammt einer klassischen Quelle: Friedrich Schillers (1759–1805) Schauspiel „Wilhelm Tell". Denn dieser konnte bereits 1291 nicht nur gut schiessen, sondern auch optimieren. Und nur mit dieser Kombination konnte er die Schweiz befreien! Tell befindet sich nach dem Apfelschuss am Ufer des Vierwaldstätter Sees unweit des Ortes Altdorf. Unbedingt muss er vor dem Reichsvogt Hermann Gessler die Hohle Gasse in Küssnacht erreichen, siehe Abbildung 14. Schiller berichtet:

Tell:	Nennt mir den nächsten Weg nach Arth und Küssnacht.
Fischer:	Die offne Straße zieht sich über Steinen,
	Doch einen kürzern Weg und heimlichern
	Kann Euch mein Knabe über Lowerz führen.

Tell löst in dieser Szene ein graphentheoretisches Optimierungsproblem. In einem Graphen (Wegenetz am Vierwaldstätter See) mit Kantenlängen (Reisezeit) soll der kürzeste Weg zwischen zwei vorgegebenen Punkten (Altdorf und Küssnacht) bestimmt werden. Das ist das *Kürzeste-Wege-Problem* (Single Source Shortest Path [Problem], kurz: SSSP, das zweite P wird weggelassen). Tell behandelt sogar eine kompliziertere Variante mit einer zusätzlichen *Nebenbedingung*: Die Summe von „Verhaftungskoeffizienten" muss unterhalb eines sicheren Grenzwertes bleiben. Literatur und Mathematik – keineswegs ein Gegensatz!

Wegeprobleme treten überall im Zusammenhang mit Netzwerken auf: Bei der Routen- und Personalplanung, in Logistik und Projektmanagement, beim Entwurf von integrierten Schaltungen, beim Entwurf von Telekommunikationsnetzen, beim Routing von Telefongesprächen und Daten etc. Mathematik kann helfen, Kosten zu verringern, Qualität zu erhöhen und schneller zu planen.

Einige Fragen, Methoden und Möglichkeiten der mathematischen Behandlung von Wegeproblemen wollen wir in diesem Artikel beleuchten. Die Beispiele der Fahrgastinformation im öffentlichen Nahverkehr und der Planung von Busfahr-

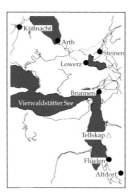

Abbildung 13. F. Schiller (Gemälde von Ludowike Simanovic, Bild: Wikimedia Commons, gemeinfrei)

Abbildung 14. Vierwaldstätter See

Abbildung 15. W. Tell (Zeichnung von E. Stückelberger, Bild: Wikimedia Commons, gemeinfrei)

erdiensten bilden die Grundlage unserer Darstellung. Den Auftakt macht das fundamentale Kürzeste-Wege-Problem und seine Behandlung. Zum gleichzeitigen Planen von mehreren Wegen bei der Busfahrerdienstplanung muss schweres Branch & Price-Geschütz aufgefahren werden. Kürzeste Wege spielen auch dort eine wichtige Rolle. Am Ende stehen ein Blick auf das Umfeld, Hinweise auf weiterführende Literatur und die Lösungen der im Text gestellten Aufgaben. Viel Vergnügen auf Ihrem Weg durch die Mathematik der Wege!

2   Kombinatorik der kürzesten Wege

2.1   Nahverkehr und Graphentheorie

Ein Kürzeste-Wege-Problem, das jeder kennt, ist die Wahl des Fahrtweges im Nahverkehr. Abbildung 16 zeigt das Beispiel des Berliner Schnellbahnnetzes (U- und S-Bahn). 306 Stationen und 445 Strecken machen die Entscheidung nicht immer leicht. Was soll optimiert werden: Zeit, Strecke, Umsteigen, Preis? Wir betrachten ein Modell.

Definition 2.1 (Kürzeste-Wege-Problem (SSSP))
Gegeben: Graph $G = (V, E)$ (Knotenmenge V, Kantenmenge E)
             Nichtnegative Längen oder Gewichte w_{uv} für alle Kanten $uv \in E$
             Zwei Knoten s und t
Gesucht: Ein kürzester Weg von s nach t in G

Der Vorteil dieser Abstraktion ist, dass die Problemdaten eine beliebige Interpretation zulassen. Die Kantenlängen können Preise, Strecken, Zeiten etc. sein, der

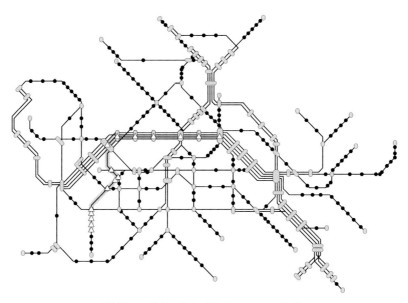

Abbildung 16. Das Schnellbahnnetz von Berlin

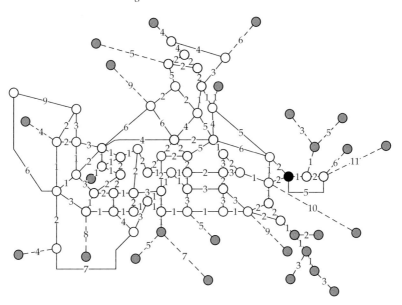

Abbildung 17. Reduziertes Schnellbahnnetz

Mathematik ist das einerlei. Die Vielseitigkeit des Modells geht aber noch sehr viel weiter. Durch geschickte Variation der Längen und Manipulation der Struktur lassen sich nämlich auch viele Problemvarianten auf das Grundmodell zurückführen. Wir geben drei Beispiele für solche Modellierungstricks.

Fahrpreisminimierung in Wabensystemen. Viele Verkehrsbetriebe verwenden Tarife, bei denen in jeder neuen Wabe eine Zuzahlung fällig wird. Abbildung 18 zeigt eine Kantenbewertung für konstante (immer gleiche) Aufzahlungen. Praxisnäher sind sicher abnehmende Grenzpreise; auf diesen Fall werden wir in Abschnitt 2.3 eingehen.

Knotengewichte. Gewichte (Kosten, Preise) an den Knoten kann man auf die Kanten „umlegen". Die Formeln dazu sind in Abbildung 19 angedeutet (mit Spezialbehandlung für Start und Ziel).

Umsteigen. Abbildung 20 zeigt als Beispiel für eine strukturelle Transformation eine Behandlung von Umsteigezeiten auf Bahnhöfen mit sich kreuzenden Linien.

Bei aller Begeisterung für solche Techniken gilt: Beim Modellieren ist weniger oft mehr. Es ist weder sinnvoll noch notwendig, jedes unbedeutende Detail auszuixen. Oft setzt die Verfügbarkeit von Daten engere Grenzen als die Leistungskraft der Algorithmen!

Wir bleiben beim Einfachen und „vervollständigen" das Schnellbahnbeispiel, indem wir jeder Kante in Abbildung 16 die Länge 1 zuweisen. Die Länge eines Weges ist dann die Anzahl der durchfahrenen Kanten. Der durch ⊸△⊸ markierte Weg in Abbildung 16 vom Alexanderplatz nach Dahlem-Dorf (Standort des Konrad-Zuse-Zentrums) hat z. B. eine Länge von 15 (Kanten).

Solche Weglängenbestimmungen kann man mit geringem Aufwand sehr vereinfachen. Abbildung 17 zeigt, wie man durch Zusammenlegen von Streckenfolgen ohne Umsteigemöglichkeit zu Kanten mit entsprechender Länge (eine neue Kante der Länge k entspricht k alten Kanten) eine wesentliche Reduktion der Problemgröße auf 80 Knoten und 122 Kanten erzielt. Der Preis für dieses *Preprocessing* ist, dass man kürzeste Wege nur noch zwischen den End- und Kreuzungspunkten von Linien direkt berechnen kann. Daraus ergeben sich aber leicht alle kürzesten Wege mit Hilfe einiger Fallunterscheidungen. (Der Weg von und zu einem Knoten zwischen zwei Umsteige-/Endknoten A und B verläuft entweder über A

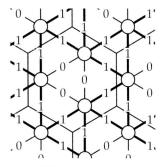

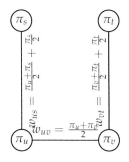

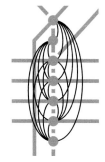

Abbildung 18. Wabentarif   *Abbildung 19.* Knotengewichte   *Abbildung 20.* Umsteigen

oder über B. Das gleiche gilt für das andere Ende mit Knoten C und D. Es ergeben sich vier Fälle AC, AD, BC und BD.) Die Reduktion lässt sich noch weitertreiben. Man kann die grau/gestrichelt gezeichneten *Bäume* in Abbildung 17 eliminieren, in denen man keine Wahl hat. Man kann den Graphen an dem schwarzen *Artikulationsknoten* auseinandernehmen usw. Irgendwo beginnt schließlich der Overkill, bei dem der Aufwand für Rechnung und Implementation den Nutzen übersteigt. Trotzdem gilt: Die richtige Dosis Preprocessing ist ein Muss, um praktische Optimierungsprobleme zu lösen.

2.2   Auf den Spuren des Zufalls

Der einfachste Ansatz zur Bestimmung eines kürzesten Weges ist Enumeration. Doch welcher Verkehrsbetrieb würde seinen Fahrgästen diesen Rat geben! Die Anzahl der Wege ist zu groß. Wie groß? Das wollen wir nun herausfinden. Eine Formel für die genaue Wegezahl in einem beliebigen Graphen gibt es leider nicht. Diese Frage ist zu komplex. Erstaunlicherweise gibt es aber eine Formel für die „ungefähre Anzahl der Wege in einem durchschnittliche Graphen mit n Knoten".

Eine einfache Methode, einen „durchschnittlichen" Graphen durch Münzwürfe zu erzeugen, zeigt Abbildung 21: Für jede der $(n^2 - n)/2$ möglichen Kanten wird ein Euro geworfen. Zahl zeichnet die Kante, Adler verwirft sie. (Wir werfen „deutsche Euros" mit Adlern.) Es entsteht eine *Realisierung* des *Zufallsgraphen* G_n auf n Knoten. Jede Realisierung enthält zwar andere Kanten, aber im Durchschnitt weiss man über diese Graphen eine Menge. Beispielsweise hat G_n eine *erwartete Anzahl* von $(n^2 - n)/4$ Kanten, die Hälfte der möglichen, denn jede einzelne existiert mit Wahrscheinlichkeit $1/2$.

Ähnlich kann man die *erwartete Anzahl an Wegen* in G_n zwischen zwei zufällig gewählten Knoten s und t berechnen. Betrachten wir einmal nur die längstmög-

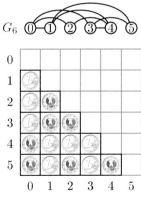

Abbildung 21. Ein Zufallsgraph

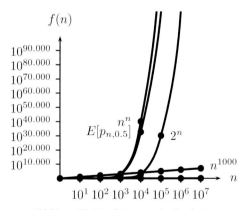

Abbildung 22. Kombinatorische Explosion

lichen (s,t)-Wege, die sogenannten *Hamiltonschen Wege*. Diese haben $n-1$ Kanten. Es gibt $(n-2)!$ solche Wege, einen für jede Anordnung der $n-2$ „inneren" Knoten. Doch nicht alle diese Wege existieren in jeder Realisierung des Zufallsgraphen G_n. Die erste Kante existiert in $1/2$ der Fälle, die erste und die zweite in $1/4$ der Fälle, usw. Alle $n-1$ Kanten existieren in $1/2^{n-1}$ der Fälle. Im Durchschnitt kann man

$$\frac{(n-2)!}{2^{n-1}} = \frac{n!}{2^{n-1}} \cdot \frac{1}{n(n-1)} \approx \frac{n^n e^{-n}}{2^{n-1}} \cdot \frac{\sqrt{2\pi n}}{n(n-1)} \geq \left(\frac{n}{2e}\right)^{n-2} \cdot \frac{\sqrt{n}}{e^2}$$

(s,t)-Wege der Länge $n-1$ erwarten, wobei der relative Fehler der Approximation durch die *Stirlingformel*

$$n! \approx n^n e^{-n} \sqrt{2\pi n}$$

für $n \geq 10$ kleiner als 1% ist. Mit etwas mehr Algebra kann man die erwartete Anzahl $E[p_{n,\rho}]$ aller (s,t)-Wege in G_n (also mit 1 bis $n-1$ Kanten) wie folgt abschätzen:

$$E[p_{n,\rho}] \approx \left(\frac{n\rho}{e}\right)^{n-2} \cdot e^{1/\rho - 2} \cdot \rho \cdot \sqrt{2\pi n}$$

wobei ρ die Wahrscheinlichkeit für das Auftreten von Kanten ist (beim Münzwurf ist $\rho = 1/2$). Alle diese Anzahlen haben eine *Größenordnung* von mehr als $(cn)^{n-2}$ (c eine Konstante). Abbildung 22 zeigt auf einer doppelt logarithmischen Skala das enorme Wachstum solcher Funktionen. Schon in unserem kleinen Schnellbahnbeispiel mit nur 336 Knoten und Kantenwahrscheinlichkeit $\rho = 445 / \frac{336^2 - 336}{2} = 0.008$ sind nicht weniger als $E[p_{336,0.008}] = 1.977 \cdot 10^{50}$ Wege zu erwarten! Dieses Wachstumsphänomen ist bekannt als *Kombinatorische Explosion*. Entkommen kann man ihr nicht. Der Ausweg besteht darin, den riesigen *Lösungsraum* zielgerichtet zu durchsuchen. Euler hat das seinerzeit sofort erkannt:

Was das Königsberger Problem von den sieben Brücken betrifft, so könnte man es lösen durch eine genaue Aufzählung aller Gänge, die möglich sind; denn dann wüßte man, ob einer derselben der Bedingung genügt oder keiner. Diese Lösungsart ist aber wegen der großen Zahl von Kombinationen zu mühsam und schwierig, und zudem könnte sie in andern Fragen, wo noch viel mehr Brücken vorhanden sind, gar nicht mehr angewendet werden. Würde die Untersuchung in der eben erwähnten Weise geführt, so würde Vieles gefunden, wonach gar nicht gefragt war; dies ist zweifellos der Grund, warum dieser Weg so beschwerlich wäre. Darum habe ich diese Methode fallengelassen und eine andere gesucht, die nur so weit reicht, daß sie erweist, ob ein solcher Spaziergang gefunden werden kann oder nicht; denn ich vermutete, daß eine solche Methode viel einfacher sein würde.

2.3 Münchhausen versus Archimedes

Eulers Rat, keine überflüssigen Rechnungen durchzuführen, lässt sich auf das Kürzeste-Wege-Problem übertragen. Offensichtlich können viele Wege keine kürzesten sein. Über den dunkelgrauen Artikulationsknoten „Lichtenberg" in Abbildung 17 führt der kürzeste Weg vom Alexanderplatz nach Dahlem-Dorf nicht, denn sicher ist der Weg Lichtenberg-Dahlem Dorf allein schon länger als 15 Kanten – oder? Jetzt brauchen wir schon zwei kürzeste Wege und die Fortsetzung dieser Argumentation erinnert sehr an die von Freiherr Karl Friedrich Hieronymus von Münchhausen (1720–1796) erfundene Methode, sich an den eigenen Haaren aus dem Sumpf zu ziehen.

„Leider" hat der Lügenbaron die Geschichte zur Unterhaltung seiner Gäste nur erfunden. Wir müssen den festen Boden eines wirklichen kürzesten Weges gewinnen, um aus dem Sumpf zu entkommen. Hier ist einer: Der „leere Weg" der Länge 0 vom Alexanderplatz zu sich selbst. Sie finden das ziemlich dürftig? Archimedes von Syrakus (287–212) war anderer Meinung! „Gebt mir einen Platz, wo ich stehen kann, so will ich die Erde bewegen." hat er gesagt. Ob Archimedes Punkt der Methode Münchhausens vorzuziehen ist?

Das „Daumenkino" Abbildung 23–28 zeigt, wie man von einem archimedischen Punkt aus den ganzen Graphen mit kürzesten Wegen gangbar macht. Das Verfahren basiert auf dem Konzept einer *Distanzmarke* (distance label), die für jeden (erreichten) Knoten die Länge des kürzesten bisher entdeckten Weges angibt. Die Wege selbst bilden einen *Kürzeste-Wege-Baum*.

Initialisierung. Der Knoten „Alexanderplatz" wird mit Distanz 0 *temporär markiert*.

Abbildung 23. Der Knoten Alexanderplatz hat die zur Zeit kleinste temporären Distanzmarke und wird *selektiert*. Der Knoten kann nicht auf einem kürzeren Weg erreicht werden. Die temporäre Distanzmarke des Alexanderplatzes wird deshalb *permanent* gemacht.

Abbildung 24. Die Nachbarknoten des Alexanderplatzes werden mit den Entfernungen dorthin *markiert*, die Kanten in einen *Kürzeste-Wege-Baum* eingefügt. Markierung und Baum sind *temporär*. (Es kann kürzere Wege geben, die nicht direkt vom Alexanderplatz kommen.)

Abbildung 25. Der Knoten „Jannowitzbrücke" mit der Distanzmarke 1 kann nicht auf einem kürzeren Weg erreicht werden. Diese entscheidende Beobachtung liefert den zweiten festen archimedischen Punkt. Knoten Jannowitzbrücke wird *selektiert*, Markierung und Kante im Kürzeste-Wege-Baum werden *permanent* gemacht.

Abbildung 26. Die temporären Distanzmarken der Nachbarn des Knotens Jannowitzbrücke werden *aktualisiert* (label update). Zwei neue Knoten werden entdeckt und *temporär markiert*.

Abbildung 27. Analog zu Schritt 0 wird der Knoten „Friedrichstraße" mit dem zur Zeit kleinsten temporären Label 2 *selektiert*. Label und Kürzeste-Wege-Kante werden *permanent* gemacht.

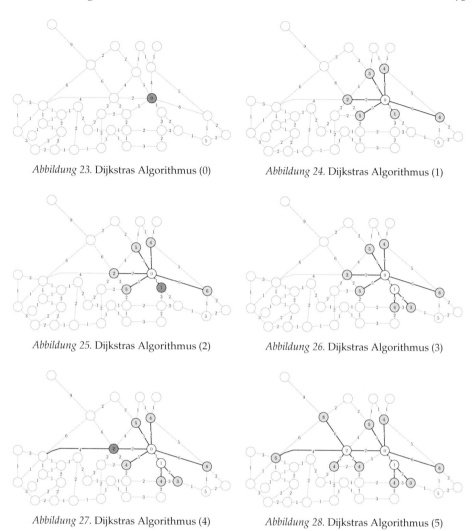

Abbildung 23. Dijkstras Algorithmus (0)

Abbildung 24. Dijkstras Algorithmus (1)

Abbildung 25. Dijkstras Algorithmus (2)

Abbildung 26. Dijkstras Algorithmus (3)

Abbildung 27. Dijkstras Algorithmus (4)

Abbildung 28. Dijkstras Algorithmus (5)

Abbildung 28. Beim Distanz-Update der Nachbarknoten werden drei neue Knoten *temporär markiert*. Die Distanz an einem temporär markierten Knoten verringert sich von 5 auf 4. Marke und Kürzeste-Wege-Baum werden entsprechend aktualisiert.

Ende. Die Rechnung endet, wenn der Zielknoten, hier der (schwarze) „Heidelberger Platz", permanent markiert ist (oder wenn alle Knoten permanent markiert sind). Probieren Sie es einmal aus! Sie erhalten Marken und einen Baum wie in Abbildung 29. (Der Kürzeste-Wege-Baum kann durch Wahlmöglichkeiten bei gleichen Distanzlabeln ein wenig anders aussehen.) Der Baum enthält eine Über-

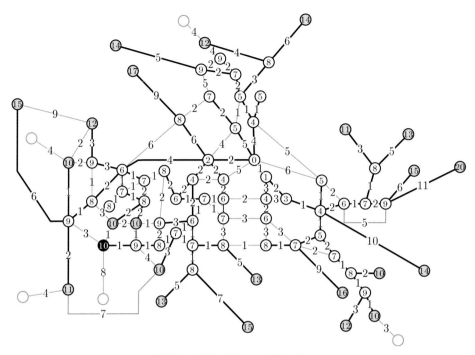

Abbildung 29. Ein Kürzeste-Wege-Baum

raschung: Statt in 11 Kanten wie in Abbildung 16 kann man den Heidelberger Platz auch in 10 erreichen, und damit Dahlem-Dorf in 14 statt 15 Kanten. Hätten Sie's gewusst?

Eine allgemeine Beschreibung des Verfahrens gibt der *Pseudocode* in Abbildung 30. d(v) und pred(v) sind arrays für Distanzmarken und Vorgängerknoten (predecessor) auf dem kürzesten Weg zum Start s. T (tree) ist die Menge der permanent markierten Knoten. $\delta(v)$ ist die Liste der Nachbarn des Knotens v. w(u, v) ist die Länge der Kante von u nach v.

   Dijkstras Algorithmus heisst das Verfahren nach seinem Erfinder, dem holländischen Mathematiker Edsger Wybe Dijkstra, der es 1959 zuerst vorgeschlagen hat. Vorausgegangen war der erste Knotenmarkierungsalgorithmus überhaupt des amerikanischen Mathematikers L.R. Ford Jr. aus dem Jahre 1956, von dem sich Dijkstras durch das Konzept der permanenten Markierung von Knoten und die Angabe einer Regel zu deren Auswahl abhebt; Fords Algorithmus markierte in beliebiger Reihenfolge. Ein kleiner aber feiner Unterschied für die Effizienz! Mit den permanenten Marken spart Dijkstras Algorithmus Arbeit gegenüber der Enumeration, indem alle Wege verworfen werden, deren Anfänge nicht in dem wachsenden Kürzeste-Wege-Baum enthalten sind.

```
 1  algorithm Dijkstra
 2      forall v ∈ V do d(v) ← ∞;
 3      d(s) ← 0; pred(s) ← s; T ← {s};
 4      while (T ≠ ∅) do
 5          bestimme v ∈ T mit d(v) = min_{u∈T} d(u);
 6          T ← T ∪ {v};
 7          forall u ∈ δ(v) do
 8              if d(u) > d(v) + w(v,u) then
 9                  d(u) ← d(v) + w(v,u); pred(u) ← v;
10              endif
11          endforall
12      endwhile
13  endalgorithm
```

Abbildung 31. E. W. Dijkstra
(Photo © 2002 Hamilton
Richards, Wikimedia
Commons CC BY-SA 3.0)

Abbildung 30. Dijkstras Algorithmus

Flexibilität ist ein weiteres Plus von Dijkstras Algorithmus. Wir geben drei Beispiele.

○ Gerichtete Graphen. Das Verfahren funktioniert ohne jede Änderung auch in einem *gerichteten Graphen* (directed graph, kurz: Digraph), dessen *Bögen* wie Einbahnstraßen nur in einer Richtung durchlaufen werden können.

○ Wabensysteme mit abnehmenden Grenzpreisen (Abschnitt 2.1) behandelt man, indem beim Distanz-Update der korrekte Zusatzpreis addiert wird.

○ Fahrpläne erfordern Zeitmarken und eine darauf gestützte Suche nach Anschlüssen.

Fahrgastinformationssysteme wie die in Tabelle 1 genannten basieren alle auf Dijkstras Algorithmus. Das „Mathematics Inside" lässt sich nur vor lauter Oberflächen und Visualisierungen manchmal kaum erkennen. Das gilt natürlich nicht für die Leser dieses Artikels!

Tabelle 1. Fahrgastinformation im Internet

Berliner Verkehrsbetriebe	www.fahrinfo-berlin.de/Fahrinfo
Deutsche Bahn	www.bahn.de
Fahrplanauskunft für Niedersachsen und Bremen	www.efa.de

2.4 Arbeitszeitgesetz für Algorithmen

Theorem 2.2 (Rechenaufwand von Dijkstras Algorithmus)
Dijkstras Algorithmus kann auf einer Random Access Maschine (Computertyp mit Adressarithmetik, kurz: RAM) so implementiert werden, dass der Rechenaufwand für einen Graphen mit n Knoten $O(n^2)$ Operationen beträgt.

```
 1   algorithm Dijkstra
 2      forall v ∈ V do d(v) ← ∞; T(v) ← 0;                n × O(1)        = O(n)
 3      d(s) ← 0; pred(s) ← s;                                            O(1)
 4      foreverdo                                   n ×
 5         min_d ← ∞;                                               O(1)
 6         forall u ∈ V do                          n ×
 7            if T(u) = 0 && d(u) < min_d then              O(1)
 8               min_d ← d(u); v ← u;                       O(1)
 9            endif
10         endforall                             ‾n̄ ×̄ ̄Ō(1̄)̄ = O(n)
11         if min_d = ∞ thenbreak;                          O(1)
12         T(v) ← 1;                                        O(1)
13         forall u ∈ δ(v) do                      n ×
14            if d(u) > d(v) + w(v,u) then                  O(1)
15               d(u) ← d(v) + w(v,u); pred(u) ← v;         O(1)
16            endif
17         endforall                             ‾n̄ ×̄ ̄Ō(1̄)̄ = O(n)
18      endforever                       n ×              O(n) = O(n²)
                                                                ‾‾‾‾‾‾
19   endalgorithm                                                O(n²)
```

Abbildung 32. Laufzeit von Dijkstras Algorithmus

Abbildung 32 zeigt eine geeignete Implementation. Der Code deutet an, dass man den Rechenaufwand bestimmt, indem man schlicht Zeile für Zeile vorgeht (Wiederholungen in Schleifen werden mehrfach gezählt) und zusammenzählt. Wie diese Rechnung durchgeführt wird und was Theorem 2.2 im einzelnen bedeutet, davon handelt der Rest dieses Abschnittes.

O-**Notation.**   ist ein Konzept zum Vergleich des Wachstumsverhaltens von Funktionen.

$$g(n) = O\big(f(n)\big) \iff \text{es gibt eine Konstante } C \text{ mit } g(n) \leq C \cdot f(n) \text{ für alle } n,$$

d. h. $g(n) = O\big(f(n)\big)$ (sprich: g ist von der (Größen-)*Ordnung* von f) bedeutet, dass $g(n)$ bis auf Multiplikation mit einer Konstanten stets $\leq f(n)$ ist. Die wichtigsten *Rechenregeln* sind

$$O(1) + O(1) = O(1), \quad O(1) + O(n) = O(n), \quad O(1) + O(n) + O(n^2) = O(n^2)$$

usw.; bei einem Polynom bestimmt der höchste Exponent die Ordnung (daher der Name). Das „Landausche O" wurde von den Zahlentheoretikern Paul Gustav Heinrich Bachmann (1837–1920) und Edmund Georg Hermann Landau (1877–1938) erfunden bzw. popularisiert.

Die Größe von Eingabedaten lässt sich mit der O-Notation messen. Wenn man einen Graphen in einer *Adjazenzmatrix* wie in Abbildung 21 speichert und dabei Zahl und Adler durch die ganze Zahlen 1 und 0 vom Typ int ersetzt, dann ergibt

Abbildung 33. E. G. H. Landau
(Bild: Wikimedia Commons,
gemeinfrei)

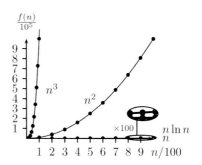

Abbildung 34. Polynomiale Funktionen

sich ein Speicherplatzbedarf von $\frac{n^2-n}{2} \cdot$ `sizeof(int)` Bits. Der Wert `sizeof(int)` ist eine *hardwareabhängige* Konstante, die Bitlänge einer ganzen Zahl. Datenstrukturen und Hardware führen zu unterschiedlichem Speicherplatzbedarf. Die meisten Abweichungen betreffen aber nicht die *Ordnung* des Platzbedarfes in Abhängigkeit von n, sie verändern nur Konstanten wie `sizeof(int)`. Für einen Graphen mit n Knoten kann man daher von einem Platzbedarf in der Größenordnung von höchstens $O(n^2)$ (Bits) ausgehen.

Worst-Case-Analyse. Der Preis für das Denken in Größenordnungen ist, dass man innerhalb einer Größenklasse immer mit dem ungünstigsten Fall, dem Worst Case, rechnen muss. Dies gilt für Eingabedaten und Rechenzeit.

Die Random Access Maschine (RAM) ist ein Computertyp, der nur vier *elementare Operationen* kennt: $+, -$ (Addition), $*, /$ (Multiplikation), $<, >, =$ (Vergleich) und $\leftarrow$ (Zuweisung). Random Access bedeutet, dass es keine Einschränkungen beim Speicherzugriff gibt. (Das in den Literaturhinweisen genannte Buch von Mehlhorn erklärt die wichtigen Feinheiten dieser Definition.) Das RAM-Modell nivelliert Hardware- und Systemunterschiede in der Mikroprogrammierung: Zählen der elementaren Operationen gibt die Ordnung der dafür benötigten CPU-Taktzyklen auf einem realen Rechner.

Die Laufzeit eines Programms auf einer RAM ist die Anzahl der durchgeführten elementaren Operationen. Man kann zeigen, dass dieses vereinfachende Maß tatsächlich die Ordnung der CPU-Taktzyklen bestimmt. (Das gilt allerdings nur auf den heutigen Rechnern, auf den Parallelrechnern der Zukunft gelten andere Gesetze!) Der größte Vorteil des Begriffs ist, dass die Ordnung der Laufzeit auch unabhängig von Implementationsdetails ist: Ein Befehl hin oder her oder auch zehnmal so viele Befehle machen keinen Unterschied. Diese Invarianz erlaubt

es, von *Laufzeiten von Algorithmen* statt von Laufzeiten von Implementationen zu
sprechen.

Die Anwendung der Worst-Case-Analyse auf Dijkstras Algorithmus ist in Abbildung 32 zu sehen: Als Gesamtlaufzeit ergibt sich $O(n^2)$. Diese *polynomiale Funktion* zeigt ein anderes Verhalten als die *(super-)exponentiellen Funktionen* in Abbildung 22, die die Laufzeit der Enumeration bestimmen. Dieser Qualitätssprung ist
die quantitative Begründung für die Überlegenheit von Dijkstras Algorithmus.
Dass es auch im polynomialen Bereich deutliche Unterschiede gibt, zeigt die lineare Skala von Abbildung 34. Die Quantensprünge im Wachstumsverhalten sind
ein großer Ansporn zur Reduktion der Laufzeitordnung. Dijkstras Algorithmus
bietet dazu Potenzial. Mit besseren Listen- und Heap-Datenstrukturen kann man
die Laufzeit relativ leicht auf $O(m \ln n)$ drücken (falls $m < n^2 / \ln n$), wobei m
die Anzahl der Kanten ist. Noch ausgefeiltere Datenstrukturen wie eigens zu diesem Zweck entwickelte „Fibonacci Heaps" setzen weiteres Potenzial frei. Schneller als $O(m)$ kann man nicht werden, denn soviel Zeit benötigt man allein zum
Einlesen der Daten. Gibt es einen *optimalen SSSP-Algorithmus* mit dieser Laufzeit?
Der dänische Mathematiker Mikkel Thorup hat 1996 gezeigt, dass das tatsächlich möglich ist! Es gibt allerdings einen kleinen Haken: Das Verfahren basiert auf
einer sogenannten „Atomic Heap"-Datenstruktur der amerikanischen Mathematiker Michael L. Fredman und Daniel E. Willard, deren Verwendung $n > 2^{12^{20}}$
voraussetzt. $2^{12^{20}} = O(1)$, aber *diese* Konstante ist doch so groß, dass der Algorithmus nicht implementierbar ist! Was nun? Thorup schlägt eine „abgespeckte"
Variante vor, bei der sich die Laufzeit auf $O(\ln C + m + n \ln \ln \ln n)$ „verschlech-
tert" (C ist das größte Kantengewicht). Sie sehen schon: Das Thema SSSP wird
noch Fortsetzungen haben!

2.5   Beschränkte Ressourcen

Kürzeste-Wege-Probleme treten selten in Reinform auf. Schon bei Tell gab es *Bedingungen* an die Form der Wege. *Ressourcenbeschränkungen* sind dafür ein brauch-
barer Rahmen. Solche Modelle sehen neben der Zielfunktion eine Anzahl von *Res-
sourcen* vor, die entlang der Kanten verbraucht werden. An den Knoten schränken
Bedingungen an zulässige *Zustände* des Ressourcenverbrauchs die Form der an-
kommenden Wege ein. Wir geben zwei Beispiele:
○ Zeitfenster sind Intervalle $[a_v, b_v]$ an den Knoten $v \in V$, die den Verbrauch einer
  Zeitressource t_{uv} für das Durchlaufen der Kanten $uv \in E$ einschränken.
○ Weglängenbeschränkungen werden wie Zeitfenster behandelt. Wenn der Begriff Länge von einer Ressource besetzt ist, spricht man bei der Zielfunktion
  vom Gewicht.
Kürzeste-Wege-Probleme mit (diskreten) Ressourcenbeschränkungen lassen sich
durch eine *Transformation* auf die *gerichtete* Standardform (vgl. Seite 77) zurückführen. Abbildung 35 zeigt das Prinzip an einer Variante des Schnellbahnbeispiels

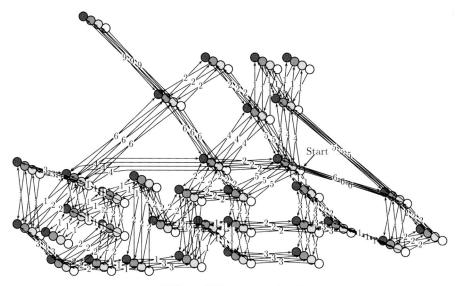

Abbildung 35. Ressourcen-Graph

mit Längenbeschränkung: Gesucht sind die kürzesten Wege mit genau 3 Kanten, die am Alexanderplatz starten. Entlang jeder Kante wird eine Einheit der Kantenressource verbraucht. An jedem Knoten v im Originalgraphen gibt es vier mögliche zulässige Ressourcenzustände $R_v = \{0, 1, 2, 3\}$ (ein ankommender Weg hat bisher 0, 1, 2 oder 3 Kanten „verbraucht"). Die Transformation stellt von jedem Originalknoten vier Kopien her, eine für jeden Ressourcenzustand. In Abbildung 35 sind die Kopien in vier Ebenen 0–3 angeordnet. Gerichtete Bögen verbinden Knotenkopien, deren Originale benachbart sind; die Bögen verlaufen immer „aufwärts" von der niedriger zur höher numerierten Ebene, die Gewichte sind dieselben wie bei den Originalkanten. Der so konstruierte *(Ressourcen-) Zustandsdigraph* hat die Eigenschaft, dass die kürzesten Wege vom Alexanderplatz in Ebene 0 zu den Knoten in Ebene 3 genau den kürzesten Wegen mit 3 Kanten im Originalgraphen entsprechen. Die gerichteten Bögen verhindern die Entstehung von längeren Wege durch „Zurückspringen".

Diese Konstruktion funktioniert allgemein für diskrete Ressourcenzustände R_v. Aus einem Knoten im Originalgraphen entstehen dabei $|R_v|$ Kopien im Zustandsdigraphen, die nach Maßgabe möglicher Ressourcenübergänge durch Bögen verbunden werden. Die Laufzeit von Dijkstras Algorithmus beträgt dort $O\big((\sum_{v \in V} |R_v|)^2\big)$. Diese Größe ist im allgemeinen *nicht* polynomial in der Anzahl n der Knoten des Ausgangsdigraphen. Nur unter besonderen Bedingungen, z. B. wenn $\sum_{v \in V} |R_v|$ polynomial in n ist, ergeben sich polynomiale Laufzeiten. Man nennt ein solches Laufzeitverhalten *pseudopolynomial*.

Die Konstruktion des Zustandsdigraphen bietet Raum für Verbesserungen. Die Idee ist, die Transformation nur *implizit* durchzuführen und im Originaldigraphen mit mehreren Marken pro Knoten zu rechnen. Diese *Multilabel-SSSP-Algorithmen* benötigen weniger Speicherplatz, manchmal (wie im Fahrplanbeispiel von Seite 77) ist auch die Laufzeit günstiger.

Aufgabe 4 (Lösung in Abschnitt 6)
Warum liefert eine n-Ebenen-Transformation keinen polynomialen Algorithmus für das Hamiltonsche Kreisproblem?

3 Kombinationen von Wegen

Auf die Kürzesten-Wege-Probleme folgt als nächste Stufe die gleichzeitige Planung *mehrerer Wege*. Die typische Schwierigkeit ist, gelegentlich den „richtigen Umweg" zu machen. Es soll nicht versucht werden, eine Übersicht über die Überdeckungs-, Packungs-, und Partitionierungsprobleme mit Wegen zu geben, um nur die bekanntesten Typen zu nennen. Wir beschränken uns hier auf ein repräsentatives Beispiel: Branch & Price Verfahren für Set Partitioning Modelle der Busfahrerdienstplanung.

3.1 Dienstplanung Light

Die Berliner Verkehrsbetriebe (BVG) sind (Stand 31. 12. 2006) mit 1.310 Bussen unterwegs, die von etwa 4.000 Busfahrern gesteuert werden. Auf 147 Linien mit einer Gesamtlänge von 1.656 km werden im Jahr 403,8 Mio. Fahrgastfahrten durchgeführt. Bei diesen Dimensionen ist klar: Busse und Fahrer müssen möglichst effizient eingesetzt werden. Das ist gar nicht so einfach. Insbesondere die Arbeit der Fahrer ist durch komplizierte Vorschriften reglementiert, die u. a. für ausreichende Pausen sorgen sollen. Zu diesen notwendigen Unterbrechungen sollen aber nicht dadurch weitere Wartezeiten hinzukommen, dass Dienste so ungünstig zum Fahrplan liegen, dass zwar Fahrer verfügbar, aber gerade keine Fahrten zu machen sind. Ausserdem möchte man für die Mitarbeiter möglichst angenehme Dienste schneiden und z.B. die Zahl der unbeliebten geteilten Dienste klein halten, bei denen man an einem Tag zweimal zur Arbeit kommen muss.

Abbildung 36 zeigt ein vereinfachtes Dienstplanungsproblem. Es sind die Fahrten 1–6 zwischen den Endhaltestellen A, B und C durchzuführen. Die Fahrtdauern ergeben sich aus dem Zeitstrahl am unteren Bildrand. Die Fahrt 1 beginnt z. B. um 7 Uhr und endet um 10 Uhr usw. Für diese Fahrten müssen Fahrdienste gebildet werden. Dazu vereinbaren wir die folgenden Regeln. Die Lenkzeit (das ist die Zeit, in der gefahren wird) soll maximal 7 Stunden betragen, und zwischen zwei Fahrten soll keine Unterbrechung von mehr als 3 Stunden auftreten. Die Kosten eines Dienstes seien festgesetzt als die Dienstdauer (also Lenk- plus Unterbrechungs- bzw. Übergangszeiten) zuzüglich einer Fixkostenpauschale von 2 Stunden pro Dienst. Der Dienst 1-2-3, der die in Abbildung 36 durchgezogen

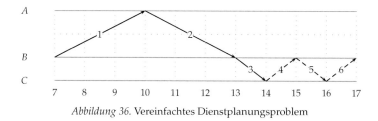

Abbildung 36. Vereinfachtes Dienstplanungsproblem

dargestellten Fahrten durchführt, ist mit einer Lenkzeit von 7 Stunden und Übergängen zwischen den einzelnen Fahrten von jeweils 0 Stunden zulässig; seine Kosten sind $3 + 3 + 1 + 2 = 9$. Analog ist der gestrichelt dargestellte Dienst 4-5-6 mit einer Lenkzeit von 3 Stunden und Übergängen von 0 Stunden zulässig; seine Kosten sind $1 + 1 + 1 + 2 = 5$. In der Kombination bilden diese beiden Dienste einen Dienstplan mit Gesamtkosten von $9 + 5 = 14$, der alle Fahrten jeweils genau einmal überdeckt.

Für ein so kleines Beispiel mit simplen Regeln ist die Dienstplanung einfach. In Wirklichkeit sind häufig Tausende von *Fahrtelementen* zu überdecken. Dabei müssen die Dienste nach so komplizierten Regeln gebildet werden, wie sie in Abbildung 37 am Beispiel eines EU-Gesetzes dargestellt sind. Zusätzlich tritt die Schwierigkeit auf, dass sich Regeln und Ziele (durch Betriebsvereinbarungen, politische Vorgaben etc.) ständig ändern. Die dadurch entstehenden Komplikationen der echten Dienstplanung kann man sich vorstellen. Die Gefahr in dieser Situation ist, dass man mit *ad hoc Methoden* ein komplexes und unübersichtliches Modell entwickelt, das sich schwer an Veränderungen anpassen lässt und Lösungen von zweifelhafter Qualität liefert. Die mathematische Alternative stellen wir in den folgenden Abschnitten vor.

Verordnung (EWG) Nr. 3820/85 des Rates vom 20. Dezember 1985 über die Harmonisierung bestimmter Sozialvorschriften im Straßenverkehr

Amtsblatt Nr. L 370 vom 31/12/1985 S. 0001–0007

ABSCHNITT V Unterbrechungen und Ruhezeit

Artikel 7

(1) Nach einer Lenkzeit von 4 1/2 Stunden ist eine Unterbrechung von mindestens 45 Minuten einzulegen, sofern der Fahrer keine Ruhezeit nimmt.

(2) Diese Unterbrechung kann durch Unterbrechungen von jeweils mindestens 15 Minuten ersetzt werden, die in die Lenkzeit oder unmittelbar nach dieser so einzufuegen sind, dass Absatz 1 eingehalten wird.

(3) Im Falle des nationalen Personenlinienverkehrs koennen die Mitgliedstaaten abweichend von Absatz 1 die Mindestdauer fuer die Unterbrechung auf nicht weniger als 30 Minuten nach einer Lenkzeit von hoechstens 4 Stunden festsetzen. Diese Ausnahmeregelung darf nur in Faellen gewaehrt werden, in denen durch Unterbrechungen der Lenkzeit von mehr als 30 Minuten der Stadtverkehr behindert wuerde und in denen es den Fahrern nicht moeglich ist, in der Lenkzeit von 4 1/2 Stunden, die der Unterbrechung von 30 Minuten vorausgeht, eine Unterbrechung von 15 Minuten einzulegen.

Abbildung 37. Aus der EU-Pausenregelung für Busfahrer

3.2   Dienste und Wege

Der erste Schritt zu einer besseren Methode ist die Entwicklung eines mathematischen Modells. Dabei werden Dienste als Wege in einem geeigneten Planungsgraphen dargestellt, die die Fahrtelemente „überdecken". Man spricht von einem „Pfadüberdeckungsproblem".

Abbildung 38 zeigt die Konstruktion für das Beispiel aus Abbildung 36. Für jedes Fahrtelement i werden zwei Knoten i und i' verwendet, die Fahrtbeginn und -ende bezeichnen. Hinzu kommen zwei „künstliche Knoten" s und t, die für den Dienstbeginn bzw. das Dienstende stehen. Die Knoten sind durch Bögen miteinander verbunden, die mögliche Übergänge zwischen den zugehörigen Ereignissen darstellen. Die Bögen sind mit Zahlenpaaren (t_{ij}, c_{ij}) beschriftet, wobei t_{ij} die Lenkzeit beim Übergang vom Knoten i zum Knoten j angibt, und c_{ij} die Kosten.

Der Dienstplanungsgraph ist so konstruiert, dass jeder zulässige Dienst einem Weg von s nach t entspricht. Umgekehrt ist das nicht ganz der Fall. Damit ein (s, t)-Weg einem Dienst entspricht, darf die Summe der Lenkzeiten auf seinen Bögen 7 nicht überschreiten. Mit der Resource „Lenkzeit" entsprechen die Dienste daher resourcenbeschränkten Wegen, wie sie in Abschnitt 2.5 diskutiert wurden. Beachten Sie auch, lieber Leser, dass die zweite Planungsregel zur Beschränkung der Dienstunterbrechungen auf höchstens 3 Stunden auf ganz einfache Weise durch Einfügen oder Nichteinfügen von Bögen in den Planungsgraphen behandelt wird. Z.B. wird der Bogen $1'4$ weggelassen, da er einen illegalen Übergang vom Ende der Fahrt 1 zum Beginn der Fahrt 4 mit einer Unterbrechung von 4 Stunden darstellt. Insgesamt entspricht ein Dienstplan einer Menge von lenkzeitbeschränkten (s, t)-Wegen, so dass alle Fahrtelemente genau einmal überdeckt sind. Gesucht ist eine derartige „Pfadüberdeckung" mit minimalen Gesamtkosten. Es bleibt die Frage: Wie findet man die richtigen Wege?

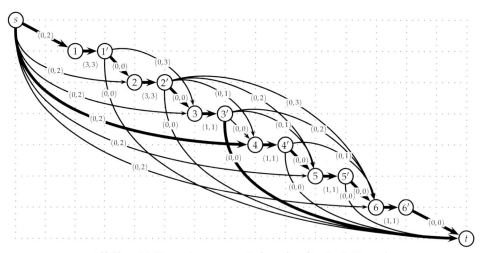

Abbildung 38. Dienstplanungsgraph; $(t_{ij}, c_{ij}) = (\text{Lenkzeit}, \text{Kosten})$

3.3 Set Partitioning Modelle

Der Ausgangspunkt zur Lösung dieser Frage ist eine *gedankliche Enumeration* aller Dienste. Tabelle 2 listet die Ergebnisse in einer komprimierten Form. Jede Spalte steht für einen von 37 möglichen Diensten. Oben ist für jeden Dienst j der Kostenkoeffizient c_j aufgeführt. Es folgt der Fahrt-*Inzidenzvektor* $a_{.j}$ ($\cdot$ ist ein Platzhalter für einen Index). Er gibt an, welche Fahrten der Dienst j durchführt (1) oder nicht durchführt (.). Zeile i gehört dabei zu Fahrt i, $i = 1, \ldots, 6$. Die Dienste 1-2-3 und 4-5-6 finden sich in den Spalten 19 und 28.

Diese Vorbereitung macht es leicht, das Dienstplanungsproblem als ein *ganzzahliges Programm* zu formulieren, einem der Modelltypen der diskreten Optimierung. Abbildung 39 zeigt das Programm in einem von vielen Codes akzeptierten „LP-Format". Das Programm enthält für jeden Dienst eine 0/1 Entscheidungsvariable x_j (Binaries, siehe auch Tabelle 2 unten) für die Durchführung eines Dienstes ($x_j = 1$) oder die Nichtdurchführung ($x_j = 0$). Die Zielfunktionszeile (obj) summiert die Kosten der durchgeführten Dienste, die minimiert werden sollen (Minimize). Jede der 6 Gleichungen (c1-c6) fordert, dass von allen Diensten, die ein Fahrtelement überdecken, genau einer durchgeführt wird (ci gehört zu Fahrt i). Die *Lösungen* dieses Programms entsprechen genau den möglichen Dienstplänen. Weil dabei die Fahrten in Dienste partitioniert werden, nennt man diesen Typ eines ganzzahligen Programms ein *Mengenpartitionierungsproblem* (Set Partitioning Problem, kurz: SPP).

Probleme mit 37 Variablen und 6 Gleichungen löst jeder ernstzunehmende Code wie der Blitz. Unser Solver brauchte keine Millisekunde, um die Lösung zu finden *und* ihre Optimalität zu beweisen. Das Ergebnis kennen wir schon: $x_{19} = x_{28} = 1$, die anderen Variablen sind 0.

So leicht macht es uns die echte Dienstplanung nicht. Bei 2.000 Fahrtelementen gibt es vermutlich mindestens $\binom{2.000}{10} \geq 10^{20}$ Dienste, die man nicht mehr enumerieren kann. War alles Set Partitioning umsonst? Das nicht! Wir müssen uns aber

Tabelle 2. Alle Dienste

c_1	c_2	c_3	c_4	c_5	c_6	c_7	c_8	c_9	c_{10}	c_{11}	c_{12}	c_{13}	c_{14}	c_{15}	c_{16}	c_{17}	c_{18}	c_{19}	c_{20}	c_{21}	c_{22}	c_{23}	c_{24}	c_{25}	c_{26}	c_{27}	c_{28}	c_{29}	c_{30}	c_{31}	c_{32}	c_{33}	c_{34}	c_{35}	c_{36}	c_{37}
5	5	3	3	3	3	8	9	6	7	8	9	4	5	6	4	5	4	9	10	11	12	7	8	9	5	6	5	11	12	12	8	9	9	6	12	9
$a_{.1}$	$a_{.2}$	$a_{.3}$	$a_{.4}$	$a_{.5}$	$a_{.6}$	$a_{.7}$	$a_{.8}$	$a_{.9}$	$a_{.10}$	$a_{.11}$	$a_{.12}$	$a_{.13}$	$a_{.14}$	$a_{.15}$	$a_{.16}$	$a_{.17}$	$a_{.18}$	$a_{.19}$	$a_{.20}$	$a_{.21}$	$a_{.22}$	$a_{.23}$	$a_{.24}$	$a_{.25}$	$a_{.26}$	$a_{.27}$	$a_{.28}$	$a_{.29}$	$a_{.30}$	$a_{.31}$	$a_{.32}$	$a_{.33}$	$a_{.34}$	$a_{.35}$	$a_{.36}$	$a_{.37}$
1	.	.	.	.	.	1	1	.	.	.	.	.	.	.	.	.	.	1	1	1	1	.	.	.	.	.	.	1	1	1	.	.	.	.	1	.
.	1	.	.	.	.	1	.	1	1	1	1	.	.	.	.	.	.	1	1	1	1	1	1	.	.	.	.	.	.	.	1	1	1	.	.	1
.	.	1	.	.	.	.	1	1	.	.	1	1	1	.	.	1	.	1	.	.	1	1	1	1	1	.	.	1	1	.	.	1	1	.	1	1
.	.	.	1	.	.	.	1	.	.	.	.	1	.	.	1	.	1	.	1	1	.	.	1	.	1	1	1	1	1	1	1	1	1	1	1	1
.	.	.	.	1	.	.	.	.	.	.	1	.	.	1	.	1	.	1	.	1	.	1	.	.	1	.	1	1	.	1	1	.	1	1	1	1
.	.	.	.	.	1	.	.	.	.	.	1	.	.	1	1	.	.	1	1	.	.	.	1	.	.	1	1	1	1	.	1	1	1	1	1	1
x_1	x_2	x_3	x_4	x_5	x_6	x_7	x_8	x_9	x_{10}	x_{11}	x_{12}	x_{13}	x_{14}	x_{15}	x_{16}	x_{17}	x_{18}	x_{19}	x_{20}	x_{21}	x_{22}	x_{23}	x_{24}	x_{25}	x_{26}	x_{27}	x_{28}	x_{29}	x_{30}	x_{31}	x_{32}	x_{33}	x_{34}	x_{35}	x_{36}	x_{37}

von der Vorstellung verabschieden, dass man ein Modell ganz hinschrieben muss, um es zu lösen. Nur einige wenige Dienste der Optimallösung sind gefragt (im Beispiel nur 2), die unzähligen anderen (hier 35) sind am Ende nur Ballast. Wie sagte Euler noch:

Würde die Untersuchung in der eben erwähnten Weise geführt, so würde Vieles gefunden, wonach gar nicht gefragt war; dies ist zweifellos der Grund, warum dieser Weg so beschwerlich wäre.

3.4 Pläne = Pfade + Preise + Programme

Der Grundidee zur Lösung großer Set Partitioning Probleme ist verblüffend einfach: Man startet mit einer (irgendwie geschickt erzeugten) kleinen Menge von Diensten und *erzeugt* die fehlenden Dienste nach Bedarf. Diese *Spaltenerzeugung* (column generation) ist der wichtigste Bestandteil aller *Branch & Price* Algorithmen. Der entscheidende Trick dabei ist, die Spalten auf eine Weise zu erzeugen, die garantiert zu einer Verbesserung führt. Wie dies funktioniert, davon wollen wir nun einen Eindruck geben.

Initialisierung. Zum Start wird eine Lösung benötigt. Wir wählen die teure, aber immer mögliche „Einzeldisposition" $x_1 = \cdots = x_6 = 1$ mit Kosten $5 + 5 + 3 + 3 + 3 + 3 = 22$, bei der jede Fahrt von einem eigenen Fahrer durchgeführt wird. Die 6 Inzidenzvektoren $a_{\cdot 1}$–$a_{\cdot 6}$ und die Kosten c_1–c_6 sind alles, was gegenwärtig von dem SPP aus Abbildung 39 bekannt ist.

BTRAN. Die *backward transformation* ist eine *Kostenstellenrechnung*: Die Gesamtkosten sollen von den Diensten auf die „verursachenden" Fahrten umgerechnet werden. Das Ergebnis sind (Schatten-)*Preise* π_i für die Fahrten. Die Preise ergeben sich als Lösung der Gleichungen $\sum_{i=1}^{6} a_{ij}\pi_i = c_j$ für alle Touren j mit $x_j = 1$. In

```
Minimize
obj: + 5x1 + 5x2 +3x3 +3x4 +3x5 + 3x6 +8x7 +9x8 + 6x9 +7x10
     + 8x11 + 9x12 +4x13 +5x14 +6x15 + 4x16 +5x17 +4x18 + 9x19 +10x20
     +11x21 +12x22 +7x23 +8x24 +9x25 + 5x26 +6x27 +5x28 +11x29 +12x30
     +12x31 + 8x32 +9x33 +9x34 +6x35 +12x36 +9x37
Subject To
c1:  x1+x7+x8+x19+x20+x21+x22+x29+x30+x31+x36=1
c2:  x2+x7+x9+x10+x11+x12+x19+x20+x21+x22+x23+x24+x25+x32+x33+x34+x37=1
c3:  x3+x8+x9+x13+x14+x15+x19+x23+x24+x25+x26+x27+x29+x30+x32+x33+x35+x36+x37=1
c4:  x4+x10+x13+x16+x17+x20+x23+x26+x27+x28+x29+x30+x31+x32+x33+x34+x35+x36+x37=1
c5:  x5+x11+x14+x16+x18+x21+x24+x26+x28+x29+x31+x32+x34+x35+x36+x37=1
c6:  x6+x12+x15+x17+x18+x22+x25+x27+x28+x30+x31+x33+x34+x35+x36+x37=1
Binaries
     x1 x2 x3 x4 x5 x6 x7 x8 x9 x10 x11 x12 x13 x14 x15 x16 x17 x18 x19 x20
     x21 x22 x23 x24 x25 x26 x27 x28 x29 x30 x31 x32 x33 x34 x35 x36 x37
End
```

Abbildung 39. Ein Set Partitioning Problem

Beispiel sind das die Gleichungen

$$
\begin{aligned}
\pi_1 \phantom{{}=} &= 5 = c_1 && \text{(Preisgleichung Dienst 1)}\\
\pi_2 \phantom{{}=} &= 5 = c_2 && \text{(Preisgleichung Dienst 2)}\\
\pi_3 \phantom{{}=} &= 3 = c_3 && \text{(Preisgleichung Dienst 3)}\\
\pi_4 \phantom{{}=} &= 3 = c_4 && \text{(Preisgleichung Dienst 4)}\\
\pi_5 &= 3 = c_5 && \text{(Preisgleichung Dienst 5)}\\
\pi_6 &= 3 = c_6 && \text{(Preisgleichung Dienst 6).}
\end{aligned}
$$

Die Lösung ist $\pi_1 = \pi_2 = 5$, $\pi_3 = \pi_4 = \pi_5 = \pi_6 = 3$.

Pricing. Dieser Schritt ist eine *Investitionsrechnung*: Es wird nach alternativen Diensten gesucht, deren Kosten den Schattenpreis unterbieten. Die Differenz, die *reduzierten Kosten*, tut genau dies. Die Formel für die reduzierten Kosten $\bar{c}_j$ von Dienst j lautet

$$
\bar{c}_j := c_j - \sum_{i=1}^{6} a_{ij} \pi_i. \tag{1}
$$

Die Bestimmung eines Dienstes mit negativen reduzierten Kosten ist – und damit kommen wir auf die Wege zurück – ein *Kürzeste-Wege-Problem mit Ressourcenbeschränkungen*. Abbildung 40 zeigt den Digraphen. Damit die reduzierten Kosten Weglängen entsprechen, werden die Preise ähnlich wie in Abbildung 19 auf die Bögen umgelegt, die aus den Startknoten der Fahrten herauszeigen. Die Preise gehen in Formel (1) mit negativem Vorzeichen ein und werden deshalb abgezogen. Dabei entstehen *negative Bogengewichte*. SSSP Algorithmen haben Schwierigkeiten mit negativen Gewichten, die die permanente Markierung von Knoten verhindern (man kann auf einem Weg Kosten *senken*, und tatsächlich sind SSSPs mit negativen Gewichten sogar $\mathcal{NP}$-schwer). In unserem Fall ist das aber nicht so: In einem *azyklischen Digraphen* (ohne gerichtete Kreise) funktioniert Dijkstras Algorithmus auch mit negativen Bogengewichten, wenn man die Knoten in der richtigen Reihenfolge (einer *topologischen Ordnung*) „von vorne nach hinten" markiert.

Zur eigentlichen Berechnung werden an den Knoten neben einer Distanzmarke auch Marken für die bereits verbrauchte Lenkzeit t benötigt, die die Werte $t = 0, 1, 2, \ldots, 7$ annehmen können. Das Ergebnis ist in der Tabelle in Abbildung 40 dargestellt. Sie enthält in Zeile t, $t = 0, \ldots, 7$, die Längen der kürzesten Wege mit einer Lenkzeit von höchstens t zu den jeweiligen Knoten. Die Berechnung der Wege erfolgt zeilenweise in Reihenfolge wachsender Zeitmarken. Der Eintrag -4 an der Position $(3, t)$ zeigt, dass es einen (s, t)-Weg mit einer Lenkzeit von 3 Einheiten und reduzierten Kosten von -4 gibt. Eine Rückverfolgung der Berechung zeigt, dass es sich dabei um den Weg $s44'55'66't$ handelt, der dem Dienst Nr. 28, das ist der Dienst 4-5-6, entspricht. Dieser Dienst hat Kosten von $2 + 1 + 1 + 1 = 5$, während die Summe der Schattenpreise der in ihm enthaltenen Fahrten 4, 5 und 6 den Wert $3 + 3 + 3 = 9$ hat. Die Differenz $5 - 9 = -4$ entspricht genau den reduzierten Kosten.

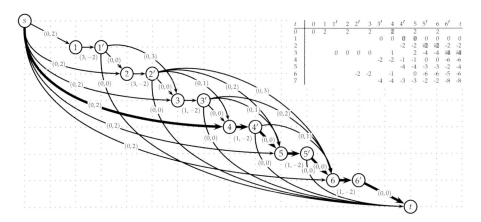

Abbildung 40. Spaltenerzeugung

FTRAN.   Die *forward transformation* ist eine *Produktionsrechnung*: Der neue Dienst 28 soll einige alte Dienste ersetzen. Wie ist klar: Dienst 28 ersetzt die Dienste 4, 5 und 6, die neue Lösung ist $x_1 = x_2 = x_3 = x_{28} = 1$. Die Kosten betragen $c_1 + c_2 + c_3 + c_{28} = 5 + 5 + 3 + 5 = 18$, eine Einsparung gegenüber dem Wert 22 der vorherigen Lösung von $\bar{c}_{28} = -4$.

Optimalitätskriterium.   Da die Gesamtkosten von 22 auf 18 gesunken sind, müssen in der nächsten Iteration die Schattenpreise angepasst werden. Anschliessend wird wieder ein verbessernder Dienst gesucht und in die Lösung eingebaut. Dadurch sinken die Kosten weiter. Dies geht solange, bis es keine Wege mit negativer Länge mehr gibt. In der Theorie der Linearen Optimierung wird gezeigt: Wenn die reduzierten Kosten aller Dienste nichtnegativ sind, dann ist die gegenwärtige Lösung optimal. Das Eintreten dieses *Abbruchkriteriums* ist das Signal zur Einstellung der Rechnung. Die Optimallösung ist gefunden!

Laufzeit.   Eine wichtige Frage stellt sich: Wie viele Iterationen müssen dafür ausgeführt werden, wie viele Dienste werden erzeugt? Wenn man es richtig macht, nicht sehr viele. Der zweite Autor hat zusammen mit dem holländischen Mathematiker Alexander Schrijver und dem ungarischen Mathematiker László Lovász eine Theorie der *polynomialen Äquivalenz von Separierung und Optimierung* (hier dual angewandt) entwickelt, die zeigt, dass man mit einer polynomialen Anzahl an Diensten auskommen kann. Diese Resultate sind die theoretische Untermauerung für die empirische Effizienz der Spaltengenerierung.

Branch & Price.   Neben einigen technischen Problemen haben wir in unserer Darstellung bisher eine Schwierigkeit unterschlagen. Diese besteht darin, dass sich der Einbau eines neu bestimmten Dienstes in eine Lösung manch-

mal nicht durch einen Tausch durchführen lässt. Ein mathematischer Ausweg besteht darin, auch „gebrochene Lösungen" zuzulassen, bei denen Bruchteile von Touren verwendet werden. Eine solche Lösung hat keine Bedeutung in der realen Welt. Sie ist nur ein Zwischenergebnis in einer Rechnung, an deren Ende eine ganzzahlige Lösung stehen soll. Was aber, wenn die Spaltenerzeugung (Price) mit einer gebrochenen Optimallösung terminiert? Dann kann die Ganzzahligkeit nur mit einer nachgeschalteten Enumeration (Branch) garantiert werden, die im Allgemeinen zu einer exponentiellen Gesamtlaufzeit führt.

Manchmal hat man Glück und die Spaltenerzeugung liefert bereits eine ganzzahlig Lösung. Dieses Ergebnis ist nicht die Regel, aber häufig kann man mit einfachen *Heuristiken* aus gebrochenen Lösungen ganzzahlige machen, deren Zielfunktionswerte nahe aneinanderliegen (im Idealfall stimmen sie überein). Dazwischen liegt die *Dualitätslücke* (duality gap), in der sich das unbekannte Optimum befindet. Die Größe der Lücke liefert auch bei *Unkenntnis des genauen Optimums* ein Maß für die *Qualität* einer heuristischen Lösung. Aussagen dieser Art sind wichtig zur Beurteilung von *Einsparpotentialen*.

Die Autoren haben mit Hilfe von Spaltenerzeugungsverfahren ein Dienstplanoptimierungssystem DS-OPT entwickelt. Es ist in das Planungssystem MICROBUS 2 der IVU Traffic Technologies AG integriert und wird von vielen Verkehrsbetrieben im In- und Ausland, auch von der BVG, verwendet. Mathematik konnte so dazu beitragen, dass Nahverkehr attraktiv und finanzierbar bleibt.

4 Ausblick

Seit sechzig Jahren erlebt die Diskrete Optimierung und mit ihr die Mathematik der Wege einen Aufschwung. Heute stehen gute Modelle, Algorithmen und eine allgemeine Theorie zur Verfügung.

Ihr Einsatz entspricht leider nicht immer dem Stand der Mathematik. Im Vergleich zur Durchdringung der technischen Ingenieursdisziplinen mit Methoden der Differentialrechnung sind diskrete Methoden in Planung, Logistik, Decision Support und Supply Chain Management noch Exoten. Es gibt eine Reihe von Gründen: Die Größe diskreter Modelle, mangelnde Kenntnis der hierzu notwendigen Mathematik oder sogar Skepsis gegenüber der Mathematik in manchen Planungskreisen, fehlendes Interesse an Optimierung durch monopolistische Strukturen in wichtigen Feldern wie dem öffentlichen Verkehr.

Diese Lage ändert sich. Die Leistung von Rechnern und Verfahren ist auf einem nutzbaren Stand und steigt. Monopole lösen sich auf. Es besteht die Chance, diskrete Methoden in die Planung und die Logistik zu bringen. Unsere Vision ist, dass *Computer Aided Scheduling* (CAS) denselben Stellenwert in der Logistik bekommt wie CAD und CAM in der Produktion. Die Möglichkeiten liegen auf der Hand: Kosteneinsparung, Qualitätsverbesserung, Planungstempo und

-flexibilität, Szenarioanalysen, etc. Bei der Dienstplanung im öffentlichen Nahverkehr haben sich Set Partitioning Modelle bewährt. Im kompetitiven Luftverkehr sind sie bereits Industriestandard. Mit Mehrgüterflussmethoden ist die Umlaufplanung sämtlicher Fahrzeuge von Verkehrsbetrieben wie der BVG (dem viertgrößten der Welt) möglich. Nicht wegzudenken sind Verfahren zur Lösung von Wegproblemen aus dem Netzdesign in der Telekommunikation. Wo noch? Das wird die Zukunft zeigen!

5   Weiterführende Literatur

Sie sind auf den Geschmack gekommen und möchten mehr über die Mathematik der Wege wissen? In diesem Abschnitt finden Sie eine thematisch sortierte Liste mit weiterführender Literatur, die Sie zum Teil aus dem Internet herunterladen können.

Kürzeste Wege.   Die Artikel zur *9th DIMACS Implementation Challenge – Shortest Path* geben eine Übersicht über die neuesten Forschungsergebnisse zu kürzesten Wegen. Sie sind im Internet unter http://www.dis.uniroma1.it/~challenge9/papers.shtml erhältlich.

Transportprobleme.   Unser Artikel *Alcuin's Transportation Problems and Integer Programming* in Band 2 des Buches *Charlemagne and his Heritage: 1200 Years of Civilization and Science in Europe* von Paul Leo Butzer, Hubertus Th. Jongen und Walter Oberschelp, erschienen 1998 bei Brepols, Turnhout, Belgien, gibt eine unterhaltsame Einführung in die mathematische Transportoptimierung am Beispiel des bekannten Wolf-Ziege-Kohl Problems, das sich Karl der Große und sein Chefberater Alkuin von York vor 1200 Jahren ausdachten, um an den fränkischen Schulen den Mathematikunterricht zu verbessern. Der Artikel ist im Internet von http://www.zib.de/ZIBbib/Publications/ als ZIB Preprint SC 95-27 erhältlich.

Das Königsberger Brückenproblem.   Lassen Sie es sich nicht entgehen, Leonhard Eulers gleichnamigen Artikel aus dem Jahre 1736 zu lesen! Sie finden ihn auf den Seiten 290–301 in Dénes Königs Buch *Theorie der Endlichen und Unendlichen Graphen* aus dem Jahre 1936, das 1986 als Band 6 des *Teubner Archivs zur Mathematik* bei B. G. Teubner, Leipzig, wiederaufgelegt wurde.

TSP.   Martin Grötschels und Manfred Padbergs Artikel *Die Optimierte Odysse*, erschienen 1999 im *Spektrum der Wissenschaft 4*, Seiten 76–85, und erhältlich im Internet von http://www.spektrum.de/themen/heft210499.html, informiert unterhaltsam über das berühmteste Problem der kombinatorischen Optimierung. Die letzten Neuigkeiten findet man in dem 606 Seiten starken Buch *The Traveling Sa-*

lesman Problem: A Computational Study von David Applegate, Robert Bixby, Vašek Chvátal und William Cook. Es wurde 2007 von Princeton University Press herausgegeben.

Nahverkehr. Die Dienstplanung im öffentlichen Nahverkehr beschreiben Ralf Borndörfer, Andreas Löbel, Uwe Strubbe und Manfred Völker in dem Artikel *Zielorientierte Dienstplanoptimierung*, erschienen 1999 in dem Proceedingsband *Heureka '99: Optimierung in Verkehr und Transport* der Forschungsgesellschaft für Straßen- und Verkehrswesen, Köln.

Die Umlaufplanung im öffentlichen Nahverkehr beschreiben Martin Grötschel, Andreas Löbel und Manfred Völker in dem Artikel *Optimierung des Fahrzeugumlaufs im Öffentlichen Nahverkehr* in dem Buch *Mathematik – Schlüsseltechnologie für die Zukunft*, das von K.-H. Hoffmann, W. Jäger, T. Lohmann und H. Schunck herausgegeben wurde und 1997 im Springer Verlag erschienen ist.

Die gleichzeitige Lösung beider Probleme behandelt Steffen Weider in seiner Dissertation *Integration of Vehicle and Duty Scheduling in Public Transport*, die 2007 an der Technischen Universität Berlin fertiggestellt wurde.

Unter http://www.zib.de/ZIBbib/Publications/ sind alle drei Publikationen als ZIB Preprints SC 96-08 und SC 98-41 bzw. unter der Rubrik Dissertationen im Internet erhältlich.

Algorithmische Graphentheorie. Sven Krumke und Hartmut Noltemeiers Buch *Graphentheoretische Konzepte und Algorithmen*, erschienen 2005 bei B.G. Teubner, gibt eine fundierte Einführung.

Lineare Programmierung. Wir empfehlen das Buch *Optimierung, Operations Research, Spieltheorie. Mathematische Grundlagen* von Karl Heinz Borgwardt, erschienen 2001 im Birkhäuser Verlag, Basel.

Komplexität, Laufzeit, Rechner. Ein Standardwerk ist Kurt Mehlhorns Buch *Datenstrukturen und Effiziente Algorithmen*, Band 1, erschienen 1988 bei B.G. Teubner, Stuttgart.

6 Auflösungen der Fragen

Eulertour. Vier Knoten haben ungeraden Grad. Nach Theorem 1.2 gibt es keinen Eulerweg.

Ikosaederspiel. Zwei Original-Hamilton-Kreise: B C P N M D F K L T S R Q Z X W V J H G und B C P N M D F G H X W V J K L T S R Q Z.

Bienenwabe. Es gibt keinen Hamiltonkreis. Die Bienenwabe ist *bipartit* (zweifärbbar): Alle Kanten führen von Knoten mit gerade Nummer (g) zu ungeraden

(u) Knoten. Ein Hamiltonkreis hätte die Form g u g u ... g u und also eine gerade Anzahl Knoten. Die Bienenwabe hat aber 13 Knoten.

HCP als SSSP, Seite 82.   Im Originalgraph kann es zu Knotenwiederholungen kommen.

Romeo und Julia, spontane Musterbildung und Turings Instabilität

Bernold Fiedler

1 Turing träumt

Kristalle, Schneeflocken, Seifenblasen, Wasserwellen, Dünen, Gebirgstäler, Tannenzapfen, Embryonalentwicklung, Sonnenblumen, Zebrastreifen, Herzschlag und Nervenzittern: Nahezu überall scheinen geordnete Strukturen und Muster, Regelmäßigkeiten wie „von selbst" zu entstehen. Dieses „von selbst": Klingt das nicht nach einer Ausrede, nach Nicht-Wissen oder Nicht-Wissen-Wollen? Also fragen wir erst recht: Wie funktioniert denn dieses „von selbst", diese „Selbstorganisation"? Wie vermag Gestalt und Form sich hervorzuheben, sich zu bilden und zu entwickeln aus gleichförmigem Einerlei? Wie kann sich solche Bildung behaupten und entfalten gegen die allgegenwärtigen Kräfte des Zerfließens und des Zurücksinkens in entropische Gleichmacherei und homogene Formlosigkeit? Und so könnten wir immer weiter fragen und formulieren, verwundert und ratlos.

Solche Fragen verdienen Lebenswerke und nicht ein Abtun mit einem Vortrag oder Artikelchen. Alan M. Turing (1912–1954) hat in seiner Arbeit aus dem Jahr 1952 (s. Literatur) bahnbrechende Einsichten zum Problem der „Selbstorganisation" oder „Morphogenese" (Gestaltbildung) entwickelt, die bis heute lebendig fortwirken. Es handelt sich übrigens um denselben Turing, der, damals 26 Jahre alt, zugleich die Grundlagen für die moderne Theorie der Berechenbarkeit und die Architektur des Computers gelegt hat. Während des Zweiten Weltkrieges war er maßgeblich an der Entschlüsselung des Geheimcodes Enigma der deutschen Wehrmacht beteiligt. Lassen wir aber all das nun beiseite, um zu seinem Ansatz zur Morphogenese zurückzukehren.

Sicherlich mag Form von außen aufgeprägt werden oder schon im Keim angelegt sein, für uns unsichtbar aber doch vor-geformt. Seifenhäute etwa, eingespannt in Drahtfiguren, versuchen ihre Energie dadurch zu minimieren, dass sie wunderbare elegante Formen minimaler Fläche bilden. Für meisterhafte Mathematik zu solchen Optimalitätsfragen siehe etwa das im Literaturverzeichnis angegebene Buch von Hildebrand und Tromba oder den Artikel von D. Ferus in diesem Buch. Was aber, wenn wir keine räumliche Struktur vorzugeben gewillt sind – oder allenfalls mikroskopisch minimale, zufallsbedingte Schwankungen einer anfänglich homogenen Verteilung? Müssen sich nicht solche Schwankungen sofort wieder auf diffusive Weise ausgleichen? Was würden wir wohl von einer „selbstorganisierten" Badewanne halten, die ihr zunächst wohltemperiertes Was-

ser „von selbst" entmischt: kaltes Wasser zu den Füßen und heißes zum Kopf?
Ein Spinner, ein Träumer (im harmlosesten Fall) mag das für möglich halten – wir
nicht! Ausgeburt eines überhitzten Kopfes, der dringend Abkühlung braucht …

Ganz recht, die Badewanne tut so etwas nicht – oder jedenfalls kaum je, in
kosmischen Zeitskalen. Turing hat aber richtig vorhergesagt, dass aus dem Zusammenspiel von räumlich homogenen Reaktionsgesetzen und räumlich nivellie-
rend wirkender Diffusion dennoch Struktur „spontan" entstehen kann – in einem
mathematisch präzisen Sinne. Natürlich wurde dieser präzise Traum inzwischen
durch Computer-Simulationen bestätigt. Belouso und Zhabotinsky haben zeitlich
oszillierende chemische Reaktionen entdeckt – übrigens gegen heftige Widerstän-
de, die das für Unfug und als Verstoß gegen die Dogmatik der Thermodynamik
erklärten. Die mannigfachen räumlich-zeitlichen Strukturen, die in solchen Experimenten auftreten, belegen Turings Traum.

Bedauerlicherweise erfordert Turings Originalarbeit Kenntnisse über die Analysis gewöhnlicher und partieller Differentialgleichungen, die – heute wie ehe-
dem – nur durch mehrjähriges ernsthaftes Mathematikstudium zu haben sind.
Kenntnisse einer Schlüsseltechnologie des Geistes übrigens, die selbst unter unseren Mathematiklehrern und Studenten für das Lehramt schwinden oder gar amt-
lich abempfohlen werden. Im vorliegenden Beitrag wird erstmals versucht, die
mathematische Essenz von Turings Idee so zu erläutern, dass nur die vier Grund-
rechnungsarten erforderlich sind – und waches Mitdenken natürlich.

Als Parabel für die Vorgänge der mathematischen Dynamik soll die wohlbekannte Liebesgeschichte von Romeo und Julia herhalten. Shakespeare mö-
ge dem Autor allzu gewaltsame Eingriffe in das Liebesleben dieses unsterb-
lichen Paares verzeihen. Der Anspruch unserer Ausführungen ist nicht literarisch. Und keinesfalls soll der Berufsstand des Ehe- und Partnerschaftsberaters
dipl. math. begründet werden. Aber es zeigt sich doch, dass unsere Anschauung
in Lebens- und Liebesfragen ganz unfreiwillig einen überaus reichen Vorrat an
Phänomenen der mathematischen Theorie der dynamischen Systeme ganz intim
zu kennen scheint. Jedenfalls eher in dieser Richtung als umgekehrt.

2   Romeo und Julia

Statt die Liebe zwischen Romeo und Julia, mit Shakespeare, in Worte zu fassen
oder, wie Prokofieff in Töne, sollen also dürre Formeln die Herzensangelegenheit
einkleiden: nur als Parabel, wie gesagt, für Turings Idee der Morphogenese. Vor
Risiken und Nebenwirkungen überzogener Nachahmung sei hiermit letztmalig,
aber dringend, gewarnt.

Sei also J_n die Liebe, die Julia für Romeo am Abend n im Herzen hegt. Dabei
ist $n = 1$ oder $n = 2$ oder jede andere natürliche Zahl; kurz $n = 1, 2, 3 \ldots$. Der Zahlenwert von J_n kann positiv oder auch negativ sein – je nachdem. Ein Zahlenwert
$J_n = 0$ auf unserer Skala der Liebestemperatur soll dabei jenen durchaus erstre-
benswerten Zustand noch milden Glücks etwas schnöde bezeichnen, der durch

Vermeidung jugendlichen Überschwangs immer weiter wachsender J_n die aus der Literatur bekannte Katastrophe klug umgeht.

Hätte unsere Julia nun die Gabe, ihren geliebten Romeo nicht weiter zu beachten, so sollte ihr Verhalten durch die Dynamik

$$J_{n+1} = J_n \tag{2.1}$$

beschrieben sein. Diese Formel drückt aus, dass Julias Liebe J_n sich am nächsten Abend $n+1$ mit J_{n+1} genau so fortsetzt wie sie am Vorabend n bestand. Natürlich ist das nur eine Annahme, die Julia den Beinamen Konstanze eintragen sollte. Aber so hieß ja die Frau Wolfgang Amadeus Mozarts, die wiederum höchstwahrscheinlich *nicht* (2.1) treu und namensgemäß folgte.

Unser Romeo ist nun, anders als bei Shakespeare und ganz im Gegensatz zur treuen Julia, ein unbeständiger Gesell:

$$R_{n+1} = -J_n . \tag{2.2}$$

Seine Liebestemperatur R_{n+1} am Abend $n+1$ beantwortet also Julias Zuneigung $J_n > 0$ vom Vorabend mit kalter Schulter: „*die* hab ich doch sowieso in der Tasche, also lieber weitersuchen", so etwa lautet seine Devise. Erst wenn Julias Liebe merklich erkaltet ist, $J_n < 0$, bereut er aufrichtig: $R_{n+1} > 0$, und Julia ist wieder alleinige Königin seines weitläufigen Herzens.

Anders als in (2.1) behauptet, kann das natürlich nicht spurlos an Julia vorübergehen: wir ersetzen deshalb (2.1) durch

$$J_{n+1} = J_n + R_n . \tag{2.3}$$

Das bedeutet, dass Romeos Zuneigung $R_n > 0$ vom Vorabend Julias Liebe anfacht. Eine kalte Schulter $R_n < 0$ aber dämpft Julias Zuneigung verständlicherweise. Wir fassen noch (2.2), (2.3) in Kurzschrift zusammen:

$$z_{n+1} = Az_n . \tag{2.4}$$

Dabei soll das Zahlenpaar $z_n = (J_n, R_n)$ den Zustand unseres Liebespaares am Abend n beschreiben und $Az_n = (J_n + R_n, -J_n)$ kürzt einfach die Anwendung der rechten Seiten von (2.2) und (2.3) ab. Wer will, kann jetzt gleich die Vorschrift (2.4) programmieren und – ganz unabhängig von Sternzeichen, Mondphase und Biorhythmus – den „Liebesvektor" z_n für alle Zeiten ausrechnen.

Es geht aber auch mit Bleistift und Papier. Ein Beispiel findet sich in Tabelle 2.1. Der Startwert $J_1 = 1$, $R_1 = 0$ alias $z_1 = (J_1, R_1) = (1, 0)$ ist willkürlich gewählt. Einsetzen in (2.2), (2.3) mit $n = 1$ ergibt $z_2 = (J_2, R_2)$. Erneutes Einsetzen, mit $n = 2$, liefert ebenso $z_3 = (J_3, R_3)$ und so weiter. Für einen Plot des zeitlichen Verlaufs für $n = 1, 2, 3, \ldots$ siehe Abbildung 2.1. Auch ein Plot der Punkte (J_n, R_n) in der Ebene (J, R) ist lohnend.

Aus Tabelle 2.1 lässt sich leicht ablesen, dass sich der Liebesvektor z_n mit einer Periode von genau sechs Tagen wiederholt:

$$z_{n+6} = z_n . \tag{2.5}$$

Tabelle 2.1. Der sechstägige Liebeszyklus von Romeo und Julia

n	1	2	3	4	5	6	7	8	9	$\cdots$
J_n	1	1	0	-1	-1	0	1	1	0	$\cdots$
R_n	0	-1	-1	0	1	1	0	-1	-1	$\cdots$

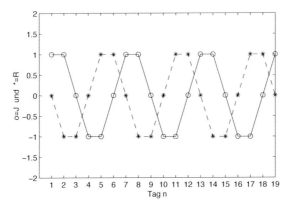

Abbildung 2.1. Der sechstägige Liebeszyklus von Romeo und Julia

Das gilt übrigens nicht nur für unsere spezielle Wahl $z_1 = (1,0)$ sondern für jede beliebige Anfangskombination $z_1 = (J_1, R_1)$. In Abbildung 2.1 wird das zeitlich versetzte Pendeln zwischen Zuneigung und Abneigung bei beiden Partnern deutlich. Ursache ist natürlich Romeos unreifes Stenzentum. Aber auch Julia könnte das fortwährende Wechselbad der Gefühle dämpfen. Sie könnte zum Beispiel Romeo etwas weniger ernst nehmen, rein mathematisch, indem sie (2.3) ersetzt durch

$$z_{n+1} = J_n + 0.9 * R_n . \tag{2.6}$$

Aber wir sind ja hier nicht in der Therapie.

3   Roberto und Julietta

Was Shakespeare nicht wusste: Julia hat diesmal eine Zwillingsschwester Julietta. Eineiige, mathematisch identische Zwillinge. Und Romeo hat einen ebensolchen Zwillingsbruder Roberto. Und Roberto und Julietta sind ein ebensolches Liebespaar wie Romeo und Julia.

Wozu das? Die Konstruktion ist so sehr an den Haaren herbeigezogen, dass wir jeden Roman spätestens nach solcher Zumutung in die Ecke legen. Für unseren mathematischen Versuch jedoch, spontane Musterbildung und Morphogenese mit Turing zu verstehen, erfüllt die Konstruktion einen wichtigen Zweck. Wir werden darauf zu achten haben, ob sich die identischen Beziehungen der beiden identischen Liebespaare auf identische Weise entwickeln oder nicht. Muss doch so sein, offensichtlich, nicht wahr? Warten wir ab …

Wir bezeichnen mit J'_n bzw. R'_n den jeweiligen Liebeszustand von Julietta bzw. Roberto am Abend n. Das geht genau wie im vorigem Abschnitt, also

$$J'_{n+1} = J'_n + R'_n \qquad R'_{n+1} = -J'_n. \tag{3.1}$$

Julietta und Julia bzw. Roberto und Romeo gleichen einander also bis in ihre Beziehungen hinein aufs Haar. Feinsinnige Unterschiede zwischen gleichen genetischen Einflüssen und unterschiedlichen Prägungen durch Umweltfaktoren kommen in unserer Parabel (fast) nicht vor. Zum Beispiel ist auch der Vektor $z'_n = (J'_n, R'_n)$ wieder zu Liebeszyklen der Periode sechs verurteilt,

$$z'_{n+6} = z'_n, \tag{3.2}$$

ganz wie zuvor z_n in (2.5) und ohne jede hormonelle Grundlage. Wie in (2.4) können wir abgekürzt schreiben.

$$z'_{n+1} = A z'_n. \tag{3.3}$$

Dabei erhält die Zuordnungsvorschrift A keinen Apostroph (A'), weil es sich ja bei den z'_n um dieselbe Gesetzmäßigkeit handelt wie bei z_n.

Allerdings wollen wir nicht voraussetzen, dass $z'_n = z_n$ für alle $n = 1, 2, 3, \ldots$ gilt. Zum Beispiel könnte $z'_1 \neq z_1$ sein, etwa weil sich die beiden Paare am Stichtag $n = 1$ unterschiedlich lange kannten. Aha, ein bisschen Umwelt bleibt durch diese Hintertür doch noch erhalten! Als Folge ergibt sich $z'_n \neq z_n$ für alle $n = 1, 2, 3, \ldots$

Wo steckt nun die Morphogenese? Beiden Paaren widerfährt doch im wesentlichen dasselbe. Ist auch kein Wunder, weil jedes Paar für sich bleibt, blind und taub für das andere Paar und alle Welt. Das wird sich aber gleich ändern.

4 Wenn Schwestern schwatzen …

Wir haben bis jetzt in Formeln ausgedrückt, wie sich der „Liebesvektor" z_n bzw. z'_n für jedes der beiden Liebespaare entwickelt. Jetzt stellen wir diese Überlegungen vorübergehend zurück, um die gegenseitige Beeinflussung der jeweiligen Geschwisterpaare zu untersuchen. Als Vereinfachung nehmen wir zunächst an, dass sich nur die Schwestern Julia und Julietta untereinander über ihre Erlebnisse austauschen, die Brüder aber nicht. In Abschnitt 5 sind dann die Brüder dran.

Wie sieht das aus in Formeln, wenn Schwestern tagsüber miteinander schwatzen? Wir schreiben

$$J_n = \bar{J}_n + s * (\bar{J}'_n - \bar{J}_n). \tag{4.1}$$

Dabei soll J_n wieder Julias Liebe am *Abend* des Tages n messen. Das neue Symbol $\bar{J}_n$ (lies: J_n-quer) bezeichnet Julias Liebe am *Morgen* des Tages n, nachdem sie

Romeo getroffen hat. Ebenso misst $\bar{J}'_n$ Juliettas Liebestemperatur am *Morgen n*. Der Stern, $*$, bedeutet die gewöhnliche Multiplikation. Der Schwatz-Koeffizient s schließlich beschreibt, wie sehr sich Julia ($\bar{J}_n$) durch Julietta ($\bar{J}'_n$) tagsüber beeinflussen lässt. Typischerweise wird s eine feste Zahl zwischen 0 und 1 sein: $0 \leq s \leq 1$.

Der Fall $s = 1$ bewirkt zum Beispiel

$$J_n = \bar{J}'_n. \tag{4.2}$$

Vielleicht denkt Julia: „. . . also dieser Roberto muss doch ein prima Typ sein, was die Julietta so von dem erzählt. Hm, und mein Romeo ist doch schließlich sein Zwillingsbruder. Vielleicht hat er's doch nicht so gemeint gestern, wie er so blöd zu mir war." Und stets schwenkt Julia bis zum Abend voll auf Juliettas Linie ein, also $J_n = \bar{J}'_n$.

Der Fall $s = 0$ beschreibt das andere Extrem:

$$J_n = \bar{J}_n. \tag{4.3}$$

Julia schert sich nicht um das Geschwätz von Julietta und bleibt der eigenen Meinung treu: eine wahre Konstanze.

Werte wie $s = 0.5 = 50\%$ oder $30\%, 70\%$ usw. beschreiben unterschiedliche Mischformen dieser beiden Extreme. Wir sehen, dass s einfach beschreibt, in welchem Maß J_n in Richtung der Differenz $J'_n - J_n$ nachgibt.

Kehren wir zum allgemeinen Fall (4.1) zurück, der alle Mischformen mit enthält. Da Julietta die Zwillingsschwester von Julia ist, wird natürlich umgekehrt auch sie durch Julia beeinflusst – nach demselben Gesetz. Ihre Abendliebe J'_n wird also so aussehen

$$J'_n = \bar{J}'_n + s * (\bar{J}_n - \bar{J}'_n). \tag{4.4}$$

Wir erhalten also (4.4) aus (4.1), indem wir überall dort, wo ein Akzentstrich war, den Strich weglassen und ihn dafür dorthin setzen, wo zuvor keiner war. Nach demselben Schema haben wir übrigens Abschnitt 3 aus Abschnitt 2 erhalten, zum Beispiel (3.1) aus (2.1), (2.3). Das klappt wegen unserer Zwillingsannahme.

Was das mit Turing zu tun hat? Mit Turing interessieren wir uns für *Differenzen* der genetisch identischen Zwillingspaare. Wir bilden deshalb die Differenz aus (4.4) und (4.1) und erhalten

$$\begin{aligned} J'_n - J_n &= \bar{J}'_n + s * (\bar{J}_n - \bar{J}'_n) - (\bar{J}_n + s * (\bar{J}'_n - \bar{J}_n)) = \\ &= (1 - 2s) * (\bar{J}'_n - \bar{J}_n). \end{aligned} \tag{4.5}$$

Die Differenz zwischen den Schwestern wird also auf einen Bruchteil $1 - 2s$ verkleinert. Für $0 \leq s \leq 1$ hat dieser Bruchteil einen Betrag zwischen 0 und 1, wenn man vom Vorzeichen einmal absieht. Im Fall $s = 0$ bleibt alles unverändert, weil beide Schwestern treu beharren. Im Fall $s = 1$ verkehren sich die Rollen der Schwestern. Der Mittelweg $s = 0.5 = 50\%$ aber führt zu perfekter Harmonie (der Schwestern) $J'_n - J_n = 0$ und folglich

$$J'_n = J_n = \frac{1}{2}(\bar{J}'_n + \bar{J}_n);$$ (4.6)

frau einigt sich klug aufs arithmetische Mittel und bereinigt so die geschwisterliche Differenz. Der ausgleichende, nivellierende Einfluss des Schwatzens, der ten-
denziell für jedes $0 < s < 1$ besteht, wird hier am deutlichsten.

Wir haben jetzt beide Zutaten, um Turings Idee zu realisieren: die Eigendyna-
mik jedes der beiden Liebespaare und die ausgleichende, nivellierende Funktion
der schwatzenden Schwestern. Wir setzen nur noch beide Effekte zusammen. Die
nächtlichen Zusammenkünfte von Romeo und Julia bewirken, nach Abschnitt 2,
dass

$$\bar{J}_{n+1} = J_n + R_n$$
$$\bar{R}_{n+1} = -J_n.$$ (4.7)

Hier haben wir (2.2), (2.3) abgeschrieben und (J_{n+1}, R_{n+1}) durch $(\bar{J}_{n+1}, \bar{R}_{n+1})$ ersetzt: wir sind zum Ende der Liebesnacht erst am *Morgen* des Tages $n + 1$ ange-
kommen und warten mit den neugierigen Schwestern auf die neuesten Nachrichten. Für Roberto und Julietta gilt entsprechend

$$\bar{J}'_{n+1} = J'_n + R'_n$$
$$\bar{R}'_{n+1} = -J'_n.$$ (4.8)

Am Tage $n + 1$ gilt für Romeo $R_{n+1} = \bar{R}_{n+1}$; er bleibt bis zum Abend unbeeinflusst
durch seinen Bruder Roberto. Für Julia setzen wir die Schwatzdynamik (4.1) ein -
allerdings mit $n + 1$ statt n, weil wir uns schon im Tage $n + 1$ befinden:

$$J_{n+1} = \bar{J}_{n+1} + s * (\bar{J}'_{n+1} - \bar{J}_{n+1}).$$ (4.9)

Einsetzen von (4.7), (4.8) in (4.9) ergibt (mit etwas Bleistift und Papier)

$$J_{n+1} = J_n + R_n + s * (J'_n - J_n) + s * (R'_n - R_n)$$
$$R_{n+1} = \bar{R}_{n+1} = -J_n$$ (4.10)

für Romeo und Julia am nächsten Abend $n + 1$.

Unser Trick mit dem Akzentstrich aus (4.4) liefert die entsprechende Gleichung für Roberta und Julietta:

$$J'_{n+1} = J'_n + R'_n + s * (J_n - J'_n) + s * (R_n - R'_n)$$
$$R'_{n+1} = -J'_n.$$ (4.11)

Unser Drama mit vier Personen ist jetzt zwar vollständig besetzt aber etwas
unübersichtlich. Wir vereinfachen durch arithmetische Mittel J^+_n, R^+_n und Diffe-

renzen J_n^-, R_n^-, die wir wie folgt definieren

$$J_n^\pm = \frac{1}{2}(J_n \pm J_n')$$

$$R_n^\pm = \frac{1}{2}(R_n \pm R_n').$$
(4.12)

Das Zeichen $\pm$ kann dabei wahlweise als $+$ oder als $-$ gelesen werden – aber bitte gleichzeitig an jeweils allen Stellen Tatsächlich interessieren uns die Differenzen J_n^-, R_n^- der genetisch identischen Geschwisterpaare am meisten – mit Turing. Zum Beispiel heißt (4.5) jetzt einfach

$$J_n^- = (1 - 2s) * \bar{J}_n^-.$$
(4.13)

Durch Addition der Gleichungen (4.10), (4.11) erhalten wir

$$J_{n+1}^+ = J_n^+ + R_n^+$$

$$R_{n+1}^+ = -J_n^+$$
(4.14)

und – keine Angst – durch Subtraktion

$$J_{n+1}^- = (1 - 2s) * (J_n^- + R_n^-)$$

$$R_{n+1}^- = -J_n^-.$$
(4.15)

Immer noch vier Gleichungen, wie schon (4.10) und (4.11), aber brav entkoppelt. Zum Beispiel (4.14): Das sind genau dieselben Gleichungen wie wir sie als (2.2), (2.3) in Abschnitt 2 diskutiert haben, nur mit anderen Buchstaben: J_n^+, R_n^+ statt J_n, R_n. Folglich oszillieren auch die Mittelwerte $z_n^+ = (J_n^+, R_n^+)$ in unserem Gesamtsystem einschließlich schwatzender Schwestern munter mit Liebesperiode 6:

$$z_{n+6}^+ = z_n^+.$$
(4.16)

Und wie steht es mit den Differenzen $z_n^- = (R_n^-, J_n^-)$? Offenbar führt $z_1^- = (R_1^-, J_1^-) = (0,0)$ nach (4.15) sukzessive zu

$$z_{n+1}^- = z_n^- = \ldots = z_2^- = z_1^- = (0,0).$$
(4.17)

Wir haben einfach zwei identische Kopien desselben Liebespaares und die stets einmütigen Schwestern hätten sich ihr Schwatzen s auch sparen können.

Abbildung 4.1 zeigt auch die Auswirkung des Schwatzens der Schwestern für Anfangswerte $z_1^- = (J_1^-, R_1^-) = (1,0)$ und verschiedene Werte des Schwatzkoeffizienten s. Für $0 < s \leq 0,5 = 50\,\%$ beobachten wir, dass die zunehmende Schwatzbereitschaft der Schwestern die Differenzen $z_n^- = (J_n^-, R_n^-)$ zunehmend schneller nach Null dämpft. Das gilt auch für die Brüder R_n^-, obwohl die nie miteinander über ihre Geliebten gesprochen haben, cool wie sie sind. Für $50\,\% < s < 75\,\%$ stel-

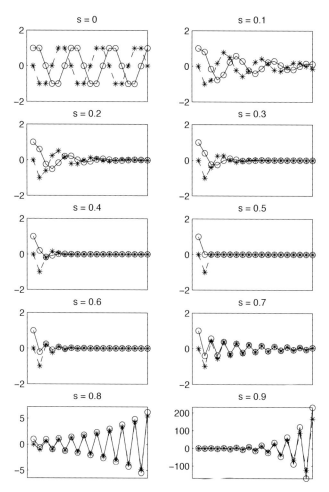

Abbildung 4.1. Schwatzende Schwestern führen zu Turing-Instabilität; $\circ = J_n^-$, $* = R_n^-$

len sich erste zweitägige Oszillationen ein, weil die Schwestern zuviel schwatzen. Immer noch dämpfen sich diese Schwingungen aus und synchronisieren schließlich beide Liebespaare. Lebenserfahrene Leser kennen das, nicht wahr?

Schwatzsüchtige Schwestern mit $s > 75\%$ aber führen direkt in die Katastrophe. Beide Liebespaare erleben ein immer schlimmer sich steigerndes Auf und Ab von Liebe und Hass, Zu- und Abneigung, das beide Beziehungen schließlich tragisch zerstören dürfte. Der zerstörerische Zyklus wächst an, unabhängig davon wie minimal klein die Differenzen z_1^- anfangs gewesen sein mögen, und dominiert schließlich den 6-Tage Zyklus der Mittelwerte z_n^+ bei weitem. Julia und Julietta sind sich ständig uneins in ihren Gefühlen, und ebenso Romeo und Roberto. Bemerkenswert die Auswirkung auf so unterschiedliche Charaktere wie Romeo

und Julia: Die immer heftigere Zu- bzw. Abneigung der beiden zueinander durch-
leben beide – trotz völlig unterschiedlichen „Liebesstrategien" – völlig synchron.

Fürchterlich wirkt sich also Turings Instabilität auf unsere beiden parabel-
haften Liebespaare aus. Trotz (fast) völlig gleichen Ausgangsbedingungen der
identischen Paare und des – für sich genommen – ausgleichenden Einflusses des
Schwatzens der Schwestern, wachsen die Differenzen z_n^- schließlich bis zur Katastrophe an.

Und die Moral? Schwatzt ein wenig, ihr Frauen, aber nicht zu viel. Die Grenze
liegt bei 75 %! Nun ja – in unserem Modell …

5   … und Brüder prahlen

Die Turing-Instabilität der beiden Liebespaare kann auch durch die Brüder Romeo, R_n, und Roberto, R_n', verschuldet werden. Wir müssen dazu die Überlegungen des vorigen Abschnitts über die Schwestern, J_n und J_n', einfach auf die Brüder
übertragen. Erfahren in der Modellierung von Liebesfragen, wie wir inzwischen
sind, können wir die Interpretationen der Teilschritte jetzt kürzer fassen.

Analog zu (4.1), (4.9) wird am Tage $n+1$ die Abendliebe Romeos zu Julia,
R_{n+1}, gegeben sein durch

$$R_{n+1} = \bar{R}_{n+1} + p * (\bar{R}'_{n+1} - \bar{R}_{n+1}), \tag{5.1}$$

nachdem ihn sein Zwillingsbruder Roberto, $\bar{R}'_{n+1}$ mit seinen Nachtgeschichten
von Julietta tagsüber genügend erhitzt oder abgekühlt hat. Der Prahlkoeffizient p
ist wieder fest gewählt mit $0 \leq p \leq 1$. In Abschnitt 4 war beispielsweise $p = 0$
gewählt. Umgekehrt gilt natürlich dann auch

$$R'_{n+1} = \bar{R}'_{n+1} + p * (\bar{R}_{n+1} - \bar{R}'_{n+1}), \tag{5.2}$$

analog zu (4.4). Diesmal bleiben die Schwestern ungerührt:

$$J_{n+1} = \bar{J}_{n+1}, \qquad J'_{n+1} = \bar{J}'_{n+1}. \tag{5.3}$$

Das entspricht der Wahl $s = 0$ im vorigen Abschnitt.

Das Gesamtsystem beider Liebespaare lautet diesmal

$$J_{n+1} = J_n + R_n$$
$$R_{n+1} = -J_n - p * (R'_n - R_n) \tag{5.4}$$

$$J'_{n+1} = J'_n + R'_n$$
$$R'_{n+1} = -J_n - p * (R_n - R'_n) \tag{5.5}$$

in Analogie zu (4.10), (4.11). In den Variablen $J_n^\pm$, $R_n^\pm$ aus (4.12) schließlich, welche
Mittelwerte $(+)$ bzw. geschwisterliche Differenzen $(-)$ ausdrücken, lautet unser

System

$$J_{n+1}^+ = J_n^+ + R_n^+$$

$$R_{n+1}^+ = -J_n^+ \tag{5.6}$$

$$J_{n+1}^- = J_n^- + R_n^-$$

$$R_{n+1}^- = -(1 - 2p) * J_n^-. \tag{5.7}$$

Das sieht zwar so ähnlich aus wie in (4.14), (4.15), aber nicht ganz. Immerhin folgen die Mittelwerte $z_n^+ = (J_n^+, R_n^+)$ wieder dem Weg eines einzelnen Liebespaares mit sechstägigem Liebeszyklus $z_{n+6} = z_n$, unbeirrt vom Prahlen p der Brüder.

Die Abbildung 5.1 zeigt die Auswirkung des Prahlens der Brüder für Anfangswerte $z_1^- = (J_1^-, R_1^-) = (1, 0)$ und verschiedene Werte des Prahlkoeffizienten p. Für $0 < p \leq 50\,\%$ sehen wir den stabilisierenden Einfluss des Prahlens unter Brüdern, das ja immerhin dem Informationsaustausch und Stimmungsausgleich auf seine Weise dient wie das Schwatzen der Schwestern.

Mathematisch besteht zwischen (4.1), (4.4) einerseits und (5.1), (5.2) andererseits kein Unterschied: Wir haben nur alle Buchstaben J durch R ersetzt und nennen s jetzt p. Die Wirkungen auf das Gesamtsystem sind aber unterschiedlich, bedingt durch das grundsätzlich andere Verhalten der Zwillingsbrüder.

Tatsächlich bemerken wir bei $p = 48\,\%$ eine deutlich verlangsamte Stabilisierung. Bereits für Prahlkoeffizienten $p > 50\,\%$ wachsen die Differenzen $z_n^- = (J_n^-, R_n^-)$ immer rascher an, wieder direkt in die Katastrophe. Wieder triumphiert das katastrophale Anwachsen der Differenzen z_n^- der Geschwister untereinander über die 6-Tage-Zyklen der arithmetischen Mittelwerte $z_n^+ = (J_n^+, R_n^+)$. Der Verlauf im einzelnen ist jedoch anders als beim Schwatzen der Schwestern. Zum Beispiel wird Julia wegen der Formel

$$J_n = \frac{1}{2}(J_n^+ + J_n^-)$$

mit J_n^- in immer ekstatischere Liebeshimmel entschweben, ganz wie bei Shakespeare. Romeo folgt ihr gemäß

$$R_n = \frac{1}{2}(R_n^+ + R_n^-),$$

wenn auch in recht gemessenem Abstand. Aber für Julietta sieht die Sache anders aus. Gemäß

$$J_n' = \frac{1}{2}(J_n^+ - J_n^-)$$

wird sie vom unbeschränkten Anwachsen der Werte J_n^- in immer negativere Bereiche zunehmender Ablehnung gedrängt. Wieder folgt Roberto dieser Abneigung:

$$R_n' = \frac{1}{2}(R_n^+ - R_n^-),$$

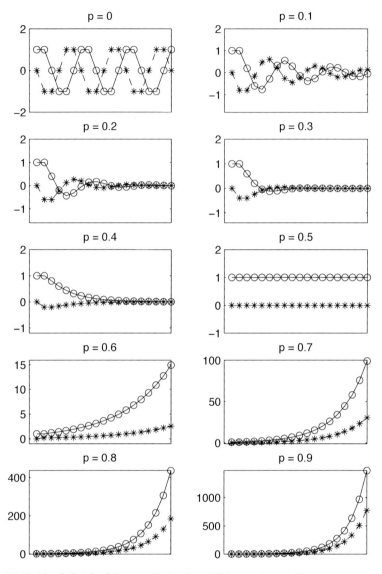

Abbildung 5.1. Prahlende Brüder führen zu Turing-Instabilität; $\circ = J_n^-$, $* = R_n^-$.

wenn auch zögerlich. Während also Romeo und Julia möglicherweise auf die literarisch unsterblich verarbeitete Katastrophe schrankenloser Liebe zusteuern, reichen Roberto und Julietta alsbald einmütig die Scheidung ein: scheinbar wegen unüberbrückbarer menschlicher Gegensätze trotz mathematisch exakt gleicher genetischer Disposition zueinander. In Wahrheit jedoch wegen Turings Instabilität.

Und die Moral? Prahlt ein wenig, ihr Männer, aber nicht zu viel. Die kritische Grenze liegt bei 50% und das ist weniger als die kritischen 75 % bei den Frauen! Nun ja – in unserem Modell ...

6 Turings Theorem

Die vorausgegangenen Abschnitte haben Turings Idee zur Instabilität an einem einzigen Beispiel parabelhaft erläutert. Die Idee reicht aber über unser einfaches Beispiel und unsere mehr oder minder treffenden Interpretationen weit hinaus. Turings Resultat von 1952 lässt sich etwa wie folgt zusammenfassen.

Theorem. *Identische Systeme, die separat stabil wären, können durch Wechselwirkungen, die – für sich allein genommen – ebenfalls stabilisierend wirken würden, dennoch destabilisiert werden.*

Unsere Formulierung genügt zwar nicht ganz den Anforderungen deutscher akademischer Strenge, trifft aber doch den Kern der Sache. Die „Systeme" sind in unserer Parabel die beiden Liebespaare, identisch wie eineiige Zwillinge nur je sein können. Die Wechselwirkungen sind in Abschnitt 4 das Schwatzen s der Schwestern bzw. in Abschnitt 5 das Prahlen p der Brüder. Für sich allein genommen, wirken s und p stabilisierend solange $0 < s < 1, \quad 0 < p < 1$, weil sie Differenzen täglich auf einen Faktor $1 - 2s$ bzw. $1 - 2p$ reduzieren. Die Turing-Instabilität des Gesamtsystems schließlich setzte bei $s = 75\,\%$ bzw. $p = 50\,\%$ deutlich sichtbar ein.

Wir können ohne weitere Mühe auch die Mischformen untersuchen, die durch mehr oder minder heftigen täglichen Austausch *beider* Geschwisterpaare entstehen; vgl. Abbildung 6.1. Die entsprechenden Gleichungen lauten

$$J_{n+1} = J_n + R_n + s * (J'_n - J_n) + s * (R'_n - R_n)$$
$$R_{n+1} = -J_n - p * (R'_n - R_n). \tag{6.1}$$

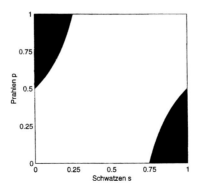

Abbildung 6.1. Bereiche der Turing-Instabilität (schwarz), wenn Schwestern schwatzen (s) und Brüder prahlen (p).

mit entsprechenden Gleichungen für J'_{n+1} und R'_{n+1}; siehe (4.10) und (5.4). Für die Mittelwerte J_n^+, R_n^+ erhalten wir ungetrübte 6-Tage-Zyklen wie in den Abschnitten 2, 4 und 5. Die Differenzen J_n^-, R_n^- folgen

$$J_{n+1}^- = (1 - 2s) * (J_n^- + R_n^-)$$

$$R_{n+1}^- = -(1 - 2p) * J_n^-.$$

(6.2)

Diesmal ergeben sich (4.15) bzw. (5.7) als Spezialfälle $p = 0$ bzw. $s = 0$. Abbildung 6.1 skizziert, wie sich die Verhaltensweisen der Differenzen J_n^-, R_n^- aus Abschnitt 4 bzw. Abschnitt 5, den Punkten der s-Achse $p = 0$ bzw. der p-Achse $s = 0$ entsprechend, auf die Mischfälle übertragen. Die Bedeutung der unterschiedlichen monotonen, oszillatorischen und alternierenden Bereiche ist an den Abbildungen 4.1 und 5.1 abzulesen.

Ein kleiner geometrischer, sozusagen „geschlechtsspezifischer" Unterschied ist vielleicht noch erwähnenswert. Jede horizontale Gerade (außer $p = 50\,\%$) schneidet den Bereich der Turing-Instabilität – aber keine der vertikalen Geraden mit $25\,\% < s < 75\,\%$. Zwar kann sowohl das Brüderpaar allein als auch das Schwesternpaar durch kluge *Wahl* des jeweiligen Parameters p bzw. s die Stabilität des ganzen Systems herbeiführen. Allerdings können nur die Schwestern durch unkluge, zu große oder zu kleine Wahl ihres Schwatzparameters s beide Beziehungen in die Instabilität manövrieren sofern nur $p \neq 50\,\%$: femmes fatales. Umgekehrt haben es kluge Schwestern in der Hand, durch die Wahl $25\,\% < s < 75\,\%$ einer gesunden – aber nicht übertriebenen Schwatzhaftigkeit beide Beziehungen segensreich zu stabilisieren. Die liederlichen Brüder können dann mit $0 < p < 100\,\%$ machen was sie wollen: Die Beziehungen sind nicht mehr tot zu kriegen.

Zu einem Theorem gehört, wie spätestens seit Euklids Geometrie jeder weiß, ein Beweis – sonst kann es keinen Anspruch auf mathematische Gültigkeit erheben. Wir haben Turings Theorem hier nicht bewiesen – dazu ist es noch etwas zu vage formuliert und dazu fehlt uns im Rahmen dieses Artikels, wie schon eingangs angedeutet, bei weitem das mathematische Handwerkszeug. Für eine Andeutung des mathematischen Rahmens, wenn schon nicht des Beweises verweisen wir auf Abschnitt 7. Die bahnbrechende Leistung Turings lag aber weniger in den Rechnungen, die zum Beweis von Theorem 6.1 erforderlich sind. Der wirklich große Wurf dieses Jahrhundertgenies lag vielmehr in der Erkenntnis, dass dieser Mechanismus der Instabilität paradoxerweise tatsächlich mathematisch möglich ist und zur Erklärung von Musterbildung, von Morphogenese, dienen kann – entgegen entropisch nivellierenden Kräften wie Schwatzen, Prahlen, usw.

Auf tragische Weise markiert das Jahr 1952 nicht nur diesen letzten wissenschaftlichen Triumph im Leben des Alan Turing sondern auch das Jahr seiner sozialen Ächtung. Er wurde wegen „unsittlichen Verhaltens" als Homosexueller verhaftet und vor Gericht gestellt. Zu Psychoanalyse und Hormon-„Behandlung" verurteilt, beging er 1954 Selbstmord.

7 Mathematische Zusammenfassung

Für mathematisch stärker vorbelastete Leser folgt ein kurzer Überblick über den Mechanismus, der Turings Instabilität und seiner hier entworfenen Adaption zugrunde liegt. Mathematisch weniger Ambitionierte können diesen Abschnitt vorerst getrost überspringen.

In den Abschnitten 2 und 3 wurde eine lineare Iteration

$$\bar{z}_{n+1} = A z_n$$
$$\bar{z}'_{n+1} = A z'_n, \qquad A = \begin{pmatrix} 1 & 1 \\ -1 & 0 \end{pmatrix} \tag{7.1}$$

für $z_n \in \mathbb{R}^2$ eingeführt. Die Komponenten von $z_n = (J_n, R_n)$ hießen fortan Julia und Romeo. Die Matrix A besitzt die Eigenwerte $\exp(\pm i\pi/3)$, also sechste Einheitswurzeln. Daher die Periode sechs aller z_n.

Schwatzen bzw. Prahlen folgt den Gleichungen

$$z_{n+1} = \bar{z}_{n+1} + D(\bar{z}'_{n+1} - \bar{z}_{n+1})$$
$$z'_{n+1} = \bar{z}'_{n+1} + D(\bar{z}_{n+1} - \bar{z}'_{n+1}), \qquad D = \begin{pmatrix} s & o \\ o & p \end{pmatrix}. \tag{7.2}$$

Zusammengesetzt folgt

$$z_{n+1} = A z_n + D A (z'_n - z_n),$$
$$z'_{n+1} = A z'_n + D A (z_n - z'_n). \tag{7.3}$$

Die augenfällige lineare $\mathbb{Z}_2$-Symmetrie dieser linearen „Zwillings"-Iteration der (z_n, z'_n)
$\in \mathbb{R}^4$ zerfällt in Darstellungen $\pm id$ bezüglich der Koordinaten

$$z_n^\pm := \frac{1}{2}(z'_n \pm z_n). \tag{7.4}$$

Deshalb entkoppelt (7.3) zu

$$z_{n+1}^+ = A z_n^+$$
$$z_{n+1}^- = (id - 2D) A z_n^-. \tag{7.5}$$

Der homogene Anteil z_n^+ weiß nichts von D. Der Differenzanteil z_{n+1}^- – so der Kern von Turings Idee – kann instabil sein, obwohl A selbst und $(id - 2D)$ beide stabil sind.

Es ist wohlbekannt, dass sich die Stabilität einer Matrixiteration (bei einfachen Eigenwerten) am Spektrum der Matrix entscheidet. Stabilität bedeutet dann, dass alle Eigenwerte im Innern des (abgeschlossenen) Einheitskreises in $\mathbb{C}$ liegen. Instabilität liegt vor, sobald mindestens ein Eigenwert außerhalb des Einheitskreises liegt. Aus der Stabilität von A und $(id - 2D)$ folgt nun *nicht* die Stabilität des

Produkts beider Matrizen. Das ist der Kern von Turings Idee. In Abschnitt 4 wurde die Instabilität durch einen Eigenwert $\mu < -1$ des Produktes erzeugt, in Abschnitt 5 war $\mu > 1$.

Selbstverständlich ist diese Idee weder auf unsere speziellen Wahlen von A, D – oder gar deren einkleidende Parabel – noch auf $z_n \in \mathbb{R}^2$ beschränkt. Auch nichtlineare Systeme können mitsamt musterbildenden Verzweigungen in globaler Weise beschrieben werden, ausgehend vom Keim einer Turing-Instabilität; siehe zum Beispiel meine im Literaturverzeichnis angegebene Arbeit.

Turing war mehr an Reaktions-Diffusions-Gleichungen der Form

$$\partial_t z = D \Delta_x z + A z \tag{7.6}$$

interessiert. Hier ist $z = (z_1, \ldots, z_n) \in \mathbb{R}^n, x \in \Omega \subset \mathbb{R}^N$, Δ_x der Laplace-Operator mit geeigneten Randbedingungen auf Ω und $z = z(t, x)$ die gesuchte musterbildende Lösung. Die Diffusions-Matrix D ist positiv diagonal, wie in unserem Beispiel, und A ist eine praktisch beliebige $n \times n$-Matrix, welche die Linearisierung der „Reaktionen" beschreibt. Für $A = 0$ ergibt sich der entropisch nivellierende Einfluss entkoppelter Wärmeleitungsgleichungen für die Komponenten $z_1, \ldots, z_n$. Für $D = 0$ wird Stabilität vorausgesetzt,

$$Re \operatorname{spec} A < 0. \tag{7.7}$$

Die Eigenwerte von A sollen also negativen Realteil haben. Sei nun $\lambda > 0$ ein Eigenwert von $-\Delta_x$ auf Ω, entsprechend einer „Eigenschwingung" des Gebietes Ω. Dann folgt *nicht* notwendig

$$Re \operatorname{spec} (-\lambda D + A) \leq 0. \tag{7.8}$$

Insbesondere kann das Zusammenwirken von Reaktion A und unterschiedlich schneller Diffusion $D \neq id$ der einzelnen z-Komponenten zur Instabilität führen, eben zur Turing-Instabilität.

Im vorliegendem Artikel wurde dieses Resultat auf seine einfachste mögliche Form reduziert: Gebiet $\Omega = $ zwei Punkte, gegeben durch die Zwillingspaare, und diskrete Zeit, um auch noch den letzten Rest des Differentialkalküls zu vermeiden, der aller Kultur des Kontinuierlichen eigentlich innewohnt.

8 Ausblick

Im Buch von Murray finden sich lebhafte Illustrationen für vermutete Auswirkungen der Turing-Instabilität bei Tieren, siehe Abbildung 8.1. Dem Mathematiker macht es dabei gar nichts aus, Romeo/Julia bzw. Roberto/Julietta nunmehr Hinter- bzw. Vorderteil einer Ziege zu nennen – für J_n und R_n können ohne weiteres ganz andere Buchstaben und Sachverhalte eingesetzt werden. Die Modellierung kann dann ganz andere Wirkungszusammenhänge als den Chemismus der

Abbildung 8.1. Momentaufnahme rotierender Oxydationsmuster am Platinkatalysator, aufgelöst durch Photoelektronenemissions-Mikroskopie. Bildgröße etwa 300μm (Fritz-Haber-Institut der Max-Planck-Gesellschaft, Berlin)

Liebesaffinitäten beschreiben: die abstrakte Möglichkeit der Turing-Instabilität besteht weiter. Die Instabilität von Abschnitt 5, wo Romeo/Julia in Liebeshimmel entschweben, während Roberto/Julietta in Scheidungshöllen hinabfahren, äußert sich dann bei der Ziege weniger dramatisch aber doch sichtbar in einem weißen Hinter- bzw. schwarzen Vorderteil.

Wieder an den Haaren herbeigezogen? Die genaue molekularbiologische Basis scheint noch umstritten. Das wäre aber erforderlich, um genaue Wirkungszusammenhänge nachzuweisen und so Turings weit über die bloße Mathematik hinausgreifende These von der Morphogenese zu verifizieren. Vielversprechend scheinen hier Arbeiten zur Morphogenese von Süßwasserpolypen. Immerhin gibt es in der Chemie der zeitlich oszillierenden Reaktionen und der Katalyse an Platin-Oberflächen viel besser verständliche und modellierte Muster, die Turings Ideen sehr nahe stehen und sogar zeitlich veränderlich sind; siehe z. B. Abbildung 8.1. Für umfangreiches aktuelles Forschungsmaterial, vor allem aus Physik und Chemie, siehe die von Haken herausgegebene Serie.

Meinhardt und Gierer haben über viele Jahre hinweg im Rahmen der sogenannten Aktivator-Inhibitor-Systeme Rechner-Simulationen durchgeführt, die einerseits biologische Zusammenhänge zu simulieren suchen und andererseits Tu-

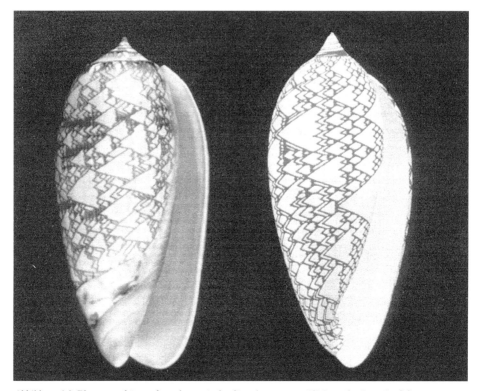

Abbildung 8.2. Photographie und mathematische Simulation von *Olivia pophyria*; siehe [7]

rings Idee eindrucksvoll demonstrieren. In dem wunderbaren Buch von Meinhardt werden wirklichen Mustern auf Schneckengehäusen Rechner-Simulationen
gegenübergestellt, die den zeitlichen Verlauf $z(t, x)$ von Konzentrationen in einem nichtlinearen Reaktions-Diffusions-System mit Turing-Instabilitäten wiedergeben; siehe Abbildung 8.2. Dem Buch vorangestellt ist ein Zitat aus „Doktor
Faustus" von Thomas Mann (1947). Der Vater Jonathan des späteren Komponisten
und Teufelspaktierers Adrian Leverkühn versenkt sich, „die elementa zu spekulieren", in die Mannigfaltigkeit der Muster seiner Schneckensammlung:

> „Es hat sich", sagte er, „die Unmöglichkeit erwiesen, dem Sinn dieser
> Zeichen auf den Grund zu kommen. Leider, meine Lieben, ist dem so.
> Sie entziehen sich unserem Verständnis, und es wird schmerzlicher-
> weise dabei wohl bleiben. Wenn ich aber sage, sie 'entziehen sich', so
> ist das eben nur das Gegenteil von 'sich erschließen', und dass die Na-
> tur diese Chiffren, zu denen uns der Schlüssel fehlt, der bloßen Zier
> wegen auf die Schale ihres Geschöpfes gemalt haben sollte, redet mir
> niemand ein. Zier und Bedeutung liefen stets nebeneinander her, auch
> die alten Schriften dienten dem Schmuck und zugleich der Mitteilung.
> Sage mir keiner, hier werde nicht etwas mitgeteilt! Dass es eine unzu-

gängliche Mitteilung ist, in diesen Widerspruch sich zu versenken, ist auch ein Genuss."

Und Thomas Mann selbst, alias Serenus Zeitblom, sinniert weiter:

Bedachte er, daß, wenn es sich wirklich hier um eine Geheimschrift hätte handeln sollen, die Natur über eine eigene, aus ihr selbst geborene, organisierte Sprache verfügen müsste? Denn welche vom Menschen erfundene sollte sie wählen, um sich auszudrücken?

Nur fünf Jahre nach dem Erscheinen dieser Zeilen hat uns Alan Turing vielleicht auch diese Geheimschrift entschlüsselt. Nun ja, möglicherweise und sicher nur teilweise – jedenfalls aber in der universalen Sprache der Mathematik.

Literatur

[1] B. Fiedler: *Global Bifurcation of Periodic Solutions with Symmetry*. Lecture Notes Maths. **1309**. Springer-Verlag, London, 1988.

[2] H. Haken (ed.), *Synergetics Series*, Springer-Verlag, Heidelberg.

[3] J. D. Murray: *Mathematical Biology*, Springer-Verlag, London, 1989.

[4] A. Turing: *The Chemical Basis of Morphogenesis*. Phil. Trans. Roy. Soc. London B, **237**, 37–72, 1952.

[5] S. Hildebrand und A. Tromba: *Kugel, Kreis und Seifenblasen. Optimale Formen in Geometrie und Natur*. Birkhäuser, Basel, 1996.

[6] Th. Mann: *Doktor Faustus*, 1947.

[7] H. Meinhardt: *Wie Schnecken sich in Schale werfen. Muster tropischer Meeresschnecken als dynamische Systeme*. Springer-Verlag, Berlin, 1997.

[8] W. Shakespeare: *Romeo and Juliet*, 1595.

Mathematik und intelligente Materialien

Stefan Müller

Die Entwicklung und der Einsatz neuer Materialien hat die menschliche Gesellschaft entscheidend geprägt – nicht umsonst benennen wir die frühen menschlichen Kulturen nach dem Material, das für sie charakteristisch war. Auch heute ist die Entwicklung neuer Materialien eine enorme Herausforderung mit Auswirkungen auf alle Lebensbereiche, von der Gesundheit über Information und Kommunikation, Verkehr, Energieerzeugung und -übertragung bis zum Sport, der häufig Vorreiter beim Einsatz von Hochtechnologiematerialien ist.

Mathematik als Schlüsseltechnologie

Dabei zeichnet sich in den letzten Jahren ein neuer Zugang ab, bei dem die Mathematik eine entscheidende Rolle spielt. Die traditionelle und immer noch sehr erfolgreiche Methode der Materialverbesserung durch umfangreiche Experimente, großes Erfahrungswissen und zahlreiche kleine Veränderungen wird zunehmend ergänzt durch mathematische Modellierung, Analysis und Simulation. Dies ist gerade dann interessant, wenn man nach Materialien mit völlig neuartigen Eigenschaften sucht, die sich nicht durch kleine Variationen bekannter Werkstoffe erzielen lassen. Die sogenannte Nanotechnologie, also die Möglichkeit, Materie auf der atomaren Skala gezielt experimentell zu verändern und zu simulieren, eröffnet hier ganz neue Perspektiven und Herausforderungen und wird als eine Schlüsseltechnologie des 21. Jahrhunderts angesehen (der Name leitet sich dabei von der typischen atomaren Längenskala von einem Nanometer ab, also $10^{-9}\,m$ oder einem millionstel Millimeter).

Metalle mit Gedächtnis

Besonders interessant sind Materialien, die adaptiv auf ihre Umwelt reagieren und die man deswegen häufig als „smart materials" oder „intelligente Materialien" bezeichnet. Ein faszinierendes Beispiel sind die so genannten Gedächtnismetalle. Sie lassen sich bei niedriger Temperatur leicht in unterschiedliche Formen biegen, kehren aber bei Erhitzung stets zu ihrer Ausgangsform zurück, als ob sie ein „Gedächtnis" für diese Form hätten. Diesen Effekt kann man zum Beispiel einsetzen, um ein medizinisches Gerät im zusammengefalteten Zustand in den Körper einzubringen, und dann durch vorsichtiges Erhitzen zu entfalten, wenn es seinen Bestimmungsort erreicht hat (s. Abb. 1). Nach dem gleichen Prinzip funktionieren die Entfaltung von Sonnensegeln bei Satelliten oder temperatur-

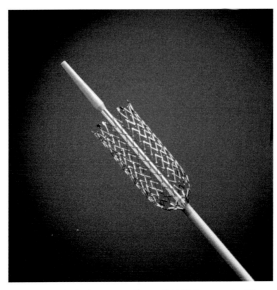

Abbildung 1. Bandage (*stent*) aus Gedächtnismetall zur Stabilisierung der Herzarterie (Photo: T. Duerig); die Bandage kann im zusammengefalteten Zustand eingeführt werden und nimmt dann im Körper ihre vorbestimmte Form an.

Tabelle 1. Einige Anwendungen von Gedächtnismetallen

Medizin	Stabilisierung der Herzarterie (*stents*), Zahnspangen, Kieferchirurgie, Implantate, flexible chirurgische Instrumente, Mikromaschinen zur gezielten Freigabe von Medikamenten
Auto	Öffnung von versenkbaren Scheinwerfern, Ventile
Computer	Steckverbindungen, Temperaturüberwachung
Energie	Wärmekraftmaschinen, Steuerung von Solarzellen
Automatisierung	Miniaturgreifer, Robotergelenke
Sonstige	„unzerbrechliche" Brillengestelle, Dichtungen, Mikromotoren, Golfschläger, Kleidung

empfindliche Ventile, die kaltes Wasser durchlassen, aber heißes blockieren. Eine Reihe weiterer Anwendungen ist in Tabelle 1 zusammengestellt.

Gedächtnis und Mikrostruktur

Wie kommt das Formgedächtnis zustande? Die Gedächtnismetalle sind bei Raumtemperatur Kristalle, d. h. ihre Atome sind auf einem periodischen Gitter angeordnet (Abb. 2). Die Struktur des Gitters hängt von der Temperatur ab. Bei hoher Temperatur können die Atome z.B. an den Eckpunkten eines Würfels sitzen.

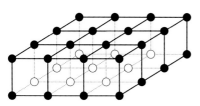 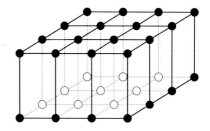

Abbildung 2.   Kubisches und tetragonales Kristallgitter

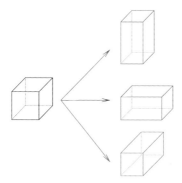

Abbildung 3. Aus der kubischen Phase können drei tetragonale Phasen entstehen

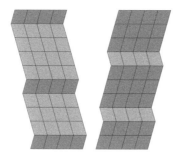

Abbildung 4. Durch unterschiedliche Mischung der einzelnen Phasen kommt es zu einer Scherung des Gesamtkristalls

Bei Abkühlung unter eine kritische Temperatur, die Transformationstemperatur, wird eine Achse des Würfels spontan gestreckt, die anderen beiden gestaucht, und es entsteht ein quaderförmiges Gitter. Genauer gesagt können drei unterschiedliche quaderförmige (tetragonale) Gitter entstehen (Abb. 3), so dass sich durch Mischung unterschiedlicher Gittertypen (man spricht auch von Phasen) ganz unterschiedliche Deformationen des Gesamtkristalls erreichen lassen (Abb. 4). Das Material ist bei niedriger Temperatur flexibel, da unterschiedliche Phasenmischungen möglich sind, kehrt aber bei hoher Temperatur zu einem festen Zustand zurück, da es nur eine Phase gibt (Abb. 5).

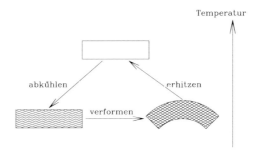

Abbildung 5. Schematische Illustration des Gedächtniseffekts

Abbildung 6. Mikrostruktur in einem Kupfer-Aluminium-Nickel Einkristall (Chu & James, University of Minnesota). Die unterschiedlichen Phasen können nur in ganz bestimmte Richtungen bandartige Strukturen bilden (vgl. Abb. 4), die dann zu komplexeren Mustern zusammenwachsen. Diese Mikrostrukturen verleihen dem Material neuartige Eigenschaften wie die Fähigkeit, sich an eine eingeprägte Form zu erinnern (Formgedächtnis). Bildausschnitt ca. 1 mm × 0,7 mm.

Die Mischung der Phasen geschieht auf einer feinen Skala und häufig in komplexen Mustern (Abb. 6). Mathematische Modelle können erklären, welche Strukturen auftreten und wie sie sich auf das Materialverhalten auswirken. Damit wird es möglich, gezielt nach Materialien mit besonders guten Eigenschaften zu suchen. Die Bedeutung von Mikrostrukturen ist keineswegs auf die Gedächtnismetalle beschränkt. Bei genauerem Hinsehen zeigt sich, dass Mikrostrukturen von zentraler Bedeutung für sehr viele Materialien in Natur und Technik sind.

Überall Mikrostrukturen

Ein faszinierendes und von der Technik immer noch unerreichtes Material ist der menschliche Knochen. Er verbindet in erstaunlicher Weise Festigkeit, Flexibilität und geringes Gewicht und verfügt zusätzlich über die Fähigkeit, selbständig zu heilen. Für diese Eigenschaften ist entscheidend, dass der Knochen kein homogener Block ist, sondern aus einer komplexer Hierarchie von Mikrostrukturen aufgebaut ist (s. Abb. 7).

Abbildung 7. Der Knochen verdankt seine erstaunlichen Eigenschaften einer komplexen Hierarchie von Mikrostrukturen. Das Bild zeigt einen Ausschnitt von ca. drei hundertstel Millimeter (S. Weiner, Weizmann Institute).

Ein anderes erstaunliches Beispiel ist der sogenannte Lotuseffekt®, der 1997 von Wilhelm Barthlott und Christoph Neinhuis am Botanischen Institut in Bonn entdeckt wurde. Ihnen war aufgefallen, dass die Blätter der Heiligen Lotuspflanze sich makellos sauber aus dem Schlamm des Gewässers entfalten und dass keinerlei Schmutzpartikel auf dem Blatt verbleiben. Sie erkannten, dass die Ursache in einer komplexen Mikrostruktur der Blattoberfläche liegt, die dazu führt, dass Wassertropfen und selbst extrem zähe Flüssigkeiten wie Honig nicht haften bleiben, sondern sofort abrollen und dabei alle Schmutzpartikel mitnehmen. Inspiriert durch diese Entdeckung werden inzwischen mikrostrukturierte selbstreinigende Oberflächen entwickelt. Entsprechend strukturierte Dachziegel und Lacke sind bereits kommerziell erhältlich.

Mikrostrukturen sind auch der Kern technischer Materialien. Die Informationen auf der Festplatte eines Computers sind in Form winziger magnetischer Strukturen gespeichert, Stahl verdankt seine Kombination von Festigkeit und Bruchbeständigkeit einer Vielzahl kleiner Einschlüsse unterschiedlicher Materialien, poröse Materialien wie ganz feinporig aufgeschäumte Metalle verbinden hohe Festigkeit mit geringem Gewicht. Mikrostrukturierte optische Oberflächen optimieren die Lichtausbeute von Autorückleuchten bis zu Hochleistungslinsen, und glasfaserverstärkte Kunststoffe liefern enorme Belastbarkeit bei geringem Gewicht.

Mikrostrukturen als optimale Formen

Warum treten Mikrostrukturen so häufig in natürlichen und technischen Materialien auf? Sie verleihen dem Material optimale Eigenschaften, z. B. maximale Fes-

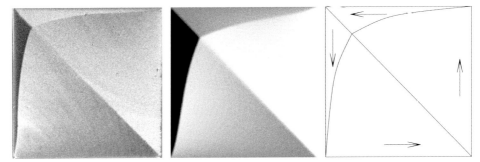

Abbildung 8. Magnetische Mikrostrukturen spielen in vielen Anwendungen eine entscheidende Rolle, z. B. bei der Speicherung von Informationen. Dabei werden häufig sehr dünne Schichten eingesetzt. Durch eine mathematische Reduktion des Problems von drei auf zwei Dimensionen konnten wir die Berechnung der Magnetisierung in solchen Schichten erheblich vereinfachen. Von links nach rechts: Experiment (R. Schäfer, IFW Dresden), berechnete Magnetisierung, schematische Darstellung der Magnetisierung. Der Grauton gibt jeweils die Stärke der nach unten gerichteten Komponente der Magnetisierung an.

tigkeit bei gegebenem Gewicht. Zunächst mag es überraschend sein, dass dazu so komplexe Strukturen nötig sind, dazu später mehr.

Die Vorstellung, dass die Natur nicht verschwendet, dass sie nach optimalen Formen strebt, spielt schon in der griechischen Philosophie eine wichtige Rolle und reicht bis in unsere Zeit (eine sehr schöne Darstellung der Geschichte dieser Idee mit vielen faszinierenden Beispielen optimaler Formen in Natur und Technik findet sich in dem Buch *Kugel, Kreis und Seifenblasen – Optimale Formen in Geometrie und Natur* von Stefan Hildebrandt und Anthony Tromba; der englische Originaltitel ist *The parsimonious universe* – das sparsame Universum). Fast alle grundlegenden physikalischen Gesetze lassen sich besonders elegant so formulieren, dass die Natur unter allen möglichen Zuständen denjenigen realisiert, der eine geeignete Größe, z. B. Energie, Entropie oder Wirkung, optimiert.

Mit optimalen Formen verbindet sich häufig die Vorstellung, dass diese besonders symmetrisch, harmonisch und schön sind. Die Kugel, welche bei gegebener Oberfläche das größte Volumen einschließt, galt den Griechen als Symbol für die Ursymmetrie des Göttlichen. Minimalflächen, also Flächen, die wie eine Seifenhaut bei gegebener Randkurve den kleinsten Flächeninhalt beanspruchen, haben Architekten wie Frei Otto zu Dachkonstruktionen von großer Leichtigkeit und Eleganz inspiriert. Zu den berühmtesten Beispielen gehört das Dach des Münchener Olympiastadions.

Wie kann nun das Streben nach optimalen Formen zu so rauhen und komplexen Strukturen führen, wie wir sie in den Gedächtnismetallen beobachten? Die Antwort auf diese Frage ist keineswegs offensichtlich und hängt eng mit einer Krise der Mathematik in der zweiten Hälfte des 19. Jahrhunderts zusammen, als sich zeigte, dass einige Grundlagen der Analysis neu gedacht werden mussten.

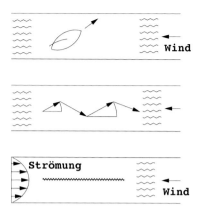

Abbildung 9. Das Segelboot muss einerseits gegen den Wind mit dem Winkel α kreuzen; andererseits in der Mitte des Kanals bleiben, um die Strömung optimal auszunutzen. Das Resultat ist ein sehr gezackter Kurs.

Aus diesem theoretischen Ringen sind zentrale neue Ideen hervorgegangen, die heute der Schlüssel sind, um Mikrostrukturen in komplexen Materialien zu verstehen.

Wie enstehen also rauhe Strukturen? L. C. Young hat dies an einem Beispiel zur „Theorie des Segelns" erläutert (Abb. 9). Ein Segler versucht, auf einem breiten Kanal möglichst rasch gegen den Wind zu segeln. Dabei muss er unter einem bestimmten optimalen Winkel gegen den Wind kreuzen. Gleichzeitig möchte er aber möglichst immer in der Mitte des Kanals bleiben, um die dort besonders rasche Strömung möglichst gut auszunutzen. Vernachlässigt man den Zeitaufwand für die Wenden, so müsste er dazu einen Kurs steuern, der einerseits einer Zickzackkurve (wegen des Kreuzens), andererseits einer geraden Linie entspricht. Dies ist natürlich nicht gleichzeitig möglich, und darin besteht das Problem.

Der mathematische Zufall hilft – Youngsche Maße

Inspiriert durch die kurz vorher entwickelte Quantenmechanik und die teilweise Aufgabe des deterministischen Weltbildes entwickelt L. C. Young eine radikal neue Idee. Er nimmt Abschied von der Vorstellung, dass das Schiff zu jedem Zeitpunkt in eine bestimmte Richtung fährt, und lässt auch sogenannte verallgemeinerte Kurven zu, bei denen das Schiff gleichzeitig in mehrere unterschiedliche Richtungen fahren darf, jeweils mit einer bestimmten Wahrscheinlichkeit. In diesem Rahmen ist dann der optimale Kurs für das Problem in Abb. 9 leicht zu finden. Man fährt jeweils mit Wahrscheinlichkeit $1/2$ in Richtung α oder $-\alpha$. Bei dieser Wahl verwendet man nämlich nur die beiden optimalen Richtungen α und $-\alpha$. Dadurch, dass man sie jeweils mit Wahrscheinlichkeit $1/2$ verwendet, kann man gleichzeitig auf einer geraden Linie in der Mitte des Kanals bleiben.

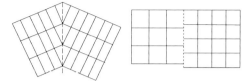

Abbildung 10. Zwei Kristallgitter können nur spannungfrei zusammentreffen, wenn sie sich nur um eine Scherung an der Grenzfläche unterscheiden (linkes Bild); im rechten Bild ist diese Bedingung verletzt, und an der Grenzfläche sind überzählige Atome des rechten Gitters vorhanden.

Das Beispiel des Seglers ist sicher etwas akademisch, aber L. C. Youngs Idee, deterministische Steuerungen durch zufällige zu ersetzen, hat die gesamte Steuerungstheorie revolutioniert und ist Grundlage zahlreicher Anwendungen, von optimalen U-Bahn-Steuerungen bis zum Lichtdimmer.

Auch die Mikrostrukturen in Gedächtnismetallen lassen sich mit L. C. Youngs Wahrscheinlichkeitsmaßen beschreiben. Die Zustände entsprechen dabei den unterschiedlichen Kristallstrukturen (s. Abb. 3), und die Wahrscheinlichkeiten sind gerade die mikroskopischen Volumenanteile der einzelnen Strukturen. Im Vergleich zum Problem des optimalen Segelns gibt es eine zusätzlichen Schwierigkeit: Die Kristallphasen können sich nicht beliebig mischen, sondern müssen miteinander verträglich sein (s. Abb. 10). Dies führt auf sehr interessante und subtile mathematische Fragen, die Analysis und Geometrie verbinden, auf die ich hier nicht im Einzelnen eingehen kann. Im Ergebnis liefert die mathematische Theorie
– Informationen über die möglichen Anteile und geometrische Anordnung der einzelnen Kristallstrukturen in einer Mikrostruktur;
– Beziehungen zwischen Mikrostruktur und makroskopischem Verhalten;
– Bedingungen an die Transformation des Kristallgitters (s. Abb. 3), unter denen Mikrostruktur möglich ist. Dies erlaubt, gezielt Materialien zu identifizieren, die gute Kandidaten für den Formgedächtniseffekt sind.

Design neuer Materialien durch Mathematik

Eine sehr interessante Materialklasse sind magneto-elastische Materialien, die sich beim Anlegen eines Magnetfeldes ausdehnen oder zusammenziehen (Abb. 11 und 12). Sie haben große Bedeutung als Aktuatoren (z. B. als winzige Motoren oder Lautsprecher) oder Sensoren. Alle reinen Metalle zeigen im Prinzip diesen Effekt, aber er ist normalerweise viel zu klein, um sinnvoll nutzbar zu sein. In der 70er Jahren wurde eine Speziallegierung (Terfenol) entwickelt, die immerhin durch Ausnutzung einer internen Mikrostruktur einen Effekt von ca. 0.2 % zeigt. Richard James aus Minneapolis hatte die Idee, den magneto-elastischen Effekt mit dem Formgedächtnis zu verbinden, und gemeinsam mit Antonio DeSimone entwickelte er die mathematische Theorie für Gedächtnismetalle so weiter, dass sie gezielt nach Materialien suchen konnten, die besonders geeignet sind. Auf die-

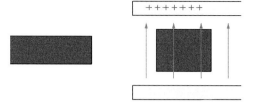

Abbildung 11. Schematische Darstellung des magneto-elastischen Effekts. Bei Anlegen eines Magnetfeldes streckt sich das Material in Feldrichtung.

Abbildung 12. Mikrostruktur in dem Magnetogedächtnismetall Ni-Mg-Ga (R. Tickle, University of Minnesota). Diese Mikrostruktur trägt entscheidend dazu bei, dass das der magneto-elastische Effekt bis zu dreißigmal größer ist als bei allen vorher bekannten Materialien.

se Weise identifizierten sie eine Nickel-Mangan-Gallium Legierung und konnten auch die optimalen Betriebsbedingungen bestimmen (die Bedeutung dieses Materials wurde etwa zur gleichen Zeit auch von einer Gruppe in Finnland und am MIT erkannt). Ihre theoretischen Berechnungen, die eine Streckung vorhersagten, die dreißigmal größer war als bei der Speziallegierung Terfenol, wurde kurz darauf experimentell bestätigt. Interessant ist dabei, dass sich die wesentlichen Rechnungen mit Papier und Bleistift durchführen ließen. Entscheidend war, die richtige mathematische Theorie zu entwickeln.

Zukünttige Herausforderungen: Multiskalenmathematik oder der Brückenschlag von Atomen zu Materialien

Seit etwa zehn bis fünfzehn Jahren ist es möglich geworden, einzelne Atome sichtbar zu machen, zu bewegen und – zumindest in einfachen Situationen – sehr, sehr kleine Strukturen Atom für Atom aufzubauen. Parallel dazu ist man in der Lage, das Verhalten kleiner Gruppen von Atomen direkt auf Grundlage der quantenmechanischen Gesetze (und einer ganzen Hierarchie von vereinfachten Modellen) zu simulieren: Dies effizient und präzise zu tun, ist eine große Herausforderung für

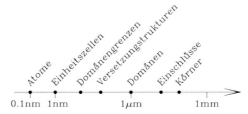

Abbildung 13. Die mechanische Eigenschaften eines Materials werden entscheidend beeinflusst durch eine komplexe Hierarchie von Mikrostrukturen, deren Längenskalen von atomaren bis zu makroskopischen Dimensionen reichen. Eine gleichzeitige Auflösung aller dieser Skalen ist unmöglich. Daher bedarf es mathematischer Multiskalenmodelle, um das Materialverhalten zu verstehen.

die numerische Mathematik, auf die ich hier aus Platzgründen nicht näher eingehen kann. Die Möglichkeiten, die sich daraus ergeben, Materie auf der Ebene der Atome gezielt zu verändern und Werkstoffe und winzige Maschinen mit völlig neuen Eigenschaften zu konstruieren, sind enorm, und die daraus hervorgegangene Nanotechnologie wird als eine der Schlüsseltechnologien für das 21. Jahrhundert angesehen.

Wenn man also die Materie auf dem Niveau ihrer einfachsten Bausteine, der Atome, versteht, hat man dann nicht den Schlüssel in der Hand, alle Einzelheiten des Materialverhaltens zu begreifen? Die vielleicht zunächst überraschende Antwort ist „nein". Der Grund ist der enorme Größenunterschied zwischen der atomaren Welt und der alltäglichen (makroskopischen) Welt, in der wir Materialien beobachten und einsetzen. Ein einzelner schmaler Streifen der feinen Mikrostruktur in Abb. 6 enthält etwa $10^{18} = 1.000.000.000.000.000.000$ Atome; schon ein milliardstel Gramm Eisen enthält etwa $10^{13} = 10.000.000.000.000$ Atome. Es ist auch mit den größten Computern völlig unmöglich, das Verhalten jedes einzelnen Atoms zu berechnen oder zu verstehen. Eine so detaillierte Auflösung ist auch gar nicht wichtig, wenn wir das Verhalten des Materials, also die kollektive Wirkung aller dieser Atome verstehen wollen. Andererseits können wir aber die atomare Struktur nicht völlig ignorieren, denn sie bestimmt letztlich, ob das Material fest oder flüssig ist, ob es magnetisch ist, ob es Strom leitet, usw.

Benötigt wird also eine Theorie auf der makroskopischen (alltäglichen) Skala, welche nur die wesentlichen Informationen auf der atomaren Skala enthält. Solche skalenübergreifenden Theorien zu entwickeln ist eine der großen Herausforderungen für die Zukunft. Dabei ist die Situation auch deswegen komplizierter, weil es eine ganze Hierarchie von Strukturen gibt, deren Längenskalen zwischen der atomaren und der makroskopischen liegen (s. Abb. 13).

Neben den räumlichen Skalen spielen auch unterschiedliche Zeitskalen eine wichtige Rolle. So verändert sich die räumliche Struktur von Biomolekülen (s. Abb. 14), die für ihre Wirkung als Arzneimittel entscheidend ist, häufig innerhalb von einige Mikrosekunden (millionstel Sekunden). Die atomaren Prozesse, die letztlich für die Formänderung entscheidend sind, laufen aber noch etwa 10 Millionen mal schneller ab.

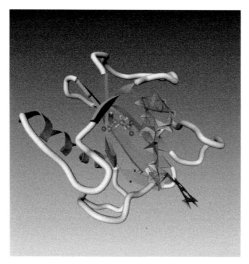

Abbildung 14. Darstellung eines Biomoleküls mit aktivem Zentrum. Die räumliche Struktur dieses Zentrums ist entscheidend für die biologische Wirksamkeit (Bild: F. Cordes, ZIB + FU Berlin)

Die Mathematik hat bei der Entwicklung skalenübergreifender Modelle wesentliche Beiträge geleistet. Sie hat Methoden wie die Homogenisierung entwickelt, die es erlauben, die makroskopischen Auswirkungen feiner Mikrooszillationen zu bestimmen, ohne diese Oszillationen im Detail zu berechnen. Dadurch kann der Rechenaufwand enorm reduziert werden. Die mathematische Analyse zeigt auch, dass eine effiziente Theorie auf der Makroskala häufig nur möglich ist, wenn man Objekte einführt, die in der ursprünglichen Formulierung des Problems gar nicht auftauchen. Ein Beispiel dafür sind die oben angesprochenen Youngschen Maße, die eine effiziente Analyse der Mikrostrukturen in Gedächtnismetallen ermöglichen. Trotz beachtlicher Erfolge liegt der größte Teil der Arbeit aber noch vor uns, insbesondere bei stark nichtlinearen Problemen.

Proteinfaltung, rauhe Energielandschaften und Optimierung

Bei der Frage, wie man Materialien im großen Stil Atom für Atom aufbaut, ergibt sich ganz natürlich eine Querverbindung zur Biologie. Eines der zentralen ungelösten Probleme der Biologie ist die Frage, wie Proteine sich falten, wie sie also ausgehend von der Struktur einer Kette in sehr kurzer Zeit ihre korrekte dreidimensionale Struktur finden. Die korrekte Struktur entspricht vermutlich gerade einem Zustand minimaler Energie. Nach allem, was wir wissen, liegt es aber nahe, dass es sehr viele andere Zustände mit ähnlich niedriger Energie gibt, die durch Zwischenzustände hoher Energie getrennt sind. Man stellt sich dazu am einfachsten eine sehr rauhe Berglandschaft mit sehr vielen Hügeln und Tälern auf ganz unterschiedlichen Längenskalen vor. Das Problem der Proteinfaltung besteht dann darin, von einem Anfangspunkt möglichst schnell in das tiefste Tal zu gelangen, ohne dabei in weniger tiefen Tälern hängen zu bleiben. Ganz ähnliche Fragen, die auf solche rauhe Energielandschaften führen, treten bei großen Optimierungsproblemen (z. B. der optimale Verschaltung großer Netzwerke) auf. Wir suchen nach effizienten Lösungsstrategien für diese Probleme, und wir würden natürlich gerne verstehen, wie die Natur sie löst. Mathematische Multiskalentechniken, die es erlauben, zunächst die feinen Details zu ignorieren und dann je nach Lösungsfortschritt immer mehr Details hinzuzufügen, werden vermutlich auch hier eine entscheidende Rolle spielen.

Literatur

Die zentrale Rolle, die optimaler Formen in der Natur und in der Geometrie spielen, ist sehr schön mit zahlreichen Beispielen in dem Buch von Stefan Hildebrandt und Anthony Tromba: *Kugel, Kreis und Seifenblasen – Optimale Formen in Geometrie*, Birkhäuser, 1996, dargestellt.

Weitere Erläuterungen zum Gedächtniseffekt und aktuelle Anwendungen findet man auf der Homepage von Prof. Ingo Müller an der TU Berlin:
http://www.thermodynamik.tu-berlin.de/allg/frame.html

Einen aktuellen Überblick über die Rolle mathematische Methoden für die Entwicklung neuer Materialien gibt folgender englischsprachige Aufsatz in der Milleniumsausgabe der Zeitschrift *Acta Materialia*, R.D. James and F. Hane, Acta Materialia Bd. **48** (2000), S. 197–222.

Einige weitere interessante Websites sind:
http://www.aem.umn.edu/people/faculty/bio/james.shtml
http://www.lassp.cornell.edu/sethna/sethna.html
http://www.mis.mpg.de/sm/index.html

Diskrete Tomographie: Vom Schiffeversenken bis zur Nanotechnologie

Peter Gritzmann

Vom Blick in den menschlichen Körper

Bei dem Wort ‚Tomographie' denkt man sicherlich zuerst an Röntgenbilder aus der medizinischen Praxis. Abbildung 1 zeigt das erste jemals angefertigte Röntgenbild.

Es wurde am Sonntag, dem 22. Dezember 1895 aufgenommen und zeigt die linke Hand von Frau Röntgen.

Für seine bahnbrechenden Arbeiten zu den von ihm *X-Strahlen* genannten Röntgenstrahlen erhielt Wilhelm Conrad Röntgen (23. 3. 1845–10. 2. 1923) am 10. 12. 1901 den ersten Nobelpreis für Physik.

Die bildgebenden Verfahren haben sich im Laufe der Zeit wesentlich weiter entwickelt und sind insbesondere aus der medizinische Diagnostik, aber auch aus der zerstörungsfreien Materialprüfung nicht mehr wegzudenken. In der *Computertomographie* werden Röntgenstrahlen benutzt, um Teile des abzubildenden Körpers schichtweise zu erfassen. Die Bedeutung dieser Weiterentwicklung wurde ebenfalls durch einen Nobelpreis gewürdigt: Godfrey N. Hounsfield und Allan M. Cormack erhielten 1979 den Nobelpreis für Physiologie/Medizin.

Dass diese Aufnahmetechniken nicht nur auf physikalischen, technischen und informatischen Grundlagen beruhen, sondern dass das Problem in seinem Kern mathematisch ist, ist den wenigsten bekannt. Tatsächlich lässt sich der Abbildungsprozess bereits durch ein sehr einfaches mathematisches Modell recht gut beschreiben, das den Zusammenhang zwischen der Gewebedichte und der Ab-

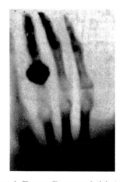

Abbildung 1. Erstes Röntgenbild, 22.12.1895

Abbildung 2. Wilhelm Conrad Röntgen (Bild: Wikimedia Commons, gemeinfrei)

sorption der das Gewebe durchdringenden Strahlung in einem einfachen Anfangswertproblem erfasst. Es bezeichne $f(x)$ die Dichte des abzubildenden Gewebes im Raumpunkt x. Natürlich ist für einen Punkt x des Knochengewebes die
Dichte $f(x)$ größer als für einen solchen, der zu Muskelgewebe gehört. $I(x)$ sei die
Intensität der Röntgenstrahlung im Punkt x. Durchdringt nun ein Röntgenstrahl
das Gewebe, so wird er in jedem Gewebepunkt abgeschwächt, da das Gewebe
Röntgenstrahlung absorbiert. Dabei ändert sich die Intensität in erster Näherung
entsprechend der Differentialgleichung

$$I'(x) = -f(x)I(x).$$

Das bedeutet natürlich, dass Gewebe größerer Dichte die Intensität stärker abschwächt als Gewebe geringerer Dichte. Nun ist einerseits die Intensität I_{vorher}
der Röntgenstrahlung an der Röntgenquelle bekannt, d. h. man weiß, mit welcher
Intensität ein Röntgenstrahl in den Körper eindringt. Andererseits wird die Intensität I_{nachher} des austretenden Strahls L im Detektor gemessen. Benutzt man
diese Intensitäten als Randwertbedingungen und löst die Differentialgleichung
entsprechend, so erhält man die Formel

$$\frac{I_{\text{vorher}}}{I_{\text{nachher}}} = e^{\int_L f(t)dt}.$$

Man erkennt hieraus, dass allein aus den gemessenen Daten der Wert des Integrals
über die Gewebedichte längs der Geraden L des Röntgenstrahls bestimmt werden
kann. Mathematisch liegt also die Aufgabe vor, die unbekannte Gewebedichte f
aus den Linienintegralen

$$\int_L f(t)dt$$

zu berechnen. Eine grundsätzliche Lösung dieses Problems wurde bereits 1917
von Johann Radon (1887–1956) angegeben. Natürlich haben sich die mathematischen Techniken weiterentwickelt, aber Radons Arbeiten bilden die Grundlage
der Computertomographie; und hätte er 1979 noch gelebt, eine Auszeichnung dieser Leistung mit dem Nobelpreis gemeinsam mit Houndsfield und McCormick
wäre ihm wohl sicher gewesen.

Unter der Schulbank

Wir betrachten nun ein auf den ersten Blick völlig anderes Problem, von erheblich
geringerer Bedeutung für die Menschheit, eher ein Spiel für Heranwachsende unter der Schulbank und in Pausen: das Schiffeversenken. Abbildung 3 zeigt ein
quadratisches Spielfeld von ‚Gitterkästchen‘.

    In der klassischen Variante platzieren zwei Spieler jeweils Schiffe auf ihrem
Spielfeld, natürlich ohne deren Position dem Gegner zu verraten, und das Ziel
besteht darin, die gegnerischen Schiffe durch Fragen aufzuspüren und dadurch

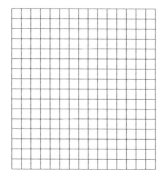

Abbildung 3. Spielfeld für Schiffeversenken

Abbildung 4. Raumschiff

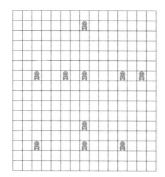

Abbildung 5. Anordnung der Raumflotte

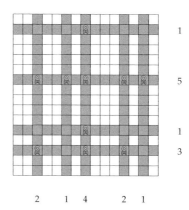

Abbildung 6. Radarinformationen

zu versenken. Erlaubt sind ausschließlich Fragen danach, ob auf einem vom Fragenden spezifizierten Kästchen ein Schiff liegt. Betrachten wir hierzu ein einfaches Beispiel, in einer etwas moderneren Version. Unser Schiff ist ein Raumschiff (Abbildung 4), das sich auf verschiedenen Plankoordinaten eines Gitters befinden kann. Abbildung 5 zeigt eine mögliche Anordnung solcher Raumschiffe.

Zur Beschleunigung des Spiels nehmen wir nun an, dass auch ‚Radarinformationen' gegeben sind. (Tatsächlich findet man entsprechende Varianten bisweilen in Rätselecken von Tageszeitungen.) Genauer sei bekannt, wie viele Raumschiffe in den einzelnen Zeilen und Spalten des Plangitters liegen. Abbildung 6 gibt zu jeder Zeile und Spalte die Zahl der sich darin befindenden Raumschiffe an; die Einträge 0 sind der Einfachheit weggelassen.

Die Frage besteht nun darin, ob man mit Hilfe dieser Radarinformationen bereits alle Schiffe aufspüren kann. Die bekannten Daten sind in Abbildung 7 zusammengefasst. Bestimmen diese die Position des gesamten Flottenverbandes bereits vollständig? Versuchen wir, die Informationen auszuwerten. Zunächst einmal ist klar, dass nur solche Zeilen und Spalten betrachtet werden müssen, in

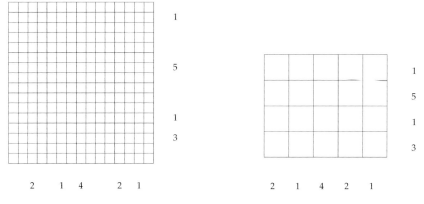

Abbildung 7. Reichen diese Daten für eine   Abbildung 8. Reduziertes Problem
        Rekonstruktion?

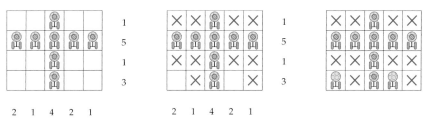

Abbildung 9. Rekonstruktion: Abbildung 10. Rekonstruktion: Abbildung 11. Vollständige
      erste Schritte   Fortsetzung   Rekonstruktion

denen überhaupt Raumschiffe vorhanden sind. Das Problem reduziert sich also auf ein wesentlich kleineres ‚Plangitter‘ (Abbildung 8).

Man erkennt, dass die gegebenen Anzahlen von Raumschiffen in den entsprechenden Zeilen und Spalten sehr viel Information enthalten. So besagt etwa die 5 in der zweiten Zeile, dass alle fünf möglichen Positionen für Raumschiffe auch besetzt sein müssen. Das gleiche gilt für die dritte Spalte; hier sind vier Kandidatenplätze vorhanden und vier Raumschiffe müssen platziert werden.

Abbildung 9 enthält die bislang gefundenen Informationen. Nun erkennt man aus der 1 in der zweiten Spalte, dass die in dieser Spalte noch nicht besetzten Positionen leer bleiben müssen. Ein Raumschiff ist bereits vorhanden, und mehr dürfen es in der zweiten Spalte auch nicht sein. Gleiches gilt für die fünfte Spalte, ebenso für die erste und dritte Zeile (Abbildung 10). Die letzte Zeile muß nun einerseits drei Raumschiffe enthalten, andererseits ist eines bereits vorhanden, und zwei Positionen sind ausgeschlossen. Von den fünf möglichen Plätzen kommen also nur noch die beiden freien Positionen in Frage, und diese müssen Raumschiffe enthalten (Abbildung 11).

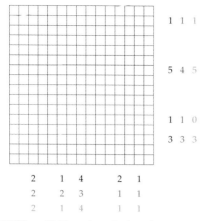

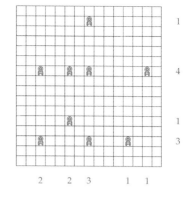

Abbildung 12. Veränderte Radarinformationen   *Abbildung 13.* Lösung

Hiermit ist die Lage des Flottenverbandes aus Abbildung 5 eindeutig bestimmt. Die gegebenen Radarinformationen reichen also aus, die Position aller zehn Raumschiffe zu ermitteln. Ist das immer so? Betrachten wir zwei weitere Beispiele (Abbildung 12). Die Belegungen der einzelnen Zeilen und Spalten des vorherigen Beispiels sind hier in schwarz angegeben. Daneben betrachten wir zwei weitere Belegungen, in rot und in grün. Wie man sieht, unterscheiden sich die verschiedenen Radarinformationen nur wenig. Bisweilen sind ein Schiff weniger oder ein Schiff mehr vorhanden, in vielen Fällen stimmen die Daten aber völlig überein. Untersuchen wir zunächst das Beispiel mit den roten Daten.

Abbildung 13 zeigt, dass auch hierzu wieder eine korrekte Positionierung der Raumschiffe gehört. Die Radardaten stimmen mit der Anzahl der platzierten Raumschiffe überein; Radarfehler oder absichtliche Unkorrektheiten sind nicht zu erkennen. Anders als in dem vorherigen Beispiel ist die in Abbildung 13 angegebene Lösung aber nicht die einzige. Abbildung 14 zeigt, wie eine andere Lösung dadurch entsteht, dass man vier blaue durch vier rote Raumschiffe auf anderen Positionen ersetzt; und es gibt noch eine Reihe weiterer Möglichkeiten.

Im Sinne einer optimalen Spielstrategie für Schiffeversenken unter Radarbedingungen ist die Aufteilung der zur Verfügung stehenden Schiffe entsprechend der roten Radarinformationen günstiger als entsprechend der schwarzen, denn hier ist es dem Gegner nicht möglich, die Raumschiffe in einem Zug sicher aufzuspüren. Kommen wir nun zu dem Beispiel mit den grünen Radarinformationen. Betrachten wir wieder das reduzierte Problem, so zeigt sich, dass die 4 in der mittleren Spalte eindeutig festlegt, dass alle vier möglichen Kandidatenfelder belegt sind (Abbildung 15).

Andererseits muß die dritte Zeile aber völlig frei bleiben, denn die Radarinformation ist 0. Wir erhalten somit einen Widerspruch, denn natürlich kann kein Feld gleichzeitig frei sein und ein Raumschiff enthalten; Abbildung 16. Es gibt so-

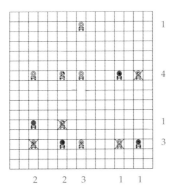

Abbildung 14. Weitere Lösung

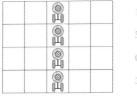

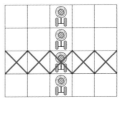

Abbildung 15. Beginn der Rekonstruktion   *Abbildung 16.* Widerspruch

mit überhaupt keine Lösung, d. h. die angegeben Informationen sind fehlerhaft; der Gegenspieler hat sich vertan, oder er hat gemogelt.

Obwohl sich die Radarinformationen in den drei Beispielen von Abbildung 12 nur wenig unterscheiden, tritt doch jeweils ein recht unterschiedliches Verhalten auf. Für die Frage des Schiffeversenkens unter Radarnebenbedingungen ergeben sich somit folgende Fragen:

– Sind die Randsummen konsistent, d. h. gibt es überhaupt eine Lösung?
– Bestimmen die Randsummen das ‚Bild‘, d. h. die Position der Raumschiffe eindeutig? Wie groß ist die Anzahl der Lösungen?

Natürlich wird man seine eigenen Raumschiffe so positionieren wollen, dass die Radardaten die Position möglichst wenig festlegen, d. h. die Anzahl der möglichen Lösungen sehr groß ist. Schließlich:

– Kann man eine bzw. alle Lösungen effizient berechnen?

Das Spiel ‚Schiffeversenken‘ ist sehr alt, und auch Varianten, die Radarinformationen enthalten, sind nicht neu. Aber was hat es mit der Computertomographie zu tun? In beiden Fällen sind Informationen darüber gegeben, was sich auf einzelnen Strahlen bzw. in einzelnen Zeilen oder Spalten befindet. In beiden Fällen sind aber die eigentlich interessanten Objekte verdeckt, nur aggregierte Informationen sind vorhanden, einmal das Integral über die Gewebedichten längs einer Gerade, im anderen Fall die Summe der Raumschiffe in einer Zeile oder Spalte. Die Fragestellungen zielen in beiden Fällen auf die ‚Rekonstruktion' der unbekannten Verteilung, einmal der Gewebedichte, im anderen Fall der Schiffe. Das Beispiel des Schiffeversenkens unter Radarnebenbedingungen ist also lediglich eine diskrete (und was die gegebenen Informationen anbelangt eingeschränkte) Variante des zugrunde liegenden Problems der Computertomographie.

Typischerweise wird das Spiel aber überhaupt nicht mit Tomographie oder auch nur allgemeiner mit Mathematik in Verbindung gebracht. Wenn es im Mathematikunterricht auftritt, dann vermutlich eher unter der Bank als an der Tafel. Und trotzdem: Es hat nicht nur eine Menge mit Tomographie zu tun; seine Varianten sind tatsächlich aktuelle Gegenstände der mathematischen Forschung. Und das nicht, weil Mathematiker nutzlosen Spielereien nachgehen, sondern weil diese wichtig sind im Bereich der Nanotechnologie. Dieser Zusammenhang wird im übernächsten Kapitel behandelt.

Einteilung von Arbeitskräften und Datensicherheit

Ein dem Schiffeversenken unter Radarnebenbedingungen sehr ähnliches Problem tritt auch in ganz anderem Zusammenhang auf. Stellen Sie sich vor, Sie wären der Manager eines Schnellimbissbetriebes. Sie wissen, wie viele Kunden an verschiedenen Wochentagen etwa zu erwarten sind und legen fest, wie viele Arbeitskräfte Sie benötigen. Ferner stehen Ihnen verschiedenen Arbeitskräfte zur Verfügung, die vertraglich jeweils eine feste Anzahl an Tagen pro Woche in Ihrem Betrieb arbeiten sollen. Wie müssen Sie die Personen einteilen, um Ihren Bedarf decken zu können.

Abbildung 17 stellt ein einfaches Beispiel dieser Form der Arbeitszeitplanung graphisch dar. Die an den einzelnen Tagen benötigten Arbeitskräfte sind rechts vermerkt, die Anzahl der für jede Arbeitskraft festgelegten Arbeitstage unten. Ein möglicher Arbeitsplan ist in Abbildung 18 durch die blauen Markierungen gegeben.

Für das Beispiel gibt es eine ganze Reihe verschiedener Arbeitspläne, die den Anforderungen genügen. Das ist durchaus wünschenswert, denn natürlich werden in der Praxis noch viele weitere Einschränkungen vorliegen. So könnte es zum Beispiel notwendig sein zu berücksichtigen, dass eine der Arbeitskräfte die Tätigkeit nur als Nebenjob ausführt und dementsprechend nur an bestimmten Arbeitstagen zur Verfügung steht.

Ein anderes, mathematisch ähnliches Problem betrifft den Schutz individueller Daten. Man stelle sich vor, es werde eine statistische Erhebung durchgeführt, mit dem Ziel, aggregierte Daten zu veröffentlichen. Dazu können etwa Durchschnittswerte gehören oder ähnliches. Der Datenschutz erfordert es selbstverständlich, dass keine Rückschlüsse auf Individualdaten möglich sind. Auch dieses Problem

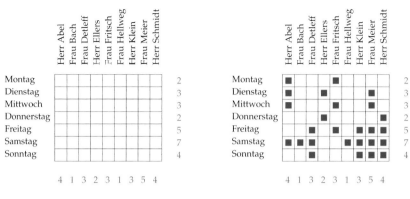

Abbildung 17. Anforderungen für die
Einteilung von Arbeitskräften

Abbildung 18. Arbeitsplan

trägt den Charakter der (diskreten) Tomographie; nur hier ist die Zielrichtung eine andere: aus den aggregierten Daten dürfen keine Originaldaten rekonstruierbar sein.

Über die Rekonstruktion kristalliner Strukturen

Die obigen Beispiele deuten die Vielfalt der Bereiche an, in denen Fragen der Rekonstruktion von Einzeldaten aus aggregierten Daten auftreten. Eines der wichtigsten Beispiele, an dem sich die Theorie und die praktische Behandlung von Fragen der Diskreten Tomographie in den letzten Jahren orientiert und dadurch beachtlich weiterentwickelt hat, behandelt die Rekonstruktion kristalliner Strukturen aus wenigen Aufnahmen der hochauflösenden Transmissionselektronentomographie. Anders als bei der Computertomographie liegen hier atomare Strukturen zugrunde; Abbildung 19 zeigt etwa die Struktur von Silizium, das ja bekanntlich in der Halbleitertechnologie von zentraler Bedeutung ist.

Die physikalischen Grundlagen sind dabei einerseits die HRTEM-Technik (*High Resolution Transmission Elektron Microscopy*), für die Ernst Ruska 1986 den Nobelpreis für Physik erhielt. Andererseits wird eine von Schwander, Kisielowski, Seibt, Baumann. Kim und Ourmazd 1993 und 1995 entwickelte Analysemethode QUANTITEM benutzt (*Quantitative Analysis of The Information provided by Transmission Elektron Microscopy*). Diese Techniken erlauben es im wesentlichen, in bestimmten Richtungen atomare Auflösungen zu erzeugen. Ziel ist es dann, kristalline Strukturen aus Kippserien zu rekonstruieren. Man hat also wieder aggregierte Informationen zur Verfügung, jeweils in den verschiedenen Richtungen der durchgeführten Kippserien. Wieder besteht die Aufgabe in der Rekonstruktion des zugrunde liegenden Objekts. Mit Hilfe dieser Aufnahmen- und Analysentechniken erhält man prinzipiell Bilder wie in Abbildung 20.

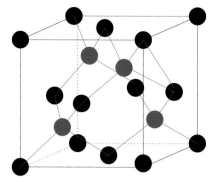

Abbildung 19. Silizium

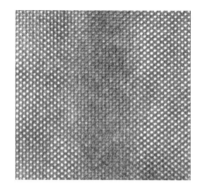

Abbildung 20. Aufnahme eines SiGe-Profils

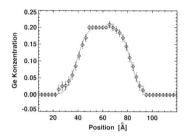

Abbildung 21. Ge-Konzentration

Man erkennt mit bloßem Auge einen Unterschied in der ‚Textur' der Abbildung; tatsächlich entspricht dieser einer Änderung der Silizium/Germanium-Konzentration; sie ist in Abbildung 21 für einen Querschnitt quantifiziert.

Man könnte nun annehmen, dass dieses Konzentrationsprofil, das man aus einer einzigen HRTEM-Aufnahme erhält, bereits alle relevanten Informationen angibt. Das ist aber nicht der Fall, denn es sagt zwar aus, wie viele Germanium-Atome in den einzelnen Säulen vorhanden sind, nicht aber, wo sich diese befinden. Denkt man noch daran, dass für eine zentrale potenzielle Anwendung, nämlich die Qualitätskontrolle im Chipdesign der nächsten Generation, die vorausgegangenen Produktionsprozesse amorphe Oberflächenschichten erzeugen, so handelt es sich tatsächlich um die Aufgabe, eine innere Trennfläche aus einer Kippserie von HRTEM-Bildern zu rekonstruieren.

Ein einfaches, idealisiertes Modell, das dennoch die wesentlichen Eigenschaften dieser Aufgabe enthält, wurde bereits 1995 von Peter Schwander und Larry Shepp vorgeschlagen. Hierbei entsprechen die Atome Punkten des Gitters $\mathbb{Z}^3$ aller ganzzahligen Punkte des 3-dimensionalen Raumes. (Natürlich können kristallinen Strukturen auch andere Kristallgitter zugrunde liegen. Da die zugehörige mathematische Problematik aber affininvariant ist, ist die Annahme, dass das Gitter $\mathbb{Z}^3$ zugrunde liegt, für die wesentlichen, in der Praxis relevanten Aussagen, keine Beschränkung.) Tatsächlich treten die praktischen Probleme bereits in der analogen zweidimensionalen Aufgabe über $\mathbb{Z}^2$ auf. Da die Mikroskopsteuerung faktisch eine Drehung an einer Achse produziert, zerfällt das Problem in parallel bearbeitbare zweidimensionale Aufgaben für die einzelnen Schichten. Insofern werden im folgenden häufig zweidimensionale Visualisierungen benutzt.

Im angegebenen Modell entspricht ein Kristall einer endlichen Gittermenge F im 2- oder 3-dimensionalen Raum. Natürlich sind die Atome in Kristallen nicht unabhängig auf die Atomplätze verteilt, so dass für praktische Anwendungen weitere Voraussetzungen an die Klasse aller zugelassenen Gittermengen F zu stellen sind. Die Messrichtung entspricht nun einfach einer Geraden S durch den Nullpunkt und QUANTITEM zählt die Anzahl der Punkte von F auf jeder Geraden parallel zu S. Genauer ist die Funktion $X_S F$, welche *X-ray* genannt wird, dadurch definiert, dass sie jedem Punkt x die Anzahl der Punkte von F zuordnet, die auf der nach x verschobenen Geraden S liegen. In mathematischer Schreibweise:

$$X_S F(x) = \text{card}\left(F \cap (S + x)\right).$$

Dieses einfache Modell ist im folgenden Kasten noch einmal zusammengefasst.

Ein idealisiertes Modell	
Atome	Gitterpunkte $(\mathbb{Z}^2, \mathbb{Z}^3)$
Kristall	endliche Gittermenge F $(F \subset \mathbb{Z}^3)$
Meßrichtung	Gerade S
QUANTITEM	Anzahl der Punkte von F auf Geraden parallel zu S $(\text{card}(F \cap (S + x)) = X_S F(x))$ X-ray

Abbildung 22 zeigt an einem Beispiel, wie $X_S F$ gebildet wird. Der rote Strahl trifft genau zwei schwarze Kugeln, also ist der Wert 2 im darunterliegend abgebildeten Graph der Funktion abgetragen. Abbildung 23 gibt alle X-ray Werte (links) sowie den Graphen (rechts) eines zweidimensionalen Beispiels wieder.

Wie bei den früheren Anwendungsbeispielen ergeben sich hier ebenfalls die Fragen:

– Wie viele X-rays sind erforderlich, um die Objekte eindeutig rekonstruieren zu können?
– Wie schwierig ist die Rekonstruktion algorithmisch?

War es in den vorherigen Beispielen in der Regel vorteilhaft, viele Lösungen zu haben, so geht es hier um die Frage, ob die gemessenen Daten das Objekt eindeutig bestimmen oder wenigstens, da im allgemeinen ja Datenfehler vorhanden sein werden, eine gute Approximation des gegebenen Objekts erlauben. Da die vorgestellte Anwendung in den Materialwissenschaften auf physikalischen Messungen beruht, sind die Daten typischerweise mit einem nicht zu vernachlässigenden

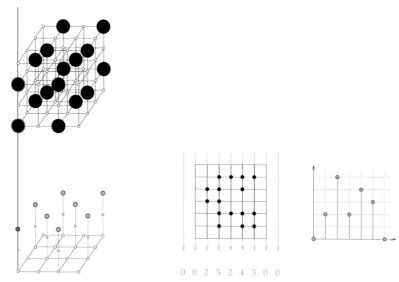

Abbildung 22. 3D-X-ray parallel zur z-Achse   Abbildung 23. 2D-X-ray parallel zur y-Achse

0 0 2 5 2 4 3 0 0

Fehler behaftet. Eine wesentliche Frage ist somit, welchen Einfluss die Datenfehler auf die Rekonstruktion haben. Natürlich ist es wünschenswert, trotz des in den Messungen auftretenden Rauschens eine gute Approximation des ursprünglichen kristallen Objekts zu erreichen. Es tritt also als neue zentrale Frage das Problem der Datenfehler hinzu:

– Welche Rolle spielen Datenfehler? Wie ‚stabil‘ sind Lösungen unter ‚Rauschen‘?

Da Methoden der Computertomographie hervorragende Ergebnisse im Bereich der Medizin, aber auch allgemeiner der zerstörungsfreien Materialprüfung liefern, ist es naheliegend, diese Methoden auch auf die Rekonstruktion kristalliner Strukturen anwenden zu wollen. Es zeigt sich aber, dass die Ausgangslage recht verschieden ist. In der Computertomographie ‚sieht‘ ein Röntgenstrahl im allgemeinen mehr als 10^{23} Atome. In der diskreten Tomographie ist es erforderlich, das Objekt sehr dünn zu präparieren, da sonst die Elektronenstrahlen absorbiert werden. Ein X-ray-Strahl wird dabei durch weniger als 10^3 Atome beeinflußt. Typischerweise werden in der Computertomographie Aufnahmen aus 480 bis 1400 Richtungen gewonnen. In der diskreten Tomographie muss man mit Aufnahmen in 3 bis 5 Richtungen auskommen, da die für diese Aufnahmen erforderliche Energie in der Summe so begrenzt sein muss, dass keine Kristalldefekte auftreten.

Aufgrund dieser Unterschiede kommen die zugrundeliegenden mathematischen Methoden typischerweise ebenfalls aus verschiedenen Bereichen. Für die Computertomographie spielen Numerik, Funktionalanalysis, Operatortheorie und verschiedene andere Teilgebiete der ‚stetigen Mathematik‘ eine zentrale Rolle. In der diskreten Tomographie sind die Methoden der Diskreten Mathematik, der Algebra, der Zahlentheorie und anderer ‚diskreter Teilgebiete‘ relevant.

Die bisherigen Untersuchungen bezogen sich auf verschiedene zugrundeliegende Fragestellungen. Zunächst stand die mathematische Analyse des Kernproblems im Vordergrund. Hierbei wurde die Voraussetzung gemacht, dass die Daten in exakter Form vorliegen. Diese Voraussetzung ist natürlich für die spätere praktische Anwendung zu einschränkend. Dennoch ist es nützlich, zunächst den Einfluss von Datenfehlern zu ignorieren, um untersuchen zu können, welche potenziellen mathematischen Schwierigkeiten bereits in der theoretischen Kernaufgabe bestehen. Im nächsten Paragraphen werden Eindeutigkeitssätze, komplexitätstheoretische Untersuchungen, sowie exakte Algorithmen vorgestellt.

Im nächsten Schritt wird dann auch das Auftreten von Datenfehlern berücksichtigt. Hier sind die zentralen Fragen die nach Stabilität, nach approximativen Algorithmen sowie nach der praktischen Behandlung von Dateninsuffizienz.

Ein dritter, mit dem auftretenden praktischem Problem zusammenhängender Komplex betrifft die Visualisierung. Bei der Größe der präparierten kristallinen Strukturen von etwa $1000 \times 1000 \times 1000$ Atomen hat man nicht einmal ein Pixel des 2-dimensionalen Computerbildschirms pro Atom zur Darstellung zur Verfügung. Man wird also die Visualisierung so konzipieren wollen, dass man zunächst das Objekt aus ‚großer Entfernung' betrachtet, um zu sehen, welche Bereiche interessant sind. Die rekonstruierte Struktur erhält somit zunächst einen stetigen Charakter. Dann wird man auf relevante Bereiche ‚einzoomen' wollen, wodurch der zugrundeliegende diskrete Charakter erkennbar wird. Es ist also eine Visualisierung über mehrere Grade von Größenordnungen erforderlich. Im folgenden soll auf die hierbei auftretende Problematik nicht weiter Bezug genommen werden. Es sei lediglich erwähnt, dass verschiedene interessante Sichtbarkeitsfragen auftreten, die sowohl algorithmisch, als auch von ihrer mathematischen Struktur her sehr herausfordernd sind.

Eindeutigkeitssätze

Wir beginnen mit der einfachen, aber auf den ersten Blick überraschenden Beobachtung, dass endliche Gittermengen durch ein einziges X-ray eindeutig bestimmt sind. Wählt man nämlich etwa im Zweidimensionalen eine Gerade S mit irrationaler Steigung, so enthält jede Gerade parallel zu S keinen oder genau einen Gitterpunkt. Aus einem einzigen X-ray-Bild kann man somit prinzipiell die zugrundeliegende Gittermenge rekonstruieren. Für die praktische Anwendung ist diese Aussage naturgemäß irrelevant. Tatsächlich kann man nur Aufnahmen in speziellen Gitterrichtungen machen; Aufnahmerichtungen ‚schräg zu den Atomsäulen' führen zu einem massiv ‚verschmierten' Bild. Das auftretende Problem ist in Abbildung 24 für eine 2-dimensionale Menge von Atomen dargestellt.

Betrachten wir nun also die Frage, wie viele Aufnahmen in rationaler oder in – was dasselbe ist – ganzzahliger Richtung benötigt werden. Nehmen wir also an, dass eine Folge von Aufnahmerichtungen gegeben ist. Abbildung 25 weist vier

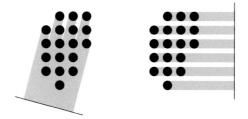

Abbildung 24. Links: ‚Verschmieren' der Projektion; rechts: scharf abgegrenzte Projektionen

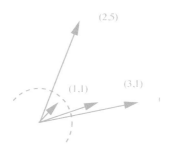

Abbildung 25. Eine Folge von Aufnahmerichtungen

Vektoren aus, die als Aufnahmerichtungen vorgesehen sind. Der gestrichelt gezeichnete Kreisbogen deutet an, dass diese Vektoren nur Teil einer Folge von Aufnahmerichtungen sind. Beginnen wir mit den Aufnahmen in Richtung der Vektoren $(1,1)$ und $(3,1)$. Abbildung 26 zeigt zwei Gittermengen; die beiden roten Punkte bilden die Menge F_1, die beiden blauen Punkte die Menge F_2, die dieselben X-rays in den beiden gegeben Richtungen aufweisen. Nehmen wir noch die Richtung $(2,5)$ hinzu, so gibt es wieder ein Beispiel von Mengen F_1, F_2 die sich in den jetzt drei verschiedenen X-rays nicht unterscheiden (Abbildung 27).

Die beiden Mengen entstehen dadurch, dass man die vorher konstruierten Mengen kopiert und längs des Vektors $(2,5)$ verschiebt. Danach werden die Farben in der Kopie vertauscht; die roten Punkte werden blau, die blauen Punkte rot. Hierdurch wird gesichert, dass die Mehrdeutigkeit bezüglich der ersten beiden Richtungen erhalten bleibt, und dass für die neue Richtung $(2,5)$ wieder gilt, dass jede Gerade parallel zu dieser Richtung, die irgendeinen roten Punkt trifft, auch einen blauen Punkt trifft und umgekehrt. Das gleiche Prinzip lässt sich erweitern; Abbildung 28 zeigt, dass auch das Hinzufügen der Richtung $(5,1)$ im allgemeinen nicht zur Eindeutigkeit führt. Diese Konstruktion lässt sich beliebig fortsetzen, so dass klar wird, dass endlich viele X-rays nicht zur Rekonstruktion endlicher Gittermengen ausreichen.

Bei den konstruierten Beispielen wird man zu Recht argumentieren, dass kristalline Strukturen nicht so aussehen, wie etwa die Menge aller roten Punkte. Abbildung 29 zeigt aber solide Kristallblöcke mit vereinzelten Defekten, wie sie zumindest prinzipiell auftreten könnten. Es handelt sich hierbei allerdings nur um

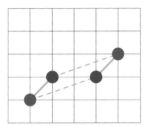

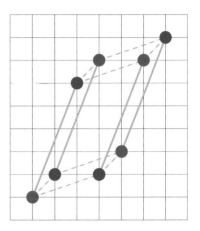

Abbildung 26. Zwei verschiedene Gittermengen mit gleichen X-rays in 2 Richtungen

Abbildung 27. Zwei verschiedene Gittermengen mit gleichen X-rays in 3 Richtungen

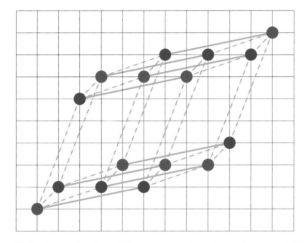

Abbildung 28. Zwei verschiedene Gittermengen mit gleichen X-rays in 4 Richtungen

das ‚photographische Negativ' der vorherigen Konstruktion; es sind lediglich die vorherigen Lücken einmal durch rote, einmal durch blaue Punkte gefüllt. Auf die Mehrdeutigkeit hat das natürlich keinen Einfluss.

Nach diesen negativen Aussagen stellt sich natürlich die Frage, welche Optionen noch zur Verfügung stehen. Eine besteht naturgemäß darin, die Klasse aller zugelassenen Punktmengen einzuschränken, d.h. alle verfügbaren Vorabinformationen bezüglich Gestalt, Größe, ‚Vollständigkeit' etc. zu benuten. Die Beispiele von Abbildung 29 weisen einen starken Zusammenhang auf. Allerdings sind – intuitiv gesprochen – noch immer Lücken vorhanden.

Wir betrachten daher jetzt ‚konvexe Gittermengen', die überhaupt keine ‚Löcher' mehr aufweisen. Abbildung 30 zeigt eine beliebige Gittermenge (links), ih-

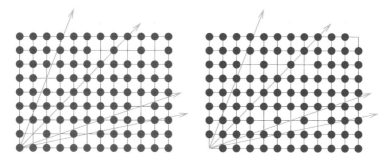

Abbildung 29. Zwei verschiedene ‚solide' Gittermengen mit gleichen X-rays in 4 Richtungen

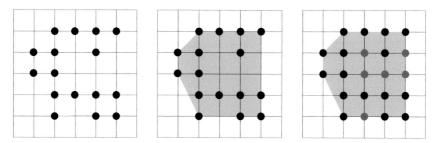

Abbildung 30. Konvexe Gittermenge (rechts)

re konvexe Hülle, an der man die fehlenden Punkte erkennt (Mitte) sowie die konvexe Gittermenge, die dadurch entsteht, dass man die vorher fehlenden roten Punkte hinzunimmt.Genauer heißt eine Gittermenge *F konvex*, wenn sie alle Gitterpunkte enthält, die in ihrer konvexen Hülle liegen. Es zeigt sich, dass konvexe Gittermengen in Hinblick auf ihre Rekonstruktion gute Eigenschaften aufweisen. Es gilt der folgende Satz: *Die Klasse aller endlichen, konvexen Teilmengen von $\mathbb{Z}^2$ ist durch geeignete 4 Gitter-X-rays eindeutig bestimmt.* Tatsächlich ist sie bereits durch *jede Menge von 7 X-rays* eindeutig bestimmt.

Beide Aussagen sind bestmöglich; drei Gitter-X-rays reichen im allgemeinen nicht, und Abbildung 31 zeigt, dass es sechs Gittergeraden und zwei verschiedene endliche Gittermengen gibt, die durch ihre X-rays parallel zu den sechs Geraden nicht unterscheidbar sind. Diese Abbildung zeigt auch, dass geometrische Überlegungen eine wesentliche Rolle spielen. Tatsächlich ist die konvexe Hülle der beiden Gittermengen ein Zwölfeck, das die Eigenschaften hat, dass bezüglich jeder der sechs Richtungen keine ‚Ecke alleine auftritt' (Abbildung 32).

Das bedeutet, dass auf jeder Geraden parallel zu einer der sechs gegebenen Richtungen durch eine Ecke eine zweite Ecke des Polygons liegt. Ein Polygon mit diesen Eigenschaften zeigt immer an, dass die gegeben Richtungen nicht zu Eindeutigkeit führen: Es reicht, jede zweite Ecke blau, die übrigen Ecken rot und die inneren Punkte des Polygons jeweils rot und blau zu färben. Man erhält so – wie

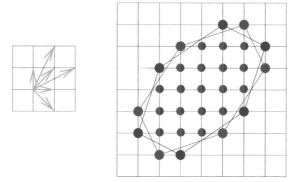

Abbildung 31. Mehrdeutigkeit für die angegebenen 6 Richtungen

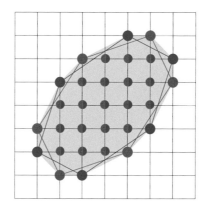

Abbildung 32. Indikatorpolygon: konvexe Hülle beider Lösungen

vorher – eine rote Punktmenge F_1 und eine blaue Punktmenge F_2, die nicht durch ihre X-rays parallel zu den gegeben Richtungen unterscheidbar sind. Tatsächlich zeigt sich, dass Eindeutigkeit genau dann vorliegt, wenn kein solches ‚Indikator-polygon' existiert. Mit Hilfe geometrischer Methoden lassen sich diese Polygone analysieren und charakterisieren. Danach ist noch ein zahlentheoretisches Pro-blem zu lösen: Für welche

$$k_1, k_2, k_3, k_4, m \in \mathbb{N}$$

mit

$$1 \leq k_3 < k_1 \leq k_2 < k_4 \leq m - 1, \quad k_1 + k_2 = k_3 + k_4$$

ist der Quotient

$$\frac{\sin \frac{k_1 \pi}{m} \cdot \sin \frac{k_2 \pi}{m}}{\sin \frac{k_3 \pi}{m} \cdot \sin \frac{k_4 \pi}{m}}$$

rational? Die geometrische und die zahlentheoretische Charakterisierungen zu-sammen liefern dann den angegebenen Eindeutigkeitssatz für konvexe Gitter-

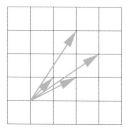

Abbildung 33. ‚Gute' Richtungen

mengen. Die im Sinne des Charakterisierungssatzes ‚guten' Richtungen sind durchaus akzeptabel; Abbildung 33 gibt ein Beispiel.

Es gibt Anwendungsbereiche, für die dieser Eindeutigkeitssatz für konvexe Gittermengen direkt relevant ist. Aber natürlich ist für das zentrale Anwendungsgebiet der Rekonstruktion kristalliner Strukturen, wie sie in der Chipproduktion entstehen, die Voraussetzung der Konvexität zu stark. Tatsächlich möchte man ja gerade Dellen und Lücken detektieren. Andererseits nutzt der Eindeutigkeitssatz die wesentlichen zahlentheoretischen Einschränkungen so gut aus, dass auch für allgemeine Gittermengen die im Sinne dieses Satzes guten Richtungen in der Praxis gute Ergebnisse liefern. Dennoch möchte man sichergehen, dass die gefunden Lösungen tatsächlich mit den zugrunde liegenden Strukturen übereinstimmen, d. h. dass Eindeutigkeit vorliegt.

Es gibt eine Reihe von interessanten anderen Eindeutigkeitsaussagen, die aber alle entweder deshalb praktisch unbrauchbar sind, weil sie zu viele X-rays verlangen, weil sie Eigenschaften der zu rekonstruierenden Mengen fordern, die in der Praxis nicht erfüllt sind, oder weil sie zwar mit wenigen Richtungen auskommen und keine Einschränkungen an die Gittermengen verlangen, dafür aber auf X-ray Richtungen basieren, die zu keiner adäquaten Auflösung führen.

Komplexität und Algorithmen

Bislang fehlen also praktisch relevante Eindeutigkeitssätze, die von vornherein, d.h. schon vor den Messungen sicherstellen, dass die Daten die zugrundeliegende Struktur tatsächlich festlegen. Allerdings ist es oftmals eigentlich gar nicht unbedingt erforderlich, diese Garantie a priori abgeben zu können. Es reicht aus, für gegebene Aufnahmen entscheiden zu können, ob diese das Objekt durch die vorliegenden Daten bereits eindeutig bestimmen. Hierdurch kommt die Frage der algorithmischen Behandlung der zugehörigen Probleme auf, die ohnehin in jeder praktischen Anwendung effizient gelöst werden muß.

– Wie schwierig ist es, die Eindeutigkeit algorithmisch zu prüfen?
– Wie schwierig ist es, die gegebenen Daten auf Konsistenz zu überprüfen?

Und letztendlich:

– Wie schwierig ist die Rekonstruktion der kristallinen Struktur?

Die algorithmische Komplexität dieser Aufgaben ist umfassend analysiert worden. Es zeigt sich, dass alle drei Aufgaben einfach sind, wenn Informationen in zwei Richtungen vorliegen. Natürlich reicht im allgemeinen die Information in nur zwei Richtungen nicht zur eindeutigen Rekonstruktion aus; man ist also auf weitere Aufnahmen angewiesen. Liegen aber X-rays in drei oder mehr verschiedenen Richtungen vor, so werden die algorithmischen Fragen extrem schwierig (NP-schwer), so schwierig, wie die schwierigsten Probleme der kombinatorischen Optimierung. Das bedeutet, dass nicht damit zu rechnen ist, dass sie irgendwann einmal wirklich effizient gelöst werden können. Dennoch müssen sie behandelt werden.

Der grundlegende Ansatz hierfür ist die Modellierung der Aufgabe als ein ganzzahliges lineares Zulässigkeitsproblem. Abbildung 34 deutet an, wie den möglichen Gitterkandidatenpunkten Variablen zugeordnet werden können und welchen Nebenbedingungen diese genügen müssen, wenn Informationen in drei Richtungen vorhanden sind, der Horizontalen, der Vertikalen und der Diagonalen. Die Variablen modellieren über ihre möglichen Werte 0 oder 1, ob der zugehörige Gitterpunkt in der Lösung vorhanden ist oder nicht. Schreibt man diese 0-1-Bedingungen in der Form $0 \leq x_{ij} \leq 1$, $x_{ij} \in \mathbb{Z}$, lässt dann aber die Ganzzahligkeitsbedingung weg, so erhält man ein lineares Programm, die so genannte LP-Relaxation des ganzzahligen Zulässigkeitsproblems. Diese Relaxation lässt sich mit Algorithmen der linearen Optimierung effizient lösen; allerdings erhält man im allgemeinen Fall keine ganzzahlige Lösung, sondern nur eine fraktionale, der man keine Punktmenge mehr zuordnen kann.

Es gibt nun verschiedene Ansätze, wie man trotz der Komplexität des Problems ganzzahlige, d. h. 0-1-Lösungen gewinnen kann. Hier finden die modernsten Methoden der kombinatorischen Optimierung ihren Einsatz. Als besonders gut geeignet haben sich Packungs- und Überdeckungsverfahren erwiesen. Diese besitzen einerseits die Eigenschaft, beweisbare Vorab-Gütegarantien zu erlauben, andererseits führen sie zu erstaunlich guten praktischen Resultaten. Tatsächlich ist sogar der absolute Fehler selbst in realistischen Größenordnungen von 250.000 binären Variablen in gerechneten Testbeispielen so klein, dass im Sinne der Kombinatorischen Optimierung das Problem trotz seiner hohen Komplexität als gelöst angesehen werden kann. Für die zentrale Anwendung in den Materialwissenschaften reicht das aber leider noch nicht aus.

Stabilität

Betrachten wir die Anforderungen etwas genauer. Es bezeichne F das Originalobjekt, das rekonstruiert werden soll. Der Vektor b fasse die exakten Daten zusammen, die völlig fehlerfreien HRTEM-Aufnahmen von F entsprechen. $\hat{b}$ sei dann die

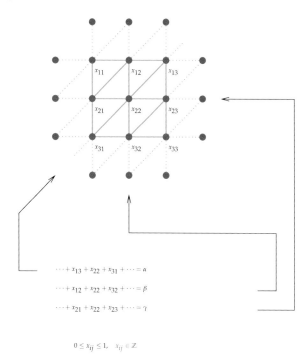

Abbildung 34. Mathematische Modellierung als binäres Zulässigkeitsproblem

reale Messung, d. h. b und $\hat{b}$ unterscheiden sich gerade um die im Aufnahmepro-
zess auftretenden Datenfehler.

Die bisher verfügbaren Algorithmen finden nun zuverlässig eine Menge $\hat{F}$ mit
X-rays nahe bei $\hat{b}$. Wir erhalten also mit Hilfe der approximativen Algorithmen
eine Lösung, deren X-rays nahe an den gemessenen Daten liegen. Was wir aber
wirklich brauchen, ist eine Menge $\hat{F}$, die ‚nahe' bei der unbekannten Menge F
liegt, also eine Rekonstruktion, die im wesentlichen dem ‚Original' entspricht.
Hier liegt ein prinzipielles Problem. Anders als bei den meisten Anwendungen
der Computertomographie, in denen man ‚im nachhinein' überprüfen kann, wie
nahe die konstruierte Lösung am eigentlichen Objekt liegt und wo Artefakte aufgetreten sind, sind die zugrundeliegenden Strukturen hier nicht direkt zugänglich. Wir können also die Rekonstruktion auch in einer ‚Eichphase' nicht wirklich mit dem Original vergleichen. Lässt sich dennoch wenigstens grundsätzlich eine genaue Rekonstruktion erreichen? Es zeigt sich, dass das zumindest
prinzipiell möglich ist: Bei kleinen Datenfehlern *existieren* gute approximative
Lösungen. Aber wie kann man solche guten approximativen Lösungen finden?
Das folgende Ergebnis zeigt, dass diese Aufgabe jedenfalls nicht gerade einfach
ist.

Ist die Anzahl m der verschiedenen X-ray Aufnahmen mindestens 3, so exis-
tieren für ein beliebig großes $\alpha \in \mathbb{N}$ zwei endliche Gittermengen F_1 und F_2, die

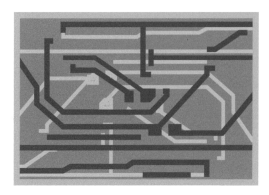

Abbildung 35. Prinzipielles Bauelement

gleichviele und mindestens α Punkte enthalten, die durch ihre X-rays jeweils eindeutig bestimmt sind, deren X-ray Daten sich sich um höchstens $2(m-1)$ unterscheiden, die aber trotzdem in *keinem einzigen* Punkt übereinstimmen. Es gibt also beliebig große Gittermengen, die jeweils durch ihre X-rays in gegebenen 3 Richtungen eindeutig bestimmt sind, deren X-rays sich auf höchstens 4 Geraden um jeweils einen Punkt unterscheiden, und die trotzdem völlig verschieden sind. Insbesondere bedeutet dieses Ergebnis, dass die Strategie, möglichst eine Lösung zu finden, die die gemessenen Daten optimal erfüllt, im allgemeinen gar nicht um Ziel führen kann. Es kann besser sein, eine ungenaue Lösung zu suchen, die dafür aber näher am Original liegt. Aber wie?

Dieses negative Ergebnis zeigt, dass noch viel Arbeit zu leisten ist. Aber gibt es denn überhaupt Hoffnung? Die Objekte sind natürlich keine allgemeinen Mengen, sondern tragen eine Struktur. Abbildung 35 deutet an, welcher Typ von Objekten zu untersuchen ist. Tatsächlich ist diese Struktur vorher sogar exakt bekannt, das zu produzierende Bauteil ist ja genau spezifiziert. Nur wenn im Produktionsprozeß Fehler aufgetreten sind, weicht das tatsächliche Objekt von seiner ,Blaupause' ab. Die vorhandenen Informationen können und müssen natürlich ausgenutzt werden, um die Mehrdeutigkeit- und Instabilitätsprobleme zu kompensieren. Insgesamt ist aber noch ein weiter Weg zurückzulegen, sowohl technischer und physikalischer Art, als auch was die zugrunde liegende Mathematik betrifft. Das mathematische Forschungsziel besteht dabei in der Entwicklung einer allgemeinen Theorie diskreter inverser Probleme, eine große Herausforderung für die Zukunft.

Der Autor dankt P. Schwander für die Erlaubnis, die Abbildungen 20 und 21 zu verwenden, und seinen wissenschaftlichen Koautoren A. Alpers, R. Gardner, D. Prangenberg, L. Thorens, M. Wiegelmann und S. de Vries.

Blicke in die Unendlichkeit

Jürgen Richter-Gebert

Kindheitserinnerungen

Der geliebte alte, etwas aus der Mode gekommene, Alibertschrank im Badezimmer. Als Kind an Klappspiegeltüren Blicke in die Unendlichkeit gewagt. Wie eng konnte man die beiden Spiegeltüren zusammenklappen, so dass man gerade noch mit seinem Auge hineinlinsen konnte, um eine schier endlose Kette von sich spiegelnden Spiegeln zu sehen – nach hinten langsam in einem glasgrünen Schleier verschwindend. Szenenwechsel, Großmutters Vitrinenschrank. Ein Schaukasten für Häkeldeckchen und Nippes. Der „Hauptausstellungsraum" dieses Schrankes bestand aus einem quaderförmigen Fach, das von fünf Seiten mit Spiegeln versehen war, so dass sich die Porzellanfiguren mehr als vorstellbar oft wiederholten. Das merkwürdigste an diesem Fach war aber das folgende: Wenn man sich vor die Spiegel stellte, ein Auge zukniff und in die hintere Ecke des Faches schaute, in der sich drei Spiegel – senkrecht aufeinander stehend – trafen, sah man immer das andere Auge im Fadenkreuz der drei sich treffenden Spiegel. Ich vermute, ich stand insgesamt Stunden davor und grübelte nach dem Warum.

Erst Jahre später sollte ich erfahren, dass diese beeindruckenden, aber harmlosen Spiegelspielereien im Mittelpunkt eines beziehungsreichen Geflechts von Begriffen und Anwendungen stehen: Reflexionsgruppen, Festkörperphysik, Billardspielen, Tarnflugzeuge, Entfernungsmessungen bis zum Mond, Chaos, hyperbolische Geometrie und Weihnachtskugeln. Dieser Artikel soll einen kleinen Spaziergang durch all diese Begriffe (und einige mehr) darstellen.

1   Gute Winkel, schlechte Winkel

Ein einziger Spiegel ist, mathematisch betrachtet, nicht gerade extrem spannend. Man kann zwar Stunden damit zubringen zu diskutieren, ob dieser jetzt links und rechts, oben und unten oder vorne und hinten vertauscht (was tut er denn nun eigentlich?), aber so richtig interessant wird es erst, wenn man zwei Spiegel betrachtet, die einander wechselseitig spiegeln; und an diesem Punkt soll unser Ausflug beginnen. Betrachten wir zwei ebene Spiegel (man stellt sich am besten zwei Badezimmerspiegelkacheln vor), die entlang einer Kante miteinander verbunden sind. Der Winkel zwischen Ihnen soll frei einstellbar sein. Was sieht man, wenn man in den von beiden Spiegeln gebildeten Winkel schaut? Abbildung 1 gibt ein paar Eindrücke für verschiedene Winkel zwischen den Spiegeln. Es wurden einige Papierschnipsel und ein Pappwürfel als sich spiegelnde Objekte eingelegt. Es fällt auf, dass sich z. B. bei 90° und 60° der Eindruck eines perfekten Gesamtbildes er-

Abbildung 1. Klappspiegel mit 90°, 85°, 60° und 55°

gibt, wohingegen sich z. B. bei 85° und 55° an der Kante, an der die Bilder zusammen treffen, charakteristische Bruchkanten im Bild ergeben (markiert durch einen gelben Kringel). Was passiert? Wir betrachten zunächst den Fall von 90°. Streng genommen setzt sich das wahrgenommene Bild aus insgesamt fünf Teilbildern zusammen. Zum einen sehen wir das Original unseres Würfels vor dem Spiegel. Dann sehen wir zwei direkte Spiegelbilder: eines im linken Spiegel und eines im rechten Spiegel. Und dann nehmen wir noch zwei gespiegelte Spiegelbilder wahr. Wir sehen im rechten Spiegel das Spiegelbild des linken Spiegels und im linken Spiegel das Spiegelbild des rechten Spiegels. Diese beiden gespiegelten Spiegelbilder treffen an der Kante, an der sich die Spiegel berühren, aufeinander. Dass diese beiden Bilder nahtlos aneinander passen, ist eine Eigenschaft des Winkels, unter dem die Spiegel aufeinander treffen. Man kann eine notwendige mathematische Bedingung an den Winkel einfach herleiten: Betrachtet man die gesamte Szenerie, die man bei einem 90° Winkel wahrnimmt, so stellt man fest, das jeder der beiden Spiegel eine Symmetrieachse erzwingt. Die gesamte Szenerie wird also in vier gleich große Winkelsegmente aufgeteilt. Jedes dieser Winkelsegmente muss also $360°/4 = 90°$ groß sein. Eines dieser Segmente ist natürlich der zwischen unseren beiden Spiegeln eingeschlossene Bereich, also umfasst dieser 90°.

Für welche Winkel entstehen nun andere Bilder, die „perfekt" sind und keinerlei Bruchkanten aufweisen? Geht man wieder von der Gesamtszenerie aus, so erzeugen die beiden Spiegel wieder jeweils eine Symmetrieachse, die durch die Szenerie geht. Weiterhin muss das Bild wieder in gleich große „Tortenstückchen" aufgeteilt werden. Diese Tortenstückchen dürfen von den Symmetrieachsen nicht zerteilt werden. Also muss die gesamte Anzahl der Tortenstückchen gerade sein. Vier solche Stücke ergaben 90°. Sechs solche Stückchen ergeben $360°/6 = 60°$; der zweite Winkel, für den wir ein gutes Bild erhielten. Analog folgen weitere „gute" Winkel für acht, zehn, zwölf, usw. Tortenstückchen. Die entsprechenden Winkel sind 45°, 36°, 30° etc. Abbildung 2 verdeutlicht die Situation nochmals anhand einer computergenerierten Draufsicht auf die Szenerie. Das Originalobjekt ist hierbei blau dargestellt, die Spiegelbilder, je nachdem, ob sie die gleiche Orientierung wie das Original haben oder nicht, in grün oder in rot. (Das dort abgebildete Strichmännchen ist übrigens eine Anlehnung an das sehr lesenswerte und reich bebilderte Buch „Indra's Pearls" in dem es um sehr ästhetische symmetrische Muster geht. In diesem Buch wird diese Figur „Dr. Stickler" genannt und oftmals herangezogen, wenn es um die Erklärung von Symmetrien geht. Diese Funktion soll er bei uns auch haben).

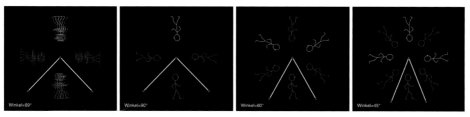

Abbildung 2. Klappspiegel in Computersimulation

Fassen wir zusammen: Wollen wir mit zwei Spiegeln ein perfektes Bruchkanten-freies Bild erzeugen, so kommen nur Winkel in Frage, die ein geradzahliger Teiler von 360° sind, also:

$$180°, 90°, 60°, 45°, 36°, 30°, 25.7142\ldots°, 22.5°, \ldots$$

Den ersten Winkel von 180°, bei dem unsere beiden Winkel einfach nur flach aufeinandertreffen und wir genauso gut nur einen Spiegel verwenden hätten können, wollen wir als uninteressanten Spezialfall ausschließen. Statt von „geradzahligen Teilern von 360°" zu reden können wir auch einfacher sagen, dass wir an Teilern von 180° interessiert sind. Wir wollen diese Winkel im folgenden „gute" Winkel nennen.

2 One, two, three … infinity

Bleiben wir noch einen kleinen Moment bei Anordnungen, die sich mit zwei Spiegeln herstellen lassen, und schauen wir uns einige Besonderheiten daran an. Betrachten wir die Graphiken der letzten drei Teilbilder von Abbildung 2, so fällt zunächst auf, dass die grün und rot markierten Bilder sich rund um das Zentrum des Bildes (die Schnittachse der Spiegel) immer abwechseln. Dies wird dadurch klar, dass wir, wenn wir ausgehend von unserem blauen Dr. Stickler Original im Uhrzeigersinn weitergehen, als nächstes dessen Spiegelbild sehen (rot), danach eine gespiegeltes Spiegelbild (dies ist wieder orientiert wie Dr. Stickler, also grün) danach ein gespiegeltes gespiegeltes Spiegelbild (wieder rot) und so weiter. Dabei fällt auch auf, dass man bei einem 90° Winkelspiegel direkt gegenüber von Dr. Stickler genau eine grüne Kopie seiner selbst findet. Diese ist genau so orientiert wie Dr. Stickler selbst. Man kann diesen Effekt auch beobachten, wenn man in einen 90° Winkelspiegel direkt auf die Ecke schaut. Dort sieht man ein gespiegeltes Spiegelbild. So wird man von anderen Menschen gesehen. Hebt man die rechte Hand, so tut dies auch dieses Spiegelbild. Nehmen wir an, Dr. Stickler sei ein Rechtshänder, so sind die Spiegelbilder abwechselnd rechtshändig (grün) und linkshändig (rot).

Klappen unsere Spiegel nun weiter zusammen, so nimmt die Anzahl der gespiegelten gespiegelten gespiegelten Spiegelbilder weiter zu. Nach einer grünen Kopie bei 90° entstehen drei bei 60°, vier bei 45° und so weiter. Für einen Winkel

Abbildung 3. Dr. Stickler zwischen zwei parallelen Spiegeln

α erhalten wir $180°/\alpha$ viele grüne Kopien. Im Grenzfall sind die Spiegel ganz auf
einander geklappt und bilden einen Winkel von $0°$ miteinander. Nun ist natürlich
kein Platz mehr zwischen ihnen, in den noch irgendwelche Objekte passen würden. Ziehen wir sie aber ein wenig auseinander (und wenn sich Dr. Stickler nun
dünn macht), so können wir wieder Spiegelbilder erkennen. Nach unserer Formel
müssten dies $180°/0°$ viele Bilder. Halt: Teilen durch 0 ist verboten. Das macht hier
auch absolut Sinn, da auch keine vernünftige „Anzahl" von Spiegelbildern mehr
entsteht. Es sind nämlich *unendlich* viele (vgl. Abbildung 3).

3   Kaleidoskope – Schönschauer

Wie können wir nun mehr als zwei Spiegel anordnen, so dass sich zwischen zwei
aufeinander treffenden Spiegeln immer ein „guter" Winkel bildet? Diese Frage
soll uns für den gesamten Rest des Artikels beschäftigen. Fangen wir an, indem
wir eine vergleichsweise einfache Randbedingung fordern. *Die Kanten, an denen
benachbarte Spiegel zusammen treffen, sollen alle in die gleiche Richtung zeigen.* Anders
ausgedrückt: unsere Spiegel sollen so angeordnet sein, dass jeder Spiegel senkrecht zu einer Oberfläche (z. B. einer Tischplatte) steht. Die gemeinsame Schnitt-
kante zweier Spiegel steht dann automatisch auch senkrecht auf der Tischplatte.
Also zeigen alle Schnittkanten in die gleiche Richtung. Wir können uns nun ganz
auf die Situation auf der Tischplatte beschränken, da die dort auftretenden Winkel denen zwischen den Spiegeln entsprechen. Welche Möglichkeiten gibt es also? Betrachten wir die ebene Situation auf unserer Tischplatte, so stellen wir fest,
dass wir an geschlossenen überschneidungsfreien n-Ecken interessiert sind, bei
denen jeder Innenwinkel „gut" ist. Dies erlaubt es uns, eine vollständige mathematische Auflistung aller Möglichkeiten durchzuführen. Aus der Schule erinnert
man sich vielleicht noch daran, dass die Winkelsumme im Dreieck $180°$ beträgt.
Etwas allgemeiner gilt, dass die Summe der Innenwinkel eines n-Ecks insgesamt
$180°\cdot(n-2)$ beträgt. Die Summe der Innenwinkel im Viereck ist also $360°$, die im
5-Eck ist $540°$, usw. Der größtmögliche „gute" Winkel ist $90°$. Man kann sich leicht
davon überzeugen, dass es außer bei Dreiecken und Vierecken gar nicht möglich
ist, eine solche Anordnung zu bilden. So ergibt sich beispielsweise beim 5-Eck eine
maximale Innenwinkelsumme von $5 \cdot 90° = 450°$, was aber zu wenig ist.

Abbildung 4. Blick in ein Kaleidoskop

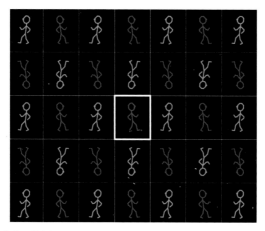

Abbildung 5. Die erste Spiegelkiste

Die Situation beim *Viereck* ist eindeutig. Es muss eine Innenwinkelsumme von 360° erreicht werden, was genau und ausschließlich bei vier mal 90° passiert. Somit ergibt sich als einzige Möglichkeit, dass alle vier Eckwinkel genau 90° betragen, und wir erhalten ein Rechteck. Gegenüberliegende Seiten sind parallel. Befindet sich unser Dr. Stickler in einem solchen Spiegelschrank, wird er nach allen Seiten in die Unendlichkeit fortgesetzt Spiegelbilder von sich wiederfinden. Mancher Leser mag diesen Effekt vielleicht auch schon in dem einen oder anderen Kaufhausfahrstuhl erlebt haben.

Welche Möglichkeiten ergeben sich nun für ein *Dreieck*? Wir suchen nach drei guten Winkeln, deren Summe genau 180° ist. Viele Möglichkeiten gibt es da nicht. Der größte mögliche Winkel ist 90°. Die restlichen beiden Winkel sollen zusammen die restlichen 90° ergeben. Fordert man ferner, dass jeder Winkel größer als 0° sein soll, so bleiben nur die beiden Möglichkeiten 45° und 45° sowie 60° und

Abbildung 6. Die drei einzig möglichen Dreieckskaleidoskope

30° übrig. Beträgt der größte Winkel 60°, so müssen sich die restlichen 120° der Winkelsumme auf die anderen beiden Winkel verteilen. Die einzige Möglichkeit, die jetzt übrig bleibt ist 60° und 60°. Ein noch kleinerer größter Winkel ist nicht möglich. Zusammenfassend ergeben sich also für das Dreieck die folgenden drei Möglichkeiten:

$$(90°, 45°, 45°) \text{ und } (90°, 60°, 30°) \text{ und } (60°, 60°, 60°)$$

Baut man diese drei Objekte jeweils aus drei Spiegeln, so ergibt sich, wenn wir etwas in die Spiegelkammer hineinlegen, nach allen Seiten hin ein sich ins Unendliche wiederholendes Muster. Die drei Teilbilder von Abbildung 6 geben genau diese drei verschiedenen Fälle wieder. In gewisser Weise stellen diese drei Bilder gemeinsam mit der Situation in Abbildung 5 die vier einzig möglichen perfekten Überdeckungen der Ebene mit n-Ecken dar, bei denen jeweils je zwei sich berührende n-Ecke bezüglich der gemeinsamen Berührkannte spiegelsymmetrisch liegen.

    Dass es sich bei all diesen Überlegungen nicht um graue Theorie handelt, sieht man z. B. an Abbildung 7. Dort ist ein Blick in ein reales (90°, 45°, 45°) Kaleidoskop zu sehen. Auch die Spiegelkammer mit (60°, 60°, 60°) ist ein allgemein bekanntes Objekt. Als Kinderspielzeug oder Kunsthandwerk vertriebene Kaleidoskope sind oftmals mit genau diesen Winkelmaßen gebaut. Übrigens heißt Kaleidoskop wörtlich übersetzt „Schönschauer" und macht damit seinem Namen wirklich alle Ehre. Leider sind Kaufhausfahrstühle in der Regel nicht dreieckig.

4 Zahlenspiele

Wir wollen nun ein wenig Mathematik betreiben und uns die Winkelverhältnisse ein wenig genauer anschauen. Hierzu ordnen wir jedem „guten" Winkel α seinen so genannten Index zu. Dieser gibt einfach an, wie oft α in 180° hineinpasst. Der 90° Winkel hat also Index 2, der 60° Winkel hat Index 3, der 45° Winkel hat Index 4 uns so weiter. Betrachten wir nun die zu einem Dreieckskaleidoskop gehörigen

Abbildung 7. Blick in ein $(90°, 45°, 45°)$ Kaleidoskop

Indizes, so ergibt sich die folgende Entsprechung:

$$(90°, 45°, 45°) \sim (2, 4, 4)$$
$$(90°, 60°, 30°) \sim (2, 3, 6)$$
$$(60°, 60°, 60°) \sim (3, 3, 3)$$

Dabei fällt folgendes auf: Sind (a, b, c) die drei Indizes eines Kaleidoskopdreiecks, dann gilt:

$$\frac{1}{a} + \frac{1}{b} + \frac{1}{c} = 1$$

In der Tat ist obige Gleichung nichts anderes als eine vornehme Formulierung der Tatsache, dass die Innenwinkelsumme im Dreieck 180° beträgt. Unser Problem, alle mögliche Dreieckskaleidoskope aufzuzählen kann man also auch folgendermaßen formulieren: *Suche drei ganze Zahlen a, b, c, so dass diese die Gleichung* $\frac{1}{a} + \frac{1}{b} + \frac{1}{c} = 1$ *erfüllen.* Das Aufzählungsproblem ist dadurch zwar nicht viel einfacher geworden, aber um einiges übersichtlicher. Den drei Indextripeln entsprechen die Gleichungen

$$\frac{1}{2} + \frac{1}{4} + \frac{1}{4} = 1$$

$$\frac{1}{2} + \frac{1}{3} + \frac{1}{6} = 1$$

$$\frac{1}{3} + \frac{1}{3} + \frac{1}{3} = 1$$

und dies sind auch die einzigen Möglichkeiten.

5   Lichtbillard, Anti-Tarnboote und Egoistenspiegel

Es gibt auch noch andere Möglichkeiten, drei Spiegel so anzuordnen, dass diese
paarweise „gute" Winkel miteinander bilden. Die einfachste dieser Möglichkeiten führt uns direkt zu Großmutters Spiegelschrank. Stellen wir uns eine Ecke
eines Raumes vor, bei der wir den Fußboden sowie die beiden Wände mit Spiegeln versehen haben. Diese drei Spiegel stehen paarweise senkrecht aufeinander.
Diese Anordnung hat einige bemerkenswerte Eigenschaften. Zunächst einmal ergibt der Blick in eine solche Anordnung wieder ein perfektes Bild. Das gespiegelte
Objekt ist hierbei insgesamt achtmal zu sehen (das Original mit eingeschlossen).
Ferner ergibt sich ein bemerkenswerter Strahlengang. Stellt man sich selbst vor
solch eine Würfelspiegelecke und kneift ein Auge zu, so wird man das andere
Auge stets genau in dem Eckpunkt sehen, an dem die drei Spiegel zusammen
treffen. Wie kommt das? Betrachten wir zunächst ein zweidimensionales Analogon. Schießt man beim Billardspielen einen Ball genau in eine Ecke, so kommt
er nach zwei Banden genau in der entgegengesetzten Richtung wieder heraus, in
die man ihn hineingeschossen hat. Dies ist eine direkte Konsequenz des *Einfalls-
winkel = Ausfallswinkel* Gesetzes der Reflexion. Bei unserer Spiegelecke passiert
nun im Prinzip genau das Gleiche, bloß dreidimensional. Würde man aus beliebiger Richtung mit voller Wucht einen Tennisball in diese Ecke werfen (so dass die
Erdanziehung vernachlässigbar ist), so springt dieser ebenso in der entgegengesetzten Richtung heraus wie unser zweidimensionaler Billardball – vorausgesetzt
die Spiegelscheiben überleben das.

   Bei einem in den Spiegel einfallenden Lichtstrahl ist die Situation analog: er
wird mit einem leichten parallelen Offset genau in die Richtung zurückgeworfen,
aus der er gekommen ist. Schaut man von irgendeiner Richtung in das Spiege-
leck, so sieht man immer sich selbst (ideal für Egoisten). Dieses Prinzip hat viel-
fältige technische und ästhetische Anwendungen. Die Tatsache, dass ein solcher
so genannter *Tripelspiegel* das Licht genau in die Richtung zurück wirft, aus der
es kommt, wird beispielsweise beim Fahrradrückstrahler eingesetzt. Schaut man
sich ein solches „Katzenauge" genau an, so stellt man fest, dass es aus lauter win-
zig kleinen Tripelspiegeln aufgebaut ist. Wird ein solcher Strahler vom Licht eines

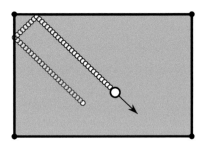

Abbildung 8. Billard spielen

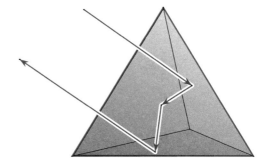

Abbildung 9. Spiegelecke konkret und abstrakt

Autoscheinwerfers getroffen, so wirft er das Licht genau in die Richtung zurück aus der es kommt, also in Richtung Auto. Auch bei der Fernpeilung findet dieser Effekt seine Anwendung. Landvermesser sind mit optischen Geräten ausgestattet, mit denen es möglich ist, einen Laserstrahl genau zurückzuwerfen, ohne stundenlang einen Spiegel justieren zu müssen. Diese Geräte sind nichts anderes als hochwertige Tripelspiegel. In Extremform wurde diese Art der Fernpeilung bei der ersten Längenvermessung zwischen Erde und Mond eingesetzt. Astronauten hinterließen auf dem Mond einen Tripelspiegel, der von der Erde aus sichtbar ist. Dieser Tripelspiegel wurde sodann von der Erde mit einem Laserstrahl bestrahlt. Durch die Geometrie der Spiegelanordnung war sichergestellt, dass der Lichtstrahl sehr präzise wieder an die Stelle zurückgeworfen wurde, von der er ausgesandt wurde. Eine Messung der Zeitdifferenz zwischen abgeschicktem und angekommenem Lichtimpuls (immerhin ca. 2,6 Sekunden) ermöglicht es, die Entfernung zum Mond sehr exakt zu bestimmen.

Eine weitere Anwendung vergleichbar zum Fahrradrückstrahler liegt dann vor, wenn man unbedingt gesehen werden möchte, wie zum Beispiel der Kajakfahrer in Abbildung 10. Dieser führt (rot umkringelt) einen so genannten Radar-Reflektor mit sich. Dies ist ein einfaches Gebilde aus drei ineinander gesteckten Metallscheiben. Egal von welcher Seite man dieses Objekt anschaut, man sieht immer in die Ecke eines metallenen Würfelspiegels. Wird das Boot nun von irgend einem Radarstrahl getroffen, so wird dieser auf alle Fälle in Richtung des aussendenden Bootes zurückgeworfen. Das kleine Kajak ist somit für große Schiffe auf alle Fälle sichtbar.

Ganz im Gegensatz zum in Abbildung 10 abgebildeten Tarnboot á la James Bond. Hier wird, im krassen Gegensatz zum Tripelspiegel, darauf geachtet, dass keinerlei konkave Kanten der Metallverschalung auftreten. Das Ergebnis ist auch genau das zum Radar-Reflektor entgegengesetzte. Das Tarnboot ist für andere Boote per Radar so gut wie unsichtbar. Nur aus bestimmten Winkeln (die alle deutlich oberhalb der Wasseroberfläche liegen) kann das Boot per Radar entdeckt werden. Tarnflugzeuge sind nach einem vergleichbaren Prinzip aufgebaut.

Abbildung 10. Nautische Exkursionen

6   Der perfekte Vitrinenschrank

Bleiben wir noch für einen kleinen Moment bei Spiegeln, die senkrecht aufeinander stehen. Die Wände eines Würfels treffen an den Kanten ebenfalls senkrecht aufeinander. Wenn wir die Innenflächen eines würfelförmigen Kastens verspiegeln, so erhalten wir ein räumliches Objekt, bei dem wir ausschließlich „gute" Winkel haben. Was würden wir beobachten, wenn wir uns im Inneren dieses Würfels befänden. Unter der Voraussetzung, dass wir eine Taschenlampe mitgenommen haben, können wir nach allen Seiten ein sich perfekt in die Unendlichkeit fortsetzendes Bild sehen. Das Innere unserer Spiegelbox (und damit wir selbst) wird nach allen Seiten hin kopiert und zwar abwechselnd „linkshändig" und „rechtshändig", Wie ein dreidimensionales unendlich großes Schachbrett. Natürlich ist es ein wenig aufwändig eine solche Spiegelbox zu bauen, insbesondere, wenn sie auch noch eine Tür zum Ein- und Ausgehen haben soll. Mit einem kleinen Trick kann man sich jedoch aus quadratischen Badezimmerspiegelkacheln (die kann man z. B. in der Größe 15 cm × 15 cm im Baumarkt kaufen) eine Spiegelbox herstellen, bei der man einen vergleichbaren Effekt sieht. Aus sechs solchen Spiegelkacheln kann man ohne großen Aufwand einen innen verspiegelten Würfel zusammenkleben. Um nun hineinschauen zu können, schneidet man am besten bei drei der Spiegelkacheln mit dem Glasschneider eine dreieckige Ecke ab (das Dreieck sollte rechtwinklig und gleichschenklig sein mit z. B. 5 cm Schenkellänge.) Man kann die Würfelseiten nun so zusammenkleben, dass statt einer der Ecken ein dreieckiges Loch zum Reinschauen entsteht (siehe Abbildung 12). Die Fotografie in Abbildung 11 zeigt einen Blick in eine solche Spiegelkammer. Durch die Spiegelungen vervollständigt sich das dreieckige Loch zu einem oktaederförmigen Gebilde (ein Oktaeder ist eine Doppelpyramide über einem Viereck). Im Bild sieht man auf jedem der Oktaeder die Kamera, mit der das Bild aufgenommen wurde. Dieser Effekt ist wieder auf die „Egoistenspiegeleigenschaft" einer Würfelecke zurückzuführen. Egal wo man hinschaut, man sieht immer sich selbst.

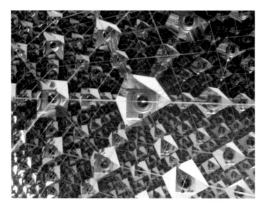

Abbildung 11. Das Innere einer Spiegelkiste

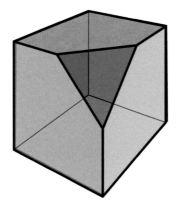

Abbildung 12. Würfel mit abgeschnittener Ecke

7 Weg vom rechten Winkel

Durch die Betrachtung von Würfelecken und Spiegelkisten sind wir von unserem eigentlichen Problem „Wie kann man Spiegel so anordnen, dass nur gute Winkel entstehen?" etwas abgekommen. Dennoch haben wir etwas Wichtiges gelernt. Neben den im Abschnitt 3 behandelten drei Kaleidoskopen gibt es noch weitere Möglichkeiten, drei Spiegel mit nur guten Winkeln anzuordnen, z. B. unsere Würfelspiegelecke. Was passiert, wenn wir dort Winkelsummen berechnen oder Winkelindizes betrachten? Wir haben drei Spiegel, die sich jeweils unter 90° treffen. Diese Winkel können allerdings nicht mehr länger alle gleichzeitig senkrecht auf einer Tischplatte stehen. Stattdessen treffen sich die drei Spiegel in einem Punkt. Legen wir um diesen Punkt eine Kugel (siehe Abbildung 9), so schneiden die drei Spiegelebenen aus dieser Kugel ein sphärisches Dreieck heraus. Die (sphärischen) Innenwinkel dieses Dreiecks summieren sich zu $3 \cdot 90° = 270°$. In der Tat ist die Winkelsumme in einem sphärischen Dreieck tatsächlich immer größer als 180°.

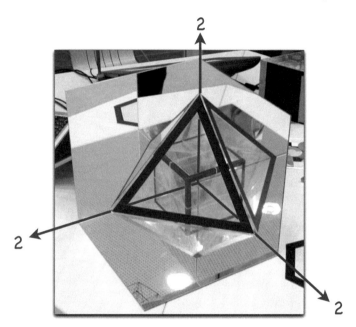

Abbildung 13. Indizes bei der Würfelspiegelecke

Um nun alle Anordnungen mit „guten" Winkeln bei drei Spiegeln zu studieren, bei denen die Spiegelebenen sich in einem Punkt treffen, müssen wir folgendes tun: Wir suchen alle Tripel von „guten" Winkeln, bei denen die Winkelsumme größer als 180° ist. Bezogen auf die Indizes unserer drei Winkel sind wir an allen Tripeln (a, b, c) interessiert, für die die Ungleichung $\frac{1}{a} + \frac{1}{b} + \frac{1}{c} > 1$ gilt.

   Einen ersten solchen Kandidaten haben wir bereits kennen gelernt: Für die Würfelspiegelecke sind alle drei Indizes gleich Zwei und wir erhalten $\frac{1}{2} + \frac{1}{2} + \frac{1}{2} >$ 1. Tatsächlich reichen schon bereits zwei Winkel mit 90° aus, um durch $\frac{1}{2} + \frac{1}{2}$ den Grenzwert 1 zu erreichen. Addieren wir danach einen noch so kleinen Winkel dazu, so wird die Winkelsumme größer als 180°. Dies bedeutet, dass wir schon einmal eine unendliche Klasse von Spiegelanordnungen finden: Man wähle die Winkel (90°, 90°, α) wobei α ein beliebiger noch so kleiner „guter" Winkel ist. Geometrisch entspricht dies der folgenden Situation. Wie nehmen unseren Klappspiegel aus Abschnitt 2 und stellen ihn, statt auf eine Tischplatte, einfach auf einen dritten Spiegel. Zugegebenermaßen ist diese Konfiguration nicht gerade viel spannender als unser ursprünglicher Klappspiegel.

   Aber es gibt noch weitere Möglichkeiten – drei um genau zu sein. Wir haben schon gesehen, dass wir für drei 60°-Winkel die Winkelsumme 180° genau erreichen. Dies bedeutet, dass in einem sphärischen Dreieck mindestens einer der Winkel 90° betragen muss. Welche Möglichkeiten ergeben sich nun für die anderen beiden Winkel, wenn diese beide unter 90° sein sollen? Wären beide kleiner oder gleich 45° so wäre die Winkelsumme nicht größer als 180°. Also muss min-

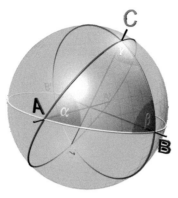

destens einer der Winkel 60° betragen. Somit betrachten wir also alle Winkeltripel (90°, 60°, α), wobei α groß genug sein muss, damit die Winkelsumme 180° überschritten wird. Es bleiben genau drei Möglichkeiten:

$$(90°, 60°, 60°) \text{ und } (90°, 60°, 45°) \text{ und } (90°, 60°, 36°).$$

Falls man die Sprache der Indizes bevorzugt, entspricht dies den Zahlentripeln $(2,3,3)$, $(2,3,4)$ und $(2,3,5)$. Jede dieser Möglichkeiten führt zu einem Kaleidoskop, bei dem sich die Spiegelbilder der eingelegten Objekte perfekt zu einer räumlichen (kugelförmigen) Struktur ergänzen. Über die Strukturen der so entstehenden Spiegelungsmuster ließen sich ganze Bücher füllen. Wir wollen uns hier auf einige der wesentlichsten Eigenschaften beschränken. Genau so, wie bei unseren ebenen Kaleidoskopen aus Abschnitt 3 die fortwährend gespiegelten Dreiecke die ganze Ebene ausfüllten, so füllen nun die fortwährend gespiegelten Dreiecke nahtlos die ganze Kugeloberfläche aus. Das heißt, dass sich der Ursprungsinhalt unseres elementaren Kaleidoskopdreiecks wieder und wieder auf der Kugeloberfläche wiederholt. Da der Flächeninhalt unseres Dreiecks bei der Spiegelung weder kleiner noch größer wird, passen somit (im Gegensatz zur Ebene) nur endlich viele Kopien auf die Kugeloberfläche. Abbildung 15 zeigt die drei Kugelüberdeckungen, die wir für unsere oben angegebenen Kaleidoskope der Reihe nach erhalten. Die Dreiecke sind dabei abwechselnd rot und blau gefärbt. Im Prinzip sind die roten Dreiecke alle „rechtshändig" und die blauen Dreiecke alle „linkshändig". Unsere ursprüngliche Kaleidoskopzelle ist dabei gar nicht mehr besonders gekennzeichnet, da ohnehin alle Dreiecke gleichberechtigt sind. Im Prinzip könnte jedes der Dreiecke die Rolle der ursprünglichen Kaleidoskopzelle spielen. Der Reihe nach erhalten wir dabei Überdeckungen der Kugel mit 24, mit 48 und mit 120 Dreiecken. Es ist erstaunlich, dass wir diese Zahlen direkt aus unseren Indizes berechnen können. Sind (a, b, c) die Indizes unseres Kaleidoskops, so ergibt sich die Anzahl der Dreiecke als

$$\frac{4}{\frac{1}{a} + \frac{1}{b} + \frac{1}{c} - 1}$$

Abbildung 14. Blick in ein (90°, 60°, 36°) Kaleidoskop

Abbildung 15. Reguläre Überdeckungen einer Kugel mit gespiegelten Dreiecken

8   Platonische Schönheiten

Unsere sphärischen Kaleidoskopmuster haben auch direkt etwas mit der Geometrie der so genannten *Platonischen Körper* zu tun. Diese Platonischen Körper sind dreidimensionale Objekte, die ausschließlich aus regelmäßigen *n*-Ecken aufgebaut sind. Eine Aufzählung, nicht ganz unähnlich zu unser Aufzählung der ebenen Kaleidoskope, zeigt, dass es nur genau fünf solche Körper geben kann. Das *Tetraeder*, aufgebaut aus vier Dreiecken. Das *Oktaeder*, aufgebaut aus acht Dreiecken. Der Würfel, aufgebaut aus sechs Vierecken. Das *Ikosaeder*, aufgebaut aus zwanzig Dreiecken. Und schließlich das Dodekaeder, aufgebaut aus zwölf Fünfecken. All diese Körper sind in Abbildung 16 dargestellt. Jeder einzelne dieser Platonischen Körper weist viele Spiegelsymmetrien auf. Ebenso hat er an den Schnittgeraden der Symmetrieebenen auch Drehsymmetrieachsen. Tatsächlich lässt sich jeder der Platonischen Körper dadurch erzeugen, dass man in eines der im letzten Abschnitt aufgeführten Kaleidoskope einen geeigneten Einlegbaustein legt. Die Kanten der Kaleidoskope entsprechen hierbei den Symmetrieachsen des Platoni-

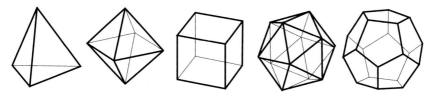

Abbildung 16. Die Platonischen Körper: Tetraeder, Oktaeder, Würfel, Ikosaeder und Dodekaeder (v. l. n. r.)

schen Körpers. Man kann sich dies am besten durch die Symmetrien der Ecken, Kanten und Flächen der Platonischen Körper verdeutlichen. Fangen wir beim kompliziertesten Körper an. Das Dodekaeder hat reguläre *Fünf*ecke als Seiten. An jeder Ecke treffen *drei* dieser Fünfecke perfekt symmetrisch zusammen. Entlang einer Kante treffen sich *zwei* Flächen in perfekter Symmetrie. Die Zahlen $(5,3,2)$ entsprechen genau den Indizes unseres letzten Kaleidoskops (in umgekehrter Reihenfolge). Beim Ikosaeder treffen sich an jeder Ecke *fünf Drei*ecke und wir erhalten wieder $(5,3,2)$. Beim Würfel sind es *drei Vier*ecke. Wir erhalten die Indizes $(4,3,2)$, unser zweites Kaleidoskop. Beim Oktaeder treffen an jeder Ecke *vier Drei*ecke zusammen, was wieder zum gleichen Kaleidoskop führt. Und schließlich treffen sich beim Tetraeder an jeder Ecke *drei Drei*ecke, was zu unserem letzten Kaleidoskop mit Indizes $(3,3,2)$ führt. Die Spiegelachsen der Platonischen Körper fallen genau mit den Spiegelachsen unserer Kugelüberdeckungen in Abbildung 15 zusammen. Abbildung 17 verdeutlicht diesen Zusammenhang am Beispiel von Ikosaeder und Dodekaeder. Bei richtiger Drehung der Kugel liegen bestimmte Eckpunkte des Dodekaeders exakt über bestimmten Ecken unserer $(2,3,5)$-Kugelüberdeckung. Die Kantenmitten liegen über anderen Dreieckspunkten. Die Flächenmittelpunke schließlich liegen über den verbleibenden Dreieckspunken. Die Situation beim Ikosaeder ist (mit haargenau der gleichen Kugel) die gleiche, nur dass sich die Position der Ecken und der Flächenmitten vertauschen. Mit dem Würfel, dem Oktaeder und dem Tetraeder lässt sich genau die gleiche Entsprechung durchführen, man muss lediglich unsere anderen Kugelüberdeckungen heranziehen.

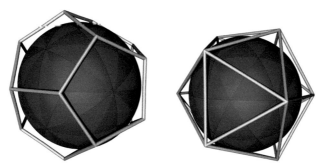

Abbildung 17. Symmetrien von Ikosaeder und Dodekaeder

9 Weihnachts-Chaos

Bisher waren all unsere Spiegel eben. Was passiert, wenn wir kugelförmige Spiegel zulassen? Legt man zwei verspiegelte Kugeln direkt aneinander, so dass diese sich berühren, so sieht man in der einen Kugel das Spiegelbild der anderen. In diesem Spiegelbild wiederum das Spiegelbild der ersten und so weiter. Im Gegensatz zu unseren Überlegungen mit ebenen Spiegeln kann man im Fall von Kugeln die gesamte gespiegelte Kette auf der Oberfläche der Kugeln sehen. Wir erhalten eine unendliche Kette, die auf die endliche Oberfläche der Kugel zusammengequetscht ist. Legt man drei Kugeln aneinander, so dass sich jeweils zwei paarweise berühren, so entsteht sogar ein unendlich feiner Ring von sich immer wieder ineinander spiegelnder Kugeln (Abbildung 18 links). Richtig interessant wird das Ganze, wenn man eine weitere Kugel auf diese drei Kugeln drauflegt, analog zu einem Orangenstapel im Supermarkt. Auf diese Weise berührt jede einzelne der vier Kugeln die drei anderen (Abbildung 18 Mitte). Schaut man in die kleine Öffnung die sich zwischen drei Kugeln ergibt, so sieht man ein Muster, welches sich immer weiter in alle Richtungen verfeinert. In Abbildung 18 rechts ist eine Computersimulation dieser Situation dargestellt. Man muss es allerdings nicht bei Computersimulationen belassen. Im Jahr 1999 gelang es David Sweet, Edvard Ott und James A. Yorke von der University of Maryland, eine spektakuläre Fotografie zu machen, die in mehreren Wissenschaftszeitungen in der Rubrik „Bild des Monats" veröffentlicht wurde. Sie benötigten dazu nicht mehr als vier gut gearbeitete Weihnachtskugeln, drei Stücke farbige Pappe (rot, weiß, blau), eine Lichtquelle, eine einfache Kamera und viel Geduld. Abbildung 19 entstammt der Original-Bilderserie dieser Arbeit. Die Farben entstehen dadurch, dass an den Rand eines

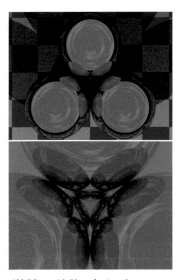

Abbildung 18. Kugelspiegelungen

Abbildung 19. Chaos in Weihnachtskugeln

jeden der drei Löcher, die sich zwischen den Kugeln bilden, ein farbiges Stück Pappe angelegt wird. Das fraktale Muster der Farben rot/blau/weiß/schwarz entsteht durch die Sehstrahlen. Diese werden so lange wild zwischen den vier Kugeloberflächen hin und her reflektiert, bis sie zu einem der Zwischenräume entweichen. Eine kleine Änderung des Blickwinkels bewirkt, dass der Blick aus einem anderen Loch austritt und somit auf eine andere Farbe trifft. Man hat es in diesem Fall mit einer Art von „deterministischem Chaos" zu tun. Ein typisches Merkmal von Strukturen, die im mathematischen Sinn chaotisch sind, ist die Eigenschaft, dass eine kleine Änderung der Anfangsparameter (wohin schaue ich?) eine große Änderung des globalen Verhaltens (welche Farbe sehe ich?) bewirken kann. Mathematisch streng genommen stellt die Kugelphotographie ein physikalische Realisierung eines abstrakten Phänomens (des so genannten „Wada Basins") dar.

10   Kreise spiegeln

Physikalische Kugelspiegelungen haben einen großen Nachteil. Das Spiegelbild einer Kugel in einer Kugel ist keine Kugel mehr, sondern sieht irgendwie verzerrt eiförmig aus. Es gibt allerdings eine mathematische Operation, die so genannte *Kreisspiegelung*. Die hat die Eigenschaft, dass einerseits das Spiegelbild eines Kreises wieder ein Kreis (oder eine Gerade) ist und andererseits unter der Spiegelung

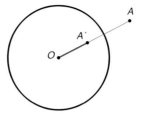

Abbildung 20. Spiegelung am Kreis

die Winkel zwischen Objekten erhalten werden. Die Kreisspiegelung wird rein mathematisch definiert und darf nicht mit einer echten physikalischen Spiegelung verwechselt werden. Sie hat aber viele sehr interessante Eigenschaften, die sie in der Mathematik zu einer der bevorzugten Verallgemeinerung der Ebenenspiegelung machen. Wir können die Kreisspiegelung definieren, indem wir uns zunächst auf den Einheitskreis (einen Kreis mit Mittelpunkt O und Radius 1) beschränken. Alle anderen Fälle erhalten wir durch Verschiebung und Skalierung. Die Kreisspiegelung bildet nun das Äußere des Kreises auf dessen Inneres ab (und umgekehrt). Ein Punkt A wird abgebildet auf einen Punkt A', der auf der Verbindungsgeraden von A und O liegt. Die genaue Position wird so gewählt, dass die Entfernungen zu O die Bedingung $|A',O| = \frac{1}{|A,O|}$ erfüllen. Wie bei einem echten Spiegel werden Punkte, die direkt auf der Spiegelfläche liegen (unserem Kreis) durch die Spiegelung auf sich selbst abgebildet. Ebenso wie bei normalen ebenen Spiegeln können wir zwei Kreisspiegelungen benutzen, um eine Art „Winkelkreisklappspiegel" zu „bauen". Schneiden sich zwei Kreise unter einem Winkel von z. B. 60°, so ergeben die iterierten Kreisspiegelbilder genau wie bei ebenen Spiegeln ein perfektes Bild. Inklusive Original sind insgesamt sechs Kopien eines Objektes sichtbar. Abbildung 21 zeigt eine solche wiederholte Kreisspiegelung eines Quadrates. Es wird gezeigt, wie sich die Bilder eines hin und her gespiegelten Quadrates verhalten. Die zunächst einmal wichtigste Beobachtung ist, dass um den Schnittpunkt der Kreise genau sechs Objekte entstehen. Ferner fällt auf, dass die Spiegelbilder des Quadrates keine Quadrate mehr sind. Durch die Kreisspiegelung werden die ursprünglich geradlinigen Quadratseiten zu Kreisbögen verzerrt. Obwohl die Quadratseiten der Spiegelbilder keine Geraden mehr sind, erhält die Kreisspiegelung dennoch den Winkel, unter dem sie sich treffen. An den Ecken der Spiegelbilder treffen die entsprechenden Seiten der gespiegelten Quadrate unter einem rechten Winkel zusammen. Der Experte sagt, die Kreisspiegelung ist *konform* oder, was das gleiche ist, *winkeltreu*.

11   Eine neue Welt

Kreisspiegelungen eröffnen uns eine vollkommen neue mathematische Welt. Mit flachen Spiegeln war es uns bisher ausschließlich möglich, Dreiecke zu bauen, deren Winkelsumme größer oder gleich 180° ist. Der Gleichheitsfall entsprach der Situation, die wir in Abschnitt 3 erläutert haben, der Fall von Winkeln größer als 180° entsprach den Dreiecksüberdeckungen der Kugel aus Abschnitt 7. Kreisspiegelungen ermöglichen es uns, Spiegeldreiecke aufzubauen, deren Winkelsumme weniger als 180° beträgt. Hierzu bauen wir ein Dreieck zusammen, das aus Kreisbögen besteht. Den Winkel zwischen zwei Kreisbögen definieren wir als den Winkel, unter dem sich die Tangenten an die Kreise im Schnittpunkt treffen. Sind alle Kreisbögen in Richtung des Dreiecksinneren gewölbt, so entsteht ein (Kreisbogen-)Dreieck, das eine Winkelsumme kleiner als 180° besitzt. Sind darüber hinaus die Winkel alles „gute" Winkel, so ergibt sich über fortgesetzte Kreisspiegelungen ein Dreiecksmuster, das sich überlappungsfrei fortsetzen lässt. In der linken Hälfte von Abbildung 22 ist ein Dreieck mit Winkeln (60°, 30°, 30°) angegeben. Um den 60°-Winkel lassen sich über fortgesetzte Kreisspiegelung sechs solche Dreiecke platzieren, um die beiden 30°-Winkel jeweils zwölf derartige Dreiecke. Im rechten Teil von Abbildung 22 sind jeweils um die Ecken des Dreiecks die gespiegelten Dreiecke eingezeichnet. Alle diese Dreiecke haben (wegen der Winkeltreue der Kreisspiegelung) exakt die gleichen Winkel. Wie mit flachen Spiegeln erhält man auf diese Weise durch fortgesetzte Spiegelung unendlich viele Dreiecke. Anders als in den Kaleidoskopen in Abbildung 6 werden nun aber die Kreisbogendreiecke ab einem bestimmten Punkt fortwährend kleiner. Sie haben sogar noch eine viel merkwürdigere Eigenschaft. Die Fläche, die in der Ebene von den immer wieder gespiegelten Dreiecken überdeckt wird, ist selbst ein Kreis. Der Nachweis hierfür ist leider nicht ganz so einfach zu führen und würde den Rahmen dieses Artikels sprengen. Interessanterweise führt eine wiederholte Spiegelung an *beliebigen* Kreisbogendreiecken mit Innenwinkelsumme kleiner 180° und lauter „guten" Winkeln zu einer Kreisüberdeckung. Diese Eigenschaft beschränkt sich sogar nicht nur auf Dreiecke. Wir haben in Abschnitt 3 gesehen, dass man Kaleidoskope auch mit Vierecken bauen kann, solange nur die Winkel an den Ecken

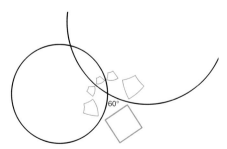

Abbildung 21. Iterierte Kreisspiegelung

„gut" sind. Der einzige solche Fall, den wir bisher kannten, war das Rechteck aus Abbildung 5. Mit Kreisbögen ist es sogar möglich, beliebige Vielecke zu bauen die an den Ecken nur „gute" Winkel besitzen. Die Winkelsumme für derartige n-Ecke mit $n \geq 4$ wird dabei (bis auf das Rechteck) immer kleiner sein als die entsprechende Winkelsumme in einem geradlinig begrenzten n-Eck. So ist es zum Beispiel möglich, mit Kreisbögen ein Fünfeck zu konstruieren, das an jeder Ecke einen rechten Winkel hat. Mit einem solchen Fünfeck kann man durch fortgesetzte Kreisspiegelung an dessen Seiten die Kreisscheibe nahtlos und überlappungsfrei ausfüllen. Wie es Dr. Stickler in solch einem Spiegelkabinett geht, ist in Abbildung 22 dargestellt. Um jede Ecke eines Fünfecks ergeben sich genau vier Kopien Dr. Sticklers in vollkommener Analogie zu der Situation beim Rechteck. Die gespiegelten Kopien nähern sich, im Unterschied zum Rechteck, jedoch immer weiter

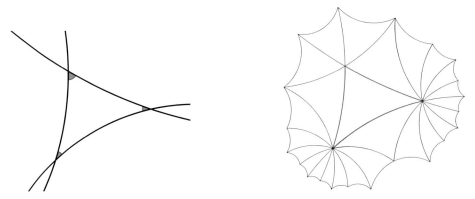

Abbildung 22. Kreisbogenkaleidoskop vom Typ (60°, 30°, 30°)

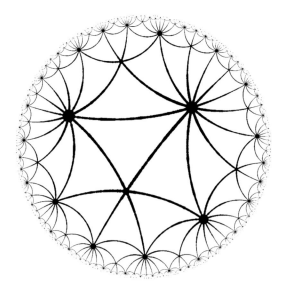

Abbildung 23. Dr. Stickler in gespiegelten Fünfecken

dem Rand der Kreisscheibe an, erreichen diese aber nie. Ein Fünfeck mit ausschließlich rechten Winkeln ist jedoch nur ein Spezialfall. Man kann sogar jede
Eckenwinkelverteilung im Fünfeck, die in der Summe kleiner als die in der euklidischen Ebene üblichen 540° ist, mit Kreisbögen realisieren. Wählt man zusätzlich
alle Eckenwinkel identisch und als „gute" Winkel, so gelangt man zu Parkettierungen der Kreisscheibe, bei denen man um jede Ecke eine beliebige (vorher fest
gewählte) Anzahl von Fünfecken herumlegen kann. Es müssen nur mehr als drei
sein. Jede dieser Parkettierungen füllt eine Kreisscheibe flächendeckend, nahtlos
und überlappungsfrei aus. Im Extremfall ist es sogar möglich, die Eckenwinkel alle als 0° zu wählen. Die Eckpunkte des Fünfeckes liegen dann auf dem Rand der
ausgefüllten Kreisscheibe, und an jeden dieser Eckpunkte stoßen unendlich viele
Fünfecke an.

Wir wollen nun noch untersuchen, welche Bedeutung unsere Eckenindizes bei
Dreieckskaleidoskopen haben, bei denen die Winkelsumme, wie eben betrach-
tet, kleiner als 180° ist. Die Bedingung für die Indizes übersetzt sich hier zu
$\frac{1}{a} + \frac{1}{b} + \frac{1}{c} < 1$. Man sieht leicht, dass es hierfür wieder unendlich viele Möglich-
keiten gibt (man braucht nur die Zahlen a, b, c groß genug zu wählen). Jede dieser
Möglichkeiten entspricht einem Dreieckskaleidoskop mit „guten" Winkeln und
Winkelsumme kleiner 180°. Jede dieser Möglichkeiten lässt sich nur noch durch
Kreisspiegelungen realisieren und führt zu einer nahtlosen Parkettierung eines
Kreises. Unter diesen Möglichkeiten finden sich manche mathematische Perlen;
z. B. die Kaleidoskope mit kleinsten Indizes $(2, 3, 7)$ und $(2, 4, 6)$, bei denen diese
Effekte erstmalig auftreten.

Abbildung 24. Die Fälle (2,3,7) und (2,4,6)

12   Bis zur Unendlichkeit und noch viel weiter

Es ist Zeit inne zu halten und zurückzuschauen, welchen Effekten wir bisher auf
unserem Spaziergang begegnet sind und zu resümieren, was wir bisher geleistet
haben. Wir wollen dies am übersichtlichen Fall der Dreieckskaleidoskope durchführen. Wir haben versucht, einen Überblick zu bekommen, welche Dreiecke sich
aus „guten" Winkeln bilden lassen, da genau diese zu perfekten Kaleidoskopen
führen. Wir haben dabei schnell gesehen, dass wir drei Fälle unterscheiden müssen.

Fall A: Winkelsumme $= 180°$ $\dfrac{1}{a} + \dfrac{1}{b} + \dfrac{1}{c} = 1$ (2,3,6), (2,4,4), (3,3,3)

Fall B: Winkelsumme $> 180°$ $\dfrac{1}{a} + \dfrac{1}{b} + \dfrac{1}{c} > 1$ $(2,2,\alpha)$, (2,3,3), (2,3,4), (2,3,5)

Fall C: Winkelsumme $< 180°$ $\dfrac{1}{a} + \dfrac{1}{b} + \dfrac{1}{c} < 1$ der ganze Rest

Fall A umfasste genau drei Kaleidoskope. Er entsprach den Situationen, bei denen wir eine nahtlose Überdeckung der Ebene mit identischen Dreiecken erhielten. Er ließ sich mit ebenen Spiegeln, die senkrecht auf einer Tischplatte stehen,
erzeugen. Fall B ließ sich ebenso mit ebenen Spiegeln realisieren. Diese mussten
sich allerdings in einem Punkt treffen. Dies führte zu regelmäßigen Dreieckszer-
legungen der Kugeloberfläche. Er umfasste die Fälle $(2,3,3)$, $(2,3,4)$, $(2,3,5)$,
die in sehr enger Verbindung zu den Platonischen Körpern standen, sowie die etwas
langweilige unendliche Klasse $(2,2,\alpha)$. Fall C schließlich umfasste unendlich viele
Möglichkeiten, ließ sich aber in keinem Fall mehr mit ebenen Spiegeln realisieren.
Hier waren Kreisspiegelungen unumgänglich.

Es mag etwas unnatürlich erscheinen, für Fall C plötzlich Kreisspiegelungen zulassen zu müssen, die bei den anderen beiden Situationen nicht notwendig waren. Tatsächlich gibt es aber mathematische Formulierungen, in denen der Übergang zwischen den drei Fällen nur dem Verändern eines Parameters entspricht.

Normalerweise sind wir es gewöhnt, dass ein Spiegelbild die gleiche Größe wie das Originalbild hat. Dies ist eine Eigenschaft ebener Spiegel. Deswegen hatten all unsere Dreiecke, die in Fall A und Fall B aufgetreten sind, immer die gleiche Größe. Es liegt nahe, eine solche Größenerhaltung auch für Kreisspiegelungen zu fordern. Nun werden allerdings, wenn man sich z. B. Abbildung 25 anschaut, die Kopien der Dreiecke zum Rand der Kreisscheibe hin offensichtlich immer kleiner. Man kann sich hier mit einem mathematischen „Taschenspielertrick" aus der Affäre ziehen. Man *definiert* einfach, dass die Fläche eines jeden Dreiecks gleich groß sein soll. Mathematiker nennen so etwas eine spezielle Maßbestimmung. Man kann sich dies folgendermaßen vorstellen: Stellen Sie sich vor, Sie seien Dr. Stickler und würden nichts anderes als das Innere der Kreisscheibe kennen. Ferner stellen Sie sich vor, dass, wenn Sie von der Mitte der Kreisscheibe zu deren Rand laufen, sich alle Gegenstände in der Kreisscheibe (Tische, Stühle, Leselampen, …) gemeinsam mit Ihnen verkleinern, und zwar genau in dem Maße, wie es die Kaleidoskopdreiecke in Abbildung 25 andeuten. Da sich alles mit Ihnen verkleinert, fehlt Ihnen der äußere Bezugsrahmen und sie merken gar nicht, dass alles kleiner wird. Sie haben ja immer die passende Größe, um sich mit Ihrem Stuhl an Ihren Tisch zu setzen. Das heißt für Sie selbst als Wesen, das in der Kreisscheibe lebt, wird Ihr Weg zum Rand der Kreisscheibe unendlich lang erscheinen. Obwohl ein außenstehendes Wesen, das auf die Kreisscheibe von außen schauen kann, beobachten wird, dass Sie in immer kleineren Schritten sich immer langsamer dem Kreisrand nähern. Der Mathematiker nennt dies den Unterschied zwischen *innerer* und *äußerer* Geometrie einer Fläche. Dr. Stickler nimmt nur die innere Geometrie der Kreisscheibe wahr, und für ihn ist der Weg zum Rand unendlich lang. Wir sehen von außen in der äußeren Geometrie, wie Dr. Stickler immer langsamer wird. Das Resultat ist in beiden Fälle das gleiche. Dr. Stickler kommt niemals am Rand an. Könnte Dr. Stickler über den Rand der Kreisscheibe hinausgehen, so würde er sogar weiter als Unendlich gehen. Um es nochmals anders auszudrücken: Von Dr. Sticklers Perspektive aus sind alle Kopien seiner selbst in Abbildung 25 absolut gleich groß. Er stellt nur fest, dass sich bei Dreiecken geeigneten Ausmaßes Winkelsummen und Kaleidoskopeffekte ergeben, die er in unserer normalen euklidischen Geometrie noch nicht erlebt hat. Wäre Dr. Stickler in seiner Kreisscheibe selbst sehr, sehr klein (viel kleiner als in Abbildung 25 dargestellt), so würde er eventuell den Unterschied zu einer normalen euklidischen Ebene gar nicht bemerken, bei sehr kleinen Dreiecken (nach Dr. Sticklers Maßstäben) wird sich nämlich die Winkelsumme recht genau an den für uns vertrauten Wert von 180° annähern. In der Tat würde Dr. Stickler im Kleinen noch nicht einmal merken, dass es sich bei den Kaleidoskopgrenzen um Kreisbögen und nicht um Geraden handelt. Ein Kreisbogen sieht ganz von der Nähe betrachtet nämlich immer fast aus wie ein Stück

Abbildung 25. Dr. Stickler in einem $(2, 4, 5)$ Kaleidoskop

einer Geraden (die Erde selbst wurde ja auch lange Zeit für eine Scheibe gehalten).

Die drei von uns betrachteten Geometrien spielen in der Mathematik eine herausragende Rolle. Wir können sie dadurch unterscheiden, dass wir „einfach" für ein Dreieck in unserer Umgebung die Eckenwinkel einer ganz genauen Messung unterziehen. Ist die Winkelsumme exakt gleich 180°, nennt man die Geometrie *euklidisch*. Ist die Winkelsumme größer als 180°, nennt man die Geometrie *elliptisch*. Ist sie kleiner als 180°, so nennt man die Geometrie *hyperbolisch*. Im ganz Kleinen ähneln sich diese drei Geometrien sehr. Auch auf der Kugeloberfläche haben sehr kleine Dreiecke eine Winkelsumme die nur ganz wenig größer als 180° ist. Je größer die Maßstäbe werden, desto deutlicher treten die Unterschiede zu Tage. Befindet man sich nicht in einer euklidischen Geometrie, so wird für große Dreiecke die Winkelsumme immer weiter von 180° abweichen. Von außen betrachtet, werden die Unterschiede besonders dramatisch, wenn wir Dr. Stickler auf eine unendlich lange Reise schicken. Dr. Stickler soll sich irgend eine Richtung aussuchen und in diese Richtung einfach losgehen. Dabei soll er versuchen, immer gleich große Schritte zu machen. Befindet sich Dr. Stickler in der normalen euklidischen Ebene, wird er dabei bezüglich unseres normalen Ebenenbegriffs eine unendlich lange Strecke zurücklegen. Befindet er sich in einer elliptischen Geometrie (also auf der Kugeloberfläche), so wird er bei seiner Reise irgendwann an den Punkt zurückkommen, an dem er gestartet ist. Befindet er sich in einer hyperbolischen Geometrie, so wird ihm seine Reise zwar auch unendlich lang vorkommen, er wird aber, wie schon gesagt, nicht aus der Kreisscheibe herauskommen.

Der große und bekannte Mathematiker Carl Friedrich Gauß, der einst den 10 DM-Schein zierte, war einer der ersten Entdecker der hyperbolischen Geometrie (wenngleich er dies auch nicht öffentlich zugab, um keinen Ärger mit den philosophischen Lehren der Kantschen Schule zu bekommen). Er stellte sich die berechtigte Frage, in welcher der Geometrien wir selbst eigentlich leben. Da er beruflich auch für die Durchführung von Landvermessungen verantwortlich war, gelang es ihm – aus durchaus persönlichem Interesse – in diesem Zusammenhang zwischen 1818 und 1827 bei der Vermessung des Königreichs Hannover das damals größte exakte Dreieck zu vermessen. (Zwischen dem Bergen Hoher Hagen, Brocken und Inselberg mit ca. 100 km Seitenlänge). Im Rahmen seiner Messgenauigkeit gelang es Gauß allerdings nicht, eine belegbare Abweichung von der Winkelsumme 180° festzustellen. Im Prinzip war Gauß seiner Zeit um einiges voraus. Hätte er Messungen im planetarischen Maßstab durchführen können, so hätte er tatsächlich kleine Abweichungen von 180° festgestellt. Tatsächlich treten im Weltraum lokale Schwankungen der so genannten *Raumkrümmung* auf. Das bedeutet, dass im Weltraum nicht überall ausschließlich die gleiche Geometrie vorherrscht. Lokal können also sehr große Dreiecke mit sowohl größerer als auch kleinerer Winkelsumme als 180° auftreten. Dieser Effekt der Krümmungsfluktuation wird durch das Vorhandensein von Massen verursacht und ist letztlich nur durch Einsteins *allgemeine Relativitätstheorie* erklärbar. Im Vergleich zu den von uns betrachteten Geometrien schwankt die Geometrie des Raumes aber und wird von der lokalen Dichte der vorhandenen Materie beeinflusst. Ob, abgesehen von solchen lokalen Fluktuationen, unser Universum aber im großen Maßstab seiner gesamten Ausdehnung eher elliptisch, euklidisch oder hyperbolisch ist, ist nach wie vor eine ungeklärte Frage.

13   Lese- und Surftips

Dieser Artikel greift viele verschiedene Themen auf, enthält viele Fotos und viele mit passender Software erstellte Bilder. Hier eine kleine Liste von Quellen, Lese- und Surftips.

Zunächst zur Literatur. Reflektionsgruppen, und nicht-euklidische Geometrien gehören zu wichtigen Themen in der Mathematik. Es gibt eine Unmenge von Literatur dazu auf verschiedenstem Niveau. Hier eine sehr kleine Auswahl:

H. S. M Coxeter, *Twelve Geometric Essays*, S. Illinois University Press, 1968

H. S. M. Coxeter, *Kaleidoscopes: Selected Writings*, Wiley, 1995

Roe Goodman, *Alice through looking glass after looking glass: The Mathematics of Mirrors and Kaleidoscopes*, The American Mathematical Monthly 111, April 2004, 281–298

David Mumford, Caroline Series, und David Wright, *Indra's Pearls: The Vision of Felix Klein*, Cambridge University Press 2002

D. Sweet, E. Ott, J.A. Yorke, *Complex topology in chaotic scattering: a laboratory observation*, Nature 399, 315 (1999) (hieraus wurde mit freundlicher Genehmigung Abbildung 19 entnommen)

Nun zu Programmen und Bildern. Viele der Bilder wurden mit entsprechenden Computerprogrammen erzeugt, einige davon sind in der vom Autor eingerichteten Mathematikausstellung ix-quadrat an der TU München zu sehen. Hier in diesem Zusammenhang einige interessante Webseiten:

Homepage ix-quadrat, TU München, http://www-m10.ma.tum.de/ix-quadrat/
    Material für Fotos in Bild 1, 4, 7, 9, 11, 13, 14
Programm von Martin von Gagern zum Zeichnen hyperbolischer Ornamente
    http://martin.von-gagern.net/projects/HypOrna
    verwendet in Bild 22, 23, 24
Programm *Cinderella* zum Erstellen geometrischer Zeichnungen
    http://www.cinderella.de
    verwendet in Bild 2, 3, 5, 6, 8, 9, 12, 16, 19, 20, 21
Program *Povray*, ein Raytracer zum erzeugen 3-dimensionaler Bilder
    http://www.povray.org
    verwendet in Bild 15, 17, 18

Weiterhin interessant.
Programm von Martin von Gagern zum Zeichnen euklidischer Ornamente
    http://home.in.tum.de/~gagern/ornament/ornament.html
Bilder und Programm von Don Hatch für hyperbolische Parkettierungen
    http://www.plunk.org/~hatch/HyperbolicTesselations
http://www.plunk.org/~hatch/HyperbolicApplet

Themen in der aktuellen Diskussion

Die Rolle der Mathematik auf den Finanzmärkten

Walter Schachermayer

Die Finanzmärkte haben in den vergangenen Jahren nicht nur eine stürmische Entwicklung erlebt, sondern es haben sich auch die verwendeten Methoden für die Beurteilung der Güte und des Risikos eines Investments verändert: Während noch vor 30 Jahren für einen erfolgreichen Investor neben juristischen und betriebswirtschaftlichen Kenntnissen im wesentlichen nur das „richtige Gespür" als Werkzeug zur Verfügung stand, ist heute eine Vielzahl von quantitativen Methoden im Einsatz. Eine zentrale Rolle spielen der Begriff der „Arbitrage" sowie die „Black-Scholes-Formel" zur Bewertung und Absicherung von Optionen; die Bedeutung dieser Formel wurde 1997 durch die Verleihung des Ökonomie-Nobelpreis an R. Merton und M. Scholes gewürdigt. Damit wurde auch der 1995 verstorbene F. Black geehrt (Nobelpreise werden nicht posthum verliehen).

In diesem kurzen Beitrag will ich versuchen, einen allgemein verständlichen Überblick über die stochastische Finanzmathematik – das ist die Theorie, die hinter diesen Methoden steht – zu geben. Insbesondere möchte ich die Stärken, aber auch die Schwächen der Modellierung von Finanzmärkten durch stochastische (d. h. vom Zufall abhängige) Prozesse aufzeigen.

Beginnen wir unsere Überlegungen mit der älteren Schwester der Finanzmathematik, der klassischen Versicherungsmathematik. Seit im Jahre 1693 Sir Edmond Halley, der Schüler und Freund von Isaac Newton, der uns vor allem aufgrund des nach ihm benannten Kometen bekannt ist, eine „Sterbetafel" veröffentlicht hat, benutzen die Versicherungsmathematiker zur Berechnung von Versicherungsprämien durchgehend dieselbe Methode: das sogenannte „Äquivalenz-Prinzip".

Wir wollen das an einem ganz einfachen Beispiel illustrieren.

Nehmen wir an, eine 40-jährige Frau schließt eine einjährige Risiko-Versicherung ab: Im Falle ihres Todes im Lauf des darauffolgenden Jahres erhalten ihre Erben am Ende dieses Jahres die Versicherungssumme S ausbezahlt, beispielsweise $S = 100.000$ EUR; andernfalls erfolgt keine Leistung aus dem Vertrag. Wie kalkuliert ein Versicherungs-Unternehmen die Prämie, die es für diesen Vertrag fordert?

Hier tritt, in ganz einfacher Form, die Wahrscheinlichkeitstheorie auf den Plan: Der Tod bzw. das Überleben der Frau wird als ein *zufälliges Ereignis* modelliert, ganz analog dem Aufwerfen einer Münze. Allerdings definieren wir die Chancen nun nicht mit 50:50, sondern wir gehen davon aus, dass vierzigjährige Frauen mit einer gewissen Wahrscheinlichkeit, die wir mit q_{40} bezeichnen, im Laufe des darauffolgenden Jahres versterben. Eine Sterbetafel (schreckliches Wort!) ist nichts anderes als eine Auflistung dieser Werte q_y und q_x, wobei y (bzw. x) die möglichen Alter (z. B. 0, 1, 2, . . . , 110) für Frauen (bzw. Männer) durchläuft.

Die Prämie für den Vertrag bestimmt sich nunmehr als der *Erwartungswert* der von den Versicherungs-Unternehmen zu erbringenden Leistung, in unserem Beispiel also

$$\text{Prämie} = q_{40} \cdot \text{Versicherungssumme}. \tag{1}$$

Wenn wir außerdem annehmen, dass wir beispielsweise q_{40} mit 0.0012 ansetzen, (dieser Wert entspricht der Größenordnung nach einer modernen Sterbetafel) erhalten wir

$$\text{Prämie} = 0,0012 \cdot 100.000 \,\text{EUR} = 120 \,\text{EUR}. \tag{2}$$

Eine Kleinigkeit haben wir noch außer Acht gelassen: Während die Prämie am Anfang des Jahres zu zahlen ist, wird die Leistung der Versicherung erst am Ende des Jahres erbracht und der Verzinsungseffekt muss daher ebenfalls berücksichtigt werden. Dies geschieht dadurch, dass ein Rechnungszins (beispielsweise $i = 4\%$) festgelegt wird, und die Prämie noch mit diesem Zinsfuß abgezinst wird, also

$$\text{Prämie} = \frac{120}{1,04} \,\text{EUR} \approx 115,38 \,\text{EUR}. \tag{3}$$

So simpel dieses Verfahren scheinen mag: die skizzierte Vorgehensweise ist – in nuce – exakt das, was Versicherungsmathematiker seit Jahrhunderten tun: sie berechnen die Prämie als abgezinsten Erwartungswert der Versicherungsleistung.

Nun werden Sie vielleicht einwenden, dass die Versicherungsunternehmen auch Kosten (des Vertriebs, der Verwaltung etc.) haben, die ebenfalls berücksichtigt werden müssen. Das ist selbstverständlich richtig, und diese Kosten werden durch entsprechende Zuschläge zu den Prämien berücksichtigt.

Doch wenn wir die Kosten einmal unberücksichtigt lassen, was ist eigentlich der mathematische Kern der Verwendung des *Erwartungswerts* zur Berechnung der Prämie? Der Grund liegt im sogenannten *Gesetz der grossen Zahlen*. Es besagt folgendes: Unter der Voraussetzung, dass die gewählte Wahrscheinlichkeit q_{40} tatsächlich die Sterblichkeit von 40-jährigen Frauen korrekt modelliert, wird das Versicherungsunternehmen im Durchschnitt weder einen Gewinn noch einen Verlust erwirtschaften, wenn es „viele" unabhängige Verträge dieser Art abschliesst. Was hier mit „viele" gemeint ist, kann mathematisch exakt in Form von Grenzwertsätzen quantifiziert werden.

Nun aber zur Finanzmathematik, genauer zur stochastischen Finanzmathematik, die – zumindest auf den ersten Blick – grundsätzlich anders verfährt als die Versicherungsmathematik. Die Argumentation über das Gesetz der grossen Zahlen wird ersetzt durch den Begriff der *Arbitrage*.

Um diesen Begriff zu motivieren, betrachten wir wieder ein ganz einfaches Beispiel: Wenn in Frankfurt der Dollar mit $1,05 \,\text{US\$}$ pro EUR gehandelt wird, so wird er zum gleichen Zeitpunkt in New York zu (fast) dem gleichen Preis gehandelt: Falls nämlich dort der Preis beispielsweise $1,0499 \,\text{US\$}$ pro EUR beträgt, so werden sofort *Arbitrageure* auf den Plan treten, die gleichzeitig in New York EUR gegen US\$ und in Frankfurt US\$ gegen EUR tauschen und damit einen risikolosen Gewinn erzielen. Falls umgekehrt der Preis in New York $1,0501 \,\text{US\$}$ pro

Euro beträgt, wird man die Transaktionen in umgekehrter Richtung durchführen und ebenfalls einen risikolosen Gewinn erzielen. Bei einem umgetauschten Volumen von beispielsweise 10 Mio. EUR (eine vergleichsweise moderate Summe im globalen Devisenhandel, bei der sich die Transaktionen innerhalb von Sekunden durchführen lassen) beträgt der Arbitrage-Gewinn bei den angenommenen Zahlenwerten immerhin etwa 950 EUR.

Ob man dieses reibungslose Funktionieren der internationalen Finanzmärkte gut oder schlecht findet, ist eine andere Frage, die wir hier nicht analysieren wollen: Wenn sich der von J. Tobin (Ökonomie-Nobelpreis 1981) gemachte Vorschlag durchsetzen liesse, durch eine globale Umsatzsteuer auf Finanztransaktionen (in der Grössenordnung eines Bruchteils eines Promilles) etwas Sand in das gut geölte Getriebe zu werfen, würde sich die Situation rasch verändern.

Aber zurück zum Begriff der Arbitrage: Sie werden vielleicht einwenden, dass schliesslich jeder Schuhhändler, der ein Paar Schuhe um 30 EUR einkauft und später um 60 EUR verkauft, auch so etwas ähnliches wie Arbitrage macht; der Unterschied besteht aber darin, dass die Leistung des Schuhhändlers darin besteht, den Kunden zu finden, den Lieferanten zu kontaktieren, die Schuhe zu lagern, etc. Im Gegensatz dazu sind Börsen so konstruiert, dass die Preise für alle Marktteilnehmer transparent sind und große Volumina mit geringen Transaktionskosten abgewickelt werden können. In unserem Devisen-Beispiel werden den Arbitrageuren zwar wegen der Transaktionskosten nicht die vollen 950 EUR als Arbitrage-Gewinn verbleiben, aber für die „big players" ist die relative Bedeutung der Transaktionskosten ausserordentlich niedrig.

Nun können wir einen wesentlichen Grundpfeiler der Theorie definieren, wie sie von F. Black, M. Scholes und R. Merton in ihren 1973 erschienenen Arbeiten verwendet wurde: Bei der mathematischen Modellierung des Geschehens auf den Finanzmärkten haben die Autoren – in erster Näherung – die Transaktionskosten ignoriert und das *No-Arbitrage-Prinzip* zugrunde gelegt: Im mathematischen Modell eines Finanzmarktes soll es keine Arbitrage-Möglichkeiten geben. Das plausible Argument dahinter: Sobald sich auch nur geringe Arbitrage-Möglichkeiten ergeben, treten wie im vorangehenden Beispiel Arbitrageure auf den Plan, die – gerade dadurch, dass sie die Arbitragemöglichkeiten ausnutzen – diese rasch zum Verschwinden bringen. Bei liquiden Finanzmärkten, z. B. Devisen-Märkten, aber auch grossen Aktien- oder Waren-Märkten, kommt die Realität diesem mathematischen Postulat sehr nahe.

Wir wollen dieses No-Arbitrage-Prinzip an einem etwas weniger simplen Beispiel als dem der oben skizzierten „Platz-Arbitrage" verdeutlichen, nämlich anhand des *forward Kurses* einer Währung: Ich kann heute ein Termingeschäft abschliessen *(forward contract)*, mit dem ich *das Recht und die Pflicht* erwerbe, zu einem fixierten Zeitpunkt, z. B. in einem Jahr, einen bestimmten Betrag, z. B. 10.000 EUR, zu einem heute vereinbarten Kurs in US $ zu wechseln.

Um diesen Vertrag abschließen zu können, muss ein anderer Marktteilnehmer bereit sein, den Vertrag in die andere Richtung abzuschließen, d. h. das Recht und die Pflicht zu erwerben, in einem Jahr die entsprechende Menge von US $ zum vereinbarten Kurs in EUR umzutauschen.

Der *forward-Kurs* für den US $ ist derjenige Kurs, zu dem die Akteure an den Finanzmärkten heute bereit sind, diese Verträge abzuschließen.

Kann man nun irgendetwas Intelligentes über die Höhe des forward Kurs aussagen, das über die lapidare Feststellung hinausgeht, dass sich dieser Preis gemäß Angebot und Nachfrage auf den Termin-Märkten für Devisen einpendeln wird? Die Antwort lautet ja, und sie ist verblüffend simpel.

Nehmen wir der Einfachheit halber an, dass heute das Zins-Niveau für einjährige „risikolose" Veranlagungen (das sind – in erster Näherung – Staatsanleihen mit einjähriger Restlaufzeit) in EUR und US $ gleich hoch ist. Ich behaupte, dass dann der forward Kurs für den EUR in US $ mit dem heutigen („Spot" oder „Kassa") Kurs des EUR in US $ übereinstimmen muss. Denn nehmen wir beispielsweise an, dass der forward Kurs für den EUR höher ist als der Kassa-Kurs, z. B. 1, 06 versus 1, 05 US $. Ein Arbitrageur wird sich in diesem Fall heute US $ für ein Jahr ausleihen, in EUR umtauschen, für ein Jahr in EUR veranlagen, und gleichzeitig einen *forward contract* abschliessen, die (aufgezinste) Summe von EUR in einem Jahr wieder in US $ zurücktauschen. Unsere Annahme, dass die Zinsen in US $ und EUR dieselbe Höhe haben, impliziert, dass das Ergebnis dieser Kombinationen von Transaktionen gleich null sein müsste, sofern der Kassa-Kurs gleich dem forward Kurs wäre. Wenn der forward-Kurs allerdings höher als der Kassa-Kurs ist, so verbleibt dem Arbitrageur die Differenz als Gewinn! Das Bemerkenswerte an diesem Arbitrage-Geschäft ist, dass dieser Gewinn ohne Netto-Einsatz von Kapital und vollkommen risikolos erzielt wird: der Gewinn entsteht unabhängig davon, ob im darauffolgenden Jahr der Kurs des Euro gegenüber dem Dollar steigt, fällt, oder gleichbleibt. Es ist das Wesen eines Arbitrage-Gewinns, dass er aus einer Kombination von Transaktionen besteht, von denen jede einzelne riskant – teilweise hoch riskant – ist, dass sich die gegenläufigen Risiken aber wechselseitig aufheben.

Die aufmerksamen Leser werden einwenden, dass wir dasselbe Niveau der Verzinsung einmal für einen Kredit (in US $) und einmal für eine Veranlagung (in EUR) verwendet haben; andererseits wissen wir alle, dass für Kredite höhere Zinsen zu zahlen sind, als durch risikolose Veranlagungen (in derselben Währung) zu erzielen sind (wenn es umgekehrt wäre, liesse sich in offensichtlicher Weise ein Arbitrage-Geschäft machen). Nun ja, mit dem Argument verhält es sich ganz ähnlich wie mit den Transaktionskosten: für kleine Investoren ist diese Differenz sehr wesentlich; für die „big players" ist es aber so, dass sie de facto zu denselben Konditionen „long" oder „short" gehen können, d. h. im Kontext unseres Beispiels, Geld für ein Jahr risikolos veranlagen oder ausleihen können.

In einem nächsten Schritt wollen wir die vereinfachende Annahme fallen lassen, dass die Zinsen (für einjährige, risikolose Veranlagungen) in US $ und EUR gleich hoch sind: nehmen wir beispielsweise an, dass die entsprechenden $-Zinsen 4 % betragen, während die EUR-Zinsen nur die Höhe von 3 % haben. Wenn man das oben entwickelte Argument noch einmal durchdenkt, sieht man unmittelbar, dass es sich auch auf diese Situation übertragen lässt: der einzige Unterschied besteht darin, dass nunmehr das Verhältnis zwischen forward Kurs des

Euro in Dollar und dem Kassakurs nicht mehr $1:1$ sondern nunmehr $1,04:1,03$ betragen muss.

An dieser Stelle empfehlen wir den skeptischen Lesern, den Finanzteil einer Tageszeitung zur Hand zu nehmen, und empirisch nachzuprüfen, dass diese Überlegungen nicht nur graue Theorie sind. Die Leser werden sich davon überzeugen können, dass die Höhe des forward-Kurses zwischen zwei Währungen tatsächlich vom Verhältnis des Zinsniveaus in den betreffenden Währungen – und nur davon! – in der oben skizzierten Weise abhängt. Und dies ist nicht deswegen der Fall, weil eine Aufsichtsbehörde darüber wacht oder dergleichen (wie das ja auch im Beispiel der Platz-Arbitrage nicht der Fall war), sondern deswegen, weil weltweit Marktteilnehmer sofort jede sich bietende Arbitrage-Möglichkeit ausnutzen und sie eben dadurch wieder zum Verschwinden bringen (oder genauer: auf ein so geringes Maß reduzieren, dass auch Arbitrageure mit sehr geringen relativen Transaktionskosten davon nicht mehr profitieren können). Dies gilt jedenfalls für Währungen, in denen sowohl die Kassa- wie die Termin-Märkte eine entsprechende Liquidität (d. h., hohe Transaktionsvolumina und geringe Transakionskosten) aufweisen. Euro versus US Dollar ist hierfür selbstverständlich ein Paradebeispiel.

Für unsere bisherigen Überlegungen zum Thema Arbitrage haben wir nur ganz elementare mathematische Überlegungen anstellen müssen. Dies ändert sich aber schlagartig, wenn wir nun zu anderen Kontrakten übergehen, die auf Terminbörsen gehandelt werden: eine Option (genauer: eine Europäische Call-Option) verbrieft das *Recht, aber nicht die Pflicht*, von einem zugrundeliegenden Finanztitel (*underlying stock*, z. B. Fremdwährung, Aktie etc.) zu einem bestimmten Ausübungs-Zeitpunkt (*expiration time*) und zu einem bestimmten Ausübungs-Preis (*strike price*) eine bestimmte Menge zu kaufen. Zur Illustration der wirtschaftlichen Sinnhaftigkeit solcher Verträge: Im vorhergehenden Devisen-Beispiel könnte es für Investoren gute Gründe geben, sich nur das Recht zu sichern, in einem Jahr zu einem vereinbarten Kurs Euro in US Dollar zu tauschen, um sich gegen einen steigenden Dollar-Kurs abzusichern, sich aber nicht zu dieser Transaktion zu verpflichten, was im Fall von fallenden Dollar-Kursen zu empfindlichen Verlusten führen könnte.

Selbstverständlich ist der Erwerb einer solchen Option nicht mehr – wie beim forward contract – zum Preis Null möglich, sondern die Käufer müssen für den Erwerb der Option einen Preis zahlen.

Wieder stellt sich die Frage, ob wir über diesen Preis irgendetwas Intelligentes aussagen können, oder ob wir ausschließlich auf die Marktkräfte verweisen müssen. Auch diesmal lautet die Antwort auf diese Frage ja; aber nun ist die Situation nicht mehr so einfach wie bei den oben betrachteten forward-Kursen.

Bei diesen hatte es ausgereicht, sogenannte „buy-and-hold strategies" zu betrachten: Wenn wir das Argument zur Bestimmung des eindeutigen arbitragefreien forward-Kurses noch einmal Revue passieren lassen, so sehen wir, dass nur vier Transaktionen (ein Kredit, eine Veranlagung, eine Währungsumtausch zum Kassa-Kurs sowie ein forward-Kontrakt) dafür notwendig waren. Um den

Arbitrage-Gewinn einzustreichen (falls der forward-Kurs nicht die von der Theorie postulierte Höhe hat), kann der Arbitrageur diese vier Transaktionen heute abschliessen und schlicht ein Jahr warten, um dann durch vertragsgemässe Erfüllung der Rechte und Pflichten einen risikolosen Gewinn zu erzielen („buy and hold").

Zum Aufspüren von Arbitrage-Möglichkeiten im Kontext von Optionen funktionieren diese elementaren Strategien nicht mehr. Man kann sich relativ leicht überlegen (und auch mathematisch präzise beweisen), dass man aufgrund von Arbitrage-Argumenten für buy-and-hold-Strategien keine nicht-trivialen Aussagen über den Preis einer Option erzielen kann.

Aber der Markt erlaubt ja nicht nur „buy-and-hold", also statische Handels-Strategien, sondern es ist auch möglich, dynamisch zu handeln, in der mathematischen Modellierung: „in stetiger Zeit"; wir nennen eine Handelsstrategie „dynamisch", wenn sie grundsätzlich jederzeit Käufe und Verkäufe zulässt, wobei aber selbstverständlich nur die zum jeweiligen Zeitpunkt verfügbare Information verwendet werden darf (wenn ich Zugang zu den Börsenberichten von übermorgen hätte, wäre es natürlich nicht schwer, Arbitrage-Gewinne zu machen). Die Mathematik hat mit der Theorie der stochastischen Prozesse, die hauptsächlich in Hinblick auf die Anwendungen in den Naturwissenschaften entwickelt wurde, ein hervorragendes Instrumentarium zur Verfügung, um dieses Konzept einer „dynamischen Handelsstrategie" präzise zu modellieren. (Stichwörter: Filtrationen, vorhersehbare Prozesse etc.)

Je größer die Möglichkeiten sind, auf Finanzmärkten zu handeln, umso mehr Möglichkeiten bieten sich, gegenläufige Risiken zu kompensieren und umso eher können No-Arbitrage-Argumente zur Bewertung herangezogen werden.

Um die möglichen Preisentwicklungen des der Option zugrundeliegenden Finanztitels („stock" oder „asset" auf Neudeutsch; z. B. die Aktie der Firma XYZ) zu modellieren, müssen wir Annahmen über den Preisprozess $(S_t)_{0 \leq t \leq T}$ machen: für jedes t in dem Intervall $[0, T]$ bezeichnen wir mit S_t den Kurs der Aktie zum Zeitpunkt t. Die Größe T bezeichne den Ausübungs-Zeitpunkt der Option (z. B. in einem Jahr) und wir bezeichnen mit 0 das heutige Datum. Der heutige Preis S_0 ist uns bekannt; aber da wir nicht in die Zukunft blicken können, modellieren wir die Variablen S_t, für $0 \leq t \leq T$, als *zufällige Größen*. Um den Prozess $(S_t)_{0 \leq t \leq T}$ zu spezifizieren, müssen wir nunmehr Annahmen über die Wahrscheinlichkeitsverteilungen der Zufallsvariablen S_t treffen.

Dieses Thema ist keineswegs neu, sondern bereits im Jahr 1900 hat L. Bachelier in einer Dissertation bei dem bedeutenden Mathematiker H. Poincaré ein Modell für den Preis-Prozess $(S_t)_{0 \leq t \leq T}$ einer Aktie vorgeschlagen, wobei seine Motivation schon damals darin bestand, eine *Formel zur Bewertung von Optionen* abzuleiten. Er modellierte den Preis der Aktie als einen Zufallsprozess (oder „stochastischen" Prozess). Dem entspricht die Vorstellung, dass die Frage, ob der Preis unserer Aktie morgen steigen oder fallen wird, in ähnlicher Weise beschrieben werden kann wie das Aufwerfen einer Münze oder der Lauf der Roulette-Kugel. L. Bachelier hatte einen geradezu mythischen Glauben, dass ein „Wahrscheinlichkeitsgesetz" das Geschehen auf den Börsen bestimme:

> Si, á l'égard de plusieurs questions traitées dans cette étude, j'ai com-
> paré les résultats de l'observation à ceux de la théorie, ce n'était pas
> pour vérifier des formules établies par les méthodes mathématiques,
> mais pour montrer seulement que le marché, à son insu, obéit à une loi
> qui le domine : la loi de la probabilité.

Als konkretes Modell schlug er den Prozess $(S_t)_{0 \leq t \leq T}$ vor, den wir heute die
„Brownsche Bewegung" nennen: die Veränderung $S_t - S_u$ des Preises zwischen
zwei Zeitpunkten $u < t$ wird als normalverteilt angenommen (das ist die berühmte „Gaußsche Glockenkurve"), mit Mittelwert 0 und Varianz proportional
der Länge des Intervalls $[u, t]$. Ausserdem sollen die Veränderungen während dis-
junkter Zeitintervalle unabhängig voneinander sein.

Für ein festes Zufallselement ω, d. h. für ω im zugrundeliegenden Wahrscheinlichkeitsraum $(\Omega, \mathcal{F}, P)$, erhält man dann einen Pfad $(S_t(\omega))_{0 \leq t \leq T}$; ein typischer
simulierter Verlauf ist in der in Abbildung 1 wiedergegebenen Graphik skizziert.

Es gereicht der Finanzmathematik zu Stolz und Ehre, dass L. Bachelier damit der erste war, der das mathematische Modell einer „Brownschen Bewegung"
formulierte. Er war damit um 5 Jahre früher dran als A. Einstein und M. Smo-
luchowski, die dieses Modell in der Physik um 1905 einführten, um das Verhalten

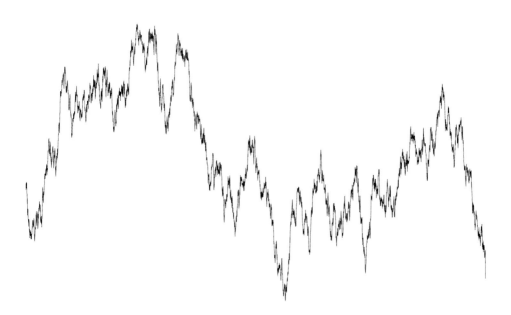

Abbildung 1. Pfad einer Brownschen Bewegung

von Gas-Molekülen zu beschreiben. Der Name „Brownsche Bewegung" leitet sich daher ab, dass der Botaniker R. Brown im Jahr 1826 bei der Beobachtung von Teilchen im Mikroskop ein völlig erratisches Verhalten – ähnlich wie bei dem in Abb. 1 simulierten Pfad – festgestellt hat (allerdings ohne auch nur den Versuch zu unternehmen, dieses von ihm verbal beschriebene Verhalten durch eine mathematische Konstruktion zu modellieren).

Nach der Formalisierung des Modells konnte Bachelier nunmehr dem eigentlichen Zweck seiner Arbeit näherkommen, nämlich der Bewertung einer Option auf eine Aktie, deren Preisprozess durch eine Brownsche Bewegung $(S_t)_{0 \leq t \leq T}$ modelliert wird. Wenn wir den Ausübungszeitpunkt T und den Ausübungspreis K fixieren, so ist es leicht, den Wert C_T der Option *zum Zeitpunkt T* anzugeben: C_T ist die größere der beiden Zahlen 0 und $S_T - K$.

In der Tat: Wenn der Preis S_T der zugrundeliegenden Aktie grösser als K ist, so beträgt der Wert der Option die Differenz $S_T - K$, da die Besitzer der Option eine Aktie zum Preis K kaufen können, die sie sofort wieder zum Preis S_T verkaufen können. Wenn S_T aber kleiner als K ist, so ist die Option schlicht wertlos.

Wir sehen also, dass wir den Wert C_T der Option zum Zeitpunkt T als eine einfache Funktion der Zufallsvariablen S_T schreiben können. Wir kennen allerdings den tatsächlichen Wert, den S_T zum Zeitpunkt $t = T$ annehmen wird, heute (d. h. zum Zeitpunkt $t = 0$) noch nicht, sondern nur die *Wahrscheinlichkeitsverteilung* von S_T. Um den Unterschied noch einmal mit einem simplen Beispiel zu illustrieren: Wenn ich würfle, so weiss ich vorher das Ergebnis des Wurfs nicht, ich postuliere aber – und bei einem korrekt gebauten Würfel habe ich gute Gründe dafür – , dass die Wahrscheinlichkeits-Verteilung für das Ergebnis so ist, dass jede der 6 möglichen Ziffern mit gleicher Chance (also Wahrscheinlichkeit $\frac{1}{6}$) gewürfelt wird. In analoger Weise kenne ich heute den Wert S_T der Aktie nicht, ich postuliere aber, dass ich die Wahrscheinlichkeitsverteilung von S_T kenne.

Wie können wir nun den heutigen Wert C_0 der Option berechnen? Bachelier geht dafür genauso vor, wie es die Versicherungsmathematiker seit alters her tun: Er nimmt den *Erwartungswert* des Werts von C_T,

$$C_0 = E[C_T]. \tag{4}$$

Dies ist ein Ausdruck, der leicht explizit ausgerechnet, d. h. durch eine „Formel" ausgedrückt werden kann, da wir ja – gemäß unserer Modell-Annahme – die Verteilung von S_T kennen, nämlich eine Normalverteilung mit Mittelwert S_0 und Varianz T.

Man mag einwenden, dass L. Bachelier den Verzinsungseffekt vernachlässigt hat, den wir bei der Besprechung der Todesfall-Versicherung berücksichtigen mussten. Dieser Einwand wiegt aber nicht sehr schwer: Bachelier ignorierte den Verzinsungseffekt, da er an der Bewertung von Optionen mit relativ kurzer Laufzeit (T in den Grössenordnungen von wenigen Monaten) interessiert war, und die Zinsen damals niedrig waren (auch zu Zeiten des vergangenen fin-de-siécle waren die Zinssätze niedrig und die Aktienkurse hoch!). Wenn man allerdings den Verzinsungseffekt berücksichtigen will, ist es selbstverständlich kein Problem, in die Formel einen Abzinsungsfaktor einzubauen, wobei r den risikolosen Zins bezeichne:

$$C_0 = e^{-rT} E[C_T]. \tag{5}$$

Der entscheidende Punkt ist aber ein anderer: Die Motivation hinter der Verwendung des Erwartungswertes ist das Gesetz der grossen Zahlen, das ökonomisch viel weniger überzeugend ist als die No-Arbitrage-Argumentation. Bei L. Bachelier finden wir die Idee einer Verbindung zwischen diesen beiden Ansätzen noch nicht.

Der Arbeit von Bachelier wurde zu ihrer Zeit leider nicht die gebührende Aufmerksamkeit zuteil: Von Seiten der Ökonomen wurde sie vollkommen ignoriert und erst 65 Jahre später griff der berühmte Ökonom P. Samuelson (Ökonomie-Nobelpreisträger 1970) dieses Thema aus Sicht der Ökonomie wieder auf. Aber auch die Mathematiker nahmen wenig Notiz davon. Allerdings wurde seine Arbeit in dieser scientific community nicht vollständig vergessen; sie wird beispielsweise in dem 1932 erschienenen grundlegenden Buch von A. Kolmogoroff über Wahrscheinlichkeitstheorie zitiert.

Der wirkliche Durchbruch in der Frage der Optionsbewertung gelang aber erst mit den 1973 publizierten Arbeiten von F. Black und M. Scholes sowie R. Merton. Sie legten dem Aktienkurs als Modell eine leichte Variation des von L. Bachelier verwendeten Modells zugrunde: Sie postulierten – wie vor ihnen bereits Samuelson –, dass der *Logarithmus* $\ln(S_t)$ des stock-Preis-Prozesses S_t einer Brownschen Bewegung mit Drift folgt, also

$$\ln(S_t) = \ln(S_0) + \sigma W_t + \mu t, \tag{6}$$

wobei $\mu \in \mathbb{R}$, $\sigma > 0$ geeignete Normierungskonstanten sind und W_t eine Brownsche Bewegung ist, wie sie von L. Bachelier definiert wurde.

Der Übergang zu den Logarithmen ist ein eher harmloser Schritt und entspricht dem Unterschied zwischen kontinuierlicher Verzinsung, bei der sich ein investiertes Kapital gemäss einer Exponentialkurve entwickelt, und linearer Verzinsung ohne Berücksichtigung des Zinseszins-Effekts. Bekanntlich ist der Unterschied zwischen diesen beiden Vorgehensweisen (für kurze Zeiträume!) nicht sehr bedeutend. Ähnlich verhält es sich mit dem Unterschied zwischen Bacheliers Modell der Brownschen Bewegung und dem Modell (6) der sogenannten „geometrischen Brownschen Bewegung", das heute auch oft als „Black-Scholes-Modell" bezeichnet wird.

Im nächsten Schritt betreten Black, Scholes und Merton aber Neuland, indem sie ein No-Arbitrage-Argument unter Verwendung von dynamischen Handelsstrategien benutzen. Im Kern läuft dieses Argument so: *Nehmen wir einmal an*, dass es tatsächlich eine Funktion $f(t, S)$ gibt, die den Wert der Option zu jedem Zeitpunkt $0 \leq t \leq T$ in Abhängigkeit vom Preis S des Underlyings – das ist der Fachausdruck für die Ware, auf deren Wertsteigerung sich die Option bezieht – zum Zeitpunkt t angibt. Dann kann man diese Funktion $f(t, S)$ nach der Variablen S partiell differenzieren. Für festes t und S bezeichnen wir – in der Sprache der Praktiker – diese Größe $\frac{\partial}{\partial S}f(t,S)$ als das „Delta" der Option zum Zeitpunkt t bei aktuellem stock-Preis S.

Zur Illustration nehmen wir zum Beispiel an, dass – für festes t und S – dieses „Delta" den Wert $\frac{1}{2}$ betrage. Dies bedeutet, dass bei einer Änderung des Werts S des Underlyings um 1 EUR (während t fest bleibt) der Wert der Option um etwa 50 Cent steigt. Das „etwa" ist im Sinn der Differentialrechnung zu verstehen, dass dieses Verhältnis von 2 : 1 der Wert-Änderung des Underlyings und der Option umso besser gilt, je kleiner die Preisänderungen sind, und „im Limes" exakt zutrifft.

Diese Relation hat eine wichtige ökonomische Konsequenz: Wenn wir – immer bei festem t und S – ein Portefeuille bilden, indem wir mit einer Einheit des Underlyings „long" gehen (es also kaufen) und gleichzeitig mit zwei Einheiten der Option „short" gehen (sie also verkaufen), so ist dieses Portefeuille risikolos gegenüber (kleinen) Preisänderungen des Underlyings: Kursgewinne für das Underlying werden durch Kursverluste bei den Optionen kompensiert und vice versa.

Diese Risikolosigkeit des Portefeuilles gilt zwar nur „lokal", d. h. solange sich t und S nur wenig ändern, aber die Idee einer dynamischen Handelsstrategie erlaubt es, die Zusammensetzung des Portefeuilles durch Käufe und Verkäufe jeweils dem aktuellen „Delta" anzupassen.

Nun kommt das No-Arbitrage-Argument: Ein in solcher Weise risikoloses Portefeuille muss dieselbe Verzinsung erreichen wie eine risikolose Veranlagung. Wenn dem nämlich nicht so wäre, könnte man auf Basis der vorausgegangenen Überlegungen Handelsstrategien finden, die Arbitrage-Gewinne ermöglichen.

Damit haben wir einen ökonomischen Zusammenhang zwischen der Wertentwicklung des Portfeuilles und der risikolosen Verzinsung gefunden, der sich mathematisch in Form einer Gleichung ausdrücken lässt: wenn wir die Modellannahme (6) zugrundelegen, so führt das auf eine *partielle Differentialgleichung*, die explizit gelöst werden kann. Die Lösung lässt sich in Gestalt einer Formel angeben, nämlich durch die berühmte Black-Scholes-Formel:

$$f(t,S) = SN(d_1) - Ke^{-r(T-t)}N(d_2), \tag{7}$$

$$\text{wobei } d_1 = \frac{\ln(S/K) + (r + \frac{\sigma^2}{2})(T-t)}{\sigma\sqrt{T-t}} \tag{8}$$

$$d_2 = \frac{\ln(S/K) + (r - \frac{\sigma^2}{2})(T-t)}{\sigma\sqrt{T-t}}. \tag{9}$$

Hier bezeichnet N die Verteilungsfunktion der Standard-Normal-Verteilung, S den Wert des Underlyings zum Zeitpunkt t, K und T den Ausübungspreis und Ausübungszeitpunkt der Call-Option, r die risikolose Zinsrate und $\sigma > 0$ die „Volatilität", d. h. den Parameter für den Einfluss der zufälligen Brownschen Bewegung W im zugrundeliegenden Modell (6).

Die konkrete Gestalt der Formel ist für uns nicht so wesentlich und ich habe sie hier nur angegeben, um den Lesern vor Augen zu führen, dass diese Formel für konkrete Zahlenwerte tatsächlich explizit ausgerechnet werden kann.

Wesentlicher ist folgendes: Wir erhalten den heutigen Wert $f(0, S_0)$ der Call-Option nunmehr als den *einzig möglichen arbitragefreien Preis*. Mehr noch: Die Ableitung der Formel führt auch ganz explizit zu dynamischen Handelsstrategien, mit denen Arbitragegewinne gemacht werden können, falls der Marktpreis der Option von diesem theoretischen Wert abweicht.

Schließlich folgt noch eine verblüffende Überraschung: Der Preis $f(0, S_0)$ ergibt sich auch aus dem Ansatz, der der Bachelier-Formel (5) entspricht,

$$f(0, S_0) = e^{-rT} E_Q[C_T], \tag{10}$$

wobei wir allerdings nunmehr den Erwartungswert nicht mehr bezüglich des ursprünglich zugrunde gelegten Wahrscheinlichkeitsmaßes P bilden, sondern bezüglich eines modifizierten, sogenannten „risikoneutralen" Wahrscheinlichkeitmaßes Q. Die Bezeichnung „risikoneutral" kommt daher, dass bei Zugrundelegung dieser modifizierten Wahrscheinlichkeitsverteilung die Wertsteigerung des stocks im Durchschnitt gleich derjenigen der risikolosen Veranlagung ist.

Eine genauere Begründung für diesen fundamentalen Zusammenhang zwischen No-Arbitrage-Argumenten einerseits und dem spektakulären revival (10) des guten alten versicherungsmathematischen Äquivalenzprinzips andererseits würde den Rahmen dieses Vortrags sprengen. Er ist das Thema des sogenannten „Fundamental Theorem of Asset Pricing", das um etwa 1980 in den Arbeiten von M. Harrison, D. Kreps und S. Pliska entwickelt und später von zahlreichen Autoren erweitert wurde. Eine exakte Formulierung dieses Fundamental-Satzes in einem allgemeinen, mathematisch präzisen Rahmen wurde erst 1994 durch F. Delbaen und den Autor gegeben.

Wir wollen hier nur einen ganz intuitiven Zugang entwickeln, was bei diesem Übergang des ursprünglichen „wahren" Wahrscheinlichkeitsmaßes P zum modifizierten „risikoneutralen" Wahrscheinlichkeitsmaß Q eigentlich passiert. Blenden wir noch einmal zurück zu dem ganz einfachen Beispiel der einjährigen Risiko-Versicherung für eine 40-jährige Frau. Wahrscheinlich haben Sie oben mit Verwunderung und Skepsis darauf reagiert, dass die Versicherungsunternehmen die Prämie unter Verwendung des Erwartungswertes berechnen; denn das hieße ja, dass die Versicherungsunternehmen im Durchschnitt an diesen Verträgen nichts verdienen. Diese Skepsis ist nur allzu berechtigt, denn Versicherungen sollen ja gewinnorientierte Unternehmen sein.

Des Rätsels Lösung liegt darin, dass auch hier mit zwei verschiedenen Wahrscheinlichkeitsverteilungen operiert wird: auf der einen Seite gibt es die „wahre" Wahrscheinlichkeit q_{40}, mit der eine 40-jährige Frau im Lauf eines Jahres verstirbt; diese „wahre" Wahrscheinlichkeit kann aufgrund der in der Vergangenheit beobachteten Sterblichkeiten sehr verlässlich geschätzt werden. Zur Berechnung der Prämien wird aber eine andere – vorsichtig gewählte – Wahrscheinlichkeit verwendet, die wir mit q_{40}^{mod} bezeichnen wollen. Die Sterblichkeitsgewinne der Versicherung resultieren daher aus der Differenz dieser beiden Werte.

Die Parallele zur Finanzmathematik wird nun offensichtlich, wo es ebenfalls wesentlich ist, zwischen dem „wahren" Maß P und dem „modifizierten" Maß Q zu unterscheiden.

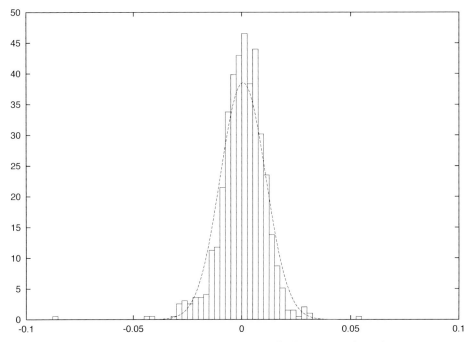

Abbildung 2. ATX Log-Returns (April 1995 – Juni 1998): Vergleich zur Normalverteilung

Nach diesen allgemeinen Überlegungen stellt sich nun die Frage, wie gut die Black-Scholes-Formel und die daraus abgeleiteten Hedging-Strategien in der Praxis funktionieren. Diese Frage läuft im wesentlichen darauf hinaus, ob das Modell der geometrischen Brownschen Bewegung (6) die Wirklichkeit korrekt beschreibt.

Werfen wir einen Blick auf reale Datensätze aus Finanzmarktzeitreihen. In der in Abbildung 2 wiedergegebenen Graphik haben wir die täglichen logarithmischen Returns, d. h. $\ln(S_{t+1}/S_t)$, eines österreichischen Aktienpreis-Index dargestellt, wobei t die Handelstage von April 95 bis Juni 98 durchläuft. Wenn die Annahmen des Black-Scholes Modells zuträfen, müssten diese zufälligen Größen normalverteilt sein, d. h., das empirische Histogramm müsste ungefähr die Form der gestrichelt eingezeichneten Normalverteilung haben.

Man sieht, dass die Übereinstimmung nicht allzu gut ist: Während das empirische Histogramm in der Nähe des Mittelwertes zuviel Masse hat (im Vergleich zur theoretischen Normalverteilung), fehlt diese Masse in einem mittleren Bereich. Das für die praktische Anwendung schwerwiegendste Problem springt aber weniger ins Auge und besteht an den „Enden" der Verteilung: die Normalverteilung unterschätzt in dramatischer Weise die extremen Ereignisse; und gerade diese Ereignisse von grossen Kurs-Schwankungen sind offensichtlich von besonderer praktischer Relevanz.

Diese „stylized facts", die wir in diesem Beispiel beobachten (d. h., im Vergleich zur Normalverteilung zu viel Wahrscheinlichkeitsmaße im Zentrum und

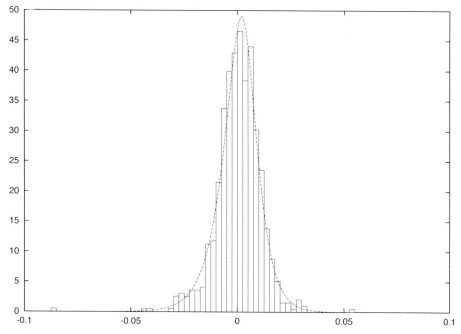

Abbildung 3. ATX Log-Returns (April 1995 – Juni 1998): Vergleich zu hyperbolischer Verteilung

an den Enden der Verteilung, andererseits zu wenig in einem mittleren Bereich), treten mit bemerkenswerter Persistenz immer wieder bei solchen Zeitreihen auf.

Anstatt der Approximation durch die Normalverteilung gibt die nächste Graphik die Approximation desselben empirischen Histogramms durch eine allgemeinere Klasse von Wahrscheinlichkeitsverteilungen an, den sogenannten hyperbolischen Verteilungen. Der Fit ist um einiges besser und – obwohl man das mit freiem Auge an diesem Beispiel nicht sehen kann – belegen umfangreichere empirische Untersuchungen, dass auch die Modellierung der extremen Schwankungen durch diese allgemeinere Klasse von Verteilungen besser mit der Realität übereinstimmt als dies die Normalverteilung leistet.

Dies provoziert die Frage, warum wir nicht das Black-Scholes-Modell durch allgemeinere Modelle ersetzen, die die Realität besser beschreiben. Genau dies tut die Forschung – und in zunehmendem Maß auch die Praxis –, wobei die Entwicklung stürmisch voranschreitet. Allerdings wird die Situation sofort wesentlich komplizierter, wenn man über das Black-Scholes-Modell hinausgeht, da man dann nicht mehr aus reinen No-Arbitrage-Argumenten eindeutige Preise und entsprechende Handelsstrategien ableiten kann. Aus diesem Grund spielt für Praktiker das Black-Scholes-Modell nach wie vor eine grundlegende Rolle, wobei aber auch die aktuellen Forschungsergebnisse mit bemerkenswerter Geschwindigkeit in die Praxis umgesetzt werden.

In dieser einführenden Darstellung können wir auf die Erweiterungen des Black-Scholes-Modells nicht eingehen und nur auf die umfangreiche weiterführende Literatur verweisen. Ich hoffe aber, den Lesern die folgende Botschaft vermittelt zu haben: Für die praktische Anwendung der Theorie ist es ganz entscheidend, das gewählte mathematische Modell und seine Annahmen gründlich verstanden zu haben; dies ist insbesondere notwendig, um ein Verständnis dafür zu entwickeln, in welchen Aspekten die Modell-Annahmen in akzeptabler Weise die Realität beschreiben und in welchen Aspekten dies nicht der Fall ist. Dies schafft die Basis für ein kritisches Bewusstsein, in welchen Situationen die Theorie wertvolle Ergebnisse liefert und in welchen Situationen größte Vorsicht angebracht ist.

Literatur

[1] J. C. Hull: *Options, futures and other derivatives.* Prentice-Hall International, 1997.

[2] A. Irle: *Finanzmathematik.* Teubner, 1988.

[3] D. Lamberton, B. Lapeyre: *Stochastic Calculus Applied to Finance.* Chapman & Hall, 1996.

[4] M. Baxter, A. Rennie: *Financial calculus.* Cambridge University Press, 1998.

[5] T. Björk: *Arbitrage Theory in Continuous Time.* Oxford University Press, 1999.

[6] M. Musiela, M. Rutkowski: *Martingale Methods in Financial Mathematics.* Applications of Mathematics, Stochastic Modelling and Applied Probability 36. Springer, 1997.

Mit Mathematik die Datenflut beherrschen?

Gitta Kutyniok

Das 21. Jahrhundert wird oftmals als Datenzeitalter bezeichnet. Daten bestimmen heutzutage fast alle Bereiche des täglichen Lebens. Denken wir nur an die ca. 5 Milliarden Mobiltelefone weltweit und die damit verbundene Datenkommunikation, die ca. 2 Milliarden Kreditkarten mit vielen Tausenden Transaktionen pro Sekunde oder an Facebook, welches ca. 300 Millionen neue Fotos pro Monat zu vermelden hat. Ganz zu schweigen von den riesigen Datenmengen, die im medizinischen Bereich z. B. bei Untersuchungen mittels Magnetresonanztomographen erzeugt werden.

Auch neue Technologien produzieren enorme Mengen an Daten. Ein besonders eindrucksvolles Beispiel ist die Sloan Digital Sky Survey (http://www.sdss.org) im Bereich der Astronomie. Das Ziel dieses Projektes ist die Durchmusterung großer Bereiche des Himmels mittels Aufnahmen bei fünf Wellenlängen und nachfolgender Spektroskopie einzelner Objekte. Die Sloan Digital Sky Survey startete im Jahr 2000 im US Bundesstaat New Mexico und akquirierte bereits im ersten Monat mehr Daten als bisher insgesamt in der Astronomie. Im Jahr 2010 wurden z.B. 140 Terabytes Daten (1 Terabyte = 1000 GB = 10^{12} Bytes) akquiriert. Als Vergleich würde die Digitalisierung der Library of Congress, der größten Bibliothek der Welt, ungefähr 15 Terabytes Daten erzeugen. Im Jahr 2022 soll das Large Synoptic Survey Telescope in Chile fertiggestellt sein, welches dann pro Woche deutlich mehr Daten produzieren wird, als die Sloan Digital Sky Survey pro Jahr akquiriert.

Dies führt uns vor Augen, mit welcher Geschwindigkeit die erzeugte Datenmenge weltweit anwächst, nicht zuletzt durch die Digitalisierung fast aller Bereiche des Lebens. Begriffe wie „Big Data" sind derzeit in aller Munde. Ein Beispiel, welches uns die Problematik sehr deutlich aufzeigt, kommt aus dem Bereich der Genomik. Forschungsinstitute stehen vor dem Problem, dass die durch ihre DNA-Sequenzierer produzierten riesigen Datenmengen Wochen benötigen würden, wollte man sie per Internet an die Klienten senden. Aus diesem Grund versendet man sie – obwohl dies antiquiert erscheinen mag – oftmals per DVD an die Kunden. Folgerichtig schrieb die New York Times im November 2011: „The field of genomics is caught in a data deluge."[1]

Es stellt sich nun die Frage, ob und wie man diese Datenflut beherrschen kann. Schauen wir uns hierzu im Folgenden mathematische Methoden zur Lösung dieses Problems an.

---

1. „Das Gebiet der Genomik leidet unter der Datenflut."

1 Welche Rolle spielt die Mathematik?

Eine mathematische Herangehensweise hat den großen Vorteil, dass die Funktionalität der entwickelten Methoden innerhalb einer Modellsituation exakt analysiert werden kann. Solch ein Zugang beginnt normalerweise mit der Modellierung von realen Daten und der zugehörigen Problemstellung. Ist dies abgeschlossen, befindet man sich auf solidem mathematischen Boden und kann eine geeignete Methodik entwickeln. Darauf folgt zum Einen die exakte Analyse dieser Methode, bei der man vor allem an Fehlerschranken interessiert ist, und zum Anderen deren Implementierung. Gewappnet mit beiden Tools kann man sich zum Schluss wieder der konkreten Anwendung widmen. Sind die Ergebnisse noch nicht zufriedenstellend, geht man wieder einen Schritt zurück und lässt die erworbenen Erfahrungen in die Optimierung der Methode einfließen.

Schauen wir uns einige Beispiele für Daten und Problemstellungen an. Häufige Datentypen sind Signale, welche oftmals mittels einer Funktion $f : \mathbb{R}^d \to \mathbb{R}$ modelliert werden, beispielsweise Audiosignale durch Funktionen $f : \mathbb{R} \to \mathbb{R}$, Bilder durch Funktionen $f : \mathbb{R}^2 \to \mathbb{R}$ oder 3D Datensätze durch Funktionen $f : \mathbb{R}^3 \to \mathbb{R}$. Auch sogenannte hochdimensionale Daten wie diskrete Teilmengen des $\mathbb{R}^d$ mit $d > 10.000$ treten immer häufiger auf. Ein Beispiel hierfür sind Daten von Webseiten. Stellen wir uns vor, wir haben eine Liste von d Wörtern und zählen für jede Webseite, wie häufig jedes Wort auftritt. Dies liefert uns pro Webseite d Zahlen, welches wir als Element des $\mathbb{R}^d$ betrachten können. Eine weitere interessante Datenart sind Funktionen auf sogenannten Mannigfaltigkeiten wie z.B. der Kugel; ein Beispiel hierfür wäre die Temperaturverteilung auf der Erdoberfläche.

Die Problemstellungen im Bereich der Datenverarbeitung können grob den folgenden Teilschritten zugeordnet werden: Zunächst erfolgt die Messung der Daten, wobei man insbesondere daran interessiert ist, möglichst wenige Messwerte verwenden zu müssen. Gegebenenfalls müssen diese dann erst übertragen werden, und geeignete Methoden, die zum Beispiel Rauscheffekte unterdrücken, sind gefragt. Ein weiterer Schritt ist die Vorverarbeitung der Daten mit Zielen wie Entrauschung, Fehlerkorrektur etc. Vielleicht eine der wichtigsten Aufgaben ist anschließend die Analyse der Daten. Hier ist das Aufgabenspektrum riesig; Beispiele sind die Klassifikation der Daten oder das Extrahieren wichtiger Strukturen. Last but not least müssen die Daten natürlich auch gespeichert werden.

Unser Ziel in diesem Artikel ist, wie aus dem Titel ersichtlich, die Beherrschung der Datenflut mit Hilfe der Mathematik. Eine zentrale Problematik ergibt sich aus der Tatsache, dass schon die akquirierte Datenmenge – wie oben am Beispiel der Sloan Digital Sky Survey erläutert – oftmals riesig ist. Somit stellt sich zum Einen die Frage nach Kompressionsmethoden und zum Anderen die Frage, ob man nicht gleich weniger Daten akquirieren kann.

2 Der Informationsgehalt von Daten

Überlegen wir uns hier zunächst, ob diese Herangehensweise überhaupt sinnvoll ist, und fragen hierzu einen der genialsten Wissenschaftler der Neuzeit. Albert Einstein sagte einmal:

> Nicht alles, was zählt, kann gezählt werden, und nicht alles, was gezählt werden kann, zählt!

Wenden wir uns nun dem zweiten Teil des Satzes zu: „... und nicht alles, was gezählt werden kann, zählt!" Diese Aussage bedeutet übertragen auf die Datenflut, dass der Informationsgehalt der akquirierten Daten eventuell deutlich kleiner sein könnte, als deren Größe es zu implizieren scheint. In der Tat ist dies die Schlüsselfrage, die uns bei positiver Beantwortung sowohl Kompression ohne – oder zumindest mit sehr geringem – Informationsverlust als eventuell auch die Akquisition einer geringeren Datenmenge erlauben würde.

Betrachten wir als Einstieg hierzu ein 1024×1024-Pixel-Bild, welches nur zwei Farben enthält, die aber durch eine Gerade getrennt sind. Dieses zugegebenermaßen sehr einfache Bild hat somit eine Datengröße von 1024×1024 Bytes ≈ 1 MB. Allerdings besteht der Informationsgehalt nur aus den zwei Farben und der trennenden Gerade, die man durch einen Punkt auf ihr und ihre Steigung eindeutig angeben kann; er ist also um ein Vielfaches geringer als 1 MB.

Man kann argumentieren, dass Bilder und allgemeiner Daten normalerweise nicht so simpel aussehen. Obwohl dies natürlich stimmt, ist es um so spannender zu beobachten, dass sich für eigentlich alle Daten eine geeignete Transformation finden lässt, die den Informationsgehalt – und dessen Größe – offenlegt. Schauen wir uns hierzu als Beispiel das Foto in Abbildung 1 an.

Dieses Bild sieht schon deutlich komplizierter aus als das zuvor diskutierte. Wir wenden nun die sogenannte Wavelettransformation hierauf an und erhalte das Bild auf der rechten Seite von Abbildung 1. Das wavelettransformierte Bild ist genauso groß wie das ursprüngliche, und das originale Bild lässt sich hieraus ex-

 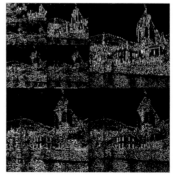

Abbildung 1. Foto und dessen Wavelettransformation

Abbildung 2. Sparsity und Kompressierbarkeit in 3D

akt rekonstruieren. Es zeigt sich aber, dass das neue Bild weite Bereiche aufweist, die schwarz sind. Diese Bereiche enthalten sehr kleine Werte oder solche, die sogar gleich Null sind. Sie enthalten also keinerlei Information. Speichert man nur die helleren Bereiche – die die Information des Fotos enthalten –, so wird man auch hieraus das ursprüngliche Foto fast exakt rekonstruieren können. Dieses Bespiel gibt Anlass zu der Annahme, dass eine geeignet gewählte Transformation fast immer den (geringen) Informationsgehalt enthüllen kann. Unser Beispiel ist auch aus einem anderen Grund interessant, denn es zeigt genau die Funktionsweise des Kompressionsstandards JPEG2000, bei dem ebenfalls eine Wavelettransformation verwendet wird.

Das neue Paradigma in der mathematischen Signal- und Bildverarbeitung ist folglich, dass nach geeigneter Transformation die Daten wenige Werte ungleich Null aufweisen – man sagt, sie sind „sparse" – oder zumindest sehr viele Werte klein oder gleich Null sind, in welchem Fall die Daten als „kompressierbar" bezeichnet werden. Abbildung 2 zeigt dies visuell. Auf der linken Seite sind diejenigen Vektoren in 3D aufgetragen, die mindestens eine Komponente gleich Null aufweisen, also z. B. der Vektor (1,0,2). Auf der rechten Seite sind diejenigen Vektoren in 3D zu sehen, die höchstens eine große Komponente haben, wobei die restlichen klein sind, also z. B. der Vektor (0.2,−0.1,3).

Wir können nun die nicht verschwindenden Werte bei einem Vektor mit wenigen von Null verschiedenen Einträgen bzw. die großen Werte bei einem kompressiblen Vektor als Informationsgehalt interpretieren. Man sollte sich aber immer vor Augen führen, dass diese Form der Darstellung oftmals erst nach einer Transformation vorliegt.

3   Transformationen aus der Angewandten Harmonischen Analysis

Was ist nun solch eine Transformation? Im Prinzip geht die sogenannte Angewandte Harmonische Analysis folgendermaßen vor: Sie entwickelt „Bausteinsysteme", aus denen sich die betrachteten Daten zusammensetzen lassen, wenn man die einzelnen Bausteine geeignet gewichtet und aufaddiert. Der Trick besteht nun darin, die Bausteinsysteme angepasst an die zu betrachtenden Datensätze so zu wählen, dass nur sehr wenige Elemente des Bausteinsystems notwendig sind, um

Abbildung 3. Einige Elemente eines Waveletsystems

die Daten mit ausreichend hoher Genauigkeit darzustellen. Die zu einem Bausteinsystem gehörige Transformation ist dann die Abbildung der Daten auf die jeweiligen Gewichte.

Im Falle der Wavelettransformation für Bilder wird das zugehörige Bausteinsystem aus einer Funktion gebildet, die verschoben und gestaucht bzw. gestreckt werden kann. Einige Elemente solch eines Waveletsystems sind in Abbildung 3 zu sehen. Insbesondere durch Arbeiten von Ingrid Daubechies (geb. 1954) wurden Wavelets zu einem der am meisten verwendeten Systeme für eine Vielzahl von Anwendungen. Ihre bahnbrechenden Arbeiten sind von ihr selbst sehr schön in [2] dargestellt.

Da Kanten oftmals hervorstechende Merkmale eines Bildes sind, kann man sich jetzt natürlich fragen, wie Wavelets Kanten in Bildern darstellen. Durch deren isotrope – im Sinne von nicht-richtungsbezogenen – Form erscheint dies schwierig. Weitere Bausteinsysteme, welche dieses Problem lösen und somit besser an Bilddaten angepasst sind, sind sogenannte Shearletsysteme. Ähnlich wie Elemente eines Waveletsytems bestehen die Elemente eincs Shearletsystems aus einer Funktion, dic verschoben, gestaucht bzw. gestreckt sowie zusätzlich gedreht werden kann. Einige solche Elemente sind in Abbildung 4 zu sehen, siehe auch [4].

Abbildung 4. Einige Elemente eines Shearletsystems

Man kann sich leicht vorstellen, dass gegebene Daten oftmals eine sehr spezielle Struktur aufweisen, die man in die Entwicklung eines Bausteinsystems einfließen lassen möchte. Hierfür gibt es sogenannte „Dictionary Learning Algorithmen", die bei vorliegenden Testdaten ein geeignetes Bausteinsystem selbst entwickeln. Die Forschung an diesen Techniken hat aber gerade erst begonnen, und
oftmals ist es schwierig, diese so gelernten Bausteinsysteme mathematisch zu analysieren.

4 Warum nicht gleich weniger Daten akquirieren?

Nachdem wir diskutiert haben, dass Einsteins Bemerkung „... und nicht alles,
was gezählt werden kann, zählt!" direkt auf das heutige Datenproblem übertragen werden kann, und einige Transformationen gesehen haben, die nicht nur den
Informationsgehalt erkennen lassen, sondern auch zur Kompression verwendet
werden können, stellt sich die Frage, weshalb man überhaupt nicht nur den Informationsgehalt, sondern viel mehr akquiriert, nur um dies gleich bei der Kompression wieder wegzuwerfen. Auf diese Weise wäre die Akquisitionszeit sehr gering,
man hätte aber trotzdem die Daten vollständig akquiriert. Darüber hinaus hätte
man die Datenflut in dem Sinne eingedämmt, dass man sie auf die minimal notwendige Größe – also ohne Informationsverlust zu riskieren – reduziert hätte; sie
lägen also gleich in komprimierter Form vor. Wir möchten betonen, dass es sicher
diverse Situationen gibt, in denen man nur Bruchstücke von vorgegebenen Daten
benötigt, also z. B. nur Teilbereiche eines Bildes. Wir gehen bei unserer Diskussion
im Folgenden aber davon aus, dass die gesamten Daten, also im Spezialfall das
gesamte Bild, rekonstruierbar sein sollen.

Wir sind nun daran interessiert, die Abfolge

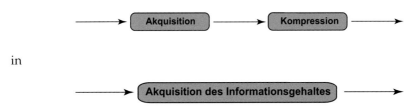

in

zu verkürzen, und damit die Daten gleich in komprimierter Form zu akquirieren.
Aber ist das überhaupt möglich? Wir kennen ja den Informationsgehalt der Daten
nicht und haben noch nicht einmal Kenntnis über dessen Größe.

Stellen wir hierzu folgende Überlegung an: Nehmen wir an, wir wollen ein
8×8-Pixel-Bild akquirieren. Ohne irgendeine Zusatzinformation bleibt uns nichts
anderes übrig, als alle 64 Pixel in irgendeiner Form zu betrachten; wir benötigen also 64 Messwerte. Gibt uns aber jemand die Information, dass das Bild nur
einen einzigen von Null verschiedenen Eintrag enthält (man sagt auch: „Es ist
1-sparse."), dann können wir intelligenter vorgehen, wie die Illustration in Abbildung 5 zeigt.

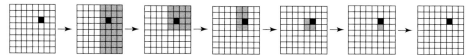

Abbildung 5. Detektion des Informationsgehaltes eines 1-sparsen Bildes

Hierzu teilen wir das Bild in zwei Hälften und betrachten die Summe der Einträge beider. Dies entspricht zwei Messungen. Auf diese Weise wissen wir, in welcher Hälfte sich der von Null verschiedene Eintrag befindet. Als nächstes betrachten wir nur diese Hälfte, zerlegen diese wieder in zwei Hälften, vergleiche die zwei Summen und führe dies fort bis der von Null verschiedene Eintrag lokalisiert ist. Dies liefert uns mittels 12 Messungen den Informationsgehalt des Bildes. Allgemeiner haben wir bei Vorliegen eines $N \times N$-Pixel-Bildes, wobei wir $N = 2^k$ annehmen, und unter Ausnutzung der Information, dass dieses 1-sparse ist, im Vergleich zu 2^{2k} Messungen eine Reduktion auf $4k = 4\log(2^k)$ Messungen erreicht.

Natürlich ist dieses Beispiel extrem. Aber erstaunlicherweise konnten Donoho [3] und parallel dazu Candès, Romberg und Tao [1] im Jahr 2006 zeigen, dass man unter der Voraussetzung, dass der Informationsgehalt der Daten (in diesem Fall Vektoren aus dem $\mathbb{R}^N$) klein ist, diesen mittels in bestimmtem Sinne zufällig gewählten Messungen relativ gezielt akquirieren kann. Anders ausgedrückt wählt man ein Bausteinsystem, bestehend aus wenigen Elementen mit zufälligen Einträgen, und verwendet die zugehörige Transformation für die Akquisition. Intuitiv können solche Messungen als universelle Messungen angesehen werden. Dies ist die Grundidee des „Compressed Sensing".

Vergleichen wir nun die alte Vorgehensweise mit Compressed Sensing. Wie in Abbildung 6 gezeigt, wurde früher ein Vektor $x \in \mathbb{R}^N$ mit N Messungen akquiriert, anschließend auf einen Vektor im $\mathbb{R}^k$ komprimiert und wenn notwendig wieder rekonstruiert, wobei der rekonstruierte Vektor $\hat{x}$ dem ursprünglichen Vektor x idealerweise sehr ähnelt. Bei Compressed Sensing werden $n = O\left(k \cdot \log\left(\frac{N}{k}\right)\right)$ Messungen genommen – anschließende Kompression ist nicht mehr notwendig – und hieraus wird rekonstruiert. Bemerkenswert hierbei ist, dass n lediglich logarithmisch in der Dimension N wächst und somit nur geringfügig größer als k ist, welches man als Größe des Informationsgehaltes interpretieren kann.

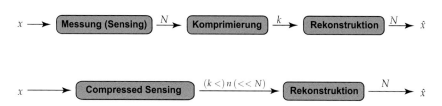

Abbildung 6. Alte Vorgehensweise versus Compressed Sensing

Mathematisch gesehen müssen wir $y = Ax$ berechnen, wobei A eine Matrix mit n Zeilen und N Spalten ist. Stellen wir uns als einfaches Beispiel (mit $n = 1$ und $N = 2$) folgende Gleichung vor:

$$y = x_1 + 2x_2.$$

Wie rekonstruieren wir nun einen Vektor $(x_1, x_2) \in \mathbb{R}^2$ aus $y = 2$, der wenige von Null verschiedene Einträge enthält, also sparse ist? Es gibt natürlich unendlich viele Möglichkeiten für x_1 und x_2, diese Gleichung zu erfüllen. Auch hier gibt es eine hochinteressante Idee zu berichten. Normalerweise würde man nun alle Vektoren durchsuchen, die wenige von Null verschiedene Einträge besitzen. Dies ist aber eine kombinatorische Suche, die in diesem Fall bei Vektoren mit vielen Einträgen nicht in vernünftiger Zeit berechenbar ist. Stattdessen könnte man den Vektor (x_1, x_2) wählen, der den geringsten (euklidischen) Abstand zum Ursprung hat. Diesen misst man mittels

$$\sqrt{x_1^2 + x_2^2}.$$

Geometrisch würde man einen Kreis um Null legen – der also alle Punkte gleichen Abstands vom Urprung enthält – , und diesen so lange vergrößern, bis er die Lösungsmenge trifft. Dies ist in Abbildung 7 dargestellt. Man sieht, dass der Treffpunkt des roten Kreises mit der Geraden einen Vektor (x_1, x_2) ergibt, für den $x_1 \neq 0$ und $x_2 \neq 0$ gilt. Dieser Vektor ist nicht sparse, also keine Lösung, an der wir interessiert sind. Stattdessen wählen wir nun einen anderen Abstandsbegriff, der den Abstand vom Ursprung mittels

$$|x_1| + |x_2|$$

misst. Dies ist die sogenannte ℓ_1-Norm (im Gegensatz zur euklidischen Norm oder ℓ_2-Norm, die wir eben betrachtet haben). Nun passiert Folgendes: Betrachtet man wieder die Punkte gleichen Abstands vom Urprung, so liegen diese diesmal auf einem Diamanten (in Abbildung 7 in Blau dargestellt). Vergrößert man diesen langsam, um das Element der Lösungsmenge kleinsten Abstands zu finden,

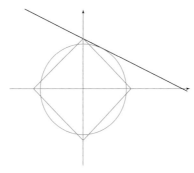

Abbildung 7. Verschiedene Arten der Rekonstruktion, wobei die schwarze Gerade die Lösungsmenge von $2 = x_1 + 2x_2$ darstellt

so wird ein Element auf einer der beiden Achsen gewählt; genauer das Element $(x_1, x_2) = (0, 1)$. Und in der Tat ist dies ein Element, welches 1-sparse ist. Diese intuitive Idee wird bei Compressed Sensing verwandt, und aus $y = Ax$ wird x mittels Minimierung der ℓ_1-Norm rekonstruiert. Der Vorteil ist, dass diese Minimierung zum Einen effizient berechnen werden kann und dass sich zum Anderen die Genauigkeit der Rekonstruktion mathematisch beweisen lässt.

5 Anwendungen von Compressed Sensing

Compressed Sensing hat sich in den vergangenen Jahren zu einem spannenden Forschungsgebiet etabliert, zum Einen innerhalb der Mathematik, da Methoden aus zahlreichen Disziplinen hier zusammentreffen, und zum Anderen in Anwendungsgebieten wie der Astronomie, Biologie, Medizin oder Seismologie, da Compressed Sensing sehr effiziente Methoden insbesondere zur Datenakquisition bereitstellt. Zum Abschluss wollen wir nun eines dieser Anwendungsbeispiele etwas genauer betrachten.

Eines der Hauptprobleme der Magnetresonanztomographie ist die langsame Datenakquisition, worunter auch die Patienten leiden. Man kann sich die Akquisition folgendermaßen vorstellen. Der Magnetresonanztomograph hat nur Zugang zu einer transformierten Version der Bilddaten, der sogenannten Fouriertransformation. Das transformierte Bild hat die gleiche Größe wie das ursprüngliche Bild, aber die Werte können als Frequenzen interpretiert werden. Der Magnetresonanztomograph tastet nun das transformierte Bild an bestimmten Punkten ab und rekonstruiert das Originalbild hieraus. Natürlich hängt die Güte der Rekonstruktion insbesondere von der Wahl der Abtastpunkte ab.

Schauen wir uns hierzu Abbildung 8 an. In der oberen Zeile ist jeweils das transformierte Originalbild mit verschiedenen Wahlen von Abtastpunkten darge-

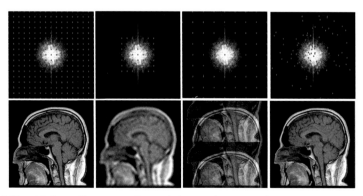

Abbildung 8. Verschiedene Abtaststrategien und die zugehörigen Rekonstruktionen. Von Links nach Rechts: Volle Abtastung, Abtastung des niederfrequenten Bereiches, Abtastung auf dünnem Gitter, zufällige Abtastung

stellt. In der unteren Zeile sind die Rekonstruktionen hieraus visualisiert. In der ersten Spalte wird die volle Abtastung betrachtet; das rekonstruierte Bild stimmt somit mit dem Originalbild überein. Um die Datenakquisition zu beschleunigen, ist man daran interessiert, die Anzahl der Abtastpunkte zu verringern. In der zweiten Spalte erfolgt dies in etwas ungeschickter Weise, indem man nur im niedrigfrequenten Bereich abtastet. Das Resultat ist wie erwartet; man sieht nur ein verschwommenes Bild. Auch in der dritten Spalte ist die Reduzierung der Abtastpunkte ungeeignet. In der vierten und letzten Spalte wird nach der Idee von Compressed Sensing in gewisser Weise zufällig abgetastet. Hierdurch konnten Lustig, Donoho und Pauly in [5] in ersten praktischen Studien eine Reduktion der benötigten Zeit für die Datenakquisition auf ein Sechstel erreichen.

Dies ist nur eine Anwendung von Compressed Sensing zur Verringerung der Datenflut. Einige andere wurden schon zum Erfolg geführt, und derzeit wird intensivst an weiteren Anwendungen geforscht.

Literaturverzeichnis

[1] E. Candès, J. Romberg und T. Tao, *Stable signal recovery from incomplete and inaccurate measurements*, Comm. Pure Appl. Math. **59** (2006), 1207–1223.

[2] I. Daubechies, *Ten Lectures on Wavelets*, SIAM, Philadelphia, 1992.

[3] D. L. Donoho, *Compressed sensing*, IEEE Trans. Inform. Theory **52** (2006), 1289–1306.

[4] G. Kutyniok and D. Labate, eds. *Shearlets: Multiscale Analysis for Multivariate Data*, Birkhäuser Boston, 2012.

[5] M. Lustig, D. L. Donoho und J. M. Pauly, *Sparse MRI: The application of compressed sensing for rapid MR imaging*, Magn. Reson. Med. **58** (2007), 1182–1195.

Elektronisches Geld
Ein Ding der Unmöglichkeit oder bereits Realität?

Albrecht Beutelspacher

1 Einleitung

Zahlungsmittel im allgemeinen und (Münz- oder Papier-) Geld im Besonderen haben im Laufe ihrer Entwicklung einen Prozess zunehmender Entmaterialisierung bzw. Virtualisierung durchgemacht. Unsere Vorfahren vor Tausenden von Jahren haben Naturalienhandel betrieben („zwei Kühe gegen sieben Ziegen"); später wurden Edelmetallstücke zum Tausch benutzt, die immerhin schon wertbeständig waren. Ein entscheidender Schritt war die Einführung von geprägten Münzen, bei denen die Prägung, in der Regel ein Porträt des Herrschers den Wert der Münze garantierte. Beim Papiergeld wurde dieses Prinzip weiterverfolgt: Ein Geldschein ist materiell gesehen fast wertlos, hat aber einen hohen immateriellen Wert. Mit elektronischem Geld wird dieser Prozess der Virtualisierung auf die Spitze getrieben: Eine elektronische Münze ist materiell gesehen ein Nichts, sie ist nur ein Bitstring oder, anders gesagt, eine Zahl – und diese Zahl ist Geld wert!

Im Prinzip muss also das Bezahlen mit elektronischen Münzen wie folgt ablaufen: Ich nenne jemandem eine Zahl, z. B. 354.287, dieser denkt ein bisschen nach – und gibt mir dann 100 Euro oder den entsprechenden Gegenwert. Vielleicht sage ich jemand anderem eine andere Zahl, 4.276.449, die Person denkt auch ein bisschen nach und weigert sich dann aber, mir einen Gegenwert auszuhändigen; sie behauptet, diese Zahl sei keine Geldzahl.

In diesem Anfangsstadium unserer Überlegungen ist noch nicht zu sehen, wie das funktioniert könnte, warum die erste Zahl eine Geldzahl sein soll, und die zweite nicht. Aber: Wenn es funktionieren sollte, dann muss es so funktionieren!

Wenn man elektronisches Geld ernst nimmt und insbesondere dann, wenn man seine Sicherheit untersucht, muss man sich diesen radikalen Standpunkt zu Eigen machen. Die Sicherheit des Zahlungssystems kann nicht hardwaregestützt sein (wie es bei „normalem" Geld mit Wasserzeichen, Silberfaden usw. realisiert wird), sondern muss alleine in diesen Zahlen liegen.

2 Was ist Geld?

Die Sicherheit eines Bezahlsystems ist notwendigerweise komplex, denn es sind zahlreichen Parteien beteiligt (Kunden, Banken, Händler, Staat), die ihre je eigenen Sicherheitsbedürfnisse haben. Alle diese sollen gleichzeitig befriedigt werden.

Man unterscheidet folgende Anforderungen an die Sicherheit eines elektronischen Geldsystems:

○ *Echtheit:* Nur autorisierte Stellen dürfen in der Lage sein, elektronisches Geld herzustellen, d. h. „Geldzahlen" systematisch zu produzieren.

○ *Verifizierbarkeit:* Jeder muss in der Lage sein, die Echtheit einer elektronischen Münze zu verifizieren, d. h. zu entscheiden, ob eine vorgelegte Zahl eine „Geldzahl" ist oder nicht.

○ *Anonymität:* Die Bank darf an einer eingelösten Münze nicht erkennen können, an wen sie diese ausgegeben hat.

○ *Einmaligkeit:* Wenn der Eigentümer einer Münze diese mehrfach ausgibt, kann seine Anonymität aufgehoben werden.

○ *Fairness:* Unter gewissen Umständen (etwa einer richterlichen Anordnung) kann die Anonymität einer Münze auch bei nur einmaligem Ausgeben aufgehoben werden (Schutz gegen Geldwäsche u. ä.).

Um diese Anforderungen zu erreichen, stehen zahlreiche kryptographische Mechanismen zu Verfügung, wie z. B. digitale Signaturen, blinde digitale Signaturen, Authentifikationsprotokolle, Cut-and-Choose-Verfahren usw.

Diese Arbeit ist wie folgt organisiert: In Abschnitt 3 werden einige dieser Mechanismen in Erinnerung gerufen, dann wird elektronisches Geld in seiner Grundform dargestellt, Methoden für die Einmaligkeit eingeführt und schließlich Modelle für faires Geld diskutiert.

3   Kryptographische Mechanismen

Digitale Signaturen.   In einem Signatursystem hat jeder Teilnehmer T eine nur ihm bekannte Signaturfunktion s_T; ihm zugeordnet ist eine öffentliche Verifikationsfunktion v_T.

Der Teilnehmer T berechnet die Signatur eines Dokuments m, indem er darauf seine Signaturfunktion anwendet:

$$\text{sig} = s_T(m).$$

Der Verifikationsprozess kann von jedem durchgeführt werden; dabei wird überprüft, ob die Nachricht m, die Signatur sig und die Verifikationsfunktion v_T „zusammenpassen". Wenn

$$v_T(m, \text{sig}) = \text{true}$$

ist, wird die Signatur anerkannt, sonst nicht.

Bei Signaturschemata mit Nachrichtenrückgewinnung erhält man durch Anwendung von v_T auf sig die Nachricht; die Verifikation erfolgt dann durch Vergleich.

Die bekanntesten Signaturschemata sind der RSA-Algorithmus, dessen Sicherheit auf der Schwierigkeit der Faktorisierung beruht und verschiedene Algorithmen auf Basis des „diskreten Logarithmus", die sämtlich Varianten des Verfahrens von ElGamal sind.

Wir schildern hier kurz den RSA-Algorithmus, da sich an ihm die Realisierung einer „blinden Signatur" (s. u.) besonders gut erklären läßt.

Zur *Schlüsselerzeugung* für einen Benutzer sucht man zunächst zwei verschiedene Primzahlen p und q und bildet ihr Produkt $n = pq$. Die Primzahlen müssen so gewählt werden, dass die Zahl n nicht faktorisierbar ist. Als notwendige Bedingung wird heute empfohlen, p und q jeweils als 512-Bit Zahl zu wählen. (Der Faktorisierungsweltrekord liegt derzeit – Januar 2008 – bei 200 Dezimalstellen, d. h. bei Zahlen, die aus zwei 100-stelligen Primfaktoren zusammengesetzt sind.). Danach wählt man eine natürliche Zahl e, die teilerfremd zu $\varphi(n)\bigl(=(p-1)(q-1)\bigr)$ ist und berechnet (zum Beispiel mit dem euklidischen Algorithmus) eine natürliche Zahl d mit $de \equiv 1 \pmod{\varphi(n)}$.

Der Benutzer erhält d (und n) als seinen *privaten Schlüssel*; die Zahl e ist der zugehörige *öffentliche* Schlüssel. Die Zahlen p, q und φ(n) werden i. a. nur bei der Schlüsselerzeugung gebraucht; sie sind ebenso geheim zu halten wie der private Schlüssel (oder zu vernichten).

Dann kann man aus dem öffentlichen Schlüssel nicht den privaten Schlüssel bestimmen (*Public-Key-Eigenschaft*).

Zur *Signaturerzeugung* muss die Nachricht zunächst als natürliche Zahl $m < n$ (oder als Folge solcher Zahlen) dargestellt werden. Dann berechnet der Signaturerzeuger die Zahl $sig := m^d \bmod n$.

Die *Verifikation* der Signatur erfolgt mit Hilfe des öffentlichen Schlüssels e und kann also von jedem durchgeführt werden. Man berechnet $sig^e \bmod n$ und vergleicht diesen Wert mit m. Nach dem Satz von Euler (der in unserer Terminologie als $m^{de} \bmod n = m$ ausgedrückt werden kann) ist die Verifikation korrekt, falls beide Partner dem Protokoll folgen. Da man beim Verifizieren die Nachricht m wieder erhält, handelt es sich um ein Signaturschema mit Nachrichtenrückgewinnung.

Kryptographische Hashfunktionen. Bei der Realisierung digitaler Signaturen treten zwei Probleme auf: Zum einen wird bei einer naiven Anwendung obigen Schemas die Signatur ebenso groß wie die eigentliche Nachricht. Zum anderen sind alle bekannten Signaturschemata vergleichsweise langsam, so dass die Signatur bzw. Verifizierung eines großen Datensatzes (etwa der Daten einer Festplatte) unerträglich lang dauern würde.

Beide Probleme kann man durch den Einsatz einer kryptographischen Hashfunktion lösen. Unter einer kryptographischen Hashfunktion versteht man eine Abbildung h mit folgenden Eigenschaften:

○ *Kompressionseigenschaft:* h bildet beliebige lange Bitstrings auf Bitstrings einer festen Länge ab (typische Zahlen für diese feste Länge sind 128 bzw. 160 Bit).
○ *Kollisionsresistenz:* Es ist praktisch unmöglich, zwei verschiedene Nachrichten m und m' zu finden mit $h(m) = h(m')$. (Bemerkung: Es wird nicht gefordert, dass h injektiv ist (dass es also keine solchen m und m' gibt); in der Tat gibt es

unendlich viele solche Paare. Es wird nur verlangt, dass es möglichst schwer
sein soll, auch nur ein solches Paar zu finden.)

Es stellt sich heraus, dass Hashfunktionen – unter geeigneten Voraussetzungen,
die triviale Sonderfälle ausschließen – auch die *Einwegeigenschaft* haben. Das bedeutet, dass es praktisch unmöglich ist, zu einem gegebenen Hashwert y ein x zu
finden mit $h(x) = y$.

Ein *Signaturschema mit Hashfunktion* wird wie folgt benutzt: Bei der Erzeu-
gung der Signatur für eine möglicherweise lange Nachricht m wird zunächst h(m)
berechnet. Dann wird nur der Wert h(m) dem eigentlichen Signaturalgorithmus
unterworfen. Das heißt, dass z. B. der RSA-Algorithmus nur einmal angewandt
wird. Der Verifizierer muss einerseits den öffentlichen Schlüssel auf die Signatur
anwenden und andererseits h(m) berechnen. Wenn beide Werte übereinstimmen,
akzeptiert er die Signatur.

Hashfunktionen spielen auch außerhalb des Kontextes der digitalen Signaturen eine wichtige Rolle in der Kryptographie. Bekannte Vertreter sind etwa MD-5
und SHA.

Blinde Signaturen.   Um Anonymität zu erreichen, haben sich blinde Signaturen
als unentbehrliches Mittel erwiesen. Dabei geht es darum, dass der Unterschrei-
bende beim Unterschreiben das Dokument nicht sieht. (Es handelt sich nicht um
einen „Blankoscheck"; das Dokument kann anschließend nicht mehr verändert
werden.)

Im Prinzip wird eine blinde Signatur wie folgt erstellt: Wenn A eine Nachricht
von B blind unterschreiben lassen möchte, muss A die Nachricht zuvor „blenden"; das geschieht im einfachsten Fall durch Multiplikation der (als Zahl dargestellten) Nachricht mit einer Zufallszahl. B signiert das Produkt, und A kann – bei
geeigneter Wahl der Zufallszahl – diese wieder „herauskürzen" und erhält eine
Signatur des Originaldokuments.

Es gibt blinde Signaturen sowohl für den RSA-Algorithmus als auch für
ElGamal-artige Verfahren. Bei RSA ist das Verfahren einfach zu beschreiben. Wenn
A möchte, dass B eine Nachricht m blind signiert, dann „blendet" er zunächst
die Nachricht, indem er eine Zufallszahl r wählt, die teilerfremd zu n ist, und
$m' := mr^e \bmod n$ berechnet (dabei ist n der Modul und e der öffentliche Schlüssel
von B).

Der Teilnehmer B signiert m' und schickt $\mathrm{sig}' := m'^d \bmod n$ an A zurück. Dieser
berechnet zunächst die Zahl r' mit $rr' \equiv 1 (\bmod n)$ und dann $\mathrm{sig} := \mathrm{sig}' \cdot r'$. Es gilt
(wir rechnen modulo n):

$$\mathrm{sig} := \mathrm{sig}' \cdot r' = (mr^e)^d \cdot r' = m^d r^{ed} \cdot r' = m^d r \cdot r' = m^d.$$

Das heißt also, dass B de facto die Nachricht m signiert hat, obwohl er nur m'
gesehen hat – und aus m' nicht m bestimmen kann.

Verschlüsselungsverfahren.   Bei einem (symmetrischen) Verschlüsselungsverfahren wendet der Sender den Algorithmus f auf eine Nachricht m unter einem

Schlüssel k an, um den Geheimtext $c = f_k(m)$ zu erhalten. Der Empfänger benutzt denselben Schlüssel k (daher die Bezeichnung „symmetrisch") und gewinnt den Klartext zurück, indem er auf c die Umkehrfunktion f_k^{-1} anwendet:

$$f_k^{-1}(c) = m \, .$$

Mit Hilfe des gemeinsamen geheimen Schlüssels k schützen sich Sender und Empfänger gegen alle anderen. Der bekannteste Vertreter symmetrischer Algorithmen ist der DES („data encryption standard"), der eine in Anbetracht der heutigen Angriffsmöglichkeiten zu kurze Schlüssellänge von nur 56 Bit hat. Er wird daher ersetzt durch den „Triple-DES" (Schlüssellänge 112 Bit) oder den AES („advanced encryption standard"), der eine Schlüssellänge von mindestens 128 Bit hat.

Authentifikationsverfahren.   Um sich von der Echtheit eines Gegenübers A zu überzeugen, überzeugt sich B in jedem Fall davon, dass A ein bestimmtes Geheimnis besitzt. Die einzelnen Verfahren unterscheiden sich nur darin, *wie* sich B davon überzeugt.

Nach dem klassischen Passwortverfahren (B kennt das Geheimnis, und A überzeugt B dadurch, dass er ihm sein Geheimnis übermittelt) haben sich die sog. Challenge-and-Response-Protokolle durchgesetzt. Hierbei stellt B dem Partner A eine Frage in Form einer Zufallszahl; A „verschlüsselt" diese Zufallszahl, wobei er sein Geheimnis als Schlüssel verwendet, und schickt das Ergebnis an B zurück. Dieser verifiziert das Ergebnis.

Bei einem symmetrischen Challenge-and-Response-Protokoll hat auch B das Geheimnis und kann also die Antwort unmittelbar verifizieren. Einem asymmetrischen Challenge-and-Response-Protokoll liegt ein Signaturschema zugrunde: A erzeugt eine Signatur der Zufallszahl, B verifiziert die Signatur.

Da bei Challenge-and-Response-Protokollen das Geheimnis nur indirekt geprüft und insbesondere nie übertragen wird, ergibt sich im Vergleich zu statischen Passwortverfahren ein ungleich höheres Niveau an Sicherheit.

Bei den sog. Zero-Knowledge-Verfahren wurde ein Optimum erreicht: Hier hat A eine (objektiv nachweisbare) *Garantie*, dass keine relevante Information, insbesondere nicht über sein Geheimnis zu B gelangt.

4   Elektronisches Geld: Das Grundschema

Die Grundidee für elektronisches Geld wurde bereits 1982 von D. Chaum veröffentlicht.

Im Grunde ist es ganz einfach, die *Echtheit* und die *Verifizierbarkeit* zu erreichen: Die Notenbank signiert einen Datensatz, etwa die Nachricht „10 Euro", und das ist die Münze.

Auch die Verifikation ist prinzipiell einfach: Jeder kann den öffentlichen Schlüssel auf die Signatur anwenden und überprüfen, ob sich der entsprechende Klartext ergibt.

Anonymität wird durch das Instrument einer blinden Signatur erreicht. Wenn die Bank den Datensatz blind signiert, kann sie keine Verbindung zwischen den ausgegebenen und den eingelösten Münzen herstellen.

Um nicht nur dem Kunden (als erstem Empfänger der Münze), sondern auch dem Händler und nicht zuletzt der einlösenden Bank die Möglichkeit der Verifikation zu geben, muss man einen weiteren Mechanismus einführen.

Der Kunde schickt der Bank nicht irgendeinen Datensatz (dessen Signatur dann die Münze ist), sondern einen Datensatz mit einer speziellen Struktur. Die Daten müssen Redundanz aufweisen; im einfachsten Fall bestehen sie aus zwei Hälften, wobei die zweite eine Wiederholung der ersten ist (Beispiel 314159 314159).

Dann kann jeder verifizieren, ob es sich bei einem vorgelegten Datensatz um eine Münze handelt: Er wendet den öffentlichen Schlüssel darauf an und überprüft, ob das Ergebnis ein Datensatz mit dem speziellen Redundanzmuster ist: Wenn er dabei eine Zahl erhält, die aus zwei gleichen Hälften besteht, akzeptiert er die Münze und sonst nicht.

5   Einmaligkeit

Mit diesem System haben wir perfekte Anonymität erreicht. Die Anonymität ist allerdings so perfekt, dass auch ein Betrüger, der seine Münzen zweimal oder noch öfter ausgibt, keine Spuren hinterlässt. Um dagegen einen Schutz zu haben, müssen wir das Grundsystem noch etwas variieren.

Wir suchen ein Verfahren zur Herstellung, Verifikation und Einlösung elektronischer Münzen, das neben den bereits erörterten Eigenschaften (Authentizität und Verifikation) folgenden Forderungen genügt:

○ Der Besitzer der Münze bleibt vollkommen anonym. Das heißt: Wenn eine Münze eingelöst wird, kann die Bank nicht feststellen, an wen sie diese ausgegeben hat.

○ Wenn aber eine Münze zum zweiten Mal eingelöst werden soll, kann die Bank feststellen, an wen diese Münze ausgegeben wurde.

Die Grundidee („cut and choose") stammt von Chaum, Fiat und Naor 1990 und baut auf der klassischen Kryptographie auf: Wenn jemand nur den Geheimtext oder nur den Schlüssel hat, kann er nicht auf den Klartext schließen; wenn er aber beides hat, ist es ein leichtes, den Klartext zu bestimmen.

Der Klartext m besteht aus irgendwelchen Daten, welche die Identität des Kunden A enthalten. A wählt Schlüssel $k_1, \ldots, k_r$ und berechnet die entsprechenden Geheimtexte $c_1 = f(k_1, m), \ldots, c_r = f(k_r, m)$.

Zur Verdeutlichung des Vorgangs stellen wir uns vor, dass A die Schlüssel k_i und die Geheimtexte c_i jeweils auf die beiden Seiten einer Spielkarte schreibt:

Auf die rote Seite schreibt er den Schlüssel, auf die schwarze den Geheimtext. Die Karten bleiben stets im Besitz von A; er hält sie vorerst geheim.

Im Grunde sollten die Datensätze k_i und c_i von der Bank signiert werden. Diese müssen aber zuvor noch gehasht werden. Das heißt, A bildet die Werte $h(k_i)$ und $h(c_i)$ und lässt diese von der Bank blind signieren. Diese Werte bilden die Münze.

Zur Verdeutlichung stellen wir uns vor, dass die Münze aus einem Stein (vielleicht in Münzform) besteht; auf der einen Seite (der „roten") steht sig$\big(h(k_i)\big)$, auf der anderen (der „schwarzen") sig$\big(h(c_i)\big)$.

Damit ist der Erzeugungsprozeß abgeschlossen.

Verifikation: Wie kann A jemanden von der Authentizität der Münze überzeugen? Er gibt die Münze mit den Werten sig$(h(k_i))$ und sig$(h(c_i))$ an den Verkäufer. Dieser kann zunächst die Signaturen auflösen, das heißt durch Anwenden des öffentlichen Schlüssels die Werte $h(k_i)$ und $h(c_i)$ rekonstruieren.

Der Händler wählt r Bits $b_1, \ldots, b_r$ und schickt diese an A, und A muss die Spielkarten mit der gewünschten Seiten (rot/schwarz) aufdecken. Er zeigt also wunschgemäß entweder den Schlüssel k_i, d.h. das Urbild von $h(k_i)$, oder den Geheimtext c_i, also das Urbild von $h(c_i)$. Wenn das gelingt, ist der Verkäufer überzeugt, eine echte Münze vor sich zu haben. Das Urbild ist der Beweis für die Echtheit der Münze; der Verkäufer notiert sich diesen Beweis.

Schließlich zur *Einlösung:* Der Verkäufer reicht bei der Bank sowohl die Münze, also sig$(h(k_i))$ und sig$(h(c_i))$, als auch das geoffenbarte Urbild k oder c ein. Die Bank schaut nach, ob diese Münze schon einmal eingereicht wurde. Wenn nicht, schreibt sie dem Verkäufer den entsprechenden Betrag auf sein Konto gut.

Wenn die Bank feststellt, dass diese Münze schon einmal eingereicht wurde, dann haben die beiden Verkäufer mit hoher Wahrscheinlichkeit (genauer gesagt mit Wahrscheinlichkeit $1 - 1/2^r$) nicht dieselben Bitstrings gewählt. Also gibt es ein i, für das die Bank sowohl c_i also auch k_i kennt. Damit erhält sie m, und damit die Identität von A.

6 Zusatzeigenschaften

Neben den „Basiseigenschaften" elektronischen Geldes, nämlich Echtheit und Zertifizierbarkeit sowie Anonymität gibt es weitere Eigenschaften, die für eine praktische Anwendung wünschenswert sind, nämlich Übertragbarkeit, Teilbarkeit und Fairness. Die Realisierung dieser Eigenschaften, die im Folgenden kurz dargestellt werden, ist zu einem Teil noch Gegenstand der Forschung.

6.1 Übertragbarkeit

Bislang haben wir einen stark vereinfachten Geldkreislauf betrachtet: Der Kunde hebt eine Münze bei der Bank ab, bezahlt damit bei einem Händler, und dieser löst die Münze dann wieder bei der Bank ein. Man kann aber auch Münzsysteme betrachten, bei denen eine Münze eine Reihe von Besitzern haben kann, bevor sie bei der Bank eingelöst werden muss. Solche Münzen nennt man *übertragbar*.

Das ursprüngliche Modell von Chaum und Pedersen 1992 sieht im einfachsten Fall von zwei Besitzern A und B so aus.

○ Kunde A hebt eine Münze (mit Wert) ab.
○ Kunde B hebt ebenfalls eine „Münze" ab, allerdings eine Münze ohne Wert. Das ist ein Datensatz mit den gleichen Sicherheits- und Anonymitätseigenschaften wie eine „normale" Münze, nur dass diese eben keinen Geldwert besitzt.
○ Kunde A überträgt seine Münze an B. Dieser verknüpft nun die beiden Münzen, so dass die resultierende Münze Hinweise auf die Identitäten von A und B enthält.
○ Kunde B bezahlt nur mit der kombinierten Münze bei einem Händler, und
○ dieser löst die Münze bei der Bank ein.

Damit erreicht man, dass die Münze die Identitäten aller Besitzer enthält. Allerdings gibt der jeweils aktuelle Besitzer bei der Bezahlung bzw. Übertragung nur einen Teil seiner Identität preis. Die Bank kann, wie im Basissystem, im Nachhinein feststellen, welcher Besitzer die Münze mehrfach ausgegeben hat, während alle ehrlichen Besitzer anonym bleiben.

Dieses System hat den großen Nachteil, dass die Münze mit jedem Besitzer anwächst.

6.2 Teilbarkeit

Man nennt eine Münze *teilbar*, wenn man sie nicht als Ganzes ausgeben muss, sondern sie in Teilen ausgeben kann, bis die Ausgaben den Originalwert der Münze erreichen.

Eine triviale „Realisierung" besteht darin, viele Münzen von kleinstem Wert, etwa 1 Cent, zu erzeugen, und dann passend zu bezahlen. Dieses Konzept ist weder aus praktischer noch aus theoretischer Sicht überzeugend.

Ein erstes „effizientes" System wurde 1995 von Okamoto vorgeschlagen. Im Vergleich zur trivialen Realisierung wird die Effizienz dadurch erreicht, dass die elementaren Teilbeträge mit Hilfe eines binären Baums adressiert werden.

Da Münzen in jedem Fall vorher entsprechend präpariert werden müssen, stellt sich auch hier das Problem der Datenmenge einer einzelnen Münze.

6.3 Fairness

Bei fairem elektronischem Geld gibt es eine zusätzliche Instanz (einen „Richter"), der gegebenenfalls die Anonymität aufheben kann. Es gibt verschiedene Systeme; wir stellen hier den Vorschlag von Camenisch, Piveteau und Stadler 1995 vor.

Jeder Kunde hat eine persönliches (nicht-anonymes) Konto und ein anonymes Konto (bzw. mehrere anonyme Konten). Er kann mit ähnlichen Methoden wie in Abschnitt 3 beschrieben auf anonyme Weise Geld von seinem persönlichen Konto auf sein anonymes Konto überweisen und dann von diesem aus anonym Geschäfte betreiben. (Alle Zahlungsvorgänge, die von diesem Konto ausgehen, können zusammengeführt werden; daher ist es eventuell sinnvoll, mehrere anonyme Konten zu eröffnen.)

Die Eröffnung der Konten ist der entscheidende Punkt des Systems. Diese erfolgt in den folgenden Schritten:

○ Der Kunde eröffnet ein persönliches Konto.
○ Der Kunde lässt sich beim Richter registrieren. Dazu muss sich der Richter zuvor vergewissern, dass der Kunde ein persönliches Konto besitzt. Kunde und Richter erzeugen in diesem Schritt eine anonyme Kontonummer, die mit dem persönlichen Konto verbunden ist. Nur Kunde und Richter kennen diese Verbindung.
○ Der Kunde eröffnet ein anonymes Konto. Dazu muss sich die Bank zuvor überzeugen, dass der Kunde beim Richter registriert ist. Dieser Beweis (mit dem auch bewiesen wird, dass der Richter das persönliche Konto des Kunden kennt), geschieht mit Hilfe eines Zero-Knowledge-Verfahrens, so dass die Anonymität gewährleistet ist.

Der Richter kann im Ernstfall die Anonymität aufheben. Das Protokoll gibt dem Richter allerdings eine große Machtfülle; er ist tatsächlich ein vertrauenswürdiger Dritter.

Fazit

Elektronisches Geld ist ein ideales Forschungsgebiet, das in bemerkenswerter Weise die Praxis mit der mathematischen Theorie verbindet. Wie stets in der Kryptographie ist die Beziehung zwischen (früher „rein" genannter) Mathematik und ihren Anwendungen ganz direkt und nicht über andere Gebiete vermittelt.

Die ersten Ideen für elektronisches Geld waren zweifellos ein Angebot der Mathematik an die Anwendungen. Heute hat sich das Verhältnis umgekehrt: Die Anforderungen aus der Praxis sind eine ständige Herausforderung an die Mathematikerinnen und Mathematiker, neue Algorithmen und Protokolle zu entwickeln.

Ich bin überzeugt, dass die heutigen Protokolle erst ein Anfang sind, dass das Gebiet des elektronisches Geldes noch lange Zeit ein attraktives und dynamisches Feld mathematischer Forschung bleiben wird und dass die besten Verfahren noch ihrer Entdeckung harren.

Literatur

Beutelspacher, A.: *Geheimsprachen. Geschichte und Techniken*. C. H. Beck Wissen, 4. Auflage
    2005.

Beutelspacher, A., Schwenk, J., Wolfenstetter, K.-D.: *Moderne Verfahren der Kryptographie*.
    Verlag Vieweg, 6. Auflage 2006.

Beutelspacher, A., Neumann, H., Schwarzpaul, T.: *Kryptografie in Theorie und Praxis*, Vieweg
    2005.

Camenisch, J., Piveteau, J.-M., Stadler, M.: *Fair blind signatures*. Advances in Cryptology –
    Eurocrypt 95. LNCS 921 (1995), 209–219.

Chaum, D.: *Blind Signatures For Untraceable Payments*. Advances In Cryptology - Crypto 82,
    Plenum Press 1983, 199–203.

Chaum, D., Fiat, A., Naor, M.: *Untraceable Electronic Cash*. Advances in Cryptology – Crypto
    88, Springer 1990, Lecture Notes in Computer Science 403, 319–327.

Chaum, D., Pedersen, T. P.: *Transferred Cash Grows in Size*. Advances in Cryptology – Euro-
    crypt 92, Springer 1993, Lecture Notes in Computer Science 658, 390–407.

Horster, P. (Hrsg.): *Digitale Signaturen*. DuD Fachbeiträge, Verlag Vieweg 1996.

Menezes, A., van Oorschot, P., Vanstone, S.: *Handbook of Applied Cryptography*. Boca Raton,
    Florida: CRC Press 1997.

Okamoto, T.: *An Efficient Divisble Electronic Cash Scheme*. Advances in Cryptology – Crypto
    95, Springer 1995, Lecture Notes in Computer Science 963, 438–451.

Petersen, H.: *Faires elektronisches Geld*. Proc. 5. Deutscher IT-Sicherheitskongreß. SecuMedia
    Verlag 1997, 427–444.

Kugeln im Computer – die Kepler-Vermutung

Martin Henk und Günter M. Ziegler

Eine ganz harte Nuss

Wie so manche gute Geschichte begann auch diese ganz harmlos, vor sehr langer Zeit – vor mehr als vierhundert Jahren. Im Jahr 1611 veröffentlichte der Astronom und Mathematiker Johannes Kepler [18] ein Büchlein mit dem interessanten Titel „Vom Sechseckigen Schnee", das er seinem Freund und Gönner, dem Prager Hofrat Wackher von Wackenfels, als Neujahrsgabe widmete.

Johannes Kepler „Vom Sechseckigen Schnee"
(Abbildung: History of Science Collections, University of Oklahoma Libraries; copyright the Board of Regents of the University of Oklahoma.)

Er diskutierte darin in der Natur auftretende Formen und Muster, darunter nicht nur Schneeflocken, sondern auch die Kerne von Granatäpfeln, die im Inneren der Frucht zusammengedrückt auf sehr kleinen Raum „gepackt" sind. Dies führte ihn zur Betrachtung verschiedener Anordnungen (*Packungen*) von gleich großen Kugeln im 3-dimensionalen Raum. Er verglich den Anteil des von den Kugeln jeweils überdeckten Raums am Gesamtraum, er studierte also die *Dichte* der jeweiligen Packung.

Eine dieser Packungen kennt man heute als die flächenzentrierte kubische Gitterpackung, die *fcc-Packung*. Sie lässt sich auf ganz unterschiedliche Weisen konstruieren und beschreiben, beispielsweise folgendermaßen:

Zunächst wird eine Schicht von Kugeln konstruiert, in der jede Kugel von sechs
anderen Kugeln berührt wird – eine ebene *hexagonale Packung*. Nun wird eine Kopie dieser Schicht so auf die Grundschicht gelegt, dass die Kugeln der zweiten
Schicht in die „Lücken" der ersten Schicht fallen.

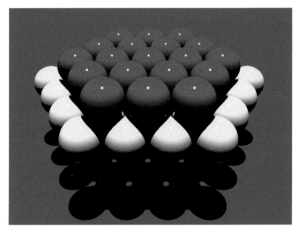

Stapeln von hexagonalen Schichten

Die zweite Schicht entsteht also aus der Grundschicht durch räumliche Verschiebung (*Translation*) um einen gewissen Vektor *t*. Im weiteren werden nun Kopien
der Grundschicht „nach unten und nach oben" gestapelt, so dass jede Schicht aus
der Grundschicht durch Translation um ein Vielfaches des Vektors *t* entsteht.

   Ein pyramidenförmiger Ausschnitt dieser Packung erinnert vielleicht an einen
Haufen Kanonenkugeln oder an die Anordnung von zum Verkauf aufgeschichte-
ten Orangen.

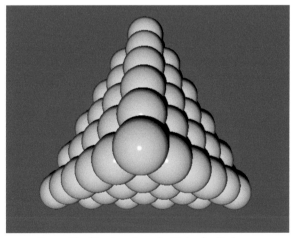

Pyramidenförmiger Ausschnitt der fcc-Packung

Dasselbe Packungsmuster kommt aber auch in besonders dichten Kristallen vor: So kann man mit dem Rastertunnelmikroskop direkt „sehen", dass zum Beispiel in reinem Gold die einzelnen Atome nach einem fcc-Muster „aneinandergepackt" sind.

Gold (111)

Mittels der fcc-Packung wird der 3-dimensionale Raum recht dicht durch Kugeln ausgefüllt, das heißt, die nicht überdeckten Zwischenräume sind klein. Man kann nun leicht ausrechnen – und wir werden dies im folgenden auch tun – dass die fcc-Packung gut 74 % des Raumes ausfüllt. Genauer gesagt beträgt die Dichte der fcc-Packung $\frac{\pi}{\sqrt{18}} \approx 0,74048\ldots$ Sie ist nur eine unter unendlich vielen verschiedenen Packungen der Dichte $\frac{\pi}{\sqrt{18}}$. Kepler war jedoch davon überzeugt, dass es keine Packung mit einer größeren Dichte geben könne: Die *Kepler-Vermutung* war geboren!

Die Geschichte dieser Vermutung ist spannend, teilweise kontrovers, erstreckt sich über mehr als vierhundert Jahre und ist inzwischen ein mathematischer Klassiker [27]. Einige der größten Helden der Mathematikgeschichte haben sich mit dem Problem beschäftigt – darunter Carl Friedrich Gauß, der den Spezialfall einer 3-dimensionalen „Gitterpackung" löste, und David Hilbert, der die Vermutung in seine legendäre Liste von mathematischen Problemen aufnahm, die er im Jahr 1900 auf dem zweiten Internationalen Mathematikerkongress in Paris präsentierte. Dies hat der Kepler-Vermutung viel Aufmerksamkeit und Prominenz eingebracht – aber keine schnelle Lösung.

> "It's one of those problems that tells us that we are not as smart as we think we are."
> (Douglas J. Muder)

Die folgenden Ausführungen sollen an das Problem heranführen. Dabei hangeln wir uns an den einzelnen Fortschritten entlang, die im Laufe der Jahrhunderte von Joseph-Louis Lagrange, Carl Friedrich Gauß, Axel Thue, László Fejes Tóth und anderen in Richtung auf eine Lösung des Problems gemacht wurden. Für die einfacheren Resultate wollen wir die Beweise andeuten, für die komplizierteren den Ansatz zumindest skizzieren. Im Laufe der Diskussion wollen wir sehen, „wo eigentlich das Problem liegt" und vielleicht ein Gefühl dafür entwickeln, warum das Problem so widerspenstig ist, und so kontrovers. Nicht umsonst hat es um die Lösung des Problems Streit gegeben, und auch die jetzt allgemein akzeptierte Lösung lässt durchaus noch Wünsche offen ...

In der Ebene

Kreisscheiben gleicher Größe (zum Beispiel vom Radius 1 und Flächeninhalt π) lassen sich ziemlich dicht in der Ebene anordnen. Das Bild zeigt einen Ausschnitt aus einer *hexagonalen Packung* $\mathcal{K}_{\text{hex}}$, in der jeder Kreis von sechs anderen Kreisen berührt wird.

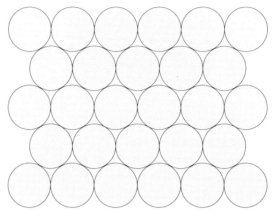

Hexagonale Packung $\mathcal{K}_{\text{hex}}$ von Kreisscheiben

Diese Packung ist sehr regelmäßig – sie ist eine *Gitterpackung*. Wir geben jetzt eine Definition von Gitterpackungen die in beliebiger Dimension funktioniert, was später dann noch nützlich sein wird:

Definition 1 (Gitterpackungen)
Eine *Gitterpackung* im d-dimensionalen Raum erkennt man daran, dass die Kugelmittelpunkte ein *Gitter* bilden, das heißt, sie sind gleichzeitig auch die Eckenmenge einer Pflasterung des Raumes mit Parallelotopen (im 2-dimensionalen Fall sind das Parallelogramme, im 3-dimensionalen Spate).
Ein einzelnes Parallelotop aus der Pflasterung mit einer Ecke im Nullpunkt heißt dann *Fundamental-Parallelotop*; die d Kanten des Parallelotops, die am Nullpunkt ansetzen, bilden eine *Basis* des Gitters.

Wenn wir dies für die Ebene spezialisieren, so ist das Parallelotop also ein Parallelogramm, das von zwei Basisvektoren aufgespannt wird. Betrachten wir etwa das Gitter A_2 mit den beiden Basisvektoren $\boldsymbol{b}_1 = (2,0)$, $\boldsymbol{b}_2 = (1,\sqrt{3})$, so erhalten wir als zugehörige Gitterpackung die hexagonale Gitterpackung $\mathcal{K}_{\text{hex}}$. Wir sehen, dass die Translate eines Fundamental-Parallelotops bezüglich der Vektoren im Gitter eine Pflasterung der Ebene ergeben.

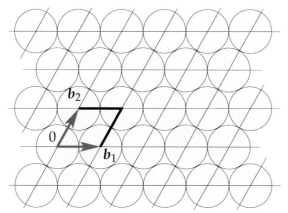

Die hexagonale Gitterpackung, ein fundamentales Parallelogramm und seine Translate

Man beachte, dass die Basis des Gitters und somit die Form eines Fundamental-Parallelotops nicht eindeutig sind. Man kann jedoch zeigen, dass das *Volumen* $\mathrm{vol}(P)$ für alle Fundamental-Parallelotope P dasselbe ist.

Weil eine Gitterpackung $\mathcal{K}$ in jedem Translat eines Fundamental-Parallotops P „gleich aussieht", kann man ihre *Dichte* $\delta(\mathcal{K})$ wie folgt definieren:

$$\delta(\mathcal{K}) \ := \ \frac{\mathrm{vol}(\mathcal{K} \cap P)}{\mathrm{vol}(P)},$$

also der Anteil des Volumens eines Fundamental-Parallelotops, der durch die Kugeln der Packung überdeckt wird. Man überzeugt sich recht leicht, dass der erhaltene Wert nicht von der Wahl des Fundamental-Parallelotops abhängt; dies liegt daran, dass es für jede Gitterpackung immer „genau eine Kreisscheibe pro Parallelotop" gibt.

Für die hexagonale Kreispackung $\mathcal{K}_{\mathrm{hex}}$ ist die Dichte jetzt leicht zu berechnen: das in der Zeichnung gewählte Parallelogramm hat Grundlinie $a = 2$ und Höhe $h = \sqrt{3}$, also Fläche $\mathrm{vol}(P) = ah = 2\sqrt{3} = \sqrt{12}$. Es enthält vier Tortenstücke, die sich gerade zu einer vollständigen Kreisscheibe mit Radius 1 und damit der Fläche π zusammensetzen lassen. Damit erhalten wir eine Dichte im Parallelogramm, und damit auch die Dichte der Kreispackung, von

$$\delta(\mathcal{K}_{\mathrm{hex}}) = \frac{\pi}{\sqrt{12}} \approx 0{,}9068\ldots$$

Also über 90 %: ziemlich gut!

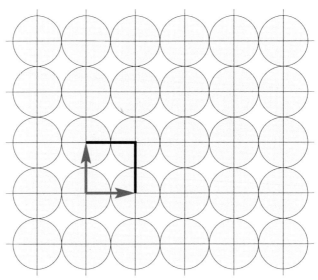

Quadratische Packung $\mathcal{K}_{\text{quad}}$ von Kreisscheiben

Man vergleiche dies mit der Dichte einer *quadratischen* Packung $\mathcal{K}_{\text{quad}}$, für die die
analoge Rechnung

$$\delta(\mathcal{K}_{\text{quad}}) = \frac{\pi}{4} \approx 0,7853\dots$$

ergibt. Also unter 80 %: das ist nicht so gut!

Man kann das so interpretieren, dass eine Kreisscheibe ein regelmäßiges Sechseck (eine „Bienenwabe") sehr gut ausfüllen kann, ein Quadrat aber viel schlechter. Das wird noch dramatischer, wenn man sich die entsprechende Frage im
3-dimensionalen Raum anschaut, wie gut (oder schlecht) also eine Kugel einen
Würfel auffüllen kann: Sie hat nur gut die Hälfte des Volumens. Und in höheren
Dimensionen ist das noch viel weniger.

Aber hier wollen wir erst einmal die Situation in der Ebene weiter betrachten.
Und da stellt sich heraus, dass die Dichte der hexagonalen Kreispackung nicht
nur ziemlich gut ist, sondern sogar optimal.

Theorem 2 (Lagrange 1773)
*Eine Gitterpackung von Kreisscheiben hat höchstens die Dichte $\frac{\pi}{\sqrt{12}}$, und dieser Wert wird
nur durch hexagonale Gitterpackungen erreicht.*

Beweis. Erst müssen wir uns das Gitter „zurechtrücken". Zunächst suchen wir
uns einen kürzesten Vektor b_1 in unserem Gitter und drehen dann unsere gesamte Gitterpackung so, dass dieser Vektor auf der positiven x-Achse liegt. Die Länge
von b_1 ist sicherlich mindestens 2, da sich ja die beiden Kreisscheiben mit den
Mittelpunkten 0 und b_1 und Radius 1 nicht überlappen dürfen. Wir können sogar

annehmen, dass die Länge von b_1 gleich 2 ist: andernfalls würden sich in unse-re Gitterpackung keine zwei Kreischeiben berühren, und dann wäre sie bestimmt nicht optimal. Damit haben wir einen ersten Basisvektor $b_1 = (2,0)$ zur Verfü-gung.

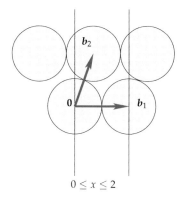

$$0 \leq x \leq 2$$

Den zweiten Basisvektor wählen wir uns wiederum „so kurz wie möglich". Dar-aus folgt automatisch, dass er in dem Streifen liegt, der durch $-2 \leq x \leq 2$ gegeben ist, denn mit b_2 ist auch $b_2 + kb_1$ ein möglicher zweiter Basisvektor, für beliebi-ges ganzzahliges k. Wenn wir jetzt auch noch ausnutzen, dass wir b_2 durch sein Negatives ersetzen dürfen, und auch die ganze Packung an der x-Achse spiegeln können, dann ergibt sich, dass b_2 auf einen Punkt (x, y) in dem Streifen zeigt, der durch $0 \leq x \leq 1, y \geq 0$ gegeben ist. Und weiter: der Punkt hat von $\mathbf{0}$, und von b_1, mindestens den Abstand 2.

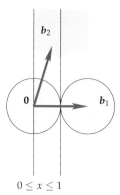

$$0 \leq x \leq 1$$

Dann folgt aber schon aus unserer Zeichnung, dass die Höhe (y-Koordinate) des Punktes, auf den b_2 zeigt, mindestens $\sqrt{3}$ ist, was einem gleichseitigen Dreieck entspricht. Und der Minimalwert $y = \sqrt{3}$ wird nur für $x = 1$ erreicht, was genau die hexagonale Packung ergibt.

Damit ist alles gezeigt: Die Fläche des Fundamental-Parallelogramms ist näm-lich genau durch $\text{vol}(P) = ah = 2y$ gegeben, und diese müssen wir minimieren, um maximale Dichte zu erreichen!   □

Man kann auch versuchen, diesen Beweis ganz ohne Rechnungen zu formulieren. Das klingt dann ungefähr so (vorgeschlagen von Thomas C. Hales in einem Aufsatz aus dem Jahr 2000 [9]):

Zweiter Beweis. Zunächst argumentieren wir, dass sich in jeder optimalen Gitterpackung zwei Kreisscheiben berühren: Wenn dies nicht so wäre, könnte man die Scheiben in irgendeiner Gitterrichtung „zusammenschieben" bis zwei Scheiben sich berühren – und beim Zusammenschieben vergrößert sich die Dichte. (Formal wird dabei ein Basisvektor des Gitters verkürzt.) Aufgrund der Gitterstruktur wissen wir dann aber auch, dass sich alle Kreisscheiben auf parallelen Geraden befinden, und auf jeder Geraden sind sie aneinandergereiht wie Perlen auf einer Schnur. In einer optimalen Packung müssen sich auch die Perlenschnüre berühren, und die größte Dichte bekommen wir, wenn der Abstand zwischen den Schnüren möglichst klein ist, wenn also die Kreisscheiben einer Perlenschnur jeweils möglichst tief in die Lücken der nächsten hineinragen. Und das ist genau für eine hexagonale Packung der Fall.   □

Für allgemeine Packungen, für die die Kugelmittelpunkte nicht entlang eines Gitters angeordnet sind, können wir die bisher verwendeten Konzepte von „Basis" und „Fundamental-Parallelotop" nicht definieren, also auch nicht verwenden.

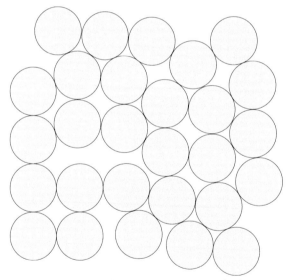

Eine unregelmäßige Packung von Kreisscheiben

Es stellt sich heraus, dass schon die geeignete Definition der „Dichte" für eine allgemeine (nicht-Gitter-)Kugelpackung Probleme aufwirft, und zwar sogar für den zweidimensionalen Fall von Kreispackungen in der Ebene. Im folgenden betrachten wir eine mögliche Definition: als Grenzwert des Anteils, zu dem die Packung eine „große Schachtel" ausfüllt.

Definition 3 (Dichte einer Kugelpackung)

Die Punkte im d-dimensionalen Raum, deren Koordinaten zwischen $-T$ und T liegen, bilden einen *d-dimensionalen Würfel* $[-T, T]^d$ mit Kantenlänge $2T$ und Volumen $(2T)^d$. Die Kugeln einer Packung $\mathcal{K}$ füllen diesen d-Würfel zu einem Anteil

$$\delta_T(K) := \frac{\mathrm{vol}(\mathcal{K} \cap [-T, T]^d)}{\mathrm{vol}([-T, T]^d)}$$

aus, der zwischen 0 und 1 liegt. Wenn T sehr groß ist, dann gibt uns dieser Volumenanteil eine Annäherung an die *Dichte* $\delta(\mathcal{K})$ der Kugelpackung $\mathcal{K}$, das heißt, für den Anteil des Raumes $\mathbb{R}^d$, der von der Kugelpackung überdeckt wird. Die *Dichte* $\delta(\mathcal{K})$ wird dementsprechend als Grenzwert

$$\delta(\mathcal{K}) := \limsup_{T \to \infty} \delta_T(\mathcal{K})$$

definiert.

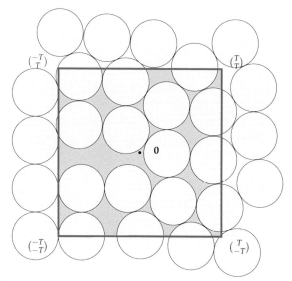

Die Dichte der Kreisscheibenpackung in einer großen Schachtel gemessen

Benutzt man anstelle der „zentrierten Schachtel" eine andere Menge zum „Ausschöpfen" des Raumes $\mathbb{R}^d$ (z. B. eine große Kugel mit Radius T), oder ersetzt man den oberen Grenzwert der Folge durch den unteren, dann kommen für geeignete Beispiele unterschiedliche Werte heraus. Man kann aber für all die verschiedenen Definitionen zeigen, dass es optimale Packungen gibt, für die die Grenzwerte wirklich existieren und übereinstimmen. Im Falle einer Gitterpackung liefern alle diese Definitionen denselben Wert wie die Definition, die wir vorhin angegeben haben.

Es gibt nun ganz verschiedene Hinweise darauf, dass die Situation für allgemeine Packungen sehr viel komplizierter ist als für Gitterpackungen. Zum Beispiel: wenn wir aus einer beliebigen Packung eine, oder endlich viele, Kreisscheiben entfernen, dann ändert sich die Dichte nicht! Und man kann ganz leicht Packungen konstruieren, die nicht hexagonal sind, und in denen sich gar keine Kreisscheiben berühren, die aber trotzdem die Dichte $\delta(\mathcal{K}_{\text{hex}})$ der hexagonalen Packung haben! *Also kann zumindest die „Eindeutigkeit der Optimallösung" aus Lagranges Satz nicht mehr gelten.*

Trotzdem: besser als hexagonal geht's nicht!

Dies hat „im Prinzip" der norwegische Mathematiker Axel Thue als erster bewiesen. Er kündigte dieses Resultat im Jahre 1892 an, veröffentlichte aber erst im Jahre 1910 eine Arbeit dazu. Der dort angegebene Beweis enthält jedoch eine Lücke, die um 1940 unabhängig von László Fejes Tóth und von Beniamino Segre und Kurt Mahler geschlossen wurde.

Theorem 4 (Thue 1892, ...)
Eine beliebige Packung von Kreisscheiben in der Ebene hat höchstens die Dichte $\frac{\pi}{\sqrt{12}}$, und dieser Wert wird (unter anderen) durch hexagonale Gitterpackungen erreicht.

Die Hauptidee, oder jedenfalls der erste wesentliche Schritt, liegt darin, dass man sich von der „großen Schachtel" löst, denn wir haben ja keine Kontrolle darüber, wo und wie die Kreisscheiben in einer großen Schachtel liegen. Stattdessen betrachtet man die Zerlegung des Raumes in sogenannte Voronoï-Zellen: Das ist eine Konstruktion aus der Kristallographie, die sich inzwischen auch in ganz anderen Gebieten wie der Algorithmischen Geometrie („Computational Geometry") als ungemein nützlich herausgestellt hat. Die folgende Formulierung ist wieder auf den Fall allgemeiner Dimension zugeschnitten.

Definition 5 (Voronoï-Zerlegung)
Sei Ω eine diskrete Menge von Punkten im $\mathbb{R}^d$, beispielsweise die Menge $\Omega = \Omega(\mathcal{K})$ der Mittelpunkte einer Kugelpackung.

Für jeden Punkt $v \in \Omega$ ist die *Voronoï-Zelle* $\text{Vor}(v)$ die Menge derjenigen Punkte im $\mathbb{R}^d$, für die v ein „nächster Punkt" aus Ω ist, das heißt

$$\text{Vor}(v) := \{x \in \mathbb{R}^d : \text{dist}(x, v) \leq \text{dist}(x, \Omega)\},$$

wobei „dist" den (üblichen, euklidischen) Abstand bezeichnet.

Die Voronoï-Zelle $\text{Vor}(v)$ ist immer ein konvexes Polyeder. Wenn Ω wirklich die Menge der Mittelpunkte einer Packung von Kugeln gleicher Größe ist, dann enthält $\text{Vor}(v)$ auch die Kugel mit Mittelpunkt v. Für eine Gitterpackung sind alle Voronoï-Zellen kongruent, und im Falle von $\mathcal{K}_{\text{hex}}$ sind alle Voronoï-Zellen reguläre Sechsecke mit dem Flächeninhalt $2\sqrt{3}$.

Mit diesen Konzepten zur Hand reicht es zum Beweis des Satzes von Thue aus, das Folgende zu zeigen.

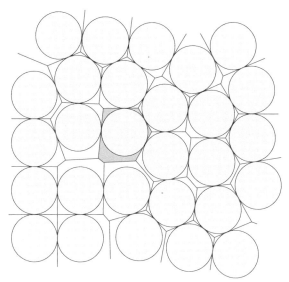

Die Voronoï-Zellen einer Kreisscheibenpackung

Theorem 6
In einer ebenen Packung von Kreisscheiben vom Radius 1 *hat jede Voronoï-Zelle mindestens die Fläche* $2\sqrt{3}$.

Der Beweis dafür ist trickreich (siehe [6, Seiten 62–63]) und wir geben deshalb hier nur eine kleine Plausibilitätsüberlegung.

Sei K eine Kreisscheibe vom Radius 1. Wenn nun P ein konvexes n-Eck ist, das die Kreisscheibe K enthält, dann hat P mindestens den Flächeninhalt eines regelmäßigen K umbeschriebenen n-Ecks, das heißt,

$$\mathrm{vol}(P) \;\geq\; n\,\tan(\tfrac{\pi}{n}).$$

Dies gewinnt man daraus, dass offenbar mit den Bezeichungen der Abbildung

$$\mathrm{vol}(P) \;=\; \tan(\varphi_1) + \ldots + \tan(\varphi_n)$$

gilt.

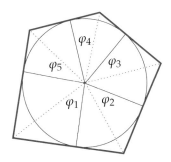

Man muss noch ausnutzen, dass die Tangens-Funktion im Bereich $0 \leq \varphi < \frac{\pi}{2}$ konvex ist (ein bisschen Analysis ...), und dass $\varphi_1 + \ldots + \varphi_n = \pi$ gilt. Daraus folgt dann, dass ein konvexes Dreieck, Viereck, Fünfeck oder Sechseck, das eine Kreisscheibe K enthält, immer mindestens den Flächeninhalt $2\sqrt{3}$ hat. Es bleiben also die Voronoï-Zellen $\mathrm{Vor}(v)$ zu betrachten, die mehr als sechs Ecken aufweisen. Da auch die Mittelpunkte der Nachbar-Zellen von $\mathrm{Vor}(v)$ voneinander mindestens den Abstand 2 haben, können aber in diesem Fall nicht alle Kanten der Voronoï-Zelle den Mindestabstand 1 zu dem Mittelpunkt der Zelle haben. Dies lässt sich nun wiederum mit einigem Aufwand dazu ausnutzen zu zeigen, dass solche Zellen größeren Flächeninhalt haben als $2\sqrt{3}$.

In die dritte Dimension

Wir machen jetzt den Sprung in die dritte Dimension! Wie wir wissen, handelt es sich bei der fcc-Packung $\mathcal{K}_{\mathrm{fcc}}$, die wir in der Einleitung beschrieben haben, um eine Gitterpackung: Die Grundschicht von Kugeln wurde von einer hexagonalen Packung gebildet, und diese haben wir dann um Vektoren $z\boldsymbol{t}$, $z \in \mathbb{Z}$, verschoben, so dass die Kugeln einer oberen Schicht in die Lücken fallen, die von Kugeln der darunter liegenden Schicht frei gelassen werden. Wählen wir etwa die Vektoren $\boldsymbol{a}_1 = (2,0,0)$ und $\boldsymbol{a}_2 = (1,\sqrt{3},0)$ als Basisvektoren eines Gitters, das eine hexagonale Gitterpackung von Kugeln mit Radius 1 in der Grundschicht beschreibt, so können wir $\boldsymbol{t} = (1, \sqrt{\frac{1}{3}}, \sqrt{\frac{8}{3}})$ setzen. Das von diesen drei Basisvektoren erzeugte Gitter

$$A_3 := \{z_1\boldsymbol{a}_1 + z_2\boldsymbol{a}_2 + z_3\boldsymbol{t} : z_1, z_2, z_3 \in \mathbb{Z}\}$$

wird auch als *Tetraeder-Gitter* bezeichnet, weil die Basisvektoren zusammen mit $\boldsymbol{0}$ die Ecken eines regulären Tetraeders der Kantenlänge 2 bilden. Dies kann man auch dadurch ausdrücken, dass die Basisvektoren paarweise $60°$-Winkel einschließen. Das Volumen eines Fundamental-Parallelotops von A_3 beträgt $4\sqrt{2}$. Da das Volumen einer Kugel mit Radius 1 gleich $\frac{4}{3}\pi$ ist, können wir nun mit unserer Formel für die Dichte von Gitterpackungen aus Definition 3 die Dichte der fcc-Packung „wirklich" ausrechnen:

$$\delta(\mathcal{K}_{\mathrm{fcc}}) = \frac{\frac{4}{3}\pi}{4\sqrt{2}} = \frac{\pi}{\sqrt{18}}.$$

Dies ist aber nicht die einzig mögliche Darstellung einer fcc-Packung als Gitterpackung, und im folgenden wird unser erstes Anliegen sein, das der fcc-Kugelpackung zugrunde liegende Gitter (das *fcc-Gitter*) in seinen verschiedenen Darstellungen besser zu verstehen.

Eine wichtige Version des fcc-Gitters ist das sogenannte D_3-Gitter. Dafür startet man mit dem *kubischen* Gitter $\mathcal{K}_{\mathrm{cubic}} = \mathbb{Z}^3$, in dem an jedem Gitterpunkt mit ganzzahligen Koordinaten eine Kugel des Radius $\frac{1}{2}$ sitzt, also mit Volumen

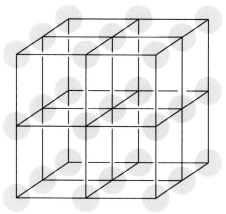

Kugeln im kubischen Gitter

$V = (\frac{1}{2})^3 \frac{4}{3}\pi = \frac{\pi}{6}$. Dabei wird der Einheitswürfel $[0,1]^3$ zum Fundamental-Parallelotop, und der zentrierte Einheitswürfel $[-\frac{1}{2}, \frac{1}{2}]^3$ bildet eine Voronoï-Zelle, beide vom Volumen 1. Somit hat die kubische Gitterpackung die Dichte

$$\delta(\mathcal{K}_{\text{cubic}}) = \frac{\pi}{6}.$$

Diese kubische Gitterpackung kann man leicht verbessern: Wenn man nämlich jede zweite Kugel entfernt (also beispielsweise diejenigen Kugeln, deren Koordinatensumme ungerade ist), dann bleibt viel Luft. Der kleinste Abstand zwischen Kugelmittelpunkten ist jetzt $\sqrt{2}$. Also haben wir nur noch jede zweite von den ursprünglichen Kugeln, können aber die verbliebenen alle um den Faktor $\sqrt{2}$ vergrößern, was ihr Volumen um den Faktor $2\sqrt{2}$ vergrößert. Mit anderen Worten: die Gitterpackung, deren Mittelpunkte durch die Menge

$$D_3 := \{ z \in \mathbb{Z}^3 : z_1 + z_2 + z_3 \text{ ist gerade} \}$$

gegeben ist, hat Dichte $\frac{2\sqrt{2}}{2} \delta(\mathcal{K}_{\text{cubic}}) = \frac{\pi}{\sqrt{18}} = \delta(\mathcal{K}_{\text{fcc}})$.

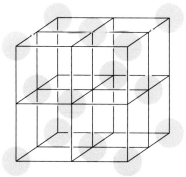

Kugeln im D_3-Gitter

Aber wir hätten die kubische Gitterpackung auch ganz anders verbessern können; zum Beispiel, indem man in die kubische Gitterpackung neue Kugeln einsetzt, und zwar immer an die Mittelpunkte der (2-dimensionalen) Flächen der
Einheitswürfel.

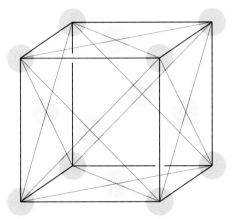

Kugeln im fcc-Gitter

Man überzeugt sich schnell, dass dann Kugeln genau an den Punkten mit halb-
und ganzzahligen Koordinaten sitzen, deren Koordinatensumme ganzzahlig ist.
Dies ist aber gerade die Punktmenge D_3, um den Faktor $\frac{1}{2}$ verkleinert.

Auch wenn die beiden beschriebenen Gitter A_3 und D_3 „unterschiedlich aussehen", so sind sie doch „mathematisch gleich"; wir können sie mittels einer Drehung und Streckung ineinander überführen. Dazu beobachtet man, dass die Vektoren $d_1 = (1,1,0)$, $d_2 = (1,0,1)$ und $d_3 = (0,1,1)$ eine Basis von D_3 bilden
und paarweise einen Winkel von $60°$ miteinander bilden. Folglich können wir die
Menge von Vektoren $\{\sqrt{2}\,d_i : i = 1,2,3\}$ so drehen, dass sie mit den Basisvektoren
$\{a_1, a_2, t\}$ von A_3 übereinstimmen.

In einer „Anzeige" (was wir heute eine Rezension nennen würden) eines Buches von Ludwig August Seeber bewies Carl Friedrich Gauß 1831 eine Aussage
über ternäre quadratische Formen, die er dann auch noch geometrisch interpre-
tierte und aus der sich leicht die Optimalität der fcc-Packung innerhalb der Familie der Gitterpackungen ergibt.

Theorem 7 (Gauß 1831)
*Eine Gitterpackung von Kugeln im $\mathbb{R}^3$ hat höchstens die Dichte $\frac{\pi}{\sqrt{18}}$, und dieser Wert
wird nur durch fcc-Gitterpackungen erreicht.*

Beweis. Wir gehen ähnlich vor wie im 2-dimensionalen Fall, und suchen uns
im gegebenen Gitter zunächst einen kürzesten Basisvektor b_1, dann einen zweit-
kürzesten Basisvektor b_2, und abschließend einen dritt-kürzesten b_3. Seien die
quadrierten Längen dieser Basisvektoren mit $\|b_1\|^2 = a$, $\|b_2\|^2 = b$, $\|b_3\|^2 = c$

und ihre Skalarprodukte mit $\langle b_2, b_3 \rangle = a'$, $\langle b_1, b_3 \rangle = b'$ und $\langle b_1, b_2 \rangle = c'$ bezeichnet. Es ist nun leicht zu sehen, dass wir annehmen dürfen, dass die Zahlen a', b', c' entweder alle nicht-negativ oder alle nicht-positiv sind. Der Einfachheit halber behandeln wir hier nur den Fall $a', b', c' \geq 0$ – die andere Konstellation kann „fast genauso" behandelt werden.

Wir betrachten nun das von den drei Vektoren aufgespannte Fundamental-Parallelotop P. Mit der Volumenformel $\mathrm{vol}(P)^2 = \det B^T B$, wobei die (3×3)-Matrix $B = (b_1, b_2, b_3)$ die Basisvektoren b_i als Spalten hat, erhalten wir

$$\mathrm{vol}(P)^2 = abc - a(a')^2 - b(b')^2 - c(c')^2 + 2a'b'c'.$$

Nun gilt, weil wir ja eine Basis mit kürzesten Vektoren gewählt haben, dass $b_i - b_j$ jedenfalls nicht kürzer sein darf als b_i (für $1 \leq i \neq j \leq 3$), weil man ja mit $b_i - b_j$ statt b_i ebenfalls eine Basis erhalten würde. Also erhält man sechs Ungleichungen vom Typ

$$b + a - 2c' = \|b_2 - b_1\|^2 \geq \|b_2\|^2 = b,$$

und damit

$$a - 2c' \geq 0,\ a - 2b' \geq 0,\ b - 2a' \geq 0,\ \text{usw.}$$

Nun schreibt man sich die Volumenformel nochmal (etwas trickreich...) geeignet hin:

$$2\,\mathrm{vol}(P)^2 = abc + aa'(b - 2a') + bb'(c - 2b') + cc'(a - 2c')$$
$$+ a'(a - 2b')(b - 2c') + b'(b - 2c')(c - 2a') + c'(c - 2a')(a - 2b')$$
$$+ (a - 2b')(b - 2c')(c - 2a') \geq abc$$

und sieht daraus sofort

$$\mathrm{vol}(P)^2 \geq \frac{abc}{2}.$$

An dieser Stelle sei bemerkt, dass Seeber zwar diese Ungleichung vermutete, aber sie in seinem Artikel nur mit dem Nenner 3 beweisen konnte. Dies veranlasste Gauß zu seinem Beweis, welchen er mit den Worten einleitet „[...] *hier, um auch unsererseits in dieser Anzeige einen Beitrag zur Vervollkommnung der Theorie zu geben, einen sehr einfachen Beweis beifügen*" – für die Ungleichung mit dem Nenner 2.

Nun haben wir es hier aber mit einer Gitterpackung zu tun, also sind $a, b, c \geq 4$ und damit

$$\mathrm{vol}(P) \geq \sqrt{\tfrac{1}{2}abc} \geq 4\sqrt{2}.$$

Mit anderen Worten, das Volumen eines Fundamental-Parallelotops einer Kugel-Gitterpackung ist stets größer als $4\sqrt{2}$, und das ist das Volumen eines Fundamental-Parallelotops einer fcc-Packung. Wann tritt Gleichheit auf? Dafür unterscheiden wir zwei Fälle: Im ersten wird angenommen, dass a', b' und c' alle drei nicht Null sind. Dann muss für Gleichheit offensichtlich $a = b = c = 2a' = 2b' = 2c' = 4$ gelten, und die Basisvektoren bilden zusammen mit $\mathbf{0}$ die Ecken eines regulären

Simplex der Kantenlänge 2. Unsere Abbildung zeigt eine entsprechende Basis im fcc-Gitter – dies ist gerade die zuvor erwähnte Basis d_1, d_2, d_3.

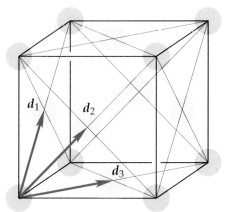

Eine kürzeste Basis im fcc-Gitter

Im zweiten Fall dürfen wir annehmen, dass $a' = 0$ ist. Dann kann aber nicht noch $b' = 0$ oder $c' = 0$ sein, sonst bekämen wir in der großen Summe mindestens einen zusätzlichen Summanden. Damit folgt für den Gleichheitsfall aber sofort, dass $c = 2b'$, $a = 2c'$, $b = 2c'$ und $a = 2b'$ gilt, also $a = b = c = 2b' = 2c'$.

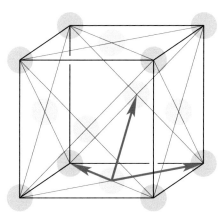

Noch eine kürzeste Basis im fcc-Gitter

Diese Parameter beschreiben ebenfalls ein fcc-Gitter. Man überzeuge sich an unserer Abbildung, dass die dort eingezeichneten Vektoren eine Gitterbasis bilden, alle gleich lang sind, und einen rechten sowie zwei 60°-Winkel einschließen.   □

Gauß' Beweis ist zwar „wunderschön analytisch korrekt", aber er vermittelt wenig von der zugrundeliegenden Geometrie. Auch für den Fall von 3-dimensionalen Gitterpackungen hat Hales 2000 eine kurze, rein-geometrische Version des Beweises angegeben [9], die wir hier auch vorstellen.

Zweiter Beweis. Wie schon in der Dimension 2 argumentieren wir zunächst, dass sich in einer optimalen Packung mindestens zwei Kugeln berühren. Aufgrund der Gitterstruktur wissen wir dann aber auch, dass sich alle Kugeln auf parallelen Geraden befinden, und auf jeder Gerade sind sie aneinandergereiht wie Perlen auf einer Schnur. Die Optimalität einer Packung erzwingt nun auch, dass sich zwei dieser Perlenschnüre berühren; Dank der Gitterstruktur wissen wir nun sogar, dass die Kugeln in parallelen Schichten angeordnet sind und in jeder Schicht berühren sich parallele Perlenschnüre. Diese parallelen Schichten sollten natürlich so dicht (so eng) wie möglich gestapelt sein, d.h. eine Kugel mit „Namen D" aus einer oberen Schicht sollte in die Lücke (Tasche) der unteren Schicht fallen, die von drei Kugeln A, B, C gebildet werden, wobei wir annehmen, dass A und B sich gegenseitig berühren. Somit ist das Dreieck A, B, D regulär und wir betrachten nun unsere Kugelpackung als ein Ansammlung von Schichten, die parallel zu der Ebene sind, die A, B und D enthalten. In jeder Ebene haben wir unsere bekannte hexagonale Packung und diese Ebenen sollen nun auch möglichst dicht aufeinander gestapelt werden, d.h., eine Kugel C aus einer oberen Schicht sollte genau in die Lücke fallen, die von drei paarweise benachbarten Kugeln einen unteren Schicht gebildet wird. Dies ist aber dann die fcc-Packung. □

Eine skandalöse Situation

Und für allgemeine Kugelpackungen? Die Frage nach einer dichtesten Kugelpackung im 3-dimensionalen Raum hat viele Mathematiker in ihren Bann gezogen. Nicht zuletzt fand sie als ein Teil des 18. Problems auch Eingang in die Liste der Hilbertschen Probleme. Obwohl, wie C. Ambrose Rogers 1958 schrieb,

> "[...] many mathematicians believe, and all physicists know,"

dass die Vermutung richtig ist, hielt sie sehr lange allen Beweisbemühungen Stand. Der berühmte amerikanische Topologe John Milnor kommentierte 1967 die Kepler-Vermutung mit den Worten:

> "[...] the corresponding problem in 3 dimensions remains unsolved.
> This is a scandalous situation [...]. All that is missing is a proof."

Aber auch wenn bis vor kurzem kein Beweis der Kepler-Vermutung vorlag, so hat es doch im Laufe der letzten vier Jahrhunderte zahlreiche wichtige Fortschritte gegeben. Eine erste obere Schranke für die Dichte einer optimalen 3-dimensionalen Kugelpackung publizierte Hans Frederick Blichfeldt im Jahr 1919. Seitdem ist die Schranke immer wieder verbessert worden. Wer Statistiken und Tabellen mag, kann das „Rennen" folgendermaßen zusammenfassen:

0,884   Blichfeldt 1919
0,835   Blichfeldt 1929
0,828   Rankin 1947
0,7797   Rogers 1958
0,77844   Lindsey 1986
0,77836   Muder 1988
0,7731   Muder 1993

Kommen wir damit der richtigen Antwort nahe? Die Ziellinie liegt ja bei

$$\frac{\pi}{\sqrt{18}} = 0,74048048\ldots$$

Und was steckt hinter den Zahlen? Gibt es da eine *Methode*?

Ein Kochrezept?

Zunächst sollten wir an dieser Stelle vielleicht festhalten, dass der „offensicht-liche" Ansatz nicht funktioniert: Das 3-dimensionale Analogon zum Satz 6 ist nämlich glatt falsch. Um das zu sehen, berechnet man zunächst das Volumen der Voronoï-Zellen des Gitters $\Omega = D_3$. Dieses ist gleich 2, weil alle Voronoï-Zellen kongruent sind und sich das Volumen der Zellen beim Weglassen „jeder zweiten Kugel" aus dem kubischen Gitter verdoppelt.

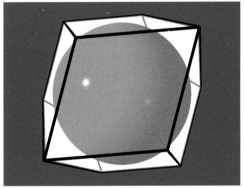

Die Voronoï-Zelle des fcc-Gitters: Ein Rhombendodekaeder

Das Kepler-Problem wäre nun gelöst, wenn man zeigen könnte, dass in keiner Kugelpackung von Kugeln des Radius $\frac{1}{\sqrt{2}}$ Voronoï-Zellen von kleinerem Volumen auftreten können. Aber das ist *falsch*! Es könnte nämlich ein regelmäßiges Dode-kaeder als Voronoï-Zelle auftreten, und dessen Volumen ist – um knappe 2 % – kleiner.

Fejes Tóth hat vermutet, dass das Dodekaeder den schlimmsten Fall, also die Voronoï-Zelle minimalen Volumens, ergibt. Diese sogenannte dodekaedrische

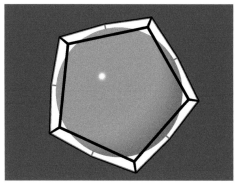

Ein Dodekaeder als Voronoï-Zelle

Vermutung ist eng verbunden mit dem Kugelpackungsproblem, und im Jahre 1998 haben Thomas C. Hales und Sean McLaughlin einen Beweis dafür angekündigt, der aber erst 2010 veröffentlicht wurde [13] – dazu später mehr.

Ein Gegenbeispiel zur Kepler-Vermutung liefern die Dodekaederzellen aber (zunächst) nicht, weil sich der Raum nicht mit regelmäßigen Dodekaedern parkettieren lässt. Und deshalb, so scheint es, können so „unverschämt kleine" Voronoï-Zellen zwar auftreten, aber nicht ungestraft: die Nachbarzellen müssen dann umso größer sein. Also muss man Mittelwerte bilden. Aber wie?

Ein Meilenstein in der Geschichte der Kepler-Vermutung ist László Fejes Tóths Zugang zum Kugelpackungsproblem, 1953 in der ersten Auflage von [6] publiziert. Fejes Tóth schlug vor, für jede Voronoï-Zelle bis zu 12 Nachbar-Zellen auszuwählen und die lokale Dichte dann durch ein gewichtetes, durchschnittliches Volumen in den höchstens 13 Zellen zu messen. Damit reduzierte er das Problem auf ein Optimierungsproblem in endlich vielen Variablen.

Auch die beiden ernsthaften Versuche zur Lösung des Kepler-Problems der letzten 25 Jahre, von Hsiang und von Hales, von denen gleich die Rede sein wird, basieren auf dem Ansatz von Fejes Tóth. In der Tat hat Jeffrey C. Lagarias [19] 2002 ein allgemeines „Kochrezept" zur Lösung des Kepler-Problems angegeben, in das sich die Ansätze von Fejes Tóth, Hsiang und Hales einordnen lassen. Dieses werden wir hier nur skizzenhaft wiedergeben; die genauen Bedingungen sind in [19] und [20] zu finden.

Theorem 8 (Ein Kochrezept, nach Lagarias [19])
Die erste Zutat besteht aus einer Zerlegungsregel $\mathcal{R}$ *für* beliebige *gesättigte Kugel-Packungen* $\mathcal{K}$ *(dies sind Packungen, zu denen man keine weitere Kugel dazupacken kann): Sei* $\Omega = \Omega(\mathcal{K})$ *die Menge der Kugelmittelpunkte von* $\mathcal{K}$. *Dann sei* $\mathcal{R}(\Omega)$ *eine Zerlegung des* $\mathbb{R}^3$ *in konvexe Polyeder, so dass jedes Polyeder* $R \in \mathcal{R}(\Omega)$ *nur durch eine begrenzte Anzahl von Kugelmittelpunkten bestimmt ist (man denke etwa an die Zerlegung in Voronoï-Zellen).*

Die zweite Zutat (ein scharfes Gewürz) besteht aus einer Gewichtsfunktion, *die jedem Polyeder* $R \in \mathcal{R}(\Omega)$ *und jedem Mittelpunkt* $v \in \Omega$ *eine reelle Zahl* $\sigma(R, v)$ *zu-*

ordnet, und zwar so, dass es positive Zahlen A, B, C, θ (nur abhängig von $\mathcal{R}$) gibt mit $\sigma(R, v) = 0$ falls dist$(R, v) > C$, *und für jedes Polyeder $R \in \mathcal{R}(\Omega)$ gilt*

$$\sum_{v \in \Omega} \sigma(R, v) \; = \; A \cdot \text{vol}(R \cap \mathcal{K}) \; - \; B \cdot \text{vol}(R), \qquad (*)$$

und für jeden Punkt $v \in \Omega$ gilt

$$\sum_{R \in \mathcal{R}(\Omega)} \sigma(R, v) \; \leq \; \theta \; < \; \tfrac{4}{3}\pi A. \qquad (**)$$

Unter diesen Bedingungen gilt dann die obere Schranke

$$\delta_{\max} \; \leq \; \frac{B}{A - \frac{3\theta}{4\pi}}$$

für die Dichte von Kugelpackungen im $\mathbb{R}^3$.

Der Beweis dieses Satzes ist ein bisschen technisch, aber letztlich nicht schwierig. Auch Zerlegungsregeln lassen sich leicht angeben. Die eigentliche Schwierigkeit liegt im Nachweis, dass die Bedingung $(**)$ für ein gegebenes θ stimmt. Aber für eine gegebene Zerlegungsregel stellt dies ein *endlich-dimensionales* nichtlineares Optimierungsproblem dar. Endlich-dimensional, weil es ja nach der Definition der Gewichtsfunktion eine Konstante N geben muss, so dass $\sigma(R, v)$ von höchstens N „benachbarten" Polyedern aus $\mathcal{R}(\Omega)$ abhängt.

Wir haben inzwischen schon mehrere Beispiele für Zerlegungsregeln gesehen! In der Tat, für Gitterpackungen mit Gitter Ω liefert die Zerlegung in Translate $w + P$, $w \in \Omega$, des Fundamental-Parallelotops P des Gitters eine solche Regel. Nun setzen wir $A := 1$, $B := \frac{\pi}{\sqrt{18}}$, $C := 1$ und

$$\sigma(w + P, v) := \begin{cases} 0, & \text{für } w \neq v, \\ \tfrac{4}{3}\pi - B \cdot \text{vol}(P), & \text{für } w = v. \end{cases}$$

Wie wir aus dem Satz von Gauß wissen, ist vol(P) für jede Gitter-Kugelpackung nicht kleiner als $4\sqrt{2}$ und somit können wir $\theta = 0$ setzen. Dies ergibt dann natürlich die obere Schranke $\delta_{\max} \leq \frac{\pi}{\sqrt{18}}$.

Wie nun das Kochrezept von Lagarias für allgemeine Kugelpackungen auszuführen wäre, ist allerdings überhaupt nicht klar. Es gibt nämlich ganz verschiedene Kandidaten für Zerlegungsregeln und Gewichtsfunktionen, die insgesamt $\delta_{\max} \leq \frac{\pi}{\sqrt{18}}$ auch für allgemeine Kugelpackungen im $\mathbb{R}^3$ beweisen könnten.

Eine erste wurde von Fejes Tóth 1953 vorgeschlagen.

Sie basiert auf der Voronoï-Zerlegung. Wieder setzt man die Konstanten auf $A := 1$ und $B := \frac{\pi}{\sqrt{18}}$, und definiert nun

$$\sigma(\text{Vor}(w), v) := \omega(w, v)\left(\tfrac{4}{3}\pi - \tfrac{\pi}{\sqrt{18}}\text{vol}(\text{Vor}(w))\right),$$

wobei $\omega(w,v)$ auf $\frac{1}{12}$ gesetzt wird, wenn v und w „nahe beieinander liegen" (der Abstand von v und w zwischen 2 und 2,0534 liegt). Andernfalls ist $\omega(w,v)=0$ für $w\neq v$, und die Werte $\omega(v,v)$ ergeben sich dann aus der Bedingung (∗) des Kochrezeptes. Und dann wäre da noch die Bedingung (∗∗) nachzuprüfen:

> „Obwohl eine exakte Berechnung des Minimumproblems recht kompliziert zu sein scheint, kann sie keineswegs als hoffnungslos angesehen werden."

> (Fejes Tóth [6, S. 181])

Eine zweite Zerlegungsregel wurde von Wu-Yi Hsiang angegeben. Sie basiert wieder auf der Voronoï-Zerlegung, und kann ganz ähnlich wie die Regel von Fejes Tóth formuliert werden (siehe [19]). Ein wesentlicher Unterschied: Hsiang veröffentlichte 1993 eine Arbeit mit dem Titel *On the sphere packing problem and the proof of Kepler's conjecture* [15], in der er behauptete, (∗∗) bewiesen und damit das Problem gelöst zu haben. Die Arbeit enthält viele Details, Zwischenschritte und Rechenergebnisse. Es ist aber schwer zu sehen, wie in der Arbeit die rechnerische Komplexität des Problems wirklich „in den Griff bekommen" wird. Diese ist unter anderem deshalb so groß, weil Voronoï-Zellen sehr kompliziert sein können: beispielsweise können sie bis zu 44 Seitenflächen haben, und vielleicht sogar mehr (49 ist eine bewiesene obere Schranke). Die Begeisterung über Hsiangs Arbeit hielt deshalb nicht lange an. Es entbrannte eine zum Teil hitzig geführte Diskussion um die Korrektheit des Beweises, die ein Sohn von László Fejes Tóth, der sich im selben Fachgebiet einen Namen gemacht hat, 1996 mit den Worten zusammenfasste:

> This cannot be considered as a proof. The problem is still open.

> (Gabor Fejes Tóth)

Der Stand der Diskussion im Herbst 1996 ist in [2] nachzulesen. Es sei angemerkt, dass Hsiang in 2001 eine überarbeitete Version seines Ansatzes als Buch [16] veröffentlicht hat, aber auch dieses hat keine breite Anerkennung gefunden. Die von Hsiang dort propagierte Methode sollte sogar Resultate in höheren Dimensionen liefern.

Weitere Zerlegungs-Regeln wurden von Thomas C. Hales vorgeschlagen, der viele Jahre am Kepler Problem gearbeitet hat. Sie basieren primär auf sogenannten *Delaunay-Zerlegungen* des $\mathbb{R}^3$ in Simplexe, in der jedes Simplex die Eigenschaft hat, dass sich im Inneren der Umkugel eines Simplex keine Ecken von anderen Simplexen befinden dürfen. Diese sind in verschiedener Hinsicht dual zur Voronoï-Zerlegung. Unser Bild illustriert den 2-dimensionalen Fall.

Hales arbeitete zunächst mit $A:=4$, $B:=4\delta_{\text{oct}}$ und einer Gewichtsfunktion vom Typ

$$\sigma(R,v) := \text{vol}(R\cap\mathcal{K}) - \delta_{\text{oct}}\,\text{vol}(R),$$

wobei R ein Delaunay-Tetraeder sein soll, v eine Ecke davon, und $\delta_{\text{oct}}\approx 0,7209$ den Flächenanteil eines regulären Oktaeders der Kantenlänge 2 wiedergibt, der

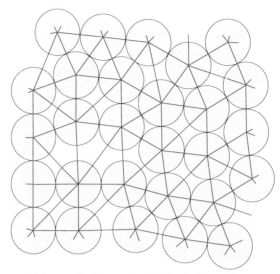

Delaunay-Zerlegung einer Kreisscheibenpackung

von 6 Einheitskugeln an den Ecken überdeckt wird. Es gibt aber Konfiguratio-
nen (insbesondere eine besonders eklige: ein reguläres Fünfecksprisma), in denen
diese Regel nicht funktioniert. Deshalb wird diese in den Hales-Ansätzen nur für
bestimmte Delaunay-Tetraeder verwendet, und für andere wird unter Hinzunahme der Voronoï-Zerlegung weiter unterteilt und bewertet. Die daraus erhaltenen
Zerlegungsregeln und Gewichtsfunktionen sind kompliziert und unübersichtlich,
aber ...

Computer versus Kepler

Anfang August 1998 kündigte Thomas C. Hales an, dass seine mehr als fünf Jahre
andauernden Untersuchungen zur Kepler-Vermutung erfolgreich zum Abschluss
gekommen sind (siehe [8]). Der von ihm vorgelegte, mehr als 300 Seiten umfas-
sende Beweis ist in fünf Abschnitte untergliedert, wobei der fünfte Abschnitt die
Doktorarbeit seines Doktoranden Samuel Ferguson enthält.

Der Beweis beruht auf der komplizierten und unübersichtlichen vierten Regel
für das Kochrezept. Danach hängt die Bedingung $(**)$ für ein gegebenes v von bis
zu 50 weiteren Kugelmittelpunkten w „in der Nähe" ab. Das daraus resultierende
Optimierungsproblem (in ca. 150 Variablen) ist extrem komplex und mit heutigen
Standardmethoden der nichtlinearen Optimierung nicht lösbar. Trotzdem: Hales
und Ferguson konnten das Problem computergerecht bearbeiten, unterteilen und
aufbereiten. Im vorliegenden Beweis gilt deshalb aber:

> [...] nearly every aspect of the proof relies on computer verifications.
>
> (T. C. Hales, [8])

Mit Hilfe des Computers werden unter Verwendung von Intervall-Arithmetik ca. 5000 ebene Graphen klassifiziert, die zu den „relevanten Polyedern" der Zerlegungsregel korrespondieren. Jeder dieser Graphen führt zu einem nichtlinearen Optimierungsproblem, von denen die meisten mit Hilfe von linearen Relaxationen gelöst werden können. Insgesamt werden ungefähr 100 000 lineare Optimierungsprobleme betrachtet, jedes ist in etwa 100 bis 200 Variablen formuliert und besitzt 1000 bis 2000 Restriktionen. Die verbleibenden nichtlinearen Optimierungsprobleme werden mit *Branch and Bound*-Methoden aus der globalen Optimierung behandelt. Die Inputdaten all dieser Optimierungsprobleme sowie die verwendeten Programme sind ebenfalls auf dem WWW einzusehen [8]. Ein Kraftakt:

> The Hales–Ferguson proof, assumed correct, is a tour de force of nonlinear optimization.   (J. C. Lagarias [19])

All diese Daten verdeutlichen, wie schwer es für Außenstehende ist, die Korrektheit des Beweises bzw. der Computerprogramme zu verifizieren. Es ist daher nicht verwunderlich, dass der gesamte Begutachtungsprozess der Arbeiten von Hales von einer ganzen Gruppe von Mathematikern vorgenommen wurde und fast fünf Jahre dauerte. Letztlich wurde die Hauptarbeit von Hales, die die theoretischen Grundlagen seines Zuganges enthält, im Jahre 2005 in den renommierten *Annals of Mathematics* [10] veröffentlicht. Es hat jedoch niemand geschafft, alle numerischen Berechnungen vollständig auf Korrektheit (inklusive Programmier- und Rundefehler) zu überprüfen, und so blieben doch immer noch Zweifel.

Um auch diese letzten Zweifel zu beseitigen, rief Hales im Januar 2003 das Flyspeck-Projekt ins Leben [12]; "Flyspeck" bedeutet eigentlich Fliegendreck – es ist das kürzeste Wort im Amerikanischen, das die Buchstaben FPK in der richtigen Reihenfolge enthält – und die stehen für FPK, *Formal Proof of the Kepler conjecture*. Ziel des Projekts war es, den Beweis der Kepler-Vermutung so zu formalisieren, dass er mit Hilfe eines Computerprogramms, eines sogenannten automatischen Beweisers, verifiziert werden kann. Solche Systeme existieren inzwischen, etabliert und zertifiziert, etwa HOL light (http://www.cl.cam.ac.uk/~jrh13/hol-light/ und Isabelle (http://isabelle.in.tum.de); siehe dazu auch [17]. Anfänglich hat Hales für sein Flyspeck-Projekt mehr als 20 Jahre veranschlagt, und so war es eine große Überraschung, dass er am 10. August 2014, während des Internationalen Mathematikerkongresses 2014 in Seoul, den erfolgreichen Abschluss von Flyspeck verkünden konnte [12, 14]. Eine ausführliche Beschreibung der Formalisierung des Beweises findet sich in [11], und die eigentliche Umsetzung in verifizierbaren Computercode ist der Mit- und Zuarbeit aus einem großen Team von WissenschaftlerInnen zu verdanken. Auch der computerbasierte Beweis von Hales & McLaughlin der dodekaedrischen Vermutung wurde im Rahmen des Flyspeck-Projekts formal verifiziert. In der Tat wurde sogar die *starke* dodekaedrische Vermutung von Károly Bezdek bewiesen, die besagt, dass das Dodekaeder die kleinste Oberfläche unter allen Voronoï-Zellen aufweist [11].

Letztendlich ist der nun vorliegende formale Beweis der Kepler-Vermutung nicht identisch mit dem zuerst veröffentlichten Beweis [10]. Beispielsweise wird in dem „endgültigen" Beweis eine Zerlegungsregel verwendet, die auf einer Arbeit von Marchal aus 2011 beruht [23]. Auch wenn der ursprünglichen Beweis nicht durch Flyspeck verifiziert wurde, so kann es jetzt trotzdem heißen „Ende gut, alles gut".

Probleme, Probleme

Aber auch wenn die Kepler-Vermutung jetzt – nach mehr als 400 Jahren! – als end-gültig gelöst gelten kann, findet sich in ihrem Umkreis immer noch ein wahrhafter Zoo (ein Bestiarium?!) von ungelösten Problemen. Manche von ihnen kann man mit modernen mathematischen Methoden sogar in hochdimensionalen Versionen lösen – andere sind dagegen im Moment nicht mal in der Ebene zu knacken ...

Kugeln näherschieben.   Man betrachte zwei Anordnungen $\{K_1, \ldots, K_n\}$ und $\{L_1, \ldots, L_n\}$ von n gleichgroßen Kugeln im $\mathbb{R}^d$, z. B. für $d = 2$ Kreise in der Ebene. Diesmal dürfen sie sich überlappen – was das Volumen der Vereinigung zu einer interessanten Größe macht. Nehmen wir an, dass die Kugeln L_i „näher beieinan-der liegen", so dass der Abstand der Mittelpunkte von L_i und L_j immer kleiner oder gleich ist dem der Mittelpunkte von K_i und K_j, so dass also

$$\mathrm{vol}(L_i \cup L_j) \;\leq\; \mathrm{vol}(K_i \cup K_j)$$

gilt für alle $i < j$. Muss dann automatisch

$$\mathrm{vol}(L_1 \cup \cdots \cup L_n) \;\leq\; \mathrm{vol}(K_1 \cup \cdots \cup K_n)$$

gelten?

Für $d = 1$ kann man sich leicht überlegen, dass das stimmt. Als im Jahr 2000 die erste Auflage dieses Buches erschien, war dies aber noch nicht einmal in der Ebene, also für $d = 2$, klar. Mittlerweile ist dieser Fall von Károly Bezdek und Robert Connelly [3] bewiesen worden, aber bereits für $d = 3$ scheint derzeit kein Beweis oder Gegenbeispiel in Reichweite zu sein.

Jetzt geht's erst los ...   Trotz der spektakulären und langersehnten Lösung der Kepler-Vermutung ist unser Wissen über optimale Packungen immer noch sehr begrenzt. In der Tat hat Hilbert in seinem schon eingangs erwähnten 18. Problem danach gefragt

> wie man unendlich viele Körper von der gleichen vorgeschriebenen Gestalt, etwa Kugeln mit gegebenem Radius oder reguläre Tetraeder mit gegebener Kante (bez. in vorgeschriebener Stellung) im Raume am dichtesten einbetten, d.h. so lagern kann, daß das Verhältnis des erfüll-ten Raumes zum nichterfüllten Raume möglichst groß ausfällt.

Für die Kugel wissen wir es nun endlich, auch für einen Würfel oder für das beschriebene Rhombendodekaeder, denn mit ihnen können wir ja den ganzen Raum lückenlos ausfüllen. Aber wie sieht es mit dem regulären Tetraeder aus, d.h., wie viel Prozent des Raumes können wir mit kongruenten sich nicht überlappenden Kopien eines regulären Tetraeders T_r überdecken? Aristoteles glaubte – zumindest lehrte er dies – dass man den ganzen Raum mit regulären Tetraedern ausfüllen kann, also $\delta(T_r) = 1$. Dies ist aber falsch, und es dauerte immerhin ca. 1800 Jahre bis der Fehler korrigiert wurde (siehe [21]). Wir wissen also seit dem 15 Jh. $\delta(T_r) < 1$, aber können wir eine bessere (bzw. nicht triviale) obere Schranke geben? Dies ist nicht einfach, und erst 2011 haben Graver, Elser und Kallus [7] die (fast ein wenig lächerlich anmutende) Schranke

$$\delta(T_r) \leq 1 - 2,6 \cdot 10^{-25}$$

beweisen können. Hinsichtlich unteren Schranken für Packungen kongruenter regulärer Tetraeder gab es in den letzten Jahren eine spannende, auch in den öffentlichen Medien verfolgte Rekordjagd, für die wir auf den Übersichtsartikel von Lagarias & Zong [21] verweisen. Der momentane Rekord gehört Chen, Engel und Glotzer mit

$$\delta(T_r) \geq 0,856347....$$

Also noch viel Platz für Verbesserungen, und da gibt es ja auch noch andere konvexe Polyeder, wie zum Beispiel Oktaeder, Dodekaeder, und so weiter ... Und es gibt neue Ideen und Methoden, siehe etwa [25].

Schlecht packbare Körper. Nicht einmal in der Ebene weiß man, welcher punktsymmetrische konvexe Bereich die schlechteste Packungsdichte hat. „Abgerundete" regelmäßige Achtecke sind beispielsweise schlechter zu packen als Kreisscheiben – das haben Reinhardt und Mahler vor langer Zeit beobachtet [6, S. 104]. Für beliebige konvexe Körper wird die minimale Packungsdichte von einem Dreieck realisiert.

Gitterpackungen. Die besten Gitterpackungen von Kugeln für alle Dimensionen $d \leq 8$ kennen wir bereits seit 1935; für $d = 2$ ist es die hexagonale Packung, für $3 \leq d \leq 5$ sind die optimalen Packungen durch das Gitter D_d der Punkte in $\mathbb{Z}^d$ mit gerader Koordinatensumme gegeben. In Dimensionen $d = 6, 7, 8$ sind die „exzeptionellen" Gitter E_6, E_7 und E_8 besser – und bestmöglich. Im Jahre 2004 konnten Henry Cohn und Abhinav Kumar eine weitere Dimension dieser Liste zufügen; und zwar nicht 9, sondern 24 [5] [26]. Sie bewiesen, dass das sogenannte „Leech-Gitter" eine optimale Gitterpackung von 24-dimensionalen Kugeln ergibt. Aber man interessiert sich durchaus für noch viel höhere Dimensionen: unter anderem deshalb, weil sich aus guten Gitterpackungen gute „Kodes" gewinnen lassen, die für die Kodierungstheorie (und damit für effektive und fehlergeschützte Datenübertragung) von Nutzen sein können. Wir verweisen dazu auf den Aufsatz von J. van Lint in diesem Band!

Dabei ist weder bewiesen, noch widerlegt, dass in allen Dimensionen die optimale Packungsdichte durch eine Gitterpackung erreicht wird. In den Dimensionen $d \leq 8$ und $d = 24$ sieht das so aus, und die Lücke zwischen der Dichte der besten bekannten Gitterpackung und der besten oberen Schranke für allgemeine Packungen ist sehr klein, wie Henry Cohn und Noam Elkies 2003 gezeigt haben [4]. Aber die Experten glauben nicht, dass das für alle Dimensionen stimmt: So kennt man für Dimension 10 eine „Nicht-Gitterpackung", die besser ist als die beste bekannte Gitterpackung. Für sehr exzentrische Ellipsoide, die man für das Packen auch noch drehen darf, ist bereits für $d \geq 3$ gezeigt worden, dass es Packungen gibt, die dichter sind als Gitterpackungen.

Endliche Packungen.   In populärwissenschaftlichen Berichten über die Kepler-Vermutung wird gerne darauf verwiesen, dass ein Beweis der Kepler-Vermutung impliziere, dass die pyramidenförmige Anordnung von Orangen, wie in der Abbildung auf Seite 208 dargestellt, am „platzsparendsten" ist. Jeder Obsthändler weiß, und die meisten Mathematiker glauben, dass dies richtig ist; bisher gibt es aber keinen Beweis dafür. Es handelt sich nun hierbei um ein *endliches Packungsproblem*! Eine wesentliche Fragestellung in diesem Zusammenhang ist das Problem, für endlich viele Kugeln gleicher Größe eine Packung zu finden, so dass das Volumen der *konvexen Hülle* der Kugeln minimal ist. Das ist auch deshalb interessant, weil es helfen könnte, Kristallformen und Kristallwachstum zu erklären. Eine bemerkenswerte Vermutung von Fejes Tóth, die *Wurstvermutung*, besagt, dass in Dimensionen $d \geq 5$ eine „wurstförmige" Packung von Kugeln am Besten ist. (Für $d \leq 4$ und hinreichend viele Kugeln ist das nicht richtig.)
Die Wurstvermutung ist inzwischen für sehr hohe Dimensionen $d \geq 42$ bewiesen worden, aber für die restlichen Dimensionen von $d = 5$ bis $d = 41$ in das Problem offen. Wir verweisen in diesem Zusammenhang auf das Buch von Max Leppmeier [22]. Übrigens: die im Bild dargestellte wurstförmige Packung von sechs Kugeln ist besser als die oktaedrische!

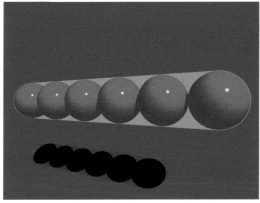

Wurstförmige Packung von 6 Kugeln

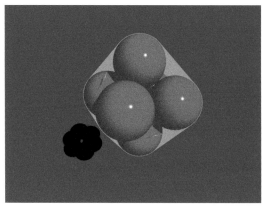

Oktaedrische Packung von 6 Kugeln

Das Kussproblem. In Dimension 2 können höchstens $k_2 = 6$ Kreisscheiben eine gegebene Kreisscheibe gleichzeitig berühren, ohne sich zu überlappen. In Dimension 3 sind dies $k_3 = 12$, wie schon Newton vermutete. Man sagt, dass die Kugeln sich küssen – das ist Billardsprache. Bemerkenswerterweise kann man in den Dimensionen 8 und 24 die Kusszahlen k_d exakt bestimmen: $k_8 = 240$ und $k_{24} = 196560$, wobei diese Zahlen durch die kürzesten Gittervektoren in einer dichtesten Gitterpackung realisiert werden können. Der Beweis kann in [28] nachgelesen werden. Das entsprechende Problem in Dimension 4 war lange Zeit offen. Es war zwar bekannt, dass k_4 nur 24 oder 25 sein kann, und die meisten Mathematiker vermuteten $k_4 = 24$, aber es schienen keine Methoden zur Verfügung zu stehen, die einen Beweis erbringen könnten. So war es eine große Überraschung, als Oleg Musin im Jahre 2002 einen Beweis von $k_4 = 24$ vorlegte, der 2008 ebenfalls in den *Annals of Mathematics* erschienen ist [24] [26]. Mittlerweile sind auch neue Methoden entwickelt worden, die es erlauben, Kusszahlen in höheren Dimensionen zu berechnen und neue Kusszahlrekorde aufzustellen [1].

Dank. Herzlichen Dank an Jeff Lagarias für die Arbeit [19], aus der so viel zu lernen war, und an Bianca Spille für hilfreiche Kommentare.

Literatur

[1] C. Bachoc & F. Vallentin: *New upper bounds for kissing numbers from semidefinite programming,* J. Amer. Math. Soc. **21** (2008), 909–924.

[2] K. Bezdek: *Kepler's conjecture and the dodecahedral conjecture,* DMV-Mitteilungen 4-1996, 52–54.

[3] K. Bezdek & R. Connelly: *Pushing disks apart – the Kneser–Poulsen conjecture in the plane,* J. Reine Angew. Math. **553** (2002), 221–236.

[4] H. Cohn & N. Elkies: *New upper bounds on sphere packings, I, Annals of Math.* **157** (2003), 689–714.

[5] H. Cohn & A. Kumar: *The densest lattice in twenty-four dimensions, Electron. Res. Announc. Amer. Math. Soc.* **10** (2004), 58–67.

[6] L. Fejes Tóth: *Lagerungen in der Ebene, auf der Kugel und im Raum,* Springer, Berlin, zweite Auflage 1972.

[7] S. Graver, V. Elser & Y. Kallus: *Upper bound on the packing density of regular tetrahedra and octahedra, Discrete Comput. Geom.* **46** (2011), 799–818.

[8] T. C. Hales: *The Kepler conjecture,* Webseite, 1998, siehe http://web.archive.org/web/20030212055828/http://www.math.pitt.edu/~thales/kepler98/.

[9] T. C. Hales: *Cannonballs and honeycombs, Notices Amer. Math. Soc.* **47**, No. 4, 440–449.

[10] T. C. Hales: *A proof of the Kepler conjecture, Annals of Math.* **162** (2005), 1065–1185.

[11] T. C. Hales: *Dense Sphere Packings. A Blueprint for Formal Proofs.* Cambridge University Press, 2012.

[12] T. C. Hales: *The Flyspeck Project,* http://code.google.com/p/flyspeck/.

[13] T. C. Hales & S. McLaughlin: *The dodecahedral conjecture, J. Amer. Math. Soc.* **23** (2010), 299–344.

[14] T. C. Hales et al.: *A formal proof of the Kepler conjecture,* http://arxiv.org/abs/1501.02155, Jan. 2015.

[15] W.-Y. Hsiang: *On the sphere packing problem and the proof of Kepler's conjecture, International J. Math.* **93** (1993), 739–831.

[16] W.-Y. Hsiang: *Least Action Principle of Crystal Formation of Dense Packing Type and Kepler's Conjecture,* Nankai Tracts in Mathematics, Vol. 3., World Scientific, River Edge, NJ, 2001.

[17] M. Joswig: *From Kepler to Hales, and back to Hilbert, Documenta Mathematica, J. DMV,* Extra Vol., (2012), 439–446.

[18] J. Kepler: *Vom Sechseckigen Schnee,* Strena, Frankfurt/Main, 1611 (Faksimile-Verlag Bremen, 1982).

[19] J. C. Lagarias: *Bounds for local density of sphere packings and the Kepler conjecture, Discrete Comput. Geom.* **27** (2002), 165–193.

[20] J. C. Lagarias: *The Kepler conjecture and its proof,* in The Kepler conjecture, 3–26, Springer, New York, 2011.

[21] J. C. Lagarias & C. Zong: *Mysteries in packing regular tetrahedra, Notices Amer. Math. Soc.* **59** (2012), No. 11, 1540–1549.

[22] M. Leppmeier: *Kugelpackungen von Kepler bis heute,* Vieweg, Wiesbaden 1997.

[23] C. Marchal: *Study of the Kepler's conjecture: the problem of the closest packing, Math. Z.* **267**, (2011), 737–765.

[24] O. Musin: *The kissing number in four dimensions, Annals of Math.* **168** (2008), 1–32.

[25] F. M. de Oliveira Filho & F. Vallentin: *Computing upper bounds for the packing density of congruent copies of a convex body I,* http://arxiv.org/abs/1308.4893.

[26] F. Pfender & G. M. Ziegler: *Kissing numbers, sphere packings, and some unexpected proofs, Notices Amer. Math. Soc.* **51** (2004), no. 8, 873–883.

[27] G. G. Szpiro: *Kepler's Conjecture: How Some of the Greatest Minds in History Helped Solve One of the Oldest Math Problems in the World,* Wiley, John & Sons Inc. 2003.

[28] C. Zong: *Sphere Packings,* Springer-Verlag, New York 1999.

Wie rechnen Quanten?
Die neue Welt der Quantencomputer

Ehrhard Behrends

Die Idee, Gesetze der Quantenmechanik für den Bau von Computern mit neuen Eigenschaften zu bauen, geht auf den Physiker *R. Feynman* zurück: 1982 schlug er vor, für die komplizierten Rechnungen im Zusammenhang mit Elementarteilchen-Modellen eigens dafür konzipierte Rechner zu verwenden. Diese noch sehr vage Idee wurde von *D. Deutsch* aufgegriffen, der Ende der achziger Jahre ein theoretisches Modell – also so etwas wie einen möglichen Bauplan – für einen Quantencomputer entwarf.

All das war allerdings nur wenigen Spezialisten bekannt. Gewaltiges Aufsehen erregten erst Arbeiten von *P. Shor*. Der konnte zeigen: Wenn es gelingt, einen funktionierenden Quantencomputer zu bauen, dann sind gewisse Verfahren der Kryptographie[1], die heute als absolut sicher gelten, relativ schnell zu überlisten.

Peter Shor erhielt für diese Leistung 1998 auf dem Weltkongress der Mathematiker in Berlin den Nevanlinna-Preis, das ist die mit Abstand höchste Auszeichnung, die man für Arbeiten aus dem Bereich Informatik/Mathematik bekommen kann. Nach allgemeiner Überzeugung hat er diesen Preis auch verdient, denn seit seinen grundlegenden Arbeiten ist wirklich ein neues Kapitel physikalischer Forschung entstanden. Probleme der Quantencomputer, Quantenkryptographie und der Quanteninformation werden heiß diskutiert, im Umfeld gibt es Detailprobleme, die mit viel Geld gefördert werden (Teleportation, Selbstkorrektur von Quantenkanälen, ...).

Trotz aller Anstrengungen gibt es heute noch keinen Quantencomputer, der diesen Namen verdient, und viele meinen sogar, dass das zu unseren Lebzeiten auch nicht passieren wird (wenn überhaupt jemals). Die physikalischen Schwierigkeiten sind immens; sie sollen aber hier nicht diskutiert werden, denn sie können von Fachleuten aus der Physik viel besser dargestellt werden. Ziel des Vortrags ist vielmehr ein Teilaspekt des Themas „Quantencomputer": Welche neue *Mathematik* wird benötigt, um die neuen Möglichkeiten voll auszuschöpfen? Es soll versucht werden zu erklären, wie denn ein Angriff à la Shor auf ein sicheres Kryptosystem aussehen könnte; jedenfalls wenn es die Physiker irgendwann einmal schaffen würden, die Schwierigkeiten zu überwinden.

Der Vortrag ist wie folgt gegliedert:
1. Eine kurze Erinnerung an die Rolle von großen Primzahlen in der Kryptographie.

---

[1] Diese Wissenschaft beschäftigt sich damit, Nachrichten so zu verschlüsseln, dass kein Unbefugter sie lesen kann.

2. Die Transformation des Entschlüsselungsproblems in eine für Quantencomputer zugängliche Form.
3. Ein Abriss der für den Vortrag relevanten quantenmechanischen Grundgesetze.
4. Die Vorstellung des Bauprinzips eines Quantencomputers.
5. Die Beschreibung des Verfahrens, wie ein derartiger Computer für das Entschlüsseln eingesetzt werden soll.

1   Warum sind Primzahlen in der Kryptographie wichtig?

Eine *Primzahl* ist eine Zahl, die größer als 1 ist und außer sich selbst und 1 keine weiteren Teiler hat. So sind zum Beispiel $2, 17, 101, 756373$ Primzahlen, nicht jedoch 22.

Bei „kleinen" Zahlen ist schnell durch Ausprobieren festzustellen, ob es sich um eine Primzahl handelt. Genauer: Ist eine Zahl n gegeben, so muss man für alle Zahlen x zwischen 2 und $\sqrt{n}$ testen, ob sich n ohne Rest durch x teilen lässt. Gibt es stets einen Rest, so handelt es sich um eine Primzahl. Ist n zum Beispiel eine 20-stellige Zahl, so muss man eine 10-stellige Anzahl – also eine Größenordnung von 10 Milliarden – von Versuchen vornehmen.

Genauso steht es um das verwandte Problem, bei dem mir eine Zahl n mitgeteilt wird, die das Produkt aus zwei (mir) unbekannten Zahlen p, q ist: $n = p \cdot q$. Es gibt zur Zeit kein Verfahren, das wesentlich besser wäre als systematisches Probieren, um aus n auf p und q zu schließen.

Als ein für die Kryptographie realistisches Beispiel gehen wir davon aus, dass p und q jeweils 200 Stellen haben. Dann hat $n = p \cdot q$ vierhundert Stellen, und Ausprobieren erfordert 10^{200} (eine 1 mit zweihundert Nullen!) Rechenschritte. Für derartige Zahlen gibt es schon keine eigenen Namen mehr. Man kann sich überlegen, dass alle Computer dieser Welt an diesem Faktorisierungsproblem scheitern müssen. Selbst wenn sie hundertmal so schnell rechnen wie heute theoretisch möglich ist. Und selbst wenn sie sich seit Beginn der Welt nur diesem Problem gewidmet hätten.

Die ganze Wahrheit ist etwas komplizierter: Heute kennt man kein effektives Verfahren, und die Fachwelt meint, dass es bei Beschränkung auf klassische Computer auch nie eins geben wird. *Beweisen* kann das allerdings niemand. Umgekehrt ausgedrückt ist es also denkbar, dass heute irgendwelche Geheimdienste bereits über einen derartigen Algorithmus verfügen und sich aus naheliegenden Gründen hüten, das der wissenschaftlichen Öffentlichkeit mitzuteilen. Diese Möglichkeit wird aber allgemein als praktisch ausgeschlossen angesehen.

Was aber haben Primzahlen in der Kryptographie zu suchen? Dazu muss kurz an den berühmten *RSA-Algorithmus* erinnert werden, der in diesem Buch im Beitrag von Martin Aigner beschrieben wird. Einzelheiten sind hier unwichtig, relevant für uns sind die folgenden Punkte.

Erstens braucht man zwei riesengroße Primzahlen p und q, die man sehr geheim verwahren muss; wünschenswert sind etwa jeweils 200 Stellen. Dann bildet man das Produkt $n = p \cdot q$ (diese Zahl hat 400 Stellen) und rechnet eine Art Hilfszahl h mit einer gewissen zahlentheoretischen Eigenschaft aus. Nun werden *zweitens* n und h jedem, der es wissen möchte, mitgeteilt. Man könnte die Zahlen zum Beispiel gleich im Branchenbuch neben seiner Telefonnummer veröffentlichen. Und mit Hilfe eines von Computern leicht zu bewältigenden Verfahrens kann mir jeder, der mir etwas Wichtiges mitzuteilen hat, eine mit Hilfe von n und h verschlüsselte Nachricht schicken, die von niemandem außer mir wieder in den Klartext zurückübersetzt werden kann.

Der revolutionäre Aspekt dieses Verfahrens ist die Öffentlichkeit (daher spricht man auch von *public-key*-Verfahren). Man braucht keine Mittelsmänner oder -frauen mehr, die Schlüssel überbringen und abgefangen werden können. Allerdings ist dieses Verfahren nur so lange sicher, wie niemand in der Lage ist, p und q aus n herauszulesen. Denn wer das könnte, wäre auch in der Lage, die verschlüsselte Nachricht zu decodieren. Oben wurde ausgeführt, warum man heute meint, dass RSA sicher ist. Aber:

Quantencomputer könnten schnell p und q ermitteln!

Dafür hat Peter Shor 1994 ein Verfahren vorgestellt. Trotzdem können alle Kryptographen noch relativ ruhig schlafen, weil funktionierende Quantencomputer in weiter Ferne sind. Die zugrunde liegenden mathematischen Ideen sind aber interessant, und um die soll es im folgenden gehen.

2 Eine mathematische Vorbereitung: Periodenlängen

Das Problem besteht darin, die zwei Faktoren einer aus zwei Primzahlen zusammengesetzten Zahl zu finden: Rekonstruiere p, q aus $n = p \cdot q$. Viele Verfahren sind erdacht worden, um das zu erleichtern oder umzuformen. Für unsere Zwecke ist eine Idee wichtig, die das Faktorisierungsproblem in eine andere Fragestellung transformiert, die für klassische Computer haargenau den gleichen Schwierigkeitsgrad hat.

Um sie vorzustellen, muss eine Vokabel eingeführt werden: Was heißt „*a modulo b*"? Es sollen zwei Zahlen a und b gegeben sein, in der Regel ist a viel größer als b. Zunächst teilt man a durch b und schaut sich den Rest an, der beim Teilen übrig bleibt. Diese Zahl liegt zwischen 0 und $b - 1$, sie wird „a modulo b" genannt.

Zugegeben, das klingt abstrakt. Hier sind einige Beispiele:

14 modulo 3 ist gleich 2;

111 modulo 11 ist gleich 1;

12456617989409876354 modulo 2 ist gleich 0.

Man sollte vielleicht darauf hinweisen, dass es offensichtliche Interpretationen im täglichen Leben gibt: Wieviele Bonbons bleiben übrig, wenn ich 14 Bonbons gleichmäßig unter 3 Kindern verteilen möchte? Auch ist uns das Rechnen modulo 7 (bzw. modulo 24) schon quasi in Fleisch und Blut übergegangen, wenn wir mit Wochentagen (bzw. Tageszeiten) rechnen. Jeder weiß doch, was für ein Wochentag heute in 50 Tagen sein wird, dazu muss man 50 modulo 7 ausrechnen. Bzw.: Von jetzt ab gerechnet wird es in 48 Stunden die gleiche Uhrzeit sein wie im Augenblick; weil 48 modulo 24 gleich Null ist.

Dieses „modulo" spielt nun eine wichtige Rolle. Wir beginnen mit einer Zahl n, die die Form $p \cdot q$ mit Primzahlen p, q hat, als illustrierendes Beispiel denken wir an $n = 15 = 3 \cdot 5$. Jemand gibt nun eine Zahl x vor, die irgendwo zwischen 1 und n liegt. Kann man x dazu verwenden, einen Faktor von n zu finden?

Ideal wäre es, wenn n und x einen von 1 verschiedenen Teiler gemeinsam hätten (wenn also in unserem Beispiel etwa $x = 10$ wäre). Jeder Computer findet den in Bruchteilen von Sekunden, das Verfahren heißt „Euklidischer Algorithmus" und war schon vor über 2000 Jahren bekannt.

Wir nehmen also an, dass x und n *keinen* Teiler gemeinsam haben, man sagt, dass x und n *teilerfremd* sind. Dann rechnen wir nach und nach die Zahlen

x modulo n,

x^2 modulo n,

x^3 modulo n,

$\cdots$

aus. Die Zahlentheorie kann beweisen, dass mit Garantie irgendwann einmal die Zahl 1 herauskommt. Wir nennen denjenigen Exponenten r, für den zum ersten Mal x^r modulo n gleich 1 ist, die *Periode* von x.

> In unserem Beispiel $n = 15$ starten wir zur Illustration mit $x = 7$. Die Zahlen n und x sind teilerfremd, wir können also die Periode von 7 ausrechnen.
>
> Dazu müssen wir so lange die Reste von $7, 7^2, 7^3, \ldots$ modulo 15 bestimmen, bis wir erstmals 1 erhalten:
>
> 7 modulo 15 ist gleich 7;
>
> 7^2 modulo 15 ist gleich 4;
>
> 7^3 modulo 15 ist gleich 13;
>
> 7^4 modulo 15 ist gleich 1.
>
> Folglich ist die Periode von $x = 7$ gleich 4.

Was nutzt das?? Angenommen, unser x ist so, dass die Periode r eine gerade Zahl ist: $r = 2 \cdot s$. Dann können wir doch die Gleichung[2] $x^r = 1$ unter Verwendung der Abkürzung $y := x^s$ als $y^2 = 1$ bzw. als $(y + 1) \cdot (y - 1) = 0$ umschreiben.

---

2. Wir lassen das „modulo" der Einfachheit halber weg und rechnen so wie mit gewöhnlichen Zahlen; das ist wirklich legitim!

Und „gleich 0 modulo n" bedeutet Teilbarkeit durch n und damit durch p und q. Wenn man nun noch die Tatsache verwendet, dass eine Primzahl ein Produkt nur dann teilt, wenn es einen der Faktoren teilt, so liefert uns die Kenntnis von y die Kenntnis von p und q. (Ich habe ein bisschen geschummelt: Für die Argumentation ist wichtig, dass $y + 1$ nicht Null modulo n ist: Das erklärt den Zusatz in der der nachstehenden Definition).

Zusammengefasst können wir also sagen, dass wir aus der Periode von x „mit etwas Glück" einen Teiler von n bekommen. Wir präzisieren das in der

Definition: Eine Zahl x zwischen 1 und n soll *gut* heißen, wenn x zu n teilerfremd ist, die Periode von x eine gerade Zahl $r = 2 \cdot s$ ist und x^s modulo n *nicht* die Zahl $n - 1$ ist.

Bemerkenswerterweise ist es nun so, dass es gute Zahlen im Überfluss gibt.[3] Greift man zufällig eine heraus, so ist sie mit mehr als fünfzig Prozent Wahrscheinlichkeit gut. Das führt zur folgenden *Strategie zur Lösung des Faktorisierungsproblems*:

○ Suche mit einem Zufallsgenerator eine Zahl x zwischen 1 und n.
○ Mit sehr viel Glück hat sie einen gemeinsamen Teiler mit n, dann ist man fertig. Mit mindestens fünfzig Prozent Wahrscheinlichkeit ist x gut, und dann kann man mit Hilfe der Kenntnis der Periode ebenfalls faktorisieren.
○ Sollte man kein Glück gehabt haben, wiederhole man die ersten beiden Schritte. Irgendwann wird es schon klappen, denn laut Wahrscheinlichkeitsrechnung ist die Wahrscheinlichkeit für „Pech" in k aufeinanderfolgenden Schritten höchstens 0.5^k. Sie müssen schon ein echter Pechvogel sein, wenn es zehnmal schiefgeht, diese Wahrscheinlichkeit ist kleiner als ein Promille.

Für sich genommen ist das eine interessante, aber recht nutzlose Umschreibung des Problems, denn

> *Für einen klassischen Computer ist das Berechnen der Periode genauso kompliziert wie das Faktorisieren selber!*

(Das Finden von Zufallszahlen x dagegen ist leicht, das gehört heutzutage zu den Standardaufgaben.)

Hier sollen auf spektakuläre Weise Quantencomputer zum Einsatz kommen. Ihre einzige Aufgabe (beim Faktorisierungsproblem) besteht darin, für ein vorgelegtes x die Periode von x zu bestimmen. Alles andere, also das zufällige Erzeugen von x und die weiteren Rechnungen wie etwa die mehrfache Ausführung des Euklidischen Algorithmus, kann den klassischen Rechnern überlassen bleiben.

---

3. Der Beweis ist elementar, aber etwas länglich.

3   Etwas Quantenmechanik

Hier wollen wir uns wirklich auf das Notwendigste beschränken. Auch nach 100 Jahren ist die Quantenmechanik immer noch eine Wissenschaft, die den meisten ein Buch mit sieben Siegeln ist. Das ist auch ganz verständlich, denn es handelt sich um ein (hervorragend funktionierendes) Modell der Welt im atomaren Bereich, das nach Gesetzen funktioniert, die der menschlichen Lebenserfahrung total zuwiderlaufen.

Was uns interessiert, kann am folgenden Beispiel demonstriert werden. Wir denken an eine Situation, bei der Teilchen von atomarer Größenordnung betrachtet werden und bei der durch die Versuchsanordnung klar ist, dass genau eine von zwei Möglichkeiten verwirklicht werden kann:

o Ein Photon, das auf eine Glasplatte schräg auftrifft, kann hindurchgehen oder gebrochen werden;

o ein Elektron kann bei einer Messung einen Spin „up" oder "down" haben;

o ein Teilchen (etwa ein zu einem Atomkern gehörendes Elektron) kann genau eines von zwei Energieniveaus einnehmen;

o usw.

Wir wollen für den Augenblick die möglichen Ergebnisse A und B nennen. Fundamental ist dann die Feststellung, dass das Weitestgehende, das sich theoretisch aussagen lässt, *wahrscheinlichkeitstheoretische Aussagen* sind: Physiker können eine Zahl a zwischen 0 und 1 berechnen, so dass die Wahrscheinlichkeit für eine A-Messung gleich a (und folglich die für eine B-Messung gleich $1 - a$) ist. Es ist also – etwas unwissenschaftlich ausgedrückt – so, als ob ein Photon kurz vor Erreichen der Glasplatte würfelt, ob es nun hindurchgehen will oder lieber reflektiert werden möchte. Auf die philosophischen Probleme in diesem Zusammenhang können wir hier natürlich nicht eingehen.

Die Wahrheit ist etwas komplizierter, leider benötigen wir gleich diese Verfeinerung. Sie besagt:

Man stelle sich A und B als Punkte der Ebene vor. An A und B denke man sich „Pfeile" angebracht, die eine beliebige Richtung haben können.[4] Einzige Bedingung: Misst man die Längen l_A und l_B dieser Pfeile, so muss die Zahl $l_A^2 + l_B^2$, d. h. die Summe der quadrierten Längen, den Wert 1 ergeben.

Die Wahrscheinlichkeit, A zu messen, ist dann gerade die Zahl l_A^2.

---

4.   Die Fachleute mögen verzeihen, aber für einen eher populären Vortrag wollte ich doch die Worte „Basis in einem zweidimensionalen komplexen Hilbertraum" vermeiden. Die „Pfeile" aus meiner Illustration sind natürlich verkleidete komplexe Zahlen, sie sind die Koeffizienten der Basisvektoren.

Zwei Ergänzungen sind nun noch wichtig. *Erstens* ist es so, dass dieses Pfeil-Bild den Zustand *vor* der Messung beschreibt. Wird zum Beispiel gemessen, dass *A* eingetreten ist, so verändert sich der Zustand schlagartig: Es gibt nun einen Pfeil der Länge 1 bei *A*, und der bei *B* ist verschwunden. Aus dem Blickwinkel der Quantencomputer ist es bedauerlicherweise so, dass „Messung" sehr weit interpretiert werden muss, jede Wechselwirkung mit anderen Systemen hat die gleiche Auswirkung wie eine Messung. Und *zweitens* kann es so etwas wie eine *Überlagerung* geben. Das muss man sich so vorstellen, dass man manchmal nicht weiß, welches von zwei *A-B*-Pfeildiagrammen für die Beschreibung einer Situation das richtige ist. Zum Beispiel, weil ein Photon sich für einen von zwei Spalten zum Durchgehen entschieden hat, wir aber nicht wissen, für welchen. Dann kommt es zur Überlagerung, das richtige Modell entsteht dann so, dass man die Pfeile der einzelnen Modelle per Vektoraddition zusammensetzt (und hinterher den Maßstab noch so abändert, dass die Summe der Längenquadrate wieder Eins ist). Da sich Vektoren je nach Richtung verstärken, abschwächen oder sogar ganz auslöschen können, kommt es zu merkwürdigen Phänomenen, die klassisch nicht erklärbar sind.

Hier ein Beispiel:

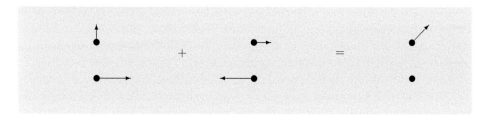

4 Qbits: Die Bausteine eines Quantencomputers

Der Ausgangspunkt ist ganz einfach, wir knüpfen an den vorigen Abschnitt an: Grundbaustein eines Quantentencomputers ist eine physikalische Situation, die bei Messung genau eines von zwei Ergebnissen produziert. Eben noch haben wir sie *A* und *B* genannt, ab jetzt sollen sie 0 und 1 heißen. Man spricht dann von einem *Qbit*. (Der Name soll natürlich daran erinnern, dass der Grundbaustein eines klassischen Computers ein Bit ist, also eine Einheit, die die Werte 0 und 1 annehmen kann.)

Der wesentliche Unterschied ist der folgende: Ein *Bit* ist in einem der Zustände 0 oder 1. Definitiv. Ein *Qbit* dagegen ist mit einer gewissen Wahrscheinlichkeit in 0 bzw. 1, die einzelnen Wahrscheinlichkeiten werden durch die Länge der Pfeile bei 0 bzw. 1 bestimmt. Nur durch eine Messung können wir den Zustand erfahren, der dann aber unwiederbringlich verändert wurde. Rein formal gesehen ist ein Bit ein spezielles Qbit, ein Bit im Zustand 0 etwa entspräche einem Qbit, bei dem 0 einen Pfeil der Länge Eins trägt (und der Pfeil bei 1 verschwindet).

Nun kann man mit einem Qbit recht wenig anfangen, wir brauchen viele. Die Lösung kann nicht darin bestehen, einfach einzelne Qbits nebeneinanderzupacken, man möchte auch noch die Wechselwirkungen ausnutzen.

Nehmen wir etwa zwei Qbits, Q1 und Q2. Sind beide im Zustand 0, so wollen wir den Gesamtzustand mit 00 bezeichnen, analog sind die Zustände 01, 10 und 11 zu verstehen. Überlassen wir beide sich selber, so wird irgendeiner dieser gemeinsamen Zustände vorliegen, wir wissen aber nicht, welcher. Wieder ist es so, dass nur Wahrscheinlichkeiten vorausgesagt werden können. Diesmal sind vier Pfeile – je einer für 00, 01, 10, 11 – vorzuschreiben. Die Längen, zum Quadrat genommen, müssen sich zu Eins summieren, diese Quadrate stehen für Wahrscheinlichkeiten. Hat etwa der Pfeil bei 01 die Länge 0.7, so werden wir mit Wahrscheinlichkeit $0.7 \cdot 0.7 = 0.49$ (das sind 49 Prozent) Q1 im Zustand 0 und Q2 im Zustand 1 messen.

Mit wachsender Anzahl der Qbits sind nun immer mehr Pfeile zu beherrschen. Genauer: Bei L Qbits spielen 2^L Pfeile eine Rolle. Es ist dieser Punkt, der zu den gewaltigen Möglichkeiten führt, man könnte es als massive Parallelität des Rechners interpretieren[5].

Nach diesen Vorbereitungen können wir das *Anforderungsprofil* für einen Quantencomputer grob spezifizieren:

Forderung 1: Der Quantencomputer muss über L Qbits verfügen. Für die Anwendung, die wir planen, ist $L = 2000$ eine realistische Größenordnung. Es muss möglich sein, diese Qbits beliebig zu initialisieren: Denken wir uns beliebige 2^L Pfeile aus, für die die quadrierten Längen sich zu Eins summieren, so muss es möglich sein, den Computer in einen Zustand zu bringen, dass die 2^L möglichen Zustände durch genau diese Pfeile charakterisiert sind.

Ein Computer, in den man nur etwas einlesen kann, ist noch ziemlich uninteressant, daher folgt nun die

Forderung 2: Es muss möglich sein, an diesen Qbits im wesentlichen die gleichen Operationen vorzunehmen wie an gewöhnlichen Bits: Negation, Konjunk-

---

5. In gewisser Weise führen L Qbits zu einem Computer, der 2^L Zahlen gleichzeitig verarbeiten kann, allerdings wird jede einzelne nur mit einer gewissen Wahrscheinlichkeit eine Rolle spielen. Dieses exponentielle Ansteigen von 2^L mit wachsendem L ist kaum vorstellbar, man kommt sonst damit selten in Berührung. Höchstens einmal bei Kettenbriefen oder beim Wundern über die Fabel vom Schachbrett und den Reiskörnern.

tion, Disjunktion, … (Das ist ein heikler Punkt, denn man kann aus Theorie-
inhärenten Gründen einen Quantenzustand nicht kopieren, ohne vorher eine
Messung vorzunehmen, durch die die vorher mühsam produzierte Überlagerung der einzelnen Zustände schlagartig aufgehoben würde.) Es kommt noch eine
spezielle Forderung hinzu, die für unsere Zwecke unerlässlich ist. Der Quantencomputer muss die diskrete *Fouriertransformation* beherrschen. Vereinfacht ausgedrückt geht es darum, mittels einer Rechner-internen Operation – die die Überla-
gerungen nicht zerstört – einen bei einem Zustand stehenden Pfeil in eine Pfeil-
familie zu verwandeln. Dabei wird der Ausgangspfeil hergenommen, stark verkürzt und unter gewissen Drehwinkeln an die einzelnen Zustände angehängt.
Nachstehend sehen wir einen Ausgangszstand (er ist deterministisch beim Zustand 01) und daneben seine diskrete Fouriertransformation; oberflächlich gesehen wird zunächst garantiert Zustand 01 bei einer möglichen Messung produziert, und nach Transformation sind alle Zustände gleichwahrscheinlich.

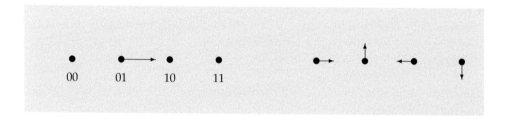

Das Wichtigste aber ist, dass wir auch noch die Richtungen der Pfeile kontrollieren
können, das wird gleich entscheidend sein.
Schließlich bestehen wir noch auf

Forderung 3: Es muss möglich sein, die einzelnen Operationen so durchzuführen, dass Überlagerung gewährleistet ist, dass sich also die Wahrscheinlichkeitspfeile entsprechend der Vektoraddition zusammensetzen. Sind also zum Beispiel
zu Beginn nur zwei Zustände Z1 und Z2 – beschrieben durch die Pfeile P1 (bei Z1)
und P2 (bei Z2) – möglich und werden mit Z1 und Z2 Rechnungen durchgeführt,
die zu Ergebnissen E1 und E2 führen, so soll der Rechner nach der Rechnung in
einem Gesamtzustand sein, für den die Pfeillängen und -richtungen an den einzelnen möglichen Zuständen aus P1 und P2 sowie aus den zu E1, E2 gehörigen
Pfeilen mittels Vektoraddition entstanden sind.

5 Wie faktorisiert man mit einem Quantencomputer große Zahlen?

Nun können wir die Idee von Shor in den Grundzügen nachvollziehen. Wir erinnern daran, dass wir für eine Zahl $n = p \cdot q$ allein aus dem n die Zahlen p und

q finden wollen und dass es reicht, zu einem x zwischen 1 und n die Periode zu berechnen. Das geht nach Shor so:

1. Schritt: Die Zahl n ist gegeben, sie soll mit L Ziffern im Zweiersystem darstellbar sein (hat n im Zehnersystem zum Beispiel 90 Stellen, so führt das – da 10^3 ungefähr 2^{10} ist – auf etwa 300 Stellen im Dualsystem). Baue Dir einen Quantencomputer mit $3L$ Qbits. Er soll die im vorigen Abschnitt beschriebenen Eigenschaften haben.

2. Schritt: Organisiere den Computer so: Die ersten $2L$ Qbits sollen „das erste Register" heissen, die letzten L Qbits taufe man als „das zweite Register".

3. Schritt: Suche ein zufälliges x zwischen 1 und n. Das können wir einem klassischen Computer übertragen.

4. Schritt: Präpariere den Computer: Zu allen Zuständen der Form $* \cdots * 0 \cdots 0$ (irgendwelche Nullen und Einsen in den ersten $2L$ Qbits, nur Nullen im zweiten Register) gehört ein nach rechts zeigender Pfeil, und alle haben die gleiche Länge; alle anderen Pfeile haben Länge Null.

5. Schritt: Verändere den Zustand des Computers auf folgende Weise. Zur Zeit sind doch alle Zustände der Form $a0 \cdots 0$ gleichwahrscheinlich, wo a den Zustand des ersten Registers bezeichnet. Das soll in einen Gesamtzustand übergehen, bei dem die Wahrscheinlichkeit für $a0 \cdots 0$ auf ay übertragen wird, wobei y – ein Wert im zweiten Register – für „x^a modulo n, geschrieben im Zweiersystem" steht. Das ist sinnvoll, da mit n auch y höchstens L Dualziffern hat.

(*Zusammen*: Der Computer ist jetzt in einem Zustand, wo man bei einer Messung im ersten Register ein a und im zweiten das zugehörige x^a modulo n finden würde. Dabei kommen alle möglichen a zwischen 0 und 2^{2L} mit gleicher Wahrscheinlichkeit vor, und immer noch zeigen alle von Null verschiedenen Wahrscheinlichkeitspfeile nach rechts.)

6. Schritt: Das ist der entscheidende Schritt. Jetzt müssen Fouriertransformation und Überlagerung gleichzeitig ablaufen, ohne einander zu stören. Nur so kann der gewünschte Effekt erzielt werden, der auf der folgenden Idee beruht.

Erstens entstehen doch bei der Fouriertransformation Wahrscheinlichkeitspfeile, die – je nach Zustand – in alle möglichen Richtungen zeigen. Zweitens werden sie nach dem Gesetz des Kräfteparallelogramms überlagert. Und drittens gilt doch: Zeigen "sehr viele" Pfeile in verschiedene Richtungen, so ist der resultierende Pfeil sehr klein[6]. Nur dann, wenn die Pfeile alle in die gleiche Richtung zeigen, gibt es eine bemerkenswerte Resultierende.

---

6. Davon kann sich jeder am Beispiel resultierender Kräfte überzeugen: Wenn mehrere Hunde an einer Decke in verschiedene Richtungen zerren, wird sich die kaum von der Stelle bewegen.

Im vorliegenden Fall werden nun die Zustände im ersten Register einer Fouriertransformation unterworfen. Es ist dann so, dass nur solche Zustände by – mit einem b der Länge $2L$ aus dem ersten Register und einem y der Länge L aus dem zweiten – einen von Null verschiedenen Wahrscheinlichkeitspfeil haben, wenn $r \cdot b$ ein Vielfaches von 2^{2L} ist. Dabei steht r für die gesuchte Periode von x.

> Die Einzelheiten sind elementar, allerdings etwas verwickelt. Sie hängen mit der Exponentialfunktion im Bereich der komplexen Zahlen zusammen. In Formeln: Bezeichnet $\xi_j := \exp(2\pi i j/m)$ für $j = 0, \ldots, m-1$ die m-ten Einheitswurzeln, so gilt
>
> $$\sum_{j=0}^{m-1} \xi_j^l = 0$$
>
> für alle Exponenten $l = 1, \ldots, m-1$, der Exponent $l = 0$ führt offensichtlich zur Gesamtsumme m. Das folgt sofort aus der Formel für die geometrische Reihe, die obige Summe ist gleich $(\xi_j^m - 1)/(\xi_j - 1) = 0$. Die ξ_j kommen durch die diskrete Fouriertransformation ins Spiel, die Zahl m ist in unserem Fall 2^{2L}.

7. Schritt: Nun soll das erste Register gemessen werden (die Werte des zweiten sind nicht so wichtig). Aufgrund der zum vorigen Schritt gemachten Bemerkungen erhalten wir ein b, so dass rb ziemlich genau ein Vielfaches von 2^{2L} sein muss. Mit elementaren Methoden ist es dann leicht, daraus das r zu ermitteln (Kettenbruchentwicklung!).

8. Schritt: Teste, ob x gut ist. Das kann wieder ein klassischer Computer übernehmen, da die Periode bekannt ist. Falls ja, ist damit ein Teiler von n gefunden, die Begründung findet sich oben in Abschnitt 2. Falls nein, fange noch einmal beim dritten Schritt an. Es ist dann ziemlich sicher, dass vergleichsweise schnell die Faktorisierung gefunden wird.

6 Zusammenfassung

Alles war doch ziemlich verwickelt, daher soll hier noch einmal auf die wichtigsten Punkte hingewiesen werden:
- Gewisse heute als sicher geltende kryptographische Verfahren, insbesondere der
  public-key-Algorithmus RSA, sind dann nicht mehr sicher, wenn man eine Technik kennt, aus einer zusammengesetzten Zahl $n = p \cdot q$ die Faktoren herauszulesen.
- Wenn es jemand schafft, auf schnelle Weise die Periode eines beliebigen x auszurechnen, so ist das Problem gelöst. Als neuer Aspekt kommt hinzu: Man muss es eventuell mehrfach versuchen, denn das Verfahren ist nur mit einer

gewissen positiven Wahrscheinlichkeit erfolgreich. Diese Wahrscheinlichkeit ist in unserem Fall beruhigend hoch (höher als 50 Prozent).

○ Quantencomputer könnten genau das leisten. Sie müssen allerdings genügend kompliziert sein (einige tausend Qbits) und gewisse Forderungen erfüllen. Diese sind beim heutigen Stand der Technik nicht einmal ansatzweise zu verwirklichen. Das Hauptproblem ist, ein kompliziertes quantenmechanisches System so abzuschirmen, dass es keine Dekohärenz (= durch Messung oder Wechselwirkung zustande gekommener Verlust des Überlagerungszustands) gibt.

Falls so ein Quantencomputer wirklich zur Verfügung steht, ist nichts weiter zu tun, als ihn wie oben beschrieben zu präparieren, die erforderlichen Zustandsänderungen durch geeignete Gatter vorzunehmen und dann das erste Register zu messen. Mit einer hohen Wahrscheinlichkeit führt das zur Periode des vorgelegten x, und wir können hoffen, das Faktorisierungsproblem zu lösen.

Ich persönlich glaube nicht, dass man jemals auf diese Weise Zahlen einer interessanten Größenordnung faktorisieren kann. (Zum Zeitpunkt der Neuauflage von „Alles Mathematik" steht der Rekord bei der Faktorisierung der Zahl 15.) Das Thema „Quantenkryptographie" hat aber noch andere Aspekte, die sicher schneller zu greifbaren Ergebnissen führen. Dazu gehört zum Beispiel die abhörsichere Übertragung von Schlüsseln: Man benötigt im wesentlichen ein einziges Qbit, es sind schon Testläufe über einige Dutzend Kilometer erfolgreich durchgeführt worden. Da ist die enthaltene Mathematik aber eher uninteressant. Wichtiger sind die beteiligten physikalischen Phänomene, deswegen wurde in diesem Vortrag auch nicht darauf eingegangen.

Literatur

Mir sind leider keine deutschsprachigen Quellen bekannt, in denen auf die Mathematik im Zusammenhang mit Quantencomputern eingegangen wird. Wer etwas Englisch kann und eine physikalische Vorbildung hat, findet einiges im Buch von C. P. Williams und S. H. Clearwater (*Explorations in Quantum Computing*, Springer-Verlag, 1998).

Allgemeine Darstellungen des Themas, die allerdings die Mathematik weitgehend ausklammern, gab es mehrfach in deutschsprachigen Zeitschriften, zum Beispiel in der ZEIT (30. 5. 1997) oder im *Spektrum der Wissenschaft* (Dezember 1995, August 1998).

Der große Satz von Fermat – die Lösung eines 300 Jahre alten Problems

Jürg Kramer

1 Einführung

In diesem Beitrag soll über die neuesten, aufsehenerregenden Entwicklungen im Zusammenhang mit der Vermutung von Fermat berichtet werden. Diese Vermutung besagt, dass es keine von Null verschiedenen, ganzen Zahlen a, b, c gibt, welche der Gleichung

$$a^n + b^n = c^n \tag{1}$$

genügen, sobald der Exponent n größer als zwei ist. Fermat stellte seine Vermutung um das Jahr 1637 herum, also vor mehr als 350 Jahren, auf.

Pierre de Fermat
(Bild: Wikimedia
Commons, gemeinfrei)

Pierre de Fermat wurde am 20. August 1601 in der südwestfranzösischen Stadt Beaumont de Lomagne geboren. Auf Drängen seines Vaters schlug er die juristische Laufbahn ein und wurde im Jahr 1631 zum *Conseiller au Parlement de Toulouse* ernannt. Außerdem war Fermat auch als Richter in Toulouse tätig. Politischen Ehrgeiz besaß er nicht; statt dessen widmete er sich in seiner Freizeit der Mathematik, insbesondere der Zahlentheorie, welche damals im wesentlichen aus den in Diophants Werk aus dem dritten Jahrhundert, der *Arithmetica*, gesammelten Beiträgen bestand. So kam es, dass Fermat die 1621 von Claude Gaspar Bachet neu herausgegebene *Arithmetica* des Diophant eingehend studierte und seinerseits eine ganze Reihe von Beobachtungen an den Rand seines persönlichen Exemplars notierte. Die meisten dieser Beobachtungen waren nur sehr skizzenhaft, sie wurden aber alle nach dem Tode von Fermat rigoros bewiesen bis auf die eine, die einleitend genannte Vermutung, welche bis 1995 unbewiesen blieb. Die Lösung dieses letzten Rätsels verdanken wir dem britischen, in Princeton (New Jersey, USA) lehrenden Mathematiker Andrew Wiles, der während mehr als sieben Jahren seine Forschungstätigkeit auf dieses Problem konzentrierte und letztendlich gemeinsam mit Richard Taylor mit einem Beweis der Fermat-Vermutung belohnt wurde; wir werden im zweiten Teil dieses Vortrags darüber berichten. Pierre de Fermat lebte noch fast weitere dreißig Jahre nach seiner berühmten Entdeckung und entwickelte in dieser Zeit neben der Zahlentheorie auch wesentliche Beiträge zur Wahrscheinlichkeitstheorie und zur Differentialrechnung. Am Ende des Jahres 1664 erkrankte Fermat schwer und starb kurz darauf am 12. Januar 1665.

2 Wie stieß Fermat auf seine Vermutung?

Bevor wir diese Frage beantworten, erinnern wir an den Lehrsatz des Pythagoras: Ist ein rechtwinkliges Dreieck (s. Abbildung 1) mit den beiden Katheten a, b und der Hypothenuse c gegeben, so besteht nach Pythagoras die Beziehung

$$a^2 + b^2 = c^2. \tag{2}$$

Hierbei brauchen die Größen a, b, c nicht notwendigerweise ganzzahlig zu sein; sind z. B. $a = 1$ und $b = 2$, so ist die Hypothenuse c gegeben durch die irrationale Zahl $\sqrt{5} \approx 2,236\ldots$.

Bemerkenswerterweise gilt auch die Umkehrung dieses Lehrsatzes: Sind nämlich a, b, c drei positive, reelle Zahlen, die der Gleichung (2) genügen, so gehört dazu ein rechtwinkliges Dreieck mit den Seitenlängen a, b, c, wobei c der Hypothenuse entspricht.

Es stellt sich nun sogleich die Frage, ob es positive, *natürliche* Zahlen a, b, c gibt, welche die Gleichung (2) erfüllen. In der Tat ist den meisten unter uns das Beispiel $a = 3, b = 4, c = 5$ bekannt, denn es gilt ja

$$3^2 + 4^2 = 9 + 16 = 25 = 5^2.$$

Bei den Pythagoreern wurden solche ganzzahligen Tripel (a, b, c) besonders verehrt, da sie harmonischen Verhältnissen entsprechen; so bilden z. B. drei Saiten mit dem Längenverhältnis $3 : 4 : 5$ einen harmonischen Dreiklang. Diese sogenannten *pythagoreischen Zahlentripel* waren z. T. aber auch schon den Babyloniern vor 1600 v. Chr. bekannt; damit konnten sie nämlich leicht rechte Winkel konstruieren, was ihnen bei der Landvermessung zu Gute kam.

Im bereits erwähnten Werk Diophants über Zahlentheorie findet sich nun die Frage nach einer systematischen Konstruktion pythagoreischer Zahlentripel; damit hängt insbesondere auch die Frage zusammen, ob es endlich viele oder gar unendlich viele solche Zahlentripel gibt. Unter Verwendung der heutigen Formelsprache findet sich dort folgendes Konstruktionsverfahren: Man wähle zwei positive, natürliche Zahlen m, n derart, dass m größer als n ist; indem man

$$a := m^2 - n^2\,,\ b := 2mn\,,\ c := m^2 + n^2$$

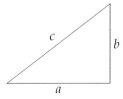

Abbildung 1. Rechtwinkliges Dreieck

setzt, erhält man nun ein pythagoreisches Zahlentripel, da man mit Hilfe der bi-nomischen Formel leicht

$$a^2 + b^2 = (m^2 - n^2)^2 + (2mn)^2 =$$

$$m^4 + 2m^2n^2 + n^4 = (m^2 + n^2)^2 = c^2$$

nachprüft. Da man die natürlichen Zahlen m, n bei dieser Konstruktion, abgese-hen von der leicht zu erfüllenden Bedingung $m > n$, beliebig wählen kann, findet man zugleich, dass es *unendlich* viele verschiedene pythagoreische Zahlentripel gibt.

Beim Studium dieser Passage von Diophants Werk hat sich Fermat nun die Frage gestellt, wieviele Lösungstripel (a, b, c), bestehend aus positiven, natürli-chen Zahlen, es denn gäbe, wenn in der Gleichung (2) der Exponent 2 durch den Exponenten $n \geq 3$ ersetzt wird. Aufgrund seiner Untersuchungen kam er zum Schluss, dass es unter diesen Umständen – im Gegensatz zum Fall pythagorei-scher Zahlentripel – *kein* einziges solches Zahlentripel (a, b, c) gibt. Fermat fasste diese Erkenntnis in der folgenden, berühmten Randnotiz in seinem Exemplar der *Arithmetica* zusammen:

> Cubum autem in duos cubos aut quadrato quadratum in duos quadra-to quadratos et generaliter nullam in infinitum quadratum potestatem in duos eiusdem nominis fas est dividere. Cuius rei demonstrationem mirabilem sane detexi. Hanc marginis exiguitas non caperet.

Die deutsche Übersetzung dieser lateinischen Randnotiz lautet:

> Es ist nicht möglich, einen Kubus in zwei Kuben oder ein Biquadrat in zwei Biquadrate und allgemein eine Potenz, höher als die zweite, in zwei Potenzen mit demselben Exponenten zu zerlegen. Ich habe hierfür einen wahrhaft wunderbaren Beweis, doch ist der Rand hier zu schmal, um ihn zu fassen.

3   Die Zeit zwischen 1637 und 1980

Was einen Beweis von Fermats Vermutung anbetrifft, so konnte man Fermats Be-obachtungen lediglich einen Beweis für den Exponenten $n = 4$ entnehmen. Dabei verwendete Fermat mit Erfolg seine *Methode des unendlichen Abstiegs*: Ausgehend von einem hypothetischen Tripel (a, b, c) positiver, natürlicher Zahlen mit der Ei-genschaft

$$a^4 + b^4 = c^4 \tag{3}$$

konstruierte er ein weiteres Tripel (a_1, b_1, c_1) positiver, natürlicher Zahlen mit den Eigenschaften

$$a_1^4 + b_1^4 = c_1^4 \,,$$

$$a_1 < a \,, \; b_1 < b \,, \; c_1 < c \,.$$

In dieser Weise fortfahrend, konnte Fermat *unendlich* viele Tripel positiver, natürlicher Zahlen konstruieren, welche einerseits der Gleichung (3) genügen, andererseits aber immer kleiner, also beliebig klein werden. Aufgrund der Ganzzahligkeit und der Positivität der konstruierten Zahlentripel ergibt dies aber einen Widerspruch.

Nach dem Tode Fermats im Jahre 1665 erkannte glücklicherweise sein Sohn Samuel die Bedeutung der mathematischen Entdeckungen seines Vaters; er editierte 1670 Diophants *Arithmetica* erneut, nun aber noch ergänzt durch Fermats Beobachtungen. So standen den nachfolgenden Mathematikergenerationen Fermats Arbeiten zur Zahlentheorie zur Verfügung. Viele der von Fermat nicht rigoros bewiesenen Beobachtungen wurden in der Folge vervollständigt, unter anderem auch durch den berühmten Mathematiker Leonhard Euler (1707–1783). Auch er versuchte sich an Fermats Vermutung; es gelang ihm aber „nur" ein Beweis im Falle des Exponenten $n = 3$. Nach Eulers Tod erfolgte zunächst ein wesentlicher Beitrag zur Lösung der Fermat-Vermutung durch die Mathematikerin Sophie Germain (1776–1833), die zu jener Zeit gezwungen war, ihre Arbeiten unter dem männlichen Pseudonym *Monsieur Le Blanc* zu publizieren. Im Jahre 1825 gelang dann Adrien-Marie Legendre (1752–1833) und – unabhängig von ihm – dem jungen Peter Gustav Lejeune Dirichlet (1805–1859) ein Beweis der Fermat-Vermutung für den Exponenten $n = 5$. Im Jahr 1839 folgte schließlich Gabriel Lamé (1795–1870) mit einem Beweis für den Exponenten $n = 7$. Aufsehenerregend war das Jahr 1847, als sowohl Gabriel Lamé als auch der berühmte Augustin Louis Cauchy (1789-1857) bei der französischen Akademie der Wissenschaften in Paris Schriften hinterlegten, in denen ein vollständiger Beweis der Fermat-Vermutung angekündigt wurde. Diese Behauptungen wurden aber durch den Zahlentheoretiker Ernst Eduard Kummer (1810–1893) widerlegt; mit Hilfe seiner Untersuchungen gelang es Kummer zudem, einen großen Schritt bei der Lösung des Fermat-Problems voranzukommen: er knackte die Vermutung für die Exponenten $n = \ell$, wobei ℓ eine Primzahl kleiner als 100 (mit Ausnahme der Primzahlen $37, 59, 67$) ist.

Die im vorhergehenden Abschnitt erwähnten Arbeiten zur Fermat-Vermutung basierten sehr oft auf allgemeineren Forschungsresultaten, die wesentlich zur Entwicklung der Zahlentheorie beitrugen. Obwohl man zu Beginn dieses Jahrhunderts weiter an der Lösung des Fermat-Problems arbeitete und im Jahr 1908 zudem der lukrative Wolfskehl-Preis im Wert von 100,000 RM durch die königliche Gesellschaft der Wissenschaften in Göttingen gestiftet wurde, schien sich die Entwicklung der Zahlentheorie immer mehr von der Fermat-Vermutung zu entfernen. So blieb es bis zu Beginn der achtziger Jahre im wesentlichen bei Verfeinerungen der Kummerschen Arbeiten und – nachdem sich die Computertechnologie mehr und mehr verbessert hatte – bei numerischen Überprüfungen der Fermat-Vermutung; so war z. B. im Jahr 1976 durch S. S. Wagstaff bekannt, dass Fermats Vermutung für Primzahlexponenten, die kleiner als 125.000 sind, richtig ist.

4 Die drei Welten

In diesem Abschnitt stellen wir drei Bereiche der Zahlentheorie vor, die alle voneinander unabhängig zu sein scheinen. Wir nennen diese Bereiche kurz „Welten". Zwei dieser „Welten" waren schon seit langer Zeit Gegenstand intensiver mathematischer Forschung, sie schienen aber bis vor zwanzig Jahren nichts mit der Fermat-Vermutung zu tun zu haben. Im nachfolgenden Abschnitt werden wir dann zeigen, wie diese „Welten" miteinander in Verbindung stehen und wie die entsprechenden „Brücken" zu einem Beweis der Fermat-Vermutung führen. Diese in der Mitte der achtziger Jahre gewonnene Erkenntnis, den Beweis der Fermat-Vermutung mit den scheinbar nicht in Zusammenhang stehenden neueren Entwicklungen der Zahlentheorie zu bringen, verdanken wir dem damals in Saarbrücken, nun in Essen lehrenden Mathematiker Gerhard Frey.

A. Die Anti-Fermat-Welt.   In dieser Welt existieren eine Primzahl $\ell > 5$ und ein Tripel positiver, natürlicher Zahlen (a, b, c), welches der Gleichung

$$a^\ell + b^\ell = c^\ell$$

genügt. Ohne Beschränkung der Allgemeinheit können wir annehmen, dass die Zahlen a, b, c paarweise teilerfremd sind; notwendigerweise ist dann genau eine der Zahlen a, b, c gerade.

Es wird letztendlich unser Bestreben sein zu zeigen, dass die *Anti-Fermat-Welt* nicht existieren kann. In diesem Fall existieren dann also keine positiven, natürlichen Zahlen a, b, c, welche die Gleichung (1) mit einem Primzahlexponenten $\ell > 5$ erfüllen. Man überzeugt sich dann leicht, dass unter diesen Umständen die ganze Fermat-Vermutung richtig ist.

B. Die elliptische Welt.   Diese Welt besteht aus den sogenannten *elliptischen Kurven*. Eine (über den rationalen Zahlen $\mathbb{Q}$ definierte) elliptische Kurve E ist eine in der X, Y-Ebene liegende Kurve, welche durch die kubische Gleichung

$$E : Y^2 = X^3 + \alpha X^2 + \beta X + \gamma \tag{4}$$

mit den ganzzahligen Koeffizienten α, β, γ festgelegt ist, wobei wir zudem verlangen, dass die drei Nullstellen des kubischen Polynoms rechter Hand paarweise voneinander verschieden sind.

In der Theorie der algebraischen Kurven hat es sich nun als zweckmäßig erwiesen, die Kurven nicht nur in der affinen X, Y-Ebene zu betrachten, sondern diese in der umfassenderen projektiven Ebene zu untersuchen. Dies bedeutet einfach, dass wir uns die beiden nach $\pm\infty$ verlaufenden Zweige der elliptischen Kurve (s. Abbildung 2) durch einen im Unendlichen liegenden Punkt zusammengefügt vorzustellen haben. Lassen wir nun noch stetige Verformungen der nunmehr projektiv betrachteten elliptischen Kurve E zu, so erhalten wir dafür das aus zwei Kreisen bestehende Bild (Abbildung 3).

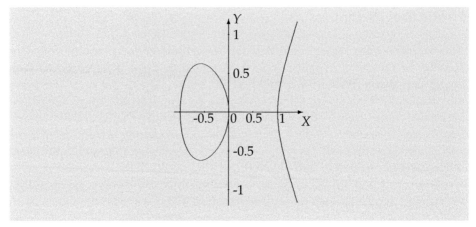

Abbildung 2. Das reelle Bild der elliptischen Kurve $Y^2 = X^3 - X$

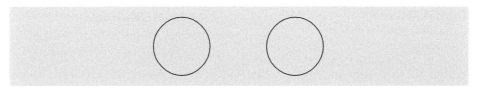

Abbildung 3. Das reelle Bild einer elliptischen Kurve nach Hinzufügen des unendlich fernen Punktes: Zwei Kreise

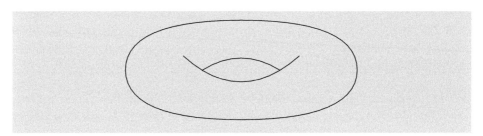

Abbildung 4. Das komplexe Bild einer elliptischen Kurve: Ein Torus

Beachten wir schließlich, dass die reelle Welt einen Schnitt durch die komplexe Welt darstellt, so erhalten wir als komplexes Bild der elliptischen Kurve E einen sogenannten *Torus* (s. Abbildung 4). Im Folgenden stellen wir uns unter einer elliptischen Kurve jeweils einen solchen Torus vor.

Eine für das Weitere wichtige Invariante der elliptischen Kurve E ist ihr *Führer* N_E. Die Größe N_E ist dabei wie folgt definiert: Man geht aus von der Gleichung (4) und wählt eine beliebige Primzahl p. Man betrachtet dann (4) als Kongruenz modulo p, d.h.

$$Y^2 \equiv X^3 + \alpha X^2 + \beta X + \gamma \mod p.$$

Für fast alle Primzahlen p, d.h. bis auf endlich viele, werden die Nullstellen des kubischen Polynoms rechter Hand, nun als Restklassen modulo p betrachtet, paarweise voneinander verschieden sein. N_E ist jetzt das Produkt der endlich vielen Ausnahmeprimzahlen, für welche mindestens zwei der drei Nullstellen als Restklassen modulo p zusammenfallen. Wir fügen hier sogleich die Bemerkung an, dass unsere Definition von N_E unvollständig ist, was uns aber hier nicht weiter stören soll.

Beispiel. Elliptische Kurven treten in natürlicher Weise auch bei der Lösung des antiken *Kongruenzzahlproblems* auf: Dazu wird eine positive natürliche Zahl F vorgegeben. Gesucht wird dann ein rechtwinkliges Dreieck mit rationalzahligen Katheten a, b als auch einer rationalen Hypotenuse c derart, dass der Flächeninhalt des Dreiecks F beträgt. Falls ein solches rechtwinkliges Dreieck existiert, so wird F *Kongruenzzahl* genannt.

Zur Lösung dieses Problems betrachtet man die elliptische Kurve

$$E \ : \ Y^2 = X^3 - F^2 X = X(X - F)(X + F).$$

Findet sich nun ein rationaler Punkt $P = (x, y)$ auf dieser Kurve, d. h. gibt es ein Paar rationaler Zahlen (x, y) mit der Eigenschaft

$$y^2 = x^3 - F^2 x = x(x^2 - F^2), \tag{5}$$

welches zudem $x > F$ und $y > 0$ erfüllt, so ist das gesuchte Dreieck gegeben durch

$$a = \frac{x^2 - F^2}{y} \, , \, b = \frac{2Fx}{y} \, , \, c = \frac{x^2 + F^2}{y} \, .$$

In der Tat prüft man sofort nach, dass

$$a^2 + b^2 = c^2$$

gilt, d. h. es liegt ein rechtwinkliges Dreieck vor; die Fläche dieses Dreiecks ist aufgrund von Gleichung (5) wie gewünscht gegeben durch

$$\frac{a \cdot b}{2} = \frac{x^2 - F^2}{y} \cdot \frac{Fx}{y} = \frac{x(x^2 - F^2)}{y^2} \cdot F = F.$$

Mit Hilfe dieses Zusammenhangs zwischen dem Kongruenzzahlproblem und der Theorie elliptischer Kurven stellt sich z. B. heraus, dass die Zahlen $F = 1, 2, 3$ keine Kongruenzzahlen sind, dass aber die Zahlen $F = 5$, resp. $F = 6$ Kongruenzzahlen sind; Beispiele entsprechender rechtwinkliger Dreiecke sind in diesen Fällen gegeben durch

$$a = 3/2 \, , b = 20/3 \, , c = 41/6 \ \text{sowie} \ a = 3 \, , b = 4 \, , c = 5.$$

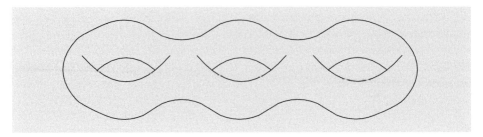

Abbildung 5. Das Bild einer Modulkurve $X_0(N)$ vom Geschlecht $g_N = 3$

C. Die modulare Welt. Diese Welt besteht aus den sogenannten *Modulkurven* und *Modulformen*. Der Einfachheit halber wollen wir uns hier damit begnügen, nur die Modulkurven und diese nur andeutungsweise zu beschreiben. Modulkurven sind gewisse, arithmetisch definierte Flächen, die orientiert und geschlossen sind und durch die positiven natürlichen Zahlen parametrisiert werden. Die zur positiven natürlichen Zahl N gehörige Modulkurve wird üblicherweise mit $X_0(N)$ bezeichnet; N wird dabei die *Stufe* der Modulkurve $X_0(N)$ genannt. Die Modulkurve $X_0(N)$ kann man sich aufgrund der einfachen Klassifikationstheorie orientierbarer, geschlossener Flächen als Kugel mit einer gewissen Anzahl g_N von Henkeln oder als Brezel mit g_N Löchern vorstellen (s. Abbildung 5).

Die Zahl g_N wird das *Geschlecht* der Modulkurve $X_0(N)$ genannt. Ist z. B. $g_N = 0$, so ist die Modulkurve eine Sphäre, ist $g_N = 1$, so liegt ein Torus vor. Das Geschlecht g_N berechnet sich im wesentlichen mit Hilfe der Formel

$$g_N = \left[\frac{N}{12} \right],$$

wobei $[N/12]$ die größte ganze Zahl, die kleiner gleich $N/12$ ist, bedeutet.

5 Die Brücken zwischen den drei Welten

In diesem Abschnitt werden wir zunächst zeigen, wie die Anti-Fermat-Welt mit der elliptischen Welt verbunden werden kann; danach werden wir eine Brücke zwischen der elliptischen und der modularen Welt schlagen.

Die Brücke zwischen A und B. Diesen Brückenschlag verdanken wir einer genialen Idee von Gerhard Frey, der dadurch in der Mitte der achtziger Jahre die Fermat-Vermutung wieder ins Zentrum zahlentheoretischer Untersuchungen rückte. Um den Zusammenhang zwischen der Anti-Fermat-Welt und der elliptischen Welt zu beschreiben, gehen wir wie folgt vor: In der Anti-Fermat-Welt finden wir eine Primzahl $\ell > 5$ und paarweise teilerfremde, positive, natürliche

Zahlen a, b, c, welche der Gleichung

$$a^\ell + b^\ell = c^\ell$$

genügen. Diesen Daten ordnen wir nun die elliptische Kurve, kurz die *Frey-Kurve*,

$$E_{a,b,c} : \quad Y^2 = X(X - a^\ell)(X + b^\ell) = X^3 + (b^\ell - a^\ell)X^2 - (ab)^\ell X$$

zu. Es ist nicht schwierig zu zeigen, dass der Führer $N_{a,b,c}$ der Frey-Kurve $E_{a,b,c}$ gegeben ist durch das Produkt aller Primzahlen p, die a, b, c teilen. Da eine der drei Zahlen a, b, c gerade ist, besteht also die Formel

$$N_{a,b,c} = 2 \cdot \prod_{\substack{p \, \text{Primzahl} \\ p|abc, \, p \neq 2}} p.$$

Damit ist die Brücke zwischen der Anti-Fermat-Welt und der elliptischen Welt geschlagen.

Die Brücke zwischen B und C. Der Brückenschlag zwischen der elliptischen und der modularen Welt ist die großartige Leistung von Andrew Wiles und Richard Taylor. Bereits gegen Ende der fünfziger Jahre begann sich ein Zusammenhang zwischen elliptischer und modularer Welt anzudeuten. Dazu formulierten Goro Shimura und Yutaka Taniyama die folgende Vermutung: Ist E eine (über den rationalen Zahlen $\mathbb{Q}$ definierte) elliptische Kurve mit dem Führer N_E, so wird E von der Modulkurve $X_0(N)$ der Stufe $N = N_E$ überlagert, d. h. es gibt eine surjektive Funktion f, welche die Modulkurve $X_0(N)$ auf ganz E abbildet. Man kann sich diese Vermutung grob gesagt auch so vorstellen, dass die Brezelfläche $X_0(N)$ mit g_N Löchern *stetig* in den Torus, der die elliptische Kurve E repräsentiert, deformiert werden kann (s. Abbildung 6).
Wir fügen sogleich die Bemerkung an, dass die Stufe $N = N_E$ der Modulkurve, welche die elliptische Kurve E überlagert, nicht notwendigerweise minimal ist, das heißt, es kann unter Umständen eine Modulkurve kleinerer Stufe die gegebene elliptische Kurve E überlagern. Man gelangt zur minimalen Stufe, indem man sukzessive alle „unnötigen" Primteiler von N_E aussondert.

Das Hauptergebnis der von Andrew Wiles gemeinsam mit Richard Taylor in den *Annals of Mathematics* publizierten Arbeiten (s. Ann. Math. **141** (1995), 443–551 & 553–572) ist nun die Bestätigung der Vermutung von Shimura und Taniyama. Damit wurde der Brückenschlag zwischen der elliptischen und der modularen Welt vollzogen.

6 Die Anti-Fermat-Welt existiert nicht

Zum Abschluß unseres Vortrags wollen wir nun zeigen, dass es keine Primzahl $\ell > 5$ und kein Tripel positiver, natürlicher Zahlen (a, b, c) mit der Eigenschaft

$$a^\ell + b^\ell = c^\ell$$

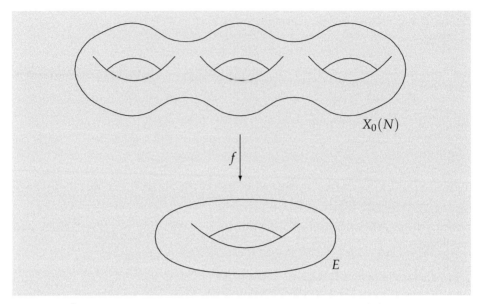

Abbildung 6. Überlagerung der elliptischen Kurve E durch die Modulkurve $X_0(N)$

gibt; damit wäre dann bewiesen, dass die Anti-Fermat-Welt nicht existiert. Dazu werden wir einen Beweis durch Kontraposition führen, d. h. wir nehmen an, dass die Anti-Fermat-Welt existiert, und werden dies zu einem Widerspruch führen. Wenn wir also davon ausgehen, daß es eine Primzahl $\ell > 5$ und positive, natürliche Zahlen a, b, c gibt, welche der Gleichung

$$a^\ell + b^\ell = c^\ell$$

genügen, so können wir diesen Daten mit Hilfe der Brücke zwischen der Anti-Fermat-Welt und der elliptischen Welt die Frey-Kurve $E_{a,b,c}$ mit dem Führer

$$N_{a,b,c} = 2 \cdot \prod_{\substack{p\,\text{Primzahl} \\ p|abc,\, p \neq 2}} p$$

zuordnen. Aufgrund der Ergebnisse von Wiles und Taylor, d.h. aufgrund der Brücke zwischen der elliptischen und der modularen Welt, wird die Frey-Kurve $E_{a,b,c}$ von der Modulkurve der Stufe $N = N_{a,b,c}$ überlagert. In einer bemerkenswerten Arbeit hat der in Berkeley (Kalifornien, USA) lehrende Mathematiker Kenneth Ribet bereits am Ende der achtziger Jahre bewiesen, daß man die Modulkurve mit minimaler Stufe, die die Frey-Kurve $E_{a,b,c}$ überlagert, findet, indem man alle ungeraden Primteiler p der ursprünglichen Stufe $N = N_{a,b,c}$ weglässt, d.h. die Frey-Kurve $E_{a,b,c}$ wird in Tat und Wahrheit bereits von der Modulkurve $X_0(2)$ der Stufe 2 überlagert. Nach unserer Formel für das Geschlecht g_2 der Modulkurve

$X_0(2)$ gilt nun aber

$$g_2 = \left[\frac{2}{12}\right] = \left[\frac{1}{6}\right] = 0,$$

d. h. die Frey-Kurve wird durch eine Sphäre überlagert. Dies ist aber der gewünschte Widerspruch, da es aus topologischen Gründen keine Überlagerungsabbildung von einer Sphäre auf einen Torus gibt. Anschaulich ist dies klar, da man dazu ja ein Loch in die Sphäre bohren müsste, um den Torus zu erhalten.

Mit dieser sehr groben Beweisskizze der Fermat-Vermutung wollen wir unseren Vortrag schließen. Wir machen den interessierten Leser auf die nachfolgende kurze Literaturliste aufmerksam; in den genannten Beiträgen finden sich detailliertere Übersichten über die Geschichte und den Beweis der Fermat-Vermutung sowie ausführliche Literaturverzeichnisse mit der aktuellen Forschungsliteratur.

Literatur

[1] Harold M. Edwards: *Fermat's Last Theorem*. Graduate Texts in Math. **50**. Springer-Verlag, New York–Heidelberg–Berlin, 1977.

[2] Jürg Kramer: Über die Fermat-Vermutung. *El. Math.* **50** (1995), 11–25 & El. Math. **53** (1998), 45–60.

[3] Paulo Ribenboim: *13 Lectures on Fermat's Last Theorem*. Springer-Verlag, New York–Heidelberg–Berlin, 1979.

[4] Simon Singh: *Fermats letzter Satz – Die abenteuerliche Geschichte eines mathematischen Rätsels*. Aus dem Englischen von Klaus Fritz. Carl Hanser Verlag, München–Wien, 1998.

Eine kurze Geschichte des Nash-Gleichgewichts

Karl Sigmund

Es gibt viele wirtschaftstheoretische Probleme, die zwar mathematische Schwierigkeiten aufweisen, aber keine grundsätzlichen: etwa die kürzeste Route zu finden, um alle Hauptstädte Europas anzufliegen, oder das günstigste Versicherungsbündel zu wählen. Leicht lässt sich hier festlegen, was unter einer bestmöglichen Lösung zu verstehen ist. Anders ist es, wenn das Resultat von den Entscheidungen mehrerer Beteiligter abhängt: was soll hier unter ‚bestmöglich‘ verstanden werden? Nehmen wir etwa an, dass zwei Kaufhausriesen an einem Standort interessiert sind. Wenn beide dort eine Filiale eröffnen, bauen beide Verlust. Am besten ist es, wenn sich einer zurückzieht; besser gesagt, wenn sich der andere zurückzieht – aber wer soll das sein? Was könnte man unter der Lösung so eines Problems verstehen?

In den Zwischenkriegsjahren wies der Wiener Wirtschaftswissenschaftler Oskar Morgenstern immer wieder auf derartige Probleme hin. Im Programm des sogenannten methodologischen Individualismus sollte das Wirtschaftsleben als die Resultante individueller Entscheidungen erklärt werden. Doch solche Entscheidungen sind voneinander abhängig. Morgenstern leitete daraus die grundsätzliche Unmöglichkeit von Wirtschaftsprognosen ab. Sein Argument: eine verlässliche Prognose muss natürlich die Reaktionen der Wirtschaftstreibenden berücksichtigen; diese ihrerseits werden wiederum auf jede Modifikation der Prognose reagieren, worauf die Vorhersage wieder modifiziert werden muss usf. Das schien Morgenstern – der übrigens selbst ein Institut für Konjunkturforschung leitete, von dem Wirtschaftsprognosen erwartet wurden – geradewegs in einen unheilbaren circulus vitiosus zu führen. Morgenstern sah hier eine tiefe, grundsätzliche Unmöglichkeit, von ähnlicher Bedeutung wie der Unvollständigkeitssatz seines Wiener Freundes Kurt Gödel, der gezeigt hatte, dass die Widerspruchsfreiheit der Mathematik grundsätzlich nicht bewiesen werden kann, oder wie die Unschärferelation von Werner Heisenberg.

Hat Sherlock Holmes eine Chance?

Das Beispiel, das Morgenstern immer wieder verwendete, stammt aus einer Kriminalgeschichte von Conan Doyle. Sherlock Holmes wird von dem Erzschurken Professor Moriarty gejagt. Der Detektiv sitzt unbewaffnet im Zug nach Dover und weiß: Sobald er dort aussteigt, wird Moriarty ihn töten. Holmes kann dem nur entgehen, wenn er bereits in Canterbury den Zug verlässt; aber was, wenn Moriarty das errät und in Canterbury lauert? Also doch bis nach Dover? Allerdings, wenn das die bessere Lösung ist, so hätte Moriarty sie bereits antizipiert, usf.

Beschreiben wir das etwas genauer. Holmes hatte gesehen, wie Moriarty im letzten Augenblick, als der Zug in London bereits abfuhr, aufgesprungen war, und Moriarty wusste, dass Holmes ihn gesehen hatte. Aber es gab keinen Durchgang zwischen den Waggons. Canterbury war die einzige Zwischenstation auf dem Weg nach Dover. Sicher würde Moriarty Ausschau halten, ob Holmes dort ausstieg. Aber er konnte nur auf einer Zugseite hinausschauen. Wenn Holmes auf der anderen Zugseite ausstieg, würde er überleben, während Moriarty weiterfuhr. Also Überlebenswahrscheinlichkeit $\frac{1}{2}$. Wenn Holmes dagegen erst in Dover ausstieg, und Moriarty auch, war die Überlebenswahrscheinlichkeit von Holmes Null. Also sollte er es riskieren, in Canterbury auszusteigen. Aber das konnte Moriarty antizipieren, und auf alle Fälle in Canterbury aussteigen. Dann wäre es um Holmes geschehen, sobald der Zug die Bahnhofshalle verließ.

		Moriarty	
		Dover	Canterbury
Holmes	Dover	0	1
	Canterbury	$\frac{1}{2}$	0

Morgenstern verwendete dieses Beispiel in Büchern und zahlreichen Vorträgen, so auch im Wiener Mathematischen Kolloquium. Dort war aber zufällig gerade ein Brünner Mathematiker namens Eduard Cech zu Gast, der Morgenstern darauf aufmerksam machte, dass ein Theorem des schon damals berühmten John von Neumann die ganze Sache in ein anderes Licht rückte.

Die Kunst des Bluffens

John von Neumann hatte schon 1929 ein grundlegendes Resultat zur Theorie der Gesellschaftsspiele bewiesen. So wie die Glücksspiele den Anstoß zur Wahrscheinlichkeitsrechnung gaben, so lieferten Gesellschaftsspiele wie Schach oder Poker die ersten formalisierten Beispiele für strategische Konflikte und Wechselwirkungen zwischen den Entscheidungen mehrerer Personen. Die daraus entstandene ‚Spieltheorie' hilft niemandem, ein besserer Schach- oder Pokerspieler zu werden, aber sie erlaubt es, wesentliche Aspekte zu analysieren, oft unter Zuhilfenahme stark vereinfachter Modelle.

John von Neumann war ein begeisterter wenngleich erfolgloser Pokerspieler. Es gab viele, die besser Poker spielten als er. Aber John von Neumann war der erste, der beweisen konnte, dass es eine beste Strategie im Poker gab. Er wusste freilich nicht, welche das war. Aber in stark vereinfachten Modellen konnte er sie berechnen.

Nehmen wir mit ihm an, dass die ‚Pokerrunde' nur aus zwei Spielern besteht, sagen wir Johnny und Oskar, und dass es nur zwei Spielkarten gibt, König und As. Die Regeln in diesem sonderbaren Pokerspiel sind äußerst einfach. Erst zahlt jeder der zwei Spieler einen Dollar Einsatz. Dann zieht Johnny eine der beiden

Karten. Er hat nun zwei Möglichkeiten. Entweder er gibt gleich auf, dann streicht Oskar den Einsatz ein. Oder Johnny steigert den Einsatz um einen weiteren Dollar. Jetzt ist Oskar am Zug, der natürlich nicht weiß, welche Karte Johnny gezogen hat. Oskar kann entweder aufgeben, und so seinen eingesetzten Dollar verlieren, oder mithalten, indem er ebenfalls einen weiteren Dollar einsetzt. In dem Fall muss Johnny zeigen, was er für eine Karte gezogen hat. Ist es ,As', so hat er gewonnen; ist es ,König', so hat er verloren.

Jeder Spieler hat zwei Strategien. Johnny kann sich eigentlich schon vor dem Spiel entscheiden, was er tun wird, also noch bevor er seine Karte ansieht. Denn wenn es das As ist, wird er natürlich steigern. Johnny kann also entweder ,bluffen' (das heißt, den Einsatz steigern, egal welche Karte er gezogen hat), oder nicht – in dem Fall steigert er nur, wenn er das As hat. Und Oskar, der nur dann eine Entscheidung zu treffen braucht, wenn Johnny steigert, kann sich genausogut im vorhinein entscheiden, was er tun wird: nämlich mithalten (wenn Johnny steigert), oder nicht.

Der Ausgang des Spiels ist ungewiss, da er von der Karte abhängt, die Johnny zieht. Aber wir können leicht Johnnys Erwartungswert ausrechnen. Wenn er sich entschließt, nicht zu bluffen und Oskar mitsteigert, ist Johnnys mittlere Auszahlung ein halber Dollar: denn mit Wahrscheinlichkeit $\frac{1}{2}$ zieht er das As, steigert, und gewinnt zwei Dollar von Oskar; und mit Wahrscheinlichkeit $\frac{1}{2}$ kriegt er den König, gibt auf, und verliert einen Dollar. Solcherart können wir Johnnys erwartete Auszahlung für alle Strategien berechnen und kommen auf

		Oskar	
		hält mit	passt
Johnny	blufft	0	1
	blufft nicht	$\frac{1}{2}$	0

Merken Sie etwas? Es sind genau dieselben Zahlen wir vorhin. Das Spiel zwischen Johnny und Oskar wirkt vielleicht etwas einfältig, hat aber dieselbe Struktur wie das Spiel auf Leben und Tod zwischen Holmes und Moriarty. Wenn Johnny niemals blufft, sollte Oskar niemals mitsteigern. Aber wenn sich Johnny darauf verlassen kann, dass Oskar nicht mithält, sollte Johnny natürlich bluffen, was das Zeug hält. Sobald Oskar das merkt, sollte er nie mitsteigern, sondern verlangen, dass Johnny die Karte aufdeckt. Aber dann wird Johnny niemals bluffen, usf. Wir haben hier genau denselben Kreislauf wie zuvor beim Katz- und Maussspiel zwischen Moriarty und Holmes. Und sehen übrigens, dass dieses simple Spiel eigentlich ausreicht, um die Spannung zwischen bluffen und aufdecken widerzugeben, die den Reiz des Pokerspiels ausmacht.

Alle Pokerspieler wissen natürlich, dass sie unberechenbar sein sollten. Also nicht immer bluffen, sondern nur manchmal – mit größerer oder kleinerer Wahrscheinlichkeit. Sei x die Wahrscheinlichkeit, dass Johnny blufft. Wenn Oskar mitsteigert, ist Johnnys mittlere Auszahlung

$$x \cdot 0 + (1-x) \cdot \frac{1}{2} = \frac{1-x}{2}.$$

Wenn Oskar passt, ist sie hingegen

$$x \cdot 1 + (1-x) \cdot 0 = x.$$

Wenn also Oskar mit der Wahrscheinlichkeit y die Karte zu sehen verlangt, ist Johnnys erwartete Auszahlung

$$y(\frac{1-x}{2}) + (1-y)x = x + \frac{y}{2} - \frac{3}{2}xy.$$

Angenommen, Johnny blufft mit einer Wahrscheinlichkeit $x > \frac{1}{3}$. Das schlimmste für ihn wäre, dass Oskar ihn durchschaut und niemals mithält (also $y = 1$ wählt). Dann ist Johnnys Auszahlung $\frac{1-x}{2}$, und das ist kleiner als $\frac{1}{3}$.

Wenn Johnny dagegen mit einer Wahrscheinlichkeit $x < \frac{1}{3}$ blufft, wäre es für ihn am schlimmsten, wenn Oskar immer mitsteigert (also $y = 0$ wählt). Dann ist Johnnys Auszahlung x, und somit wieder kleiner als $\frac{1}{3}$. Aber wenn Johnny genau mit der Wahrscheinlichkeit $x = \frac{1}{3}$ blufft, so ist es ganz gleich, mit welcher Wahrscheinlichkeit y Oskar mitsteigert – Johnnys mittlere Auszahlung ist immer $\frac{1}{3}$.

Johnny hat also herausgefunden, wie er seine Mindestauszahlung – das, was er im ungünstigsten Fall erhält – maximiert. Oskar kann das auch tun: wenn er mit Wahrscheinlichkeit $y = \frac{2}{3}$ die Karten aufdeckt, kann er garantieren, dass ihm Johnny im Schnitt nicht mehr als $\frac{1}{3}$ Dollar abnimmt. Jeder andere Wert von y würde es Johnny erlauben, besser auszusteigen – sofern dieser es schafft, dieses y zu erraten. Die Strategien $x = \frac{1}{3}$ (für Johnny) und $y = \frac{2}{3}$ (für Oskar) sind Maximin-Strategien – sie garantieren dem Spieler jeweils die beste Mindestauszahlung, also das beste für den schlimmsten Fall.

Warum soll man immer den schlimmsten Fall annehmen? Darauf kommen wir noch zurück. Halten wir vorläufig fest, dass wir auch eine Lösung für Sherlock Holmes gefunden haben. Wenn er mit Wahrscheinlichkeit $\frac{1}{3}$ bis Dover fährt, liegen seine Überlebenschancen bei 33 Prozent. Das ist nicht viel, aber wenn er eine andere Wahrscheinlichkeit wählt, riskiert er, dass seine Überlebenswahrscheinlichkeit sinkt, sofern Moriarty ihn durchschaut. Wenn dagegen Sherlock mit der Wahrscheinlichkeit $\frac{1}{3}$ weiterfährt, kann Moriarty, selbst wenn er das durchschaut, die Überlebenschance von Holmes nicht verringern. Umgekehrt hat auch Moriarty keinen Grund, von der Strategie, mit Wahrscheinlichkeit $\frac{2}{3}$ bis Dover zu fahren, abzuweichen. Denn Sherlock könnte das ausnutzen, und seine Überlebenschancen vergrößern.

Also hat Morgensterns berühmtes Beispiel doch eine Lösung! Selbst wenn beide Spieler die Strategie des anderen kennen, haben sie keinen Grund, von der eigenen abzuweichen. Sie würden dadurch ihre Lage nicht verbessern. Sein Schicksal einem Münzwurf anzuvertrauen, hätte Holmes wohl wenig begeistert, doch könnte dann auch der raffinierteste Gegenspieler seine Entscheidung nicht erraten.

John von Neumann hatte natürlich nicht nur dieses einfache Pokerbeispiel gelöst. Er bewies, dass es bei seinen Gesellschaftsspielen immer eine Strategie gibt, um die durchschnittliche Mindestauszahlung zu maximieren: das ist die Maximin-Lösung. Dazu musste man allerdings manchmal die Entscheidung dem Zufall anvertrauen, d. h. mit wohlbestimmten Wahrscheinlichkeiten die eine oder andere Alternative wählen.

Maximin-Lösungen

Als John von Neumann in Princeton auf den inzwischen vor den Nazis geflohenen Oskar Morgenstern traf, konnte er ihn unschwer überzeugen, dass wirtschaftliche Vorhersagen möglich waren, die konsistent sind – also nicht zu Entscheidungen führen, die den Vorhersagen widersprechen. Die beiden schrieben gemeinsam ein dickes, viel Aufsehen erregendes Buch über Spieltheorie und behaupteten, dass die Spieltheorie das richtige Instrument für die Wirtschaftswissenschaft wäre. Andere Ökonomen blieben zunächst skeptisch – nicht ohne Grund, wie sich herausstellen sollte.

Hinter der Maximin-Lösung, die es erlaubt, die Mindestauszahlung zu maximieren, stecken zwei pessimistische Annahmen: erstens, dass man vom Gegenspieler durchschaut werden kann, und zweitens, dass dieser dann jene Entscheidung trifft, die einem am meisten schadet. Die erste Annahme schreibt dem Gegenspieler mindestens ebenbürtige Intelligenz zu. Im Grund ist das kein schlechter Ansatz. Während des Weltkriegs basierten die strategischen Planungen des amerikanischen Generalstabs immer auf sogenannten ‚worst case scenarios‘, antizipierten also die schlimmstmögliche Antwort des Gegners, während die deutsche Generalstabsdoktrin darauf beruhte, die ‚wahrscheinlichste‘ Antwort des Gegners ins Kalkül zu ziehen. Dass die Amerikaner den Krieg gewannen, mag andere Gründe gehabt haben. Aber ihre Doktrin vermied jedenfalls, den Gegner zu unterschätzen.

Es gibt einen zweiten, weit gewichtigeren Einwand gegen die Maximinlösung. Sie setzt nämlich voraus, dass die Interessen des anderen den eigenen völlig entgegengesetzt sind – dass der Spieler alles daransetzt, um dem Gegenspieler zu schaden. Das ist bei den Nullsummenspielen, auf die sich John von Neumann und Oskar Morgenstern beschränkten, tatsächlich der Fall: was der eine gewinnt, muss der andere verlieren. Viele Gesellschaftsspiele sind Nullsummenspiele. Die meisten sozialen und wirtschaftlichen Wechselwirkungen sind es aber nicht: zwar stehen die Interessen der Beteiligten im Konflikt zueinander, sind aber nicht völlig konträr. Ein Spieler, der seine eigene Auszahlung maximiert, braucht also nicht unbedingt die Auszahlung des Gegenspielers zu minimieren. An diesem Punkt tritt der junge John Nash ins Spiel.

Betrachten wir etwa das Spiel ‚Chicken', das in den frühen Fünfzigerjahren durch einen James-Dean-Film populär wurde. Zwei Halbstarke rasen in gestohlenen Autos auf einer engen Strasse aufeinander zu. Wer ausweicht, zahlt dem anderen hundert Dollar. (Ausserdem hat er sein Gesicht verloren und gilt in seiner Bande als Feigling – also als ‚Chicken').

Dieses Spiel ist kein Nullsummenspiel, denn die zwei Spieler haben nicht völlig entgegengesetzte Interessen. Beide wollen den Zusammenstoß vermeiden, denn das kostet beide tausend Dollar – die Höhe der Arztrechnung. Verschiedener Meinung sind sie nur in der Frage, wer denn jetzt ausweichen soll. Wenn wir annehmen, dass beide Spieler im letzten Augenblick entscheiden können, ob sie ausweichen oder weiterrasen, so bekommen wir eine Auszahlungsmatrix, übrigens nicht unähnlich der von den zwei Kaufhausketten, die um ein und denselben Standort streiten. Die Werte des Spiels aus der Sicht von Johnny sind in der folgenden Tabelle zusammengefasst:

		Oskar	
		rast weiter	weicht aus
Johnny	rast weiter	-1000	100
	weicht aus	-100	0

Durch ‚ausweichen' kann Johnny seine Mindestauszahlung maximieren. Oskar geht es genau so: er kann seine Mindestauszahlung maximieren. Aber dürfen wir annehmen, dass beide ausweichen? Das wäre inkonsistent. Denn wenn einer davon ausgeht, dass der andere ausweicht, wird er weiterrasen. Wenn das aber beide tun, wird es beiden schlecht gehen.

Wenn wir mit x und y die Wahrscheinlichkeiten bezeichnen, dass Johnny (bzw. Oskar) weiterrasen, so ist Johnnys erwartete Auszahlung $-1000xy + 100x - 100y$, wie die Leser selber ausrechnen können. Wenn Oskar mit einer Wahrscheinlichkeit $y > \frac{1}{10}$ weiterrast, sollte Johnny ausweichen, wenn Oskar hingegen mit einer kleineren Wahrscheinlichkeit weiterrast, sollte Johnny nicht ausweichen. Wenn aber sowohl Johnny als auch Oskar mit exakt 10 Prozent Wahrscheinlichkeit weiterrasen, befinden sie sich im Gleichgewicht: Keiner hat einen Grund, von seiner Strategie abzuweichen.

Das Gleichgewicht von Nash

Der junge John Nash wies nach, dass es bei allen Interessenkonflikten Gleichgewichtslösungen gibt – also Strategien, die jeweils die bestmögliche Antwort aufeinander bieten. Keiner der Spieler kann dann seine Auszahlung durch einseitiges Abweichen verbessern. John von Neumanns Maximin-Lösung stellt weiter nichts als eine Spezialisierung auf das winzige Teilgebiet der Nullsummenspiele zwischen zwei Spielern dar. Nash-Gleichgewichte sind ein viel allgemeinerer Begriff.

Und es gibt sie, bis auf wenig bedeutende Ausnahmen, immer. Der junge Nash lieferte dafür gleich drei Beweise, die bis heute in ihrer Kürze unübertroffen sind.

Die grandiose Allgemeinheit des Zugangs von Nash wirft freilich Probleme auf, mit denen die Spieltheoretiker auch heute noch kämpfen. Eine davon betrifft die Rationalität der Spieler. Wir haben sie bei der Begründung der Gleichgewichtslösung vorausgesetzt: Johnny überlegt sich, was Oskar machen wird, und sucht darauf die beste Antwort, Oskar tut seinerseits dasselbe. Also: ‚ich denke, dass er denkt, dass ich denke . . .'. Das ist ein gegenseitiges Erraten, das einige Ansprüche an den Verstand stellt, aber auch die Rationalität der Gegenspieler voraussetzt.

In Wirklichkeit ist Rationalität aber offensichtlich nur begrenzt gegeben, denn ansonsten wäre ja eine beste Strategie, oder genauer eine Maximinlösung, für das Schachspiel bekannt. Das ist sie aber nicht – wir wissen nur, dass es eine gibt. Also können wir uns selbst in einfacheren Spielen nicht auf die Rationalität des Gegenspielers verlassen. Betrachten wir wieder das Chicken-Spiel. Die Nash-Lösung schreibt vor, mit einer ganz bestimmten Wahrscheinlichkeit – 90 Prozent – auszuweichen. Wenn Oskar aber nicht völlig rational ist, und mit etwas geringerer Wahrscheinlichkeit ausweicht, so sollte Johnny unbedingt ausweichen. Das sollte er auch, wenn er bloß vermutet, dass Oskar glaubt, dass Johnny mit grösserer Wahrscheinlichkeit ausweicht – oder wenn er vermutet, dass Oskar Anlass hat zu dem Verdacht, dass Johnny glaubt, dass Oskar mit einer etwas geringeren Wahrscheinlichkeit ausweicht . . . Kurz, diese Nash-Lösung ist nicht stabil. Wenn der Gegenspieler sich nicht ebenfalls strikt daran hält, so ist sie wertlos. Die kleinste Abweichung beim Gegenspieler zwingt den Spieler zu einer Reaktion, auf die der Gegenspieler durch eine noch grössere Abweichung antworten wird. Insbesondere bei komplizierteren Spielen mit mehreren Spielphasen weiß man aus dem Spielverlauf oft nach wenigen Zügen genau, dass der andere nicht rational ist. Es gibt dann keinen Grund, sich weiterhin einseitig an das Nash-Gleichgewicht zu halten, selbst wenn man dieses kennt.

Ideen aus der Evolutionstheorie

Zur Überwindung des Paradoxons von der Instabilität des Gleichgewichts kam es erst fünfundzwanzig Jahre nach der Arbeit von Nash, und zwar – völlig unerwartet – über die Biologie. Der Evolutionstheoretiker John Maynard Smith hatte in den Siebzigerjahren spieltheoretische Überlegungen in der Verhaltensforschung angewandt. Dazu modifizierte er die zwei wichtigsten Begriffe – Strategie und Auszahlung. ‚Auszahlung' ist in der Verhaltensforschung einfach der reproduktive Erfolg im Kampf ums Dasein – die mittlere Anzahl der Nachkommen. Eine ‚Strategie' ist nicht das Resultat einer Kette von Schlussfolgerungen, sondern eine angeborene oder erworbene Verhaltensweise. Maynard Smith hatte bemerkt, dass Konflikte innerhalb einer Tierart (etwa der Streit von Hirschen um ein Revier) dieselbe Struktur haben wie Chicken. Es geht darum, ob der Konflikt eskaliert werden soll oder nicht, und es zahlt sich nicht aus, zu eskalieren, wenn der andere es tut, weil dann das Risiko einer Verletzung zu hoch wird.

Immer gleich kampflos aufzugeben ist aber erst recht kein Weg zum Erfolg. Es kommt darauf an, mit der richtigen Wahrscheinlichkeit zu eskalieren. Das entspricht gerade der Nash-Lösung, und diese ist jetzt, innerhalb der gesamten Bevölkerung, stabil. Sie stellt sich tatsächlich von selbst ein: Denn wenn zu viele Hitzköpfe bereit sind, zu eskalieren, dann dezimieren sie sich gegenseitig, die anderen haben mehr Nachkommen und ihre Strategie wird daher häufiger; und vice versa. Also führt eine Selbstregulierung innerhalb der Bevölkerung zum Nash-Gleichgewicht. Damit lässt sich übrigens gut erklären, warum gerade bei den am schwersten bewaffneten Tierarten die rituellen (also nicht-eskalierten) Konflikte vorherrschen – eine Beobachtung, die den Verhaltensforschern früher einiges Kopfzerbrechen bereitet hatte.

Der populationsdynamische Gesichtspunkt von Maynard Smith befruchtete nicht nur die Biologie, sondern wirkte auch auf die Wirtschaftswissenschaften zurück. Und hier kam es zu einer erstaunlichen Wendung: Denn knapp, bevor Nash den Nobelpreis erhielt, machte sich ein Historiker der Spieltheorie namens Robert Leonard die Mühe, die unpublizierte Dissertation von John Nash in der Universitätsbibliothek von Princeton auszugraben. Da erwies es sich, dass der junge Nash den biologischen Zugang bereits antizipiert hatte und seinen Gleichgewichtsbegriff auf eine so genannte ‚Massenwirkung' zurückführte: In großen Populationen von Spielern konnten Anpassungsvorgänge die empirischen Häufigkeiten der Strategien zum Gleichgewicht führen.

Was sind Anpassungsvorgänge? Hier kommen zahlreiche Varianten von Lern- und Nachahmungsprozessen in Betracht. Man kann sich etwa vorstellen, dass von Zeit zu Zeit ein Spieler seine Strategie ändert, indem er die aktuellen Häufigkeiten der verschiedenen Strategien in der Bevölkerung feststellt und dann eine ‚bestmögliche Antwort' darauf wählt – also eine Strategie, die den Erwartungswert seiner Auszahlung gegen einen zufällig ausgewählten Gegenspieler maximiert. Durch diesen Anpassungsvorgang ändern sich die Häufigkeiten der Strategien in der Bevölkerung, und es kann vorkommen, dass demzufolge irgendwann eine andere Strategie die bestmögliche ist. Dieser Anpassungsvorgang setzt übrigens einiges an kognitiven Fähigkeiten voraus – die Spieler müssen in der Lage sein, Aufschluss über die Häufigkeiten der Strategien zu bekommen und das Spiel zu analysieren. Durch einen etwas anspruchsloseren Anpassungsvorgang könnte der Spieler zufällig irgend einen anderen Spieler aus der Bevölkerung auswählen, dessen Auszahlung mit der eigenen vergleichen und, falls sie grösser ist, die Strategie dieses ‚Vorbilds' übernehmen. In einer anderen Variante könnte der Spieler die Strategie seines erfolgreicheren Vorbilds nicht immer, sondern nur mit einer gewissen Wahrscheinlichkeit übernehmen, die proportional zum Unterschied in den Auszahlungen ist, usw.

Die sogenannte evolutionäre Spieltheorie, die keine rationalen Spieler voraussetzt, sondern solche, die durch Versuch und Irrtum, durch Nachahmen, Lernen oder andere Anpassungsvorgänge gelenkt werden, hat in den letzten Jahren jene schwungvolle Verbreitung gefunden, die sich Morgenstern und von Neumann erhofft hatten. Der Gleichgewichtsbegriff bleibt weiterhin zentral. Im Wesentlichen gilt: Wenn die Anpassungsvorgänge zu einer stationären Zusammensetzung der Bevölkerung führen, so entspricht diese einem Nash-Gleichgewicht. Allerdings gibt es viele Nash-Gleichgewichte, die dadurch nicht erfasst werden. Und schlimmer noch, es gibt, wie der Wiener Spieltheoretiker Josef Hofbauer nachweisen konnte, Spiele, bei denen kein wie immer geartetes Anpassungsvorgang zu einem Nash-Gleichgewicht strebt. Die Häufigkeiten der Strategien in der Bevölkerung werden regelmässig oder unregelmässig auf- und abschwanken.

Das Gefangenendilemma

Trotzdem wird der erste Schritt in der spieltheoretischen Analyse eines Konflikts immer das Auffinden der Nash-Gleichgewichte sein. Dabei kommt es aber zu faszinierenden Problemen. Eines taucht beim so genannten Gefangenendilemma auf. Es beschreibt die Situation von zwei Häftlingen, die eines gemeinsamen Verbrechens angeklagt werden. Der Staatsanwalt macht ihnen ein Angebot. Wer gesteht, wird Kronzeuge und kommt frei, während der Kollege mit zehn Jahre Haft rechnen muss. Wenn beide gestehen, bedarf es freilich keiner Kronzeugen mehr und beide bekommen fünf Jahre Haft aufgebrummt. Wenn aber beide verstockt leugnen, bleiben sie ein Jahr in Untersuchungshaft.

Nachdem der Staatsanwalt das beiden klar gemacht hat, werden die Häftlinge in getrennte Zellen geführt und dürfen dort nachdenken. Da stellt sich schnell heraus, dass es besser ist, zu gestehen – in jedem Fall, ganz gleich, was der Mithäftling macht. Also sollten beide gestehen. Aber dann sitzen beide fünf Jahre – wenn sie geleugnet hätten, wären sie schon nach einem Jahr frei.

Derlei Konflikte kommen häufig vor, wenn kooperieren (hier also: leugnen) gut ist, aber einseitiges Ausbeuten des anderen noch mehr verspricht. Das kann etwa in einem experimentellen Spiel nachgestellt werden. Der Spielleiter stellt die zwei Spieler – Johnny und Oskar – vor folgende Aufgabe. Sie können jeweils 25 Euro in eine Gemeinschaftskasse einzahlen oder nicht. Der Inhalt der Kasse wird dann mit $\frac{8}{5}$ multipliziert und zu gleichen Teilen zwischen Johnny und Oskar aufgeteilt. Wenn beide kooperieren – durch Einzahlen – verdienen beide je 15 Euro. Wenn beide nicht kooperieren, verdienen sie nichts. Wenn aber Oskar kooperiert und Johnny nicht, so beutet Johnny Oskar aus: Denn Oskar zahlt 25 Euro ein und bekommt nur 20 zurück, während Johnny, der nichts einzahlt, ebenfalls 20 Euro erhält. Was soll Johnny tun? Nichts einzuzahlen bringt ihm mehr, sowohl in dem Fall, dass Oskar einzahlt, als auch im anderen Fall. Aber Oskar ist in genau derselben Situation, auch er wird nicht kooperieren. Das ist das Nash-Gleichgewicht für das Gefangenendilemma. Keiner kann einseitig davon abweichen, ohne seine Auszahlung zu verringern. Natürlich wäre es besser gewesen, wenn beide kooperiert hätten. Es hätten allerdings beide zugleich vom Nash-Gleichgewicht abweichen müssen, und jeder wäre dann in der Verlockung, durch einseitiges Abweichen seinen Gewinn zu vergrößern. Aus der Sicht von Johnny sieht das so aus:

		Oskar	
		kooperiert	kooperiert nicht
Johnny	kooperiert	15	−5
	kooperiert nicht	20	0

Dieses simple Spiel ist in zahlreichen Büchern und Tausenden von Artikeln behandelt worden. Es stellt wie kein zweites das grundsätzliche Dilemma zwischen Gemeinnutz und Eigennutz dar. Vom rein egoistischen Standpunkt aus ist es besser, nicht zu kooperieren. Das Nash-Gleichgewicht ist darauf begründet, dass die Spieler ausschließlich ihr eigenes Interesse berücksichtigen. Es ist das Epitom des sogenannten ‚methodologischen Individualismus', der schon lange vor Nash zur Erklärung von sozialen und wirtschaftlichen Entscheidungen verwendet worden ist.

Das Nash-Gleichgewicht gibt keine moralische Anleitung: Es liefert ein Hilfsmittel, um zu analysieren – etwa in Gedankenexperimenten – was passiert, wenn die Spieler mit verschieden gelagerten Interessen ihren Eigennutz maximieren wollen. Strategien, die nicht im Nash-Gleichgewicht sind, sind nicht konsistent – immer wird mindestens einer der Spieler sich etwas davon versprechen können, von seiner Strategie abzuweichen. Erfreulicherweise stellt sich heraus – etwa wenn das Gefangenendilemma tatsächlich in einem Experiment nachgestellt wird – dass sich die Spieler oftmals nicht ans Nash-Gleichgewicht halten. Aber wenn solches geschieht, herrscht Erklärungsbedarf. Das Nash-Gleichgewicht ist ein Hilfsmittel, nicht um die richtigen Entscheidungen zu treffen, sondern um die richtigen Fragen zu finden.

Wie Du mir, so ich Dir

Warum etwa kooperieren so viele Spieler beim Gefangenendilemma? Vielleicht, weil sie annehmen, dass sie mit demselben Mitspieler noch öfter zusammenkommen werden. Da kann es sich rächen, wenn man den Mitspieler betrogen hat. Nehmen wir etwa an, dass es mit einer Wahrscheinlichkeit von $\frac{5}{6}$ noch eine weitere Runde gibt – also im Durchschnitt sechs Runden des Gefangendilemmas, obwohl man nicht sicher sein kann, ob man die letzte Runde bereits erreicht hat. Nehmen wir weiter an, dass die Spieler bloß zwei Strategien zur Auswahl haben: Tit For Tat – also in der ersten Runde zu kooperieren, und fortan das zu machen, was der andere in der Vorrunde gemacht hat – oder niemals zu kooperieren. Dann sehen die Auszahlungen so aus:

	wenn anderer	
	Tit For Tat	kooperiert nicht
Tit For Tat	90	−5
nicht kooperieren	20	0

Hier sehen wir, dass es mehrere Nash-Gleichgewichte gibt. Wenn beide Spieler Tit For Tat wählen, hat keiner einen Vorteil, davon abzuweichen, denn er würde in allen folgenden Runden bestraft; und wenn beide Spieler nicht kooperieren, hat auch keiner einen Vorteil, davon abzuweichen, denn das hieße doch nur, in der ersten Runde ausgebeutet zu werden. (Es gibt noch ein drittes Nash-Gleichgewicht, nämlich mit einer Wahrscheinlichkeit von genau $\frac{1}{15}$ Tit For Tat zu spielen, aber das wollen außer acht lassen, was sich übrigens auch begründen lässt.)

Hier stoßen wir auf ein weiteres Problem. Oft gibt es mehrere Nash-Gleichgewichte. Welches davon soll der Spieler nun wählen? Bei Nullsummenspielen ist es gleichgültig, wie sich herausstellt, aber sonst keineswegs. Zwei Autofahrer, die einander auf einer engen Straße entgegenkommen, können beide die rechte oder beide die linke Seite zum Ausweichen benutzen; das sind offenbar zwei Gleichgewichtslösungen, da es sich für keinen der Autofahrer bezahlt macht, einseitig davon abzuweichen. Aber für welche der beiden Lösungen sollen sie sich entscheiden? In diesem Beispiel gibt es natürlich eine soziale Norm, die das Verhalten regelt (eine andere in England als auf dem Festland), aber das ist es ja gerade, wie entsteht so eine Norm?

Wie beim wiederholten Gefangenendilemma handelt es sich hier um Kooperationsspiele. Wie einigen sich die Spieler auf ein bestimmtes Gleichgewicht? Es ist für beide ganz schlecht, wenn das nicht gelingt. Sie könnten natürlich diskutieren und etwas vereinbaren. Aber was, wenn sie nicht miteinander kommunizieren dürfen? Oder wenn sie sich nicht an die Abmachungen zu halten brauchen? Gibt es hier Verfahren, um das ‚richtige' Gleichgewicht zu bestimmen?

Darüber haben Selten und Harsanyi, die 1996 den Nobelpreis mit Nash teilten, tiefgründige Untersuchungen angestellt. Bleiben wir bei unserem einfachen Beispiel. Hier scheint es ganz einfach. In einem Gleichgewicht bekommen beide Spieler 90 Euro, im anderen nichts. Ziemlich klar, dass man hier Tit For Tat erwarten wird. Aber wie sieht das aus, wenn es mit der Wahrscheinlichkeit $\frac{10}{25}$ eine weitere Runde geben kann? Dann sehen die Auszahlungen so aus.

	wenn anderer	
	Tit For Tat	kooperiert nicht
Tit For Tat	25	−5
nicht kooperieren	20	0

Wieder hat man ein Kooperationsspiel, und wieder bekommen die beiden Spieler mehr, wenn sie klug genug sind, sich auf Tit For Tat einigen. Aber was, wenn der andere nicht klug ist, und das falsche wählt? Der Tit-For-Tat-Spieler verliert dann 5 Euro, und der Dummkopf bekommt immerhin noch 20 – gar nicht so schlecht für einen Dummkopf. Offenbar bringt die Tit-For-Tat-Lösung mehr, aber sie ist riskanter. Ein noch extremeres Beispiel wäre:

	rechts	links
rechts	3	1000
links	2	1

Das ist wieder ein Kooperationsspiel, und beide Spieler bekommen mehr, wenn sie beide ‚rechts' wählen. Aber diese Strategie ist riskant – wenn der andere ‚links' wählt, muss man 1000 Euro Strafe zahlen. Das andere Gleichgewicht (beide ‚links') ist weniger riskant – man sagt, es ist risiko-dominant. Das bedeutet: Wenn der andere mit gleicher Wahrscheinlichkeit zwischen seinen Alternativen wählt, verspricht ‚links' einen höheren Gewinn.

   Derlei Beispiele werden studiert, um die Evolution von Normen zu untersuchen. Normen sollten wohl Gleichgewichte sein. Eine Norm könnte besser sein als die andere, wenn sich alle daran halten, aber vielleicht kann sie sich nicht etablieren, weil es zu riskant ist, von der anderen Norm abzuweichen. Tatsächlich lässt sich – zumindest in einfachen Beispielen, wie den hier erwähnten – nachweisen, dass Anpassungsvorgänge, wenn sie lange genug Zufallsschwankungen ausgesetzt sind, die Population eher zur risikodominanten Norm führen als zu jener Norm, die das Gemeinwohl optimiert.

Altruismus versus Eigennutz

Der Begriff des Gemeinwohls ist Gegenstand zahlreicher spieltheoretischer Untersuchungen. Besonders interessant sind die in letzter Zeit immer häufiger durchgeführten Experimente über die sogenannten ‚public goods'. Solche ‚public goods' sind ja geradezu definierende Elemente von Gemeinschaften – die Entwicklung kollektiver Anstrengungen zur Behausung, zur Verteidigung, zur Ernährung ist ein roter Faden in der Menschheitsgeschichte. Heutzutage sind etwa das Versicherungswesen, der Klimaschutz, der öffentliche Verkehr oder die allgemeine Sicherheit kollektive Güter. Und hier gibt es stets die Gefahr, dass sie von Schwarzfahrern unterlaufen werden. Dazu gibt es schöne Experimente, etwa der folgenden Art:

   Sechs Versuchspersonen bekommen je 20 Euro. Sie können davon soviel, wie sie wollen, in eine Gemeinschaftskasse zahlen. Der Versuchsleiter verdreifacht dann den Inhalt der Kasse und teilt ihn zu gleichen Teilen unter allen sechs Spieler auf, wieviel auch immer diese beigetragen haben. Was ist hier die eigennützige Strategie? Offenbar nichts einzuzahlen, denn von jedem Euro, den man selbst einzahlt, sieht man nur 50 Cent wieder (der Versuchsleiter verdreifacht den Euro und teilt ihn anschliessend durch sechs). Der Nullbeitrag liefert das einzige Nash-Gleichgewicht. Resultat: Wenn keiner einzahlt, bleibt jeder bei seinem Ausgangskapital. Hätten alle voll beigetragen, hätte jeder 40 Euro dazugewonnen! Offenbar ein ähnliches Paradox wie beim Gefangenendilemma. Und auch hier gilt: Wenn man das Experiment tatsächlich durchführt, findet man, dass die meisten Versuchspersonen einen ansehnlichen Beitrag einzahlen, Nash-Gleichgewicht hin oder her.

Freilich, wenn man das Experiment ein paar Runden lang wiederholt, stellt man fest, dass die Beiträge unweigerlich kleiner werden, und nach fünf bis zehn Runden zahlt keiner mehr ein. Der Grund ist wohl folgender: Wer viel einzahlt, fühlt sich von jenen, die etwas weniger einzahlen, übervorteilt, und würde sie gerne bestrafen. Das kann man aber nur, indem man in der nächsten Runde selbst weniger investiert. Das trifft allerdings alle, auch diejenigen, die viel beigetragen haben. Und so geht es bergab.

Spieltheoretiker haben das als Anpassungsvorgang interpretiert: Die Versuchspersonen lernen ‚auf die harte Art‘, was das Nash-Gleichgewicht ist, nämlich nichts beizutragen. Das kann aber nicht die Erklärung sein. Denn wenn man nach einigen Runden eine Versuchsperson in eine andere Gruppe steckt, und das Experiment wiederholt, dann wird diese Person wieder mit hohen Beiträgen anfangen! Ganz offenbar lassen sich viele Spieler nicht nur von der Maximierung des eigenen Nutzens leiten, sondern auch von anderen Beweggründen – etwa Fairness oder Solidarität.

Sehr deutlich wird das, wenn man im Experiment nach jeder ‚public goods‘-Runde zulässt, dass die Spieler einander gezielt bestrafen. Die Strafe wird vom Versuchsleiter einkassiert, kommt also nicht dem Spieler zugute, der die Strafe verhängt – im Gegenteil, dieser Spieler muss dafür ebenfalls etwas zahlen. (Denn im allgemeinen kostet ja das Bestrafen etwas – es ist mit Anstrengung, oft auch mit Risiko verbunden.) Und dennoch verhängen die Spieler oft Strafen – ja, die meisten tun es sogar mit unverhohlenem Genuss! Das widerspricht wieder völlig dem Nash-Gleichgewicht, wonach jeder Spieler weder zum ‚common goods‘ noch zur Bestrafung etwas beitragen sollte – denn alles andere zöge Unkosten mit sich. Aber das tatsächliche Resultat ist erstaunlich: Weit davon entfernt, von Runde zu Runde weniger zum Kollektivwohl beizutragen, investieren die Spieler von Runde zu Runde mehr. Bald gibt es gar keinen Anlass zum Strafen mehr, weil ohnehin alle kooperieren.

Auf längere Sicht ist es natürlich für den eigenen Nutzen höchst förderlich, wenn man Trittbrettfahrer bestraft – schon nach ein paar Runden sind sie ‚reformiert‘, und alle profitieren von der Kooperation. Aber es bleiben zwei Probleme. Erstens, warum sollte man sich nicht darauf verlassen, dass andere Spieler die Ausbeuter bestrafen? Das wäre ein ‚Trittbrettfahren‘ zweiter Ordnung gewissermassen – man kooperiert bei ‚public goods‘ (allein schon, um nicht bestraft zu werden), überlässt es aber den anderen, durch Bestrafen diejenigen, die nichts zum Allgemeinwohl beitragen wollen, eines Besseren zu belehren. Dagegen ließe sich natürlich Abhilfe schaffen, indem auch bestraft wird, wer zwar kooperiert, aber nicht bestraft. Das wird allerdings schon etwas umständlich.

Der zweite Einwand ist viel gravierender. Fehr und Gächter haben Experimente durchgeführt, bei welchen in jeder Runde die Spieler in neue Gruppen kommen. Die Spieler wissen, dass sie niemals auf dieselben Gegenspieler treffen werden. Bestrafen zahlt sich hier auch langfristig nicht aus, weil ein eventuell solcherart ‚reformierter' Ausbeuter bestenfalls mit anderen kooperieren wird. Und trotzdem sind viele Spieler bereit, auch hier noch Strafen zu verhängen! Übrigens antizipieren das offenbar die potentiellen Schmarotzer, und tragen deswegen Runde um Runde brav ihr Scherflein zum Gemeinwohl bei.

Ein ähnlich paradoxes Ergebnis liefert das sogenannte Ultimatum-Spiel. Hier verspricht der Versuchsleiter, zwei Spielern 100 Euro zu schenken, sofern sich die beiden einigen können, wie das Geld untereinander aufgeteilt wird. Die Spielregel verlangt, dass zunächst ein Münzwurf entscheidet, wer von den zwei Spielern der ‚Anbieter' ist. Dieser Anbieter kann dem anderen einen Vorschlag machen, wie die Summe aufzuteilen ist. Wenn der andere diesen Vorschlag annimmt, werden die 100 Euro dementsprechend geteilt, und das Spiel ist vorüber. Wenn der andere aber das Angebot verwirft, so nimmt der Versuchsleiter seine 100 Euro zurück, und wieder ist das Spiel ist zu Ende. Eine weitere Verhandlungsrunde gibt es nicht.

Vom Standpunkt des Eigennutzes aus sollte der zweite Spieler jedes noch so niedrige Angebot annehmen, denn ein Euro ist besser als keiner. Dementsprechend sollte der Anbieter dem anderen das niedrigstmögliche Angebot machen – also bloss einen Euro anbieten und die restlichen 99 Euro selbst behalten. Tatsächlich wird nur sehr selten so gespielt: zwei Drittel der Angebote liegen zwischen 40 und 50 Euro, und nur vier Prozent der Spieler bieten dem anderen weniger als 20 Euro. Es ist gefährlich, so ein niedriges Angebot zu machen, denn mehr als die Hälfte der Versuchspersonen würden es ablehnen! Dieses Ultimatum-Spiel ist in hunderten von Gruppen und Dutzenden von Kulturkreisen untersucht worden. Die Resultate sind ganz erstaunlich robust.

Warum verwerfen so viele Spieler niedrige Angebote? Vielleicht, weil es ihnen schwer fällt, die Anonymität der Spielsituation zu begreifen. Sie ist ja unnatürlich. Unsere Vorfahren lebten in kleinen Gruppen, jeder kannte jeden. Wenn einer da in den Ruf gelangt, sich mit einem niedrigen Anteil abzufinden, werden die anderen das ausnützen und immer wieder nur wenig anbieten. Das ist ganz ähnlich wie beim ‚public goods' Spiel. Wird einmal bekannt, dass die anderen davor zurückschrecken, saftige Strafen zu verhängen, so ist die Verlockung sehr gross, das auszubeuten. In beiden Fällen führen mathematische Modelle, die einen derartigen Reputationseffekt berücksichtigen, zu einer möglichen Erklärung des tatsächlich beobachteten Verhaltens. Nimmt man etwa an, dass ein Ultimatum-Spieler nur die Wahl zwischen zwei Alternativen hat – dem anderen ein hohes Angebot zu machen, etwa 45 Euro, oder ein niedriges, etwa 15 Euro – so gibt es für das entsprechende ‚Minispiel' zwei Strategien, die im Nash-Gleichgewicht sind: (a) das hohe Angebot zu machen, und nur ein hohes Angebot zu akzeptieren, oder (b) das niedrige Angebot machen, und jedes Angebot zu akzeptieren. In einer Bevölkerung, in der sich (a) oder (b) als Norm durchgesetzt hat, zahlt es sich nicht aus, einseitig davon abzuweichen. Das hohe Angebot aber ist risikodominant (solange es unter der Hälfte der Gesamtsumme liegt), und würde sich bei Anpassungsvorgängen auf längere Sicht durchsetzen.

Vielleicht liefert das die Erklärung für das sonderbare experimentelle Resultat. Zu beachten ist, dass hier nicht verlangt wird, dass die Spieler die Situation rational durchanalysieren. Viele lassen sich offenbar durch Emotionen lenken. Diese Emotionen aber sind Produkt der Anpassung – vielleicht durch Erziehung vermittelt, vielleicht auf angeborenen Anlagen begründet – und können letztendlich ein kollektiv vorteilhafteres Sozialverhalten bewirken, als das rationale Kalkül des Eigennutzes es vermag. So führt die Spieltheorie – ursprünglich als Instrument angesehen, um rationales Verhalten zu begründen – zu einer Relativierung der Rationalität.

Das Nash-Gleichgewicht stellt den Kern des methodologischen Individualismus dar. Aber der Begriff liefert keine verlässlichen Vorhersagen menschlichen Verhaltens, und bezweckt es auch gar nicht. Er ist ein begriffliches Hilfsmittel, ein Ausgangspunkt zum Verständnis sozialer Wechselwirkung – der Angelpunkt, gewissermassen, jeder Gesellschaftstheorie.

Die Qual der Wahl – die Mathematik des Wählens

Ehrhard Behrends

In vielen Bereichen des täglichen Lebens stehen verschiedene Möglichkeiten zur Wahl, und man möchte auf faire Weise „den Besten" bzw. „die Beste" auswählen. Das fängt im Kleinen an (soll der Familienausflug in den Zoo, ins Schwimmbad oder in den Zirkus gehen?) und setzt sich bis in die hohe Politik fort (wie setzt man den Wählerwillen in die Anzahl der Sitze im Bundestag um?).

Es wird viele überraschen zu erfahren, dass das ein äußerst komplexes Problem ohne eine in allen Aspekten befriedigende Lösung ist und dass – überwiegend elementare – Mathematik eine wichtige Rolle spielt. Nachstehend findet man einige Informationen zu den damit zusammenhängenden Fragestellungen.

1   Präferenzen: Was heißt eigentlich „besser"?

Jeder von uns hat in den verschiedenen Lebensbereichen gewisse „Vorlieben" (Für dieses Wort wird in der Theorie des Wählens der Begriff „Präferenzen" verwendet, wir werden uns dem anschließen.)

○ Beim Fußball: „Ich finde Borussia Dortmund besser als München"
○ In der Musik: „Schubert gefällt mir viel besser als Hindemith"
○ Beim Wein: „Französischer Rotwein schmeckt mir besser als spanischer"
○ …

Wir vereinbaren: Hat man sich in irgendeinem Lebensbereich als Individuum oder Gruppe darauf verständigt, dass A „besser" als B ist, so wollen wir das durch $A > B$ („A besser als B") abkürzen.

Es scheint nicht besonders viel verlangt zu sein, von Präferenzen zwei naheliegende Eigenschaften zu fordern. *Erstens* sollten sie in dem Bereich, um den es gerade geht, *vollständig* sein: Für je zwei verschiedene Objekte A, B dieses Bereichs sollte $A > B$ oder $B > A$ (aber natürlich nicht beides gleichzeitig) gelten. Bei theoretischen Überlegungen zum Wählen wird das oft vorausgesetzt, man darf aber bezweifeln, ob es auch wirklich zutrifft. Realistischer ist es wohl anzunehmen, dass man sich bei zwei Parteien, die man sowieso nicht wählen möchte, auch keine Meinung darüber gebildet hat, welche denn „besser" ist.

Die *zweite Forderung* heißt „Transitivität" Sie besagt, dass aus $A > B$ und $B > C$ immer $A > C$ folgt: Wenn ich Schubert besser als Hindemith und Hindemith besser als Schönberg finde, sollte ich auch Schubert mehr schätzen als Schönberg.

Wir haben durch zahllose Beispiele aus den verschiedensten Lebensbereichen verinnerlicht, dass „besser" wohl immer transitiv ist. Es ist aber leicht, eine Situation anzugeben, wo diese Bedingung verletzt ist. Man muss nur an das Spiel

„Schere-Stein-Papier" denken, ein bei Kindern beliebtes Entscheidungsverfahren. Hier gilt „Schere ist besser als Papier" (klar), „Papier ist besser als Stein" (der wird eingewickelt), „Stein ist besser als Schere" (er schleift sie). Das ist eine Festsetzung von Präferenzen, die vollständig, aber offensichtlich nicht transitiv ist.

Damit sind wir auf ein merkwürdiges Phänomen gestoßen: Selbst wenn man weiß, was „besser" bedeuten soll, ist damit nicht gesagt, dass es auch „einen Besten" geben muss.

Man könnte sich nun damit trösten, dass Phänomene, die bei Kinderspielen auftreten, bei ernsthaften Dingen der Erwachsenenwelt – wie etwa bei Problemen des Wählens – wohl keine Rolle spielen werden.

Das stimmt aber überraschenderweise nicht. Wir wollen zunächst an einem Beispiel aus dem Sport illustrieren, wie durch das Bündeln von Präferenzen nicht transitive Situationen entstehen können.[1] Wir stellen uns vor, dass es bei einer Sportart (Golf, Tennis, Schach, …) in Deutschland neun Spitzensportler gibt: $S1, S2, \ldots, S9$. Dabei soll die Bezeichnung schon in Übereinstimmung mit der Weltrangliste sein:

$$S1 > S2 > S3 > \cdots > S9.$$

Wir wollen annehmen, dass diese Präferenz „$>$" für diese Sportart transitiv ist. Insbesondere schlägt $S1$ alle, und $S9$ kann leider nie auf einen Sieg hoffen.

Nun werden für einen Städtewettkampf Teams gebildet:

$$\text{Team A:} \quad S3, S5, S7$$
$$\text{Team B:} \quad S1, S6, S8$$
$$\text{Team C:} \quad S2, S4, S9$$

Und wir wollen wissen: Welches Team wird gewinnen? Wir behaupten, dass Team A besser als Team B ist: Es gibt neun Zweikämpfe, und in fünf Fällen ist ein Sieg für Team A zu erwarten:

$$S3 > S6,\ S3 > S8,\ S5 > S6,\ S5 > S8,\ S7 > S8.$$

Und damit ist klar: $A > B$.

Wir behaupten weiter, dass Team B besser als Team C ist: Auch hier gibt es neun Zweikämpfe, und in fünf Fällen ist ein Sieg für Team B zu erwarten:

$$S1 > S2,\ S1 > S4,\ S1 > S9,\ S6 > S9,\ S8 > S9.$$

Es folgt: $B > C$.

Und wir behaupten schließlich, dass Team C besser als Team A ist: Wieder gibt es neun Zweikämpfe, und in fünf Fällen ist ein Sieg für Team C zu erwarten:

$$S2 > S3,\ S2 > S5,\ S2 > S7,\ S4 > S5,\ S4 > S7.$$

1. Beispiele ließen sich auch leicht in anderen Bereichen, etwa in der Wahrscheinlichkeitsrechnung oder in der Wirtschaftswissenschaft finden.

Und das beweist wirklich: $C > A$.

Wir fassen zusammen:
$$A > B, \ B > C, \ C > A.$$

Und was ist denn nun das „beste Team"?

Es ist zu betonen, dass alles mit rechten Dingen zugeht. Das Ergebnis beweist nur, dass beim Bündeln von Präferenzen die Transitivität verloren gehen kann.

Das gleiche Phänomen kann auch bei Wahlen auftreten, und deswegen spielt das Thema „Präferenzen" für diesen Artikel eine so wichtige Rolle.

Wir nehmen einmal an, dass drei Parteien zur Wahl stehen. (Für mehr als drei Parteien gibt es entsprechende Beispiele). Wir wollen sie C, S und L nennen. Für jeden einzelnen Bürger gibt es eine klare Präferenzliste $L > S > C$, oder $S > C > L$, oder... (insgesamt gibt es sechs Möglichkeiten). Der Einfachheit halber soll es nur drei Präferenzlisten geben, die sich wie folgt auf die drei Millionen Wahlberechtigten verteilen:

○ Eine Million sind für $C > S > L$.
○ Eine Million sind für $S > L > C$.
○ Eine Million sind für $L > C > S$.

Dabei ist für jeden Einzelnen die Präferenz vollständig und transitiv.

Doch wie kann man die Frage beantworten, welche Partei am beliebtesten ist?

Es sind zwei Millionen Einzelindividuen (eine deutliche Mehrheit) für $C > S$. Also ist es Mehrheitswille, dass $C > S$. Aber:

Es sind zwei Millionen Einzelindividuen (eine deutliche Mehrheit) für $S > L$. Also ist es Mehrheitswille, dass $S > L$. Aber:

Es sind zwei Millionen Einzelindividuen (eine deutliche Mehrheit) für $L > C$. Also ist es Mehrheitswille, dass $L > C$.

Wie beim Sportbeispiel ist also auch hier eine nicht transitive Situation entstanden, und es ist unklar, welche Partei aufgrund des Wählerwillens die beliebteste ist.

Wir besprechen nun Versuche, Lösungsmöglichkeiten aus diesem Dilemma zu finden. Die ersten reichen bis ins 12. Jahrhundert zurück (Llull). Wir kümmern uns hier nur um modernere Ansätze.

2   Lösungsvorschläge

2.1   Mehrheitswahl

Dieses Verfahren wird schon seit den frühesten Zeiten der Menschheitsgeschichte verwendet: Gewinner ist, wer die meisten Stimmen auf sich vereinigt. Ist das fair? Wir stellen uns vor, dass es um drei Kandidaten geht, für die die persönlichen Präferenzlisten bei den 270 Wahlberechtigten so verteilt sind:

- Für 100 Wahlberechtigte gilt $A > B > C$: Sie werden A ihre Stimme geben;
- 90 Wahlberechtigte meinen $B > C > A$, das gibt 90 Stimmen für B;
- und 80 sehen es wieder anders, für sie ist $C > A > B$.

Dann wird A die Wahl gewinnen, obwohl eine überwältigende Mehrheit C besser als A findet (170 von 270 Wählern).

2.2 Iterative Mehrheitswahl

Die Ungerechtigkeit beim vorstehend beschriebenen Verfahren rührte daher, dass die Kandidaten nicht paarweise verglichen wurden. Da man bei nur zwei Kandidaten immer auf faire und einvernehmliche Weise den besten finden kann, könnte man doch bei drei Kandidaten A, B, C die Wahl in zwei Schritten durchführen: Zunächst gibt es eine Mehrheitswahl zwischen zweien der Kandidaten, und der Sieger stellt sich einer Mehrheitswahl gegen den dritten. Das sieht sehr fair aus, das Verfahren ist aber beliebig manipulierbar.

Hier ein Beispiel: Es gibt 300.000 Wähler, und je 100.000 favorisieren $A > B > C$, $B > C > A, C > A > B$.

Erste Möglichkeit: A gegen B, Sieger gegen C. Hier wird A den ersten Wahlgang gewinnen: 200.000 gegen 100.000 Stimmen. Doch im zweiten Durchgang hat A das Nachsehen, denn 200.000 finden C besser. Kurz: C gewinnt.

Zweite Möglichkeit: A gegen C, Sieger gegen B. Diesmal wird B gewinnen.

Dritte Möglichkeit: C gegen B, Sieger gegen A. Bei diesem Verfahren wird A gekürt.

Man sieht, dass es die Chancen für einen Kandidaten erhöht, sich möglichst bei einem späteren Durchgang der Wahl zu stellen, denn potenzielle Konkurrenten sind dann vielleicht schon ausgeschieden

2.3 Die Borda-Methode

Jean-Charles de Borda (1733–1799) war Marine-Offizier in der Zeit rund um die französische Revolution. Er war auch an den Forschungen beteiligt, die zur Verbesserung der Längengradbestimmung führen sollten.

Sein Vorschlag zur Verbesserung des Wahlsystems bestand darin, durch Vergabe von Wichtungsfaktoren auch die in der Präferenz weiter hinten stehenden Kandidaten zu berücksichtigen. Genauer:

> Stehen etwa drei Kandidaten zur Wahl so werden entsprechend der Präferenz Punkte vergeben: 3 für den besten, 2 für den nächsten, 1 für den letzten. Und die Gesamt-Reihenfolge wird durch die Gesamtzahl der erzielten Punkte bestimmt.

> Allgemein erhält bei n Bewerbern der erste Kandidat n Punkte, der zweite $n - 1$ Punkte usw.

Jean-Charles de Borda (Bild: Wikimedia Commons, gemeinfrei)

Hier ein Beispiel: Angenommen, 5 Wähler votieren für $A > B > C$, 20 Wähler für $B > A > C$ und 10 für $C > B > A$. Nach der Borda-Zählung ergibt das

o $5 \cdot 3 + 20 \cdot 2 + 10 \cdot 1 = 65$ für A;
o $5 \cdot 2 + 20 \cdot 3 + 10 \cdot 2 = 90$ für B;
o $5 \cdot 1 + 20 \cdot 1 + 10 \cdot 3 = 55$ für C.

Nach dieser Methode ergibt sich also die Präferenzreihenfolge $B > A > C$.

Scheinbar ist das Verfahren deutlich geeigneter als die vorher beschriebenen Beispiele, den Mehrheitswillen wiederzugeben. Leider tauchen dabei aber neue und unerwartete Schwierigkeiten auf. Es zeigt sich, dass hoffnungslose Kandidaten das Ergebnis verfälschen können und dass die Methode störanfällig gegen Manipulationen ist:

Hoffnungslose Kandidaten

Wir nehmen an, dass es 99 Wähler gibt und dass vor der Wahl 50 für $A > B$ und 49 für $B > A$ sind. Bei einer Mehrheitswahl würde A knapp gewinnen. Nun taucht C auf (den eigentlich – bis auf 5 Wähler, die ihn nicht ganz so unmöglich finden – kaum jemand mag). Es votieren 49 für $A > B > C$, 1 für $A > C > B$, 45 für $B > A > C$ und 4 für $B > C > A$. Die Wahl soll mit der Borda-Methode entschieden werden. Hier das Ergebnis:

o $49 \cdot 3 + 1 \cdot 3 + 45 \cdot 2 + 4 \cdot 1 = 244$ für A;
o $49 \cdot 2 + 1 + 45 \cdot 3 + 4 \cdot 3 = 246$ für B;
o $49 \cdot 1 + 1 \cdot 2 + 45 \cdot 1 + 4 \cdot 2 = 104$ für C.

Und das ergibt $B > A > C$! Obwohl sich also die Präferenzen $A > B$ gegen $B > A$ nicht verändert haben, ist plötzlich die Reihenfolge eine ganz andere.

Strategisches Wählen

Wie jedes andere Wahlverfahren ist die Borda-Methode störanfällig gegen strategisches Wählen.

Angenommen, drei Kandidaten A, B, C stehen zur Wahl, von denen C die schlechtesten Chance hat. Es gibt 19 Wahlberechtigte, davon sind 10 Anhänger von A und 9 Anhänger von B. Naheliegend wäre dann, dass es 10 Stimmen für

Marquis de Condorcet (Bild: Wikimedia Commons, gemeinfrei)

$A > B > C$ und 9 für $B > A > C$ gibt, und A würde gewinnen.

Das befürchten die B-Anhänger und wollen geschlossen für $B > C > A$ votieren. Das würde zu $10 \cdot 3 + 9 \cdot 1 = 39$ für A und $10 \cdot 2 + 9 \cdot 3 = 47$ für B führen, hätte also den gewünschten Erfolg.

Irgendwie ahnen das die A-Anhänger, sie wollen für $A > C > B$ stimmen. Das Borda-Ergebnis: A, B und C haben $39, 37$ und 38 Punkte. Es ist zwar wirklich $A > B$, wenn aber auch der zweite Platz eine Rolle spielen sollte (weil zum Beispiel gleich der Vizepräsident mitbestimmt wird), so ist B überraschender Weise aus dem Rennen, und C freut sich über die unerwartete Beliebtheit.

Es gibt nahe liegende *Varianten* für die Borda-Methode. Bei der Originalversion ist eine gleichmäßige Punkte-Reduktion vorgesehen: Pro Rangabstieg gibt es einen Punkt weniger. Man könnte dem Wähler aber auch mehr Freiheit geben. Er könnte zum Beispiel jeweils k Punkte vergeben, und die können ganz nach Belieben auf die Kandidaten verteilt werden.

Der Nachteil: Viele Wähler werden dazu tendieren, alle Punkte ihrem Favoriten zu geben, und dann sind wir wieder bei der Mehrheitswahl mit den bekannten Problemen.

Es gibt noch weitere Varianten: Man könnte die Gewichte der Punkte verändern (etwa 5 bzw. 4 bzw. 1 für die Präferenzen $1, 2, 3$), unterschiedlichen Wählern mehr oder weniger Punkte geben usw.

2.4   Condorcet: Intransitivitäten auflösen

Die Umwälzungen rund um die französische Revolution spielten auch im Leben des Marquis de Condorcet (1743–1794) eine wichtige Rolle. Als Adliger war er besonders gefährdet, er starb unter ungeklärten Umständen. Condorcet war ein Gegenspieler von Borda: Beide hatten ein Wahlsystem, das sie dem des anderen überlegen glaubten.

Concordet setzt bei dem schon weiter oben geschilderten Problem an, dass bei der Zusammenfassung von Präferenzen intransitive Ordnungen entstehen können und dadurch der Mehrheitswille nicht eindeutig ist. Um zu zeigen, dass das schon bei der Überlagerung von nur drei Meinungen passieren kann, gibt es hier ein weiteres *Beispiel*.

Drei Freunde (Klaus, Susanne, Marion) wollen am Wochenende etwas unternehmen. Zur Wahl stehen Kino, Theater und Disco. Die Präferenzen sind so verteilt:

○ Klaus: Kino > Theater > Disco;
○ Susanne: Theater > Disco > Kino;
○ Marion: Disco > Kino > Theater.

Dann ist Kino beliebter als Theater (2 gegen 1) und Theater beliebter als Disco (auch 2 gegen 1). Also auf ins Kino! Oder doch nicht? Es ist ja auch die Disco beliebter als das Kino (2 zu 1), und deswegen sollte es dorthin gehen.

Die drei haben sich in eine unlösbare Situation hineinmanövriert, es gibt – da die zusammengefassten Präferenzen nicht transitiv sind – wirklich keine „beste Wahl"

Bei Wahlen kann so etwas auch passieren, wie lässt sich das vermeiden? Condorcet schlägt vor, die Relation „>" zu quantifizieren und bei Auftreten von Intransitivitäten die am wenigsten deutlich ausgeprägten Vergleiche wegzulassen. Das soll an einem Beispiel erläutert werden, bei dem 3 Kandidaten A, B, C zur Wahl stehen. Durch 100 Wahlberechtigte soll ein Sieger gekürt werden. Nach Condorcet geht das so:

○ Es gibt drei Wahlgänge, bei denen jeweils zwei der Kandidaten antreten: A gegen B, A gegen C, B gegen C.
○ Die Stimmen werden ausgezählt, und danach können je zwei der Kandidaten verglichen werden: Es gilt $A > B$ oder $B > A$ usw.[2]
○ Falls auf diese Weise eine transitive Ordnung entstanden ist, ist alles in Ordnung: Es gibt einen eindeutig bestimmten Gewinner. Wenn das nicht der Fall ist, muss genauer analysiert werden: Die Präferenz, die mit der schwächsten Mehrheit zustande kam, wird weggelassen. Wenn dann eine transitive Ordnung entsteht, gibt es wieder einen Gewinner, andernfalls muss diese Prozedur noch ein oder mehrere Male wiederholt werden.

Als Beispiel stellen wir uns vor, dass bei unserem Beispiel die Ergebnisse so waren:

A gegen B: 80 Stimmen für A und 20 für B.

A gegen C: 40 Stimmen für A und 50 für C.

B gegen C: 90 Stimmen für B und 10 für C.

Der Wählerwille ist also die intransitive Ordnung $A > B > C > A$. Nach Condorcet ist dann das Ergebnis $C > A$ aus der Wertung zu nehmen, denn dabei war die Entscheidung zwischen den Kandidaten am wenigsten klar. Es bleibt $A > B > C$, und A gewinnt die Wahl.

---

2. Wir wollen einmal annehmen, dass es keinen Fall von Stimmengleichheit gibt.

Erwartungsgemäß werden durch dieses Verfahren nun nicht alle Probleme gelöst. Gewisse Ungerechtigkeiten werden zwar beseitigt, dafür treten neue Schwierigkeiten auf: Was ist bei Stimmengleichheit? Wird der Wählerwille noch respektiert? Wer soll so viele Wahlgänge bezahlen[3] … Auch kann es vorkommen, dass verschiedene Verfahren zu unterschiedlichen Ergebnissen führen, es also zum Beispiel einen Condorcet- und einen Borda-Gewinner geben kann. Wer ist denn nun besser legitimiert?

Kurz: Die Suche nach einem optimalen Verfahren musste weitergehen.

2.5 Weitere Vorschläge

Es gab noch weitere Versuche in der Geschichte, zu „optimalen" Wahlverfahren zu kommen. Keiner konnte wirklich überzeugen. (Allen Lesern ist hiermit das Buch [4] von George Szpiro empfohlen, in dem diese anderen Ansätze – und auch die bisher geschilderten – sehr ausführlich dargestellt werden.) Zwei sollen noch kurz erwähnt werden:

Nur absolute Mehrheiten zählen! Dieses Verfahren wurde von dem Mathematiker *Pierre-Simon Laplace* (1849–1827) vorgeschlagen. Dabei wird, etwa bei drei Kandidaten, so gewählt: Im ersten Wahlgang stehen alle Kandidaten auf dem Wahlzettel, und die beiden Erstplatzierten machen den zweiten Durchgang unter sich aus.

Doch dabei kann es zu merkwürdigen Ergebnissen kommen: Mal angenommen, es gibt drei Kandidaten A, B, C und 100 Wahlberechtigte. 40 haben die Präferenz $A > C > B$, 32 meinen $B > A > C$ und 28 sind überzeugt, dass $C > B > A$ gilt.

Im ersten Wahlgang gewinnen dann A und B, und im zweiten Durchgang, beim gegenseitigen Vergleich, gewinnt B (mit 60:40). Tatsächlich ist aber C viel beliebter als B (bei einem Stimmenverhältnis 68 : 32).

Nach diesem Verfahren finden bis auf den heutigen Tag die französischen Präsidentenwahlen statt.

Wählen bis zur absoluten Mehrheit. Man könnte es auch ganz anders machen: Stehen mehr als zwei Kandidaten zur Wahl, so wird so lange gewählt, bis einer die absolute Mehrheit hat. Das bedeutet, dass sich die Wahlberechtigten zwischen den Wahlgängen immer wieder neu beraten müssen, so lange, bis eine Mehrheit von einem Kandidaten überzeugt wurde. Das kann sehr lange dauern, und es ist nicht einmal klar, ob das Verfahren überhaupt zu einem Ende kommt.

So macht es zum Beispiel die französische Akademie der Wissenschaften.

---

3. Bei 5 Kandidaten etwa wären schon $\binom{5}{2} = 10$ Wahlgänge erforderlich.

3 Es gibt keine befriedigende Lösung: Der Satz von Arrow

Im vorigen Kapitel haben wir verschiedene Beispiele von Versuchen kennen gelernt, zu einer fairen Umsetzung des Wählerwillens zu kommen. Jeder einzelne hatte gewisse Nachteile, und man kann sich fragen, ob nicht eine Methode denkbar ist, die alle zufrieden stellt.

Dazu ist zunächst grundsätzlich zu überlegen, welche wünschenswerten Eigenschaften ein Wahlverfahren haben sollte. Wenn man das formalisiert, so kommt man zu einer Wunschliste, die drei Punkte enthält. Wir geben sie hier zunächst in Umgangssprache wieder:

- Das Verfahren ist universell, es kann auf alle Familien von individuellen Präferenzordnungen angewendet werden.
- Sind alle Wähler der Meinung, dass Kandidat A besser als Kandidat B ist, so sollte das Verfahren ebenfalls zu dem Ergebnis „A ist besser als B" kommen.
- Angenommen, heute und in einem Monat sind Wahlen, und in beiden Fällen waren die gleichen Personen der Meinung, dass A besser ist als B. Wenn das Verfahren heute die Aussage liefert, dass A besser als B ist, so soll das auch in einem Monat der Fall sein. Und umgekehrt.

Eine Formalisierung könnte so aussehen:

- Es geht um m Kandidaten, die von 1 bis m durchnummeriert sind. Wir wollen $m \geq 3$ annehmen, denn für $m = 2$ gibt es keine Probleme. Die Präferenzen von n Wählern sollen zu einer Gesamtpräferenz zusammengeführt werden, wobei $n \geq 2$.
- Eine Präferenz ist doch eine Permutation der Zahlen $1, 2, \ldots, m$. Bezeichnet man mit S_m die Menge dieser Permutationen, so ist ein Wahlverfahren V eine Abbildung, die einer Familie von Permutationen $(\pi_i)_{i=1,\ldots,n}$ – dabei ist $\pi_i \in S_m$ die Präferenz des i-ten Wählers – eine Permutation $V((\pi_i)_{i=1,\ldots,n}) \in S_m$ zuordnet. Damit ist die erste Forderung bereits formalisiert.
- Die zweite bedeutet: Sind j_1, j_2 beliebige Zahlen in $\{1, \ldots, m\}$ und ist $j_2 < j_1$ in allen π_i, so soll auch $j_2 < j_1$ in $V((\pi_i)_{i=1,\ldots,n})$ sein.
- Hier die dritte Forderung: Angenommen, es sind $(\pi_i)_{i=1,\ldots,n}$ und $(\pi_i')_{i=1,\ldots,n}$ zwei Präferenzfamilien und $j_1, j_2 \in \{1, \ldots, m\}$. Ist dann

$$\{i \mid \text{in } \pi_i \text{ ist } j_2 < j_1\} = \{i \mid \text{in } \pi_i' \text{ ist } j_2 < j_1\},$$

so soll $j_2 < j_1$ in $V((\pi_i)_{i=1,\ldots,n})$ genau dann gelten, wenn $j_2 < j_1$ in $V((\pi_i')_{i=1,\ldots,n})$ gilt.

Diese Forderungen hören sich recht bescheiden an, und ein Beispiel für so ein Verfahren ist schnell gefunden. Wir suchen uns einfach einen der Wähler, etwa Wähler 1, aus und übernehmen seine Präferenzordnung. Dann sind alle Forderungen erfüllt, wie man leicht einsehen kann. Aus nahe liegenden Gründen heißt Wähler 1 dann der „Diktator" Gibt es noch andere Möglichkeiten?

Ein wirklich spektakuläres Ergebnis besagt, dass das nicht der Fall ist: Möchte

Kenneth Arrow (Bild: Linda A. Cicero/Stanford News Service, Wikimedia Commons, CC BY 3.0)

man alle Forderungen erfüllen, so muss man einen der Wähler zum Diktator de-
klarieren. Bewiesen wurde es 1951 in der Dissertation von Kenneth Arrow (geb.
1921). Arrow ist Wirtschaftswissenschaftler, er erhielt 1972 (zusammen mit John
Richard Hicks) den Nobelpreis für Wirtschaftswissenschaften.

Manchmal wird die Aussage auch leicht umformuliert. Ergänzt man die
Wunschliste um die Forderung, dass es keinen Diktator geben soll, so lässt sich
beweisen, dass kein Wahlverfahren alle Wünsche erfüllt. Das Ergebnis ist als *Ar-
rows Paradoxon* bekannt.

Angesichts dieses – mit streng mathematischen Methoden beweisbaren – Paradoxons ist es kein Wunder, dass die Wähler bisher vergeblich auf eine rundum
befriedigende Methode gewartet haben, ihren Willen umzusetzen.

4   Wie kann der Wählerwille gerecht verteilt werden?

Bisher ging es darum, mit einem geeigneten Verfahren unter Berücksichtigung
der individuellen Präferenzen den „besten" Kandidaten unter mehreren Mitbe-
werbern zu finden. Jetzt wenden wir uns der Frage zu, wie der Wille der Wähler
angemessen durch die Anzahl der Sitze in der Volksvertretung (in Deutschland
im Bundestag) repräsentiert werden soll.

Der folgende Ansatz ist naheliegend: Die Anzahl der Sitze ist so zu verteilen, dass die Proportionen denen des Wahlergebnisses entsprechen. Wenn also
zum Beispiel vier Parteien C, S, L, G zur Wahl gestanden haben und die erreichten
Prozentzahlen $45, 25, 20, 10$ sind, sollte Partei C 45 Prozent der Sitze bekommen
usw. Was ist aber, wenn nur 90 Sitze zur Verfügung stehen? Dann sollten für C
$0.45 \cdot 90$, also $40, 5$ Sitze reserviert werden. Doch was ist ein halber Abgeordneter?
Rein theoretisch könnte man sich so eine Position zwar vorstellen (und genau so
einen 0.4-Abgeordneten oder eine 0.05-Abgeordnete), praktisch durchführbar ist
das aber sicher nicht: halbes Gehalt? halbes Stimmrecht? halbes Büro?

Deswegen taucht hier das Problem auf, dass man ein aus gebrochenen Zahlen bestehendes Ergebnis in ein ganzzahliges umwandeln muss. Dass ist ähnlich
schwierig wie das Finden des „besten" Kandidaten, weiter unten wird beschrie-

ben, was für ein kompliziertes Verfahren sich der Gesetzgeber für die Bundesrepublik Deutschland ausgedacht hat.

An einem Beispiel, dem *Alabama-Paradoxon*, soll demonstriert werden, welche unerwarteten Schwierigkeiten bei scheinbar gerechten Verfahren auftreten können. Es geht um die Vertretung der Einzelstaaten in den USA im 19. Jahrhundert, die entsprechend ihrer Bevölkerungszahl vertreten sein sollen. Damals hatte man sich folgendes Verfahren ausgedacht, das zunächst an einem Beispiel erläutert werden soll:

○ Angenommen, das Repräsentantenhaus hat 110 Sitze, die Gesamtzahl der Einwohner in den USA beträgt 3.000.00 und der Staat S hat 150.000 Einwohner. Dann stehen S eigentlich $110 \cdot 150.000/3.000.000 = 5,5$ Sitze zu. S bekommt zunächst 5 Sitze, und es wird vermerkt, dass ein Rest von $0,5$ geblieben ist. So wird das für alle Staaten gemacht, am Ende sind von den 110 Sitzen die meisten vergeben.

○ Mal angenommen, es sind noch 4 Sitze frei. Dann werden die Reste angesehen, und die vier Staaten mit den höchsten Resten bekommen noch je einen weiteren Sitz.

Hier ein ausgedachtes, etwas konkreteres Zahlenbeispiel, bei dem wir diesmal von 22 Sitzen ausgehen. Die Bundesstaaten A, B, C haben 1450 bzw. 10500 bzw. 10510 Einwohner, zusammen sind das 22460. Pro Abgeordneten braucht man also $22460/22 = 1020.9$ Einwohner.

Wir teilen die Einwohnerzahlen durch 1020.9 und erhalten so die Rohwerte:

$$A : 1.43 \quad B : 10.28 \quad C : 10.29.$$

Und nach dem allgemein akzeptierten Zuteilungsverfahren erhält A zunächst einen und B ud C je 10 Sitze. Damit sind 21 Sitze vergeben, für den noch zu besetzenden werden die Reste angesehen. A hat den höchsten Rest (0.43 gegen 0.28 und $0,29$). Folglich geht der Sitz an A, und die endgültige Sitzverteilung ist $2 : 10 : 10$.

Doch nun kann etwas sehr Unerwartetes passieren. Wir stellen uns vor, dass einige Jahre später die Bevölkerung in allen Staaten um 10 Prozent gewachsen ist. Man beschließt, dass es nun 23 Abgeordnete geben soll. Wie werden die Sitze aufgeteilt?

Das Land hat nun 24706 Einwohner, und es braucht $24706/23 = 1074.17$ Einwohner für einen Sitz. Die neuen Rohwerte für die drei Staaten lauten wie folgt:

$$A : 1.484 \quad B : 10.75 \quad 10.76.$$

Und die führen nach dem vereinbarten Verfahren zur Sitzverteilung $1 : 11 : 11$.

A hat also trotz Erhöhung der Sitze einen Abgeordneten verloren! Das ist das *Alabama-Paradoxon*, es ist wirklich passiert: Der Staat Alabama verlor nach der Erhöhung der Anzahl der Sitze im Repräsentantenhaus einen Abgeordneten.

Das gleiche Phänomen kann übrigens auch bei anderen Teilungsproblemen auftreten, hier ein nicht ganz ernsthaft gemeintes Beispiel.

Drei Seeräuber beschließen, die demnächst zu erbeutenden Goldmünzen nach dem Schlüssel $7:46.5:46.5$ aufzuteilen: Bei eventuell überzähligen soll der höchste Bruchteil entscheiden.

Nun werden 20 Münzen erbeutet. Die Rohaufteilung ist $1.4:9.3:9.3$, die endgültige Aufteilung also $2:9:9$.

Es findet sich aber noch eine weitere Münze, und nun lauten die Zahlen $1.47:9.765:9.765$. Das ergibt eine Aufteilung $1:10:10$, und Räuber Nummer 1 fühlt sich übers Ohr gehauen ...

Ähnliche Phänomene wie beim Alabamaparadoxon können auch dann auftreten, wenn verschiedene Parteien gewählt werden können und danach entschieden werden soll, welche Sitzverteilung daraus abgeleitet werden soll. Es gab viele Vorschläge dazu, auch einige Mathematiker haben sich beteiligt. Hier soll nur auf zwei auch heute noch wichtige Methoden eingegangen werden.

Das d'Hondt-Verfahren. Es ist nach dem belgischen Juristen Victor d'Hondt (1841–1901) benannt. Wir gehen davon aus, dass die Stimmenzahlen für die einzelnen Parteien schon vorliegen und dass insgesamt N Sitze zu vergeben sind. Das geht nach d'Hondt so:

○ Erstelle eine Tabelle, in der die auf die einzelnen Parteien entfallenen Stimmen nacheinander durch 1, 2, 3 usw. geteilt werden.
○ Suche in dieser Tabelle die N größten Zahlen. Die Sitze werden den zu diesen Zahlen gehörigen Parteien zugeteilt.

Das klingt recht abstrakt, deswegen folgt hier ein konkretes Beispiel. Drei Parteien A, B, C stehen zur Wahl, es sind 10 Sitze zu vergeben. Das Wahlergebnis: 1500 für A, 2000 für B, 700 für C. Die Tabelle sieht dann so aus:

Teiler	1	2	3	4	5
A	1500	750	500	375	300
B	2000	1000	666,66	500	400
C	700	350	233,33	175	140

(Zum Beispiel ergibt sich die Zahl $233,33$ in der letzten Zeile dadurch, dass man 700 durch 3 teilt.) In dieser Tabelle werden die 10 größten Zahlen gesucht. Hier sind sie eingezeichnet ((1) ist die größte Zahl, (2) die nächstgrößere usw.):

Teiler	1	2	3	4	5
A	1500 (2)	750 (4)	500 (8)	375(10)	300
B	2000 (1)	1000 (3)	666,66 (6)	500 (7)	400 (9)
C	700 (5)	350	233,33	175	140

Bei A stehen vier, bei B fünf und bei C eine dieser Höchstzahlen, deswegen ist die Sitzverteilung $4:5:1$ für $A:B:C$.

Das Sainte-Laguë-Verfahren. Namensgeber dieses Verfahrens ist der französische Mathematiker André Sainte-Laguë (1882–1950)[4]. Es ist dem d'Hondt-Verfahren recht ähnlich, allerdings sind die Teiler nicht mehr $1, 2, 3, \ldots$ sondern $1, 3, 5, 7, \ldots$: Mit diesen Teilern wird eine Tabelle berechnet, und durch die größten N Zahlen wird bestimmt, wie sich die N Sitze auf die Parteien verteilen.

Zur Illustration berechnen wir jetzt die Sitzverteilung im vorstehenden Beispiel nach dem Sainte-Laguë-Verfahren. Zunächst die Tabelle:

Teiler	1	2	3	4	5
A	1500	500	300	214,28	166,66
B	2000	666,66	400	285,74	222,22
C	700	233,33	140	100	77,77

Und hier sind die 10 Höchstwerte:

Teiler	1	2	3	4	5
A	1500 (2)	500 (5)	300 (7)	214,28	166,66
B	2000 (1)	666,66 (4)	400 (6)	285,74 (8)	222,22 (10)
C	700 (3)	233,33 (9)	140	100	77,77

Nach dieser Rechnung ist das Ergebnis folglich $3:5:2$ für $A:B:C$, die Verteilung ist also für die kleine Partei C günstiger als beim d'Hondt-Verfahren.

Die vorstehenden Verfahren können übrigens als Spezialfälle der so genannten Divisorverfahren aufgefasst werden. Angenommen, es bewerben sich n Parteien $A_1, \ldots, A_k$ um N Sitze, und bei der Wahl haben die n Wähler für die i-te Partei n_i Stimmen abgegeben. (Damit ist $n_1 + \cdots + n_k = n$.)

Bevor es losgeht, einigt man sich, wie eine gebrochene Zahl gerundet werden soll, etwa:

○ Die Nachkommastellen werden immer weggelassen: Zum Beispiel wird aus $22, 1$ und $22, 94$ die Zahl 22.
○ Bis $\ldots, 5$ werden die Zahlen abgerundet, größere werden aufgerundet (kaufmännische Rundung): aus $34, 1$ und $34, 5$ wird 34, aus $34, 6$ wird 37.
○ Es wird immer aufgerundet.
○ $\ldots$

---

4. Es war schon im 19. Jahrhundert durch den US-amerikanischen Politiker Daniel Webster vorgeschlagen worden, um Auswege aus dem Alabama-Paradoxon zu finden.

Nun versucht man eine Zahl r so zu finden, dass das folgende Verfahren zu einer Verteilung von N Sitzen führt:

- Teile n_i durch r und runde nach dem vereinbarten Verfahren, das Ergebnis soll $N_{r,i}$ heißen. *Das* ist der Vorschlag für die Sitzanzahl von Partei A_i.
- Im Allgemeinen wird es dann so sein, dass $N_{r,1} + \cdots + N_{r,k}$, also die Summe der verteilten Sitze, nicht gleich N ist: Es wurden zu viele oder zu wenige Sitze vergeben.
- Dann muss das Ganze mit einem anderen r noch einmal probiert werden. War die Summe der Sitze zu groß, muss r vergrößert werden, andernfalls muss man es mit einem kleineren r probieren.

Das führt immer zum Ziel, und je nach Rundungsvereinbarung gibt es unterschiedliche Auswirkungen (z. B. für die Erfolgsaussichten kleiner Parteien). Das d'Hondt-Verfahren ist gleichwertig zum Divisorverfahren, wo immer abgerundet wird, und das Sainte-Laguë-Verfahren erhält man bei der kaufmännischen Rundung.

5   Die deutsche Annäherung an das Gerechtigkeits-Ideal

Wie macht man es in Deutschland?

Als die Bundesrepublik 1949 gegründet wurde, hat man sich viele Gedanken um das Wahlrecht gemacht. Paragraph 38 des Grundgesetzes bestimmt, dass die Abgeordneten in „allgemeiner, unmittelbarer, freier, gleicher und geheimer" Wahl bestimmt werden. Dabei ist genau festgelegt, was diese Begriffe bedeuten sollen. „Geheim" etwa besagt, dass niemand feststellen kann, was ein Wahlberechtigter gewählt hat.

Es wurde auch als wichtig angesehen, die Tatsache zu berücksichtigen, dass Deutschland ein Bundesstat ist. Am Ende wurde ein „personalisiertes Verhältniswahlrecht" beschlossen, dessen Einzelheiten im Lauf der Geschichte der jungen Republik mehrfach überarbeitet wurden.

Der deutsche Bundestag (Bild: Wikimedia Commons, CC By-SA 3.0)

Die Grundidee: Deutschland ist in 299 Wahlkreise aufgeteilt, und man möchte am Ende – bis auf kleine Korrekturen – 598 Abgeordnete haben. Die sollen so bestimmt werden:

○ Jeder Wähler hat zwei Stimmen.
○ Mit der ersten kann er sich für einen Kandidaten seines Wahlkreises entscheiden. Wer in einem Wahlkreis die meisten Stimmen hat, zieht direkt in den Bundestag ein. Damit sind 299 Mandate vergeben.
○ Mit der zweiten Stimme wird eine Partei gewählt, damit werden die restlichen Sitze verteilt.

Das Verfahren ist recht kompliziert, denn es soll auch sichergestellt werden, dass bei der Anzahl der Abgeordneten aus den einzelnen Bundesländern die Einwohnerzahlen berücksichtigt werden: größere Länder entsenden mehr Abgeordnete als kleine. Auch sollte die Sitzeverteilung im Bundestag der Stimmenverteilung für die einzelnen Parteien im gesamten Bundesgebiet entsprechen. Die Grundidee:

○ Nach dem Sainte-Laguë-Verfahren wird aufgrund der Zweitstimmen festgestellt, wie viele Sitze den einzelnen Parteien zustehen.
○ Angenommen, einer Partei stehen 220 Sitze zu. Diese werden nach den Ergebnissen in den einzelnen Ländern (wieder nach dem Sainte-Laguë-Verfahren) auf die einzelnen Länder verteilt.
○ Stehen zum Beispiel dann in Nordrhein-Westfalen der CDU 30 Sitze zu und hat sie durch die Erststimmen 25 Wahlkreise gewonnen, so ziehen die Sieger dieser Wahlkreise direkt in den Bundestag, und die restlichen Plätze werden aus der Landesliste aufgefüllt.

(Viele Feinheiten sind dabei weggelassen worden: parteilose Abgeordnete, Fünf-Prozent-Klausel, Minderheitenschutz, ...)

Es kann vorkommen, dass eine Partei durch die Direktmandate mehr Sitze bekommen hat, als ihr nach dem Gesamtergebnis zustehen (Überhangmandate). Dadurch kann sich dann die Gesamtzahl der Abgeordneten erhöhen. (Das ist bei praktisch allen Wahlen vorgekommen.)

Dabei konnte ein merkwürdiges Phänomen auftreten, das man *negatives Stimmgewicht* nennt. Darunter versteht man die Möglichkeit, dass mehr Stimmen für eine Partei dazu führen können, dass diese Partei am Ende weniger Sitze im Bundestag hat.

Das liegt an der Art, wie Überhangmandate verrechnet werden. Allgemein bekannt wurde diese Tatsache im Jahr 2005, als in Dresden Nachwahlen aufgrund des plötzlichen Tods eines Kandidaten notwendig waren. Da musste die CDU ihre Wähler sehr indirekt bitten, ihr nicht zu viele Stimmen zu geben, um das Überhangmandat nicht zu gefährden. (Die Wähler waren klug genug ...)

Es kann zum Beispiel so passieren:

○ Partei A hat im Land L_1 12 Wahlkreise gewonnen. Bundesweit stehen A nach einer Sainte-Laguë-Rechnung 100 Sitze zu, davon entfallen 11 Sitze auf Land L_1 (da kommt noch einmal das Sainte-Laguë-Verfahren zum Einsatz). Das Ergebnis soll knapp sein: Mit etwas mehr Stimmen in diesem Land würden A sogar 12 Sitze zustehen.

○ A erhält also insgesamt 101 Sitze, davon ein Überhangsmandat in L_1. (Wir nehmen einmal an, dass es in anderen Bundesländern keine Überhangsmandate gegeben hat.)

○ Wenn es nun wirklich – z. B. bei einer Nachwahl in L_1 – mehr Stimmen für A gibt, ohne dass ein Direktmandat dazugewonnen wird und sich auch an den 100 Sitzen nichts ändert, so kann es sein, dass A in L_1 nun regulär 12 Sitze erhält: In einem anderen Bundesland hat A dann einen Kandidaten weniger, und es gibt auch kein Überhangsmandat mehr.

○ Fazit: A hat nun nur noch 100 Sitze, obwohl mehr Stimmen für A abgegeben wurden.

Die Möglichkeit eines negativen Stimmgewichts wurde in einem Urteil des Bundesverfassungsgerichts vom 3. 7. 2008 als verfassungswidrig eingestuft. Im Jahr 2012 einigten sich CDU, SPD und Grüne auf eine Neuregelung der Sitzverteilung: Sie trat am 9. 5. 2013 in Kraft. Das neue Verfahren – das erstmals bei der Bundestagswahl 2013 angewendet wurde – ist recht kompliziert, in sechs Stufen wird die endgültige Sitzverteilung ermittelt. (Einzelheiten findet man in [2]). Wie bisher kann sich die Gesamtzahl der Abgeordneten erhöhen: Im Jahr 2013 wurden 631 Sitze vergeben, und wäre die neue Regelung schon bei der Wahl 2009 angewendet worden, hätte es zu 671 statt zu 622 Abgeordneten geführt. Ein negatives Stimmgewicht ist aber ausgeschlossen.

Literaturverzeichnis

[1] Arrow, Kenneth J.: "Social Choice and Individual Values". Yale University Press. 1970. (Hier findet man einen Beweis des Arrow-Paradoxons.)

[2] Bundestagswahlrecht nach Wikipedia: http://de.wikipedia.org/wiki/Bundestagswahlrecht (Auf dieser Webseite kann man die weiter oben fehlenden Einzelheiten zum bundesdeutschen Wahlrecht nachlesen.)

[3] Saari, Donald: "Geometry of Voting". Springer Verlag. 1994. (Das Buch enthält einen sehr „mathematisierten" Ansatz zur Analyse von Wahlverfahren.)

[4] Szpiro, George G.: „Die verflixte Mathematik der Demokratie". Springer Verlag. 2011. (*Das* ist die richtige Empfehlung für alle, die sich weiter in das Thema vertiefen wollen.)

[5] Wahlsysteme nach Wikipedia: http://de.wikipedia.org/wiki/Wahlsystem (Hier gibt es eine Übersicht über verschiedene Wahlsysteme.)

Mathematik im Klima des globalen Wandels

Rupert Klein

Die Klima- und Klimafolgenforschung sind damit konfrontiert, dass sich ihr Studienobjekt – also das Erdsystem bzw. wesentliche Teile dessen – nicht im Labormaßstab nachbilden und im Detail studieren lässt. Es ist einfach zu groß und zu komplex. Beobachtung und Messung am Original sowie Modellierung und Computersimulation kommen deshalb in diesem Forschungsfeld besondere Bedeutung zu. In diesem Artikel erläutere ich zunächst zwei wesentliche Quellen der Systemkomplexität, nämlich die Vielzahl verschiedenartiger am Systemgeschehen beteiligter Prozesse und die Wechselwirkung einer Vielzahl sehr unterschiedlicher Raum- und Zeitskalen. Zur Bewältigung beider Arten von Herausforderung kann die Mathematik Beträchtliches beitragen. Ich beschränke mich im Folgenden aber auf die Skalenproblematik und zeige auf, welche konkreten Fragen die besagten Skalenwechselwirkungen aufwerfen und welcherlei Antworten die Angewandte Mathematik parat hält.

Dieser Beitrag ist eine überarbeitete, leicht gekürzte Version der Ausführungen im Jahresbericht 109 (2007) der Deutschen Mathematiker-Vereinigung. Dieser Beitrag fasste die Gauß-Vorlesung zusammen, die ich im „Gauß-Jahr" 2005 an der Technischen Universität Braunschweig halten durfte.

Warum Klima- und Klimafolgenforschung?

Die Aussage, dass die Verbrennung fossiler Brennstoffe in der Zeit seit der Industrialisierung den Kohlendioxid-Gehalt (CO_2) der Atmosphäre um einen Betrag verändert hat, der vergleichbar mit ihrem gesamten CO_2-Gehalt vor der Industrialisierung ist, ist praktisch unumstritten. Dies gilt auch für Kreise, die der ganzen Aufregung um den Klimawandel skeptisch oder abwartend gegenüberstehen. Deutlich wird diese Veränderung im Diagramm in Abbildung 1, welches Rekonstruktionen des CO_2-Gehalts der Atmosphäre und der globalen Mitteltemperatur über einen sehr langen Zeitraum in der Vergangenheit zeigt. In Abbildung 1 sind aktuelle Messdaten für die CO_2-Kurve (rot) zusätzlich zu den aus arktischen Eisbohrkernen gewonnenen Rekonstruktionen (grün) eingetragen. Die kleinen, ins Eis eingebetteten Luftbläschen zeigen dabei im wesentlichen die CO_2-Konzentration an, die zum Zeitpunkt des Einfrierens vorgeherrscht haben dürfte. Der CO_2-Gehalt der Atmosphäre hat sich diesem Diagramm gemäß also seit der Industrialisierung um ca. 30 % vergrößert. Wir wissen zudem, dass die dementsprechende Gesamtmenge an CO_2 *um ca 50 % kleiner* ist, als es der von der Menschheit insgesamt via Verbrennung bisher in die Atmosphäre entlassenen

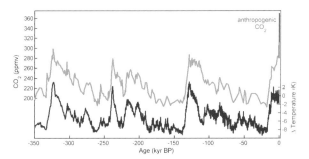

Abbildung 1. Temperatur und CO_2-Gehalt der Atmosphäre während der letzten 350 000 Jahre. Abbildung reproduziert aus [17]; Originaldaten aus [15], [9], [3].

Menge an fossilem Kohlenstoff entspricht. Die andere Hälfte haben die Ozeane mittlerweile absorbiert.

Fazit ist, dass der Mensch wohl unumstritten eine der wichtigsten klimarelevanten Eigenschaften der Atmosphäre durch seine industriellen und privaten Aktivitäten beträchtlich verändert hat. In ähnlicher Weise sind wir dabei, die Konzentrationen anderer Treibhausgase sowie Art und Zusammensetzung der in der Atmophäre schwebenden Aerosole zu beeinflussen. Durch aktive Landnutzung verändern wir zudem die Eigenschaften der Erdoberfläche bezüglich Strahlungsabsorption und -reflektion sowie bezüglich des für das Klima ganz zentralen Wasserhaushaltes. Die Liste der Beispiele ließe sich fortsetzen. All diese Veränderungen wirken sich in der einen oder anderen Weise auf die globale Klimaentwicklung aus, wobei wir beim derzeitigen Stand des Wissens noch nicht behaupten können, dass wir verstehen, welche Effekte all diese Veränderungen in ihrer Kombination denn nun genau hervorrufen bzw. hervorrufen werden.

Das Weltklima hat sich bis zum heutigen Zeitpunkt allerdings keineswegs so gewandelt, dass dies für jeden von uns offensichtlich wäre. Zwar mehren sich die statistischen Indikatoren, dass sich durchaus Ungewöhnliches tut. Die Evidenz ist aber bisher nicht, wie man so schön sagt, überwältigend, weshalb auch die teils hitzigen Kontroversen um dieses Thema nicht abreißen.

Hier kommt der mir an dieser Stelle wichtige Aspekt des Themas: Die oben beispielhaft angeführten Entwicklungen sind zum überwiegenden Teil das Resultat der industriellen Tätigkeit nur eines Bruchteils der Menschheit. Bevölkerungsstarke Schwellen- und Entwicklungsländer beanspruchen aber nun auch, und natürlich mit Recht, ihren Platz in der industrialisierten Welt, so dass das bisherige globale exponentielle Wirtschaftswachstum von etas mehr als 2 % pro Jahr [10] auf absehbare Zeit weiterbestehen wird. Da weder die etablierten Industrienationen noch die nachziehenden Länder schlagartig auf neue, die Umwelt wenig beeinflussende Technologien umsteigen werden, ist klar, dass wir den Planeten, auf dem wir leben, massiv verändern werden. Aufgrund von Demographie und Wirtschaftswachstum führt daran gar kein Weg vorbei, egal, ob wir derzeit bereits die Auswirkungen unseres Agierens in Form eines Klimawandels zu spüren bekommen oder nicht.

In der Ingenieursausbildung zur Thermodynamik, die ich ja auch genießen durfte, trat das Umfeld der betrachteten technischen Systeme im Allgemeinen in der Form eines „unendlich ausgedehnten Wärmebades" o. ä. in Erscheinung. Diese Zeiten sind vorbei! Wir müssen uns als Menschheit klarmachen, dass wir unsere globale Umwelt drastisch verändern können und dass wir dies mit ziemlicher Sicherheit auch tun werden. Wir haben die Hebel in der Hand. Wir sollten sie in der Form zielgerichteter technologischer Entwicklungen und politischer Vereinbarungen zu deren Einsatz nutzen.

In diesem Zusammenhang gefällt mir das Bild von der Arche im Eismeer. Stellen wir uns eine Arche vor, die mit ihrer Besatzung im kalten, nebligen Eismeer herumdümpelt. Es ist lausig kalt und ungemütlich und es wäre ganz nett, von dort mit Schiff und Maus zu verschwinden. Man macht sich also daran, für die Arche einen Antrieb zu bauen. Das gelingt auch recht gut, und bald wird klar, dass die Maschine nicht nur groß genug sein wird, das Schiff zu bewegen, sondern dass sie es sogar auf große Geschwindigkeit wird beschleunigen können. Klar, dass sich unsere Archisten jetzt Gedanken darüber machen, wie man, einmal in Fahrt, das Schiff lenken und die Leistungsabgabe des Antriebs kontrollieren kann – allerdings ohne diese abzuwürgen, denn das Anwerfen ist jedesmal ein schwieriges Unterfangen. Gleichzeitig überlegen sich unsere Freunde, was sich wohl alles im dichten Nebel um das Schiff herum verstecken könnte, denn ein paar gefährlich große Eisberge hat man unterwegs ja schon in nächster Nähe gesehen. Man wird also beginnen, die nähere Umgebung sorgfältig zu erkunden und Techniken zu entwickeln, mit deren Hilfe man sie auch während der Fahrt im Auge behalten können wird. Man wird vernünftigerweise langsam und vorsichtig losfahren, ein paar Manöver durchführen, um festzustellen, wie sich das große Schiff so steuern läßt, und erst richtig Gas geben, wenn das Fahrtziel festgelegt und der Weg dorthin einigermaßen klar ist.

Arche und Eismeer entsprechen in diesem Bild unserem Planeten und seinem „Zustandsraum" (wer weiss, ob der Begriff hier wirklich angebracht ist?), die Eisberge entsprechen Klima- und anderen Zuständen, unter denen es richtig ungemütlich würde, und die Maschine entspricht der globalen Ökonomie.

Komplexitäten

Klima- und Klimafolgenforschung haben sich mit mindestens zwei sehr unterschiedlichen Arten von Komplexität auseinanderzusetzen. Die erste Art der Komplexität besteht im Wechselspiel einer geradezu unüberschaubaren Vielzahl verschiedener Einzelprozesse. Das „Intergovernmental Panel for Climate Change" fasst diese Komplexität in einer Graphik zusammen, die hier in Abbildung 2 wiedergegeben ist, [3].

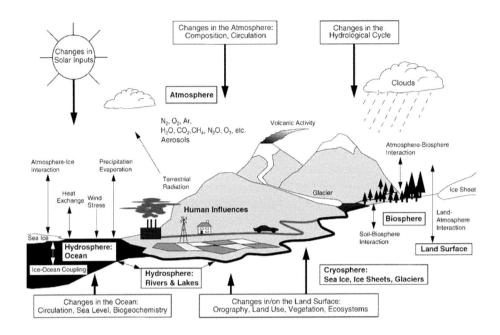

Abbildung 2. Die Vielfalt der am Klimasystem beteiligten Prozesse ist schier unüberschaubar, wie das „Intergovernmental Panel for Climate Change" in seinem dritten „Assessment Report" mit dieser Graphik veranschaulicht. [3].

Die wissenschaftliche Bewältigung dieser Komplexität erfordert interdisziplinäre Forschung. Die Mathematik als Querschnitts- und Strukturwissenschaft, als Methodenlieferantin und als gemeinsame, präzise Sprache sollte meines Erachtens nach unabdingbarer und zentraler Bestandteil eines entsprechenden Forschungsprogramms sein. Um dies ein wenig zu untermauern, werde ich im Folgenden auf die zweite allgegenwärtige Quelle von Komplexität im Klimasystem eingehen, nämlich auf das Phänomen der Wechselwirkungen zwischen multiplen Skalen. Dabei werde ich versuchen, einen kleinen Einblick in entsprechende mathematische Forschungsbeiträge zu geben.

Der Begriff der „Skala" ist ein schillernder. Bevor ich ihn im nächsten Abschnitt anhand eines einfachen abstrakten Beispiels präzisiere, möchte ich hier noch einige Zusammenhänge aufzeigen, in denen er uns in der Klima- und Klimafolgenforschung begegnet.

Wie wir schon gesehen haben, spielt die globale Ökonomie als Antriebsaggregat für unsere Reise durch das Eismeer des Erdsystemzustandsraums eine zentrale Rolle. Die Marktwirtschaft beruht u.a. auf dem Wettbewerb zwischen oft einigen wenigen Anbietern vergleichbarer Produkte und einer riesigen Zahl von (potentiellen) Käufern, die sich zwischen den Anbietern entscheiden können. Jede einzelne Kaufentscheidung macht im großen Schema des betrachteten Marktes

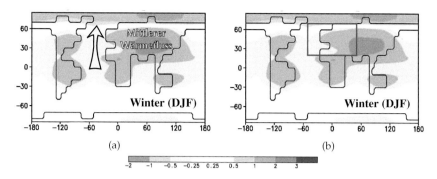

Abbildung 3. Änderung der über die Wintermonate der Nordhalbkugel (Dezember, Januar, Februar) und über großräumige Teilgebiete von ca. 3000 km Ausdehnung gemittelten bodennahen Temperaturen zwischen 8000 Jahren vor heute und 200 Jahren vor heute. Die Abbildungen sind angepasst aus [1], Abb. 7. Die Annotationen (gelb in (a), rot in (b)) wurden vom Autor zur Illustration hinzugefügt. Die Ergebnisse beruhen auf Modellrechnungen auf der Basis des CLIMBER-2-Modells, [16].

kaum etwas aus. Eine in der Statistik am Quartalsende sichtbare Verschiebung des Marktanteils eines Wettbewerbers um nur ein Prozent, hinter der dann tausende und abertausende einzelner Kaufentscheidungen stehen, kann einen Markt aber schon ganz beträchtlich in Unruhe bringen. Hier wechselwirkt die kleine „Skala" der einzelnen Käufer mit der großen Skala des gesamten Marktes für das betrachtete Produkt. Die Unterschiedlichkeit der beteiligten Skalen lässt sich dabei durch die Kleinheit einer dimensionslosen Zahl, nämlich durch das Verhältnis der Anzahl der Anbieter eines Produkttyps, dividiert durch die Anzahl der potentiellen Käufer, charakterisieren. Im betrachteten Beispiel zeigt diese Zahl z. B. an, wie klein der Einfluss einer einzelnen Kaufentscheidung auf den gesamten Markt ist, und ihr Kehrwert ist ein Maß dafür, wieviele Käufer sich quasi „zusammenrotten" müssen, um am Markt etwas zu bewirken.

Die Problematik multipler Skalen begegnet uns in vielfältiger Weise auch im Kernbereich der Klimaforschung, in dem es um die gemeinsame zeitliche Entwicklung von Atmosphäre, Ozeanen sowie Land- und Meereisschichten geht. Betrachten wir ein globales Klimamodell, das darauf ausgelegt ist, nur die groben, planetaren Verteilungen von Temperatur, Feuchte, Wolkenbedeckung, etc. zu berechnen. In ein solches Modell wird man Teilmodelle einbinden müssen, die beschreiben, inwiefern die in Äquatornähe eingestrahlte überschüssige Sonnenenergie in der Atmosphäre umverteilt wird. Im Fachjargon heißt dies, dass die mittleren meridionalen (in Nord-Südrichtung weisenden) Wärmeflüsse zu bestimmen sind.

Abbildung 3a zeigt ein typisches Simulationsergebnis, das mit einem solchen sogenannten Klimamodell mittlerer Komplexität erzielt wurde [16]. Es sind die Änderungen der langfristig und großräumig gemittelten Temperaturen in der Atmosphäre über einen Zeitraum von 8000 Jahre vor heute bis 200 Jahre vor heute dargestellt. Wie in der Abbildung mit den gelben, vom Autor hinzugefügten

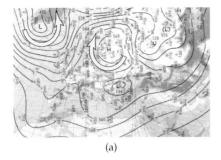 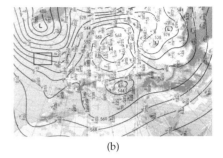

(a)   (b)

Abbildung 4. Auszug aus einer Wetterkarte mit Modifikationen des Autors; Wetterkarte zur Verfügung gestellt von Dr. Peter Névir, Meteorologie, Freie Universität Berlin

Annotationen angedeutet, benötigt man für eine realistische Berechnung solcher Effekte eine gute Abschätzung der polwärts gerichteten Wärmeflüsse. Diese kommen wie folgt zustande:

Wie wir wissen, ist die Atmosphäre in ständiger, teils heftiger Bewegung. Um einen Eindruck zu gewinnen, was das bedeutet, schauen wir uns einen Ausschnitt des globalen Geschehens in den mittleren Breitengraden einmal näher an, wie er in Abbildung 3b angedeutet ist. Dabei sehen wir von der sehr großräumigen und langfristigen Mittelung ab, die den Ergebnissen in Abbildung 3 zugrundeliegt. Wir finden, was auch nicht verwunderlich ist, ein Muster, das das wohlbekannte ständige Wechselspiel von Hoch- und Tiefdruckgebieten in den mittleren Breitengraden widerspiegelt. Wie in Abbildung 4a skizziert, induzieren die Hoch- und Tiefdruckgebiete zirkulierende Winde, die sich wiederum überlagern können und einen Nettotransport von Energie und Impuls in Nord–Süd-Richtung erzeugen.

Schon über etwa ein Jahr hinweg, und umso mehr über Zeiträume von tausenden von Jahren, wie in Abbildung 3 angedeutet, schwimmen hunderte solcher Hochs und Tiefs an einem beliebigen Punkt in den mittleren Breitengraden vorbei. Dabei werden teils eher nordwärts gerichtete Winde, teils südwärts gerichtete beobachtet, und der Nettotransport von Energie, Impuls, etc. kann nur über eine geeignete Mittelwertbildung errechnet werden. Welche Größe dabei wie zu mitteln ist, will man wirklich die großskalige, langfristige Entwicklung des betrachteten Systems modellieren, wird manchem meteorologisch und strömungsphysikalisch Trainierten intuitiv einleuchten. Im nächsten Abschnitt werde ich aber anhand eines einfachen Beispiels erläutern, dass die Mathematik hier Richtlinien anbietet, anhand derer sich die eigene Intuition sozusagen „eichen" lässt.

Bevor wir dazu übergehen, machen wir uns aber noch klar, dass die Mehrskaligkeit mit dem Verhältnis von globaler Klimaentwicklung und diesen sogenannten „synoptischen Fluktuationen" (also den wandernden Hoch- und Tiefdruckgebieten) noch längst kein Ende hat. Zunächst impliziert eine Wetterkarte wie in Abbildung 4b selbst wiederum eine raum-zeitliche Mittelung, diesmal allerdings nur über Zeiträume von einigen Stunden bis zu einem halben Tag und über Distanzen von 500 bis 1500 Kilometern. Betrachten wir daher einen noch kleineren

Abbildung 5. Ausbildung einer marinen Cumulus-Wolke. Aufnahme von P. T. Taylor, Oceanography Centre, Southampton, UK.

Ausschnitt (s. Abbildung 4b) und reduzieren die raum-zeitlichen Spannen der Mittelung auf ca. 10–30 min und 1 km, so bewegen wir uns in der Welt der einzelnen Wolken und Wolkensysteme. Abbildung 5 veranschaulicht dies eindrucksvoll anhand der Photographie einer marinen Wolkenformation, die mir dankenswerterweise von Peter T. Taylor zur Verfügung gestellt wurde.

Wie sich schon die synoptischen Fluktuationen (Hochs und Tiefs) kumulativ auf das globale Klima auswirken, so haben die vielen einzelnen Wetterereignisse ihrerseits einen wichtigen Netto-Einfluss auf die Entwicklung der synoptischen Muster. Und auch hier hört die Hierarchie der wechselwirkenden Skalen nicht auf, geht sie doch genaugenommen über die Dynamik der Wolken und Regentropfen bis hinunter zu molekularen Prozessen, etwa bei der Entstehung eines Tropfens an einem festen Staubteilchen. Umgekehrt, und nicht zu vergessen, bietet das globale Klima erst die Umgebung, in der sich die synoptischen Fluktuationen entwickeln und miteinander wechselwirken können, und die Hoch- und Tiefdruckgebiete sind die „Dampfkessel", in denen sich Wolken und andere kleinskalige Phänomene zusammenbrauen. Es gibt also ein zweiseitiges Wechselspiel von kleinen zu großen Skalen und zurück.

Im nächsten Abschnitt erläutere ich anhand eines einfachen Beispiels, wie sich solche mehrskaligen Prozesse mit mathematischen Methoden systematisch untersuchen lassen.

„Textaufgaben"

Das Anliegen dieses Abschnitts ist zweifach. Zum einen erläutere ich eine Methode, die es in einer großen Klasse von Problemen erlaubt, systematisch mit multiplen Skalen umzugehen. Zum anderen möchte ich aufzeigen, dass wir es in der Wissenschaft immer wieder mit einer Art kniffliger Textaufgaben zu tun haben,

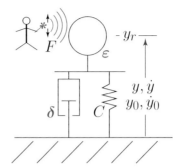

Abbildung 6. Eine Kugel ist vermittels Feder und Dämpfer an einer Wand befestigt. Ein Dämon übt eine andauernde, oszillierende Kraft auf sie aus. Was passiert?

bei der wir erst losrechnen können, nachdem wir die zunächst nur umgangssprachlich formulierte wissenschaftliche Fragestellung sauber in eine mathematische Aufgabenstellung übersetzt haben.

Wir betrachten hier zur Illustration ein äußerst einfaches System, nämlich das eines von außen angetriebenen Oszillators mit kleiner Masse und kleiner Dämpfung (s. Abbildung 6). Wollte uns der Physiklehrer ein wenig an der Nase herumführen, so könnte er zu diesem System die folgende „Textaufgabe" formulieren:

> In einem Versuch ist eine Kugel vermittels Feder und Dämpfer am Boden befestigt. Ein Dämon übt eine andauernde, oszillierende Kraft auf sie aus. Was passiert?

Wir gehen natürlich auf die Barrikaden und beschweren uns, dass diese Aufgabe ja wohl schlecht gestellt sei, da wir über jegliche Details des Versuchsaufbaus und der dämonischen Intentionen im Dunkeln gelassen werden. Im Gegenzug fragt uns der Physiklehrer, welche Informationen genau wir denn bräuchten, um das Problem zu lösen. Und hier haben wir eine Parallele zur Klima- und Klimafolgenforschung: Wir sind mit einem komplexen System konfrontiert, über das wir zunächst nur sehr wenig wissen. Zwar gibt es eine Menge Beobachtungen. Jedoch bleibt es uns überlassen, uns zu überlegen, welche Aspekte unserer Umwelt für einen globalen Wandel eine wesentliche Rolle spielen können, und welche wir zunächst nicht betrachten müssen, da sie nur kleine Nebeneffekte erzeugen. Und natürlich müssen wir uns auch überlegen, wie die dann noch in Frage kommenden Teile des Systems eigentlich zusammenspielen, und wie man ihr Zusammenspiel quantitativ beschreiben kann.

Die Mathematik kann bei der Suche eines Weges durch diesen Aufgabendschungel eine wichtige Rolle spielen, indem sie uns hilft, unsere physikalische Intuition präzise zu fassen. Schauen wir uns das einmal am Beispiel der vom Dämon in Bewegung gesetzten Kugel an der Wand an.

Zunächst benötigen wir Informationen über den Aufbau des Systems. Im vorliegenden Fall also über folgende

Systembausteine	Masse der Kugel:	ε
	Dämpfungskonstante:	δ
	Federkonstante:	C

Sodann müssen wir uns klarmachen, welche quantitativen Angaben wir machen können, um den momentanen Zustand des Systems zu beschreiben. Im vorliegenden Fall sind das die

Zustandsgrößen	Auslenkung der Kugel:	y
	Geschwindigkeit der Kugel:	$\dot{y}$
	Beschleunigung der Kugel:	$\ddot{y}$
	etc.	

Wie wir noch sehen werden, sind diese Variablen nicht unbedingt alle voneinander unabhängig. Sind sie es nicht, genügt eine geringere Anzahl von Angaben, um den Systemzustand festzulegen.

Als nächstes notieren wir äußere Einflüsse, denen das System ausgesetzt ist. Im Beispiel also

Äußere Einflüsse	Kraftwirkung durch den Dämon:	$F(t)$

Letztlich überlegen wir uns die Gesetzmäßigkeiten, nach denen das System funktioniert, was im vorliegenden Fall natürlich das Newtonsche Bewegungsgesetz sein wird, nach dem „Masse mal Beschleunigung gleich der Summe der angreifenden Kräfte" ist. Das liest sich in mathematischer Notation wie folgt:

Gesetzmäßigkeiten

$$\varepsilon \ddot{y} \;=\; F \,-\, \delta \dot{y} \,-\, C y\,. \tag{1}$$

Bekanntlich kann die Bewegung der Masse in Richtung senkrecht zur Wand nun dargestellt werden als die Lösung des folgenden (mathematischen) Anfangswertproblems:
Gegeben ε, δ, C und der zeitliche Verlauf $F(t)$ der Dämonenkraft, finde einen zeitlichen Verlauf der Auslenkung $y(t)$, der die

Anfangsbedingungen

$$y(0) = y_0 \qquad \text{und} \qquad \dot{y}(0) = \dot{y}_0 \tag{2}$$

sowie die Differentialgleichung (1) erfüllt.

In diesem einfachen Beispiel war die Bestimmung all der Zutaten, derer es bedarf, um eine vernünftig gestellte „Schulaufgabe" zu konstruieren, mehr oder

weniger trivial. Systembausteine, Zustandsgrößen, äußere Einflüsse und Gesetzmäßigkeit sind uns beim Masse-Feder-Dämpfer-System ja hinlänglich bekannt.
Jeder dieser Aspekte bedarf aber sorgfältigen Nachdenkens und manchmal eines
langen Ringens, wenn man konkrete Fragen im Zusammenhang mit dem Klima-
oder Erdsystem beantworten möchte. So ist z. B. durchaus noch nicht völlig ge-
klärt, welche Einfluss- und Zustandsgrößen, welche äußeren Einflüsse und welche Gesetzmäßigkeiten man sich anschauen sollte, will man etwa herausbekom-
men, ob wir bei einer mittleren, globalen Klimaerwärmung denn nun mit heftige-
ren Stürmen und Niederschlägen oder eher mit ausgedehnten Trockenperioden
in unseren Breiten- und Längengraden zu rechnen haben. Im Gegenteil ist bereits
die Bestimmung dieser Modellierungsvoraussetzungen ein wichtiger Teilschritt
zur Lösung dieser Forschungsaufgabe.

Multiple Skalen

Für den linearen Oszillator (1), (2) kennen wir die exakte Lösung und schauen sie
auch gleich näher an. Auf Methoden zur näherungsweisen Lösung solcher Probleme, die heranzuziehen sind, wenn die exakten Lösungen nicht bekannt sind,
gehen wir später noch ein.

In Abbildung 7 sind einige Verläufe der Lösung für festgehaltene Anfangsdaten $y_0 = 1.3$, $\dot{y}_0 = 0$ und festgehaltene Federkonstante $C = 1$, aber variierende
Werte von Masse und Dämpfung gezeigt. Die Graphen tragen die Zeit auf der
horizontalen und die Auslenkung der Masse auf der vertikalen Achse.

Von Abbildung 7a über b nach c nehmen Masse ε und Dämpfung δ jeweils um
einen Faktor 10 ab. Betrachtet man die Bilder in dieser Reihenfolge, so fällt eine
Tendenz ins Auge: um eine langsame Hintergrundschwingung (rote, gestrichelte
Linie) herum oszillieren die exakten Lösungen umso schneller je kleiner Masse
und Dämpfung. Die Abweichungen von der roten Hintergrundskurve werden
dabei im Verlaufe der langsamen Schwankungen systematisch kleiner. Es handelt sich um gedämpfte Schwingungen. Abbildung 7a allein scheint dabei noch
gar nicht nahezulegen, dass die Lösung eine Überlagerung eines schnellen, langsam abklingenden und eines zweiten langsamen Prozesses sein könnte. Erst die
Sequenz der drei Abbildungen vermittelt den klaren Trend zur Separation der
beiden Prozesse bei kleiner werdenden ε und δ.

Abbildung 8 zeigt für drei voneinander unabhängige Zeitabschnitte die exakte Lösung bereinigt um die langsame Hintergrundvariation (rote Linie im oberen
Graphen). Bis auf eine Stauchung der Auslenkung ähneln sich die drei Schwin-
gungsverläufe sehr, was uns in der Vermutung bestärkt, dass sie sich „mit ein
und derselben Mathematik" beschreiben lassen.

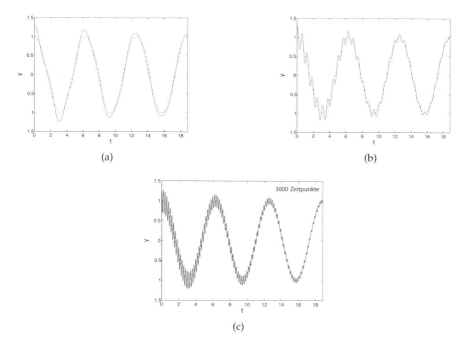

(a) (b)

(c)

Abbildung 7. Exakte Lösungen des Anfangswertproblems aus (1), (2) für a): $\varepsilon = 0.1$, $\delta = 0.02$; b): $\varepsilon = 0.01$, $\delta = 0.002$; c): $\varepsilon = 0.001$, $\delta = 0.0002$.

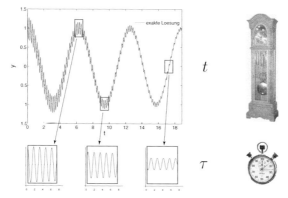

Abbildung 8. Bei näherem Hinsehen verstärkt sich der Eindruck, dass sich die exakte Lösung des Oszillatorproblems als zusammengesetzt aus zwei Prozessen mit sehr unterschiedlicher Oszillationsfrequenz auffassen lässt. Auf die Uhren und angezeigten Variablen t und τ gehen wir weiter unten noch ein.

Näherungslösungen und fehlende Gitterpunkte

Die „Lösungen" in den Abbildungen 7 habe ich natürlich nicht mit der Hand gezeichnet. Vielmehr habe ich die exakte Lösungsformel

$$y(t) = e^{-\frac{\delta}{2\varepsilon}t} \left(a \cos(\frac{\omega}{\sqrt{\varepsilon}} t) + b \sin(\frac{\omega}{\sqrt{\varepsilon}} t) \right) + A \sin(t) + B \cos(t) \qquad (3)$$

mit

$$A = \frac{\delta}{1-\varepsilon} B, \qquad B = \frac{1-\varepsilon}{\delta^2 + (1-\varepsilon)^2},$$

$$a = y_0 - B, \qquad b = \frac{\sqrt{\varepsilon}}{\omega} \left(\dot{y}_0 + \frac{a\delta}{2\varepsilon} - A \right), \qquad \omega = \sqrt{1 - \frac{\delta^2}{4\varepsilon}},$$

(4)

für eine lange Reihe von Zeitpunkten im Intervall $0 \le t \le 6\pi$ ausgewertet und ein Zeichenprogramm genutzt, um eine glatte (Näherungs-)Kurve durch die Wertepaare $(t_i, y(t_i))$ ziehen zu lassen. Das klingt zunächst einmal wie eine Trivialität – ist es aber nicht ganz, denn es bringt uns auf einen äußerst wichtigen Punkt:

Schon zur Auswertung solch relativ einfacher Formeln wie den obigen ziehen wir ganz selbstverständlich den Computer als Hilfsmittel heran. Kennen wir, wie beim Klimaproblem, die exakte Lösung des uns interessierenden mathematischen Problems nicht, so muss der Computer uns nicht nur bei der graphischen Darstellung der Lösung unter die Arme greifen, sondern bereits bei deren näherungsweiser Bestimmung selbst.

An dieser Stelle laufen wir aber in ein massives Problem, denn unser Computer hat einen zwar nach unseren Vorstellungen riesigen, aber eben doch nur endlich großen Speicher und er rechnet zwar rasend schnell, aber eben doch mit endlicher Geschwindigkeit. Konsequenz ist, dass, wie auch beim Zeichnen der Kurven in Abbildung 7, angenäherte Werte der Lösung an nur endlich vielen ausgewählten Punkten, den Knotenpunkten eines Rechengitters, ausgerechnet werden können und als Surrogat für die wirkliche Lösung herhalten müssen. Rechenvorschriften auf die Beine zu stellen, die für ein gegebenes mathematisches Problem mit *kontinuierlicher Lösung* eine gute *diskrete Näherung* auf einem solchen Rechengitter liefern, ist Kerngeschäft der numerischen Mathematik. Wir gehen hier davon aus, dass solche Algorithmen bei Bedarf zur Verfügung stehen, bzw. dass die KollegInnen vom Mathe-Fachbereich diese bei Bedarf entwickeln können, und wenden uns einer anderen Problematik zu, die im gleichen Zusammenhang aufkommt.

Betrachten wir die beiden Erdkugeln in Abbildung 9. Die rechte Abbildung zeigt ein Rechengitter, wie es Klimamodelle der nächsten Generation aufweisen könnten. Es handelt sich um ein sogenanntes adaptives Gitter, bei dem die Dichte der Gitterpunkte in einem gegebenen Teilgebiet nach vorgebbaren Kriterien gesteuert werden kann. Damit kann Rechenleistung da konzentriert werden, wo sozusagen die Musik spielt. Modelle, die etwa die Alpen nicht in hinreichendem

Abbildung 9. Erdkugel und kontinentfokussiertes Rechengitter

Detail darstellen, können deren wichtige Rolle als Wetterscheide sowie die in der Umgebung der Alpen immer wieder auftretenden heftigen Witterungsereignisse nicht korrekt wiedergeben, s. auch [4].

Das abgebildete Gitter wird man genau so zwar in einer Klimarechnung nicht finden. Die gezeigte Gitterauflösung, also der typische Abstand zwischen Gitterpunkten, ist aber durchaus realistisch für heutige Klimasimulationen. Viel feinere Gitter sind selbst auf den größten heute verfügbaren Rechenmaschinen nicht realisierbar, denn die verwendeten Rechengitter sind dreidimensional und nicht, wie in der Abbildung, nur zweidimensional, und es muss eine sehr große Zahl von Prozessen und Variablen dargestellt werden.

Damit wird das Problem deutlich, auf das ich hinaus will: Globale Verteilungen, etwa der Temperatur, wie in Abbildung 3 dargestellt, oder die Druckfelder der Hoch- und Tiefdruckgebiete aus Abbildung 4 werden auf einem solchen Gitter gut repräsentiert, Wolkenmuster mit typischen Abmessungen von einigen Kilometern, wie in Abbildung 5, oder noch kleinskaligere Phänomene aber sicherlich nicht. Wenn solch wichtige Teilprozesse, wie Wolkenbildung und der assoziierte Niederschlag, aber gar nicht im Detail berechnet werden, wie kann man da hoffen, aus solchen gitterbasierten Berechnungen eine gute Wettervorhersage oder Klimasimulation zu erhalten? Soll das gelingen, muss offenbar Detailinformation nachgeschoben werden.

Abbildung 10 macht die Konsequenzen einer zu wenig dichten Gitterpunktsverteilung anhand des einfachen Oszillatorproblems deutlich. Es ist ein und dieselbe exakte Lösung einmal auf einem 3000 Punkte zählenden, einmal auf einem nur 150 Punkte zählenden Gitter dargestellt. Wäre uns die Gleichmäßigkeit der Oszillationen in der exakten Lösung nicht schon bekannt, und wäre die Grobgitterdarstellung ein wenig vom Graphikprogramm geglättet, so würden wir diese 150-Punkte-Darstellung möglicherweise für eine gute Näherung halten.

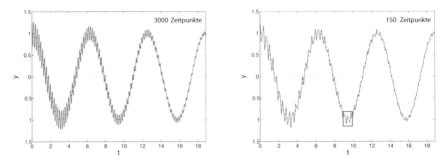

Abbildung 10. Darstellung der exakten Lösung des Oszillatorproblems auf einem Gitter mit 3000 Punkten (links) und auf einem Gitter mit nur 150 Punkten (rechts).

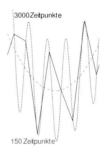

Abbildung 11. Vergrößerung des in Abbildung 10 in rot angedeuteten Ausschnitts mit Lösungsdarstellung auf dem groben und dem feinen Gitter.

Was uns dabei entginge wird anhand von Abbildung 11 klar, die den in Abbildung 10 in rot angedeuteten Ausschnitt vergrößert wiedergibt. Die Grobgitterdarstellung gaukelt uns mehr oder weniger willkürliche Verbindungen einzelner Punkte auf der exakten Lösungskurve als „die Wahrheit" vor, wobei sie uns offenbar nicht nur etwa jede zweite Oszillation verschweigt, sondern auch noch die Tatsache, dass die schnellen Oszillationen ein sehr gleichmäßiges Muster aufweisen.

Dabei ist die Situation hier noch harmlos, weil wir ja in diesem Fall die exakte Lösung kennen und daher wissen, dass zumindest diejenigen Punkte, die die Knoten im grob-gittrigen Kurvenverlauf darstellen, korrekt sind. Richtig haarig wird es erst, wenn die bis zu einem bestimmten Zeitpunkt vorliegenden Grobgitterdaten neben dem Bewegungsgesetz für die Kugel die einzige Information darstellen, die wir in der Hand haben, um den nächsten Lösungspunkt zum nächstfolgenden Zeitschritt zu berechnen. Dann braucht es ausgefeilte mathematische Techniken, will man die zwischen den Zeitpunkten ablaufenden Prozesse und ihren Einfluss auf den Lösungsverlauf korrekt berücksichtigen.

Im nächsten Abschnitt schauen wir uns eine solche Technik näher an, die geeignet ist, die aufgeworfene Frage für Mehrskalenprobleme im Sinne der Abbildungen 7 und 8 zu beantworten. Wir werden sehen, wie wir systematisch zwei Sätze vereinfachter Gleichungen herleiten können, welche einerseits die schnellen Oszillationen der Kugel innerhalb begrenzter Zeitfenster beschreiben (Ausschnittbilder in Abbildung 8) und andererseits die langsame Veränderung dieser Oszillationen zwischen zeitlich weit auseinanderliegenden solchen Zeitfenstern charakterisieren.

Mehrskalenasymptotik für den Oszillator mit kleiner Masse und Dämpfung

Gehen wir zurück zur Abbildung 8. Stellen wir uns für einen Moment vor, die langsame Hintergrundbewegung (rot gestrichelt) entspräche dem Jahresgang einer geeignet gemittelten, für Europa typischen Temperatur. Die Mittelung könnte z. B. räumlich über Europa und zeitlich über ein gleitendes Zeitfenster von drei Monaten erfolgen. Unserer Gewohnheit gemäß würden wir den zeitlichen Ablauf in Monaten messen. Dieses relativ grobe Zeitmaß ist in der Abbildung durch die Standuhr symbolisiert. Die zugehörige Zeitkoordinate t ist eine reelle Zahl, die den Zeitfortschritt in Einheiten von einem Monat misst. Die schnelle Oszillation sei nun aber der Tagesgang der bodennahen Temperatur, sagen wir auf dem Brocken im Harz. Ein Zeitmaß, mit dem man diese Schwankungen, wie man sagt, „auflösen" kann, ist ca. eine Stunde. Die Zeitvariable τ soll nun die Zeit gemessen in Einheiten von einer Stunde sein.

Die asymptotische Methode der mehrfachen Variablen, s. z. B. [19], borgt sich diese Idee des Messens mit verschiedenen Zeitmaßen. Für das Oszillatorproblem wird man zunächst eine Zeitkoordinate t einführen, die die durch den Dämonen angeregte Hintergrundbewegung adäquat darstellt. Der Zeitverlauf der Dämonenkraft ist direkt als Funktion der Zeitvariablen t darstellbar, z. B.,

$$F(t) = \cos(t) \,. \tag{5}$$

Zusätzlich brauchen wir eine „schnelle Zeitvariable" für die überlagerten hochfrequenten Oszillationen. Diese Koordinate misst die Zeit in systematisch kleineren Einheiten, die in geeigneter Weise von den kleinen Parametern ε und δ abhängen. Wir beschränken uns hier der Einfachheit halber auf den Fall, dass ε und δ zusammen und proportional zueinander klein werden, dass also

$$\delta = \kappa\varepsilon \quad \text{mit} \quad \kappa = O(1) \quad \text{für} \quad \varepsilon \to 0 \,. \tag{6}$$

Man liest: δ ist gleich einer Größe κ multipliziert mit ε, wobei dieses κ einer von Null verschiedenen festen Zahl zustrebt, wenn ε verschwindet (gesprochen: κ ist „groß Oh von Eins für ε gegen Null"). Im wesentlichen können wir also von „δ gleich κ mal ε" ausgehen. Für die Abbildung 7 habe ich bereits diesen sogenannten

„gekoppelten Grenzübergang" mit $\kappa = 0.2$ zugrundegelegt. Die Wahl

$$\tau = \frac{t}{\sqrt{\varepsilon}} \tag{7}$$

ist dann besonders interessant, wie wir gleich sehen werden.

Nach der Methode der mehrfachen Variablen wählen wir nun einen Lösungsansatz der Form

$$y(t; \varepsilon) = y^{(0)}(\tau, t) + \sqrt{\varepsilon} y^{(1)}(\tau, t) + \varepsilon y^{(1)}(\tau, t) + \dots \tag{8}$$

Wir starten also mit einer groben Approximation $y^{(0)}(\tau, t)$, die für den Fall $\varepsilon = \delta = 0$ gelten soll, und konstruieren uns nach Bedarf schrittweise Verbesserungen $y^{(i)}(\tau, t)$, die subtilere Korrekturen berücksichtigen, wenn ε und δ zwar klein, aber noch von Null verschieden sind. Schauen wir uns jetzt einmal an, wie die in (1) auftretenden ersten und zweiten Ableitungen $\dot{y}, \ddot{y}$ – also die mathematischen Ausdrücke für Geschwindigkeit und Beschleunigung – auf der Basis des obigen Lösungsansatzes (und unter Berücksichtigung der Kettenregel bei Differentiation nach τ) aussehen müssen:

$$\dot{y}(t; \varepsilon) = \left(\frac{1}{\sqrt{\varepsilon}} \partial_\tau + \partial_t \right) \left(y^{(0)}(\tau, t) + \sqrt{\varepsilon} y^{(1)}(\tau, t) + \varepsilon y^{(2)}(\tau, t) + \dots \right)$$

$$= \frac{1}{\sqrt{\varepsilon}} y_\tau^{(0)} + \left(y_\tau^{(1)} + y_t^{(0)} \right) + \dots$$

$$\tag{9}$$

$$\ddot{y}(t; \varepsilon) = \left(\frac{1}{\sqrt{\varepsilon}} \partial_\tau + \partial_t \right)^2 \left(y^{(0)}(\tau, t) + \sqrt{\varepsilon} y^{(1)}(\tau, t) + \varepsilon y^{(2)}(\tau, t) + \dots \right)$$

$$= \frac{1}{\varepsilon} y_{\tau\tau}^{(0)} + \frac{1}{\sqrt{\varepsilon}} \left(y_{\tau\tau}^{(1)} + y_{\tau t}^{(0)} \right) + \dots$$

Wir setzen diese Entwicklungen in die Differentialgleichung (1) ein und sortieren die auftretenden Terme nach Potenzen von ε. Gelingt es uns nun, jeden Vorfaktor vor $\varepsilon^0, \varepsilon^{1/2}, \varepsilon, \varepsilon^{3/2}$, etc. getrennt verschwinden zu lassen, so haben wir die Ausgangsgleichung formal bis auf einen Fehler gelöst, der – wenn alles gut geht – systematisch kleiner ist als der letzte Term, also kleiner als die höchste Potenz von ε, deren Vorfaktor wir noch annullieren konnten. Achtung: Es ist ein höchst nichttriviales Geschäft, mathematisch rigoros nachzuweisen, dass dieses Vorgehen wirklich einen in diesem Sinne kleinen Restfehler ergibt. Dies näher zu erläutern führt hier leider zu weit.

Die zu ε^0 und $\varepsilon^{1/2}$ gehörenden Gleichungen lauten dann

$$y_{\tau\tau}^{(0)} + y^{(0)} = \cos(t) \,,$$

$$y_{\tau\tau}^{(1)} + y^{(1)} = -2 y_{t\tau}^{(0)} - \kappa y_\tau^{(0)} \,. \tag{10}$$

Berücksichtigen wir, dass t, τ für die Funktionen y^i als *unabhängige Variable* fungieren, so können wir die explizite Lösung für $y^{(0)}$ unmittelbar angeben. Sie lautet

$$y^{(0)}(\tau, t) = A(t) \cos(\tau) + B(t) \sin(\tau) + \cos(t) \tag{11}$$

mit noch zu bestimmenden Amplitudenfaktoren $A(t), B(t)$. Die Gleichung für $y^{(1)}$ wird damit

$$y^{(1)}_{\tau\tau} + y^{(1)} = -\left(-\left(2\dot{A}(t) + \kappa A(t)\right) \sin(\tau) + \left(2\dot{B}(t) + \kappa B(t)\right) \cos(\tau)\right). \tag{12}$$

Hier lautet die exakte Lösung

$$\begin{aligned} y^{(1)}(\tau, t) = \; & a(t) \cos(\tau) + b(t) \sin(\tau) \\ & - \tau \left[\left(2\dot{A} + \kappa A\right)(t) \cos(\tau) + \left(2\dot{B} + \kappa B\right)(t) \sin(\tau)\right]. \end{aligned} \tag{13}$$

Der letzte Term wächst, für festes t, proportional zu τ an und oszilliert dabei gemäß der cos- und sin-Funktionen. Wenn nun $t = 1$ oder vergleichbar groß wird, also $\tau = 1/\sqrt{\varepsilon}$ oder vergleichbar, so führt dieser Term dazu daß $\sqrt{\varepsilon} y^{(1)}$ in (8) nicht mehr nur eine kleine Korrektur zum führenden Term $y^{(0)}$ darstellt, sondern mit diesem vergleichbar wird. Unser Sortieren der einzelnen Terme in der asymptotisch entwickelten Gleichung (1) nach Potenzen von ε ist dann nicht mehr gerechtfertigt, … es sei denn, wir passen die Amplitudenfunktionen $A(t), B(t)$ in der Lösung führender Ordnung (11) für $y^{(0)}$ so an, dass

$$2\dot{A} + \kappa A = 2\dot{B} + \kappa B = 0. \tag{14}$$

Für diese Gleichungen kennt man die allgemeine Lösung,

$$A(t) = A(0) \exp\left(-\frac{\kappa}{2} t\right) \quad \text{und} \quad B(t) = B(0) \exp\left(-\frac{\kappa}{2} t\right). \tag{15}$$

Damit gelingt es uns, den linear in τ anwachsenden Term in der Lösung für $y^{(1)}$ zu unterdrücken, und wir können erwarten, dass $\sqrt{\varepsilon} y^{(1)}(\tau, t)$ auch für Zeiten $t \geq 1$ eine kleine Korrektur relativ zum führenden Term $y^{(0)}(\tau, t)$ bleibt.

Die Bedingung, dass ein Störterm höherer Ordnung nicht linear in der schnellen Variablen ansteigen darf, wird auch Säkularbedingung oder – im Englischen – „sublinear growth condition" genannt, s. [19]. Wie wir im Nachhinein feststellen, hat diese Bedingung unser Unwissen um die Beschaffenheit der Lösung führender Ordnung $y^{(0)}$ beträchtlich reduziert. Waren zunächst die Amplitudenfunktionen $A(t)$ und $B(t)$ noch gänzlich unbekannt, sind sie jetzt vollständig festgelegt, sobald wir nur ihre Anfangswerte $A(0), B(0)$ kennen. Diese wiederum lassen sich aus den Anfangswerten y_0 und $\dot{y}_0$ aus der ursprünglichen Aufgabenstellung direkt ableiten. Einsetzen unseres Lösungsansatzes in die Anfangbedingungen (2), Sortieren nach Potenzen von $\sqrt{\varepsilon}$ und Auswerten der jeweils größten Terme liefert

$$A(0) + 1 = y_0 \quad \text{und} \quad B(0) = 0. \tag{16}$$

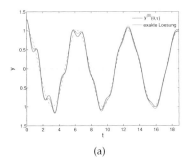 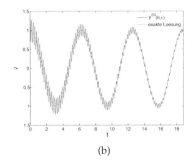

(a)   (b)

Abbildung 12. Vergleich der exakten Lösung aus Gleichung (3) mit der Näherungslösung aus (17) für (a) $\varepsilon = 0.05, \delta = 0.01$ und (b) $\varepsilon = 0.001, \delta = 0.0002$.

Damit ist unsere Lösung $y^{(0)}(\tau, t)$ vollständig festgelegt.

$$y^{(0)}(\tau, t) = (y_0 - 1) \exp\left(-\frac{\kappa}{2} t\right) \cos(\tau) + \cos(t) \qquad \text{mit} \qquad \tau = \frac{1}{\sqrt{\varepsilon}} t. \qquad (17)$$

Für das Problem des linearen Oszillators, das wir hier als Beispiel herangezogen haben, steht uns mit (3) die exakte Lösung zur Verfügung. In Abbildung 12 verschaffen wir uns einen Eindruck über die Qualität der Approximation führender Ordnung, $y^{(0)}$.

Offenbar sind exakte und Näherungslösung für die kleineren Werte $\varepsilon = 0.001$ und $\delta = \kappa\varepsilon = 0.0002$ im Rahmen der Zeichengenauigkeit nicht zu unterscheiden. Aber auch für die Werte $\varepsilon = 0.05$ und $\delta = 0.01$, bei denen der asymptotische Entwicklungsparameter doch mit $\sqrt{\varepsilon} \approx 0.223$ für eine asymptotische Aussage ziemlich groß ist, spiegelt die Näherungslösung die qualitativen Eigenschaften der exakten Lösung recht gut wieder.

Dass die Abweichungen sogar nur im Bereich weniger Prozent und damit deutlich besser liegen, als es die formale Vernachlässigung von Lösungskorrekturen der Größenordnung $O(\sqrt{\varepsilon})$ erwarten lässt, ist allerdings nicht verallgemeinerbar. Wie wir an den Berechnungen in (16) sehen, spielt die Anfangsbedingung für die Geschwindigkeit, $\dot{y}(0) = \dot{y}_0$, für die Lösung führender Ordnung gar keine Rolle. Der hier gewählte Wert $\dot{y}_0 = 0$ entspricht den so genannten balancierten Anfangswerten für das Oszillatorproblem. Bei dieser Wahl der Anfangsdaten verschwindet die Korrektur erster Ordnung $y^{(1)}$ identisch. Es sei den Leserinnen und Lesern überlassen, das einmal nachzurechnen. Verschwindet aber die Korrektur erster Ordnung, so wartet die Lösung führender Ordnung naturgemäß mit einem Fehler auf, der lediglich der Vernachlässigung des Terms $\varepsilon y^{(2)}$ entspricht, also um eine Ordnung in $\sqrt{\varepsilon}$ genauer ist, als es der formalen Entwicklung entspricht.

Was haben uns die vorangegangenen Herleitungen konzeptionell gebracht? (Für den linearen Oszillators bräuchten wir diesen Aufwand nicht zu treiben, da wir die exakte Lösung kennen.)

Also: Die Beobachtungen anhand der exakten Lösungen in Abbildung 7 ließen vermuten, dass die Bewegung der Kugel den Auswirkungen dreier gut unterscheidbarer Prozesse folgt. Erstens lenkt die äußere Kraft des Dämonen die Kugel aus. Bei Vernachlässigung von Massenträgheit und Dämpfung entsteht eine langsame Schwankung gemäß der rot gestrichelten Kurve in Abbildung 7. Dabei hält die Federkraft immer gerade der Dämonenkraft das Gleichgewicht. Dieses näherungsweise Gleichgewicht in Abwesenheit von Oszillationen können wir aus der asymptotischen Lösung in (11) sofort ablesen, wenn die Amplituden $A(t), B(t)$ identisch Null sind.

Zweitens sieht man während begrenzter, aber deutlich voneinander separierter Zeitabschnitte schnelle Oszillationen. Deren Amplitude scheint innerhalb eines solchen Zeitintervalls nahezu konstant zu sein. Oszillationen konstanter Amplitude sind bei einem Oszillator durch das direkte Gleichgewicht zwischen Federkraft und Massenträgheit charakterisiert. Diese schnellen Oszillationen werden in der asymptotischen Lösung führender Ordnung (11) durch die Terme $A \cos(\tau) + B \sin(\tau)$ repräsentiert. Dabei sind $\sin(\cdot)$ und $\cos(\cdot)$ Lösungen der Oszillatorgleichung $y_{\tau\tau}^{(0)} + y^{(0)} = 0$, die ja den homogenen Anteil der Gleichung führender Ordnung in $(10)_1$ darstellt.

Vergleichen wir allerdings diese lokalen Oszillationen in verschiedenen Zeitfenstern, so sehen wir, dass deren Amplitude offenbar doch langsam abnimmt. Dieses Abklingen wird durch die Wirkung der schwachen Dämpfungskräfte des Oszillators verursacht. Diese stehen zwar in direktem Wettbewerb lediglich mit den Feder- und Trägheitskräften *erster* Ordnung, also mit $y_{\tau\tau}^{(1)} + y^{(1)}$ in $(10)_2$. Sie akkumulieren sich aber über viele Zyklen der Oszillation zu einem Beitrag, der sich in der Lösung führender Ordnung bemerkbar macht. Dieses Akkumulieren schwacher Beiträge zu großen Effekten wird durch die Säkularbedingungen (oder „sublinear growth conditions") in (14) mathematisch erfasst.

Die Mehrskalenasymptotik hilft also offenbar nicht nur, klein- und großskalige Lösungsanteile zu identifizieren, sondern auch, die für die Struktur dieser Lösungsanteile verantwortlichen Teilprozesse und Mechanismen herauszukristallisieren. Wie die Ergebnisse solcher Analysen systematisch eingesetzt werden können, um das notorische Problem der knappen numerischen Auflösung nach Abbildung 11 bei komplexen Problemen in den Griff zu bekommen, ist Gegenstand intensiver aktueller Forschungsanstrengungen, s. beispielsweise [6, 2, 14, 18, 12] sowie auch [20].

Wirbelstürme: Ein Beispiel für Mehrskalenphänomene

Aus offensichtlichen Gründen sind wir an guten Vorhersagen für die Entstehung, Verstärkung bzw. Abschwächung und Bewegung von tropischen Wirbelstürmen sehr interessiert. Wie lässt sich eine Theorie für die Wirbelsturmbewegung mit Hilfe von analytischen Näherungsmethoden aufbauen, wie sie im letzten Ab-

Abbildung 13. Satellitenaufnahme des Wirbelsturms „Rita" vom 21. September 2005 [21]

schnitt besprochen wurden? Wir betrachten dazu die Entwicklungen von E. Mikusky, [13].

Was sagt uns zunächst die Tatsache, dass man umgangssprachlich überhaupt
von „einem Wirbel" sprechen kann? Der Wirbelsturm muss sich offenbar durch
noch zu bestimmende Eigenschaften deutlich von seiner Umgebung abheben,
wenn er in diesem Sinne unterscheidbar sein soll. Schauen wir uns hierzu die Satellitenaufnahme des Wirbelsturms „Rita" vom 21. September 2005 in Abbildung
13 näher an. Zunächst gibt es da einen dunklen Punkt etwa in der Mitte des Bildes, das Zentrum oder Auge des Wirbelsturms. Im Laufe der Zeit vollführt dieses
Zentrum eine recht gut identifizierbare Bewegung auf der Erdkugel. Wir können
also als erstes den Ort dieses Zentrums als Funktion der Zeit $X(t) = (X(t), Y(t))$
auffassen, wobei X und Y die Koordinaten des Wirbelzentrums auf der Landkarte
und t bezeichnen.

Als nächstes stellen wir fest, dass sich eine Ansammlung von Wolken um das
Zentrum gruppiert. In der Nähe des Zentrums ist diese Wolkenansammlung nahe
zu achsensymmetrisch, in größerer Entfernung spiralförmig. Windmessungen in
solchen Stürmen zeigen, dass die Windrichtung – ausgedrückt als Windgeschwindigkeit relativ zur Bewegung des Wirbelzentrums – innerhalb des nahezu achsensymmetrischen Bereichs der Wolkenverteilung bis in ein paar Kilometer Höhe
ebenfalls fast achsensymmetrisch ist. (Für größere Höhen ist das übrigens weniger klar!) Dabei bläst der Wind hauptsächlich in Umfangsrichtung, d. h., die Luft-
massen bewegen sich mit großer Geschwindigkeit fast kreisförmig um den Wirbel herum. Die höchsten Windgeschwindigkeiten und intensivsten Niederschläge
findet man in diesem inneren, nahezu achsensymmetrischen Bereich des Wirbels.

Der zweite Baustein einer Theorie wird somit ein vereinfachtes Gleichungssystem sein, das diesen inneren, intensiven Bereich des Wirbels beschreibt, und das für eine radiale Ausdehnung von ca. 50–500 km gilt. Bei der Konstruktion dieser Modellgleichungen nutzt man die näherungsweise Achsensymmetrie der Strömung im Kernbereich aus, um die Modellkomplexität zu reduzieren.

Entfernen wir uns noch weiter vom Wirbelzentrum, so verschwimmen die Unterschiede zwischen Wirbelsturm und Umgebung. Nichtsdestoweniger werden sich die Ausläufer des Sturms in der Umgebung noch bemerkbar machen. Für dieses „Fernfeld" (Längenskala ca. 500–2000 km) wird wieder eine vereinfachte Theorie herangezogen. Diesmal macht man sich zunutze, dass es außerhalb des Wirbelkerns keine starken Vertikalbewegungen, außer auf sehr kleinen mit der Theorie ohnehin nicht erfassbaren Skalen, mehr gibt, und dass der Wirbel im Fernfeld im Wesentlichen die Form eines sogenannten Potentialwirbelfeldes, also eine bekannte räumliche Struktur, hat. Als Unbekannte gehen dann in die Fernfeldtheorie nur noch die Wirbelzentrumsposition und die Stärke der Wirbelzirkulation ein, während die räumliche Verteilung der auf den Sturm zurückzuführenden Windanteile als bekannt vorausgesetzt werden darf.

Die genannten Teiltheorien für den Kern und das Fernfeld des Wirbels müssen weiterhin in dem Sinne zusammenpassen, dass sich das Strömungsfeld in einem Übergangsbereich zwischen den beiden Teilgebieten gleichermaßen gut mit dem einen wie dem anderen Teilmodell beschreiben lässt. Diese Zusatzbedingung, so stellt sich heraus, erlaubt es einem am Ende eine Gleichung für die gesuchte Bewegungsgeschwindigkeit des Wirbelzentrums herzuleiten. In diese Gleichung gehen der umgebende Wind, der den Wirbel vorwärtsträgt, ebenso ein wie die Verteilung von Windgeschwindigkeit und Feuchte im Kern des Sturm und die leichte Neigung der Wirbelzentrallinie gegen die Vertikale.

Die große Hoffnung bei der Entwicklung solcher vereinfachter Modelle ist es, dass man zum einen ein besseres Verständnis von den einen Wirbelsturm steuernden Prozessen gewinnt. Beschreibt nämlich das so reduzierte Modell einen Wirbelsturm ähnlich gut wie ein weitaus komplexeres Computermodell, so wird deutlich, dass es nur die im einfacheren Modell erfassten Gegebenheiten sind, die wirklich wesentlich für das modellierte Phänomen sind, während viele Einzelheiten, die in einem kompletten, möglichst annahmenarmen, dreidimensionalen Simulationsmodell berücksichtigt sind, nichts Wesentliches beisteuern. Gleichzeitig kann ein reduziertes Modell weitaus schneller und auf einem kleinen Desktop oder tragbaren Computer „durchgerechnet" werden, während ein Modell voller Komplexität nur auf einem Supercomputer sinnvoll betrieben werden kann. Damit wird das reduzierte Modell zu einem wertvollen „leichtgewichtigen", und leicht verfügbaren Werkzeug auch für Nutzer, denen Superrechnerkapazitäten nicht zur Verfügung stehen.

Die Entwicklung einer Theorie wie der oben beschriebenen hat immer auch „Haken und Ösen". So passiert es einem im vorliegenden Fall, dass man wissen muss, wieviel Wasser in einem Strom aufsteigender Luft pro Zeiteinheit kondensiert, denn dies hat etwas mit dem effektiven Energieumsatz im Wirbel zu tun.

Die relevanten Kondensationsphänomene finden aber auf Skalen statt, die mit 100-1000 m noch viel kleiner sind, als die hier betrachteten 50 und mehr Kilometer. Man ist beim „Modellbau" also darauf angewiesen, selbst wieder die Nettoeffekte des einen oder anderen Mehrskalenphänomens zu nutzen, will man auf der betrachteten Skala weiterkommen. Man stopft eine solche Lücke meist zunächst mit pragmatischen, erfahrungsbedingten so genannten „Parameterisierungen" des jeweiligen Prozesses, also Formeln, die nicht direkt aus einer Mehrskalenanalyse hergeleitet sind, sondern mit Hilfe einer Kombination aus physikalischer Überlegung und Erfahrungswerten gewonnen wird. Gerät man als Modellierer an einen solchen Punkt, nimmt man das neue Problem in die (leider meist zu lange) Liste von Forschungsfragen auf, die es in den kommenden Jahren noch zu bearbeiten gilt, und arbeitet zunächst so gut es geht mit der Parameterisierung weiter. (Greift man das Problem einige Zeit später wieder auf und arbeitet sich durch die Mehrskalentheorie, so stellt man durchaus öfters fest, dass entweder die Parameterisierung schon genau das tut, was sie tun sollte, oder dass eine analytische Mehrskalentheorie einfach zu schwierig wird, um sie bis zu einem vernünftigen und fruchtbaren Resultat zu treiben. In dem Fall bleibt die Parameterisierung das Beste, was die Wissenschaft zu bieten hat.)

Während die Modellbildung für Struktur und Bewegung eines ausgebildeten Sturms hier im Vordergrund stand, haben wir die mindestens ebenso wichtige Frage nach der Entstehung von „Hurricanes" hier ausgeklammert. Hierzu bedarf es einer anderen Theorie, die wieder ganz andere physikalische Phänomene, Skalen und mathematische Aspekte nach vorne stellt.

Für den meteorologisches Hintergundwissen sowie mathematische Details sei nochmals auf die Dissertation [13] verwiesen.

Abschließendes

Wir haben gesehen, wie zwei Arbeitsgebiete der Angewandten Mathematik zur Klima- und Klimafolgenforschung beitragen: Numerische Mathematik und asymptotische Analyse liefern komplementäre Werkzeuge, mit denen sich Wechselwirkungen zwischen multiplen Skalen im Erdsystem analysieren lassen. Neben der Meteorologie, die hier im Vordergrund stand, sind auch Biologie, Geologie, Geographie und Geophysik, Hydrologie, Ozeanographie, Ökonomie, Politologie, Soziologie und andere Wissenschaftsdisziplinen an der Nachhaltigkeitsforschung beteiligt. Hier finden sich vielfältigste Herausforderungen für Asymptotik, Kontrolltheorie, Numerik, Optimierung, qualitative, gewöhnliche und partielle Differentialgleichungen, Statistik und Stochastik und andere mathematische Teildisziplinen.

Das Potential der Mathematik, die Nachhaltigkeitsforschung voranzubringen, ist aber heute unter anderem deswegen längst noch nicht ausgeschöpft, weil die Schwierigkeiten bei der Übersetzung anwendungswissenschaftlicher Problemstellungen in konkrete mathematische Aufgaben i. Allg. beträchtlich unterschätzt werden. Die Bedeutung dieser Übersetzungsaufgabe herauszuarbeiten, lag mir bei der Zusammenstellung dieses Artikels besonders am Herzen. Allen Interessierten sei in diesem Zusammenhang noch ein Text von Carlo Jaeger empfohlen [5]!

Literatur

[1] Brovkin V., Bendtsen J., Claussen M., Ganopolski A., Kubatzki C., Petoukhov V., Andreev A. (2002), *Carbon cycle, vegetation and climate dynamics in the Holocene: Experiments with the CLIMBER-2 model.* Global Biogeochemical Cycles, **16**, 1139–1162

[2] E W., Engquist B., (2003), Comm. Math. Sci., **1**, 87–132

[3] Houghton et al. (2001), Climate Change 2001 – The Scientific Basis, Cambridge University Press

[4] Imboden D.M., Jaeger C.C., Cebon P., Davies H.C., Dahinden U. (1998), Views from the Alps: Regional Perspectives on Climate Change, MIT Press

[5] Jaeger C.C. (2003), A Note on Domains of Discourse – Logical Know-How for Integrated Environmental Modelling, PIK-Report No.86, siehe http://www.pik-potsdam.de/publications/pik_reports

[6] Klein R., Botta N., Hofmann L., Meister A., Munz C.D., Roller S., Sonar T. (2001), *Asymptotic Adaptive Methods for Multiscale Problems in Fluid Mechanics*, J. Eng. Math., **39**, 261–343

[7] Klein R. (2004), *An Applied Mathematical View of Meteorological Modelling*, in: SIAM Proceedings in Applied Mathematics, **116**, (2004)

[8] Klein R., Majda A.J. (2006), *Systematic Multiscale Models for Deep Convection on Mesoscales*, in: Special issue on „Theoretical Developments in Tropical Meteorology", R. Klein (Ed.), Theor. & Comput. Fluid Dyn., **20**, 525–552

[9] Lorius C., Jouzel J., Raynaud D., Hansen J., Le Treut H. (1990), *The ice-core record: Climate sensitivity and future greenhouse warming*, Nature, **347**, 139–145

[10] Maddison A. (2001), *The World Economy: A Millennial Perspective*, OECD

[11] Majda A.J., Klein R. (2003), J. Atmos. Sci., **60**, 393–408

[12] Majda A.J. (2007), *Multiscale Models with Moisture and Systematic Strategies for Superparameterization*, **64**, 2726–2734

[13] Mikusky E., *Zur Struktur konzentrierter atmosphärischer Wirbel im Gradientenwind-Regime und deren Bewegung auf synoptischer Skala*, Dissertation, Universität Hamburg, Februar (2007)

[14] Munz C.D., Roller S., Klein R., Geratz K.J. (2003), *The Extension of Incompressible Flow Solvers to the Weakly Compressible Regime*, Computers & Fluids, **32**, 173–196

[15] Petit, J. R., et al. (1999), *Climate and atmospheric history of the past 420,000 years from the Vostok ice core, Antarctica*, Nature, **399**, 429–436

[16] Petoukhov V., Ganopolski A., Brovkin V., Claussen M., Eliseev A., Kubatzki C., Rahm-storf S. (2000), *Climber-2: A climate system model of intermediate complexity. part i: Model description and performance for the present climate*, Climate Dynamics, **16**, 1–17

[17] Rahmstorf et al. (2004), Eos, **86**, 38–41

[18] Schmidt H., Klein R. (2003), *A Generalized Level-Set/In-Cell-Reconstruction Approach for Accelerating Turbulent Premixed Flames*, Comb. Theor. & Modelling, **7**, 243–267

[19] Schneider W. (1979), *Mathematische Methoden in der Strömungsmechanik*, Vieweg

[20] Ting L., Klein R., Knio O.M. (2007) *Vortex Dominated Flows: Analysis and Computation for Multiple Scales*, Series in Applied Mathematical Sciences, **161**, Springer Verlag

[21] http://upload.wikimedia.org/wikipedia/commons/3/3d/ HurricaneRita21Sept05a.jpg

Der rote Faden

Primzahlen, geheime Codes und die Grenzen der Berechenbarkeit

Martin Aigner

Die Primzahlen gehören zu jenen mathematischen Objekten, welche seit jeher alle mathematisch Interessierten fasziniert haben. Jede Zahl setzt sich aus Primzahlen zusammen, die Primzahlen sind also sozusagen die Atome des Zahlensystems, mit dem alle Mathematik beginnt. Umso erstaunlicher mutet es an, dass einige der ältesten Primzahlprobleme trotz größter Bemühungen von Generationen von Mathematikern bis heute ungelöst sind. Es gibt aber noch einen weiteren, nicht weniger erstaunlichen Aspekt. Die Zahlentheorie galt jahrhundertelang neben der Euklidischen Geometrie als das klassische Modell der *reinen* Mathematik: ein theoretisches Gebäude voller Schönheit und Eleganz, ein Kunstwerk des menschlichen Geistes. Seit etwa 20 Jahren hat sich dies geändert: Die Primzahlen sind auch in das Zentrum der *Anwendungen* gerückt. Sie spielen, wie wir sehen werden, eine entscheidende Rolle bei geheimen Codes, die heute aus unserem „codierten" Leben nicht mehr wegzudenken sind. Und schließlich führen Primzahlen geradewegs zu einer der wichtigsten Fragen im Zeitalter der Informationstechnik: Was können Computer, bzw. wo liegen prinzipiell die Grenzen der Berechenbarkeit? Über diese drei Teile, wie im Titel angekündigt, wollen wir uns im Folgenden unterhalten.

1 Primzahlen

Die Zahlen $1, 2, 3, 4, 5, 6, 7, 8, \ldots$ werden von den Mathematikern die *natürlichen Zahlen* genannt. Eine *Primzahl* ist eine natürliche Zahl größer als 1, welche nur durch 1 oder sich selbst geteilt werden kann. Nachfolgend sind die Zahlen bis 20 aufgelistet.

Die Zahlen bis 20											
prim	2	3	5	7	11	13	17	19			
nicht prim	1	4	6	8	9	10	12	14	15	16	18	20

Dass die Primzahlen tatsächlich die elementaren Bausteine aller Zahlen sind, drückt der sogenannte *Hauptsatz der Arithmetik* aus:

> *Jede natürliche Zahl kann auf genau eine Weise in ihre Primteiler zerlegt werden.*

Zum Beispiel ist $30 = 2 \times 3 \times 5$, $72 = 2 \times 2 \times 2 \times 3 \times 3$, $247 = 13 \times 19$.

Das Studium der Primzahlen beginnt mit den beiden folgenden Fragen:

1. *Wieviele Primzahlen gibt es?*
2. *Wie erkennen wir, ob eine Zahl prim ist? Gibt es eine Formel, welche die Primzahlen angibt?*

Auf Frage (1) können wir eine erste Antwort geben, die schon Euklid (300 v. Chr.) bekannt war:

Es gibt unendlich viele Primzahlen.

Der Beweis von Euklid (vielleicht der berühmteste Beweis der gesamten Mathematik) ist denkbar einfach. Angenommen, es gäbe nur endlich viele Primzahlen

$$2, 3, 5, 7, \ldots, p$$

bis zur größten Primzahl p. Dann betrachten wir die natürliche Zahl

$$N = (2 \times 3 \times 5 \times 7 \times \ldots \times p) + 1.$$

N geteilt durch 2 ergibt Rest 1, also ist 2 nicht Teiler von N; genauso hat N geteilt durch 3 Rest 1, also ist 3 nicht Teiler von N, und denselben Schluss können wir bis zur letzten Primzahl p wiederholen. Wir sehen also, dass keine der Zahlen $2, 3, 5, \ldots, p$ die Zahl N teilt. Nach dem Hauptsatz der Arithmetik hat aber N einen Primteiler, also muss es eine weitere Primzahl geben – Widerspruch!

Primzahlzwillinge
Offenbar sind mit Ausnahme von 2 alle Primzahlen ungerade, liegen also um mindestens 2 auseinander. Zwei Primzahlen p und $p + 2$ heißen *Primzahlzwillinge*, so wie etwa 3 und 5, 11 und 13, 59 und 61 oder 9999971 und 9999973. Gibt es unendlich viele Primzahlzwillinge? Keiner weiß eine Antwort auf diese Jahrtausende alte Frage.

Wie ist es mit einer Formel für Primzahlen, mit der, wenn nicht alle, so doch unendlich viele Primzahlen beschrieben werden? Der große Zahlentheoretiker Pierre Fermat (von dem der in den letzten Jahren berühmt gewordene „letzte Fermatsche Satz" stammt) glaubte, dass die Formel $2^m + 1$ unendlich viele Primzahlen ergibt. Es ist leicht zu sehen, dass $2^m + 1$ nur dann prim sein kann, wenn der Exponent m selbst eine Potenz von 2 ist, das heißt $m = 2^n$. Fermat behauptete nun den umgekehrten Schluss, dass

$$F_n = (2)^{2^n} + 1$$

immer eine Primzahl ist, wenn er auch zugab, dass er keinen Beweis angeben könnte. Später bezweifelte er die Korrektheit seiner Aussage – und sie ist in der Tat falsch. Die ersten fünf „Fermatschen Zahlen" sind zwar prim

$$F_0 = (2)^{2^0} + 1 = 3, \quad F_1 = (2)^{2^1} + 1 = 5, \quad F_2 = 17$$
$$F_3 = 257, \quad F_4 = 65537,$$

aber für $F_5 = (2)^{2^5} + 1$ gilt $F_5 = 641 \times 6700417$. Bis heute ist keine einzige weitere
Fermatsche Primzahl gefunden worden. Ob es aber tatsächlich nur endlich viele
oder vielleicht doch unendlich viele gibt, ist ein weiteres ungelöstes Problem.

Betrachten wir eine weitere Klasse, die sogenannten *Mersenneschen Zahlen*
$M_n = 2^n - 1$ (benannt nach dem Theologen und Mathematiker des 17. Jahrhunderts Marin Mersenne). Wieder ist es mit einer binomischen Formel leicht zu sehen, dass M_n nur dann prim sein kann, wenn n selber Primzahl ist. Das Studium
der Mersenneschen Zahlen geht aber schon auf die Griechen zurück, und zwar
im Zusammenhang mit perfekten Zahlen.

Eine Zahl N heißt *perfekt*, wenn sie gleich der Summe ihrer echten Teiler ist
(also aller Teiler ohne N selbst). Die kleinste perfekte Zahl ist $6 = 1 + 2 + 3$, die
nächste ist $28 = 1 + 2 + 4 + 7 + 14$ und die dritte 496. Schon Euklid wusste, dass
$2^{p-1} \times (2^p - 1)$ perfekt ist, wenn $2^p - 1$ eine Primzahl ist (also eine Mersennesche
Primzahl ist), und 2000 Jahre später hat Euler die Umkehrung gezeigt:

> Die *geraden* perfekten Zahlen sind genau von der Form
> $2^{p-1} \times (2^p - 1)$, wobei $2^p - 1$ Primzahl ist,

in Übereinstimmung mit

$$6 = 2 \times (2^2 - 1), \quad 28 = 2^2 \times (2^3 - 1), \quad 496 = 2^4 \times (2^5 - 1).$$

Gibt es *ungerade* perfekte Zahlen? Auch das ist eine ungelöste Frage. Sollte es eine geben, so müsste sie jedenfalls (nach vielen Computerberechnungen) astrono-
misch groß sein.

Ob es *unendlich* viele *gerade* perfekte Zahlen gibt, ist somit gleichbedeutend mit
der Frage: Gibt es unendlich viele Mersennesche Primzahlen? Sehen wir uns also
die Zahlen $M_p = 2^p - 1$ näher an. Für die ersten Primzahlen p ist M_p tatsächlich
immer prim:
$$M_2 = 3, \quad M_3 = 7, \quad M_5 = 31, \quad M_7 = 127,$$
aber dann stoppt die Reihe: $M_{11} = 2047 = 23 \times 89$. Mersenne untersuchte 1644
die Zahlen M_p bis $p = 257$ und behauptete, dass

$$M_p \text{ prim ist für } p = 2, 3, 5, 7, 13, 19, 31, 67, 127, 257,$$

und nicht prim für alle anderen Werte bis 257.

Auch er irrte sich: Zwei Zahlen aus seiner Liste sind nicht prim: M_{67} und M_{257},
und drei Primzahlen verfehlte er: M_{61}, M_{89}, M_{107}. Dass $M_{127} = 2^{127} - 1$ tatsächlich
Primzahl ist, wurde von Lucas 1876 gezeigt, und diese Zahl blieb bis zum Zeitalter
der Computer die größte bekannte Primzahl, was kein Wunder ist, wenn man sich
die 39-stellige Zahl $2^{127} - 1$ ausgeschrieben ansieht:

$$2^{127} - 1 = 170141183460469231731687303715884105727.$$

Die Jagd nach der größten Primzahl setzte so richtig 1952 ein, als mit Compu-
terhilfe gleich 5 neue Mersennesche Primzahlen entdeckt wurden, von denen die

größte $2^{2281} - 1$ bereits 687 Stellen hat. Seit einigen Jahren wird die jeweils größte Primzahl (stets eine Mersennesche Primzahl) mit einer Eintragung ins Guinness-Buch der Weltrekorde gewürdigt (die Tafel gibt einige dieser Rekorde).

p	Anzahl der Ziffern	Jahr
$2^{127} - 1$	39	1876
$2^{2281} - 1$	687	1952
$2^{19937} - 1$	6002	1971
$2^{756839} - 1$	227832	1992
$2^{6972593} - 1$	2098960	1999

Und wozu das alles? Dass die Suche nach großen Primzahlen tatsächlich einen Sinn hat, und zwar überraschenderweise einen ganz praktischen, das wollen wir uns im nächsten Abschnitt überlegen.

2   Geheime Codes

Wahrscheinlich hat jeder in seiner Jugend seine eigene Geheimschrift verfaßt, mit der wichtige Botschaften unter Freunden ausgetauscht werden sollten. Sinn jedes geheimen Codes ist es, die Nachricht an den Empfänger zu senden, ohne dass ein unbefugter Dritter (der „Lauscher" im Fachjargon) den Code knacken kann.

Der Grundtyp der Nachrichtenübermittlung ist durch das folgende Schema gegeben:

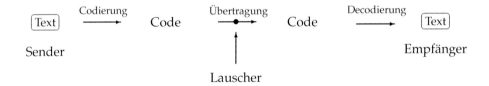

Wir können einen Text T stets als natürliche Zahl auffassen, indem wir

$$A = 01, \quad B = 02, \quad C = 03, \ldots, Z = 26 \text{ und eine Leerstelle } = 00$$

setzen.

Zum Beispiel wird aus

KOMME MORGEN ZURUECK

die folgende Zahl, die der Übersichtlichkeit wegen in 4'er Blöcken hingeschrieben ist:

$$T = 1115\ 1313\ 0500\ 1315\ 1807\ 0514\ 0026\ 2118\ 2105\ 0311.$$

Was werden wir von einer Codierung verlangen? Sie soll *effizient* und *sicher* sein, das heißt:

(A)   die Codierung und Decodierung sollen schnell auszuführen sein,
(B)   die Codierung soll kompliziert genug sein, dass sie von einem Lauscher
      auch mit Hilfe des schnellsten Computers nicht geknackt werden kann.

Natürlich sind das gegenläufige Ziele, die Codierung soll einfach *und* kompliziert zugleich sein! Bis vor gut 20 Jahren war es auch so, dass jedes Codierungssystem, das oft genug (das heißt ohne Wechsel des Systems) verwendet wurde, theoretisch zu knacken war, wenn der Lauscher nur genügend Zeit und Text zur Verfügung hatte. Im Jahr 1975 änderte sich die Situation jedoch grundlegend: Eine neue Art von Codierung wurde vorgeschlagen, die in der *Praxis* nicht zu entschlüsseln ist. Sie ist zwar *theoretisch* zu brechen, aber nur von Computerprogrammen, welche Millionen von Jahren arbeiten. Diese neuen Codes können schnell codiert und decodiert werden, sie können beliebig oft verwendet werden und es gibt noch eine spezielle Zutat: Das System enthält eine „elektronische Unterschrift", die absolut fälschungssicher ist.

Die Erfinder Diffie und Hellman entwickelten dazu ein völlig neues Konzept, das sie „Falltürfunktion" nannten. Solch eine Funktion f hat folgende Eigenschaften:

(1) f angewandt auf eine natürliche Zahl x ergibt eine eindeutige natürliche Zahl y. Es gibt eine inverse Funktion f^{-1}, welche y wieder in x umwandelt.
(2)   Die Berechnung von $f(x)$ und $f^{-1}(y)$ ist „leicht".
(3)   Aus der alleinigen Kenntnis der Funktionsweise von f läßt sich f^{-1} nur „schwer" ermitteln, in dem eben genannten Sinn, dass selbst die schnellsten Computer scheitern.

Was „leicht" und „schwer" genau bedeuten, werden wir im nächsten Abschnitt diskutieren. Für den Moment verwenden wir die beiden Begriffe als Synonyme für „effizient" bzw. „unmöglich".

Bedingung (2) ist klar: Die Codierung f bzw. Decodierung f^{-1} sollen effizient auszuführen sein. Das neue und revolutionäre Konzept ist Bedingung (3), welche der Funktion f ihren Namen gibt. Es ist leicht, die Falltüre f zu öffnen, aber unmöglich, ohne Kenntnis des geheimen Schlüssels f^{-1} wieder herauszukommen.

Bevor wir ein konkretes Beispiel solch einer Falltürfunktion angeben, überlegen wir uns, wie das neue Codesystem funktioniert. Angenommen, eine Gruppe von Personen will geheime Nachrichten austauschen. Jeder Teilnehmer P hat seine eigene Falltürfunktion f_P und gibt sie in einem öffentlich zugänglichen Handbuch bekannt. Die Decodierfunktion f_P^{-1} behält P für sich. Diffie und Hellman nannten dies ein *öffentliches Schlüsselsystem* (public key cryptosystem). Will nun P an Q eine Nachricht x schicken, und diese Nachricht mit seiner Unterschrift signieren, so geht er folgendermaßen vor:

○ P holt sich aus dem Handbuch die Codierungsfunktion f_Q von Q und sendet $f_Q(x)$ an Q.

Jeder Lauscher kann $f_Q(x)$ abfangen, aber es nützt ihm nichts. Ohne die Kenntnis der geheimen Decodierungsfunktion f_Q^{-1} ist eine Entschlüsselung unmöglich – nur der Empfänger Q kann dies.

○ Anschließend benutzt P seine eigene geheime Funktion f_P^{-1} und sendet $f_Q(f_P^{-1}(x))$ als „Unterschrift".

Was macht Q, um die Echtheit der Unterschrift zu überprüfen? Er verwendet zunächst seine eigene geheime Funktion f_Q^{-1} und dann die öffentlich zugängliche Codierung f_P von P und erhält wiederum den Text x:

$$f_Q(f_P^{-1}(x)) \xrightarrow{f_Q^{-1}} f_P^{-1}(x) \xrightarrow{f_P} x \,.$$

Q weiß nun mit Sicherheit, dass P die Nachricht geschickt hat, da nur P Kenntnis von f_P^{-1} hat.

Eine geradezu magische Idee! Aber gibt es solche Falltürfunktionen überhaupt? Das bekannteste derartige öffentliche Schlüsselsystem, das heute im Bankenverkehr universell verwendet wird, ist das sogenannte RSA–System, benannt nach ihren Erfindern Rivest, Shamir und Adleman. Es funktioniert folgendermaßen – und hier kommen die Primzahlen ins Spiel. Dazu eine Vorbemerkung: Wir werden des öfteren eine Zahl a durch eine Zahl m dividieren und dann den Rest r notieren, wobei r zwischen 0 und $m-1$ liegt. Wir schreiben dann kurz:

$$r = a \quad (\text{modulo } m).$$

Zum Beispiel ist $2 = 17$ (modulo 5), da $17 = 3 \times 5 + 2$ ist.

Nun zum RSA-System. Ein Benutzer wählt zwei große Primzahlen p und q mit $n = p \times q$ und zusätzlich ein Paar von Zahlen k und g zwischen 1 und $(p-1) \times (q-1)$, so dass folgendes gilt:

○ k und g sind teilerfremd zu $(p-1) \times (q-1)$
○ $1 = k \times g$ (modulo $(p-1) \times (q-1)$)
○ Der Text x ist eine Zahl zwischen 0 und $n-1$; falls x zu groß ist, so wird es in Blöcke zerlegt.

Nun gibt der Benutzer die Zahlen n und k im öffentlichen Handbuch bekannt (g bleibt geheim!) und gibt ferner bekannt, dass für jedes x

$$f(x) = x^k \quad (\text{modulo } n).$$

Nochmals: $f(x)$ ist der Rest bei Division von x^k durch n.

Bevor wir uns überlegen, dass f tatsächlich eine Falltürfunktion ist, wollen wir die Funktionsweise des RSA–Systems am Beispiel KOMME MORGEN ZU-RUECK illustrieren. Der Benutzer wähle die Primzahlen $p = 47$, $q = 59$ mit $n = 47 \times 59 = 2773$, und $k = 17$, $g = 157$. Sowohl k wie g sind Primzahlen, also relativ prim zu 46×58, und es gilt $1 = 17 \times 157$ (modulo 46×58). Alle Bedingungen für k und g sind somit erfüllt. Die 4–Blöcke der Zahl x, korrespondierend zu unserem Text, sind alle kleiner als $n - 1 = 2772$. Die einzelnen Blöcke z werden nun gemäß $f(z) = z^{17}$ (modulo 2773) verschlüsselt. Zum Beispiel erhalten wir für den ersten Block $1115^{17} = 1379$ (modulo 2773). Fahren wir so fort, so ergibt sich als Code $f(x)$:

$$1379 \ 2395 \ 1655 \ 0422 \ 0482 \ 1643 \ 1445 \ 0848 \ 0747 \ 2676.$$

Damit f tatsächlich eine Falltürfunktion ist, müssen wir die Anforderungen (1), (2), (3) nachprüfen. Die Codierungsfunktion ist

$$f(x) = x^k \quad (\text{modulo } n)$$

und es ist leicht zu sehen, dass für die Decodierung f^{-1} gilt:

$$f^{-1}(y) = y^g \quad (\text{modulo } n).$$

Die Funktionsweise von f und f^{-1} besteht also aus einer Potenzierung plus Restbildung bei Division. Das erste ist sicherlich schnell zu bewerkstelligen, aber auch die Restbildung, die man schon in der Schule lernt. Ein moderner Rechner schafft die Codierung und Decodierung in Sekundenschnelle.

Wie ist es nun mit der „Falltüreigenschaft" (3)? Um den geheimen Schlüssel g aus k zu berechnen, benötigt der Lauscher die Zahl $(p-1) \times (q-1)$. Aber die bekommt er nur, wenn er p *und* q kennt, das heißt wenn er n in seine Primteiler p und q *faktorisieren* kann. Und die Zerlegung einer Zahl n (die nicht Primzahl ist) in ihre Primfaktoren ist beim heutigen Stand ein „schweres" Problem, also in der Praxis unmöglich. Selbst wenn der Lauscher n, k und die Funktionsweise von f kennt, so muss er kapitulieren. Damit sind wir nun endgültig bei der Frage angelangt: Was heißt „leichtes" oder „schweres" Problem?

3 Grenzen der Berechenbarkeit

Der Schwierigkeitsgrad oder, wie wir sagen, die *Komplexität* eines Problems, wird daran gemessen, wie lange ein Algorithmus zur Lösung braucht. Wie sollen wir das messen? Dazu beschreiben wir die Situation ganz allgemein:

Ein *Problem* besteht aus *Eingaben* und *Lösungen*.
Die *Komplexität* des Problems besteht in dem Aufwand, den man braucht, um aus *jeder* Eingabe die Lösung zu berechnen.

Nehmen wir als Beispiel die Multiplikation zweier Zahlen:

Eingabe: Zwei n–stellige Zahlen a und b
Lösung: $a \times b$.

Verwendet man die übliche Rechenmethode, die wir aus der Schule kennen, so multiplizieren wir jede Stelle von a mit jeder Stelle von b und addieren dann auf.

Multiplikation 3-stelliger Zahlen

$$2\,1\,7 \times 3\,5\,9$$
$$\overline{6\,5\,1}$$
$$1\,0\,8\,5$$
$$\underline{1\,9\,5\,3}$$
$$\overline{7\,7\,9\,0\,3}$$

Der Rechenaufwand besteht also aus $n \times n = n^2$ Multiplikationen und etwa gleich vielen Additionen. Wir sagen, der Algorithmus hat Komplexität n^2 in der Eingabegröße n.

Ein anderes Problem hat vielleicht die Komplexität n^3 oder n^7. Allgemein sagen wir, ein Problem ist *polynomiell*, falls die Komplexität durch n^a für eine natürliche Zahl a in der Eingabegröße n gegeben ist. Für nicht allzu große n erledigt ein Computer polynomielle Probleme heute in Sekundenschnelle. Damit sind wir bei unserer fundamentalen Unterscheidung angelangt:

○ Die „leichten" Probleme sind genau jene mit polynomieller Komplexität.
○ Die „schweren" Probleme sind alle anderen.

Was sind denn nun schwere Probleme? Angenommen, der Aufwand $\ell(n)$ erhöht sich, wenn wir von n auf $n + 1$ übergehen, jeweils um den Faktor $a > 1$. Das heißt $\ell(1) = a, \ell(2) = a \times a = a^2, \ell(3) = a \times \ell(2) = a^3$, und allgemein $\ell(n) = a^n$. In diesem Fall sprechen wir von *exponentiellem* Wachstum (die Eingangsgröße n steht im Exponenten). Wir kennen dies aus der Tagespresse: exponentielles Bevölkerungswachstum, exponentielle Kosten – und ganz schlagwortartig: Bevölkerungs– oder Kostenexplosion. Und das ist ganz wörtlich zu nehmen: Hat ein Problem exponentielle Komplexität, so explodiert der Rechenaufwand – auch der schnellste Computer muss kapitulieren.

Exponentielle Komplexität. Angenommen, ein Computer kann 100 Milliarden Operationen pro Sekunde ausführen. Ist die Komplexität 2^n, so benötigt er für die Lösung:

n	Zeit	
10	$\sim 10^{-8}$	Sekunden
40	~ 10	Sekunden
70	~ 317	Jahre
100	~ 317	Milliarden Jahre

Kehren wir nun zu den Primzahlen und dem Faktorisierungsproblem zurück und betrachten wir die folgenden beiden Probleme:

(A) Entscheide, ob eine eingegebene Zahl n prim ist.
(B) Zerlege n in Primfaktoren.

Offenbar ist Problem (B) mindestens so schwer wie (A): Kennen wir die Zerlegung, so wissen wir auch, ob n prim ist. Tatsächlich ist (A) aber höchstwahrscheinlich leichter als (B). Wie soll das gehen? Die schnellsten Methoden, um zu entscheiden, ob eine Zahl n prim ist oder nicht (*ohne* n zu zerlegen) beruhen auf einem berühmten Satz von Fermat (derselbe, den wir schon kennengelernt haben):

> *Ist p Primzahl und a irgendeine positive Zahl kleiner als p,*
> *so gilt* $1 = a^{p-1}$ *(modulo p).*

Wollen wir nun n auf Primalität testen, so wählen wir zufällig eine Zahl $a < n$ und berechnen den Rest von a^{n-1} bei Division durch n. Falls der Rest nicht 1 ist, so wissen wir nach Fermat, dass n nicht prim ist.

Beispiel. $n = 21$, wir wählen $a = 2$ und berechnen

$$2^{20} = 1048576 = (21 \times 49932) + 4,$$

also ist $1 \neq 2^{20}$ (modulo 21) und somit 21 nicht prim.

Ist aber der Rest 1, so wählen wir eine weitere Zahl b zufällig und testen den Rest von $b^{n-1} : n$. Erhalten wir nach einer gewissen Anzahl von zufälligen Tests *immer* Rest 1, so ist n fast sicher prim.

In scharfem Kontrast dazu steht das Faktorisierungsproblem. Während der Test auf *Primalität* bei, sagen wir, einer 130-stelligen Zahl mit einem heutigen Supercomputer ein paar Minuten dauert, so würde derselbe Computer zur *Faktorisierung* einer Zahl, die das Produkt von zwei 65-stelligen Primzahlen ist, eine Billiarde Jahre brauchen! Diese praktische Unmöglichkeit der Faktorisierung ist somit die Basis des RSA-Systems: Beim heutigen Stand der Mathematik und Technik ist das Faktorisieren von großen Zahlen nicht möglich und damit das RSA-System sicher.

In den letzten Jahren bahnt sich allerdings eine sensationelle Entwicklung an. Ein neuer Computertyp, sogenannte *Quantencomputer* (für dessen theoretische Grundlagen der Amerikaner Peter Shor kürzlich die höchste mathematische Auszeichnung erhielt) erledigt das Faktorisierungsproblem in polynomieller Zeit! Sollten Quantencomputer technisch realisiert werden, so würde ein neues Zeitalter der Daten(un)sicherheit anbrechen.

Literatur

[1] Don Zagier: Die ersten 50 Millionen Primzahlen. In: *Lebendige Zahlen*. Birkhäuser 1981.

[2] Ralph-Hardo Schulz: *Codierungstheorie – eine Einführung*. Vieweg Verlag 1991, 2. Auflage 2003.

[3] Ehrhard Behrends: $P = NP$? In: *Die Zeit* Nr. 10 (1999), 43.

Die Mathematik der Knoten

Elmar Vogt

Zur Geschichte

Selbstverständlich ist es verlockend, zum Einstieg in die Knotentheorie an Alexander den Großen zu erinnern, hatte er sich doch nachweislich mit einem Knotenproblem auseinderzusetzen. Aber sein Problem, ein verknotetes Seil mit offenen Enden aufzudröseln, ist eher eine Gedulds- als eine mathematische Frage. Hinzu kommt, und das ist viel gravierender, dass wir sein Lösungsverfahren nicht gerade als vorbildlich empfinden. Den Knoten einfach mit dem Schwert zu zertrennen, mag zwar zeitsparend sein, ist aber doch wenig feinfühlend und auf keinen Fall eine gute Grundlage für eine mathematische Theorie der Knoten.

Einen deutlich weniger destruktiven und erheblich attraktiveren Umgang mit Knoten findet man bei den Kelten in Irland und im Norden der britischen Inseln. Es gibt viele Kulturkreise, die die unendliche Vielfalt von Flechtmustern zur Verzierung ihrer Gebäude, Geräte, Denkmäler oder Schriften nutzten. Die Bilder verknoteter Bänder und Linien, die sich in keltischen Manuskripten wie im Buch von Kells (ca. Mitte des 9. Jahrhunderts), dem Evangelienbuch von Lindisfarne (Ende des 7. Jahrhunderts) und auf den großen Steinkreuzen der Kelten finden, sind wegen ihrer Komplexität wie auch ihrer Schönheit, ihrer Symmetrieeigenschaften und ihrer künstlerischen Gestaltung einmalig. Überzeugen Sie sich selbst:

Abbildung 1. Ausschnitt aus keltischem Kreuz   *Abbildung 2.* Ausschnitt aus keltischem Ornament

Falls diese Bilder Sie dazu anregen, selbst Ornamente im Geist der Kelten entwerfen zu wollen, kann ich Ihnen ein schönes Büchlein empfehlen, das einer unserer Studenten entdeckt hat und das viele Anleitungen zum Entwurf attraktiver „keltischer" Knoten enthält: John G. Merne: A Handbook of Celtic Ornament, Mercier Press: Cork 1974 (12. Auflage 1994).

Natürlich haben Menschen schon lange vor den Kelten oder Alexander dem
Großen Knoten zu künstlerischen und natürlich auch praktischen Zwecken ver-
wendet. Man weiß zum Beispiel, dass schon 2000 v. Chr. Nilfischer Knoten zum
Knüpfen ihrer Netze nutzten. Aber uns interessieren Knoten als mathematische
Objekte, und deren Geschichte beginnt deutlich später.

Sehen wir uns folgendes Bild an:

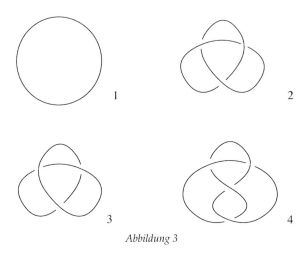

Abbildung 3

Alle Figuren zeigen eine geschlossene doppelpunktfreie Kurve im 3-dimensio-
nalen Raum. Wir würden sagen, Kurve 1 ist kein Knoten, also unverknotet. Wir
sehen auch sofort, dass Kurve 3 unverknotet ist, und können uns leicht vorstellen,
wie Kurve 3 in die Form von Kurve 1 gebracht wird. Kurven 2 und 4 nennen wir
verknotet. Es ist uns aber nicht unmittelbar klar, ob Kurve 4 in die Form der Kurve 2 gebracht werden kann. Die meisten von uns werden sagen, das gehe nicht.
Aber warum?

Wenn ich Bekannte frage, warum z. B. Kurve 2 nicht in die Form von Kurve 1
gebracht werden kann, so ist die Antwort meist, dass dies doch völlig klar sei. Um
Kurve 2 in die Form von Kurve 1 zu bringen, muss man auf dem Weg dahin die
Kurve (ganz wie Alexander der Große) durchtrennen, an der Schnittstelle einmal
oder mehrmals mit dem Rest des Fadens durchgehen und schließlich die offenen
Enden wieder zusammenfügen. Selbst wenn wir die Kurve beliebig lang und sehr,
sehr dünn machen dürfen und beliebig ver- und entwirren können, unser Gefühl
sagt uns, dass wir die Form von Kurve 1 nicht erreichen werden.

Aber Gefühl ist für einen Mathematiker nicht genug: er braucht Beweise, um
sich sicher zu sein.

Wenn Sie sich jetzt an Ihre Mathematikkenntnisse aus der Schulzeit erinnern,
um mit deren Hilfe unser Problem anzupacken, und wenn Sie ein Unbehagen be-
schleicht bei dem Gedanken, zunächst einmal keine durchschlagenden Methoden
zu finden, so befinden Sie sich in bester Gesellschaft.

Am 30. September 1679 beschreibt der Philosoph, Mathematiker und Naturwissenschaftler Gotthold Wilhelm Leibniz in einem Brief an den französischen Physiker Huygens, dass trotz all der Fortschritte, die er in den ihn beschäftigenden Fragen gemacht hatte, er doch mit der Algebra unzufrieden sei. Er sagt, dass eine andere Art von Analysis benötigt werde, echt geometrisch, die direkt die Lage der Dinge beschreibt, so wie die Algebra deren Größe beschreibt. Aber in den folgenden Jahren werden kaum Fortschritte in dieser Richtung gemeldet. Interessant ist eine Arbeit von A. T. Vandermonde von 1771, in der Bilder von verschlungenen Fäden zu sehen sind, und in der wieder festgestellt wird: „Den Handwerker, der einen Zopf, ein Netz oder Knoten fabriziert, interessieren nicht Fragen der Größe, sondern Fragen der Lage; was er dabei sieht, ist die Art, wie die Fäden miteinander verwoben sind."

Das Problem ist erkannt, aber Fortschritte werden kaum erzielt. 40 Jahre nach Vandermonde schreibt einer der ganz großen Mathematiker des 19. Jahrhunderts C. F. Gauß: „Von der Geometria Situs, die Leibniz ahnte und in die nur einem Paar Geometern
(Euler und Vandermonde) einen schwachen Blick zu thun vergönnt war, wissen und haben wir nach anderthalb Jahrhunderten noch nicht viel mehr wie nichts" (22. Januar 1833).

Fünf Zeilen weiter aber gibt er seine berühmte Integralformel über die Verschlingungszahl zweier geschlossener Kurven im Raum an, eine Formel, die erst kürzlich eine phantastische Verallgemeinerung durch den Fields-Medaillen-Preisträger M. Kontsevich erfahren hat. Gauß gibt keinen Beweis für seine Formel. Wenn wir sie aber glauben und gut Integrale berechnen können, so können wir mit ihr die beiden „Verkettungen"

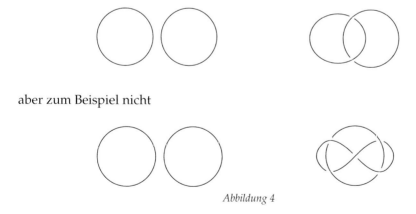

aber zum Beispiel nicht

Abbildung 4

unterscheiden.

Von C. F. Gauß wissen wir auch, dass er einige Blätter mit sorgfältig gezeichneten Bildern von Knoten besaß und dass er eine Notation zur Beschreibung von Knoten entwickelte, die in abgeänderter Form noch heute als Eingabe für Computer gute Dienste leistet.

Aber der Anlass, der schließlich eine intensive Untersuchung von Knoten aus-
löste, kam aus einer ganz unerwarteten Ecke, dazu verbunden mit einer Theorie, die schon bald danach verworfen wurde (obwohl aus heutiger Sicht im Rahmen der String-Theorie die Sichtweise dieser Theorie gar nicht mehr so fremd
erscheint).

Ausgehend von einer Arbeit von Helmholtz über Wirbelbewegungen in Flüssigkeiten schlug im Jahre 1867 William Thomson, der spätere Lord Kelvin, vor,
Atome als Wirbellinien im Äther aufzufassen. Zur Stabilität dieser „Wirbelato-
me", die aus den Helmholtzschen Untersuchungen folgt, berichtet Thomson von
einem Vorlesungsbesuch bei dem schottischen Physiker P. G. Tait, bei dem dieser Rauchringe kollidieren ließ. Diese verhielten sich wie kollidierende Vollgum-
miringe. Besonders beeindruckend fand er das Experiment, bei dem einer dieser
Ringe aus Luft bestand, also unsichtbar war, und so die Elastizität des Stoßes an
dem anderen Ring gut zu beobachten war. Die Vielzahl der Atome führte er darauf zurück, dass die Wirbellinien verknotet sein könnten und auf die Vielfalt der
Knoten.

Damit rückte die Frage der Klassifikation von Knoten in den Vordergrund, und
es war Tait, der sich in Zusammenarbeit mit Reverend Kirkman und später dem
amerikanischen Mathematiker C. N. Little mit viel Energie an die Arbeit machte.

In unendlicher Kleinarbeit betrachteten sie ebene Knotenprojektionen, in denen Über- und Unterkreuzungen markiert sind, wie in unseren Abbildungen 3
und 4 weiter oben. Es gelang ihnen, alle Knoten, die eine Projektion mit höchstens
10 Kreuzungspunkten zeigten, aufzulisten. Allerdings konnten sie keine mathematisch akzeptablen Beweise dafür geben, dass von den 250 von ihnen gefundenen Knoten keine zwei „gleich" sind. Überhaupt fehlten präzise Definitionen, was
ein Knoten ist und wann zwei Knoten als gleich anzusehen sind. Insgesamt waren
sie also nicht wesentlich weiter als wir zu Anfang unseres Vortrags. Und tatsächlich stellte sich heraus, dass zwei von ihnen als verschieden angegebene Knoten
doch gleich sind. Dies sind die Knoten 10_{161} und 10_{162} (nach einer Nummerierung
in einer noch in den siebziger Jahren gängigen Knotentabelle).

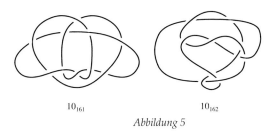

10_{161} 10_{162}

Abbildung 5

Dass diese Knoten tatsächlich ineinander deformiert werden können, wurde erst
1974 von K. A. Perko nachgewiesen. Probieren Sie es einmal selbst. Diese beiden Knoten sind sogenannte nicht alternierende Knoten. Dabei heißt ein Knoten
alternierend, wenn er eine Projektion besitzt, so dass beim Durchlaufen des Kno-

tens sich Unter- und Überkreuzungen abwechseln, wie in den Knoten von Abbildung 3. Bei einer solchen Projektion legt der Überkreuzungscharakter an einem Doppelpunkt den an allen anderen schon fest. Bei nicht alternierenden Knoten ist das anders. Ihre Behandlung macht deshalb mehr Mühe. C. N. Little benötigte sechs volle Jahre, um die 43 nicht alternierenden Knoten mit 10 Überkreuzungen (eigentlich sind es nur 42) zu finden und zu klassifizieren.

Heutzutage haben wir es deutlich leichter. Zum einen kennen wir viele exakte Methoden, Knoten zu unterscheiden, zum anderen, und das ist mindestens genauso wichtig, haben wir Computer, um riesige Datenmengen schnell bearbeiten zu können. Zur Zeit sind Knoten mit bis zu 16 Überkreuzungen tabelliert. Die Zahl der Knoten steigt in Abhängigkeit von der Zahl der Überkreuzungen rapide an; nachstehend sind zu den Überkreuzungszahlen von 3 bis 16 die Anzahlen der unzerlegbaren Knoten zusammengestellt.

3	4	5	6	7	8	9	10	11	12	13	14	15	16
1	1	2	3	7	21	49	165	552	2176	9988	46972	253293	1388705

Der Prozentsatz der alternierenden Knoten nimmt mit steigender Überkreuzungszahl rapide ab.

Ein kurzer Blick auf die Tabelle mahnt uns zur Bescheidenheit. Was sind schon 16 Kreuzungspunkte. Beispielsweise hat der kleine Knoten im oberen Teil des Keltenkreuzes von Abbildung 2 schon 59 Kreuzungspunkte. So nützlich Knotentabellen sind, wir benötigen Verfahren, mit denen wir möglichst viele, möglichst große Knotenfamilien mit vernünftigem Zeitaufwand klassifizieren können.

Von wilden und zahmen Knoten und der Suche nach dem richtigen mathematischen Begriff

Aber kommen wir jetzt endlich zu den grundlegenden Fragen zurück. Was ist, mathematisch gesehen, ein Knoten, und wann sollen zwei Knoten als gleich gelten?

Ein erster Versuch wäre folgende Definition:

Ein Knoten ist eine doppelpunktfreie geschlossene Kurve im dreidimensionalen Raum. Zwei Knoten sind gleich, wenn wir einen in den anderen deformieren können, ohne dass dabei Doppelpunkte auftreten.

Die erste Definition, einmal abgesehen davon, dass wir uns noch darauf einigen müssen, was eine Kurve ist, hat heute noch Gültigkeit. Nur müssen wir uns damit abfinden, dass ziemlich wüste Gebilde unter den Knoten auftreten. Das hat mit dem Begriff Kurve zu tun. Mathematisch ist das eine Abbildung, die jedem Punkt des Einheitsintervalls der Zahlengerade, also der Menge aller reellen Zahlen zwischen 0 und 1 mit Einschluss der Grenzen, einen Punkt des dreidimensionalen Raumes auf stetige Weise zuordnet.

Wenn wir Punkte im Raum durch x-, y-, z-Koordinaten und reelle Zahlen durch die t-Koordinate beschreiben, ist eine Kurve im Raum also durch drei Funktionen f_x, f_y, f_z gegeben, die der reellen Zahl t des Einheitsintervalls den Punkt $\left(f_x(t), f_y(t), f_z(t) \right)$ mit x-Koordinate $f_x(t)$, y-Koordinate $f_y(t)$ und z-Koordinate $f_z(t)$ zuordnet. Wir schreiben kurz $f = (f_x, f_y, f_z)$. Die Kurve f heißt stetig, wenn die drei Funktionen f_x, f_y, f_z im Sinne der Schulmathematik stetig sind. Anschaulich heißt das, dass folgendes für jede reelle Zahl t des Einheitsintervalls zutrifft: Zu jeder Kugel K mit Mittelpunkt $f(t)$ im Raum gibt es ein (eventuell sehr kleines) Intervall J von reellen Zahlen mit Mittelpunkt t, so dass der Teil der Kurve im $\mathbf{R}^3$, der den Punkten aus J entspricht, ganz in der Kugel K liegt.

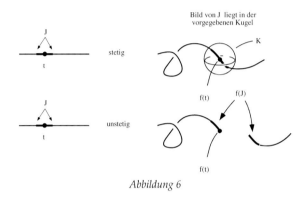

Abbildung 6

Die Kurve heißt doppelpunktfrei und geschlossen, wenn $f(0) = f(1)$ und ansonsten $f(t) \neq f(t')$ für $t \neq t'$ gilt.

Eine „Definition", die man im Zusammenhang mit Stetigkeit manchmal hört und die auch in Abbildung 6 nahegelegt wird, besagt, dass eine Kurve stetig ist, wenn man sie mit einem Stift, ohne absetzen zu müssen, nachziehen kann. Als Faustregel mag das nützlich sein, aber wir werden gleich sehen, dass Kurven unerwartet kompliziert sein können. Sie können fraktalen Charakter haben, so dass wir mit dem Stift sozusagen gleichzeitig in verschiedene Richtungen ziehen müßten, und dabei auch nicht recht vom Fleck kommen.

Wir wollen das nicht ganz soweit treiben, aber betrachten wir einmal folgende Kurve

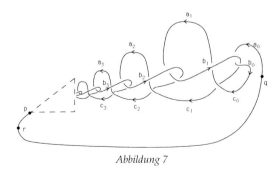

Abbildung 7

wobei in dem gestrichelten Dreieck das Muster

Abbildung 8

sich unendlich oft wiederholt, dabei immer kleiner wird, und schließlich im Grenzwert zum Punkt p wird. Es hat den Anschein, als könnte man von rechts, beginnend mit der Schlaufe $b_0 c_0$ sukzessive diesen „Knoten" aufdröseln. Es ist klar, dass wir endlich weit kommen, also endlich viele der Muster auflösen können. Es ist aber nicht möglich, alle Maschen aufzuziehen. Den Nachweis davon überlassen wir den Mathematikern, speziell den Topologen unter ihnen, die gelernt haben, wie man eine solche Aussage beweist. Uns interessiert der Punkt p. Rechts von ihm windet sich die Kurve in jeder Umgebung unendlich oft hin und her, rauf und runter: keine Chance dies nachzuzeichnen. Die Kurve ist aber stetig.

Aber damit nicht genug: Nehmen wir den Teil der Kurve zwischen q und r und ersetzen in unserer ursprünglichen Kurve jeden der „geraderen" Stücke a_i, b_i, c_i durch diesen Teil, den wir entsprechend schrumpfen. Nun haben wir unendlich viele „wilde" Punkte, die sich gegen den ursprünglichen nun „doppelt wilden" Punkt p häufen. Und wem das noch nicht genügt, der wiederhole diesen Prozess mit dem neuen Teil zwischen q und r und mache das dann unendlich oft. Sorgfältig durchgeführt, ist das Ergebnis wieder eine stetige doppelpunktfreie geschlossene Kurve, also ein Knoten im Sinne unserer Definition.

Solche „wilden" Knoten können wir ausschließen, indem wir weitere Forderungen an unsere Kurven stellen, z. B. dass sie differenzierbar sind, also überall einen wohldefinierten Tangentenvektor haben. Wenn wir zusätzlich verlangen, dass dieser nie zu 0 wird und stetig von Punkt zu Punkt variiert, so verschwinden die „wilden" Punkte.

Aber man kann auch einen anderen Weg beschreiten. Dazu betrachten wir jetzt unsere Definition für „Gleichheit" von Knoten etwas genauer. Sie hat nämlich einen zunächst unerwarteten Mangel, der damit zu tun hat, dass unsere Knotenlinien unendlich dünn sind.

Nehmen wir an, dass unser Knoten nicht völlig wild ist und ein kleines glattes Stück enthält. Dann können wir den Rest des Knotens in ein wurstähnliches Gebilde packen

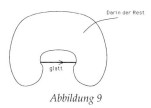

Abbildung 9

und anschließend die Wurst samt Inhalt in eine kleine Kugel deformieren,

Abbildung 9a

in der sich alle „Verknotetheit" konzentriert. Und wir schrumpfen die Kugel weiter, bis sie zu einem Punkt wird, und wir erhalten einen unverknoteten Kreis:

Abbildung 9a

Der Rest ist ein Punkt geworden.

Mit richtigen Knoten kann man diesen Prozess nicht durchführen. Festes Zu-
ziehen verschafft uns Knoten, die zwar klein, dafür aber besonders schwierig zu
öffnen sind. Es bleibt kein Punkt, sondern eine Verdickung übrig, da unsere Fäden
eben nicht „unendlich dünn" sind.

Es bietet sich deshalb an, anstelle von Kurven geschlossene Zylinder in den
Raum einzubetten, diese als Knoten aufzufassen, und zwei als gleich anzusehen,
wenn sie sich ineinander deformieren lassen. Dabei können am Rand der Zylinder
wieder „wilde" Phänomene auftreten, und man braucht mehr Information beim
Einbetten eines Zylinders als beim Einbetten einer Kurve. Aber ein Aspekt der
obigen Definition bringt uns der „guten" Definition von gleichen Knoten näher.

Fassen wir das Bild der Achse des Zylinders als Knotenlinie auf, so bewegen
wir beim Deformieren des Zylinders außer der Knotenlinie auch gleich eine ganze
Umgebung der Linie mit. Man kann, bei Einschränkung auf eine geeignete Umgebung, diese Deformation zu einer Deformation des ganzen Raumes fortsetzen.
Damit landen wir nun endlich bei der, zugegeben nicht leichten, aber in der Ma-
thematikliteratur vorherrschenden Definition:

> *Zwei Knoten (im Sinne unserer Definition) heißen äquivalent (wir sehen sie*
> *als gleich an), wenn es eine Deformation des ganzen Raumes gibt, die den*
> *einen Knoten in den anderen überführt.*

Natürlich müssten wir jetzt klären, was eine Deformation des Raumes ist: Stellen
Sie sich den ganzen Raum mit einer Flüssigkeit gefüllt vor. Nun lassen wir die
Flüssigkeit irgendwie fließen und warten eine gewisse Zeit. Dabei bewegen sich
die Flüssigkeitspartikel, d. h. die Punkte des Raumes. Jedem Punkt des Raumes
wird so ein neuer Punkt des Raumes zugeordnet, eben der Punkt, in den er nach

Ablauf der Zeit geflossen ist. Eine solche Zuordnung oder Abbildung nennen wir eine Deformation.

Insbesondere fließen dabei die Punkte eines Knotens in die Punkte eines neuen Knotens. Solche Knoten wollen wir als gleich ansehen. Wir nennen sie auch äquivalent.

Hier einige Beispiele, was bei Deformationen mit Teilen des Raumes passieren kann:

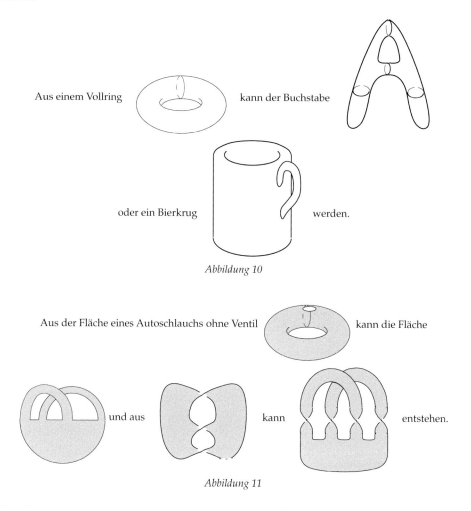

Aus einem Vollring   kann der Buchstabe

oder ein Bierkrug   werden.

Abbildung 10

Aus der Fläche eines Autoschlauchs ohne Ventil   kann die Fläche

und aus   kann   entstehen.

Abbildung 11

(In den letzten beiden Bildern ist der Rand der Fläche verknotet; mit ein bisschen Herumprobieren sieht man, dass es die Kleeblattschlinge ist, d. h. der Knoten 2 aus Abbildung 3.)

Polygonale Knoten
Der Zugang von Reidemeister zur Knotentheorie

Sind wir jetzt ein wenig vorangekommen? Gut, wir haben (relativ) präzise Definitionen, aber es mangelt an Handwerkszeug. Wie zeigen wir, dass die Knoten 2 und 4 in Abbildung 3, sie heißen Kleeblatt- und Achterschlinge, tatsächlich verknotet, also nicht äquivalent zur Kreislinie sind? Gibt es überhaupt echte Knoten, oder erleiden wir mit unserer neuen Definition wieder Schiffbruch?

Die Existenz wilder Knotenlinien und die Schwierigkeit mit dem Deformationsbegriff war den Mathematikern natürlich bewusst. Immerhin gelang es dennoch im Jahre 1910 dem Mathematiker Listing, einem Schüler von C. F. Gauß, nachzuweisen, dass die Kleeblattschlinge nicht zum Kreis äquivalent ist. Er benutzte dazu eine algebraische Invariante von Räumen, die zuvor H. Poincaré in seinen fundamentalen Untersuchungen zur Analysis Situs eingeführt hatte. Wir wollen auf die etwas aufwendigen Einzelheiten nicht eingehen, da wir auf anderem Wege unser Ziel erreichen, halten aber fest: Erst 230 Jahre nach Leibniz' Brief, 140 Jahre nach Vandermondes, 80 Jahre nach Gauß' Klage und 30 Jahre nach den ersten umfassenden Knotentabellen gelang ein mathematisch korrekter Nachweis, dass es einen echten Knoten gibt.

Im Jahr 1932 schlug der Göttinger Mathematiker K. Reidemeister eine Grundlegung der Knotentheorie vor, die alle von uns erörterten Schwierigkeiten umging, aber auch die Klasse der Knoten einzuschränken schien.

Für Reidemeister war ein Knoten ein doppelpunktfreier geschlossener Streckenzug im Raum wie z. B.

Abbildung 12

ein zur Kleeblattschlinge äquivalenter Streckenzug. Ist k so ein Streckenzug, $\overline{AB}$ eine Strecke von k und ABC ein Dreieck im Raum, das k nur in der Strecke $\overline{AB}$ trifft, so erhalten wir einen neuen Knoten k', indem wir die Strecke $\overline{AB}$ durch den Streckenzug $\overline{AC}, \overline{CB}$ ersetzen. Es ist „unmittelbar klar", dass dann k und k' im Sinne unserer Definition äquivalent sind. Reidemeister nennt k und k' *elementar äquivalent* (Abbildung 13).

Schließlich nennt er zwei Knoten k und ℓ *äquivalent*, wenn es eine endliche Folge von Knoten gibt, mit k als Anfangs- und l als Endknoten, von denen je zwei aufeinanderfolgende elementar äquivalent sind. Wiederum ist einsichtig, dass k und ℓ auch in unserem Sinne äquivalent sind.

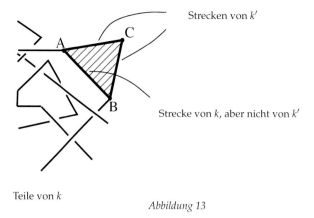

Strecken von k'

Strecke von k, aber nicht von k'

Teile von k

Abbildung 13

Es ist klar, und wir werden dies auch sogleich sehen, dass mit dieser Begriffsbildung eine mathematische Behandlung aussichtsreicher ist. Aber entgehen uns mit diesen Definitionen wichtige Aspekte der Knotentheorie? Die Antwort ist, wenn wir von wilden Knoten einmal absehen, erstaunlicherweise nein.

Wir nennen einen Knoten (in unserem ursprünglichen Sinne) *zahm*, wenn er (im Sinne unserer Definition) zu einem endlichen Streckenzug äquivalent ist, also zu einem Reidemeisterknoten äquivalent ist. Zum Beispiel sind alle Knoten zahm, für die die Tangente stetig variiert. Damit sind die Knoten, die Thomson, Tait, Kirk, Little, Gauß usw. betrachteten, gerade die zahmen Knoten. Da die tatsächlichen Knoten der physischen Wirklichkeit zahm sind, wollen wir von nun an nur solche betrachten.

Und nun gilt folgende überraschende Aussage, die Reidemeister schon erahnt haben mag, aber mit den damaligen Methoden nicht beweisen konnte. Weil sie so wichtig ist, formulieren wir sie als

Satz: *Es seien k und ℓ doppelpunktfreie geschlossene Streckenzüge (also Knoten im Sinne von Reidemeister). Gibt es eine Deformation des Raums, die k in ℓ überführt, so dass also k und ℓ in unserem Sinne äquivalent sind, so sind k und ℓ im Sinne von Reidemeister äquivalent.*

Der Satz ist nicht leicht zu beweisen. Die Hilfsmittel dafür wurden erst in den fünfziger Jahren dieses Jahrhunderts (also lange nach Reidemeisters Ansatz) entwickelt und sind mit Namen wie E. Moise und R. H. Bing verbunden.

Akzeptieren wir den Satz. Wir wollten uns auf zahme Knoten beschränken. Dann dürfen wir ungestraft den Reidemeisterschen Standpunkt einnehmen. Die nun folgende Idee, Knoten zu manipulieren, stammt auch von Reidemeister.

Anstelle von Streckenzügen im Raum betrachten wir (wie wir dies in unseren Abbildungen stets taten) ihre Projektion in eine Ebene, wobei wir bei Überkreuzungspunkten noch andeuten, was oben und was unten liegt. Eine Projektion nennen wir regulär, wenn folgende zwei Bedingungen gelten:

(1) Ein Punkt der Projektion gehört zu höchstens zwei Strecken des Streckenzuges.

(2) Zwei verschiedene Strecken haben höchstens einen gemeinsamen Punkt in
    der Projektionsebene.

Es sind also folgende Situationen für eine reguläre Projektion verboten:

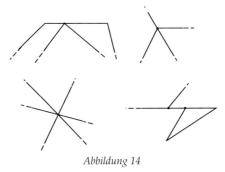

Abbildung 14

Es ist leicht einzusehen, dass jeder Knoten reguläre Projektionen besitzt, ja, dass
fast alle Projektionsrichtungen regulär sind. Dann zeigt Reidemeister folgendes:
Es seien k und ℓ äquivalente (Reidemeistersche) Knoten und P, Q reguläre Projektionen von k bzw. ℓ. Dann lässt sich P durch endlich viele Operationen folgender
fünf Typen in Q überführen:

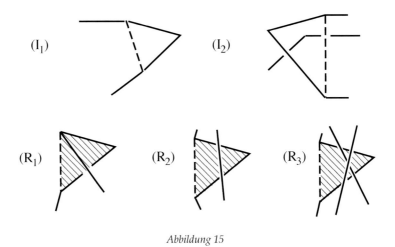

Abbildung 15

Die Bilder sind so zu verstehen, dass die gestrichelte Strecke durch die beiden
anderen Strecken des Dreiecks zu ersetzen ist oder umgekehrt. Außerhalb des
Bildes bleibt die Projektion unverändert. (I_1) und (I_2) ändern die Projektionsdia-
gramme im wesentlichen nicht. Die Operationen (R_1), (R_2) und (R_3) ändern das
Diagramm. Sie heißen Reidemeisterbewegungen.

   Im Vergleich zu unserem Satz ist die letzte Aussage leicht zu beweisen. Man
muss sich nur überlegen, was beim Ändern der Projektionsrichtung der Projekti-

on widerfährt und was bei gegebener Projektionsrichtung eine elementare Äquivalenz des Knotens an Änderungen der Projektion verursacht.

Es gibt echte Knoten

Es sieht jetzt so aus, als hätten wir uns die Arbeit erschwert. Anstelle einer elementaren Operation haben wir nun fünf. Der Gewinn besteht aber darin, dass wir ein Problem im Raum auf ein Problem in der Ebene zurückgeführt haben. Und damit können wir leichter umgehen.

Hier ist ein ganz allgemeines Verfahren, das es uns bei Geschick erlaubt, gewisse Knoten zu unterscheiden, also nachzuweisen, dass sie *nicht* äquivalent sind.

Wir ordnen jeder Knotenprojektion eine Eigenschaft oder eine Größe zu, die unter den 5 Operationen erhalten bleibt. *Haben wir dann zwei Projektionen, von denen die eine die Eigenschaft hat, die andere aber nicht, so müssen die Projektionen zu verschiedenen Knoten gehören.*

Das machen wir jetzt. Wir beschreiben eine Eigenschaft, die es uns endlich erlaubt nachzuweisen, dass es echte Knoten gibt.

Eigenschaft: Färbbarkeit der Projektion
Regeln:

(1) Es gibt drei Farben R, G, B (Rot, Grün, Blau) und mindestens zwei müssen verwendet werden.
(2) Jeder Streckenzug der Projektion, der von Unterkreuzung bis Unterkreuzung läuft, erhält eine Farbe.
(3) An einem Kreuzungspunkt treffen sich eine oder alle drei Farben.

Wir überlegen uns, dass die Eigenschaft, färbbar zu sein, sich unter den Operationen I_1, I_2, R_1, R_2, R_3 nicht ändert. Für I_1 und I_2 ist das offensichtlich, die Streckenzüge der Projektion bleiben im wesentlichen gleich.
Für R_1:

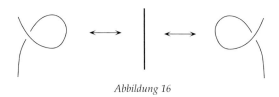

Abbildung 16

Am Kreuzungspunkt können höchstens zwei Farben zusammenkommen; also sind alle Farben gleich; diese erhält der Strang in der Mitte bzw. rechts.
Für R_2:

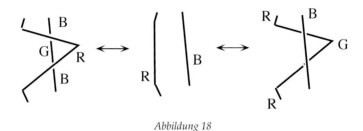

Abbildung 17

Der überkreuzende Strang hat eine Farbe, sagen wir R. Hat ein weiterer Strang die Farbe R, so müssen alle die Farbe R haben. Diese geben wir den beiden Strängen in der Mitte (und umgekehrt).

Es bleibt der Fall von drei verschiedenen Farben, etwa wie im nächsten Bild die beiden äußeren Projektionen.

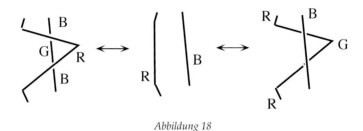

Abbildung 18

Bis auf Umbenennen der Farben ist das die einzige Möglichkeit. Dann färben wir die Stränge in der Mitte wie im Bild. Offenbar bleiben die Färbungsregeln erfüllt.

Der Fall R_3 bedarf einiger Fallunterscheidungen. Wir überlassen diese Überprüfung Ihnen.

Nun ist offensichtlich die Kreislinie nicht färbbar. Wen es stört, dass gar keine Überkreuzungen vorkommen, betrachte

Abbildung 19

Es gibt nur einen Strang, also auch nur eine Farbe, und das widerspricht Regel 1.

Damit wissen wir: *Jeder Knoten, der eine färbbare Projektion besitzt, ist ein echter Knoten.*

Hier ist nun ein Beispiel eines solchen Knotens, nämlich die Kleeblattschlinge:

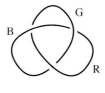

Abbildung 20

Übrigens ist die Achterschlinge nicht färbbar, aber der linke Knoten im nächsten Bild ist es wieder.

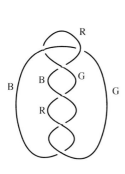 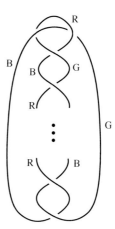

Abbildung 21

Etwas allgemeiner gilt, und Sie werden wenig Mühe haben, das einzusehen, dass eine Projektion der Form wie im letzten Bild rechts genau dann färbbar ist, wenn die Anzahl der Überkreuzungspunkte durch drei teilbar ist. (Die drei Punkte in der Abbildung bedeuten, dass der zweisträngige vertikale Zopf in der Mitte sich eine gewisse Anzahl wiederholend fortsetzt.)

Nun wissen wir endlich, dass es echte Knoten gibt, kennen aber nur zwei Klassen: färbbare und nicht färbbare Knoten. Das ist ein bisschen wenig.

Ein erheblich effektiveres Werkzeug zur Unterscheidung von Knoten sind die *Knotenpolynome*. Viele von ihnen lassen sich direkt an Knotenprojektionen ablesen. Man ordnet dabei jeder Knotenprojektion ein Polynom zu und stellt sicher, dass es invariant gegenüber Reidemeisterbewegungen bleibt. Das erste Knotenpolynom stammt von J. W. Alexander aus dem Jahre 1928, war aber in der ursprünglichen Definition nicht so leicht aus der Projektion abzulesen. Dies gelang Conway 1960, von dem auch das folgende Polynom stammt. Es heißt zu seinen Ehren Conway-Polynom.

Sie erinnern sich aus der Schule: Ein Polynom $P(x)$ in einer Variablen x ist ein Ausdruck der Form

$$a_0 + a_1 x + a_2 x^2 + \ldots + a_n x^n \, ,$$

wobei $a_0, \ldots, a_n$ Zahlen sind. Die nichtnegative ganze Zahl n heißt der Grad des Polynoms. Wir nehmen dabei an, dass $a_n \neq 0$ ist. Sonst würden wir den Term weglassen und das Polynom hätte einen kleineren Grad.

Zur Beschreibung des Conway-Polynoms $C_L(x)$ einer Knotenprojektion L ist es nützlich, nicht nur Knoten, sondern auch Verkettungen zu betrachten, die aus mehreren Knoten bestehen, die miteinander verschlungen sein können. Wir geben den Knotenlinien und damit auch den Projektionskurven eine Richtung. Sind nun L_+, L_- und L_0 drei Projektionen von (gerichteten) Verkettungen, die bis auf einen Kreuzungspunkt von L_+ überall gleich sind und dort die Form

$$L_+ \qquad\qquad L_- \qquad\qquad L_0$$

Abbildung 22

haben, so gilt für die Conway-Polynome der drei Projektionen

$$C_{L_+}(x) - C_{L_-}(x) = -x \cdot C_{L_0}(x) .$$

Weiter sei das Conway-Polynom der Kreislinie gleich 1, also

$$C_{\bigcirc}(x) = 1 .$$

Da durch Überkreuzungswechsel jeder Knoten entknotet werden kann, ist durch diese zwei Regeln das Conway-Polynom für jeden Knoten festgelegt (ändert man die Orientierung, so bleibt der $+, -, 0$ Charakter der Überkreuzungen unverändert), natürlich vorausgesetzt, dass sich das Polynom unter Reidemeisterbewegungen nicht ändert. Die letzte Aussage wollen wir akzeptieren und eine Berechnung des Polynoms exemplarisch an der Kleeblattschlinge K vorführen. Dazu machen wir zunächst einige vorbereitenden „Rechnungen". Betrachten Sie

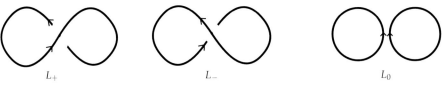

$$L_+ \qquad\qquad L_- \qquad\qquad L_0$$

Abbildung 23

Dann sind L_+ und L_- unverknotet, haben also Conwaypolynom 1. Bezeichnen wir die triviale Verkettung ganz rechts im Bild mit Z (für zwei Kreise), so erhalten wir mit Hilfe unserer obigen Rechenregel die Gleichung

$$0 = 1 - 1 = -x \cdot C_Z(x).$$

Also ist $C_Z(x) = 0$. Nun betrachten wir uns das nächste Bild.

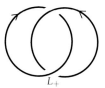 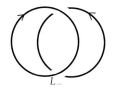

Abbildung 24

Hier ist L_- der Knoten Z vom letzten Bild, ganz rechts ist die unverknotete Kreislinie und die Verkettung ganz links bezeichnen wir mit H^+ (H zu Ehren von Heinz Hopf; das Pluszeichen, weil alle Überkreuzungspunkte positives Vorzeichen haben). Da $C_Z(x) = 0$ ist, erhalten wir mit Hilfe unserer Regel

$$C_{H^+}(x) - 0 = -x \cdot 1,$$

also $C_{H^+}(x) = -x$.

Mit einer völlig analogen Rechnung sehen wir, dass $C_{H^-}(x) = x$ ist, wobei H^- die Verkettung

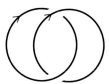

Abbildung 25

ist.

Das nächste Bild liefert uns nun das Conwaypolynom der Kleeblattschlinge.

  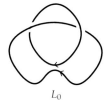

Abbildung 26

Jetzt ist L_+ die Kleeblattschlinge K, L_- ist unverknotet, und an den Überkreuzungsvorzeichen erkennen wir ganz rechts die Verkettung H^+. Wir erhalten somit die Gleichung

$$C_K(x) - 1 = -x \cdot (-x).$$

Also erhalten wir für das Conwaypolynom $C_K(x)$ der Kleeblattschlinge:

$$C_K(x) = 1 + x^2.$$

Analog berechnet man für die Achterschlinge A das Conway-Polynom $C_A(x)$ mit Hilfe des Bildes

$$L_+ \qquad\qquad L_- \qquad\qquad L_0$$

Abbildung 27

Wie bei der Kleeblattschlinge ist L_- unverknotet, jetzt erhalten wir ganz rechts aber die Verkettung H^-. Überprüfen Sie bitte selbst die Vorzeichen der Überkreuzungen. Also erhalten wir

$$C_A(x) = 1 - x^2$$

und wissen nun nicht nur, dass Kleeblatt- und Achterschlinge verschieden sind, sondern auch, dass die Achterschlinge verknotet ist. Aber wenn wir schon einmal dabei sind: Sehen wir uns noch einmal die Knoten der Form wie in Abbildung 21 rechts an. Wie bei Kleeblatt- und Achterschlinge ändern wir die Überkreuzung ganz unten im Bild. Dann ist L_+ der ursprüngliche Knoten, L_- ein Knoten derselben Familie mit zwei Überkreuzungspunkten weniger, und L_0 ist H^+ bzw. H^- je nachdem, ob die Anzahl der Überkreuzungspunkte ungerade oder gerade ist. Nach endlichem Wiederholen des Vorgangs landen wir im ungeraden Fall bei der Kleeblattschlinge, im geraden Fall bei der Achterschlinge und erhalten somit insgesamt:

Ist K_n der Knoten der Abbildung 21 mit n Überkreuzungspunkten, so gilt für sein Conwaypolynom:

$$C_{K_n}(x) = \begin{cases} 1 + kx^2, & \text{falls } n = 2k+1 \\ 1 - kx^2, & \text{falls } n = 2k+2 \text{ ist.} \end{cases}$$

Insbesondere sind für $n \geq 3$ alle Knoten K_n verschieden und verknotet.

Der Vollständigkeit halber vermerken wir, dass K_0, K_1 und K_2 unverknotet sind, wie alle Knoten, die eine Projektion mit weniger als drei Überkreuzungspunkten besitzen.

Damit haben wir unsere erste unendliche Knotenfamilie und wissen, dass es unendlich viele verschiedene Knoten gibt. Etwas zufriedener können wir jetzt sein. Übrigens können wir mit Hilfe des Conway-Polynoms fast alle Knoten mit bis zu neun Überkreuzungspunkten unterscheiden. Auch das ist beeindruckend. Malen Sie einmal Knoten mit neun Überkreuzungspunkten auf und lassen Sie Ihre Freunde entscheiden, ob sie ineinander überführbar sind. Da reicht einfaches Hinschauen nicht mehr aus, besonders wenn es wirklich nicht geht.

Einige Knotenfamilien

Zum Abschluss wollen wir noch einige unendliche Familien von Knoten kennenlernen und für die erste von ihnen die Klassifikation beschreiben.
Ein Torus ist die Oberfläche eines Schlauches.

Abbildung 28

Ein Torusknoten ist ein Knoten, der auf einem Torus verläuft. Um Kurven auf dem Torus zu studieren, nutzen wir die Tatsache, dass man den Torus aus dem Quadrat durch Identifzieren gegenüberliegender Kanten erhält.

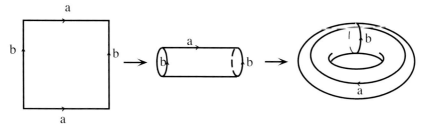

Abbildung 29

Kurven auf dem Torus zerfallen dann eventuell in mehrere Kurvenstücke des Quadrats, die von Rand zu Rand laufen. Es ist zwar einsichtig, aber in Wirklichkeit schwierig zu beweisen, dass wir durch eine Deformation diese Kurvenstücke geradeziehen können und nach Ausbügeln der möglicherweise an den Kanten auftretenden Knicke auf dem Quadrat geradlinige parallele Strecken mit rationaler Steigung q/p erhalten. Insbesondere sind alle Torusknoten zahm.

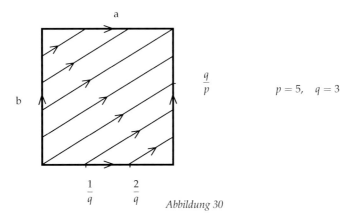

$$p = 5, \quad q = 3$$

Abbildung 30

Auf dem Torus erhalten wir dann eine schöne glatte Kurve, die gleichmäßig p-mal den Torus longitudinal und dabei gleichzeitig q-mal meridional durchläuft. Der entsprechende Knoten heißt Torusknoten (p,q).

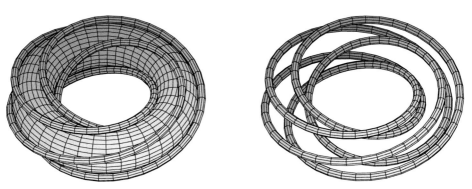

Abbildung 31. Torusknoten (5,3)

Die Ansichten des Torusknoten (7,5) von verschiedenen Blickwinkeln zeigen, wie schwer es schon bei recht simplen Knoten ist, zu entscheiden, ob einer in den anderen durch eine einfache Drehung überführt werden kann.

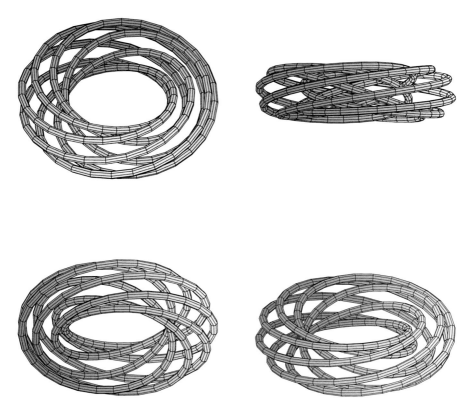

Abbildung 32. Verschiedene Ansichten des Torusknoten (7,5)

Es ist klar, dass der Torusknoten (p,q) zum Torusknoten $(-p,-q)$ äquivalent ist. Wir ändern einfach den Durchlaufsinn. Weiter ist der Knoten (p,q) zu (q,p) äquivalent, denn der Knoten (p,q) auf dem Torus T_1 in Abbildung 33 lässt sich auf den Torus T_2 schieben. Dabei vertauschen sich die Rolle von Meridian und Breitenkreis. Durch Spiegelung geht (p,q) in $(p,-q)$ über. Sind wir großzügig und unterscheiden einen Knoten nicht von seinem Spiegelbild, so sind die Torusknoten (p,q) und (p',q') äquivalent, wenn bis auf Vorzeichen und Reihenfolge (p,q) und (p',q') übereinstimmen. Wir sehen auch leicht, dass $(1,q)$ und $(0,q)$ unverknotet sind. Betrachten wir deshalb nur Paare (p,q) mit p und q verschieden von 0 und ± 1 und p,q ohne gemeinsamen Teiler $(g.g.T(p,q) = 1)$. Dann hat schon im Jahre 1920 O. Schreier mit Hilfe der schon weiter oben erwähnten (aber nicht erläuterten) Fundamentalgruppe gezeigt, dass auch die Umkehrung gilt: sind die Knoten zu (p,q) und (p',q') äquivalent, so stimmen (p,q) und (p',q') bis auf Vorzeichen und Reihenfolge überein. Mit dieser Kenntnis ausgerüstet, betrachten Sie folgende drei Torusknoten. Zwei davon sind gleich. Welche? (Antwort am Ende des Aufsatzes.)

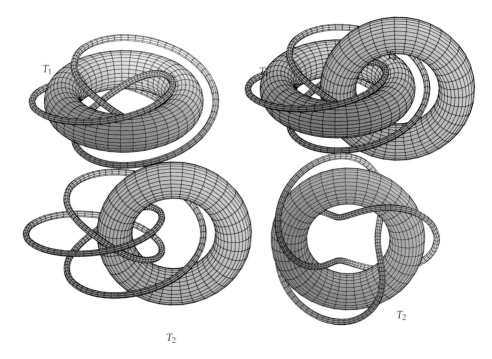

Abbildung 33

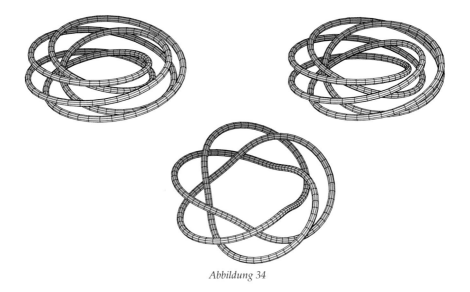

Abbildung 34

Torusknoten lassen sich leicht auf dem Computer darstellen. Ähnliches gilt für iterierte Torusknoten. Dazu lege man einen Schlauch um den Torusknoten. Der Schlauch ist wiederum ein (verknoteter) Torus. Knoten darauf heißen einmal ite-

rierte Torusknoten. Dies lässt sich wiederholen. Es entstehen die (mehrmals) ite-
rierten Torusknoten.

Von anderer Natur als die Torusknoten sind die Brezelknoten. Sie haben die
Form $B(q_1, \ldots, q_n)$,

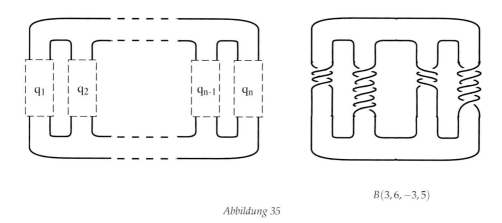

$$B(3, 6, -3, 5)$$

Abbildung 35

wobei die Kästchen mit ganzer Zahl q_i jeweils einen zweisträngigen Zopf der
Form

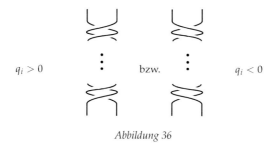

Abbildung 36

mit q_i bzw. $-q_i$ Überkreuzungen enthalten. In Abb. 35 rechts sehen Sie
$B(3, 6, -3, 5)$. Für $n = 2$ erhalten wir den Torusknoten $(2, q_1 - q_2)$, falls $q_1 - q_2$
ungerade ist. Sonst erhalten wir eine Verkettung zweier (trivialer) miteinander
verschlungener Torusknoten $(1, (q_1 - q_2)/2)$.

Der Name der Brezelknoten kommt daher, dass sie auf Brezelflächen leben.
Genauer: $B(q_1, \ldots, q_n)$ lebt auf einer Brezelfläche mit $n - 1$ Löchern.

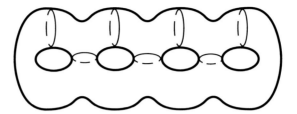

Abbildung 37. Brezelfläche mit vier Löchern

Bitte beachten Sie, dass ein Brezelknoten nicht eine beliebige glatte Kurve auf einer Brezelfläche ist, sondern eine ganz einfache Form hat. Dies betonen wir, da es für jeden Knoten, egal wie kompliziert er sein mag, eine Brezelfläche wie in Abbildung 37, aber mit eventuell mehr Löchern, gibt, auf der er liegt. Auch das können Sie sich selbst überlegen. Betrachten Sie eine Knotenprojektion. Sie zerlegt die Ebene in einen äußeren und endlich viele, sagen wir k, innere Bereiche. Den Knoten legen Sie nun auf eine Brezelfläche mit k Löchern, die Sie von oben sehen, wobei die Löcher den inneren Bereichen der Projektion entsprechen. Der Knoten liegt fast überall oben, nur für die Unterkreuzungen nutzen Sie die unten liegende Verbindung der zugehörigen Löcher. Das folgende Bild zeigt die Idee dazu.

Abbildung 38

Beliebt zum Testen von Hypothesen über Knoten sind auch die sogenannten Viergeflechte $V(q_1, q_2, \ldots, q_n)$. Dies sind Knoten, die die in Abbildung 39 gezeigte Form haben. Dabei haben die Kästchen mit den Bezeichnungen $q_1, q_2, \ldots, q_n$ dieselbe Bedeutung wie in Abbildung 36. Wie Sie sich leicht an einer Zeichnung veranschaulichen können, lassen sich die Projektionen vereinfachen, wenn zwei aufeinanderfolgende der q_i gleiches Vorzeichen haben. Deswegen betrachtet man nur solche Viergeflechte, für die sich die Vorzeichen von $q_1, q_2, \ldots, q_n$ abwechseln.

All diese Knotenfamilien sind ausgiebig studiert und klassifiziert worden. Für die Freunde von Kettenbrüchen unter Ihnen sei nur verraten, dass die Viergeflechte $V(q_1, q_2, \ldots, q_n)$, wobei wie oben bemerkt die Vorzeichen von $q_1, q_2, \ldots, q_n$ sich

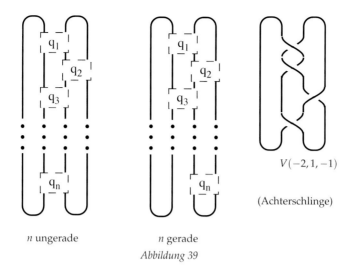

n ungerade n gerade $V(-2, 1, -1)$

Abbildung 39   (Achterschlinge)

abwechseln, im wesentlichen durch die rationale Zahl

$$-q_1 + \cfrac{1}{q_2 + \cfrac{1}{-q_3 + \cfrac{\ddots}{ + \cfrac{1}{(-1)^n q_n}}}}$$

bestimmt werden. Hier gehen wir davon aus, dass das Vorzeichen von $-q_1$ und damit von allen $-q_1, q_2, -q_3, q_4, \ldots, (-1)^n q_n$ positiv ist. Im anderen Fall muss man im obigen Ausdruck die Vorzeichen aller q_i umkehren.

Die Ergebnisse finden Sie z. B. auf den Seiten 21–29 von A. Kawauchi: *A Survey of Knot Theory*, Birkhäuser (1996). Apropos Literatur: das Buch von Kawauchi richtet sich definitiv an Menschen, die schon eine Vorlesung über Topologie gehört haben. Abgesehen von den wenigen oben erwähnten Seiten ist das Buch eher für Experten. Verständliche Einführungen in die Knotentheorie, die dennoch auch auf die neuen, aus der Physik kommenden Methoden eingehen, vermitteln C. Livingston: *Knotentheorie für Einsteiger*, Vieweg (1995) und C. Adams: *Das Knotenbuch. Einführung in die mathematische Theorie der Knoten*, Spektrum-Akademie VLG (1995).

Zum Schluss, wie versprochen, die Antwort auf die Frage, welche der drei Knoten in Abbildung 34 gleich sind. Der Knoten links oben ist der Torusknoten (5,3), der Knoten unten ist der Torusknoten (3,5). Um das zu sehen, versuchen Sie einen (kleinen) Torus in den Knoten zu legen, und zählen dann, wie oft der Knoten den Torus in meridionaler und longitudinaler Richtung umläuft. Diese beiden Knoten sind somit gleich, während der Knoten rechts oben der Torusknoten (5,4) ist, sich also von den beiden anderen unterscheidet.

Von den Seifenblasen

Dirk Ferus

Nach Justus Liebig lässt der Pro-Kopf-Verbrauch an Seife einen Rückschluss auf den Kulturstand eines Volkes zu. Dem mag der umweltbewusste Zeitgenosse sicher nicht mehr so ganz beipflichten, aber die Seife bleibt auch heute noch das Kernstück der Hygiene. Erfunden wurde sie vermutlich von den Germanen, die sie aus Buchenasche und Fett herstellten. Die Römer haben ihre hervorragenden Eigenschaften sofort erkannt und das Rezept übernommen mit dem Erfolg, dass sie im Mittelalter im ganzen Mittelmeerraum verbreitet war. So lange mindestens, kann man annehmen, machen die Kinder Seifenblasen. Und so lange sind die Menschen fasziniert von diesen luftigen Gebilden mit ihrem sanften Schweben, mit ihrem bezaubernden Farbenspiel und mit ihrer Vergänglichkeit, die zum Inbegriff „geplatzter Träume" geworden ist.

Die Faszination und das Staunen werden schnell zur Quelle der Neugier, der wir nun ein Stück weit nachgehen wollen. Was tut zum Beispiel die Seife dabei? Die verbreitete Meinung, dass sie dem Wasser die nötige „Klebrigkeit" gibt, ist falsch. Im Gegenteil, jeder weiß doch, dass sie die Oberflächenspannung herabsetzt. Wasser allein hat eine *zu hohe* Oberflächenspannung, um damit Blasen zu machen. Außerdem ist für die dünnen Blasen die Verdunstung eine tödliche Gefahr, die durch eine spezielle Eigenschaft der Seifenmoleküle gemindert wird. Noch besser wird das mit der Beimischung von etwas Glyzerin. Soweit zur Chemie.

Für die Physik ist sicher das Farbenspiel das hervorstechende Merkmal. Ich zitiere aus einem Buch vom Anfang des letzten Jahrhunderts mit dem Titel „Beschäftigungen für die Jugend aller Stände zur Gewöhnung an zweckmäßige Thätigkeit …". Da wird geschildert, wie zwei Brüder und ihre Vettern zusammen die Ferien verbringen mit eben solchen „zweckmäßigen und belehrenden Thätigkeiten", unter anderem mit der Produktion von Seifenblasen. „Seht nur, welche herrliche Seifenblase ich da gemacht habe, rief Theodor ganz entzückt, so schöne Farben habe ich noch nie gesehen! Alle wandten sich um, sie zu sehen, aber sie war nicht mehr. Es ist doch recht ärgerlich, sagte er, dass die schönsten Seifenblasen, deren Farbenpracht uns am meisten ergetzt, auch am leichtesten platzen!"

Der Vater kommt nach Hause und wird von den lernbegierigen Knaben zu einer, wie es heißt „physikalischen Vorlesung" über das Thema gedrängt. Er beschreibt einen Versuch, den sie hier dargestellt sehen.

Links eine Seifenblase in der Produktion, rechts eine in Kohlensäure schwebende. „Um den höchsten Punkt herum", spricht der Vater, „bilden sich mehrere farbige Ringe, die um so lebhafter gefärbt und um so breiter sind, je näher sie an ihrem Mittelpunkt liegen. Die Ordnung der Farben, wie sie vom Mittelpunkt nach außen einander folgen ist stets dieselbe. Isaac Newton, von dem ihr ja schon

Abbildung 1. Newtonringe

gehört habt, hat zuerst die Gesetze dieser Erscheinung erforscht, weshalb man
solche Farbenringe auch newtonische Farbenringe nennt".

Uns soll es hier aber nicht um Chemie und Physik, sondern um die Mathematik von Seifenblasen gehen: nicht um ihre Farben, sondern um ihre Formen. Die
haben natürlich auch viel mit Physik zu tun, führen aber auf ein höchst interessantes mathematisches Problem. Zunächst denkt man natürlich „Ach, Kugeln!" Und
bei aller Vollkommenheit, die man der Kugel zuschreibt: Bei Lichte besehen ist sie
gerade deshalb doch extrem langweilig.

Um ihnen ganz elementar ein bisschen mehr Formenvielfalt zu bieten, will ich
zunächst etwas über zylindrische Seifenblasen sagen. Stellen Sie sich eine zylindrische Seifenhaut zwischen zwei kreisförmigen Ringen vor. Dann schließen Sie
die Ringe durch Platten und stellen in dem entstehenden Raum Überdruck oder
auch Unterdruck her. Sie erhalten den Seifenblasen verwandte Formen mit einer
achsialen Rotationssymmetrie, wie sie die Abbildung 2 darstellt.

Solche Formen hat der belgische Physiker Joseph Antoine Ferdinand Plateau

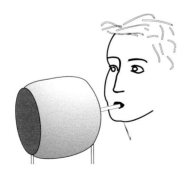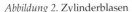

Abbildung 2. Zylinderblasen

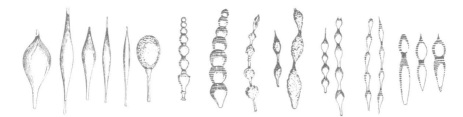

Abbildung 3. Einzeller

(1801–1883) um die Mitte des letzten Jahrhunderts in vielen Experimenten untersucht: Er hat darauf hingewiesen, dass man sie auch an Öltropfen beobachten kann, die – zwischen zwei Ringen – zur Ausschaltung der Schwerkraft in einem Wasser-Alkohol-Gemisch gleicher Dichte schweben. Ihre Formen werden dann, wie die der Seifenblasen, durch die Oberflächenspannung bestimmt.

Plateau ist den Mathematikern wegen des *Plateauschen Problems* gut bekannt. Er hat nämlich auch Seifenhäute in Drahtschlingen ohne Luftüberdruck auf einer Seite untersucht. Das führt zu den sogenannten Minimalflächen, die ein sehr großes Forschungsgebiet der Geometrie und Analysis geworden sind, weil sie mit harmonischen Abbildungen zu tun haben und deshalb sehr eng mit der komplexen Funktionentheorie zusammenhängen. Plateau hat seine Versuche übrigens nur mit Hilfe seiner Familie durchführen können, denn er war blind, nachdem er bei einem Versuch zur Optik mit ungeschützten Augen in die Sonne gesehen hatte.

Der englische Naturforscher D'Arcy Thompson hat in seinem berühmten 1917 erschienenen Buch „On Growth and Form" Beispiele dafür angegeben, dass sich viele dieser axialsymmetrischen Formen bei Einzellern finden lassen (Abbildung 3).

Bereits 1841 hatte ein französischer Mathematiker namens Delaunay eine vollständige Liste aller solcher möglichen axialsymmetrischen Seifenblasen angegeben. Abbildung 4 zeigt zwei Beispiele.

Die erste Fläche, gezeigt ist ein Längsschnitt, entsteht durch Rotation einer Wellenlinie um eine Achse. Die Wellen können heftiger werden, und im Extremfall erhält man eine Kette von Kugeln, eine Seifenblasenkette, denn natürlich sind auch Kugeln axial rotationssymmetrisch. Aber man kann noch weiter gehen und bekommt dann die im zweiten Bild gezeigte Fläche. Hier rotiert eine Kurve ähnlich einer „rückläufigen" Zykloide, und die entstehende Fläche durchdringt sich selbst. Natürlich kommen solche Seifenblasen in der realen Welt nicht vor, aber das ist bei dem ersten Beispiel nicht anders. In der Natur kommen nur Flächen vor, die entstehen, wenn man ein sehr kurzes Stück der hier gezeigten Profilkurven rotieren läßt. Man bekommt aus „Stabilitätsgründen" nur dünne Scheibchen der gezeigten Flächen als „Zylinderblasen". Erst recht sind Selbstdurchdringun-

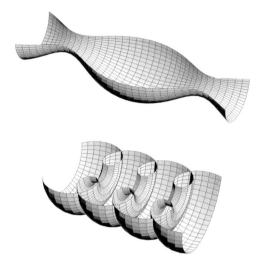

Abbildung 4. Delaunay-Flächen

gen physikalisch unmöglich, aber für den weiteren Gang unserer mathematischen
Untersuchung sind sie ganz außerordentlich wichtig, wie ich jetzt erläutern will.
Delaunays Klassifikation beruht darauf, dass eine Rotationsfläche natürlich durch
ihre Konturkurve völlig bestimmt ist. Aus der Physik folgt, dass die entstehende
Fläche genau dann eine zylindrische Seifenblase ist, wenn die Kurve einer gewis-
sen Differentialgleichung genügt:

$$2H + x'/y = x'''y' - x'y''' \quad \text{mit} \quad (x')^2 + (y')^2 = 1.$$

Weil es sich um eine *Kurve*, also nur um *eine* Variable handelt, ist das eine sogenannte *gewöhnliche* Differentialgleichung, und Delaunay war in der Lage, alle ihre
Lösungen anzugeben. Manche dieser Lösungen liefern Selbstdurchdringungen,
und mathematisch haben sie dieselbe Legitimation wie die anderen Lösungen.
Aus mathematischer Sicht liefern sie also tadellose Zylinder-Seifenblasen.

Setzt man keine axiale Rotationssymmetrie voraus, so ergibt sich für die Fläche
eine *partielle* Differentialgleichung, und mit der hat man sehr viel größere Mühe.
Davon will ich gleich berichten. Zunächst aber müssen wir wohl erklären, wie
sich das physikalische Phänomen Seifenblase in ein mathematisches übersetzt,
um präzise mathematische Fragen stellen zu können. Das physikalische Charak-
teristikum idealer Seifenblasen – frei von Einflüssen wie Schwerkraft oder Luftströmungen – ist, dass sie mit überall gleicher Oberflächenspannung einen überall
gleichen Druck kompensieren.

Stellen sie sich nun eine solche Blase vor, die an einer Stelle ein Ventil hat. Das
Ventil werde zugehalten durch seitlich angebrachte Gummibänder, deren Stärke
der Oberflächenspannung entspreche. Wieviel von ihrer Stärke aber wirklich dem
„Zuhalten" zugute kommt, hängt wesentlich davon ab, unter welchem Winkel sie
angreifen, und das hängt davon ab, wie krumm die Fläche an dieser Stelle ist.

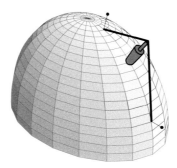

Abbildung 5. Ventil

Im Allgemeinen sind Flächen in verschiedenen Richtungen verschieden stark gekrümmt, die gezeigte Fläche an der Stelle mit dem Ventil zum Beispiel stärker in Richtung des „Breitenkreises" als in Richtung des „Meridians", weil es sich um eine plattgedrückte Kugel handelt. Deshalb betrachtet man den Mittelwert der Krümmungen über alle Richtungen. Dieses Mittel heißt in der Geometrie die *mittlere Krümmung* der Fläche im betreffenden Punkt. Seifenblasen sind Flächen, die überall dieselbe mittlere Krümmung haben, Flächen konstanter mittlerer Krümmung.

Ähnlich wie oben kann man das in eine Formel fassen, die nun allerdings eine partielle Differentialgleichung ist. Von nun an wollen wir unter einer Seifenblase eine – im Gegensatz etwa zu den Zylinderblasen – in sich geschlossene Fläche verstehen, die überall dieselbe mittlere Krümmung besitzt. Selbstdurchdringungen sollen aber ganz ausdrücklich zugelassen sein! Der Grund dafür ist wie oben erläutert, dass sonst *mathematisch* sehr natürliche Lösungen der Gleichung ausgeschlossen wären. Die Frage, der ich nachgehen will, ist: *Welche Formen können mathematischen Seifenblasen haben?*

Wenn Sie den Künstler Tom Noddy sehen, werden Sie nicht mehr glauben, Seifenblasen seien „nur" Kugeln. Erstaunlich, was er produziert, aber wir müssen ihn disqualifizieren. Er macht nämlich keine Seifenblasen im Sinne unserer

Abbildung 6. Tom Noddy

Abbildung 7

nüchternen Definition. Neben Blasen, die durch Luftströmungen deformiert werden, produziert er vor allem kunstvollen Seifenschaum: mehrere Seifenblasen, die aneinanderstoßen.

Das ist auch ein interessantes Thema: Welche Anordnungen sind möglich, wie viele Blasen können in einem Punkt zusammenstoßen, welche Winkel entstehen, und so fort. Aber es ist hier nicht unser Thema. Das trifft, wie Abbildung 7 zeigt, ein anderer Künstler schon viel genauer. Neben Kugeln produziert er nämlich auch Birnen, Ringflächen (sogenannte Torusflächen), Brezeln und andere Flächen (Abbildung 8).

Die letzte Blase würde ich Ihnen anhand eines Querschnitts gern näher erläutern. Sie sieht zunächst aus wie zwei sich gegenseitig durchdringende Kugeln (Abbildung 9).

Aber dann sind die beiden innen durch eine Röhre verbunden, so dass aus den zwei Kugeln wieder eine Fläche wird, die sich selbst durchdringt. Und zwar ist diese Fläche noch immer eine Sphäre, denn man kann zum Beispiel eine Weltkarte in der üblichen Ordnung darauf unterbringen, obwohl es am Äquator etwas eng wird, und die beiden Wendekreise gerade die Selbstschnittlinien sind.

Abbildung 10 zeigt zwei weitere solche Kunstwerke, eine mit *zwei* inneren Verbindungsröhren und eine noch viel kompliziertere. Diese Bilder rufen doch leise Zweifel wach. Ist da nicht 1730 die Phantasie mit dem Herrn Jean Baptist Simeon Chardin durchgegangen? Kann es solche Seifenblasen geben? Oder sind die Bilder gefälscht? Zu dieser Frage gibt es zwei mathematische Arbeiten aus den fünfziger Jahren: Der Mathematiker Heinz Hopf in Zürich konnte zeigen, dass die einzigen Seifenblasen „vom sphärischen Typ" die Kugeln sind. „Vom sphärischen Typ", das heißt, dass die Flächen topologisch gesehen Kugeln sind: möglicherweise sogar bis hin zu Selbstdurchdringungen verbogene Kugeln. Die „Birnenfläche" und die Blase mit einer inneren Röhre sind vom sphärischen Typ. Deshalb stellen diese Bilder keine echten Seifenblasen dar, und der Realist Chardin hätte sie niemals gemalt: Sie sind Fälschungen.

Abbildung 8

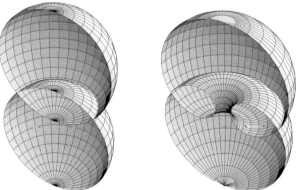

Abbildung 9. Sphäre immersiert

Ebenfalls in den fünfziger Jahren hat der Russe A. D. Alexandrov bewiesen, dass Seifenblasen ohne Selbstdurchdringungen nur Kugeln sein können. Die Torusfläche oder die Brezel sind also unmöglich. Weil physikalische Seifenblasen keine Selbstdurchdringungen haben können, findet man in der Natur nur Kugeln, und für den Physiker ist das Problem damit erledigt. Aber wie sieht es für den Mathematiker aus? Die beiden letzten abgebildeten Blasen widersprechen weder dem Resultat von Hopf noch dem von Alexandrov. Daher könnten sie mathematisch zunächst existieren. Die „Zwei-Röhren-Fläche" tut es nicht, weil man nachrechnen kann, dass sie eben keine konstante mittlere Krümmung hat. Aber beachten Sie: Das beruht auf einer Untersuchung am konkret vorgelegten Objekt und nicht auf einem allgemeingültigen Satz wie bei den vorherigen.

Unsere Frage spitzt sich also zu: Gibt es „exotische" Seifenblasen, d. h. geschlossene Flächen konstanter mittlerer Krümmung, die keine Kugeln sind? Wir wissen schon: Sollte es sie geben, so sind sie

- nicht vom sphärischen Typ und
- haben zwangsläufig Selbstdurchdringungen.

Fast dreißig Jahre lang haben die Mathematiker versucht zu beweisen, dass es keine solchen gibt. Hin und wieder wurde auch ein Beweis für diese sogenannte Hopfsche Vermutung angekündigt, aber immer stellte er sich schnell als falsch oder lückenhaft heraus. Dann gab es 1982 eine kleine Sensation, als man in Berkeley exotische Seifenblasen in höheren Dimensionen entdeckte. Und 1984 gab es eine große Sensation, als der amerikanische Mathematiker Henry Wente bewies, dass auch im dreidimensionalen Raum exotische Seifenblasen existieren. Wente hatte seinen Beweis auf der Bonner Arbeitstagung vorgetragen, und ich erinnere mich deutlich, mit welchem Interesse und mit welcher Erfolglosigkeit ich damals versucht habe, von Kollegen, die dort gewesen waren, herauszufinden, wie diese Flächen denn nun eigentlich aussehen. Leider wusste das keiner, auch Wente nicht. Sein 50-seitiger Beweis war nämlich nicht konstruktiv, er lieferte keine brauchbare Formel für die Fläche. Er benutzte ein Argument von diesem Typ: Wenn eine stetige Funktion auf einem Intervall das Vorzeichen wechselt, so hat sie eine Nullstelle – aber der Teufel weiß, wo. Gestützt auf Wentes

Abbildung 10

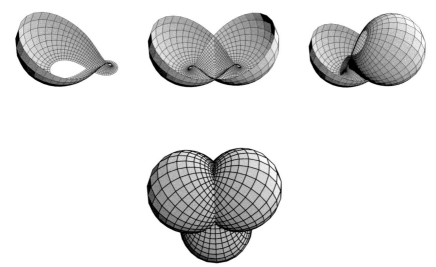

Abbildung 11. Wentefläche

Arbeit hat dann Uwe Abresch in Bonn ein numerisches Näherungsverfahren zur Berechnung der Wenteschen Lösung erarbeitet und das Resultat mit dem Computer graphisch dargestellt. In Abbildung 11 sehen Sie (modernere) Bilder von der Fläche und von Bruchstücken derselben. Letztere zeigen, dass es sich eben nicht um drei aneinandergehängte Blasen, sondern um *eine* Fläche mit kompliziertem Innenleben handelt.

Diese Bilder waren höchst irritierend: Die Fläche trägt zwei aus der Rechnung sich ergebende Scharen von Kurven, sogenannte Krümmungslinien. Und allem Anschein nach bestand die eine Schar aus *ebenen* Kurven. Aber alle Leute, die sich so lange mit dem Problem herumgeschlagen hatten, waren überzeugt, dass das nicht sein konnte. Schon 1883 war in einer Göttinger Dissertation nämlich bewiesen worden, dass es zwar „Stücke von Seifenblasen" mit dieser Eigenschaft gibt, dass sie sich aber niemals zu geschlossenen Blasen ergänzen lassen. Sie entwickeln immer Singularitäten. Damit war man in einer wissenschaftspsychologisch höchst interessanten Situation. Mathematiker sind darauf gedrillt, den Beweisen mehr zu glauben als den Bildern, letzteren am besten überhaupt nicht. Diesmal aber hatten die Bilder recht. Bei näherem Hinsehen stellte sich heraus, dass die landläufige Interpretation der alten Arbeit, die kaum jemand wirklich gelesen hatte, falsch war. Die beiden Scharen von Krümmungslinien sind keineswegs, wie man wohl unterstellt hatte, gleichberechtigt, sondern eine verläuft in Richtung der stärksten, die andere in Richtung der kleinsten Flächenkrümmung. Die erstere, *das* stand in der Dissertation, kann nicht aus ebenen Kurven bestehen. Sehr wohl aber die zweite. Die Computerbilder von Abresch lieferten die „moralische Rückendeckung" für die Aufklärung dieses Sachverhaltes. Eine bittere Pille für manchen, der sich lan-

ge Jahre mit diesem Problem herumgeschlagen hatte. Hätte man geglaubt, dass
eine Lösung mit einer Schar ebener Krümmungslinien gefunden werden könnte, man hätte sie ganz zweifellos gefunden. In diesem Fall lässt sich die partielle
Differentialgleichung nämlich wieder in gewöhnliche Differentialgleichungen se-
parieren, und diese lassen sich vollständig und explizit lösen mit Mitteln, die seit
über hundert Jahren bestens bekannt sind: mit elliptischen Funktionen nämlich.

Ich will Ihnen die Wente-Abresch-Fläche noch etwas genauer erklären. Bewegt
man einen Kreis im Raum und führt ihn schließlich in die Ausgangsposition zurück, so überstreicht er eine Fläche von Torustyp. Benutzt man statt des Kreises
einen zur Acht verbogenen Kreis, so erhält man noch immer eine Fläche vom Torustyp, aber diesmal eine mit einer Selbstdurchdringungslinie, nämlich der, die
das Kreuz der Acht beschreibt. Durch geeignete Deformation der Acht „unterwegs" entsteht die Wente-Abresch-Fläche.

Von allen Chardin-Bildern stellen also nur das erste und das letzte mathematisch einwandfreie Seifenblasen dar: die Kugel und die Wentefläche. Erstaunlich,
dass es die schon 1730 gab, oder?

Die Entdeckung der Wentefläche hat eine wahre Lawine neuer Forschungsergebnisse in der Flächentheorie ausgelöst, einem Gebiet, das man seit mindestens
fünfzig Jahren für „abgeschlossen" gehalten hatte. Zum Beispiel kennt man heute
viele unendliche Serien exotischer Seifenblasen mit einer Fülle verschiedener geometrischer Formen und topologischer Gestalten. Mit einer derselben wollen wir
uns hier verabschieden.

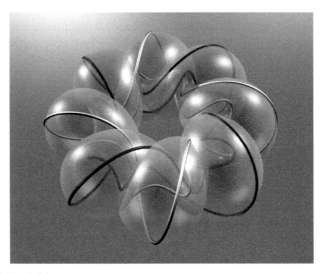

Abbildung 12. Twisty 4–5

Literatur und Bildnachweise

Ein sehr hübsches Buch zu diesem Themenkreis ist *Panoptimum* von S. Hildebrandt und A. Tromba, erschienen bei Spektrum der Wissenschaften. Der Klassiker *On Growth and Form* von D'Arcy Thompson, dem die Abbildung 3 entnommen
ist, erschien in einer überarbeiteten Auflage 1961 bei Cambridge University Press.
Das Gemälde von J. B. S. Chardin hängt in der National Gallery of Art in Washing-
ton. Abbildung 1 stammt aus *Weltall und Menschheit*, hrsg. von Hans Kraemer,
Berlin, Leipzig, Wien, Stuttgart: Deutsches Verlagshaus Bong, o. J. Schließlich ver-
danke ich das Foto 6 des Seifenblasenkünstlers Tom Noddy ihm selbst und die
Abbildungen 11 und 12 Herrn Matthias Heil.

Blasencluster und Polyeder

John M. Sullivan

Jede einzelne Seifenblase ist kugelförmig (Abb. 1). Diese Tatsache, die Kinder bereits seit Jahrhunderten beobachten, lässt sich dadurch erklären, dass die Oberflächenspannung die Seifenhaut festzieht. Die Seifenblase, die eine bestimmte Menge Luft einschließt, minimiert ihren Flächeninhalt. Schon die alten Griechen um Archimedes wussten, dass die Sphäre – die Oberfläche einer runden Kugel – die Lösung des sogenannten isoperimetrischen Problems ist. Das heißt, sie ist die Fläche des geringsten Inhalts, die ein gegebenes Volumen einschließt. (Ein rigoroser Beweis dazu wurde allerdings erst 1884 von H. A. Schwarz geliefert.) Der Beitrag von Dirk Ferus in diesem Buch erklärt ausführlich die einzelne Seifenblase und zeigt z. B. andere schöne, fantasievolle Gebilde, die nur mathematisch und nicht physikalisch existieren können.

Wenn man Seifenblasen macht, sieht man aber oft einen Blasencluster: mehrere Blasen sind zu einer komplizierten Struktur zusammengefügt. Mathematisch gesehen löst dieser Blasencluster ein ähnliches Minimierungsproblem: mehrere gegebene Volumina einzuschließen und abzutrennen, mit insgesamt so wenig Flächeninhalt wie möglich.

Blasencluster werfen mathematische Probleme auf, von denen viele noch ungelöst sind. Wir vermuten, dass die optimalen Cluster von bis zu vier Blasen ge-

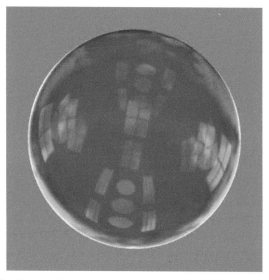

Abbildung 1. Eine Seifenblase ist deswegen eine Sphäre (eine runde Kugel), weil diese Form den geringsten Flächeninhalt hat.

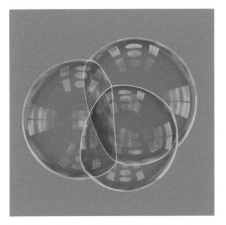 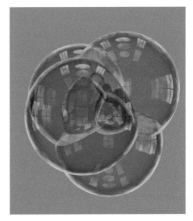

Abbildung 2. Der (vermutlich) optimale Cluster von drei Blasen (links) ist aus sphärischen Flächen gebaut. In diesem Cluster von sechs Blasen (rechts) sind die Flächen nicht sphärisch. Mittig zwischen den beiden kleinen Blasen sehen wir (von der Seite) eine sattelförmige Minimalfläche.

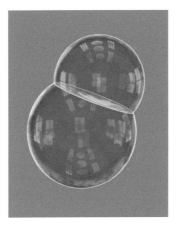 

Abbildung 3. Doppelblasen (links) sind aus drei sphärischen Flächen gebaut, die sich in einem Kreis treffen. Mathematisch kann man auch andere Formen bauen, die alle geometrischen Regeln erfüllen. Obwohl diese Form (rechts, mit einer Blase als Gürtel um die andere) in Gleichgewicht ist, ist sie unstabil und wird physikalisch nie gesehen.

nau diejenigen sind, die wir bei Seifenblasen sehen (Abb. 2, links). Diese sind aus sphärischen Teilflächen gebaut, die auf bestimmte Weise aneinander grenzen. Es gibt jedoch einen Cluster von sechs Blasen (Abb. 2, rechts), wo die Flächenstücke nicht sphärisch sind.

Innerhalb der letzten Jahrzehnte wurden einige neue Erkenntnisse gewonnen. Jetzt wissen wir, dass die optimale Doppelblase wirklich die ist, die wir normalerweise sehen: drei Teilflächen verschiedener Sphären, die entlang einem Kreis aneinander angrenzen (Abb. 3, links). Andere bizarre Möglichkeiten, die noch nie in der Natur gesehen wurden, obwohl sie alle mathematischen Regeln erfüllen

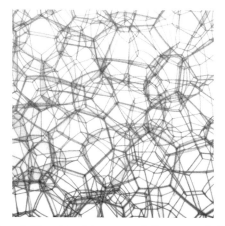 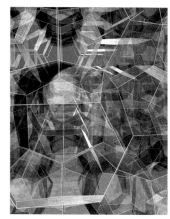

Abbildung 4. Ein echter Schaum aus Seifenwasser (links) hat Tausende von Blasen. Von mathematischem Interesse sind auch periodische Schäume, die den ganzen Raum füllen. Der Weaire-Phelan-Schaum (rechts) ist vermutlich die optimale Zerlegung des Raumes in Blasen gleicher Volumina.

(wie die fantasievollen Einzelblasen von Herrn Ferus), müssen mehr Flächeninhalt haben. Bei Abb. 3, rechts, ist zu erkennen, dass die obere und untere Kugel Teile derselben Blase sind; die zweite Blase bildet einen Ring oder Gürtel um diese erste.

Wenn wir zur dreifachen Blase kommen, ist das Problem schon viel schwieriger. Bislang ist es nur in zwei Dimensionen bekannt, dass die gewöhnliche dreifache Blase am Günstigsten ist (mit geringstem Flächeninhalt). Schon dieser Beweis war so kompliziert, dass er für eine Doktorarbeit ausreichte, die ich 2002 betreute.

Hier wollen wir versuchen, eine Tatsache zu verstehen, die für alle Blasencluster bekannt ist – auch für Schäume mit Tausenden von Blasen, wie man sie beim Spülen im Abwaschbecken findet (Abb. 4, links), bzw. für unendliche mathematische Schäume, die den Raum füllen (Abb. 4, rechts). Diese Tatsache wurde schon 1873 vom belgischen Physiker J. A. F. Plateau beobachtet, erst aber 1976 von der amerikanischen Matematikerin J. E. Taylor streng bewiesen. Sie betrifft die Geometrie der Knotenpunkte – der sogenannten Singularitäten – wo sich verschiedene Blasen treffen.

Als Anlauf werden wir zunächst Blasencluster im 2-dimensionalen Raum untersuchen. Das wunderbare kleine Buch „Flächenland" beschreibt eine 2-dimensionale Welt, in der 2D-Menschen ohne Kenntnis von der dritten Dimension wohnen. Dann aber kommt eine Kugel zu Besuch. Genau wie die Flächenländer versuchen mussten, die dritte Dimension zu verstehen, sollten wir durch Lesen des Buches lernen können, höhere Dimensionen zu verstehen.

Eine einzige Seifenblase im Flächenland ist natürlich ein Kreis. Ein Blasencluster schließt verschiedene Gebiete ein und trennt sie von einander durch Kreisbögen. Aber wie treffen sich diese Bögen? Was sind die erlaubten Singularitäten?

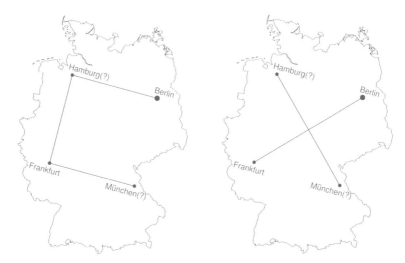

Abbildung 5. Die vier größten Städte Deutschlands liegen fast in den Ecken eines Quadrates. (Während Berlin auf dieser Karte richtig liegt – und Frankfurt nicht so weit daneben – liegen die anderen Knoten tatsächlich eher bei Bremen bzw. Regensburg.) Ein mögliches Autobahnnetz, das alle vier verbindet, besteht aus drei Seiten des Quadrats (links). Eine kürzere besteht aus den beiden Diagonalen (rechts).

Fangen wir an mit einem scheinbar unabhängigen Problem. Stellen wir uns vor, die Bundesregierung möchte ein neues Autobahnnetz bauen, das die vier größten Städte Deutschlands verbindet. Um ein einfaches Beispiel zu haben, nehmen wir an, dass Berlin, München, Frankfurt und Hamburg ein perfektes Quadrat von Seitenlänge s – etwa 400 Kilometer – formen, auch wenn dadurch die Geographie ein bisschen verzerrt wird.

Um Kosten zu sparen, sollten die neuen Straßen so kurz wie möglich sein. Eine Lösung wäre, alle vier Seiten des Quadrats (mit Gesamtlänge $4s$) als Autobahnen zu bauen. Wenn wir aber eine Seite weglassen, sinkt die Gesamtlänge auf $3s$, während alle Städte immer noch miteinander verbunden sind (Abb. 5, links). Noch besser wäre es, alle Seiten wegzulassen und nur die beiden Diagonalen zu bauen (Abb. 5, rechts). Alle müssen jetzt über die große Kreuzung (etwa bei Erfurt) fahren, die Gesamtlänge ist aber nur noch $2\sqrt{2}s \approx 2.828s$.

Man könnte leicht glauben, dieses Netz sei die optimale Lösung, aber das stimmt nicht. Wenn man die Details ausrechnet, erkennt man, dass es besser ist, zwei Kreuzungen mit je drei Straßen zu bauen, die sich in gleichen $120°$-Winkeln begegnen (Abb. 6). Hier ist die Gesamtlänge nur noch $(1+\sqrt{3})s \approx 2.732s$. Eine vierfache **X**-förmige Kreuzung muss durch zwei dreifache **Y**-förmige Kreuzungen ersetzt werden.

Dieses Prinzip betrifft alle Netze: wenn man die Länge minimiert, wird man nie eine vier- oder mehrfache Kreuzung haben. Wenn man beliebig viele Städte (Punkte in der Ebene) mit einem minimalen Netz verbindet, dann besteht dieses Netz – der sogenannte Steiner-Baum – aus geraden Strecken, die sich zu dritt in gleichen $120°$-Winkeln treffen.

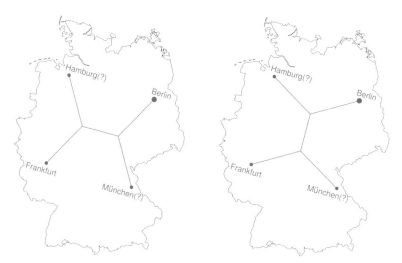

Abbildung 6. Das kürzeste Netz hat zwei **Y**-Kreuzungen anstelle der einen **X**-Kreuzung. Weil die 4-fache Symmetrie des Quadrats „gebrochen" wird, gibt es zwei unterschiedliche Lösungen mit gleicher Länge.

Jetzt betrachten wir weiter die Blasencluster im Flächenland. Die Druckdifferenzen zwischen den Blasen ergeben die Krümmung der Kanten – jede Kante zwischen zwei Blasen ist ein Kreisbogen. Aber andererseits besagt das Prinzip der Längenminimierung, dass Blasencluster in der Ebene genau dieselben Regeln erfüllen wie unsere Straßennetze. Insbesondere ist jede Singularität eine dreifache Kreuzung mit gleichen 120°-Winkeln. Unter der Lupe merken wir die Krümmungen der Bögen nicht mehr, und die Singularität sieht genau so aus wie in den Straßennetzen. Der Grund dafür ist, dass im kleinen Umfang die Volumenkräfte unbedeutend klein sind im Vergleich zu den Oberflächenkräften. (Aus demselben Grund können manche kleine Insekten übers Wasser gehen: in ihrem kleinen Umfang ist die Erdanziehungskraft unbedeutend klein im Vergleich zur Oberflächenspannung des Wassers.)

Nun sind wir bereit, in die dritte Dimension zurückzukommen, um die Singularitäten von 3D Blasenclustern zu betrachten. Die erste Plateau'sche Regel besagt: Blasen treffen sich in dreifachen Kanten, wobei die drei Seifenhäute gleiche Raumwinkel von 120° bilden. Das kann man jetzt leicht verstehen: hätten wir eine vierfache Kante, wäre es in jedem Querschnitt (wie ein **X**) leistungsschwach und würde in zwei dreifache **Y**-förmige Kanten auseinanderbrechen – genau wie bei unserem Autobahnnetz.

Wie können diese Kanten – die sogennanten Plateau-Grenzen – in Punktsingularitäten zusammentreffen? Unter der Lupe können wir die Druckdifferenzen (und die entstehenden Krümmungen) wieder ignorieren. Wir sehen flache Seifenhäute, die sich in einem zentralen Punkt treffen. Mathematisch gesehen haben wir den sogenannten *Kegel* über einem Netz in der Sphäre. Dieses Netz ist (ähnlich

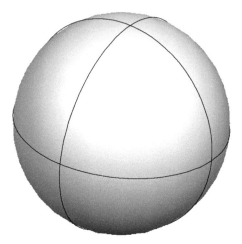

Abbildung 7. Dual zum Würfel ist ein sphärisches Oktaeder, bestehend aus den drei Großkreisen in den Koordinatenebenen. Die sechs Kreuzungen sind die Richtungen senkrecht zu den Seiten des Würfels.

wie die zuvor beschriebenen) aus „geraden" Großkreisbögen zusammengesetzt, die sich zu dritt in gleichen Winkeln treffen.

Was bedeutet das? Die Sphäre ist die Oberfläche einer Kugel. Für jedes Netz in der Sphäre ist der *Kegel* über diesem Netz die Vereinigung aller geraden Strecken vom Mittelpunkt der Kugel zu den verschiedenen Punkten im Netz. Zum Beispiel, der Kegel über dem Äquator ist eine flache Kreisscheibe, während der Kegel über einem anderen Breitenkreis ein ganz normaler, runder Kegel ist – deshalb der Name.

Aus einem Polyeder entsteht ein interessantes Netz auf der Sphäre. Fangen wir z. B. mit einem Würfel an. Wenn wir eine Taschenlampe auf den Würfel setzen – auf eine von den sechs Seiten – leuchtet die Lampe in eine von sechs ausgezeichneten Richtungen. Wenn wir die Lampe um eine Kante kippen – von einer Seite zur nächsten – beschreibt der Lichtstrahl einen Großkreisbogen auf der Himmelskugel. Insgesamt bekommen wir ein Netz, das aus drei senkrechten Großkreisen besteht (Abb. 7).

Dieses Netz ist eine Art Oktaeder auf der Sphäre. Es ist dual zum Würfel in dem Sinne, dass die sechs Ecken, zwölf Kanten und acht Gebiete den sechs Seiten, zwölf Kanten bzw. acht Ecken des Würfels entsprechen. In jeder Ecke sehen wir eine vierfache Kreuzung, weil der Würfel quadratische Seiten hat: es gibt jeweils vier Möglichkeiten, die Taschenlampe weg von einer Seite zu kippen.

Für unsere Seifenhautsingularitäten wollen wir stattdessen sphärische Netze mit dreifachen Kreuzungen. Auch diese entstehen als Duale zu Polyedern, die Polyeder müssen aber dreieckige Seiten haben. Insbesondere muss jede Seite ein gleichseitiges Dreieck sein, weil wir gleiche 120°-Winkel wollen. Betrachten wir zum Beispiel das Oktaeder. Es gibt acht Stellen, wo man die Taschenlampe auf

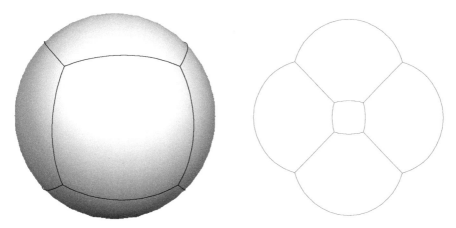

Abbildung 8. Dual zum Oktaeder ist ein sphärischer Würfel (links). Weil die Seiten des Oktaeders gleichseitige Dreiecke sind, treffen sich hier die Großkreisbögen zu dritt in gleichen 120°-Winkeln. Das Netz kann man als Blasencluster in der sphärischen Oberfläche betrachten. Weil Kreise und Winkel unter stereographischer Projektion erhalten bleiben, ist die Projektion unseres Netzes (rechts) ein Blasencluster im Flächenland.

eine Seite setzen kann; diese acht Richtungen sind die Ecken eines sphärischen Würfels, der als duales Netz zum Oktaeder entsteht (Abb. 8).

Unsere Aufgabe heißt nun, konvexe Polyeder zu finden, wo jede Seite ein gleichseitiges Dreieck ist. Einige davon sind gut bekannt: unter den regulären Polyedern (den Platonischen Körpern) gibt es drei mit dreieckigen Seiten. Das sind das Tetraeder, das Oktaeder und das Ikosaeder. Weil unsere Polyeder nicht regulär sein müssen, gibt es aber weitere Möglichkeiten.

Wenn man zwei Tetraeder zusammenklebt oder zwei Hauben von einem Ikosaeder, ergibt sich eine dreieckige bzw. fünfeckige Bipyramide. (Die viereckige Bipyramide ist nichts anderes als das Oktaeder.) Zwei weitere Möglichkeiten erhält man aus Polyedern mit quadratischen als auch dreieckigen Seiten: das (dreieckige) Prisma hat drei Quadrate und das (quadratische) Antiprisma hat zwei Quadrate. Klebt man eine Pyramide auf jedes Quadrat, erhält man ein Polyeder mit nur noch (14 bzw. 16) dreieckigen Seiten. (Das Antiprisma mit zwei Pyramiden kann man auch als vier Fünftel eines Ikosaeder verstehen.) Wir haben nun sieben Polyeder auf unserer Liste; ein weiteres Beispiel – mit 12 Seiten – widersteht jeder einfachen Beschreibung.

Es ist nicht schwierig kombinatorisch zu beweisen, dass diese acht Polyeder (Abb. 9) die einzigen konvexen sind, deren Seiten gleichseitige Dreiecke sind. Sie heißen *Deltaeder*, weil ihre Seiten dem griechischen Buchstaben Δ (Delta) ähneln. Durch den Trick mit der Taschenlampe ergibt jedes Deltaeder ein duales Netz in der Sphäre, und der Kegel über diesem Netz ist ein Kandidat für eine Singularität in Seifenhaut.

Wir können jedes dieser Netze aus Draht bauen und ins Seifenwasser eintauchen. Das duale Netz eines Tetraeders ist wieder ein Tetraeder. In diesem Falle ist

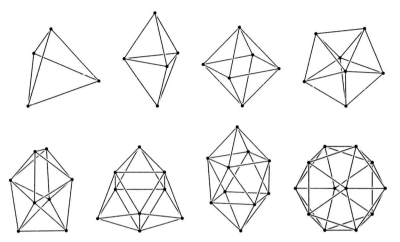

Abbildung 9. Es gibt acht Deltaeder: in der ersten Reihe das Tetraeder und die drei Bipyramide (u.a. das Oktaeder); am Ende der zweiten Reihe das Ikosaeder.

Abbildung 10. Das duale Netz zum Tetraeder ist ein sphärisches Tetraeder, hier aus rotem Draht gebaut. Taucht man es ins Seifenwasser, bekommt man als Seifenhaut einen Kegel.

die resultierende Seifenhaut tatsächlich ein Kegel: sechs flache Seifenhautstücke kommen im Mittelpunkt der Sphäre zusammen (Abb. 10).

Als nächstes nehmen wir das Oktaeder, dessen duales Netz ein Würfel ist. Mit Computergrafik können wir ein Bild vom Kegel erstellen: zwölf flache Stücke treffen sich im Mittelpunkt (Abb. 11, links). Die erste Plateau'sche Regel ist erfüllt: die Raumwinkel entlang den Plateau-Grenzen sind jeweils 120°. Aber dieser Kegel ist instabil: die einzelne komplizierte Singularität zerbricht in vier tetraederartige

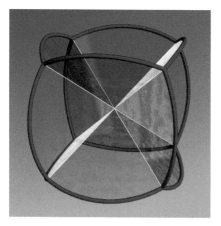 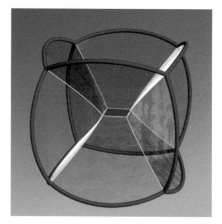

Abbildung 11. Dual zum Oktaeder ist ein sphärischer Würfel; taucht man dieses Netz ins Seifenwasser, bekommt man nicht den Kegel (links). Eine Seifenhaut mit vier tetraedrischen Singularitäten (rechts) hat weniger Flächeninhalt.

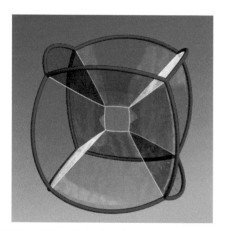 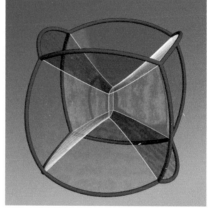

Abbildung 12. Die Seifenhaut kann man auch drehen in zwei weitere Richtungen – immer mit gleichem Flächeninhalt.

Singularitäten (Abb. 11, rechts). Das ist genau analog zur vierfachen Straßenkreuzung, die in zwei dreifache Kreuzungen zerbrach. Wir haben auch hier den Symmetriebruch: das kleine quadratische Seifenhautstück in der Mitte kann in jeder der drei Koordinatenrichtungen entstehen (Abb. 12).

Wir können die anderen Netze – dual zu den anderen Deltaedern – nacheinander probieren. Jedes Mal minimiert die Seifenhaut ihren Flächeninhalt nicht mit einem einzelnen Kegel – einer neuen Art Singularität – sondern mit mehreren tetraederartigen Singularitäten (Abb. 13).

So haben wir die zweite Plateau'sche Regel grob bewiesen: die einzige Singularität, die man bei Seifenhäuten, Blasenclustern und Schäumen sieht, ist der tetraederartige Kegel.

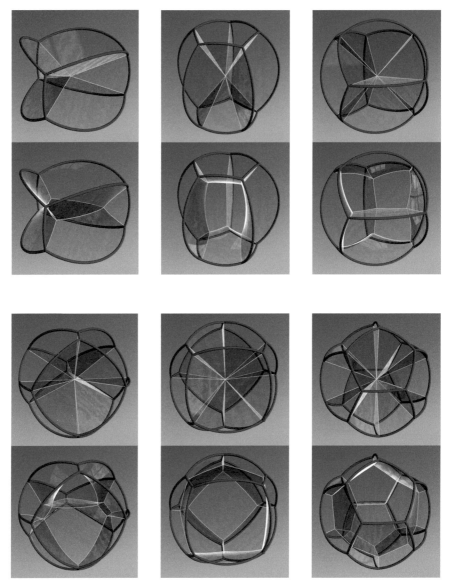

Abbildung 13. Die weiteren sechs dualen Netze können wir auch virtuell aus rotem Draht bauen. Sie ergeben jedoch keine neuen Singularitäten: die Seifenhaut bleibt nicht beim Kegel (in der oberen Bildhälfte), sondern findet jeweils eine Lösung (in der unteren Bildhälfte) mit mehreren tetraedrischen Singularitäten und weniger Flächeninhalt.

Die Plateau'schen Regeln sind die Basis, auf der man die geometrische Struktur von Blasenclustern und Schäumen verstehen kann. Schäume sind wichtige Materialien in der Industrie, und Kenntnisse ihrer geometrische Struktur helfen dabei, ihre strukturellen und chemischen Eigenschaften zu verstehen.

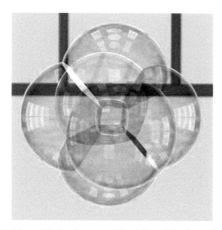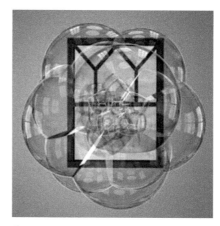

Abbildung 14. Analog zum Würfel und Dodekaeder gibt es in 4D den Hyperwürfel (mit 8 Zellen) und das Hyperdodekaeder (mit 120 Zellen). Sphärische Versionen davon sind Netze, die wir als Kegelkandidaten testen sollten. Um diese zu sehen, benutzen wir eine stereographische Projektion in den 3D-Raum; genau wie in Abb. 8 entsteht dabei ein Blasencluster, der alle Plateau'schen Regeln erfüllt. Jeweils eine Zelle wird auf das unendliche Gebiet ausserhalb des Clusters abgebildet; wir sehen diese beiden Cluster mit 7 bzw. 119 Blasen.

Andererseits entsteht ein interessantes, aktuelles Forschungsgebiet in der Mathematik daraus, unsere Ergebnisse in höhere Dimensionen zu erweitern. In Dimension 4 finden wir nur fünf Deltaeder; die Dualen dazu sind sphärische Polyeder, die als Kegelkandidaten dienen. (Unter denen sind der Hyperwürfel und das Hyperdodekaeder, Abb. 14.)

Diesmal sind aber zwei der fünf Kegel stabil und tauchen deswegen als mögliche Singularitäten in Seifenhaut auf. Darüber hinaus gibt es weitere Kegelkandidaten, die nicht aus Deltaedern gebaut werden. Weil es in 4D mindestens zwei Arten von Seifenhautsingularitäten gibt, ist die Klassifikation in 5D noch schwieriger.

Wärmeleitung, die Struktur des Raumes und die Poincaré-Vermutung

Klaus Ecker

1 Einleitung

Die Struktur von Raum und Zeit war schon immer eines der zentralen Themen wissenschaftlicher Untersuchungen. Heutzutage, ungefähr ein Jahrhundert nachdem Einstein seine allgemeine Relativitätstheorie formulierte, haben sich deren Erkenntnisse auch mehr oder weniger im wissenschaftlichen Verständnis der Allgemeinheit etabliert. Diese Theorie besagt, dass sich Raum und Zeit nicht unabhängig voneinander verstehen lassen, sondern dass man anstatt eines über alle Zeiträume hinweg unveränderlichen dreidimensionalen Raumes ein vierdimensionales Raum-Zeit Kontinuum betrachten sollte. In dieser Raum-Zeit enthaltene Massen (wie z. B. Planeten, Sterne, Galaxien, schwarze Löcher usw.) beeinflussen deren Struktur. Dies bedeutet unter anderem, dass der dreidimensionale Raum, den ein Beobachter zu einem festen Zeitpunkt wahrnimmt, in sich gekrümmt ist. Lichtstrahlen, welche immer die kürzeste Verbindung zwischen zwei Punkten im Raum wählen, bewegen sich nicht unbedingt auf Geraden, sondern auf kürzesten Kurven, die sich an die Krümmung des Raumes anpassen, so genannten Geodäten. Zum Beispiel sind kürzeste Verbindungsstrecken auf unserer gekrümmten Erdoberfläche Teile von Großkreisen, wie zum Beispiel des Äquators. Sind die Massen nicht zu groß, so verursachen sie lediglich eine lokale Deformierung des Raumes, ohne aber dessen globale Gestalt zu verändern.

Ganz anders sieht es möglicherweise auf großen Skalen aus: In der Kosmologie, welche sich mit der globalen Struktur und der zeitlichen Entwicklung des gesamten Universums beschäftigt, geht man von der Grundannahme aus, dass das Universum zu jedem Zeitpunkt ein in sich geschlossener gekrümmter dreidimensionaler Raum ist. Weiterhin setzt man voraus, dass der Raum homogen ist, welches bedeutet, dass seine Geometrie (wie zum Beispiel Abstands- und Winkelverhältnisse) an jeder Stelle gleich aussieht. Diese Annahme ist aus physikalischer Sicht vernünftig, da man bei Betrachtung auf großen Skalen nicht erwartet, lokale Unregelmäßigkeiten zu entdecken. Zum Beispiel kann man mikroskopische Inhomogenitäten innerhalb eines makroskopischen Materials nicht mit dem bloßen Auge wahrnehmen. Man lässt bei dieser Theorie jedoch die Möglichkeit zu, dass die Geometrie des Universums an jedem Punkt von der Richtung, in die wir blicken, abhängen könnte. Ein Beispiel ist die Oberfläche eines Zylinders, bei der es an jedem Punkt eine „runde" und eine „gerade" Richtung gibt.

Über die globale Gestalt (Topologie) werden jedoch keine Annahmen gemacht, da es sehr schwierig, wenn nicht gar unmöglich ist, diese experimentell zu verifizieren. Insbesondere besteht zum Beispiel die Möglichkeit, dass wir auf einer dreidimensionalen Kugeloberfläche leben, einem positiv gekrümmten Raum, oder aber auch in einem sattelförmigen (negativ gekrümmten) Raum. Unser Universum könnte auch eine dreidimensionale Torusoberfläche sein, das heißt wie eine dreidimensionale Version einer ringförmigen Oberfläche aussehen. Fordert man weiterhin auch noch einige kleinere physikalisch vernünftige zusätzliche Bedingungen, so kommen nur noch acht Möglichkeiten für die globale Gestalt homogener Räume in Frage.

Der Mathematiker Poincaré stellte Ende des 19. Jahrhunderts die Vermutung auf, dass jeder einfach zusammenhängende geschlossene dreidimensionale Raum topologisch äquivalent zu einer dreidimensionalen Kugeloberfläche (einer der homogenen Räume) sein sollte, das heißt sich in diese stetig deformieren lasse, wobei dieser Deformationsprozess auch reversibel sein muss. Hierbei bedeutet *einfach zusammenhängend* gewissermaßen die Abwesenheit von „Löchern", das heißt, dass jede geschlossene Raumkurve sich innerhalb des Raumes kontinuierlich auf einen Punkt zusammenziehen lässt, also nicht „in einem Loch hängen bleibt". Auf einer ringförmigen Oberfläche gibt es geschlossene Kurven, welche durch das Loch des Ringes hindurch laufen, und sich hierbei mindestens einmal um den Ring herumwickeln. Diese lassen sich innerhalb der Fläche nicht auf einen Punkt zusammenziehen. Innerhalb der Kugeloberfläche andererseits lassen sich alle geschlossenen Kurven zusammenziehen.

In den letzten drei Jahrzehnten gelang es durch gemeinsame Anstrengungen vieler Mathematiker, insbesondere aber durch die genialen Einsichten von Thurston, Hamilton und Perelman, nicht nur die Poincaré-Vermutung zu verifizieren, sondern sogar alle geschlossenen dreidimensionalen Räume zu klassifizieren. Es stellte sich heraus (dies war ursprünglich eine Vermutung von Thurston zu Anfang der achtziger Jahre), dass sich *alle* geschlossenen dreidimensionalen Räume durch die acht homogenen Modellräume beschreiben lassen. Dies bedeutet unter anderem, dass durch die Annahme der räumlichen Homogenität in der Kosmologie keine wesentlichen Einschränkungen bezüglich der globalen Gestalt unseres Universums gemacht wurden. Wir haben damit also alle theoretischen Möglichkeiten für die Struktur unseres Raumes verstanden. Die Lösung dieses Problems zählt ohne Zweifel zu den größten wissenschaftlichen Errungenschaften aller Zeiten.

Interessanterweise beruht der Beweis dieser Klassifizierung zu großen Teilen auf Methoden aus der Theorie der Wärmeleitung. Wie bei der Lösung der meisten großen mathematischen Probleme waren viele Zusammenhänge mit anderen Gebieten der Mathematik zur Zeit der Formulierungen der Vermutungen von Poincaré und Thurston nicht vorhergesehen worden. In diesem Aufsatz werden wir versuchen, einige der grundlegenden Ideen dieser Entwicklung anschaulich zu erläutern. Viele der Ideen und Darstellungen sind hierbei den Büchern von Weeks [We] und Thurston [Th] entlehnt. Wir empfehlen diese Bücher den Leserinnen und Lesern zur Vertiefung ihres Verständnisses ganz besonders.

Dieser Aufsatz ist meiner Tochter Eva gewidmet.

2   Geometrie und Topologie von Flächen

Beginnen wir zunächst mit der Geometrie ebener Kurven.

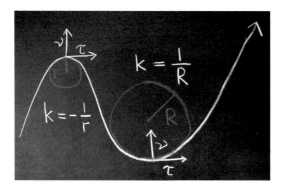

Die Krümmung eines Kreises ist als der Kehrwert seines Radius definiert. Je kleiner der Radius ist, desto größer ist also seine Krümmung. Die Krümmung einer hinreichend glatten ebenen Kurve Γ in einem Punkt p definiert man dann als die Krümmung des Schmiegekreises an Γ in diesem Punkt. Dies ist der Kreis, welcher im Punkte p optimal an die Kurve angepasst ist, so etwa wie im obigen Bild (wir überlassen es der Leserin als Übung, eine präzise Definition von Schmiegekreis zu formulieren). Physikalisch ausgedrückt ist die Krümmung die Beschleunigung, die wirkt, wenn man die Kurve mit Geschwindigkeit Eins durchläuft. Sei τ ein Tangentenvektor der Länge Eins, welcher in die Durchlaufrichtung der Kurve zeigt. Wir wählen dann die Orientierung eines Normalenvektors ν (auch mit Länge Eins) wie im obigen Bild ersichtlich, und einigen uns auf folgende Vorzeichenkonvention: Krümmt sich die Kurve in Richtung von ν, so hat sie positive Krümmung, krümmt sie sich von ν hinweg, so ist die Krümmung negativ.

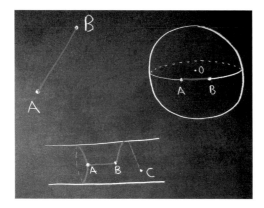

Die kürzeste Strecke zwischen zwei Punkten in der Ebene, ein Geradenstück, hat die Krümmung Null. Das gleiche gilt für die kürzeste Verbindungskurve zwi-

schen zwei Punkten auf einer Fläche im Raum. Diese werden *Geodäten* genannt.
Krümmung Null bedeutet hier, dass von innerhalb der Fläche gesehen sich die
Kurve beim Durchlaufen weder nach rechts noch nach links biegt. Physikalisch
ausgedrückt heißt dies, dass innerhalb der Fläche keine Beschleunigungskraft
beim Durchlaufen der Kurve mit konstanter Geschwindigkeit zu spüren ist. Auf
der Kugeloberfläche S^2 sind solche Kurven Segmente von Großkreisen, das heißt
Kreise mit Mittelpunkt im Zentrum der Kugel. Natürlich krümmt sich die Kurve innerhalb des umgebenden Raumes. Dies wird aber durch die Krümmung der
Fläche im umgebenden Raum verursacht. Es wirkt sozusagen eine Beschleunigungskraft normal (senkrecht) zur Fläche, welche dafür sorgt, dass die Kurve innerhalb der Fläche bleibt. Diese nennt man die Normalkrümmung der Kurve. Bei
Großkreisen, welche innerhalb der Kugeloberfläche keine Krümmung haben, ist
diese Normalkrümmung gerade der Kehrwert des Kugelradius.

Bei Flächen ist die Situation etwas komplexer. Den folgenden Flächen sieht
man möglicherweise noch intuitiv an, ob sie positive, negative oder gar keine
Krümmung haben.

Auf einer positiv gekrümmten Fläche ist die Winkelsumme in Dreiecken größer
als π (180°), auf einer negativ gekrümmten Fläche (Sattelfläche) ist die Winkelsumme kleiner als π, und auf der Ebene ist sie gleich π. Unter einem Dreieck versteht man hierbei ein von drei geodätischen Segmenten berandetes Flächenstück.
Um den genauen Wert der Krümmung an einem gegebenen Punkt p auf einer Fläche S zu bestimmen, berechnet man die „infinitesimale" Winkelabweichung von
π, welche man durch einen geeigneten Limesprozess für immer kleiner werden-
de Dreiecke definieren kann. Ist die Krümmung an allen Punkten von S gleich
Eins, so nennt man die Geometrie der Fläche *sphärisch*, bei Krümmung -1 *hyperbolisch* und bei Krümmung Null *euklidisch* oder *flach*. Streckt man ein gleichseitiges
Dreieck auf einer Kugeloberfläche gleichmäßig in alle Richtungen, so wird seine
Winkelsumme immer größer, auf einer Sattelfäche immer kleiner.

Flächen mit sphärischer Geometrie lassen sich leicht in einem umgebenden
dreidimensionalen Raum darstellen, obwohl man diesen zu ihrer Beschreibung
nicht benötigt, wie jeder mathematisch gebildete Flachländer (siehe [A]) weiß.
Das gleiche gilt für einige Flächen mit flacher Geometrie wie zum Beispiel der euklidischen Ebene. Für Flächen mit hyperbolischer Geometrie ist die Darstellung
im $\mathbb{R}^3$ nicht ohne Verzerrung oder Einführung eines Flächenrandes möglich. Um

dies einzusehen, müssen wir zunächst verstehen, wie man die Krümmung einer Fläche von außen (*extrinsisch*) misst, statt von innerhalb der Fläche (*intrinsisch*).

Zu einer gegebenen Fläche S betrachten wir alle Ebenen, welche den Normalenvektor v an einem festen Punkt p in S enthalten. Diese schneiden S entlang Kurven. Wir bestimmen deren Kurvenkrümmung an diesem Punkt innerhalb der Ebenen, so wie wir es bei ebenen Kurven gelernt haben. Dies ergibt übrigens deren Normalkrümmung in p, welche oben bereits erwähnt wurde. Es ist klar, dass es bei diesen unendlich vielen Kurven (eine für jede Ebenenrichtung) mindestens eine mit minimaler und eine mit maximaler Normalenkrümmung in p gibt. Die zugehörigen Krümmungen nennt man *Hauptkrümmungen* von S in diesem Punkt und bezeichnet sie mit k_1 und k_2. Sind diese verschieden, so schneiden sich übrigens die entsprechenden Kurven in einem rechten Winkel (wie in der nächsten Abbildung links). Im Gegensatz zu unserem früheren Krümmungsbegriff, welcher innerhalb der Fläche über Winkelsummen definiert wurde, werden die Hauptkrümmungen mittels des Normalenvektors, also unter Zuhilfenahme des umgebenden Raumes bestimmt.

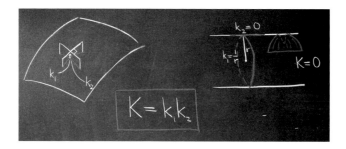

Das *Theorema egregium* von Gauß besagt, dass die intrinsische Krümmung K einer Fläche im dreidimensionalen euklidischen Raum gleich dem Produkt der beiden extrinsischen Hauptkrümmungen k_1 und k_2 ist. Das Vorzeichen der Hauptkrümmungen hängt von der Wahl der Normalen ab, aber die Gaußkrümmung K als Produkt dieser natürlich nicht.

Der obige Zylinder ist flach. Dies sieht man von außerhalb des Zylinders daran, dass eine der Hauptkrümmungen gleich Null ist, da sie die Normalkrümmung in Richtung der Zylinderachse misst. Damit ist dann auch K gleich Null. Von innerhalb der Zylinderoberfläche sieht man, dass K gleich Null ist, da die Winkelsumme von Dreiecken nicht verändert wird, wenn man den Zylinder durch „Aufrollen" eines Ebenenstückes erzeugt. Zylinderbewohner merken von dem Aufrollen nichts, zumindest nicht durch lokale Experimente. Dass sie sich nicht auf einer Ebene befinden, wird ihnen erst klar, wenn sie beim Laufen entlang geeigneter Geodäten (wie zum Beispiel dem obigen Kreis), also innerhalb der Fläche immer geradeaus, wieder zum Ausgangspunkt zurückkehren.

Wir sagen, dass eine Fläche sich in den euklidischen Raum $\mathbb{R}^3$ *isometrisch einbetten* lässt, wenn sie im $\mathbb{R}^3$ ohne Verzerrungen, Selbstüberschneidungen oder Einführung eines Randes dargestellt werden kann. Insbesondere ist dann ihre ursprüngliche Gaußkrümmung dieselbe wie die ihres Bildes im $\mathbb{R}^3$. Letztere ist dann natürlich das Produkt der Hauptkrümmungen des Bildes. Wir werden in Kürze (abstrakt definierten) Flächen begegnen, welche sich nicht in den $\mathbb{R}^3$ isometrisch einbetten lassen.

Ein Beispiel hierfür ist die hyperbolische Ebene $\mathbb{H}^2$, welche sich wie folgt mittels der *Poincaré-Kreisscheibe* beschreiben lässt. Wir betrachten die Einheitskreisscheibe in der euklidischen Ebene, das heißt die Menge aller Punkte in der Ebene, deren Abstand vom Ursprung kleiner als Eins ist. Während in der euklidischen Ebene die Länge einer Strecke unabhängig davon ist, an welchem Punkt sie gemessen wird, muss man im hyperbolischen Raum (hier durch die Poincaré Kreisscheibe dargestellt) in einem Punkt $p = (p_1, p_2)$ die euklidisch gemessene Länge

$$|v| = \sqrt{v_1^2 + v_2^2}$$

eines Vektors (gerichtete Strecke) $v = (v_1, v_2)$ mit dem Kehrwert von $\sqrt{1 - |p|^2}$ multiplizieren. Dies hat zur Folge, dass Streckenlängen umso größer werden, je näher wir dem Rand der Kreisscheibe kommen, also je näher

$$|p| = \sqrt{p_1^2 + p_2^2},$$

die (euklidische) Entfernung des Punktes p von Null, dem Wert Eins kommt. Der Rand der Kreisscheibe ist also in unendliche Ferne gerückt, das heißt Bewohnern der Kreisscheibe kommt diese unendlich ausgedehnt vor. Deshalb nennt man sie auch die hyperbolische *Ebene*. Ihre Krümmung (über Winkelsummen von geodätischen Dreiecken berechnet) ist gleich -1.

Man kann übrigens leicht sehen, dass sich das hyperbolische Skalarprodukt zweier Vektoren $v = (v_1, v_2)$ und $w = (w_1, w_2)$ an einem Punkt p in der Kreisscheibe aus dem euklidischen Skalarprodukt $\langle v, w \rangle_{\mathbb{R}^2} = v_1 w_1 + v_2 w_2$ über die Formel

$$\langle v, w \rangle_{\mathbb{H}^2} = \frac{\langle v, w \rangle_{\mathbb{R}^2}}{1 - |p|^2}$$

berechnet, wenn man die obige Umrechnungsregel für Strecken zugrunde legt. Und zwar benutzt man hierfür die Relation $|v|^2 = \langle v, v \rangle$ und die quadratische Formel

$$\langle v, w \rangle = \frac{1}{2} \left(|v + w|^2 - |v|^2 - |w|^2 \right),$$

welche sowohl für $\langle v, w \rangle_{\mathbb{H}^2}$ als auch für $\langle v, w \rangle_{\mathbb{R}^2}$ gilt.

Geodäten in der hyperbolische Ebene sehen aus wie in folgendem Bild.

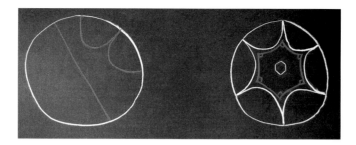

Man kann sich auch überlegen (Übungsaufgabe für die Leserin), dass es in der hyperbolischen Ebene reguläre Sechsecke (mit Geodäten gleicher Länge als Seiten) mit lauter rechten Winkeln geben muss (wie im Bild rechts), da Winkel von regulären Sechsecken, welche in der euklidischen Ebene 120° betragen, sich verkleinern, wenn wir das Sechseck gleichmäßig in alle Richtungen vergrößern. Im Unendlichen sind die Winkel dann gleich Null. Die hyperbolische Ebene lässt sich nicht in den dreidimensionalen euklidischen Raum isometrisch einbetten, ohne dass man gezwungen wird, einen Rand einzuführen.

Es gibt folgende Darstellung im $\mathbb{R}^3$ eines Quotienten von $\mathbb{H}^2$, der so genannten *Pseudosphäre*. Diese hat Krümmung $K = -1$ genau wie $\mathbb{H}^2$. Quotienten von $\mathbb{H}^2$ (mathematisch präziser, Quotienten bezüglich einer diskreten eigentlich unstetigen auf $\mathbb{H}^2$ wirkenden Gruppe Γ [Th]), oft mit $\mathbb{H}^2/\Gamma$ bezeichnet, besitzen unter anderem folgende Eigenschaften: Sie haben lokal die gleiche Geometrie wie $\mathbb{H}^2$, aber ihre globale Gestalt kann verschieden von $\mathbb{H}^2$ sein. Dies heißt, dass die Fläche im Gegensatz zu $\mathbb{H}^2$ nicht unbedingt *einfach zusammenhängend* sein muss, welches bedeutet, dass es nichtzusammenziehbare geschlossene Kurven geben könnte (z. B. die Kreise im nächsten Bild; wir werden hierauf gleich noch genauer eingehen). Der Name *Pseudosphäre* beruht übrigens auf der Analogie mit der Oberfläche einer Kugel vom Radius Eins und damit auch Krümmung $K = 1$, welche von Mathematikern *Einheitssphäre* genannt und mit S^2 bezeichnet wird.

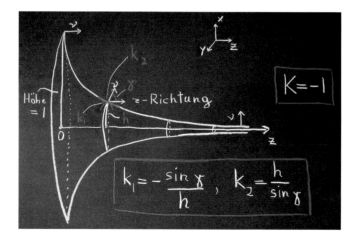

Der linke kreisförmige Rand der Pseudosphäre ist notwendig für die Darstellung im dreidimensionalen euklidischen Raum. Dieser wird von Flächenbewohnern aber nicht bemerkt, da sich Abstände ins Unendliche vergrößern, wenn man in Richtung des Randes läuft. Allerdings misst man von außerhalb und von innerhalb der Fläche die gleichen Krümmungswerte, was bedeutet, dass die wie oben abstrakt (ohne Einbettung in den $\mathbb{R}^3$) definierte hyperbolische Ebene $\mathbb{H}^2$ und die Pseudosphäre *lokal isometrisch* sind (lokal identische intrinsische Geometrie haben).

Die Pseudosphäre ist eine Rotationsfläche, das heißt sie wird erzeugt durch Rotation einer Kurve (*erzeugende Kurve* genannt) um eine Achse, in diesem Fall die z-Achse im $\mathbb{R}^3$. Die Kurve wird beschrieben durch eine Funktion h welche die Höhe über der z-Achse angibt. Die Größe $h(z)$ ist gleichzeitig der Radius des durch die Rotation über dem Punkt z erzeugten Kreises in der xy-Ebene. Der obige Winkel γ zwischen der Horizontalen und der Einheitsnormalen ν hängt natürlich auch von z ab, da die Normale von z abhängt. Die Bedingung $K = -1$ führt dann auf eine (gewöhnliche) Differentialgleichung für h, aus welcher man schließt, dass $h(z)$ ungefähr wie e^{-z} aussieht. Die Hauptkrümmungen verhalten sich dann wie folgt: $k_1(z)$ ist *nicht* die Krümmung des Kreises mit Radius $h(z)$, da dieser Kreis nicht in einer Normalenebene liegt (d. h. in einer Ebene, welche ν enthält), außer wenn ν parallel zur z-Achse ist, also für $z = 0$. Der Korrekturfaktor lässt sich über den Winkel $\gamma(z)$ berechnen (siehe obiges Bild). Diese Krümmung ist gemäß unserer Vorzeichenkonvention immer negativ und strebt nach minus Unendlich für z nach Unendlich und nach Null für z nach Null. $k_2(z)$ ist hingegen genau die Krümmung der erzeugenden Kurve, ist also im Falle der Pseudosphäre überall positiv, und strebt nach Null für z nach Unendlich und nach Unendlich für z nach Null.

Im Gegensatz zum Zylinder oder einem Zylinderstück, lassen sich geschlossene Flächen mit Krümmung Null nicht innerhalb des $\mathbb{R}^3$ isometrisch, d. h. ohne Verzerrung darstellen. Man nennt eine Fläche *geschlossen*, wenn sie endliche Ausdehnung und keinen Rand hat. Flächen ohne Rand im euklidischen Raum $\mathbb{R}^3$ haben zum Beispiel genau dann endliche Ausdehnung, wenn sie von einer Kugeloberfläche (hierbei spielt der Kugelradius keine Rolle) eingeschlossen werden können. Bei einer allgemeinen zweidimensionalen Mannigfaltigkeit (zu denen auch alle Flächen ohne Rand im $\mathbb{R}^3$ gehören) wird Geschlossenheit aber umfassender und abstrakter definiert (der mathematische Begriff hierfür ist *Kompaktheit*). Die Pseudosphäre, die euklidische Ebene und der unendliche Zylinder sind zum Beispiel nicht kompakt.

Ein Beispiel einer geschlossenen Fläche mit Krümmung Null ist der so genannte *flache Torus T^2*:

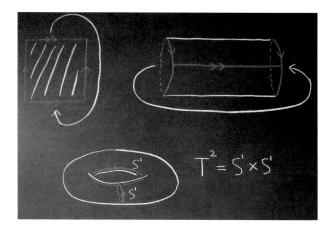

Beim Aufrollen des ebenen Quadrates in eine dritte Raumrichtung und an-
schließendem Verkleben (abstrakter Identifizierung der entsprechenden Kanten)
erhält man ein Zylinderstück wie oben rechts. In diesem Schritt wird noch keine
interne Krümmung eingeführt. Möchte man aber nun die Randkreise des Zylinders miteinander verkleben, um einen Torus (Reifenfläche, also mit einem „Loch")
zu erhalten, muss man Winkel und Abstände verzerren. Man erhält den üblichen Torus im $\mathbb{R}^3$, eine geschlossene Fläche, welcher aber Punkte mit negativer
Krümmung, positiver Krümmung und mit Krümmung Null enthält. Die euklidische Geometrie wurde beim zweiten Aufrollen verändert. Hat man aber noch eine
vierte Richtung zum Aufrollen des Zylinders zur Verfügung, so gelingt dies ohne
Einführung von Krümmung. So entsteht der *flache Torus*, welcher von innerhalb
der Fläche gesehen lokal von der euklidischen Ebene nicht zu unterscheiden ist,
nur beim Entlanglaufen bestimmter Geodäten, in diesem Fall entlang der zwei
oben abgebildeten Kreise. Hierauf wird gleich noch genauer eingegangen. Der
flache Torus ist übrigens ein Quotient (siehe weiter oben) der euklidischen Ebene.

Der Raum der n-Tupel (Tripel, Quadrupel, Quintupel, . . . , n-Tupel) von reellen Zahlen $(x_1, x_2, \ldots, x_n)$ wird *n-dimensionaler euklidischer Raum* oder einfach $\mathbb{R}^n$
genannt. Für $n > 3$ ist dies das höherdimensionale Gegenstück zur reellen Achse
$\mathbb{R}$ mit Elementen x, der euklidischen Ebene $\mathbb{R}^2$ mit Paaren (x, y) von reellen Zahlen und „unserem" euklidischen Raum $\mathbb{R}^3$, dessen Zahlentripel man meistens mit
(x, y, z) bezeichnet. Die drei unabhängigen „Richtungen" x, y und z könnte man
auch mit *rechts/links*, *vorne/hinten* und *oben/unten* bezeichnen.

Im $\mathbb{R}^4$, welche die originalgetreue (unverzerrte) Version des Torus beherbergt,
gibt es eine zusätzliche (Raum)richtung gegenüber dem $\mathbb{R}^3$, welche man *senkrecht
zum* $\mathbb{R}^3$, nennen könnte. Diese zusätzliche Dimension könnte aber auch die Zeit
bezeichnen oder irgendeinen sonstigen Parameter, welcher unabhängig von unseren räumlichen Parametern x, y und z variieren kann. Im $\mathbb{R}^n$ hat man dann eben
n unabhängige Parameter, wie zum Beispiel unsere drei Raumrichtungen, Zeit,
Temperatur, Luftdruck, Lautstärke usw.

Diese Parameter können auch Winkel und Radien beschreiben. Im $\mathbb{R}^2$ ist jeder Punkt von der Form $(x, y) = (x_1, x_2) = (r \cos\theta, r \sin\theta)$ wobei θ einen Winkel zwischen $0°$ und $360°$ und r einen Radius zwischen Null und Unendlich bezeichnet. Punkte auf dem Einheitskreis sind also von der Form $(x_1, x_2) = (\cos\theta, \sin\theta)$.

Man kann mit Hilfe der beiden obigen Kreise, welche bei der Transformation eines Quadrates in den flachen Torus entstehen, letzteren auch analytisch beschreiben. Die Formel für einen Punkt auf T^2 im vierdimensionalen Raum $\mathbb{R}^4$ ist

$$(\cos\theta, \sin\theta, \cos\varphi, \sin\varphi),$$

wobei die Winkel θ und φ die Werte 0 bis 2π ($360°$) durchlaufen und so zwei unabhängige (da die Winkel θ und ϕ unabhängig voneinander variieren können) ebene Einheitskreise, mit S^1 bezeichnet, beschreiben, jeder in seiner eigenen Ebene ($x_1 x_2$-Ebene bzw. $x_3 x_4$-Ebene) liegend (siehe unten).

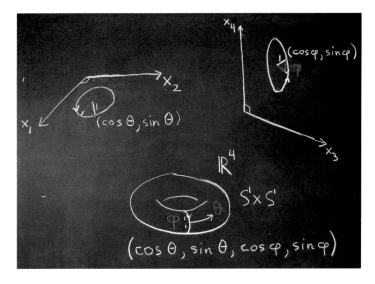

Der Torus ist also ein Wertepaar von Punkten auf zwei Kreisen, weshalb man ihn auch mit $S^1 \times S^1$ bezeichnet. Entsprechend bezeichnet man das Zylinderstück im vorletzten Bild mit $S^1 \times I$. Der Faktor I bezeichnet die ‚gerade' Richtung (gegeben durch die horizontalen Seiten des Quadrates, welche beim Verkleben zu einer Strecke auf dem Zylinder geworden sind). Einen unendlichen Zylinder bezeichnet man mit $S^1 \times \mathbb{R}$.

Es ist ein wesentlicher Unterschied zwischen der S^2 (der Einheitssphäre) und T^2 (dem flachen Torus), dass erstere einfach zusammenhängend ist, während der Torus diese Eigenschaft nicht besitzt. Eine Fläche S heißt *einfach zusammenhängend*, wenn sich jede geschlossene Kurve auf S kontinuierlich (innerhalb von S!) zu einem Punkt auf S zusammenziehen lässt. Dies funktioniert bei dem Torus für die beiden im nächsten Bild dargestellten Kurven nicht. Im Übrigen besteht auch der wesentliche Unterschied zwischen der euklidischen Ebene und dem flachen Torus T^2 darin, dass die Ebene im Gegensatz zum Torus einfach zusammenhängend ist.

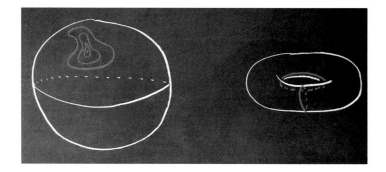

Versetzen wir uns in die Situation von Bewohnern des flachen Torus. Dies sind zweidimensionale (flache) intelligente Lebewesen auf dem Torus. Zweidimensional bedeutet hierbei, dass sie keine Wahrnehmung von Höhe über dem Torus haben, also insbesondere nicht direkt wahrnehmen können, dass der Torus eigentlich in einem vierdimensionalen Raum, dem $\mathbb{R}^4$ liegt. (Torusbewohner, welche sich diese Möglichkeit vorstellen können, betreiben damit übrigens schon Mathematik.). Diese Bewohner können nun durch lokale Experimente (z. B. Messung von Längen und Winkeln, Winkelsumme in Dreiecken usw.) nicht unterscheiden, ob sie auf einem flachen Torus oder einer Ebene leben. Den Unterschied können Wissenschaftler auf dem Torus nur durch gewisse „globale" Experimente nachweisen.

Ein Beispiel eines solchen „globalen" Experimentes ist der folgende Tierversuch: Ein (flacher) Experimentator begibt sich auf eine Wanderung in Begleitung eines (flachen) Hundes. Dieser Hund liegt hierbei an einer (beliebig langen) Leine, deren anderes Ende am Ausgangspunkt der Wanderung befestigt ist. Kehrt der Experimentator mit seinem Hund irgendwann zum Ausgangspunkt zurück, so gibt es zwei Möglichkeiten: Ist er durch das Loch des Torus hindurch oder um dieses herum gelaufen, zum Beispiel entlang einer der beiden obigen Kreise (die Torusbewohner können hierbei natürlich das Loch nicht sehen, da man hierfür mindestens dreidimensionale Wahrnehmung benötigt), so lässt sich am Ende der Wanderung die Leine nicht einziehen, wenn man dabei beide Enden festhält. Dies geht selbst dann nicht, wenn die Leine nicht an Bäumen, Fußgängern oder sonstigen möglichen Hindernissen hängenbleibt. Der Torus selbst (das „Universum" der Torusbewohner) ist das Hindernis! Um die Leine „einzuholen", muss man ein Ende loslassen.

Sind die beiden aber zum Beispiel nur in einem Kreis um den Ausgangspunkt herumgelaufen (auf der Ebene und auf der Kugeloberfläche sind alle geschlossenen Kurven ohne Selbstüberschneidungen von dieser Art, wie zum Beispiel im obigen Bild links), so kann man die Leine einziehen, während man gleichzeitig beide Enden festhält. In den Büchern *Flatland* [A] und *The shape of space* [We] sind übrigens ähnliche und weitere Experimente genauer beschrieben und sehr schön illustriert.

Man sagt nun, dass zwei geschlossene Flächen die gleiche *Gestalt* oder *Topologie* besitzen, wenn sich eine in die andere durch stetige Deformation überführen lässt, und dieser Prozess auch reversibel ist. Bei der Deformation darf die Geometrie der Fläche beliebig verändert werden. Dies heißt, dass man beliebig Abstände und Winkel ändern kann. Man darf nur nirgendwo schneiden oder Löcher in die Fläche bohren. Weiterhin muss alles, was man tut, durch eine stetige Deformation rückgängig gemacht werden können . Man kann zum Beispiel sehr leicht einen Volltorus aus Knetmasse in einer stetigen Bewegung zu einer Knetkugel zusammenquetschen, um aber den Torus zurück zu erhalten, muss man irgendwann ein Loch in die Knete bohren, welches keine zulässige Deformation ist. Das heißt also, dass der Torus T^2 und die Sphäre S^2 *nicht* die gleiche Gestalt (Topologie) haben.

Zwei Flächen mit gleicher Topologie nennt man auch *topologisch äquivalent* (oder *topologisch gleich*). Zum Beispiel sind die Oberfläche eines Würfels und der einer Kugel topologisch äquivalent. Eine einfach zusammenhängende Fläche kann nicht topologisch äquivalent zu einer Fläche sein, welche *nicht* einfach zusammenhängend ist (Übung für die Leserin).

Möchte man einen Torus in eine Kugeloberfläche verwandeln, so muss man diesen zunächst entlang eines geeigneten Kreises, topologisch eine S^1 (wie im nächsten Bild), aufschneiden und Kappen auf die Endstücke setzen. Eine Kappe ist topologisch äquivalent zu einer Kreisscheibe B^2 (auch zweidimensionale Kugel genannt). Deren Rand ist ein Kreis, also eine S^1. Die übrige Verwandlung in die runde Sphäre erreicht man dann durch stetige (reversible) Deformation (wie in der unteren Zeile unseres nächsten Bildes). Hierbei spielt, wie gesagt, das Beibehalten von Abständen keine Rolle, das heißt die Geometrie darf sich verändern.

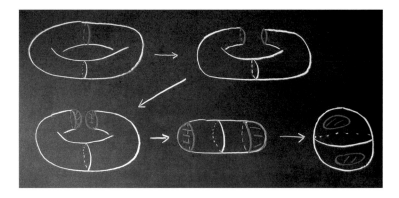

Diesen Vereinfachungsprozess für die Topologie einer Fläche (letztere hat hinterher weniger „Löcher" als vorher) bezeichnen Mathematiker mit dem treffenden Ausdruck *Chirurgie*.

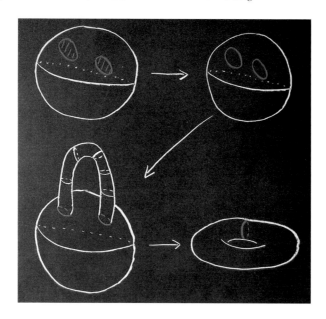

Umgekehrt gelangt man von der Kugeloberfläche zum Torus durch Anfügen eines (hohlen, also zweidimensionalen) Henkels (topologisch ein Zylinderstück). Dies geschieht, indem man zunächst (wie im obigen Bild) zwei Kreisscheiben B^2 aus der Fläche entfernt, in welche man dann die Enden des Henkels einpasst. Sowohl die Enden des Henkels als auch die Ränder der herausgenommenen Kreisscheiben sind topologisch äquivalent zum Kreis S^1. Die Stücke passen also topologisch zusammen. Das Übrige erreicht man wieder durch Deformation. Wie man letzteres ausführt, müssen sich die Leserinnen selbst überlegen (Hinweis: Knete benutzen).

Auf analoge Art und Weise erhält man eine Fläche mit zwei Löchern (eine Brezel) durch Zusammensetzen zweier Tori entlang Kreisen, welche durch Herausschneiden zweier Kreisscheiben entstanden sind (siehe unten).

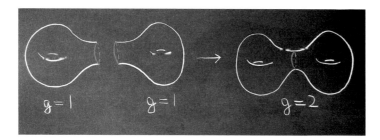

Brötchen (ohne Loch), Bagel (mit einem Loch) und Brezeln (mit zwei Löchern) sind also nicht nur geschmacklich, sondern auch mathematisch völlig verschieden. Den Schritt von einfacherer (weniger Löcher) zu komplizierterer (mehr Löcher) Topologie, wie er in den letzten beiden Bildern dargestellt wurde, nennen

Mathematiker das Bilden einer *zusammenhängenden Summe*. Die durch das Zusammenfügen zweier Tori entstandene Fläche bezeichnet man auch mit $T^2\#T^2$.

Man kann mit dem Hinzufügen weiterer Tori fortfahren und so die Flächen topologisch beliebig kompliziert machen. Die Anzahl der hinzugefügten Henkel entspricht dabei genau der Anzahl der Löcher. Eine Fläche mit drei Löchern zum Beispiel ist topologisch von der Form $T^2\#T^2\#T^2$. Die Anzahl der Tori (Henkel oder Löcher) nennt man das *Geschlecht* oder auch *Genus* der Fläche. Dieses wird im Allgemeinen mit dem Buchstaben g bezeichnet.

Wir kommen nun zur Klassifikation aller Strukturen (geometrisch und topologisch), welche für zweidimensionale geschlossene Flächen möglich sind. Der flache Torus zum Beispiel ist nur flach, wenn er im vierdimensional Raum liegt. Wichtig ist aber, dass er topologisch äquivalent zu unserem üblichen (Kreisring)-torus ist. Die beiden sind aber nicht geometrisch äquivalent (lokal isometrisch), wie wir bereits diskutiert haben.

Um uns unsere Aufgabe etwas zu erleichtern und nicht den Rahmen dieses Aufsatzes zu sprengen, betrachten wir nur *orientierbare* Flächen. Für eine Beschreibung der Klassifizierung nichtorientierbarer Flächen verweisen wir die Leserin auf [Th] und [We].

Eine Fläche heißt *orientierbar*, wenn es nicht möglich ist, von einer Reise innerhalb der Fläche seitenverkehrt zum Ausgangspunkt zurückzukehren. Auf der folgenden Fläche, der so genannten *Kleinschen Flasche* K^2, ist solch eine Reise tatsächlich möglich. Die Fläche ist also *nichtorientierbar*. Letzterer Ausdruck ist mathematische Terminologie für *nicht* orientierbar (anstatt *unorientierbar*).

Ein (flacher) Mathematiker geht auf eine Reise, ausgerüstet nur mit seiner Tafel und einem unbegrenzten Vorrat an Kaffee. Sein Kollege bleibt mit seiner eigenen Tafel zurück. Beide Tafeln zeigen ein zweidimensionales Koordinatensystem, bei welchem wie üblich die x-Richtung nach *rechts* zeigt, aber die y-Richtung nach *vorne* (in Laufrichtung des reisenden Mathematikers) statt nach oben, wie auf einer Wandtafel in unserer Welt (in einer flachen Welt kann man zweidimensionale Tafeln nicht vertikal stellen, man kann aber ,oben' statt ,vorne' sagen, wenn man möchte).

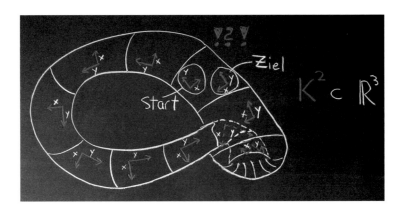

Läuft der Kollege so, wie im Bild gezeigt, so kehrt er zum Ausgangspunkt mit seitenverkehrtem Koordinatensystem zurück. Die x-Richtung zeigt nun nach links. Auch seine Hände sind vertauscht. Dies liegt daran, dass die Kleinsche Flasche nur eine Seite hat. Wiederholt der Mathematiker seine Reise, so ist hinterher alles wieder wie zu Beginn der ersten Reise.

Leider lässt sich K^2 nur im vierdimensionalen Raum $\mathbb{R}^4$ originalgetreu darstellen, genau wie der flache Torus. Zwängen (projizieren) wir K^2 in unseren Raum $\mathbb{R}^3$, so geht wesentliche Information verloren, so wie ein einzelner Schatten eines Objektes keinen Aufschluss über das gesamte Objekt geben kann. Die *Nichtorientierbarkeit* bleibt aber erhalten.

K^2 erhält man ähnlich wie T^2 durch Zusammenkleben der beiden kreisförmigen Enden eines Zylinderstückes. Beim Torus trifft hierbei das eine Ende des Zylinders das andere Ende *von außen* (in unserem Raum gesehen). Bei der Kleinschen Flasche trifft das eine Zylinderende das andere *von innen*. In unserem dreidimensionalen Raum funktioniert dies nur, wenn der Zylinder sich selbst durchdringt (wie in der obigen Zeichnung). Hat man eine zusätzliche Dimension zur Verfügung, wie im $\mathbb{R}^4$, so kann man dies ohne Selbstdurchdringung erreichen. Unser Objekt sieht tatsächlich einer Flasche ähnlich, allerdings einer, bei welcher die Flaschenöffnung von innen in den Flaschenboden übergeht. Die Fläche hat also nur eine Seite, das heißt weder ein Inneres noch ein Äußeres. Im $\mathbb{R}^4$ ergibt letztere Beschreibung keinen Sinn. Zweidimensionale geschlossene Flächen im vierdimensionalen Raum sollte man sich analog zu (eindimensionalen) geschlossenen Kurven in unserem dreidimensionalen Raum vorstellen. Geschlossene Kurven im Raum haben auch weder ein Inneres noch ein Äußeres. Geschlossene Kurven in der Ebene haben allerdings ein Inneres und ein Äußeres, letztere sind aber Gebiete innerhalb der Ebene.

Einer der wichtigsten Sätze der Theorie geschlossener zweidimensionaler Mannigfaltigkeit, wie zum Beispiel Flächen im $\mathbb{R}^3$, ist die Gauß-Bonnet-Formel.

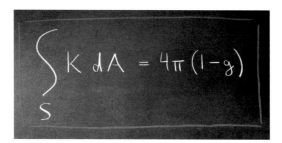

Diese setzt, wie im oberen Bild dargestellt, die Topologie einer geschlossenen Fläche, bestimmt durch ihr Geschlecht g, in Beziehung zu ihrer Geometrie repräsentiert durch das Flächenintegral ihrer Krümmung, proportional zu einer Art Mittelwert der Krümmung über die gesamte Fläche. Die Formel besagt zum Beispiel, dass der Mittelwert der Krümmung auf Flächen vom Geschlecht Null positiv, auf Flächen vom Geschlecht Eins gleich Null, und auf allen Flächen höheren

Geschlechtes negativ ist. Dies bedeutet, dass nur Flächen vom Typ der Kugeloberfläche sphärische Geometrie tragen, das heißt Krümmung überall gleich Eins haben können. Nur Tori können flach sein, wie zum Beispiel unser flacher Torus von vorhin. Geschlossene Flächen vom Geschlecht größer als oder gleich Zwei, und nur diese, lassen hyperbolische Geometrie zu.

Ein Satz aus der Topologie besagt, dass man alle geschlossenen orientierbaren Flächen als zusammenhängende Summe von Tori darstellen kann [We]. Diese Aussage nennt man eine topologische Klassifizierung geschlossener orientierbarer Flächen.

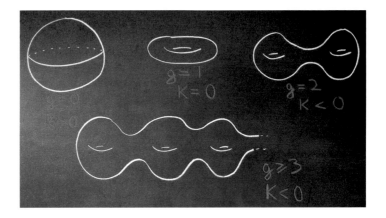

Von diesen Flächen ist die Kugeloberfläche die einzige einfach zusammenhängende Fläche. Zwei Flächen mit verschiedenem Geschlecht lassen sich durch Deformation ohne Schneiden nicht ineinander überführen. Dies geht nur entweder durch Chirurgie oder das Bilden einer zusammenhängenden Summe.

Wie man sich flache Geometrie auf einem Torus vorstellen sollte, haben wir bereits beim flachen Torus gesehen. Den obigen Darstellungen von Flächen mit höherem Geschlecht als Eins sieht man auch nicht direkt an, dass sie hyperbolische Geometrie tragen können, da diese beim Einbetten in den $\mathbb{R}^3$ zerstört wird. Um geschlossene Flächen mit hyperbolischer Geometrie zu visualisieren, haben wir folgendes Beispiel aus [We] übernommen und etwas vereinfacht:

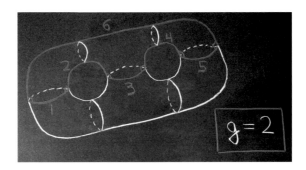

Uns fällt zunächst auf, dass die obige Fläche vom Geschlecht $g = 2$ aus vier Sechsecken (zwei vorne, zwei hinten) zusammengesetzt ist, welche sich alle an jeder der sechs Ecken in einem rechten Winkel treffen. Eines der Sechsecke ist im nächsten Bild dargestellt. Wir deformieren es zu einem regulären (mit gleichen geodätischen Seitenlängen) rechtwinkligen Sechseck in der hyperbolische Ebene $\mathbb{H}^2$.

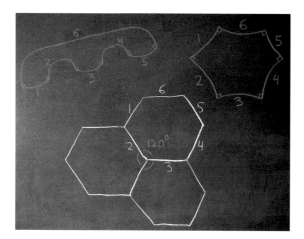

In der euklidischen Ebene haben reguläre Sechsecke Winkel von $120°$, und nur jeweils drei Sechsecke lassen sich um einen Punkt in der Ebene herum anordnen. *Hyperbolische* reguläre Sechsecke mit Winkeln von $90°$ lassen sich aber genau wie euklidische Quadrate zu viert um einen Eckpunkt herum anordnen.

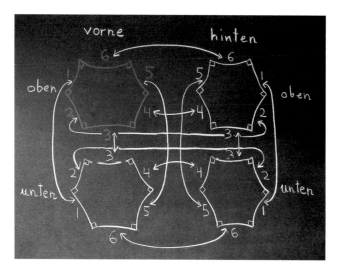

Wir verkleben nun diese vier Sechsecke, welche alle hyperbolische Geometrie tragen, genau wie sie vorher unsere Ausgangsfläche vom Geschlecht 2 gebildet hatten, also wie im obigen Identifikationsschema. „Verkleben" muss natürlich wieder im abstraktem Sinne aufgefasst werden, das heißt es dürfen keine (geometrischen) Verzerrungen stattfinden. Dies lässt sich im dreidimensionalen euklidischen Raum nicht bewerkstelligen. Man geht also analog wie beim Quadrat vor, welches nach zweifachem Verkleben zum flachen Torus wurde. Die so erhaltene abstrakte Fläche ist topologisch äquivalent zu unserer Fläche vom Geschlecht 2, das heißt sie lässt sich stetig und reversibel in diese deformieren. Der Unterschied ist nur, dass letztere beim „Hineinzwängen" in den $\mathbb{R}^3$ ihre hyperbolische Struktur verloren hat.

Der *Uniformisierungssatz* besagt, dass sich jede geschlossene Fläche mit einer der drei Geometrien versehen lässt, *sphärische* Geometrie für Flächen vom Geschlecht Null, *euklidische* Geometrie für Flächen vom Geschlecht Eins und *hyperbolische* Geometrie für Flächen höheren Geschlechtes. Man kann sogar jede gegebene Geometrie auf kanonische Weise, nämlich mittels eines Wärmeleitungsprozesses, in eine der drei Modellgeometrien verformen. Wir werden diesen Prozess später noch näher erklären.

3   Geometrie und Topologie dreidimensionaler Räume

Ein dreidimensionaler Raum M, auch 3-Mannigfaltigkeit genannt, ist in der Umgebung eines jeden Punktes p topologisch äquivalent zu unserem dreidimensionalen euklidischen Raum $\mathbb{R}^3$, das heißt lässt sich durch einen reversiblen Deformationsprozess in diesen überführen. Damit lässt sich dann natürlich auch jeder Punkt in dieser Umgebung durch ein Koordinatentripel, also einen Vektor im $\mathbb{R}^3$ beschreiben. Zum Beispiel bezeichnet das Koordinatentripel $(1,2,3)$ den Punkt im $\mathbb{R}^3$, welchen man vom Ursprung $(0,0,0)$ (welcher den Punkt p in M bezeichnet) aus erreicht, indem man eine Längeneinheit in x-Richtung, zwei in y-Richtung und drei in z-Richtung läuft. Die drei Koordinaten könnten zum Beispiel Winkel sein, also Drehungen parametrisieren, so wie man mit zwei Winkeln die Kugeloberfläche S^2 oder den flachen Torus überstreichen kann.

Infinitesimal gesehen (also nach unendlichfacher Vergrößerung) um den Punkt p herum, sieht man den $\mathbb{R}^3$, das heißt man erhält alle Richtungen, welche man von p aus innerhalb der Mannigfaltigkeit einschlagen kann. Diesen „Richtungsraum" nennt man auch den Tangentialraum $T_p M$ von M im Punkte p. Er ist das dreidimensionale Gegenstück zur Tangentialebene an eine Fläche.

Die meisten 3-Mannigfaltigkeiten lassen sich nicht einfach visualisieren. Bewohner einer dreidimensionalen Mannigfaltigkeit (wie zum Beispiel die Menschheit innerhalb des dreidimensionalen gekrümmten Weltraumes) können nicht direkt wahrnehmen, ob ihr Raum innerhalb eines höherdimensionalen nicht gekrümmten Raumes liegt. Dies ist analog dazu, dass zweidimensionale Bewohner einer Kugeloberfläche den umgebenden $\mathbb{R}^3$, und Lebewesen auf dem flachen Torus den umgebenden $\mathbb{R}^4$ nicht sehen können.

Wir müssen mit Analogien arbeiten, zum Beispiel indem wir uns in die Lage zweidimensionaler Wesen versetzen, welche versuchen, sich unsere dreidimensionale Welt vorzustellen. Methoden, welche diese Wesen anwenden um festzustellen, ob sie in einer flachen oder gekrümmten Welt, auf einer einfach zusammenhängenden Kugeloberfläche oder auf einer Torusoberfläche wohnen, lassen sich oft in unsere dreidimensionale Welt übertragen, um die Struktur höherdimensionaler Räume zu verstehen.

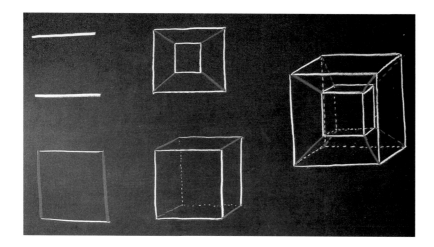

Betrachten wir ein Beispiel. Links im Bild sieht man, wie man aus einem eindimensionalen „Würfel", einer Strecke, einen zweidimensionalen „Würfel", auch Quadrat genannt, erzeugt: Man verbindet zwei Strecken an allen ihren Punkten, oder einfach nur an den Endpunkten, um den Rand des Quadrates zu erhalten. Um einem zweidimensionalen Wesen einen dreidimensionalen Würfel zu erklären, verbindet man zwei zweidimensionale Würfel (im Bild ineinander gelegen) wieder mit Strecken wie im obigen Bild in der Mitte. Diese Zeichnung erscheint einem wie eine schlechte perspektivische Darstellung eines Würfels. Darunter sieht man unsere übliche Art der perspektivischen Darstellung eines Würfels. Analog verfährt man nun, um eine Vorstellung eines vierdimensionalen Würfels zu erhalten. Man legt zwei dreidimensionale Würfel ineinander (oder stellt sie auf irgendeine andere Weise separat dar) und verbindet dann die Ecken mit Geraden wie im obigen Bild ganz rechts. Hier sieht man das so genannte eindimensionale Gerüst des vierdimensionalen Würfels. Genau wie das Quadrat von Strecken berandet ist und der dreidimensionale Würfel von Quadraten, so ist der vierdimensionale Würfel von dreidimensionalen Würfeln berandet. Der Rand des vierdimensionalen Würfels ist übrigens ein Beispiel einer dreidimensionalen geschlossenen Mannigfaltigkeit.

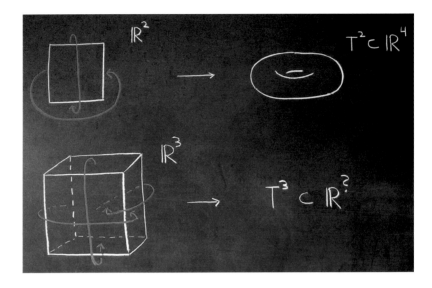

Ein weiteres Beispiel einer geschlossenen 3-Mannigfaltigkeit ist der Torus T^3, welchen man erhält, indem man gegenüberliegende Seiten eines dreidimensionalen Würfels miteinander identifiziert. Dieser Torus ist ein so genannter Quotient des $\mathbb{R}^3$ und damit auch flach, aber nicht einfach zusammenhängend. Er ist das dreidimensionale Gegenstück zum flachen Torus $T^2 = S^1 \times S^1$, welchen man durch Identifizierung gegenüberliegender Seiten eines Quadrates erhielt. T^2 lässt sich im $\mathbb{R}^4$ originalgetreu darstellen (isometrisch einbetten). In welchen $\mathbb{R}^n$ lässt sich T^3 isometrisch einbetten?

Die dreidimensionale Sphäre S^3 ist die Menge aller Punkte im vierdimensionalen euklidischen Raum, welche Abstand Eins vom Ursprung haben. Sie ist also die Oberfläche einer vierdimensionalen Kugel vom Radius Eins. Man kann natürlich einen beliebigen Radius r wählen. In diesem Fall nennt man das Objekt S_r^3. Genau wie Querschnitte der zweidimensionalen Kugeloberfläche (mittels Ebenen welche den Mittelpunkt der Kugel enthalten) aus Großkreisen (Äquatoren S^1) bestehen, so bestehen die entsprechenden Querschnitte einer S^3 aus zweidimensionalen Sphären S^2. Man kann aber die S^3 auch durch drei Winkelkoordinaten beschreiben, indem man zum Beispiel die im $\mathbb{R}^3$ gelegene, bereits von zwei Winkeln beschriebene S^2, einer weiteren Drehung im $\mathbb{R}^4$ bezüglich eines dritten Winkels aussetzt.

Eine $S^2 \times I$ ist ein Zylinderstück im $\mathbb{R}^4$, welches zweidimensionale Sphären als Querschnitte hat. Hierbei bezeichnet I ein Intervall (eine Strecke), zum Beispiel $I = (a, b)$, die Menge aller Zahlen, welche zwischen a und b (wobei $0 < a < b$ ist) liegen. Rein topologisch kann man sich dieses dreidimensionale Objekt auch als eine Kugelschale der Dicke $b - a$ vorstellen oder anders ausgedrückt als den Raum zwischen zwei ineinander liegenden Kugeloberflächen, einer kleineren vom Ra-

dius a und einer größeren vom Radius b. So wie ein Kreisring topologisch äquivalent zu einem Zylinderstück ist, so ist eine Kugelschale topologisch äquivalent
zu $S^2 \times I$, wie im nächsten Bild dargestellt. In welchem $\mathbb{R}^n$ liegt $S^2 \times I$ isometrisch?

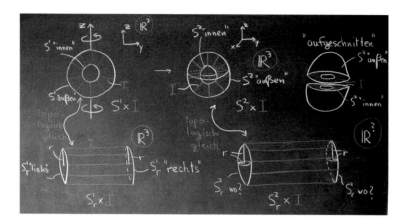

Im Gegensatz zu einer Fläche genügt eine einzelne Krümmung nicht zur Festle-
gung der Geometrie einer 3-Mannigfaltigkeit. Durch jeden Punkt einer dreidimensionalen Mannigfaltigkeit M gehen drei voneinander unabhängige Flächenrich-
tungen, welche durch die drei Standardebenenrichtungen (xy-Ebene, xz-Ebene
und yz-Ebene) im Tangentialraum T_pM (dieser ist einfach ein euklidischer $\mathbb{R}^3$)
festgelegt sind. In jede dieser „Ebenenrichtungen" kann man einen geeigneten
lokalen zweidimensionalen Querschnitt von M betrachten, z.B. eine Art Viereck,
welches von Geodäten berandet ist. Dieser Querschnitt ist ein Flächenstück in M
welches p enthält. Wir berechnen nun die Gaußkrümmung dieses Flächenstückes
im Punkte p genau wie vorher, nämlich durch Messung der Winkelabweichun-
gen von π in geodätischen Dreicken. In jeder der kanonischen Ebenenrichtungen, bezeichnet durch die Paare orthogonaler Einheitsvektoren (e_1, e_2), (e_1, e_3)
und (e_2, e_3), erhält man eine so genannte *Schnittkrümmung* im Punkte p. Diese
werden mit K_{12}, K_{13} und K_{23} bezeichnet.

Eine 3-Mannigfaltigkeit, bei welcher das Tripel von Schnittkrümmungen nicht
von dem Punkt in der Mannigfaltigkeit abhängt, nennt man *homogen*. Die Geometrie sieht also an allen Punkten gleich aus. Sind die einzelnen Schnittkrümmungen
an einem Punkt sogar unabhängig von den Ebenenrichtungen, so nennt man sie
isotrop. Isotrope Geometrie ist also sogar unabhängig von der Richtung, in die wir
schauen. Interessanterweise impliziert die Richtungsunabhängigkeit der Schnittkrümmungen an jedem Punkt auch deren Unabhängigkeit vom Basispunkt.

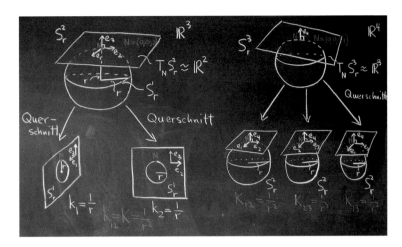

Genau wie S_r^2 zwei orthogonale Kreise S_r^1 durch den Nordpol $N = (0,0,1) \in \mathbb{R}^3$ als Querschnitte hat, so besitzt S_r^3, die dreidimensionale Sphäre mit Radius r (also der Rand einer vierdimensionalen Kugel vom Radius r), drei (im $\mathbb{R}^4$) orthogonale zweidimensionale S_r^2 als lokale Querschnitte, in dem Sinne, wie wir es bei der Definition von Schnittkrümmungen gesehen haben. Dies ist im obigen Bild am Nordpol $N = (0,0,0,1)$ von S_r^3 im $\mathbb{R}^4$ dargestellt. Hier ist die e_4-Achse im $\mathbb{R}^4$ normal (senkrecht) zu unserer 3-Sphäre, und der Tangentialraum wird durch unser übliches 3-Bein (ein orthogonales, aus Vektoren der Länge Eins bestehendes Achsenkreuz) $\{e_1, e_2, e_3\}$ im $\mathbb{R}^3$ beschrieben. Die 2-Sphären S_r^2 haben Gaußkrümmung gleich $1/r^2$. Alle Schnittkrümmungen der S_r^3 sind daher gleich $1/r^2$. S_r^3 ist also isotrop.

Das dreidimensionale Zylinderstück $S_r^2 \times I$ (im nächsten Bild rechts oben) besitzt zwei lokale zylinderförmige Querschnitte, welche flach sind. Links ist die analoge zweidimensionale Situation dargestellt (ein eindimensionales Zylinderstück besteht aus zwei parallelen Strecken). Die dritte Ebene im Tangentialraum ist tangential an eine S_r^2. Dieser Querschnitt hat also Krümmung $1/r^2$. Daher sind die drei Schnittkrümmungen an jedem Punkt $1/r^2, 0$ und 0. $S^2 \times I$ ist also homogen, aber nicht isotrop. Das gleiche gilt für den unendlichen Zylinder $S^2 \times \mathbb{R}$ und dessen Quotienten $S_r^2 \times S_\rho^1$. Ein Kreis, unabhängig vom Radius, hat keine intrinsische (interne) Krümmung.

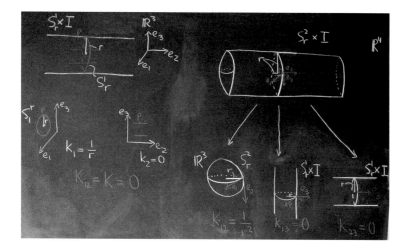

Eine Darstellung der 3-Mannigfaltigkeit $T^2 \times I$ sieht man in der oberen Zeile des nächsten Bildes, in welcher $S^1 \times I \times I$, ein dickwandiges, aber hohles Kabelstück, an seinen kreisringförmigen Enden zusammengeklebt wird. Das nach dem Verkleben übrigbleibende Intervall I zeigt dann in Richtung des Zylinderradius. Die jeweiligen Querschnitte parallel und senkrecht zur Kabelrichtung sind darunter dargestellt. Alle Schnittkrümmungen von $T^2 \times I$ sind gleich Null. Querschnitte sind der Torus T^2 und zwei Zylinderstücke $S^1 \times I$, welche alle flach sind.

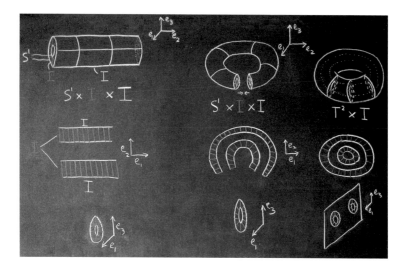

$T^2 \times I$, und damit auch $T^2 \times \mathbb{R}$, der unendliche Zylinder über dem Torus, ist also flach, aber nicht einfach zusammenhängend, da ein Kreis, welcher durch das Loch des Torus hindurch läuft, sich nicht in $T^2 \times \mathbb{R}$ zu einem Punkt zusammenziehen lässt,

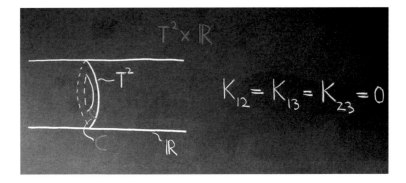

aber der euklidische Raum R^3

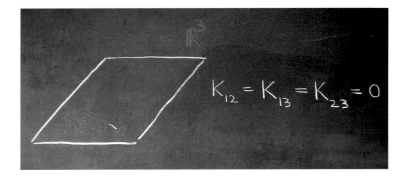

ist flach und einfach zusammenhängend.

Unter den Flächen gibt es drei homogene Modelle, welche als geometrische Grundmodelle dienen, S^2, $\mathbb{H}^2$ und $\mathbb{R}^2$. Deren dreidimensionale Gegenstücke S^3, $\mathbb{H}^3$ und $\mathbb{R}^3$ sind nicht die einzigen homogenen Geometrien in drei Dimensionen, wie wir bereits bei unseren Beispielen gesehen haben. Sie sind aber die einzigen isotropen Beispiele.

Thurston [Th] formulierte einige natürliche Eigenschaften, welche man zusätzlich zur Homogenität von einem dreidimensionalen geometrischen Grundmodell erwarten sollte. Zu diesen gehört zum Beispiel die Eigenschaft, einfach zusammenhängend zu sein. Jede Mannigfaltigkeit besitzt eine so genannte *universelle Überlagerung*, welche die gleiche Geometrie hat, aber einfach zusammenhängend ist. Zum Beispiel ist $\mathbb{R}^3$ die universelle Überlagerung von $T^2 \times \mathbb{R}$.

Weiterhin forderte er maximale Symmetrie. Dies bedeutet in etwa folgendes (für eine mathematisch präzisere Erklärung verweisen wir die Leserin auf [Th]): Betrachten wir zum Beispiel nur die Symmetrien des $\mathbb{R}^3$, welche eine beliebige aber feste Ebene (z. B. die xy-Ebene) in sich selbst überführen. Hierzu gehören zum Beispiel Drehungen um die z-Achse. Diese Symmetriegruppe (eine Untergruppe der vollen Symmetriegruppe des $\mathbb{R}^3$) bezeichnet man auch als Symmetriegruppe des Raumes $\mathbb{R}^2 \times \mathbb{R}$. Der *geometrische* $\mathbb{R}^3$ ist *symmetrischer* als der *geometrische* $\mathbb{R}^2 \times \mathbb{R}$. Da sie topologisch äquivalent und auch beide homogen sind, wählte Thurston nur $\mathbb{R}^3$ für seine Liste aus.

Eine weitere Eigenschaft ist die Existenz eines geschlossenen Quotienten jeder Modellmannigfaltigkeit, da wir ja geschlossene Mannigfaltigkeiten modellieren wollen. Der Torus T^3 ist ein geschlossener Quotient von $\mathbb{R}^3$ und $S^2 \times S^1$ ein geschlossener Quotient von $S^2 \times \mathbb{R}$.

Die letzte Bedingung, welche wir hier aufführen wollen, schließt Beispiele aus, welche nur *nichtkompakte* Symmetrien zulassen, wie zum Beispiel eine Schraubfläche, bei welcher durch eine Drehbewegung und Translation die (nichtkompakte) Helixkurve (Schraubenlinie) in sich selbst überführt wird. Beim Zylinder werden dagegen bei Rotation um die Zylinderachse alle Kreise (also geschlossene Kurven) festgehalten. Er erfüllt also diese Bedingung.

Thurston [Th] zeigte, dass es genau acht dreidimensionale homogene Räume gibt, *Modellgeometrien* genannt, welche diese Eigenschaften haben. Er formulierte daraufhin seine Vermutung, dass diese acht 3-Mannigfaltigkeiten lokal die Grundbausteine aller geschlossenen 3-Mannigfaltigkeiten bilden sollten.

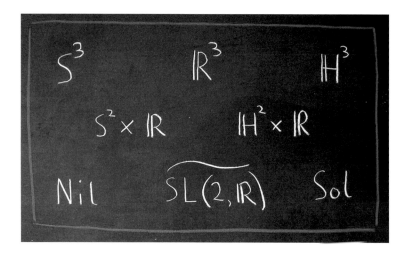

Die ersten vier haben wir bereits vorgestellt. $\mathbb{H}^2 \times \mathbb{R}$ ist ein dreidimensionaler homogener Raum, dessen Querschnitte hyperbolische Ebenen sind. Im Gegensatz zu $\mathbb{H}^3$, dessen Krümmungen überall gleich -1 sind, hat $\mathbb{H}^2 \times \mathbb{R}$ Schnittkrümmungen $-1, 0, 0$. Die anderen drei sind schwieriger zu visualisieren. *Nil*, auch *Heisenberggruppe* genannt, ist eine Art vertwistete („in sich verdrehte") Version von $\mathbb{R}^2 \times \mathbb{R}$, etwa wie im Bild für $\mathbb{R} \times \mathbb{R}$ (siehe [We]) dargestellt.

In analoger Weise ist $\widetilde{SL(2,\mathbb{R})}$ eine vertwistete Version von $\mathbb{H}^2 \times \mathbb{R}$. Hierbei bezeichnet $SL(2,\mathbb{R})$ die Gruppe aller Isometrien (Abbildungen, welche Längen erhalten) von $\mathbb{H}^2$ und $\widetilde{SL(2,\mathbb{R})}$ deren universelle Überlagerung, also die größte einfach zusammenhängende Version derselben. *Sol* kann man sich in gewisser Weise als eine bestimmte Art Torusbündel über der S^1 vorstellen, also lokal als eine Art Reifen, dessen lokale Querschnitte zweidimensionale Tori sind. $S^1 \times T^2$ ist aber nicht erlaubt, da die Geometrie der Tori entlang der S^1 in einer bestimmten Weise variieren muss, um *Sol* zu ergeben (siehe [Th]).

Übrigens führen zum Beispiel Kosmologen aus physikalischen Gründen $\mathbb{R}^3$ und $\mathbb{R}^2 \times \mathbb{R}$ separat auf, im Gegensatz zu Thurston. Man kann mehr hierüber unter dem Stichwort *Neun Bianchi-Klassen* nachschlagen.

Wie im zweidimensionalen Fall wollen wir von nun an der Einfachheit halber wieder nur *orientierbare* 3-Mannigfaltigkeiten betrachten. *Orientierbarkeit* wird analog wie in zwei Dimensionen definiert: Zum Beispiel darf aus einem dreidimensionalen *xyz*-Achsenkreuz bei der Rückkehr von einer Reise kein *yxz*-Achsenkreuz geworden sein. Das heißt, die Rollen von x und y dürfen nicht vertauscht sein, es sei denn, es zeigt auch die z-Achse nach der Reise in die entgegengesetzte Richtung. Im letzteren Fall kann man das ursprüngliche Achsenkreuz durch einfache Drehung im Raum zurückerhalten.

Thurstons Geometrisierungsvermutung [Th]. *Jede geschlossene, orientierbare 3-Mannigfaltigkeit lässt sich entlang zweidimensionaler Sphären und inkompressibler 2-Tori so zerlegen, dass die nach Auffüllen der entstandenen S^2-Ränder mit dreidimensionalen (Voll)-kugeln B^3 entstandenen endlich vielen Mannigfaltigkeitsstücke genau eine der acht Modellgeometrien zulassen.*

Genauer gesagt sehen die entstandenen Stücke lokal wie eine der acht Geometrien aus bis auf Gruppenoperationen, wie zum Beispiel Identifizierungen (Verkleben), welche zum Beispiel den $\mathbb{R}^3$ in $T^2 \times \mathbb{R}$ oder T^3 überführen und $S^2 \times \mathbb{R}$ in $S^2 \times S^1$. Keine der Modellgeometrien außer S^3 sind *geschlossen*. Alle sind einfach zusammenhängend (bei $S^2 \times \mathbb{R}$ sieht man dies am einfachsten, wenn man die Kugelschalendarstellung betrachtet). Nach einiger Überlegung schließt man, dass aus der Gültigkeit der Geometrisierungsvermutung die Gültigkeit der Poincaré-Vermutung folgt. Diese „vermutet" folgendes (sagt folgendes vorher):

Poincaré-Vermutung [Po]. *Jede geschlossene, orientierbare, einfach zusammenhängende 3-Mannigfaltigkeit ist topologisch eine S^3.*

Das folgende Bild vermittelt einen intuitiven Eindruck des Begriffes *inkompressibler Torus*.

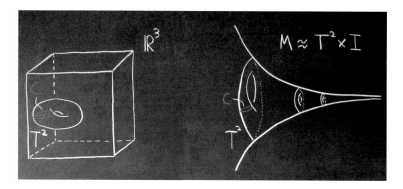

Der in der linken Zeichnung um den Torus geschlungene Kreis lässt sich im umgebenden $\mathbb{R}^3$ zu einem Punkt zusammenziehen (komprimieren), aber nicht auf dem Torus selbst. Der Kreis im rechten Bild ist weder auf dem Torus noch in der umgebenden 3-Mannigfaltigkeit M (welche topologisch äquivalent zu $T^2 \times \mathbb{R}$ ist) zusammenziehbar. Der Torus repräsentiert in gewissem Sinne die Topologie von M.

Die Ausdrücke *zerlegen* und *mit Vollkugeln B^3 auffüllen* werden im folgenden anschaulich dargestellt. Eine ‚Kappe‘ B^3 (Vollkugel) hat eine S^2 (Kugeloberfläche) als Rand, passt also genau in eines der durch Schneiden entlang einer S^2 entstandenen „Löcher“ in der Mannigfaltigkeit.

Beide Operationen hintereinander ausgeführt bezeichnet man als *Chirurgie*. Den Umkehrprozess nennt man (Bilden einer) *zusammenhängenden Summe*. Wir sind diesen Operationen schon bei Flächen begegnet. Durch Chirurgie sind wir dort von einer topologisch komplizierteren Fläche wie dem Torus zu einer topologisch einfacheren wie der Sphäre gelangt. Durch Bilden zusammenhängender Summen konnte man beliebige Flächen aus Tori zusammensetzen.

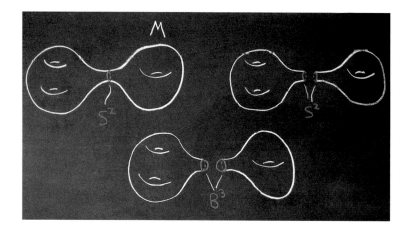

Eine bessere Vorstellung dieses dreidimensionalen Prozesses erhält man möglicherweise, wenn man statt des Wortes *Schneiden* den Ausdruck „Herausschälen" oder besser noch „Herausstanzen" benutzt. Man könnte sich zum Beispiel vorstellen, wie man eine Kugel Speiseeis (die 3-Mannigfaltigkeit B^3) mit einem Eislöffel aus der Gesamtmenge Speiseeis in einem Behälter (auch eine 3-Mannigfaltigkeit von der Form B^3) „herausschabt". Eine der Sphären S^2 ist dann die Oberfläche der Kugel Eis, die andere ist die Oberfläche der hierbei entstandenen „Kuhle" im Eisbehälter. Dieser Vergleich hat allerdings einen Schönheitsfehler! Die Kuhle ist eigentlich ein Loch (eine „fehlende Kugel" B^3) in der Gesamtmenge Eis im Behälter und liegt unter der Oberfläche des Speiseeises, ist also für uns nicht sichtbar. Ein vierdimensionaler Eisliebhaber kommt allerdings an die Eiskugel ohne Probleme und von uns völlig unbemerkt heran. Diese sieht für ihn allerdings eher flach, das heißt wie eine unendlich dünne Scheibe aus, so wie eine (aus der Sicht eines Bewohners der euklidischen Ebene) „zweidimensionale Kugel" B^2 für uns wie eine unendlich dünne Scheibe aussieht.

Mathematisch genauer ist folgende Beschreibung: Entfernt man aus einer Vollkugel vom Radius b eine konzentrische Vollkugel vom Radius a, wobei $b > a$ gilt, so erhält man die Kugelschale $S^2 \times I$ für $I = (a, b)$, eine 3-Mannigfaltigkeit, welcher wir früher bereits begegnet sind. Ein Beispiel für die direkte Summe zweier 3-Mannigfaltigkeiten ist das Einfügen der Vollkugel mit Radius a in die Kugelschale $S^2 \times (a, b)$. Hieraus erhält man wieder die ursprüngliche Vollkugel mit Radius b. Der vierdimensionale Eisliebhaber, von schlechtem Gewissen geplagt, platziert also die gestohlene vierdimensionale ‚Scheibe' (dreidimensionale Kugel) Speiseeis wieder (unbemerkt) an ihre ursprüngliche Position.

Thurston hat selbst zur Lösung seiner Vermutung beigetragen, indem er 3-Mannig-faltigkeiten, welche gewisse Zusatzbedingungen erfüllen, klassifizierte (siehe [Th1]-[Th4]). Hierzu gehören insbesondere alle hyperbolischen Mannigfaltigkeiten. Die endgültige Lösung basiert allerdings auf Hamiltons Riccifluss Programm [Ha3], [CLN], welches vor etwa fünf Jahren von Perelman [P1], [P2], [P3] zu einem Abschluss geführt wurde. Wir werden hierauf später noch im Detail eingehen.

4 Wärmeleitung und die Geometrie von Kurven

Wir betrachten nun einen Prozess, welcher ähnlich wie beim natürlichen Wärmeausgleichsprozess einen Krümmungsausgleich bei Kurven bewirkt und diese dadurch immer kreisförmiger macht. Da er hierbei auch die Kurven verkürzt, nennt man ihn den *Curve-shortening Flow*.

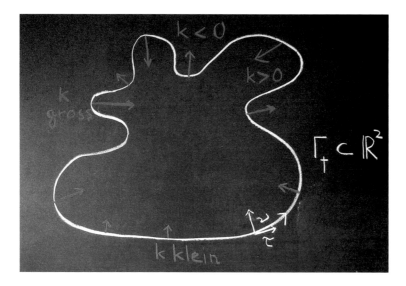

Beim Wärmeausgleich verändert sich eine anfängliche Wärmeverteilung in einem geschlossenen und wärmeisolierten Raum, indem sie sich überall immer mehr ausgleicht. Das heißt, hohe Temperaturen nehmen ab und niedrige steigen an und nähern sich allmählich der anfänglichen Durchschnittstemperatur. Bei diesem Prozess ist die zeitliche Veränderung der Temperatur an jedem Punkt des Raumes proportional zu ihrer räumlichen Beschleunigungsrate. Dies wird beschrieben durch eine partielle Differentialgleichung, der so genannten Wärmeleitungsgleichung, in welcher die Zeitableitung der Temperatur gleich der Summe ihrer zweiten Ortsableitungen ist.

Im obigen Bild wird eine geschlossene Kurve zur Zeit t in der Ebene an jedem Punkt in Richtung ihres Normalenvektors bewegt, wobei die Geschwindigkeit der Krümmung der Kurve in diesem Punkt entspricht. Dies bedeutet, dass stark gekrümmte Teile der Kurve sich schnell bewegen und fast flache Teile sich nur langsam verändern. An Stellen mit positiver Krümmung läuft die Kurve nach innen, an negativ gekrümmten Stellen nach außen. Die Frage ist, was über einen längeren Zeitraum hinweg passiert.

Jede Kurve lässt sich mittels ihrer Bogenlänge parametrisieren (wie im nächsten Bild), das heißt, am Kurvenpunkt $F(s) = (x(s), y(s))$ in der Ebene, welchen man auch den *Positionsvektor* nennt, haben wir ein Kurvenstück der Länge s vom Punkt $F(0)$ aus durchlaufen.

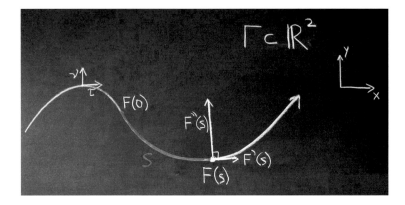

Insbesondere ist deshalb die Durchlaufgeschwindigkeit, das heißt $|F'(s)|$, die Länge des Tangentialvektors $\tau = F'(s)$ der Kurve, an jedem Punkt $F(s)$ gleich Eins. Der *Beschleunigungsvektor* $F''(s)$, welcher beschreibt, wie sich die Tangente entlang der Kurve ändert, ist dann parallel zum Normalenvektor ν. Seine Länge definiert die *Krümmung* der Kurve im Punkte $F(s)$. Dies ergibt genau den gleichen Wert für den Betrag der Krümmung, wie in unserer Definition mit Hilfe von Radien von Schmiegekreisen in Abschnitt 2. Die Krümmung ist gemäß unserer Vorzeichenübereinkunft positiv, wenn $F''(s)$ in die gleiche Richtung zeigt wie ν und ansonsten negativ. Hängt die Kurve von Bogenlänge s und von Zeit t ab, das heißt, ist unser typischer Kurvenpunkt von der Form $F(s,t)$, so benutzen wir partielle Ableitungen, und unsere Gleichung sieht wie folgt aus:

$$\frac{\partial F}{\partial t} = k\nu = \frac{\partial^2 F}{\partial s^2}.$$

Dies ist eine typische Wärmeleitungsgleichung, wie wir sie am Anfang dieses Abschnittes beschrieben haben. Sie ist allerdings im Gegensatz zur normalen Wärmeleitungsgleichung nichtlinear, welches in diesem Fall dadurch verursacht wird, dass die Ortsvariable s von der Zeitvariablen t abhängt. Dies führt im Allgemeinen zu viel komplizierteren Phänomenen als beim üblichen Wärmeausgleich, bei welchem zum Beispiel der Ausgleich zweier verschiedener Temperaturverteilungen sich wie der Ausgleich der Summe dieser Verteilungen verhält.

Ist unsere Kurve ein Kreis, so ändert sich nur der Radius $r(t)$, und zwar nach der gewöhnlichen Differentialgleichung

$$\frac{dr}{dt} = -\frac{1}{r}.$$

Das Minuszeichen erhalten wir, da wir in Richtung der inneren Normalen laufen, der Positionsvektor des Kreises aber nach außen zeigt. Man rechnet hieraus aus, dass bei einem anfänglichen Radius R der Radius des Kreises zur Zeit t durch den Ausdruck $r(t) = \sqrt{R^2 - 2t}$ gegeben ist, welcher zum Zeitpunkt $T = R^2/2$ gleich Null wird.

Eine der wichtigsten Eigenschaften unserer Evolutionsgleichung ist das so genannte *Vergleichsprinzip*, welches besagt, dass zwei anfänglich voneinander getrennte Kurven sich nicht später berühren oder sogar durchdringen können. Insbesondere hat jede geschlossene Kurve nur eine endliche „Lebenszeit", da sie von Umkreisen mit schrumpfenden Radien zusammengedrückt wird. Ein Beispiel ist in folgendem Bilderablauf gegeben (siehe [11]):

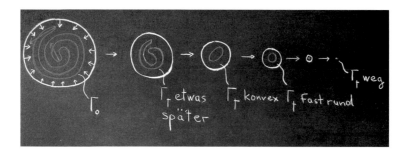

Die Spiralkurve wird durch den schrumpfenden Umkreis in endlicher Zeit zusammengedrückt, während die hohen Krümmungen an den Enden versuchen, die Kurve „abzuwickeln". Grayson [Gr] bewies, dass die Kurve in endlicher Zeit konvex (nach außen gekrümmt) wird (ein einfacherer Beweis dieser Tatsache stammt von Huisken [Hu]). Gage und Hamilton [GH] konnten zeigen, dass die Kurve danach allmählich immer runder wird, während sie verschwindet. Betrachtet man den *normalisierten Fluss*, welcher den eingeschlossenen Flächeninhalt der Kurve konstant lässt, so *konvergiert* die Kurve in unendlicher Zeit zu einem Kreis. Letzteres ist wie ein Wärmeausgleich. Die Krümmung (unsere geometrische Temperatur) gleicht sich immer mehr aus, bis sie konstant ist, also einen Kreis beschreibt.

Beim Curve-shortening Flow geschlossener Kurven auf Flächen [Gr] gibt es mehr Möglichkeiten als in der Ebene. Es gibt Kurven, die sich in endlicher Zeit zusammenziehen und dabei immer runder werden, genau wie in der Ebene.

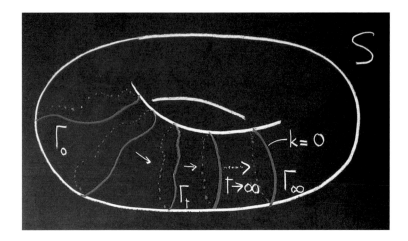

Wählt man allerdings eine nichtzusammenziehbare Kurve, wie in obigem Bild, so wird sie solange deformiert, bis ihre Krümmung innerhalb der Fläche gleich Null ist, die Kurve also eine geschlossene Geodäte ist. Dieser Prozess findet über einen unendlich langen Zeitraum hinweg statt. Er zeigt das Potential geometrischer Flüsse, optimale geometrische Objekte automatisch aufzufinden. Wir werden im nächsten Abschnitt einem noch eindrucksvolleren Beispiel begegnen.

5   Riccifluss, Geometrisierung und die Poincaré-Vermutung

Wir kehren nun zu den dreidimensionalen Geometrien zurück. Wie bereits erwähnt, wurde Thurstons Vermutung, also insbesondere auch die Poincaré-Vermutung bewiesen, und zwar mit Hilfe einer Wärmeleitungsgleichung, dem *Riccifluss*, welcher dem Curve-shortening Flow von der Grundstruktur her ähnlich, aber ungleich viel komplizierter ist.

Der Curve-shortening Flow ist extrinsisch, da er die Art und Weise, wie die Kurve in der Ebene liegt, gegeben durch ihre *externe* Krümmung, beschreibt. Beim Riccifluss betrachten wir die Mannigfaltigkeit von innen, das heißt wir deformieren ihre *interne* Geometrie. Wie beim Curve-shortening Flow werden durch den Riccifluss Krümmungen ausgeglichen, so dass man am Ende homogene Geometrien erwartet, und zwar die acht auf Thurstons Liste. Der Unterschied zum Curve-shortening Flow ist das Phänomen, dass zunächst einmal die Krümmungen unendlich groß werden können, bevor sie sich ausgleichen. Dies resultiert darin, dass die Mannigfaltigkeit so genannte Singularitäten entwickelt, in der Nähe welcher sie auseinander reißt. Letzteres Phänomen ist allerdings zu erwarten, wenn Thurstons Vermutung richtig ist, da man sehr leicht zwei oder mehrere der acht homogenen Modellgeometrien aneinander kleben (zusammenhängende Summe bilden) kann, so dass eine Mannigfaltigkeit mit nicht homogen verteilten Krümmungen entsteht.

Die geometrische Struktur einer Mannigfaltigkeit ist durch ihre *Metrik* bestimmt. Diese ist eine Vorschrift, wie man an jedem Punkt der Mannigfaltigkeit je zwei Tangentialvektoren eine Zahl zuordnet, aus welcher man dann die Länge der Vektoren und deren Winkel zueinander berechnen kann. Diese Vorschrift wird über die Mannigfaltigkeit hinweg variieren, darf dies aber auf glatte Art und Weise tun, das heißt die Metrik und alle ihre Änderungsraten (Ableitungen, ähnlich wie bei Funktionen) sind stetig. Auf einer 3-Mannigfaltigkeit ist diese Metrik an jedem Punkt durch eine 3×3-*Matrix* $g = (g_{ij})$ gegeben. Diese enthält neun Zahlen, welche in einem quadratischen Schema angeordnet sind:

$$\begin{pmatrix} g_{11} & g_{12} & g_{13} \\ g_{21} & g_{22} & g_{23} \\ g_{31} & g_{32} & g_{33} \end{pmatrix}$$

Die Matrix ist symmetrisch, das heißt, es gilt $g_{12} = g_{21}, g_{13} = g_{31}$ und $g_{23} = g_{32}$. Die Metrik wird also an jedem Punkt durch sechs Zahlen beschrieben. Nehmen wir der Einfachheit halber an, dass nur die diagonalen Matrixeinträge g_{11}, g_{22} und g_{33} ungleich Null sind. Letzteres kann man an einem festen Punkt immer durch Änderung des Koordinatensystems, das heißt die lokale Beschreibung der Mannigfaltigkeit durch drei Koordinaten, erreichen. Hierbei ändern sich allerdings die Diagonaleinträge der Matrix. Man „multipliziert" dann zwei Tangentialvektoren $X = (X_1, X_2, X_3)$ und $Y = (Y_1, Y_2, Y_3)$ wie folgt:

$$g(X, Y) = g_{11}X_1Y_1 + g_{22}X_2Y_2 + g_{33}X_3Y_3.$$

Wichtig hierbei ist, dass die drei Zahlen g_{11}, g_{22} und g_{33} positiv sind, denn nur dann ist die Länge jedes Vektors positiv (außer beim Nullvektor). Die Länge berechnet man durch $|X| = \sqrt{g(X, X)}$, wobei

$$g(X, X) = g_{11}X_1^2 + g_{22}X_2^2 + g_{33}X_3^2,$$

und den Winkel α zwischen zwei Vektoren X und Y durch

$$\cos \alpha = \frac{g(X, Y)}{\sqrt{g(X, X)g(Y, Y)}}.$$

Im euklidischen Raum $\mathbb{R}^3$ ist die Metrik gegeben durch die Matrix (δ_{ij}), deren Diagonalelemente gleich Eins sind, und alle anderen gleich Null. Die Länge eines Vektors ist damit durch den üblichen Ausdruck

$$|X| = \sqrt{X_1^2 + X_2^2 + X_3^2}$$

gegeben.

Die Schnittkrümmungen K_{12}, K_{13} und K_{23} an jedem Punkt der Mannigfaltigkeiten lassen sich nun auch durch die Metrik, durch ihre Änderung (Ableitung) und ihre Beschleunigung (zweite Ableitung) berechnen, ähnlich wie die Krümmung einer Kurve durch die ersten und zweiten Ableitungen ihres Positionsvektors definiert ist. Weiterhin betrachten wir nun die so genannten *Riccikrümmungen*, welche man als Mittelwerte der Schnittkrümmungen auffassen kann. Bezüglich eines Dreibeins $\{e_1, e_2, e_3\}$ des Tangentialraumes in einem Punkt sind diese durch die drei Gleichungen

$$R_{11} = K_{12} + K_{13}$$
$$R_{22} = K_{12} + K_{23}$$
$$R_{33} = K_{13} + K_{23}$$

gegeben.

Man kann Schnittkrümmungen und Riccikrümmungen auch für höherdimensionale Mannigfaltigkeiten definieren, aber hier gibt es weniger Riccikrümmungen als Schnittkrümmungen, so dass letztere mehr Information über die Geometrie enthalten. Der *Riccitensor* (R_{ij}) ist nun eine 3×3-Matrix, welche genau wie die Metrik symmetrisch ist. Man kann durch Koordinatentransformation, das heißt durch geeignete Wahl des 3-Beins $\{e_1, e_2, e_3\}$ an einem festen Punkt, erreichen, dass wieder nur die Diagonaleinträge der Matrix ungleich Null sind. In diesem Fall sind dies dann genau die Riccikrümmungen. Sie müssen allerdings nicht mehr alle positiv sein. Für die Sphäre S^3 zum Beispiel, haben wir das Tripel von Schnittkrümmungen $(1, 1, 1)$, so dass wir das Riccikrümmungstripel $(2, 2, 2)$ erhalten. Im hyperbolischen Raum $\mathbb{H}^3$ sind alle Riccikrümmungen gleich -2, und auf dem Zylinder $S^2 \times \mathbb{R}$ mit Schnittkrümmungen $(1, 0, 0)$ erhalten wir die Riccikrümmungen $(1, 1, 0)$.

Hamiltons Riccifluss [Ha1], [CLN] ist eine ‚Bewegungsgleichung' für die Metrik. Letztere wird nun als eine Funktion von Ort und Zeit angesehen, wobei man sich die zeitliche Änderung als eine Deformation der Metrik, das heißt der Geometrie, vorstellen sollte. Wir schreiben also $(g_{ij}(x, t))$, wobei x ein fester Punkt auf der Mannigfaltigkeit ist und t die Zeit darstellt. Der Riccifluss setzt nun die zeitliche Änderung der Metrik gleich ihrer räumlichen Beschleunigungsrate, gegeben in diesem Fall durch den Riccitensor. Wir betrachten nun eben 3×3-Matrizen statt Zahlen als Geschwindigkeiten und Beschleunigungen. In Formeln sieht dies wie folgt aus:

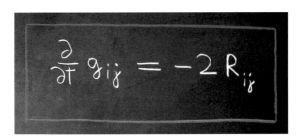

Der Riccitensor ist hierbei eine geeignete Krümmungsgröße, welche dieser Gleichung die Struktur einer Wärmeleitungsgleichung verleiht. Wie beim Curve shortening Flow ist hierbei die Temperatur gegeben durch die Krümmungen. Riccifluss ist auch ein sinnvoller Prozess für Mannigfaltigkeiten anderer Dimension.

In zwei Dimensionen gibt es nur eine Riccikrümmung, welche proportional zur Gaußkrümmung ist. Diese bestimmt in diesem Fall die Änderung der Metrik. Der Uniformisierungssatz, welcher im Abschnitt über Flächen erwähnt wurde, lässt sich zum Beispiel mit Hilfe dieses Flusses beweisen ([Ha2], [Ch], [CLN]). Wir wollen hier aber nicht weiter darauf eingehen.

Für eine Familie von zeitabhängigen Sphären $S^3_{r(t)}$ reduziert sich der Riccifluss auf eine gewöhnliche Differentialgleichung für den Radius $r(t)$, analog wie für einen sich unter Curve-shortening Flow bewegenden Kreis. Die Sphären ‚schrumpfen' in endlicher Zeit zusammen, wie in der oberen Zeile im nächsten Bild dargestellt. Genauer gesagt verkürzen sich unter dem Riccifluss alle Abstände auf einer festen Sphäre, bis sie zu Null werden.

Letzteres ist ein wichtiger Punkt, da der Riccifluss unabhängig davon ist, ob und wie eine Mannigfaltigkeit in einem umgebenden Raum liegt. Es ist einfacher, sich die Bewegung einer Fläche im umgebenden Raum vorzustellen, als sich ein anschauliches Bild von der Änderung ihrer internen Geometrie zu machen.

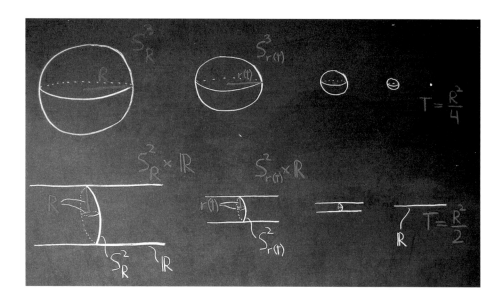

Ähnlich schrumpft auch der dreidimensionale Zylinder $S^2 \times \mathbb{R}$ mit zeitabhängigem Radius anschaulich gesehen zu einer Geraden zusammen, nämlich seiner Zylinderachse, allerdings etwas langsamer als die S^3, da er weniger gekrümmt ist. Eine seiner drei Riccikrümmungen ist Null (siehe oben).

Hyperbolische Mannigfaltigkeiten, das heißt Mannigfaltigkeiten mit negativen Schnittkrümmungen, dehnen sich für alle Zeiten aus. Dies bedeutet, dass sich von allen Punkten aus gesehen Abstände in alle Richtungen vergrößern. Hierbei werden die Krümmungen immer kleiner und streben nach Null in unendlicher Zeit.

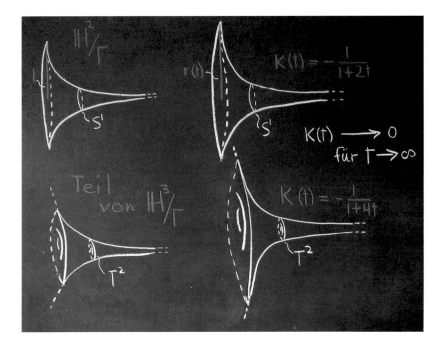

Das obige Bild zeigt dies für die Pseudosphäre, einem Quotienten der hyperbolischen Ebene $\mathbb{H}^2$, welche sich nach dem zweidimensionalen Riccifluss bewegt,
und für ihr dreidimensionales Gegenstück $T^2 \times \mathbb{R}$. In drei Dimensionen findet
diese Ausdehnung etwas schneller statt als in zwei Dimensionen.

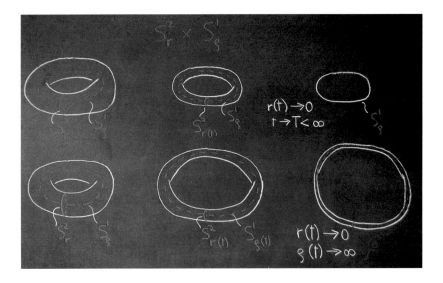

Der dreidimensionale sphärische „Ring" $S_r^2 \times S_\rho^1$, das Produkt einer Sphäre vom
Radius r mit einem Kreis vom Radius ρ, schrumpft in endlicher Zeit zu dem Kreis

S_ρ^1 zusammen (siehe voriges Bild). Hier ist nur die Sphäre S_r^2 gekrümmt, ein Kreis hat keine interne Krümmung.

Man kann aber auch dafür sorgen, dass die Abstände nicht einfach nach Null streben, indem man den Riccifluss so abändert, dass das Volumen der Mannigfaltigkeit für alle Zeiten gleich bleibt. Dieser modifizierte Fluss heißt *volumennormalisierter Riccifluss*. Unter diesem ändert sich eine Sphäre überhaupt nicht. Der Ring möchte sich immer noch in endlicher Zeit zu einem Kreis zusammenziehen, allerdings langsamer. Dieser Kreis expandiert aber gleichzeitig ins Unendliche, da das Gesamtvolumen der Mannigfaltigkeit sonst nicht erhalten bleibt.

Das Verhalten homogener Räume ist relativ einfach zu verstehen. Bei beliebigen Mannigfaltigkeiten ist die Situation unvergleichlich schwieriger. Hamilton sah sehr früh das Potential des Ricciflusses zur Verifizierung der Geometrisierungsvermutung von Thurston, da er erwartete, dass dieser einen „Krümmungsausgleich" bewirken sollte, analog zum Curve-shortening Flow. *Hamiltons Programm* basiert auf folgender Grundidee:

Man betrachtet eine beliebige geschlossene 3-Mannigfaltigkeit, versehen mit einer beliebigen Metrik. Nun deformiert man diese Anfangsmetrik mit Hilfe des Ricciflusses. Hierbei erwartet man dann, dass die Krümmungen ausgeglichen werden, so dass man, möglicherweise nach mehrfachem Auseinanderreißen der Mannigfaltigkeit, Komponenten erhält, auf denen die Metrik homogen wird, welche also eine der acht Geometrien von Thurston tragen müssen. Ist die anfängliche Mannigfaltigkeit einfach zusammenhängend, sollten diese Komponenten nur Sphären sein, womit dann die Poincaré-Vermutung bewiesen wäre.

In seiner ersten Arbeit über Riccifluss [Ha1], in welcher er diesen auch zum ersten Male vorstellte, betrachtete Hamilton 3-Mannigfaltigkeiten, welche nur positive Riccikrümmungen besitzen. Unter den Beispielen mit homogener Krümmung erfüllt nur die S^3 diese Bedingung. Hamilton bewies dann das bemerkenswerte Ergebnis, dass bei jeder beliebigen geschlossenen orientierbaren 3-Mannigfaltigkeit mit positiven Riccikrümmungen die Schnittkrümmungen durch den normalisierten Riccifluss immer mehr ausgeglichen werden, so dass die anfänglich nichthomogene Metrik im Limes (nach unendlich langer Zeit) homogen wird. Das heißt, die Geometrie auf der ursprünglichen Mannigfaltigkeit wird zur Geometrie auf der S^3 deformiert. Dies bedeutet insbesondere, dass die ursprüngliche Mannigfaltigkeit topologisch eine Sphäre sein muss, da nur Sphären die Schnittkrümmungen $(1, 1, 1)$ haben können.

Bei 3-Mannigfaltigkeiten, welche nicht die obige Bedingung erfüllen, können sich auch unter dem normalisierten Riccifluss Singularitäten entwickeln [Ha3]. In der Nähe dieser streben eine oder mehrere der Schnittkrümmungen nach Unendlich, wie zum Beispiel bei $S^2 \times S^1$. Anschaulich gesprochen, schnürt sich die Mannigfaltigkeit ab, und es sieht so aus, als ob sie auseinander reißen möchte (wie im nächsten Bild dargestellt).

Um das Geschehen näher zu untersuchen, wendet man eine Skalierungsmethode an, bei welcher die Abstände um einen festen Faktor vergrößert werden, und zwar so, dass die Krümmungen beschränkt bleiben [Ha3].

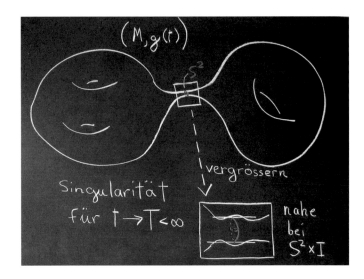

Gleichzeitig wird die Ablaufzeit entsprechend verlängert, da nun größere Abstände überbrückt werden müssen. Die skalierte Metrik bewegt sich daher immer noch nach dem Riccifluss. Man beobachtet dann, dass die Mannigfaltigkeit in der Nähe der Singularität immer mehr wie ein Zylinderstück $S^2 \times I$ aussieht, also auch in diesem Falle homogen wird. Es gibt theoretisch noch weitere Möglichkeiten, auf welche wir später zurückkommen werden.

Hamilton [Ha3] schlug nun vor, die Mannigfaltigkeit in der Nähe der Singularität einer Chirurgie zu unterziehen, wie wir sie bereits früher erklärt hatten. Statt allerdings nur entlang einer S^2 aufzuschneiden, entfernt man gleich ein ganzes Gebiet mit hoher Krümmung, nämlich $S^2 \times I$, eine Umgebung von S^2. Das Resultat ist natürlich, topologisch gesehen, das gleiche.

Man erhält S^2-Ränder, welche dann mit dreidimensionalen Vollkugeln B^3 aufgefüllt werden (wie der Name schon sagt, werden ja Vollkugeln von Kugeloberflächen S^2 berandet). Die zwei hieraus resultierenden Mannigfaltigkeiten lässt man
dann unabhängig voneinander unter dem Riccifluss fließen. Hierbei werden zunächst die bei der Chirurgie entstandenen „Pickel" etwas abgerundet (wie im vorigen Bild), aber möglicherweise bilden sich kurz danach irgendwo anders weitere
Singularitäten (wie unten).

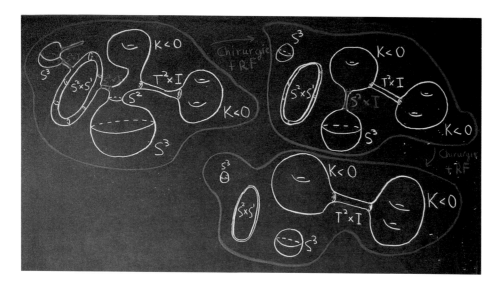

Auf diese Weise spalten sich allmählich alle sphärischen Komponenten von der
ursprünglichen Mannigfaltigkeit ab und konvergieren zu homogenen Sphären.
Der einfachste Fall ist der, bei welchem man gleich von Anfang an auf einer Sphäre sitzt. Eine weitere Möglichkeit sind Teile, welche topologisch von der Form
$S^2 \times S^1$ sind. Auch auf diesen wird die Geometrie allmählich homogen. Perelman [P3] und Colding-Minicozzi [CM] konnten später beweisen, dass auf einer
geschlossenen, orientierbaren, einfach zusammenhängenden 3-Mannigfaltigkeit
der Riccifluss in endlicher Zeit das Volumen auf Null reduziert und damit aufhört.
Da die Mannigfaltigkeit einfach zusammenhängend ist, kann man keine $S^2 \times S^1$-
Komponenten erhalten. Die einzige Möglichkeit ist die einer S^3. Hiermit ist dann
die Poincaré-Vermutung bewiesen. Im Fall einer nicht einfach zusammenhängenden Anfangsmannigfaltigkeit bleiben aber Stücke mit voneinander verschiedener
Struktur übrig, wie im obigen Bild dargestellt.

Hamilton [Ha4] zeigte außerdem, dass, nachdem sich keine weiteren Singularitäten entwickeln, die Mannigfaltigkeiten unter dem (volumen)normalisierten
Riccifluss in unendlicher Zeit gegen endlich viele hyperbolische Mannigfaltigkeiten mit endlichem Volumen konvergieren, wie zum Beispiel einer dreidimensionalen Version der Pseudosphäre, topologisch $T^2 \times \mathbb{R}$, welche durch Stücke verbunden sind, auf welchen die Metrik *kollabiert*. Letzteres bedeutet, das gewisse

Abstände immer kürzer werden, obwohl die Krümmung nicht nach unendlich strebt (wie im nächsten Bild). Mannigfaltigkeiten mit kollabierender Metrik waren vorher bereits durch Cheeger und Gromov [CG1], [CG2] geometrisch klassifiziert worden. Diese lassen sechs der acht homogenen Metriken zu (alle außer $\mathbb{H}^3$ und *Sol*) . Man hat damit die ursprüngliche Mannigfaltigkeit, genau wie von Thurston vorhergesagt, in homogene Teile zerlegt.

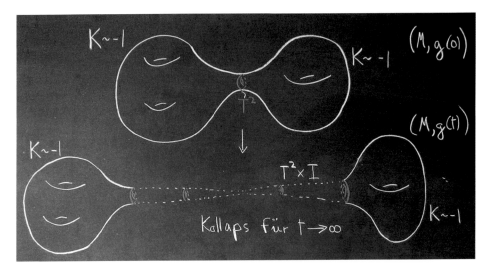

Ein einfaches Beispiel für metrischen Kollaps ist gegeben durch eine Familie von Zylindern $S^1_\epsilon \times \mathbb{R}$, welche alle Krümmung Null haben, aber sich zusammenziehen, wenn ϵ nach Null strebt (siehe nächstes Bild). Das dreidimensionale Gegenstück hierzu ist $T^2 \times \mathbb{R}$. Ein etwas interessanteres Beispiel ist durch die Berger-Sphären [Th] gegeben.

Bei der Durchführung dieses Programms tauchten allerdings einige sehr wesentliche technische Probleme auf, welche etwa zwei Jahrzehnte lang nicht behoben werden konnten. Diese hier im Detail zu erklären, würde unsere Möglichkeiten in diesem Aufsatz weit übersteigen. Sehr allgemein ausgedrückt, bestand die Hauptschwierigkeit darin, zu zeigen, dass in *endlicher* Zeit die Mannigfaltigkeit in der

Nähe von Singularitäten nicht kollabieren kann, nur in *unendlicher* Zeit, wie oben dargestellt. Die größte Sorge der Mathematiker war die theoretische Möglichkeit der Entwicklung einer 3-Mannigfaltigkeit in der Nähe der Singularität, welche wie eine dreidimensionale Version einer Falte aussieht. Bei dieser ist die Krümmung nur entlang der Falte groß. Ansonsten ist diese Mannigfaltigkeit sehr flach.

Eine zweidimensionale Version dieser Mannigfaltigkeit ist die „Fläche" Σ, welche bei einer Darstellung im $\mathbb{R}^3$ wie ein unendlich „nach rechts" ausgedehnter Zylinder mit einer Kappe aussieht. Von „unendlich weit vorne" sieht Σ wie eine Halbgerade aus, also wie ein eindimensionales Objekt.

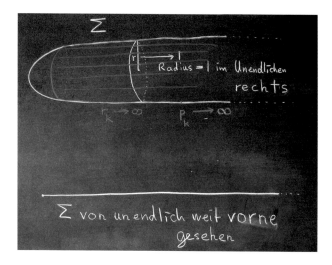

Die dreidimensionale Mannigfaltigkeit $\Sigma \times \mathbb{R}$ sieht in etwa wie unten aus.

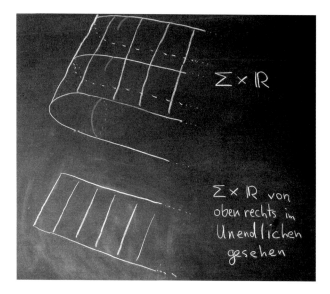

„Aus dem Unendlichen" erscheint sie einem wie eine Halbebene, also wie ein zweidimensionales Objekt. Der Unterschied zwischen $\Sigma \times \mathbb{R}$ und $S^2 \times \mathbb{R}$, welche unter dem Riccifluss in endlicher Zeit singulär wird, besteht darin, dass $S^2 \times \mathbb{R}$ in endlicher Zeit auf eine Gerade zusammenschrumpft, wobei ihre Schnittkrümmung in Richtung der S^2 nach Unendlich strebt. Sieht aber unsere Ricciflusslösung nach endlicher Zeit infinitesimal wie $\Sigma \times \mathbb{R}$ aus, so bedeutet dies, dass es kurze Geodäten geben muss, die sich zusammenziehen (wie auch bei $S^2 \times \mathbb{R}$), dass aber gleichzeitig die Krümmung beschränkt bleibt (im Gegensatz zu $S^2 \times \mathbb{R}$). Man hätte also eine Situation, bei welcher die Metrik in endlicher Zeit kollabiert. Singularitäten, die wie $\Sigma \times \mathbb{R}$ aussehen, sind deshalb unerfreulich, da sich in der Nähe dieser Hamiltons Chirurgieprozess nicht durchführen lässt. Perelman [P1], [P2] entwickelte völlig neue Methoden, mit deren Hilfe er ausschließen konnte, dass sich solche kollabierenden Singularitäten in *endlicher* Zeit herausbilden.

Ein weiteres technisches Problem war die Möglichkeit, dass sich für alle Zeiten immer weitere Singularitäten bilden konnten, so dass Hamiltons oben erwähntes Ergebnis über das Langzeitverhalten nicht zur Anwendung kommen konnte. Perelman gelang es aber in diesem Fall, Hamiltons Programm so abzuändern, dass man zuletzt doch die Geometrisierung aller geschlossenen orientierbaren dreidimensionalen Mannigfaltigkeiten folgern konnte.

6   Schlusswort

Die Poincaré-Vermutung, welche über ein Jahrhundert ungelöst blieb, sagte die Äquivalenz zweier topologischer Eigenschaften einer drei-dimensionalen Mannigfaltigkeiten vorher, und zwar der Eigenschaft einfach zusammenhängend zu sein und der Eigenschaft in eine drei-dimensionale Sphäre (reversibel) deformierbar zu sein. Bei der Geometrisierungsvermutung, welche Thurston etwa 80 Jahre später formulierte, und welche die Poincaré-Vermutung stark erweiterte, wurden geometrische zu topologischen Eigenschaften von drei-dimensionalen Mannigfaltigkeiten in Beziehung gesetzt, und hierdurch eine vollständige Klassifizierung aller geschlossenen 3-Mannigfaltigkeiten vorhergesagt. Bei der endgültigen Lösung dieser beiden Vermutungen wurden Methoden aus verschiedenen Gebieten der Mathematik miteinander kombiniert. Hierzu gehörten Methoden aus der Analysis, insbesondere aus der Theorie geometrischer Evolutionsgleichungen, wie zum Beispiel Hamiltons Riccifluss, sowie aus der Differentialgeometrie, der Topologie und aus der geometrischen Gruppentheorie. Perelman führte zusätzliche Methoden ein, welche zum Teil durch Konzepte der mathematischen Physik und der Stochastik motiviert waren.

Wie bei den meisten großen mathematischen Probleme, wie zum Beispiel der Poincaré-Vermutung und der Fermatschen Vermutung, wurde durch Anstrengungen zu deren Lösung die Entwicklung mehrerer völlig neuer mathematischer Gebiete angeregt. Die meisten dieser neuentwickelten Methoden hatten danach

Anwendungen, innerhalb und außerhalb der Mathematik, welche weit über die ursprünglichen Ziele hinausreichten.

Literatur

[A]   E.A.. Abbott, *Flatland: A Romance of Many Dimensions*, Dover, 1992 (originally published 1884)

[Ch]   B. Chow, The Ricci flow on the 2-sphere, J. Differ. Geom. **33** (1991), 325–334

[CG1]   J. Cheeger, M. Gromov, Collapsing Riemannian manifolds while keeping their curvature bounded, I, J. Differ. Geom. **23** (1986), 309–346

[CG2]   J. Cheeger, M. Gromov, Collapsing Riemannian manifolds while keeping their curvature bounded, II, J. Differ. Geom. **32** (1990), 269–298

[CLN]   B. Chow, P. Lu, L. Ni, *Hamilton's Ricci flow*, Graduate Studies in Mathematics, Volume 77, AMS (2006)

[CM]   T.H. Colding, W.P. Minicozzi, Estimates for the extinction time for the Ricci flow on certain three-manifolds and a question of Perelman, Journal of the AMS, **318** (2005), 561–569

[GH]   M. Gage and R. S. Hamilton, The heat equation shrinking convex plane curves, J.Differ. Geom. **23**, 417–491 (1986)

[Gr]   M. Grayson, The heat equation shrinks embedded plane curves to round points, J.Differ. Geom. **31**, 285–314 (1987)

[Ha1]   R.S. Hamilton, Three-manifolds with positive Ricci curvature, J. Differ. Geom. **17**, no. 2 (1982), 255–306

[Ha2]   R.S. Hamilton, The Ricci flow on surfaces, Contemp. Math. **71**, Amer. Math. Soc., Providence RI, 1988

[Ha3]   R.S. Hamilton, The formation of singularities in the Ricci flow, Surveys in Differential Geometry, Vol II, Cambridge MA (1995) 7–136

[Ha4]   R.S. Hamilton, Non-singular solutions to the Ricci flow on three-manifolds, Comm. Anal. Geom. **7** (1999), 695–729

[Hu]   G. Huisken, A distance comparison principle for evolving curves, Asian J. Math. **2**, 127–134 (1998)

[P1]   G. Perelman, The entropy formula for the Ricci flow and its geometric applications, arXiv:math.DG/0211159v1 11Nov2002

[P2]   G. Perelman, Ricci flow with surgery on three-manifolds, axXiv:math.DG/0303109, 2003

[P3]   G. Perelman, Finite extinction time for solutions to the Ricci flow on certain three-manifolds, arXiv:math.DG/0307245, 2003

[Po]   H. Poincaré, Analysis Situs, Cinquième complément à l'analysis Situs, Rend. Circ. mat. Palermo **18** (1904), 45–110

[Th]   W.P. Thurston, *Three-dimensional Geometry and Topology*, Volume 1, Princeton University Press, Princeton, New Jersey, 1997

[Th1] W.P. Thurston, Three-dimensional manifolds, Kleinian groups, and hyperbolic geo-
       metry, Bull. Amer. Math. Soc. **6** (1982), 357–381

[Th2] W.P. Thurston, Hyperbolic structures on 3-manifolds, I: Deformation of acylindrical
       manifolds, Ann. of Math. (2) **124** (1986), 203–246

[Th3] W.P. Thurston, Hyperbolic structures on 3-manifolds, II: Surface groups and 3-
       manifolds which fiber over the circle axXiv:math.GT/9801045, 1998

[Th4] W.P. Thurston, Hyperbolic structures on 3-manifolds, III: Deformations of 3-
       manifolds with incompressible boundary axXiv:math.GT/9801058, 1998

[We]   J.B. Weeks, *The shape of space*, Marcel Dekker Inc. New York, Basel 2002

[W]   B. White, Some recent developments in Differential Geometry, Math. Intelligencer
       Vol 11, No 4. Springer 1989

Zufall und Mathematik: Eine späte Liebe

Ehrhard Behrends

Der Zufall ist sprichwörtlich „unberechenbar". Wirklich hat es vergleichsweise lange gedauert, bis sich die Mathematiker des Themas angenommen haben.

Schnell wurde die Wichtigkeit des Gebiets erkannt, und entsprechend hoch war die Forschungsintensität. Jeder Überblick kann daher nur einen Teil der vielen interessanten Aspekte des Themas berühren. In der nachstehenden Auswahl wird die historische Entwicklung nur kurz gestreift. Unsere Themen:

○ Wie fing es an?
○ Wie macht man es heute?
○ Grundlegende Konzepte
○ Glücksspiel
○ Der Zufall verliert sich im Unendlichen
○ Die produktive Rolle des Zufalls
○ Der Zufall im Mikrokosmos
○ Philosophisches

1   Wie fing es an?

Vom Glücksspiel waren die Menschen schon immer fasziniert. Würfel finden sich in den ältesten Kulturen, und Tacitus berichtet von der besonderen Spielleidenschaft der Germanen.

Das Interesse der Mathematiker an den Gesetzen des Zufalls wurde aber erst im 17. Jahrhundert geweckt. Der Beginn der Wahrscheinlichkeitsrechnung wird üblicherweise auf den Zeitpunkt datiert, als Fermat gefragt wurde, wie man ein auf einen Sieg ausgesetztes Preisgeld bei vorzeitigem Abbruch eines Spiels aufteilen sollte.

Das ist überraschend schwierig, es lauern nämlich verschiedene Fallen bei der Berechnung der zugehörigen Wahrscheinlichkeiten. (Mit den gleichen Problemen haben auch heutige Studienanfänger zu kämpfen.)

Ein Abriss der historischen Entwicklung ist hier nicht geplant. Nur soviel: Nach Fermat entwickelte sich das Gebiet recht schnell. Die grundlegenden Begriffe hatten sich bald herausgebildet, es gab die ersten wirklich tief liegenden Ergebnisse, und auch die ersten Standardwerke ließen nicht lange auf sich warten. Viele Mathematiker beschäftigten sich mit dem Gebiet, zu nennen sind insbesondere Jacob Bernoulli, Laplace, Gauß, ...

Trotzdem ist hervorzuheben, dass das Thema „Zufall" noch nicht wirklich in der Mathematik angekommen war. Viele Konzepte waren recht nebulös, es fehlte ganz einfach die Grundlage.

Abbildung 1. Pierre de Fermat (1601–1665) (Bild: Wikimedia Commons, gemeinfrei)

Es dauerte wesentlich länger als beim Thema „Zahlen" (da war das Fundament in der Mitte des 19. Jahrhunderts fertig), bis das überwunden war.

2   Wie macht man es heute?

Wie gehen die Mathematiker heute mit dem Zufall um, was verstehen sie unter „Wahrscheinlichkeit"? Als Illustration denken wir uns einen (unverfälschten) *Würfel*, den wir gleich werfen wollen. Welche Apekte dieser Situation sind typisch?

o Erstens ist klar, mit welchen Ergebnissen wir rechnen können: Zu erwarten ist eine der Zahlen von „1" bis „6".

o Welche beim Würfeln erscheinen wird, kann nicht vorausgesagt werden. Trotzdem zeigt die Erfahrung, dass *bei häufiger Wiederholung* recht genaue Prognosen über die *Anteile* gemacht werden können: In etwa einem Sechstel der Fälle wird eine „3" zu erwarten sein, bei etwa der Hälfte der Würfe wird eine gerade Zahl erscheinen usw.

o Und mehr ist nicht zu erwarten: Auch wenn man tausend Mal mit einem Würfel gewürfelt hat, kann das Ergebnis beim Wurf Nummer 1001 nicht besser vorausgesagt werden als beim ersten Versuch.

Ganz ähnlich verhält es sich, wenn wir die *Lebensdauer einer Glühbirne* mathematisch beschreiben wollen:

o Die möglichen Ergebnisse sind klar: irgendwelche positiven Zahlen (wir wollen vereinbaren, die Lebensdauer in Stunden zu messen).

o Wieder wird es bei vielen Versuchen „Tendenzen" geben: 80 Prozent der Glühbirnen hält länger als 100 Stunden, 10 Prozent gibt schon nach 20,4 Stunden den Geist auf usw.

o Und mehr kann nicht vorausgesagt werden: Niemand wird sagen können, wie viele Stunden eine frisch eingeschraubte Glühbirne brennen wird.

Es ist das Verdienst des russischen Mathematikers Andrey Kolmogoroff (1903 bis 1987), die wesentlichen Aspekte des Zufalls, die auch in unseren beiden Beispielen betont wurden, extrahiert und als Axiomensystem herausgearbeitet zu haben.

Abbildung 2. Andrey Kolmogoroff (Bild: Konrad Jacobs, Wikimedia Commons CC BY-SA 2.0 DE)

Das war 1933, dieses Jahr gilt als Beginn der modernen Wahrscheinlichkeitsrechnung.

Was ist nun ein *Wahrscheinlichkeitsraum* nach Kolmogoroff? Er besteht aus drei Dingen:

- Erstens aus der Menge Ω derjenigen Ergebnisse, die bei dem gerade zu beschreibenden Zufallsexperiment als Ergebnis zu erwarten sind.[1] Im Fall des Würfels besteht Ω aus der Menge $\{1, 2, 3, 4, 5, 6\}$ und im Glühbirnenbeispiel aus den positiven Zahlen. Ω kann aber auch viel einfacher sein (z. B. zweielementig, wenn als Ergebnis nur „Erfolg" oder „Misserfolg" zählt, etwa beim Versuch, mit einem Dart-Pfeil ins Schwarze zu treffen) oder viel komplizierter (wenn – wie bei der Beschreibung von Aktienkursen – Ω eine Menge von Funktionen ist.) Die Elemente aus Ω werden *Elementarereignisse* genannt.
- In fast allen Beispielen ist es eigentlich nicht wirklich wichtig, welches Elementarereignis sich denn nun gerade ergeben hat. Interessant kann vielmehr die Antwort auf die Frage „Wurde eine Zahl gewürfelt, die größer als Drei ist?" sein (beim Würfeln) oder „Wird die Lebensdauer mindestens 200 Stunden sein?" (bei den Glühbirnen). Deswegen führt man einen neuen, wichtigen Begriff ein: Ein *Ereignis* ist eine Teilmenge von Ω. Teilmengen werden also mit Fragen über den Ausgang des Versuchs identifiziert. (In den Beispielen traten die Ereignisse $\{4, 5, 6\}$ als Teilmenge von $\{1, 2, 3, 4, 5, 6\}$ und das Intervall $[200, \infty[$ als Teilmenge der positiven Zahlen auf.) Wir wollen hier der Einfachheit annehmen, dass *alle* Teilmengen von Ω als Ereignisse zugelassen sind.[2]
- Nachdem wir nun erstens wissen, was Elementarereignisse sind und zweitens festgelegt haben, was wir unter Ereignissen verstehen wollen, kommt nun drittens der Wahrscheinlichkeitsbegriff hinzu. Jedem von uns betrachteten Ereignis E wird eine Zahl $P(E)$ (gesprochen „P von E") zugeordnet. Diese Zahl liegt zwi-

---

1. Der Buchstabe Ω – gesprochen „Omega" – hat sich als Bezeichnung für diese Menge eingebürgert.
2. In Wirklichkeit ist es etwas komplizierter, denn es sind meist nur gewisse Teilmengen erlaubt. Das ist aus innermathematischen Gründen notwendig, weil man ausschließen muss, „zu viele" Ereignisse betrachten zu müssen. Für die Anwendungen ist das irrelevant, da alle sinnvollen Fragen immer gestellt werden können.

schen Null und Eins und wird als Wahrscheinlichkeit dafür interpretiert, dass beim nächsten „Zufallsexperiment" das Ergebnis in E liegt.

Ist etwa $P(E) = 0{,}3$, so soll das bedeuten, dass in 30 Prozent der Experimente ein Elementarereignis erzeugt wird, das zu E gehört. (Will man eine Wahrscheinlichkeit in Mathematiker-Schreibweise in die im Alltagsgebrauch übliche Prozentsprache übersetzen, so muss man den Wert einfach mit 100 multiplizieren.)

Der Übergang von E zu $P(E)$ darf nicht völlig willkürlich sein, er soll ja eine Interpretation als Wahrscheinlichkeit erlauben. Man verlangt, dass $P(\Omega)$ gleich Eins ist (denn es passiert ja mit Sicherheit irgendetwas in Ω), und wenn sich Ereignisse E_1 und E_2 gegenseitig ausschließen, so soll die Wahrscheinlichkeit dafür, dass eines von beiden eintritt, die Summe aus den Einzelwahrscheinlichkeiten sein.

Das ist plausibel: Wenn im Glühbirnenbeispiel die Wahrscheinlichkeit für „Lebenszeit mindestens 200 Stunden" gleich 0,2 und für „Lebenszeit weniger als 20 Stunden" gleich 0,1" ist, so sollte die Wahrscheinlichkeit für das Ereignis „Lebenszeit weniger als 20 Stunden oder mehr als 200 Stunden" gleich 0.3 sein.

In Kurzfassung besteht damit ein Wahrscheinlichkeitsraum aus einer Menge Ω, dem System der Ereignisse und einer Zuordnung mit „vernünftigen" Eigenschaften, die für jedes Ereignis E eine Zahl $P(E)$ zwischen 0 und 1 definiert.

Zwei nahe liegende Fragen drängen sich auf. Erstens sieht das doch sehr trocken mathematisch aus, wo bleibt denn da das Mysteriös-Geheimnisvolle des Zufalls? Die Antwort ist für manche ernüchternd. Der Kolmogoroffsche Ansatz klammert nämlich alles Vage aus und beschränkt sich auf das mathematisch Beherrschbare. Die Situation ist damit vergleichbar mit dem Übergang von der aristotelischen Physik, die das „Wesen der Dinge" erforschen wollte, aber die wirklichen Probleme nur vor sich her schob, zur Beschränkung auf das im Experiment Messbare bei Galilei.

Und zweitens: Wie kann man denn die Zahlen $P(E)$ wirklich festlegen, es sind doch manchmal sehr, sehr viele Ereignisse zu berücksichtigen? In vielen Fällen ist das recht einfach, es gibt zwei große Klassen von Wahrscheinlichkeitsräumen, die den überwiegenden Teil der interessanten Situationen abdecken. Es könnte zum Beispiel sein, dass Ω *endlich* ist, etwa aus den Zahlen $1, 2, \ldots, 100$ besteht. Wenn man dann die Wahrscheinlichkeiten für die Elementarereignisse festgelegt hat (das wären 100 Definitionen), so hätte man damit auch die Wahrscheinlichkeiten für alle möglichen Ereignisse (das sind immerhin 2^{100} Mengen, eine gigantische Zahl[3]) definiert. Zum Beispiel muss die Wahrscheinlichkeit für das Ereignis $\{2, 4, 67\}$ die Summe aus den Wahrscheinlichkeitn für die Ereignisse $\{2\}$, $\{4\}$ und $\{67\}$ sein.

Und dann gibt es den Fall, dass Ω ein Intervall der Zahlengeraden ist und die Wahrscheinlichkeiten durch Angabe einer einzigen Funktion f erklärt werden

---

3. 2^{100} ist immerhin gleich 1267650600228229401496703205376.

Abbildung 3. Glockenkurve

können. Ist E ein Teilintervall (im Bild das Intervall zwischen den Punkten A und B), so soll $P(E)$ einfach die Fläche zwischen E und dem Graphen von f sein.

Zur Illustration haben wir das wichtige Beispiel der Normalverteilung gewählt, da ist f die so genannte *Glockenkurve*. (Die war – zu Ehren von Gauß – bis vor einigen Jahren auf jedem Zehnmarkschein abgebildet.) Man sieht, dass Ereignisse dann eine besonders hohe Wahrscheinlichkeit haben, wenn sie dort liegen, wo diese Kurve ihren Maximalwert hat.

3 Wichtige Konzepte

„Man sieht nur, was man weiß." So lautete das Motto des Baedeker-Reiseführers. Genauso ist es in der Mathematik. Es stellt sich oft erst nach vielen Jahrzehnten (oder gar Jahrhunderten) der Versuch-und-Irrtums-Phasen heraus, was die wirklich wichtigen Aspekte sind, auf die man besonders achten muss.

Bedingte Wahrscheinlichkeiten und Unabhängigkeit.   Mal angenommen, man wartet beim Würfeln auf eine Sechs, Die Wahrscheinlichkit dafür ist 1/6. Wenn uns aber jemand – bevor das Ergebnis sichtbar ist – verrät, dass die gewürfelte Zahl größer als Drei ist, verändert sich unsere Erwartung. Es kommen jetzt nur noch die Zahlen $4, 5, 6$ in Frage, die Wahrscheinlichkeit für eine Sechs ist folglich auf ein Drittel gestiegen.

Das ist ein spezieller Aspekt des Themas *Informationen verändern Wahrscheinlichkeiten*. Formalisiert sieht das so aus: Sind A und B Ereignisse, so soll $P(A \mid B)$ (gesprochen „Die Wahrscheinlichkeit von A unter der Bedingung B") die Wahrscheinlichkeit für A bezeichnen, wenn man schon weiß, dass B eingetreten ist. $P(A \mid B)$ hat den Wert

$$\frac{P(A \cap B)}{P(B)},$$

wobei $A \cap B$ das Ereignis „A und B treten beide ein" bezeichnet.

Als Beispiel betrachten wir beim Ziehen aus einem Skatspiel die Ereignisse

A: „Es wird ein König gezogen" und

B: „Es wird ein Bild gezogen."[4]

Es ist dann $P(A \cap B) = 1/8$, denn es gibt 4 Bilder, die Könige sind, in den 32 Karten. Klar ist auch, dass $P(B) = 3/8$, denn in einem Skatspiel ist der Anteil der Bilder $3/8$.

So folgt, dass $P(A \mid B) = P(A \cap B)/P(B) = (1/8)/(3/8) = 1/3$.

Zwei Ereignisse A und B heißen *unabhängig*, wenn $P(A \mid B) = P(A)$ gilt, wenn also die Information „Ergebnis in B" die Wahrscheinlichkeit für A nicht verändert. Zum Beispiel sind, bei einem vollständigen Skatspiel, die Ereignisse „Es wird ein König gezogen" und „Es wird eine Kreuz-Karte gezogen" unabhängig: Sowohl $P(A)$ als auch $P(A \mid B)$ sind gleich $1/8$.

> Es ist zu betonen, dass diese mathematischen Definitionen nur eine Formalisierung von Mechanismen sind, die wir im Alltagsleben täglich mehrfach antreffen können. Ein Beispiel für die Änderung von Wahrscheinlichkeiten durch Informationen: Sie lernen jemanden kennen und wollen wissen, ob er/sie an klassischer Musik interessiert ist. Der Anteil derartiger Personen in der Bevölkerung ist 20 Prozent.

> Nun zeigt sich in einem der ersten Gespräche, dass er/sie Mozart für den Erfinder der Mozartkugeln hält. Das wird doch die Wahrscheinlichkeit, einen Klassikfan kennen gelernt zu haben, auf einen Wert nahe bei Null drücken.

> Und allen ist klar, dass die Ereignisse „Er ist ein Klassikfan" und „Er hat Schuhgröße 43" unabhängig sind.

Zufallsvariable.   Eine Zufallsvariable ist so etwas wie eine *Informationskompression*. Ist etwa Ω die Menge aller möglichen Skatblätter, so könnte die Zufallsvariable angeben, wie viele Buben enthalten sind. Formal handelt es sich um eine Abbildung von Ω in irgendeine andere Menge, meistens wird – wie in unserem Beispiel – in den Bereich der Zahlen abgebildet.

In diesem Fall kann man sich auch für den *Erwartungswert* interessieren. Der Erwartungswert einer Zufallsvariablen gibt an, auf welchen Wert man im Mittel rechnen sollte. Ein Beispiel: Wenn man mit Wahrscheinlichkeit 0,8 einen Gewinn von 10 Euro macht und mit Wahrscheinlichkeit 0,2 einen Verlust von 3 Euro, so wird man bei vielen Versuchen einen Mittelwert von $0{,}8 \cdot 10 - 0{,}2 \cdot 3$, also von 7,4 Euro erzielen.

Der Erwartungswert ist als erste Maßzahl zur Beschreibung von Zufallsvariablen sehr nützlich, viele wesentliche Aspekte bleiben aber unberücksichtigt.

> Als Beispiel betrachten wir einen kleinen Jungen. Wenn er zu seinem Onkel geht, bekommt er immer 10 Euro geschenkt. Die Tante aber

---

4. Wir wollen Bube, Dame und König als Bild zählen.

nimmt einen Würfel: Zeigt der eine „1", bekommt der Junge 60 Euro, andernfalls gar nichts. In beiden Fällen ist der Erwartungswert 10 Euro, obwohl die Situationen sehr unterschiedlich sind.

Bedingte Erwartung.   Wie bei Wahrscheinlichkeiten gilt auch für Erwartungswerte, dass sie durch Informatonen verändert werden können. So ist zum Beispiel der Erwartungswert einer Würfelausgabe (mit gleicher Wahrscheinlichkeit wird eine der Zahlen $1, 2, 3, 4, 5, 6$ angezeigt) gleich 3.5. Bekomme ich aber die Information, dass die Ausgabe größer als 3 ist (dann sind nur noch die Zahlen $4, 5, 6$ mit gleicher Wahrscheinlichkeit zu erwarten), ist der Erwartungswert gleich 5.

Martingale.   Einer der wichtigsten Begriffe der modernen Wahrscheinlichkeitstheorie ist der Begriff des Martingals. Um das zu erklären, stellen wir uns eine Folge von Zufallsvariablen vor, jeweils eine für die Zeitpunkte $0, 1, 2, \ldots$ Ein typisches Beispiel wäre die Abfolge der Gewinne bei einem Glücksspiel, etwa beim Roulette. Bezeichnet X_n die n-te Zufallsvariable, so spricht man von einem *Martingal*, wenn die bedingte Erwartung von X_{n+1} jeweils gleich X_n ist. Das klingt sehr technisch, soll aber einfach bedeuten, dass das, was ich im nächsten Schritt zu erwarten habe, mehr oder weniger sein kann als das, was ich gerade habe, dass sich aber relative Gewinne und Verluste ausgleichen werden.

Ein typisches Beispiel ist die Gewinnentwicklung bei einem fairen Spiel. Ist X_n der bis zur n-ten Runde erzielte Gewinn, so werden sich beim Übergang zum nächsten Spiel Gewinne und Verluste ausgleichen: Wenn ich es jetzt – im n-ten Spiel – auf 10 Euro gebracht habe, so werde ich auch eine Runde später *im Mittel* 10 Euro besitzen. Obwohl es im konkreten Einzelfall mehr oder weniger sein werden.

Stoppzeiten.   Bei diesem wichtigen Begriff ist die Grundidee einfach, die konkrete Umsetzung aber etwas technisch und daher für Neulinge in der Wahrscheinlichkeitsrechnung gewöhnungsbedürftig.

Deswegen wird hier nur die Idee erläutert. Wir müssen uns eine Folge von Zufallsereignissen vorstellen, die nach und nach ablaufen: der jeweilige Gewinnstand in der n-ten Runde bei einer Folge von Glücksspielen, die Position eines Zufallsspaziergängers nach n Schritten, die Börsenkurse der Telekom-Aktie am n-ten Tag usw. Gleichzeitig häufen wir im Lauf der Zeit immer mehr Informationen an: Wir kennen die Gewinnentwicklung bis zum n-ten Spiel, den Weg des Zufallsspaziergängers bis zum n-ten Schritt, die Entwicklung der Telekom-Aktie seit Markteinführung. Und eine *Stoppzeit* ist dann nichts weiter als eine sinnvolle Vorschrift, zu irgendeinem Zeitpunkt „Stopp" zu sagen. (Zum Beispiel, um dann das Casino zu verlassen oder die Aktie zu verkaufen.) Dabei soll „sinnvoll" bedeuten, dass nur die bis zum potenziellen Stoppzeitpunkt angesammelten Informationen verwendet werden dürfen.

Hier einige Beispiele für Stoppzeiten für die Glücksspielsituation:

○ Stoppe nach dem zehnten Spiel.

○ Stoppe drei Spiele, nachdem Du zum ersten Mal einen Gewinn von 100 Euro erzielt hast.

○ Stoppe, nachdem Du viermal einen Gewinn von mindestens 20 Euro hattest.

Klar, dass man bei sorgfältiger Spiel-Beobachtung diese Stoppregel befolgen kann. *Keine* Stoppzeiten dagegen sind:

○ Stoppe zwei Spiele, bevor der Gewinn ins Negative wechselt.

○ Stoppe sofort, wenn für die nächsten 10 Spiele kein Gewinn von mindestens 100 Euro zu erwarten ist.

Das Traumziel aller Spieler wäre natürlich, eine Stoppzeit zu finden, die einem im Mittel einen Gewinn beschert. Geht das? Mehr dazu findet man im nächsten Abschnitt.

4   Glücksspiel

Wir wollen uns hier exemplarisch um zwei Glücksspiele kümmern, um Lotto und um Roulette. Zunächst zum Lotto.

Wenn der Jackpot hoch genug steht, stürmen die Medien die mathematischen Institute. Viele Ergebnisse kann man dabei schon recht elementar erhalten.

Es gibt 49 Felder, und deswegen hat man

$$49 \cdot 48 \cdot 47 \cdot 46 \cdot 45 \cdot 44 = 9.620.865.408$$

Möglichkeiten, einen Lottoschein anzukreuzen.

Doch Halt! Die Reihenfolge spielt ja keine Rolle, und deswegen ist diese Zahl noch durch $6 \cdot 5 \cdot 4 \cdot 3 \cdot 2 \cdot 1 = 720$ zu teilen.

Insgesamt gibt es damit 13.983.816 mögliche Lottotipps.

Nur eine führt zum Hauptgewinn, und deswegen ist die Gewinnwahrscheinlichkeit die winzige Zahl 1/13.983.816.

Wie kann man sich das vorstellen? Die Illustrationen sind leider etwas ernüchternd:

○ *Die zufällige Telefonnummer:* Tippt man 7 Ziffern ganz zufällig ins Telefon, so gibt es dafür 10.000.000 Möglichkeiten. Wenn man hofft, eine ganz bestimmte zu wählen (z. B. die der netten Frau, die einem gerade im Bus gegenüber geses-

sen hat), so ist die Erfolgswahrscheinlichkeit 1/10.000.000. Die ist noch deutlich höher als die Chance, einen Hauptgewinn im Lotto zu erzielen.

o *Der Stab an der Autobahn:* Stellen Sie sich eine Autobahnstrecke von 140 Kilometer Länge vor, das sind 14 Millionen Zentimeter. Wenn irgendwo ein Stab von einem Zentimeter Breite aufgestellt ist, dann ist die Chance, den im Vorbeifahren durch ein zufällig hinausgeschleudertes Centstück zu treffen, in etwa gleich der Lotto-Hautgewinnwahrscheinlichkeit.

Es ist leider hinzuzufügen, dass die Wahrscheinlichkeit für den Supergewinn noch durch 10 zu teilen ist! Jetzt müssten Sie auch bei einer achtstelligen Telefonnummer richtig liegen. Oder alternativ für zwei Personen auf Anhieb die vierstellige Bankautomaten-Geheimzahl erraten. Oder den Stab auf einer Strecke von 1400 Kilometer Länge (etwa Berlin-Rom) treffen.

Nun wollen wir ein Thema behandeln, das wesentlich anspruchsvoller ist: die *mathematische Theorie der Gewinnstrategien.* Schon in der ersten Hälfte des vorigen Jahrhunderts wurde streng bewiesen, dass man den Zufall nicht überlisten kann, doch hat sich das noch nicht allgemein herumgesprochen.

Mehr dazu gleich, doch es bietet sich an, hier zunächst eine dazu passende Geschichte aus dem Jahr 2005 zu erzählen:

o Im frühen Frühjahr ruft *stern-tv* an: Es wird ein Mathematik-Fachmann gebraucht, um eine Wette zu kommentieren. Herr G. hat behauptet, dass er beim Roulette immer gewinnen kann.

o Es gibt einige Drehtermine in der Spielbank Berlin und Livesendungen in Köln dazu.

Der mathematische Hintergrund: Es ist überhaupt keine Kunst, so zu spielen, dass man so gut wie immer mit einem kleinen Gewinn abschließt. Man darf allerdings nicht verschweigen, dass man Gefahr läuft, hin und wieder auch ganz bös zu verlieren.

Wir stellen uns ein faires Spiel vor: Man zahlt einen Euro Einsatz, dann wird eine Münze geworfen; zeigt die „Kopf", ist das Geld weg, und bei „Zahl" bekommt man zwei Euro.

Mit der Strategie des Verdoppelns ist Folgendes gemeint: Starte das Spiel mit einem Euro Einsatz. Im Fall des Gewinns verlasse die Spielbank (mit einem Euro Gewinn). Andernfalls setze zwei Euro, der Gesamteinsatz bisher ist also drei Euro. Im Fall eines Gewinns gibt es dann vier Euro, man kann also wieder mit einem Gewinn von einem Euro nach Hause gehen. Sollte es nicht geklappt haben, setzt man nun vier Euro usw. Der Einsatz wird also immer verdoppelt, bis einem das Glück einmal hold ist.

Der tröstliche Aspekt: Irgendwann *muss* ja wohl einmal „Zahl" kommen. So ist etwa die Gefahr, zehnmal hintereinander zu verlieren, nur $1/2^{10} = 1/1024$, das ist weniger als ein Promille. Man kann also so gut wie immer mit einem Gewinn von einem Euro nach Hause gehen (wobei zwischendurch vielleicht mehrere hundert Euro eingesetzt wurden).

Allerdings gibt es auch den *beunruhigenden Aspekt:* Wenn man wirklich zehn Mal Pech hätte und es dann nicht weitergeht, wären 1023 Euro (der Gesamteinsatz beim Verdoppeln nach zehn Einsätzen) weg.

Dieses Risiko ist leider nicht zu vermeiden, denn irgendwann macht jede Spielbank zu, und außerdem werden nicht beliebig hohe Einsätze akzeptiert.

Im Fall von stern-tv hatte sich Herr G. eine Strategie zurechtgelegt, die einem versteckten Verdoppeln entsprach. Er hatte die Hoffnung – und die ging auch auf – dass ihm bei den etwa zehn Drehterminen das Glück immer hold sein würde. (Wirklich ist die Chance, dass es einmal nicht klappt, kleiner als ein Promille.)

Um ihn ein bisschen lächerlich zu machen, sollte gezeigt werden, dass das jeder kann. Dafür hat stern-tv wirklich keine Kosten gescheut. Es wurde extra ein Roulettetisch samt Croupiers aufgebaut, und ein Schimpanse sollte durch Zufallsentscheidungen so Roulette spielen, dass es dem Verdoppeln entsprach.[5] Fast erwartungsgemäß hat der Affe den Minimaleinsatz gewonnen ...

Die ganze Wahrheit ist etwas komplizierter. *Zunächst das Positive:* Man kann sich in weiten Grenzen bei einem fairen Spiel die Wahrscheinlichkeiten aussuchen,

---

5.   Der Affe hat einfach gewürfelt, und je nach Ergebnis wurde auf „rouge", „noir", „manque", „passe", „pair" oder „impair" gesetzt.

mit denen man gewinnen möchte. Man muss nur auf eine Balkenwaage, die nach links den Verlust und nach rechts den Gewinn anzeigt, 100 Gewichtseinheiten (die 100 Prozent entsprechen) so verteilen, dass die Waage im Gleichgewicht ist.

Mit geeigneten Strategien ist so eine Gewinn/Verlustverteilung dann zu realisieren. Hier einige Beispiele:

○ Positioniere je 50 Prozent links und rechts in gleichem Abstand (z. B. 13 wie im Bild) vom Auflagepunkt. Das ist die Strategie der Vorsichtigen: Mit je 50 Prozent Wahrscheinlichkeit werden 13 Millionen Euro gewonnen und verloren.
○ Lege 10 Prozent weit nach rechts (etwa bei 27) und 90 ein wenig nach links vom Auflagepunkt (etwa bei 3). Das ist die Standardsituation. Meist verliert man ein bisschen (3 Millionen Euro), aber hin und wieder gibt es den großen Wurf (27 Millionen Euro).
○ Und entscheidet man sich für 90 Prozent bei ein wenig rechts und 10 Prozent ziemlich weit links, so entspräche das der Strategie von Herrn G. bei stern-tv.

Und besser geht es auch nicht, mehr ist nicht zu erwarten. In der Sprache der Wahrscheinlichkeitstheorie liest sich das so: Wenn eine Folge von Zufallsvariablen ein Martingal ist (wenn also zum Beispiel die Gewinnentwicklung bei einem fairen Spiel beschrieben wird), so ist der Erwartungswert des Gewinns beim Stoppen gemäß irgendeiner realistischen Stoppzeit gleich dem Einstiegskapital.[6] Es ist also so, dass man das Spielen eigentlich gleich lassen könnte.

Die Moral: Der Zufall ist nicht zu überlisten, besser, man betritt die Spielbank erst gar nicht.

5   Der Zufall verliert sich im Unendlichen

Schon früh stellte man fest, dass sich Zufallseinflüsse gegenseitig aufheben können. Betrachten wir als Beispiel zwei Würfel. Es ist unwahrscheinlicher, eine 12 als Augensumme zu erhalten als eine 7, die Wahrscheinlichkeiten lauten 1/36 gegen 1/6.

---

6. „Realistisch" bedeutet dabei, dass das eingesetzte Kapital begrenzt ist und dass man nicht beliebig lange spielen kann.

Der Effekt wird noch wesentlich dramatischer, wenn viele Würfel beteiligt sind. Die Augensumme weicht dann nur mit einer minimalen Wahrscheinlichkeit bemerkenswert vom Mittelwert ab. (Bei n Würfeln hat er den Wert $n \cdot 3.5$.)

Es folgen einige quantitative Rechnungen. Wir werfen eine faire Münze zunächst 10 Mal. Es ist dann zu erwarten, dass „Kopf" im Mittel fünf Mal vorkommt. Die genauen Werte lauten:

Die Kopfanzahl	Wahrscheinlichkeit dafür
ist exakt gleich 5	24,6 %
liegt zwischen 4 und 6	54,2 %
liegt zwischen 3 und 7	77,4 %

Nun werfen wir 100 Mal:

Die Kopfanzahl	Wahrscheinlichkeit dafür
ist exakt gleich 50	7,95 %
liegt zwischen 45 und 55	72,9 %
liegt zwischen 40 und 60	96,5 %

Und im dritten Durchgang werfen wir 1000 Mal

Die Kopfanzahl	Wahrscheinlichkeit dafür
ist exakt gleich 500	2,52 %
liegt zwischen 490 und 510	49,2 %
liegt zwischen 480 und 520	80,6 %
liegt zwischen 470 und 530	94,6 %

Wenn es also auch erwartungsgemäß recht unwahrscheinlich ist, dass es *genau* 500 Mal Kopf gibt, so kann man sich doch fast schon darauf verlassen (mit beinahe 95 Prozent Wahrscheinlichkeit), dass die Abweichung von dieser Zahl höchstens gleich 30 und damit der absolute Fehler kleiner als 6 Prozent ist.

Dieser Effekt wird bei der Überlagerung von noch mehr Zufallseinflüssen immer dramatischer. Die so genannten *Grenzwertsätze* beschreiben – auch quantitativ – dieses „Verschwinden des Zufalls". Solche Ergebnisse haben eine große praktische Bedeutung. Betrachten wir etwa das Problem eines Filialleiters in einem Supermarkt, am Sonnabend die richtige Menge Milch zu bestellen: Ist es zu wenig, sind die Kunden sauer, ist es zu viel, kann ein Teil der Ware am Montag nicht mehr verkauft werden. Deswegen wird man die Verkaufszahlen der Vergangenheit studieren, daraus die aktuellen Verkaufszahlen prognostizieren und dann so einkaufen, dass mit einer hohen Wahrscheinlichkeit alle Interessenten Milch kaufen können und der Verlust durch Restbestände klein ist.

Sinngemäß gelten die gleichen Überlegungen für die Planer der öffentlichen Verkehrsbetriebe, die entscheiden müssen, wie viele Wagen für den Zug um 7 Uhr 10 vorzusehen sind, und die Beipiele ließen sich natürlich beliebig vermehren.

Es folgen zwei weitere Beispiele, in denen die Grenzwertsätze eine wichtige Rolle spielen. Zunächst soll es um *Wahlprognosen* gehen. Wir stellen uns vor, dass die Bereitschaft eines Wählers, die XYZ-Partei zu wählen, durch eine noch unbekannte Wahrscheinlichkeit p gegeben ist, dass aber schon in einem Teil der Stimmbezirke die XYZ-Stimmen ausgezählt sind. Dann sollte aufgrund der Grenzwertsätze der Stimmanteil in der Gesamtbevölkerung recht genau gleich dem Anteil in diesen Stimmbezirken sein: So kommen die Voraussagen am Wahlabend zustande.

Etwas ausführlicher sollen *statistische Verfahren in der Qualitätskontrolle* beschrieben werden. Wir versetzen uns in die Rolle des Einkäufers einer Radiofabrik. Gerade eben sind 1000 Transistoren angekommen. Ist die Fehlerquote wirklich, wie vom Zulieferer zugesichert, kleiner als 3 Prozent?

Natürlich könnte man sie nun alle testen, aber erstens würde das viel zu lange dauern, und zweitens gehen Transistoren beim Testen manchmal kaputt. Deswegen werden nur 20 Exemplare einer eingehenden Prüfung unterzogen. Das Ergebnis: zwei sind defekt.

Der Einkäufer stellt nun die folgende Überlegung an. *Wenn* die Fehlerquote wirklich bei drei Prozent liegt, wie wahrscheinlich ist es dann, dass das, was beobachtet wurde, eintritt? Er erstellt eine kleine Tabelle, in der abzulesen ist, mit welcher Wahrscheinlichkeit 0, 1, … defekte Stücke in einer Auswahl von 20 zu erwarten sind:

defekte Stücke:	0	1	2	3	4
Wahrscheinlichkeit dafür:	0.55	0.33	0.10	0.02	0.003

(Dass mehr als zwei defekte Stücke nur mit minimaler Wahrscheinlichkeit zu erwarten sind, ist eine Folgerung aus den Grenzwertsätzen.)

Man kann zum Beispiel ablesen, dass die Wahrscheinlichkeit für 2 defekte Stücke unter 20 zufällig ausgewählten gleich 0,1 (d. h. 10 Prozent) ist.

Das ist nicht besonders unwahrscheinlich, und deswegen gibt es keinen vernünftigen Grund, die Sendung zurückzuweisen. Ganz anders hätte es bei 4 defekten Transistoren ausgesehen. Das ist zwar auch nicht ausgeschlossen, denn unter den 1000 Transistoren dürfen sich ja 3 Prozent defekte, also 30 Stück verstecken, und durch Zufall könnten ja mehr als durchschnittlich zu erwarten in unsere Auswahl von 20 Testbeispielen gelangt sein. Das ist aber mit 3 Promille extrem unwahrscheinlich, und deswegen kann man nicht mehr so ohne weiteres von der Versicherung „Fehlerquote höchstens drei Prozent" ausgehen.

6   Die produktive Rolle des Zufalls

Ergebnisse von Zufallsexperimenten sind nicht vorhersagbar. Wie kann man da den Zufall produktiv einsetzen? Zu diesem Aspekt sollen einige Beispiele besprochen werden.

Abbildung 4. Comte de Buffon (Gemälde von François-Hubert Drouais.
Bild: Wikimedia Commons, gemeinfrei)

Wir beginnen mit dem *Comte de Buffon*, einem an der Wissenschaft interessierten Adligen, der im 18. Jahrhundert lebte. Buffon war auf vielen Gebieten tätig, er brachte auch eine Enzyklopädie des damaligen Wissens heraus. Hier geht es aber um ein berühmtes Experiment aus der Wahrscheinlichkeitstheorie.

Man braucht dazu einen Dielenfußboden und ein nicht zu langes Stöckchen. Dann kann man sich fragen:

> Mit welcher Wahrscheinlichkeit fällt das Stöckchen so, dass eine Dielenkante gekreuzt wird?

Das kann man mit etwas Elementargeometrie ausrechnen, wenn man den Zufall richtig modelliert (Mittelpunkt des Stöckchens und Drehwinkel fallen völlig gleichmäßig). Es ergibt sich: Die Wahrscheinlichkeit P ist

$$P = \frac{2 \cdot l}{\pi \cdot d},$$

dabei ist π die Kreiszahl, l die Stöckchenlänge und d die Dielenbreite. (Die Zahl π taucht hier deswegen auf, weil die Drehwinkel – vom Mittelpunkt eines Kreises mit Radius Eins aus gesehen – in die Richtung aller Punkte auf der Kreisperipherie zeigen können. Und diese Peripherie hat die Länge 2π.)

Buffon hatte nun die bemerkenswerte Idee, das nach π aufzulösen:

$$\pi = \frac{2 \cdot l}{P \cdot d}.$$

Damit ergibt sich die Möglichkeit, zunächst die Wahrscheinlichkeit P approximativ durch fleißiges Stöckchenwerfen zu bestimmen und daraus einen Näherungswert für π herzuleiten.

Damit war das erste *Monte-Carlo-Verfahren* der Mathematikgeschichte erfunden. Darunter versteht man Algorithmen, bei denen der Zufall zu Berechnungen eingesetzt wird. Inzwischen gehören solche Verfahren zum Standardrüstzeug. Sie sind bequem zu programmieren und dank der heutigen Computermöglichkeiten auch sehr effektiv.

Als weiteres Beispiel von Monte-Carlo-Verfahren betrachten wir *Flächenberech-nungen:* Um die Fäche einer irgendwie in einem Rechteck liegendenn Figur zu

Abbildung 5. Brown (Bild: Wikimedia Commons, gemeinfrei) und
Einstein (Bild: Wikimedia Commons, gemeinfrei)

bestimmen, muss man nur „sehr viele" Zufallszahlen in diesem Rechteck erzeugen und den prozentualen Anteil der Treffer (in der Figur) protokollieren. Hat das Rechteck etwa die Fläche 1 und wurden bei 10000 Versuchen 6534 Treffer gezählt, so sollte die Figur etwa die Fläche 0,65 haben.

Oft ist es so, dass andere Verfahren nicht zur Verfügung stehen. Als gravierender Nachteil bleibt aber immer, dass die Ergebnisse nie sicher sind! Eine typische Aussage – etwa im Zusammenhang mit dem Buffon-Experiment – lautet: „Mit 98 Prozent Wahrscheinlichkeit ist die Zahl π bis auf drei gültige Ziffern durch 3.14 gegeben." Es ist offensichtlich, dass man mit solchen Aussagen nicht viel anfangen kann, wenn man ein Ergebnis wirklich genau wissen muss.

> In dem Beitrag über Quantencomputer des gleichen Autors in diesem Buch geht es übrigens auch darum, Zufallsverfahren zur Lösung von Problemen einzusetzen. Die „Erfolgsquote" ist da recht bescheiden (50 Prozent), doch ist das bei der Entschlüsselung von Geheimcodes kein gravierender Nachteil. Bei 10 Versuchen müsste man schon sehr viel Pech haben, um den Code *nicht* zu knacken. (Die Wahrscheinlichkeit für so viel Pech ist nur $1/2^{10}$, also etwa ein Promille.)

7 Der Zufall im Mikrokosmos

Wir betrachten zunächst die *Brownsche Bewegung*. Der Botaniker Robert Brown hatte 1827 beobachtet, dass Blütenpollen unter dem Mikroskop eine Irrfahrt durchfuhren. Für viele Jahrzehnte wurde das Phänomen nicht verstanden, bei den Erklärungsversuchen gab es wilde Spekulationen (wie etwa die Annahme einer „Lebenskraft" in der anorganischen Materie). Um 1900 wurde schon der erste Versuch unternommen, die Brownsche Bewegung zur Modellbildung heranzuziehen. Der Franzose Bachelier beschrieb damit die Entwicklung von Aktienkursen. (Er war damit seiner Zeit weit voraus, die Bedeutung dieser Modelle für die Finanzmathematik wurde erst vor wenigen Jahrzehnten erkannt.)

Viel wichtiger für die Entwicklung der Wissenschaft war aber eine Arbeit von Albert Einstein zur Brownschen Bewegung aus dem Jahr 1905. Darin hatte Einstein einmal durchgerechnet, wie sich ein mikroskopisch kleines Teilchen bewegen würde, wenn es von Molekülen zufällig angestoßen werden würde. Aus dieser Arbeit waren auch quantitative Voraussagen ableitbar, die in den darauffolgenden Jahren bestätigt wurden. (Nach n Zeiteinheiten sollte sich das Teilchen – bis auf einen Faktor – im Mittel um $\sqrt{n}$ Längeneinheiten vom Startpunkt entfernt haben.)

Damit wurde der damals noch offene Streit entschieden, ob die Welt im Kleinen nun aus Teilchen aufgebaut ist oder aus einem kontinuierlichen Medium besteht: Die Annahme kleinster Teilchen führt zu makroskopisch beobachtbaren Phänomen, die durch Eigenschaften eines Kontinuums nicht erklärbar sind, und das erlaubt es, von zwei konkurrierenden Theorien eine zu verwerfen.

Heute ist die Brownsche Bewegung in der Wahrscheinlichkeitstheorie allgegenwärtig. Bemerkenswerter Weise ist die präzise Behandlung recht aufwändig, Mathematikstudenten lernen sie erst im zweiten Semester ihrer Beschäftigung mit der Wahrscheinlichkeitstheorie kennen. Es dauerte auch bis in die zwanziger Jahre des vorigen Jahrhunderts, bis – durch den amerikanischen Mathematiker Norbert Wiener – gezeigt werden konnte, dass die verschiedenen Anforderungen an ein mathematisches Modell der Brownschen Bewegung gleichzeitig verwirklicht werden können (stetige Pfade, Unabhängigkeit der Zuwächse, linear wachsende Varianz, normalverteilt im Raum).

> Für Mathematiker ist dieser Punkt – Nachweis der Existenz eines Modells mit den gewünschten Eigenschaften – fundamental wichtig und leider ziemlich schwierig. Für Anwender, etwa aus dem Ingenieurbereich, ist die Realität der Brownschen Bewegung sonnenklar, da sie in der täglichen Arbeit allgegenwärtig ist (etwa als Rauschen bei der Signalübertragung).
>
> Dieses unterschiedliche Bedürfnis nach theoretischer Absicherung (Mathematiker gegen Ingenieure) zeigte sich in einer für den Autor überraschenden Deutlichkeit auf einer Tagung zur Signalverarbeitung (Maspalomas 2006), als während eines historischen Vortrags die Bemühungen der Mathematiker um Strenge von der Mehrheit des Auditoriums nur mit ungläubigem Staunen zur Kenntnis genommen wurden.

Heute ist die Brownsche Bewegung auch in der Finanzmathematik allgegenwärtig. Durch die Verleihung des Nobelpreises für Wirtschaft im Jahr 1997 an Black, Scholes und Merton wurde nämlich einer größeren Wissenschaftlergemeinde klar, dass man damit hervorragend die Entwicklung von Aktienkursen modellieren kann. Dass hatte zwar Bachelier auch schon um 1900 versucht, aber erst viele Jahrzehnte später war dieses Modell bei der Bewertung von Optionen unverzichtbar.[7]

---

7. Mehr dazu findet man im Artikel von Walter Schachermayer in diesem Buch.

Der zweite große Aspekt des Themas ist die *Quantenmechanik*. Etwas vereinfacht kann man sich die heute am weitesten verbreitete Interpretation so vorstellen, dass die Mikrowelt von Wahrscheinlichkeiten regiert wird.

Wenn man keine Messungen vornimmt, entwickeln sich diese Wahrscheinlichkeiten auf genau berechenbare Weise. Sobald aber gemessen wird (Energie, Impuls, durch welchen Spalt, gespiegelt oder nicht?), ist es so, als ob ein Zufallsgenerator für das Ergebnis verantwortlich wäre. Bemerkenswert ist dabei, dass die Wahrscheinlichkeiten durch Pfeile in der Ebene verschlüsselt sind:[8] Die relevante Wahrscheinlichkeit ist das Quadrat der Pfeillänge. Und da die Überlagerung zweier Situationen durch die Addition der Pfeile gemäß der Vektoraddition beschrieben wird, kann es passieren, dass – wenn die Pfeile in entgegengesetzte Richtung zeigen – sich bei Überlagerung aus zwei großen Wahrscheinlichkeiten sehr kleine Wahrscheinlichkeiten ergeben.

8   Philosophisches

Manche Leser werden sich gewundert haben, dass die Frage „Was ist Wahrscheinlichkeit?" ausgeklammert wurde. Weiter oben wurde schon betont, dass sich dieser Verzicht als sehr erfolgreich herausgestellt hat. Das ist ganz ähnlich wie – zum Beispiel – in der Geometrie. Dort werden ja auch die Begriffe „Punkt", „Gerade" usw. ohne nähere Erklärung an den Anfang gestellt, es gelten gewisse Tatsachen („Durch je zwei verschiedene Punkte geht genau eine Gerade" usw.) und dann kann es losgehen.

Das mathematisches Modell zur Behandlung des Zufalls (die Wahrscheinlichkeitsräume) hat sich in dem Sinne als angemessen erwiesen, als die sich daraus ergebenden Voraussagen mit dem, was in der von uns so genannten Wirklichkeit passiert, recht gut übereinstimmen. Versicherungsunternehmen, die sich nach den Gesetzen der Wahrscheinlichkeitstheorie richten, können sich auf die vorausgesagten Zufalls-Schwankungen verlassen, der Staat kann sicher sein, dass die Lizenz des Spielcasinos nicht zu exorbitanten Gewinnen der Betreiber führt usw.

Trotzdem hat es natürlich Versuche gegeben, Wahrscheinlichkeit und Zufall etwas genauer zu fassen. Als Beispiel soll hier auf den Häufigkeitsansatz von Richard von Mises (1883–1953) hingewiesen werden. Nach von Mises muss man, um zur Wahrscheinlichkeit eines Ereignisses E zu gelangen, sehr oft testen, ob bei dem gerade relevanten Zufallsexperiment das Elementarereignis in E zu finden ist. Ist das bei n Versuchen h_n Mal der Fall, so soll die Wahrscheinlichkeit von E als der Grenzwert $\lim_{n\to\infty} h_n/n$ definiert sein.

Leider kann niemand garantieren, dass dieser Grenzwert existiert, und selbst wenn, ist nicht klar, dass bei verschiedenen Versuchsreihen das gleiche Ergebnis herauskommt.

---

8.   *So* wollen wir uns komplexe Zahlen vorstellen.

In diesem Abschnitt soll auch noch auf ein anderes Problem eingegangen werden, das immer wieder für Verwirrung sorgt. Man stelle sich einen Würfel vor, der ganz oft geworfen wird. Einerseits wird immer gesagt, dass bei „vielen" Versuchen im Mittel alle Zahlen etwa gleich oft vorkommen. Gleichzeitig wird aber auch behauptet, dass der Zufall kein Gedächtnis hat, die Chancen also bei jedem neuen Wurf genauso sind wie am Anfang.

Das kann doch irgendwie nicht stimmen: Wenn man sehr oft gewürfelt hat und keine Sechs dabei war, muss sich der Würfel doch wohl ein bisschen anstrengen und verstärkt Sechsen produzieren, um die erste Forderung zu erfüllen; die Chancen für „Sechs" sollten also deutlich steigen. Entsprechend setzen viele beim Lotto ja auch auf diejenigen Zahlen, die lange nicht gezogen wurden.

Der Widerspruch löst sich dadurch auf, dass die Chancengleichheit aller Zahlen genau genommen kein Muss ist, sondern nur mit überwältigender Wahrscheinlichkeit erwartet werden darf. Man kann berechnen, dass bei einem Würfelexperiment die Chancen nahe bei 100 Prozent sind, dass alle Zahlen in etwa gleich oft auftreten. Es ist aber – mit unglaublich kleiner Wahrscheinlichkeit – durchaus möglich, dass etwas Unerwartetes passiert, dass etwa nur Dreien gewürfelt werden.

Zum Abschluss gibt es hier noch einige Literaturempfehlungen:

- Jörg Bewersdorff: Glück, Logik und Bluff (Vieweg Verlag 2001, 4. Auflage 2007). In diesem Buch wird das Thema „Glücksspiele" vertieft.
- Hans-Otto Georgii: Stochastik (de Gruyter Lehrbuch 2002). Dieses Buch kann allen empfohlen werden, die sich ernsthafter mit Stochastik auseinandersetzen wollen. Es ist für Studierende aller Fachrichtungen und interessierte Schüler der Oberstufe geeignet.
- Ellen Kaplan und Michael Kaplan: Eins zu Tausend (Campus Verlag 2007). Hier finden alle, die mehr über die historische Entwicklung und die Beziehungen zur Statistik erfahren wollen, eine überwältigende Fülle von interessanten Informationen.
- Rudolf Taschner: Zahl, Zeit, Zufall (Ecowin Verlag 2007). Der Autor fasst die mathematische Theorie des Zufalls als Teil der Beschreibung der Welt durch Mathematik auf. Auch hier gibt es viele historische Hintergrundinformationen, die Mathematik beim Roulette wird auch ausführlich behandelt.

Epilog

Empirische Mathematik:
Die Methode (!) „Rate und Prüfe"

Shalosh B. Ekhad und Doron Zeilberger

> Stellen wir uns dieses Beispiel vor: *A* schreibt Reihen von Zahlen an; *B* sieht ihm zu und trachtet, in der Zahlenfolge ein **Gesetz** zu finden. Ist es ihm gelungen, so ruft er: ‚Jetzt kann ich fortsetzen¡ – Diese Fähigkeit, dieses Verstehen ist also etwas, was in einem **Augenblick** eintritt. ...

> Ludwig Wittgenstein, *Philosophische Untersuchungen* I, §151.
> (Hervorhebung von den Autoren)

Der siebenjährige Gauß

Wir alle kennen die Geschichte, wie der junge Carl Friedrich Gauß angeblich die ersten 100 Zahlen aufaddierte, indem er einen *„genialen"* Trick anwandte: Er addierte 1 und 100, dann 2 und 99, 3 und 98, und so weiter. Sein Trick wäre aber kläglich gescheitert, falls die Aufgabe gelautet hätte, die ersten 100 *Quadrate* aufzusummieren. Eine viel bessere Methode wäre für ihn gewesen, die **ersten paar Terme** der Folge $a(n) := 1 + 2 + \cdots + n$ zu *berechnen*

$$a(0) = 0\,,\ a(1) = 1\,,\ a(2) = 3\,,\ a(3) = 6\,,\ a(4) = 10\,,$$

dann sein Genie zu verwenden, um das dahinter liegende **Muster** zu *entdecken*, nämlich

$$a(0) = (0 \cdot 1)/2\,,\ a(1) = (1 \cdot 2)/2\,,\ a(2) = (2 \cdot 3)/2\,,$$
$$a(3) = (3 \cdot 4)/2\,,\ a(4) = (4 \cdot 5)/2\,,$$

und dann die **Vermutung** $a(n) = n(n+1)/2$ *aufzustellen*. Er hätte noch einige weitere Werte, sagen wir $n = 5$ und $n = 6$, testen können und daraus *geschlossen*, dass $a(100) = (100 \cdot 101)/2 = 5050$ ist (vgl. [Z1]).

Übrigens genügt es schon, die Formel für $n = 0, 1, 2$ zu überprüfen, da man aus der Rekursion für die Folge $a(n)$ erkennt, dass beide Seiten Polynome vom Grad 2 darstellen.

In diesem Beispiel war es leicht, ein *Muster* zu entdecken, wir werden aber später Beispiele sehen, wo die Mustererkennung viel schwieriger ist, und wir ohne Computer nicht auskommen.

Physikalische Induktion und mathematische Deduktion

Jeder weiß, dass im Unterschied zu den *Naturwissenschaften*, welche eine *induktive Logik* benutzen und *empirisch* vom Einzelnen auf das Allgemeine schließen, die Mathematik eine *deduktive* Wissenschaft ist, wo wir, ausgehend von *Axiomen*, Schritt für Schritt mit Hilfe formaler deduktiver Logik Sätze beweisen. Natürlich ist das eine unzulässige Vereinfachung, wie bereits der große Mathematiker James Joseph Sylvester anmerkte. Diese *übliche Ansicht* der Mathematik, die zum Beispiel von dem Evolutionsforscher Thomas Huxley mit dem Bonmot

> Mathematik ist jene Wissenschaft, die nichts von Experiment, nichts von Induktion und nichts von Kausalität versteht

vertreten wurde, kritisierte Sylvester [9] mit den Worten, dass ganz im Gegenteil

> Mathematik sich ununterbrochen auf Beobachtung und Vergleich stützt, und dass eine ihrer Hauptwaffen Induktion ist, in dem Sinn, dass sie häufig auf Versuch und Verifikation zurückgreift …

Sylvester hatte Recht, aber nur für jenen Teil der Mathematik, den Wissenschaftsphilosophen den *Kontext der Entdeckung* nennen. Hier benutzen die Mathematiker in der Tat *Experiment* und *Induktion* (und zwar Induktion im naturwissenschaftlichen Sinn, nicht zu verwechseln mit der *vollständigen mathematischen Induktion*, die ein vollkommen *deduktiver* Prozess ist). Aber im *Kontext der Begründung*, das heißt in der *Beweisführung*, wird ausschließlich deduktive Logik verwendet.

Die Evolution hat uns nicht vorbereitet für logisches Schließen und strenge Beweisführung

In einer kürzlich erschienenen meisterlichen Abhandlung ([3]) argumentiert Zvi Artstein sehr überzeugend, dass *ein* Grund, warum die meisten Menschen (in der Tat alle Menschen, inklusive uns professionelle Mathematiker!) Mathematik so schwierig finden, in der Tatsache liegt, dass die biologische Evolution uns auf die rigide Disziplin des formalen Schließens und der logischen Deduktion nicht ausreichend vorbereitet hat. Um im Dschungel zu überleben, benötigten wir offenbar informelle, intuitive, eine Art „Bayes'scher Logik", falls man das überhaupt noch Logik nennen kann.

Trotz alledem hat die Mathematik über die Jahrhunderte einen Aufschwung ohnegleichen genommen, und zwar in der Doppelrolle als „*Königin*" und „*Dienerin*" der Naturwissenschaften, aber:

Die kulturelle Evolution der Mathematik hat uns nicht vorbereitet, Computer optimal zu nutzen

Mehr als zwei Jahrtausende der *kulturellen Evolution* der Mathematik waren ihr Markenzeichen die *axiomatische Methode* und *strenge Beweisverfahren*. Aber weder Euklid noch Gauß, nicht einmal Ramanujan, konnten den neuen *Messias* vorhersehen, den elektronischen Computer, der im Begriff ist, sowohl die *Entdeckung* wie auch die *Begründung* **mathematischer Erkenntnisse** zu revolutionieren. Durch den Computer könnte die Mathematik sich (bald) zu einer empirischen Wissenschaft entwickeln, gerade so wie Physik, Chemie oder Biologie, und wir werden mathematische Größen wie Zahlen, Gleichungen, Gruppen genauso manipulieren, wie wir Elektronen, Sterne, Genome (oder Säuren, Basen, Zellen usf.) studieren. Ja mehr noch, wir werden bald unsere lang geübte *strenge Verifizierung* durch Beweise aufgeben und wie in den Naturwissenschaften „ *semi-formale*" Beweise, ja sogar *informelle* Beweise akzeptieren – die Breite der mathematischen Erkenntnisse wird diesen Verlust aber mehr als wettmachen!

Im Folgenden wollen wir einige Gedankenexperimente in dieser Richtung anstellen. Dazu werden wir einige *Fallstudien* beschreiben, wo „ *strenge Beweise*" möglich, aber eigentlich „ *nicht der Mühe wert*" sind, da sie sehr viel Computer-Zeit und Speicherplatz benötigen. In solchen Fällen sind semi-formale Beweise und sogar informelle Beweise durchaus vorzuziehen. Um nicht allzu viele Vorkenntnisse voraussetzen zu müssen, wurden Beispiele aus der Kombinatorik, genauer der abzählenden Kombinatorik, ausgewählt, die mit gängigen Computeralgebra-Paketen bearbeitet werden können.

Ein altes Rätsel

Ein bekanntes Puzzle fragt: „Auf wie viele Arten kann ein Spieler n Dollar gewinnen und n Dollar verlieren, ohne jemals Schulden zu machen?" Mathematisch formuliert heißt dies: Ein Spieler wirft eine Münze $2n$ Mal; wenn Kopf kommt, bekommt er einen Dollar, wenn Zahl kommt, verliert er einen Dollar. Sobald er *im Minus* ist, wird er aus dem Casino geworfen. Auf wie viele Arten kann er $2n$ Würfe überstehen und am Ende mit Null nach Hause gehen? Bezeichnen wir einen Gewinn mit W und einen Verlust mit L, so gibt es für $n = 3$ die folgenden fünf Folgen:

$$\{ \, WWWLLL \, , \, WWLWLL \, , \, WWLLWL \, , \, WLWWLL \, , \, WLWLWL \, \} \, .$$

Beispielsweise ist $WLLWWL$ nicht erlaubt, da der Spieler nach der dritten Runde einen Dollar schuldet. Die Aufgabe ist also, diese „*schuldenlosen*" Folgen von W und L abzuzählen. Schauen wir uns zunächst das leichtere Problem an, wenn der Spieler Schulden machen darf (aber nach wie vor mit Null aussteigen muss). Die Anzahl dieser Folgen ist offenbar durch den Binomialkoeffizienten $\binom{2n}{n}$ gegeben, da die Glücksfee beliebige n Gewinne aus den $2n$ Würfen auswählt (und die übrigen n Verluste sind).

Was ist nun die Anzahl der „schuldenlosen" Folgen, die uns interessieren? Ein klassisches, berühmtes Resultat aus der abzählenden Kombinatorik besagt (siehe [1, S. 98], [7]), dass diese Anzahl durch die allgegenwärtige *Catalan-Zahl* $\frac{1}{n+1}\binom{2n}{n}$ gegeben ist. Es folgt das überraschende Resultat: Unter der Annahme einer *fairen Münze* hat ein Spieler (dem auch Kredit gewährt wird und der am Ende mit Null aussteigt) bei $2n$ Würfen genau eine Chance von $1/(n+1)$, niemals borgen zu müssen.

Wir kennen mindestens zehn Beweise dieses Resultates, einige sehr elegant, andere weniger. Im Folgenden besprechen wir einen weiteren, Computer-unterstützten Beweis, der möglicherweise der **hässlichste** ist. Aber er hat einen großen Vorteil: Wir brauchen keinen **Trick** (wie in einigen der hübschen Beweise), und dieselbe **Methode** kann, zumindest in der Theorie aber sehr oft auch in der Praxis, **jedes** Problem dieses Typs lösen, wo anstelle von $\{-1, 1\}$ die Einsätze aus **jeder beliebigen** (endlichen) Menge S genommen werden, zum Beispiel aus $S = \{-1, -2, 3\}$ (siehe unten).

Es ist hilfreich, das Rätsel auch als ein *Wege-Problem* aufzufassen. Wir starten im Nullpunkt der Zahlengeraden und gehen entweder einen Schritt nach rechts $(+1)$ oder nach links (-1). Das Problem lautet in dieser Fassung: Wie viele Wege der Länge $2n$ gibt es, die im Ursprung enden und niemals den negativen Bereich betreten? Das Beispiel $\{-1, -2, 3\}$ bedeutet dann analog, dass wir entweder drei Schritte nach rechts gehen oder einen bzw. zwei Schritte nach links. Dieselbe Methode kann auf viele (aber nicht alle) Wegprobleme in zwei Dimensionen verallgemeinert werden. S ist nun eine Menge von Paaren (a, b) aus $\mathbb{Z}^2$, und ein Schritt besteht darin, dass wir a in der ersten und b in der zweiten Dimension gehen (mit derselben Bedingung wie bisher: Anfang und Ende im Ursprung und alles spielt sich im ersten Quadranten ab). Die Methode funktioniert im Prinzip auch für drei oder mehr Dimensionen, aber die Berechnungen übersteigen die Leistungsfähigkeit heutiger Computer noch bei Weitem.

Als *Illustration* für unsere „empirische" *Rate-und-Prüfe-Methode* wollen wir, wie angekündigt, den 101-ten Beweis geben, dass die Anzahl der schuldenlosen *WL*-Folgen in der Tat durch die Catalan-Zahl $\frac{1}{n+1}\binom{2n}{n} = (2n)!/(n!(n+1)!)$ gegeben ist. Der Beweis ist, wie alle folgenden, *Computer-erzeugt*, aber er ist genügend einfach, um ihn sozusagen mit Papier und Bleistift (und einiger Geduld) nachzuvollziehen. Sogar die *Entdeckung* des Beweises kann in diesem einfachen Beispiel per Hand erfolgen – und genau das werden wir tun. Diese gewohnte Beweisführung (mit Papier und Bleistift) geschieht aus rein *didaktischen* Gründen, um die Methode zu erklären und um zu verstehen, wie unsere elektronischen Mitarbeiter wesentlich kompliziertere Beispiele angehen können.

Es sei $a(n)$ die Anzahl der schuldenlosen *WL*-Folgen der Länge $2n$ und $f(t) := \sum_{n=0}^{\infty} a(n)t^n$ die **erzeugende Funktion** der $a(n)$. Wir wollen das äquivalente Resultat beweisen:

Satz: *Die erzeugende Funktion* $f(t)$ *ist* **explizit** *gegeben durch*

$$f(t) = \frac{1 - \sqrt{1 - 4t^2}}{2t^2}. \tag{EF}$$

(Man bemerke, dass $a(n) = 0$ ist für ungerades n, und dass der Koeffizient von t^{2n} in (EF) gleich $-\frac{1}{2}\binom{\frac{1}{2}}{n+1}(-4)^{n+1}$ ist, was mühelos zur Catalan Zahl $\frac{1}{n+1}\binom{2n}{n}$ vereinfacht werden kann. Wegen der Eindeutigkeit der erzeugenden Funktion ist dies also tatsächlich eine äquivalente Aussage.)

Beweis. Betrachten wir zunächst allgemein *alle Folgen* $w = w_1 w_2 \ldots w_n$ mit $w_i \in \{-1, +1\}$, mit der Eigenschaft $\sum_{j=1}^{i} w_j \geq 0$ für alle i, aber ohne die Einschränkung $\sum_{j=1}^{n} w_j = 0$. Wir definieren das Gewicht $g(w)$ so einer Folge als

$$g(w_1 w_2 \ldots w_n) := t^n x^{w_1 + \cdots + w_n}.$$

Zum Beispiel haben wir

$$g(\text{leere Folge}) = t^0 x^0 = 1, \quad g(1, 1, -1, -1) = t^5 x^1 = t^5 x,$$

$$g(1, 1, -1, 1, -1, 1, 1, -1, -1) = t^{10} x^2.$$

Es sei $\mathcal{W}$ die Menge aller dieser Folgen (inklusive der leeren Folge der Länge 0 und mit Gewicht $t^0 x^0 = 1$), und $F(t, x)$ die Summe aller Gewichte. $F(t, x)$ ist eine gewisse *formale Potenzreihe*[1] in der Variablen t, deren Koeffizienten für jede Potenz t^n Polynome in x sind. Der Koeffizient von $t^n x^i$ ist somit genau die Anzahl der Folgen aus $\mathcal{W}$ der Länge n und mit Gewicht i. Man beachte, dass die Funktion $f(t)$, die uns wirklich interessiert, nichts anderes als $F(t, 0)$ ist.

Wir behaupten, dass $F(t, x)$ die **Funktionalgleichung**

$$F(t, x) = 1 + txF(t, x) + tx^{-1}\big(F(t, x) - F(t, 0)\big) \tag{FG}$$

erfüllt.

Sei dazu $w = w_1 \ldots w_n \in \mathcal{W}$ beliebig.

Fall 1. w ist die leere Folge (also $n = 0$); dann ist $g(w) = 1$.

Fall 2. w endet mit $w_n = 1$. Dann ist $w' = w_1 \ldots w_{n-1}$ wieder in $\mathcal{W}$, und alle solche Folgen der Länge n erhält man, indem man alle Folgen der Länge $n-1$ nimmt und 1 anhängt. Die Summe der Gewichte ist daher gegeben durch

$$txF(t, x),$$

---

1. Eine formale Potenzreihe ist eine unendliche Potenzreihe der Form $\sum_{n=0}^{\infty} a_n t^n$, wobei wir uns nicht um Konvergenz (im Sinne der Analysis) kümmern. Zum Beispiel ist $\sum_{n=0}^{\infty} n!^{n!} t^n$ vollkommen akzeptabel (obwohl die Reihe nur im Nullpunkt konvergiert). Man kann eine Menge Analysis mit formalen Potenzreihen erledigen, die trotz des Namens „formal" eine wesentlich strenger begründete Struktur aufweisen als die Potenzreihen der klassischen Analysis, da sie nur auf *finitäre* Begriffe zurückgreifen.

da das Anhängen einer 1 sowohl den t-Exponenten wie auch den x-Exponenten um 1 erhöht.

Fall 3. w endet mit $w_n = -1$. Dann ist w' wieder in $\mathcal{W}$, hat aber die zusätzliche Eigenschaft $\sum_{i=1}^{n-1} w_i > 0$. Das heißt, wir können alle Folgen der Länge $n-1$ nehmen (und -1 anhängen), **mit Ausnahme** derjenigen, deren Gesamtsumme 0 ist. Aber das bedeutet gerade, dass die Summe der Gewichte aller Folgen, die mit -1 enden, durch

$$tx^{-1}\big(F(t,x) - F(t,0)\big)$$

gegeben ist, da das Anhängen von -1 den t-Exponenten um 1 erhöht, den x-Exponenten aber um 1 erniedrigt, und $F(t,x) - F(t,0)$ genau die Summe der Gewichte jener Folgen ist, deren Summe strikt positiv ist. Damit ist die Funktionalgleichung bewiesen.

Man beachte, dass n-fache Iteration

$$f(t,x) \to 1 + txf(t,x) + tx^{-1}\big(f(t,x) - f(t,0)\big)$$

mit Startwert $f(t,x) = 1$ ein **effizientes Verfahren** zur Bestimmung der ersten $n+1$ Koeffizienten in der Variablen t der formalen Potenzreihe $F(t,x)$ ist.

Wir ziehen nun „**aus dem Hut**" den expliziten Ausdruck

$$G(t,x) := \frac{1 - 2xt - \sqrt{1 - 4t^2}}{2t\,(-x + t + tx^2)}\,, \tag{EX}$$

und behaupten $F(t,x) = G(t,x)$. Natürlich kann man mit etwas Geduld (und einer Portion Masochismus) mittels simpler Schulalgebra direkt verifizieren, dass $G(t,x)$ die Funktionalgleichung (FG) erfüllt (inklusive Anfangsbedingungen), mit anderen Worten, dass $G(t,x)$

$$G(t,x) - \Big(1 + txG(t,x) + tx^{-1}\big(G(t,x) - G(t,0)\big)\Big) \equiv 0 \tag{FG$'$}$$

erfüllt. Falls einem das zu mühsam ist, startet man eine Maple-Sitzung mit dem Maple-Code

```
G:=(t,x) -> (1-2*x*t-sqrt(1-4*t**2))/(2*t*(-x+t+t*x**2));
simplify(G(t,x)-1-t*x*G(t,x)-t/x*(G(t,x)-G(t,0)));
```

und erhält das Resultat 0.

Es bleibt ein heikler Punkt. Es ist nicht unmittelbar klar, dass $G(t,x)$ eine *formale Potenzreihe* in t ist, deren Koeffizienten **Polynome** in x sind. Das kann man aber folgendermaßen einsehen: Man benutzt die altbekannte Formel zur Lösung quadratischer Gleichungen $((-b \pm \sqrt{b^2 - 4ac})/2a)$ und stellt fest, dass $G(t,x)$ laut (EX) die folgende Gleichung erfüllt:

$$t(-x + t + tx^2)G(t,x)^2 + (-1 + 2xt)G(t,x) + 1 = 0. \tag{AG}$$

Dies kann zu

$$G(t,x) = 1 + 2xt\,G(t,x) + t(-x + t + tx^2)G(t,x)^2 \qquad (AG')$$

umgeschrieben werden, woraus die Behauptung, dass die Koeffizienten Polynome in x sind, offensichtlich wird. Wir haben also bewiesen, dass der *Gewichts-Enumerator* $F(t,x)$, d.h. die erzeugende Funktion für unsere Wege (oder Spiele im Casino), durch den **expliziten** Ausdruck $G(t,x)$ gegeben ist. Um den Beweis des Satzes zu **beenden**, setzen wir $t = 0$ und erhalten

$$f(t) = F(t,0) = G(t,0) = \frac{1 - 2 \cdot 0 \cdot t - \sqrt{1 - 4t^2}}{2t\,(-0 + t + t \cdot 0^2)} = \frac{1 - \sqrt{1 - 4t^2}}{2t^2}.$$

$\square$

Küchengeheimnisse

Den eben durchgeführten Beweis hätte der scharfzüngige Zahlentheoretiker G. H. Hardy wahrscheinlich als „im Wesentlichen" **Verifikation** abqualifiziert: Der Beweis zog den expliziten Ausdruck $G(t,x)$ *aus dem Hut* und benutzte dann *Eindeutigkeit*, um $F(t,x) = G(t,x)$ zu zeigen. Aber wie kommt man auf $G(t,x)$?

Natürlich durch Raten! Falls wir eine Idee haben, dass $F(t,x)$ nicht nur die natürliche Funktionalgleichung (FG) erfüllt (die aus *kombinatorischen Überlegungen* stammt), sondern darüber hinaus auch eine *algebraische Gleichung* der Form

$$A_0(t,x) + A_1(t,x)F(t,x) + A_2(t,x)F(t,x)^2 = 0,$$

für gewisse Polynome $A_0(t,x), A_1(t,x), A_2(t,x)$, die noch zu **bestimmen** sind, so können wir zunächst einmal die ersten, sagen wir, 20 Koeffizienten in t *berechnen* (beziehungsweise unsere Computer) und daraus mittels *Linearer Algebra* die Gestalt der Polynome *raten*. Es gibt sogar einen noch viel einfacheren Weg, der in unserem *Wege-Problem* sogar mit der Hand nachgeprüft werden kann. Die Gleichung (FG) lässt sich auch in der Form (wie zuvor ist $F(t,0) = f(t)$)

$$F(t,x) = \frac{1 - tx^{-1}f(t)}{1 - tx - tx^{-1}} \text{ oder } f(t) = \frac{x + (-x + t + tx^2)F(t,x)}{t} \qquad (FG'')$$

schreiben. Also versuchen wir, eine quadratische Gleichung für $f(t)$ zu *raten*. Da $f(t)$ nur gerade Potenzen enthält, ist es sinnvoll, stattdessen $h(t) = f(\sqrt{t})$ zu betrachten und die gesuchte quadratische Gleichung mit *unbestimmten* Koeffizienten $c_1, c_2, c_3, c_4, c_5, c_6$ anzusetzen:

$$(c_1 + c_2 t) + (c_3 + c_4 t)h(t) + (c_5 + c_6 t)h(t)^2 \equiv 0\,.$$

Da wir die kombinatorische Bedeutung von $f(t)$ (und daher von $h(t)$) kennen, ist es sinnvoll, den kürzeren Ansatz

$$h(t) = 1 + d_1 t\,h(t) + (d_2 + d_3 t)\,h(t)^2 \qquad (H)$$

zu probieren, oder äquivalent dazu

$$h(t) - 1 - d_1 t\, h(t) - (d_2 + d_3 t)\, h(t)^2 \equiv 0, \tag{H$'$}$$

mit gewissen **Zahlen** d_1, d_2, d_3, die noch zu **bestimmen** sind. Natürlich gibt es keine a priori **Garantie**, dass dieser Ansatz funktioniert, aber wir **versuchen** es einfach mal! Es ist kein Problem, die ersten Koeffizienten von $h(t)$ auszurechnen (bzw. von $f(\sqrt{t})$), entweder durch ein MAPLE Programm unter Verwendung von (FG), oder sogar durch *direktes Abzählen*:

$$h(t) = 1 + t + 2t^2 + 5t^3 + 14t^4 + 42t^5 + O(t^6).$$

Eingesetzt in (H$'$) ergibt das

$$\begin{aligned}
\big(1 + t + 2t^2 + 5t^3 &+ 14t^4 + 42t^5 + O(t^6)\big) - 1 \\
&- d_1 t \left(1 + t + 2t^2 + 5t^3 + 14t^4 + 42t^5 + O(t^6)\right) \\
&- (d_2 + d_3 t) \left(1 + t + 2t^2 + 5t^3 + 14t^4 + 42t^5 + O(t^6)\right)^2 \equiv 0\,. \quad \text{(H$''$)}
\end{aligned}$$

Wenn wir nun die Klammern auflösen und die Koeffizienten für t^i zusammenfassen, so ergibt sich ein System von fünf Gleichungen für die drei Unbekannten d_1, d_2, d_3, dessen eindeutige Lösung $d_1 = 0$, $d_2 = 0$, $d_3 = 1$ ist. Dies führt zur *Vermutung*, dass $h(t)$ die quadratische Gleichung $h(t) = 1 + t h(t)^2$ erfüllt. Ersetzen wir $h(t)$ wieder durch $f(t)$, so haben wir **geraten**, dass $f(t)$ eine Lösung der quadratischen Gleichung

$$f(t) = 1 + t^2 f(t)^2 \tag{Q}$$

ist. Setzt man umgekehrt (Q) (mit $F(t,0) = f(t)$) in die Funktionalgleichung (FG) ein, so resultiert die Gleichung (AG$'$) mit F anstelle von G und die Lösung ist genau der Ausdruck für $G(t,x)$, den wir vorhin „aus dem Hut gezaubert" haben.

Was ist eine gute Antwort?

In einer sehr einflussreichen Arbeit [11] definierte der große Herb Wilf, was eine befriedigende Antwort auf ein kombinatorisches Abzählproblem ist, das typischerweise darin besteht, eine Folge von Mengen abzuzählen, die durch einen oder mehrere Parameter bestimmt sind. Offenbar sind die Ausdrücke 2^n für die Anzahl der Untermengen einer n-Menge und $n!$ für die Anzahl der Permutationen von n Objekten befriedigende Antworten.

   Die traditionelle Antwort auf Wilfs Frage war, dass das Beste eine explizite „Formel" ist, wie in den beiden Beispielen. Aber was ist eine „Formel"? Eine Formel ist ein Algorithmus, um die Anzahl zu bestimmen, und einige Algorithmen sind besser als andere. In der Tat gibt es immer eine „Formel", um *jede* beliebige Menge A abzuzählen, nämlich

$$|A| = \sum_{a \in A} 1\,.$$

Man muss einfach alle Elemente irgendwie generieren und dann abzählen. Die meisten kombinatorisch definierten Mengen haben aber *exponentielle* Größe (oder mehr), also ist diese Formel (meistens) wertlos! In Analogie zur modernen Komplexitäts-**Dichotomie** *polynomielles* vs. *exponentielles* Wachstum, schlug Wilf vor, dass eine gute Antwort ein *Algorithmus* ist, der in *polynomieller* Zeit läuft.

Kehren wir wieder zu unserem Beispiel zurück. Die Funktionalgleichung (FG) ist in diesem Sinn bereits eine gute Antwort! Es ist nicht schwer zu sehen, dass (FG) kubische Zeit $O(n^3)$ und quadratischen Speicherbedarf $O(n^2)$ benötigt. Andererseits ist die „Antwort", der explizite Ausdruck $f(t) = \frac{1-\sqrt{1-4t^2}}{2t^2}$ für die erzeugende Funktion, noch besser, da er einen quadratischen Algorithmus impliziert, um die ersten N Glieder zu berechnen, und der explizite Ausdruck $a(2n) = (2n)!/(n!(n+1)!)$ ist noch einmal besser.

In unserem Beispiel haben wir gesehen, dass $h(t) = f(\sqrt{t})$ die *algebraische* Gleichung

$$t\,h(t)^2 - h(t) + 1 = 0$$

erfüllt, die in diesem einfachen Fall mit Wurzelziehen gelöst werden kann. Viele kombinatorische Folgen $c(n)$ haben die Eigenschaft, dass ihre erzeugende Funktion $C(t) := \sum_{n=0}^{\infty} c(n)t^n$ einer **algebraischen** Gleichung der Form

$$\sum_{i=0}^{d} p_i(t)C(t)^i = 0$$

genügt (mit gewissen Polynomen $p_i(t)$ in t). Natürlich haben wir nicht immer $d \leq 4$, also ist die Gleichung im Allgemeinen nicht mit Wurzelziehen zu lösen, aber was soll's? Die Angabe der algebraischen Gleichung minimalen Grades für $C(t)$ ist bereits eine **gute Antwort** im Sinne von Wilf.

Folgen, deren erzeugende Funktionen solche algebraische Gleichungen erfüllen, heißen **algebraisch**, und es ist bekannt ([8], [15]), dass sie eine Algebra bilden, das heißt die Menge der Folgen ist abgeschlossen in Bezug auf Summe und Produkt (der entsprechenden erzeugenden Funktionen). Insbesondere ist die Aussage, ob $A = B$ für die erzeugenden Funktionen gilt, *entscheidbar*. Um zu zeigen, dass zwei Folgen identisch sind, genügt es demnach, endlich viele Fälle, sagen wir von $n = 0$ bis $n = N$, zu überprüfen, wobei sich ein geeignetes N meistens ohne weiteres a priori aus dem kombinatorischen Kontext ergibt.

Es ist leicht zu sehen, dass Folgen, deren erzeugende Funktionen eine algebraische Gleichung erfüllen, ihrerseits eine *nicht-lineare* Rekursion mit *konstanten Koeffizienten* erfüllen. Das Unangenehme daran ist, dass alle vorangegangenen Werte gespeichert werden müssen. Für die Catalan Zahlen (die Koeffizienten von $h(t)$) erhalten wir zum Beispiel die nicht-lineare Rekursion

$$a(n) = \sum_{i=0}^{n-1} a(i)a(n-1-i)\,,\ a(0) = 1.$$

Aber, wie wir wissen, gibt es in diesem Beispiel eine *explizite* **Antwort** *in geschlos-*

sener Form, die im Sinne von Wilf sogar noch besser ist, nämlich

$$a(n) = \frac{(2n)!}{n!(n+1)!}.$$

Da $a(n+1)/a(n) = \frac{4n+2}{n+2}$ ist, können wir äquivalent die Folge $a(n)$ auch als die eindeutige Lösung der *linearen* Rekursion

$$(n+2)a(n+1) - (4n+2)a(n) = 0 , \; a(0) = 1$$

beschreiben, wobei die Koeffizienten jetzt Polynome in n sind.

Dies führt zu einem weiteren wichtigen „Ansatz" – dem „P-rekursiven" oder „diskreten holonomischen" Ansatz. Eine Folge $c(n)$ heißt P-rekursiv (P für Polynom), falls sie die eindeutige Lösung einer homogenen linearen Rekursion mit Polynomkoeffizienten (in n) ist, d. h. es gilt

$$\sum_{i=0}^{d} q_i(n)c(n+i) = 0$$

für gewisse gegebene *Polynome* $q_0(n), \ldots, q_d(n)$, zusammen mit den d Anfangswerten für $c(0), \ldots, c(d-1)$.

Wiederum weiß man (siehe [8]), dass diese Klasse von Folgen eine Algebra bildet, es ist also immer möglich, die Gleichheit $A = B$ (für die erzeugenden Funktionen) zu entscheiden. Natürlich ist die Rekursion normalerweise nicht von *erster Ordnung* (wie in unserem Beispiel), aber jede solche Rekursion ist eine endliche und *effiziente* Beschreibung der Folge: Sobald wir die Rekursion kennen und die Anfangsbedingungen, können wir die Folgenglieder in *linearer Zeit* und *konstantem Speicher* berechnen, da wir die früheren Werte „vergessen" können und nur ein „Fenster" (Speicherplatz), korrespondierend zur Größe d der Rekursion, offen halten müssen.

Äquivalent dazu ist eine Folge $c(n)$ genau dann P-rekursiv, wenn ihre erzeugende Funktion $C(t) = \sum_{n=0}^{\infty} c(n)t^n$ einer linearen **Differentialgleichung** mit Polynomkoeffizienten der Form

$$\left(\sum_{i=0}^{L} r_i(t) \frac{d^i}{dt^i} \right) C(t) = 0$$

genügt, mit den entsprechenden d Anfangswerten im Punkt 0. Solche Potenzreihen werden *D-endlich* genannt (D für Differential, siehe [8]), oder einfach (kontinuierlich) holonomisch. Die Menge der *D*-endlichen Potenzreihen bildet ebenfalls eine Algebra.

Man weiß (siehe [8]), dass jede algebraische formale Potenzreihe auch *D*-endlich ist, und somit die Folge der Koeffizienten P-rekursiv. Die Umkehrung ist aber falsch! Zum Beispiel ist unschwer zu sehen, dass die erzeugende Funktion der (offensichtlich) P-rekursiven Folge $n!$ nicht algebraisch ist. Diese algebraischen und holonomischen Ansätze sind im Maple Paket `gfun` implementiert und ausführlich in [10] beschrieben.

Zurück ins Casino

Angenommen der Spieler wirft eine dreiseitige Münze mit den Werten $\{-1, -2, 3\}$, das heißt, er verliert entweder 1 oder 2 Dollar oder gewinnt 3 Dollar, je nachdem welche Seite oben liegt. Wie viele Wettfolgen der Länge n gibt es, so dass der Spieler: (i) mit 0 aussteigt, ohne jemals Schulden zu machen, (ii) niemals Schulden hat, aber nicht notwendig mit 0 aufhört? Die entsprechenden Anzahlen seien $a(n)$ für Fall (i) und $b(n)$ für (ii). Äquivalent dazu können wir, wie oben beschrieben, die Folgen auch als Wege auf der Zahlengeraden interpretieren.

Der zweite Autor entdeckte den folgenden

Satz. *Die Folge $a(n)$ erfüllt eine lineare Rekursion mit (sehr komplizierten) Polynomkoeffizienten der Ordnung* 20, *die in http://www.math.rutgers.edu/~zeilberg/tokhniot/ oW1D7 eingesehen werden kann, und die Folge $b(n)$ erfüllt eine Rekursion mit (gleichermaßen komplizierten) Polynomkoeffizienten der Ordnung* 21, *die in http://www.math. rutgers.edu/~zeilberg/tokhniot/oW1D8 enthalten ist.*

Wir wollen nun beschreiben, wie man solch einen Satz entdeckt, und zwar gleich ganz allgemein.

Der allgemeine Fall

Sei eine beliebige endliche Menge S von ganzen Zahlen gegeben, und $F(t, x)$ der Gewichtsenumerator, zusammengefasst nach gleichen Gewichten (dabei ist $g(w_1 \ldots w_n) := t^n x^{w_1 + \cdots + w_n}$ wie zuvor) jener Folgen aus S^n, deren partielle Summen stets nichtnegativ sind (oder äquivalent dazu die Anzahl der Wege, die im Ursprung starten und niemals in die negative Hälfte gehen). Wie bei unserem Catalan-Beispiel erhalten wir die **allgemeine Funktionalgleichung**

$$F(t, x) = 1 + t \sum_{s \in S, s \geq 0} x^s F(t, x) + t \sum_{s \in S, s < 0} x^s \left(F(t, x) - \sum_{i=0}^{-s-1} x^i \cdot [x^i] F(t, x) \right),$$

(AFG)

wobei $[x^i]F(t, x)$ den Koeffizienten von x^i in $F(t, x)$ bezeichnet.

Für das Beispiel $S = \{-1, -2, 3\}$ erhalten wir die Gleichung

$$F(t, x) = 1 + tx^3 F(t, x) + tx^{-1} \big(F(t, x) - F(t, 0) \big)$$
$$+ tx^{-2} \big(F(t, x) - F(t, 0) - x \cdot [x^1] F(t, x) \big).$$

Die gleiche Rate-und-Prüfe Technik funktioniert für *jede* endliche Menge S. Im ersten Schritt bitten wir unseren Lieblingscomputer, unter Zuhilfenahme der Gleichung (AFG), genügend viele Terme der formalen Potenzreihen

$$F(0, t), [x^1]F(t, x), \ldots, [x^r]F(t, x)$$

zu erzeugen, wobei $r = -\min(S) - 1$ solcher Terme ausreichen. Im *nächsten* Schritt soll der Computer algebraische (oder holonomische) Beschreibungen für diese Koeffizientenreihen *raten*; diese vermuteten Darstellungen seien $g_0(t), g_1(t), \ldots, g_r(t)$. Nun definieren wir $G(t, x)$, indem wir $F(t, 0)$ durch $g_0(t)$ ersetzen, dann den Ausdruck $[x^1]F(t, x)$ durch $g_1(t)$ usf., und leiten eine algebraische (oder holonomische) Beschreibung von $G(t, x)$ ab.

Nun gehen wir zurück! Sobald wir eine algebraische (oder holonomische) Beschreibung für $G(t, x)$ haben, haben wir auch eine von $G(t, 0)$, $[x^1]G(t, x)$ usf. Der *letzte* Schritt – die Überprüfung, dass die Gleichung (AFG) mit $G(t, x)$ anstelle von $F(t, x)$ erfüllt ist – ist schließlich eine **reine Routinerechnung** im algebraischen (oder holonomischen) Ansatz!

Da wir wissen, dass dieser Ansatz **funktioniert**, warum sollten wir die Überprüfung überhaupt noch **durchführen**? Wir können uns genauso gut mit der empirisch geratenen algebraischen (oder holonomischen) Beschreibung für $f(t)$ zufrieden geben und diese Beschreibung zu einem Satz erklären! In der Tat, da $G(t, x)$ eine gewisse (meist fürchterlich komplizierte!) algebraische (Differential-) Gleichung mit Polynomkoeffizienten erfüllt, so wissen wir, dass $G(t, 1)$ – die erzeugende Funktion aller guten Folgen (nicht notwendigerweise mit 0 als Ausstieg) – algebraisch (und D-endlich) ist, und dass somit ihre Folgenglieder eine *bestimmte* Rekursion mit Polynomkoeffizienten erfüllen. Also muss es dieselbe sein, die wir geraten haben! Ergo **erklären** wir die Beschreibung zu einem Satz! All jene, denen nicht ganz wohl bei der Sache ist und denen *mathematische Gewissheit* am Herzen liegt, können immer noch eine strenge Überprüfung via Maple durchführen.

Tatsächlich gibt es für den eindimensionalen Fall (Wege auf der Zahlengeraden) ein „Metatheorem" von Philippe Duchon [5], siehe auch [2], das *garantiert*, dass alle Folgen, die hier auftreten, algebraisch sind (und daher holonomisch). Wir wissen also *a priori*, dass eine gewisse endliche lineare Rekursion mit Polynomkoeffizienten für unsere Folge *existiert*, und falls wir sie noch nicht gefunden haben, dann liegt der Grund darin, dass wir noch nicht weit genug nachgesehen haben. Sobald wir sie gefunden haben, haben wir die **Garantie**, dass ein vollkommen strenger Beweis **existiert**. Alle Details dieses strengen Beweises auszuführen, würde wesentlich länger dauern als die ursprüngliche Entdeckung der „vermuteten" Rekursion, also ist es eigentlich Zeitverschwendung.

Zwei und mehr Dimensionen

Für Wege im zweidimensionalen Gitter, die stets im ersten (nichtnegativen) Quadranten bleiben, ist es bei einer vorgegeben Schrittmenge S nicht mehr garantiert, dass die Zählfolgen holonomisch sind, wie in einer grundlegenden Arbeit von Marni Mishna und Andrew Rechnitzer [6] gezeigt wurde. Nichtsdestotrotz gibt es viele Spezialfälle, wo die Folge holonomisch **ist**, und einige sehr kluge Leute (siehe [4] und die dortige Literaturliste) versuchen herauszufinden, warum und wann dies der Fall ist und – wann immer möglich – mit fortgeschrittenen Methoden, wie zum Beispiel der sogenannten *„kernel method"* (und möglicherweise Computer-Unterstützung) die entsprechenden Gleichungen **abzuleiten**.

Auch im zweidimensionalen Fall ist es klar, wie man eine Funktionalgleichung aufzustellen hat, wobei wir jetzt neben t (Zeit) zwei weitere Variablen x und y haben, und das Gewicht einer Folge $t^n x^i y^j$ ist, wenn der Weg Länge n hat und im Punkt (i, j) endet (der nach wie vor im ersten Quadranten sein muss). Ist S die vorgegebene erlaubte Schrittmenge, so erhalten wir mit der üblichen Überlegung die Gleichung

$$F(t,x,y) = 1 + t \sum_{[s_1,s_2]\in S} x^{s_1} y^{s_2} \left(F(t,x) - \sum_{i=0}^{-s_1-1} [x^i] F(t,x,y) - \sum_{j=0}^{-s_2-1} [y^j] F(t,x,y) \right.$$
$$\left. + \sum_{i=0}^{-s_1-1} \sum_{j=0}^{-s_2-1} [x^i y^j] F(t,x,y) \right).$$

(Man beachte, dass für $s_1 \geq 0$ oder $s_2 \geq 0$ die entsprechenden Summen leer sind.)

In **jedem** der bekannten Fälle funktioniert unsere **naive** Rate-und-Prüfe Methode genau so gut wie im eindimensionalen Fall! Und das mit deutlich weniger Aufwand als die fortgeschrittenen Methoden! Nicht nur das: Mit dieser Methode können wir auch Fälle erledigen, für die der „kernel"-Ansatz versagt. Wir haben zwar nicht mehr eine *a priori* Garantie, dass der holonomische Ansatz funktioniert, aber wenn es uns gelungen ist, eine vermutete lineare Differentialgleichungen mit Polynomkoeffizienten zu finden, die für $F(t,0,0)$ und $F(t,1,1)$ erfüllt sind, so ist es äußerst unwahrscheinlich, dass $F(t,x,y)$ nicht Lösung einer, möglicherweise viel komplizierteren, Differentialgleichung ist, mit Koeffizienten, die nun Polynome in x und y sind. Falls solch eine Differentialgleichung $F(t,x,y)$ existiert, dann ist der Beweis eine **reine Routinerechnung**: Ihn zu finden ist aber (normalerweise) viel zu aufwendig, also belassen wir es bei der Beschreibung durch Rekursion.

Falls man ganz auf Nummer sicher gehen will, kann man versuchen, D-endliche Ausdrücke für, sagen wir $F(t,2,0)$ und $F(t,0,2)$, zu finden (da t hier die einzige Variable ist, so benötigt dies weniger Rechnerkapazität) und vielleicht mit genügend Energie noch einen weiteren Fall, zum Beispiel $F(t,2,3)$, durchzutesten. Wenn alle diese Fälle zu D-endlichen Ausdrücken führen, dann kann man **absolut sicher** sein, dass die vermutete Beschreibung richtig ist.

Maple Pakete und einige Eingaben- und Ausgabenfiles

Zur Illustration ist dieser Beitrag ergänzt durch vier Maple Pakete: `W1D` für eindimensionale Wege, `W1Dp` für die zufällige Variante, wo die Münze unterschiedliche Wahrscheinlichkeiten annehmen kann, `W2D` für zweidimensionale Wege und `W3D` für den dreidimensionalen Fall. Alle diese Pakete erhält man durch Aufruf von http://www.math.rutgers.edu/~zeilberg/mamarim/mamarimhtml/gac.html.

Die Seite enthält Links zu vielen weiteren Arbeiten über Wege mit verschiedenen Schrittmengen S, die mit Hilfe dieser Pakete entstanden sind. Für einige einfache Fälle (kleine Mengen S in einer Dimension) werden vollständige strenge Beweise oder zumindest Beweisskizzen angegeben, für kompliziertere Fälle (wie z. B. für $S = \{-2, -1, 3\}$ von oben) genügt die beschriebene Rate-und-Prüfe Methode.

Wie man Muster erkennt

Francis Bacon, der Pionier der *wissenschaftlichen Methode*, propagierte mit Nachdruck, der Wissenschaftler sollte die Natur ohne irgendwelche Vorurteile studieren, Muster entdecken, und dann verallgemeinern und Theorien formulieren. Aber da der Heuhaufen der Erkenntnis so groß ist, kamen die Wissenschaftler zur Einsicht, dass es immer einige vorweg eingenommene Positionen gibt und dass jede Beobachtung „*Theorie-beladen*" ist, dass man also immer nach *bestimmten* Mustern sucht.

In unserer Fallstudie wissen wir, nach welcher Art von Mustern wir suchen müssen, nämlich nach dem algebraischen oder holonomischen Ansatz, jedoch sind die *speziellen* Muster viel zu kompliziert für unsere Auffassungsgabe. Es dauert also meistens viel länger als nur einen **Augenblick** (im Sinne des Zitates von Wittgenstein am Anfang des Artikels) – sogar für einen Hochleistungsrechner – , um nichttriviale Muster zu entdecken. Es ist daher unsere Aufgabe, sozusagen als menschliche Coaches, neue Ansätze zu entwickeln, die zu Daten und Phänomenen passen, wo die bisherigen Methoden versagen, und dann den Computer anzuleiten, nach neuen Mustern zu suchen. Einer der einfachsten Ansätze, den vielleicht sogar der 7-jährige Gauß hätte entdecken können, ist der angesprochene *Polynomansatz*. Er wird oft in IQ-Tests verwendet, in denen der Proband aufgefordert wird, eine Folge fortzusetzen. Einige Beispiele sind in Wittgensteins „*Philosophischen Untersuchungen*" enthalten.[2] Aber menschliche Hirne können leider nur einfache und oberflächliche Muster entdecken, also sollten wir, statt selber danach zu suchen, die Computer anleiten, wie sie die Arbeit für uns erledigen können.

---

2. Wittgenstein wandte ein, dass man eine Folge beliebig lange fortsetzen könnte und dann irgendein „Gesetz" erfinden könnte, um diese Fortsetzung zu rechtfertigen. Aber mit Bezug auf Ockhams Rasiermesser (unter gleich guten Theorien ist jene vorzuziehen, die mit den geringsten Voraussetzungen auskommt) und mit speziellen Ansätzen im Gepäck entkräftet die folgende überlegung Wittgensteins Einwand: Wir verwenden, sagen wir, nur die Hälfte der bekannten Folge für das *Raten* des Restes und sind dann in der Lage, unser gerates Muster für die restlichen Werte zu bestätigen.

Es ist Zeit, klassische und empirische Mathematik gleichberechtigt nebeneinander zu stellen

So interessant das Abzählen von Wegen ist, es ist natürlich nur eine *Fallstudie* zur Illustration einer Klasse von Problemen, wo strenge Beweise eigentlich überflüssig sind. Wir sind überzeugt, dass ähnliche Überlegungen in vielleicht 50 Jahren für weite Teile der Mathematik die Regel sein werden. Wir werden feststellen müssen, dass vollständige Beweise nur für einen kleinen Ausschnitt der Phänomene möglich sind. Selbst so gefeierte Theoreme wie der Satz von Fermat, die Poincaré-Vermutung oder der 4-Farben Satz sind letztlich singuläre Sterne am mathematischen Erkenntnishimmel. Für die ganz tiefen mathematischen Erkenntnisse werden wir uns im besten Fall mit „*semi-formalen*" Beweisen begnügen müssen (wenn wir wissen, dass ein Beweis existiert, der aber für uns und selbst für unsere Rechner zu kompliziert ist, um ihn vollständig hinzuschreiben) und noch öfter mit rein *heuristischen* und *empirischen* Argumenten.

Übersetzt und editiert von Martin Aigner
Den Originalartikel findet man in arXiv:1502.04377.

Literatur

[1] Martin Aigner, *"A Course in Enumeration"*, Springer, 2007.

[2] Arvind Ayyer and Doron Zeilberger, *Two dimensional directed lattice walks with boundaries*, in: *"Tapas in Experimental Mathematics"* (Tewodros Amdeberhan and Victor Moll, eds.), Contemporary Mathematics **457** (2008), 1–20. http://www.math.rutgers.edu/~zeilberg/mamarim/mamarimhtml/twoDwalks.html

[3] Zvi Artstein, *"Mathematics and the Real World: The Remarkable Role of Evolution in the Making of Mathematics"*, Prometheus Books, 2014.

[4] Mireille Bousquet-Mélou and Marni Mishna, *Walks with small steps in the quarter plane*, in: "Algorithmic Probability and Combinatorics", Contemporary Mathematics **520** (2010), 1–40. http://arxiv.org/abs/0810.4387

[5] Phillippe Duchon, *On the enumeration and generation of generalized Dyck words*, Discrete Mathematics **225** (2000), 121–135. www.labri.fr/perso/duchon/Papiers/Gen-Dyck.ps

[6] Marni Mishna and Andrew Rechnitzer, *Two non-holonomic lattice walks in the quarter plane*, Theor. Computer Science **410** (38-40)(2009), 3616–3630. http://arxiv.org/abs/math/0701800

[7] Neil Sloane, *"The On-Line Encyclopedia of Integer Sequences"*, Sequence **A000108**. https://oeis.org/A000108

[8] Richard Stanley, *Differentiably finite power series*, European J. Combinatorics **1** (1980), 175–188. http://www-math.mit.edu/~rstan/pubs/pubfiles/45.pdf

[9] James Joseph Sylvester, *Inaugural Presidential Address to the Mathematical and Physical Section of the British Association at Exter*, Aug. 1869. Reprinted in: "The Law of Verse", London, Green and Co., 1870, 101–130. Auch *Collected Works* **v. 2** #100, 650–661.

[10] Bruno Salvy and Paul Zimmermann, *GFUN: a Maple package for the manipulation of generating and holonomic functions in one variable*, ACM Trans. Math. Software **20** (1994), 163–177.

[11] Herbert S. Wilf, *What is an answer?*, American Mathematical Monthly **89**(1982), 289–292.

[12] Doron Zeilberger, *Opinion 129: The "Lost" Diary of Carl Friedrich Gauss Should Be Made Public*, April 1, 2013. http://www.math.rutgers.edu/~zeilberg/Opinion129.html

[13] Doron Zeilberger, *Theorems for a price: tomorrow's semi-rigorous mathematical culture*, Notices of the Amer. Math. Soc. **40** # 8 (Oct. 1993), 978–981. Auch Math. Intell. **16** #4 (Fall 1994), 11–14. http://www.math.rutgers.edu/~zeilberg/mamarim/mamarimhtml/priced.html

[14] Doron Zeilberger, *Enumerative and Algebraic Combinatorics*, in: *"Princeton Companion to Mathematics"* (W. Timothy Gowers, ed.), Princeton University Press, 2008, pp. 550–561. http://www.math.rutgers.edu/~zeilberg/mamarim/mamarimPDF/enu.pdf

[15] Doron Zeilberger, *An Enquiry Concerning Human (and Computer!) [Mathematical] Understanding*, in: *"Randomness & Complexity, from Leibniz to Chaitin"* (C.S. Calude, ed.), World Scientific, Singapore, 2007, 383–410. http://www.math.rutgers.edu/~zeilberg/mamarim/mamarimhtml/enquiry.html

Intuition versus logische Strenge

Zvi Artstein

Die Redewendung „Wir entdecken mit Intuition und beweisen mit Logik" wird Henri Poincaré zugeschrieben. Diese Unterscheidung zwischen Intuition und Logik ist tatsächlich Teil der täglichen Praxis mathematischer Forschung. In diesem Beitrag möchte ich den Ausgangspunkt der Dissonanz zwischen den beiden Begriffen beschreiben, die Entwicklungen diskutieren, die sich während der kulturellen Evolution der Mathematik vollzogen haben, und am Schluss ein wenig über die Zukunft der Mathematik in diesem Zusammenhang spekulieren. Viele der Themen und historischen Ereignisse können in der angegebenen Literatur nachgelesen werden [2-6], andere sind leicht im Internet zu finden.

1 Am Anfang war die Intuition

Mehr als 4000 Jahre lang vollbrachten antike Völker – Babylonier, Assyrer, Ägypter und andere im Fernen Osten – erstaunliche Leistungen durch Anwendung ihrer mathematischen Kenntnisse in Arithmetik, Geometrie und der Erkennung von Mustern. Sehen wir uns ein paar Beispiele an:

Die Errichtung des Tempels von Abu Simbel im südlichen Ägypten auf eine solch raffinierte Weise, dass die Sonnenstrahlen genau einmal im Jahr die Statue von Ramses dem Zweiten beleuchten, konnte nicht das Ergebnis von „Versuch und Irrtum" gewesen sein. Man benötigte dazu anspruchsvolle Berechnungen, zusammen mit einer geometrischen Vorstellung und einem Verständnis der Bewegung der Sonne um die Erde. Ebenso musste die Konstruktion einer Pyramide – und insbesondere der Grabkammer für des Königs ewiges Leben nach dem Tod – in genauen Ausmaßen ausgeführt werden, was eine präzise Bauplanung, basierend auf geometrischen Berechnungen, voraussetzte. Landwirtschaftliche Planung im alten Ägypten und dem babylonischen Königreich erforderte ein Verständnis um die Naturzyklen und beachtliche Rechenfähigkeiten. Die Babylonier entwickelten Methoden, um Probleme in Wirtschaft und Handel zu lösen, und lehrten diese Fähigkeiten ganz ähnlich wie wir in heutigen Handelsschulen, und so weiter und so fort.

Die überlieferten Schriften der Ägypter und Babylonier erzählen uns, wie in jenen Tagen Mathematik betrieben wurde. Der Papyrus Rhind, geschrieben in hieratischer Schrift, wurde offenbar von einem ägyptischen Lehrer verfasst. Er enthält viele Aufgaben über die Ausmaße geometrischer Figuren zusammen mit Hinweisen zu ihrer Lösung. Der Papyrus zeigt, dass die Ägypter zum Beispiel wussten, wie man die Fläche eines Kreises berechnet, seinen Umfang und weitere Ausmaße geometrischer Figuren. Die Babylonier hielten ihre Erkenntnisse in

Keilschrift auf Tonscherben fest. Die Methoden, die sie entwickelten, enthalten Lösungen von – aus heutiger Sicht – algebraischen Gleichungen, die sie zur Lösung von Streitfragen in Wirtschaft und Handel benötigten. Die Schriften enthalten viele Aufgaben und Darstellungen von Lösungen. Einige der Gleichungen beziehen sich auf konkrete Probleme, denen sich Händler gegenüber sahen, andere scheinen von reiner Wissbegier herzurühren, wie die Summation einer endlichen Folge von Potenzen. Dazu entwickelten sie Methoden zur Darstellung natürlicher Zahlen, ganz ähnlich unserem Dezimalsystem, wobei sie manchmal die Basis 60 benutzten, an anderen Stellen die Basis 20 oder 25. Die Leser mussten aus dem Zusammenhang der Aufgabe selber herausfinden, welche Basis gerade benutzt wurde. Zum Beispiel enthält die Tonscherbe, bezeichnet Nipur 322 und heute Teil der Yale University Sammlungen, eine Liste von Tripeln, die wir heute Pythagoreische Tripel nennen (natürliche Zahlen A, B, C mit $A^2 + B^2 = C^2$), einige davon mit ziemlich großen Zahlen. Es ist klar, dass sie eine Methode hatten, solche Tripel zu generieren. An anderer Stelle erscheinen Pythagoreische Tripel als Lösungen von geometrischen Problemen. Dies deutet darauf hin, dass die Babylonier ein Verständnis für die geometrische Bedeutung dieser Tripel hatten. Ähnliche Aufgaben erscheinen in alten chinesischen Schriften (wir erfahren von ihrer Mathematik erst viel später durch indische Gelehrte). Sie kannten ebenfalls Pythagoreische Tripel – lange vor Pythagoras – und beschrieben Verfahren zur Lösung geometrischer Probleme, die unter anderem ein Resultat einbeziehen, das später als Satz von Pythagoras bekannt wurde.

Alle diese großen Leistungen stützten sich auf Verfahren, die auf *Intuition* gründeten. Offenbar hatten die Mathematiker der Antike gute Belege dafür, dass ihre Methoden funktionierten. Sie fanden es aber nicht der Mühe wert, diese Belege zu dokumentieren und ebenso wenig bemühten sie sich, Behauptungen zu beweisen, zu verallgemeinern, zu abstrahieren, und so weiter. Ich kann mir einen alten Ägypter vorstellen, wie er zu sich sagt: „Ihr Götter, die vielen Daten, die ich gesammelt habe, lassen mich vermuten, dass das Verhältnis von Umfang zu Durchmesser eines Kreises eine feste Zahl unabhängig vom Kreis ist. Aber was soll´s? Selbst wenn es mir gelänge, die Vermutung zu bestätigen, würde mir das keine Anerkennung bringen und würde mir nicht bei meinen Bemühungen helfen, eine Dauerstelle zu bekommen." (Gut, ich bin nicht sicher über die letzte Bemerkung – das ist eine viel spätere Geschichte.) Aber klar ist, dass die Mathematiker der Antike genügend Daten hatten, um die Bedeutung dieser Zahl zu vermuten, die wir heute mit π bezeichnen, und sie waren sich in einem gewissem Sinne dieser Bedeutung bewusst. Es war jedoch nicht Teil ihrer mathematischen Wesensart, so eine Behauptung aufzustellen, und noch weniger, sie zu verifizieren. Ebenso könnten diese antiken Völker das Theorem gekannt haben oder sich des Theorems zumindest auf die andere oder andere Art bewusst gewesen sein, das wir heute den Satz von Pythagoras nennen. Es war aber einfach nicht ihre mathematischer Praxis, solch eine allgemeine Behauptung aufzustellen und, schon gar nicht, sie zu beweisen oder zu versuchen, eine Methode zu finden, die alle Pythagoreischen Tripel produziert. Sie haben sich auch nicht um besondere Ge-

nauigkeit gekümmert. Einige der babylonischen Aufgabensammlungen enthalten
Ungenauigkeiten, aber es kümmerte sie nicht. Das aufgeschriebene Resultat war
eine genügend genaue Approximation, um den Zweck der Aufgabe zu erfüllen.
Sie waren zufrieden mit ihrer Intuition – sie funktionierte sowohl in den Anwendungen wie auch für reine Mathematik an sich.

2   Dann kamen die Griechen

Der Zugang zu Mathematik änderte sich grundlegend, als die Griechen die Szene betraten. In historischer Perspektive passierte dieser Wechsel ziemlich abrupt,
während einer Periode von etwas mehr als zwei Jahrhunderten, beginnend um
600 vor Christus. Die Wortführer dieser Revolution waren Thales, Pythagoras,
Plato, Eudoxus und Aristoteles, und die gemeinsamen Anstrengungen fanden in
der Publikation von Euklids *Elementen* ihren krönenden Höhepunkt.

Die Griechen verlangten *logische Strenge*. Sie postulierten, dass wir als erstes
wissen sollten, wovon wir reden. Dazu erfanden sie *Definitionen*. Sie wollten einen
klaren Rahmen für eine Diskussion abstecken und führten dazu Axiome ein. Sie
forderten, dass eine präzise Sprache verwendet werde, und erläuterten dazu den
Gebrauch der *logischen Quantoren* („für alle" und „es existiert"). Man beachte,
dass es diesen Unterschied auch heute noch gibt: Während in der Mathematik
„alle" wirklich alle bedeutet, kann in der täglichen Konversation „alle" unschärfer gemeint sein. Auf „Alle Politiker sind anmaßend" könnte jemand antworten
„aber Herr Müller ist sehr bescheiden", worauf die Replik folgt „na gut, Herr
Müller ist eine Ausnahme", und beide Seiten sind einverstanden. In der Mathematik hingegen annulliert eine einzige Ausnahme die universelle Gültigkeit einer
Behauptung.

Und schließlich verlangten die Griechen, dass mathematische Aussagen begründet werden müssen, und führten dazu das Konzept eines *Beweises* ein. Um
das zu erreichen, entwickelten sie die *Logik*. Sie entwarfen eine Liste von *logischen Regeln* (*Syllogismen*), die in korrekten Beweisen verwendet sollten. Sie führten Hilfsmittel ein wie „*reductio ad absurdum*" (falls eine Annahme zu einem Widerspruch führt, ist die Annahme falsch), „*das Gesetz des ausgeschlossenen Dritten*"
(für jede Aussage P ist entweder P richtig oder P ist falsch) und das „*Gesetz des Widerspruchs*" (eine Aussage kann nicht zugleich wahr und falsch sein). Das waren
logische Werkzeuge, um mathematische Sätze zu beweisen. Das Programm und
die Methode, die von den Griechen entworfen wurden, veränderten vollständig
die Art und Weise, wie Mathematik betrieben wurde, und sie sind die gültige
Richtschnur bis auf den heutigen Tag geblieben.

Die Interpretation einiger dieser neuen Begriffe, die von den Griechen eingeführt wurden, hat sich allerdings im Lauf der Zeit verändert. Zum Beispiel verstanden die Griechen Axiome als Abbild von absoluter Wahrheit. Die Frage, ob
ein Axiom angenommen werden sollte oder nicht, wurde daher ausschließlich auf

der Basis diskutiert, ob das Axiom wahr ist oder nicht. Heute verstehen wir hingegen Axiome als Rahmen, innerhalb dessen sich eine Diskussion abspielt, und die Frage, ob sie wahr sind oder nicht, ist nur von Bedeutung im Hinblick auf die mathematischen Anwendungen. In der Tat, wenn wir versuchen, Mathematik auf die reale Welt anzuwenden, dann ist der Ansatz der Griechen gültig: Das heißt, je genauer die Axiome die Realität beschreiben, desto besser wird das Ergebnis der mathematischen Untersuchungen ausfallen.

Was war der Grund, dass die Griechen diese radikal neue Methode einführten? Das ist nicht ganz klar. Die Motive, *logische Schlussweisen* zusammen mit logischen *Trugschlüssen* zu formulieren, sind aber gut dokumentiert. Die Philosophen in Athen waren unzufrieden mit den Argumenten, die von den lokalen Politikern vorgebracht wurden, wenn sie bei Wahlveranstaltungen versuchten, die in der Agora versammelten Bürger zu überzeugen. Deren Rhetorik, so behaupteten die Philosophen, verwendete falsche Argumente, bis an die Grenze zum versuchten Betrug. Dies führte Aristoteles dazu, eine Liste von korrekten Schlussweisen zusammenzustellen und darüber hinaus eine Liste von logischen Trugschlüssen zu publizieren und öffentlich zu machen. Die Hoffnung war, dass, sobald sich die Öffentlichkeit des Unterschiedes zwischen logisch richtigen bzw. falschen Argumenten bewusst wäre, die Politiker ihre Gewohnheiten ändern würden. Wir können den Erfolg dieser Listen anhand der Argumente heutiger Politiker untersuchen. Wie auch immer, die griechischen Philosophen entwickelten ihre Theorie der Syllogismen, und zwar gleichzeitig in Mathematik und Philosophie, und hoben dadurch die Mathematik auf eine neue Stufe.

3   Intuition und logische Strenge Seite an Seite

In meinem kürzlich erschienenen Buch [1] stellte ich die folgende These auf: Man kann innerhalb der Mathematik einige Gebiete kennzeichnen, die für die evolutionäre Anstrengung der menschlichen Spezies hilfreich waren, während andere Gebiete und Methoden keinen Vorteil für unsere Entwicklung bereitstellten. Zu den ersteren gehören Arithmetik, naive Geometrie und intuitive Erkennung von Mustern. Aspekte, die im evolutionären Kampf eher hinderlich waren, sind strenge Logik, die Verwendung von, sagen wir, genau formulierten Definitionen und Axiomen und die Forderung, ein Ergebnis zu beweisen, das jedem intuitiv klar ist. Mit anderen Worten: Definitionen aufzustellen oder einen Satz zu beweisen, von dessen Gültigkeit wir ohnehin überzeugt sind, verlangt eine Anstrengung, die wesentlich ergiebiger anderswo genutzt werden könnte, und die Arbeit ausschließlich innerhalb eines festen unveränderbaren Axiomensystems könnte die Fähigkeiten limitieren, die für das Überleben gebraucht werden. Eine Folgerung daraus ist, so versuchte ich meine Leser zu überzeugen, dass unsere Gehirne – da sie nun einmal evolutionär entstanden sind – einen intuitiven Zugang zu Arithmetik und Geometrie und der Erkennung einfacher Muster haben, aber dass wir keinen intuitiven Zugriff auf nichttriviale logische Aussagen haben.

Ob man dieser These zustimmt oder nicht, ist für unsere gegenwärtige Diskussion nur teilweise von Bedeutung. Aber es ist leicht einzusehen, dass die Mathematik der Babylonier und Ägypter genau zu Qualitäten passte, die im evolutionären Kampf der menschlichen Spezies hilfreich waren, während man das für die neue Mathematik der Griechen nicht sagen kann.

Weitere Unterstützung für meine Thesen kommt aus der Mathematik selbst. Obwohl das Bekenntnis zur logischen Strenge überwältigende Zustimmung fand – von den Griechen bis in die jüngste Zeit –, vollzog sich der mathematische Fortschritt stets mit Intuition in der führenden Rolle und erst im Gefolge mit Logik und Beweisen. Hier sind einige Beispiele:

Während die Griechen insistierten, sich nur auf Definitionen und Axiome zu verlassen, wurden negative Zahlen Jahrhunderte lang verwendet, und dies ohne jeden Hinweis auf eine genaue Definition, was negative Zahlen überhaupt sind, und ohne Axiome einzuführen oder ein logisches System, worin negative Zahlen Platz finden könnten. Sie wurden benutzt, weil sie funktionierten. Die Debatte über die Zulässigkeit der negativen Zahlen ging selbst im 19. Jahrhundert noch hoch her.

René Descartes prägte den Namen *imaginäre* Zahlen und verstand ihn in einem abschätzigen Sinn. Viele führende Mathematiker weigerten sich, komplexe Zahlen anzuerkennen. Und doch setzten sich diese „unlogischen" Objekte durch, einfach weil sie nützlich in der Analysis waren. Ein strenges logisches Gerüst für die komplexen Zahlen wurde erst zwei Jahrhunderte später gefunden und verwendet.

Die Infinitesimalrechnung von Isaac Newton und Gottfried Wilhelm Leibniz ging auf Ideen zurück, die in erster Linie auf Intuition gründeten. Tatsächlich startete Bishop Berkeley, einer der führenden Philosophen des 18. Jahrhunderts, eine wütende Attacke auf Newtons Calculus, mit der Begründung, der Calculus habe keine logische Basis und sei daher wertlos. Viele fanden es schwierig, Newtons Intuition nachzuvollziehen. Wir alle kennen das Schicksal der Infinitesimalrechnung und ihre fundamentale Rolle in Mathematik. Erst mehr als ein Jahrhundert, nachdem die Differential- und Integralrechnung und ihre Weiterentwicklungen weithin akzeptiert und benutzt worden waren, wurde ein groß angelegtes Programm begonnen, eine strenge logische Basis der Theorie zu schaffen. Im Laufe dieses Versuches, die Infinitesimalrechnung auf festen Grund zu stellen, entdeckte Karl Weierstraß eine stetige Funktion, die nirgends differenzierbar war. Newton und Leibniz, die Schöpfer der Infinitesimalrechnung, ignorierten das „nirgends differenzierbar"-Phänomen vollkommen. In diesem Zusammenhang gibt es ein pointiertes Zitat von Emile Picard: *„dass die Infinitesimalrechnung niemals das Licht der Welt erblickt hätte, hätten Newton und Leibniz schon das Beispiel von Weierstraß gekannt"*.

Der geniale Georg Bernhard Riemann formulierte einige seiner größten Resultate in einer recht intuitiven Art und Weise und kümmerte sich dabei nicht um eine rigorose Definition der Konvergenz in dem betrachteten Funktionenraum. Die Ergebnisse sind korrekt, wenn man die richtigen Konvergenzbegriffe verwendet. Man darf wohl annehmen, dass Riemann die korrekte Konvergenz im Kopf hatte, sie aber in seinen Arbeiten nicht anführte, da sein Zugang hauptsächlich von Intuition geleitet wurde.

Es gibt noch viele weitere Beispiele, die in Einklang mit Poincarés Wort stehen, das wir am Anfang zitiert haben. Ja sogar innerhalb des Gebietes der mathematischen Logik argumentieren die Experten auf intuitive Weise. Unsere Gehirne erlauben nichts anderes (und das, obwohl in der Meinung der Allgemeinheit die Gehirne von Mathematikern irgendwie anders sind als die von gewöhnlichen Sterblichen). Sobald Mathematiker zu einem intuitiven Verständnis gelangt sind, werden sie als nächsten Schritt logische Argumente verwenden und versuchen, die Intuition in exakter Form darzulegen und zu begründen.

4   Logische Strenge übernimmt die Führung

Der intuitive Zugang zur Infinitesimalrechnung führte zu vielen Begriffsverwirrungen und, so erschien es, zu Widersprüchen. Dies bestärkte in der ersten Hälfte des 19. Jahrhunderts (wie oben erwähnt wurde) eine Gruppe von Mathematikern, angeführt von Augustin-Louis Cauchy, die Infinitesimalrechnung auf ein festes Fundament zu stellen. Parallel dazu waren einige Schwächen und Unklarheiten in Euklids Axiomensystem der Geometrie und den daraus folgenden Sätzen gefunden worden. Als Resultat wurden Anstrengungen unternommen, ein für alle Mal klarzustellen, was von Axiomen erwartet werden konnte. Zum Beispiel sollte ein Axiomensystem *konsistent* sein, was bedeutet, dass das System zu keinen Widersprüchen führt, und es sollte möglichst *vollständig* sein, das heißt, wir sollten in der Lage sein, jede Behauptung basierend auf den Axiomen als wahr oder als falsch zu beweisen. Axiomensysteme für spezielle Situationen wurden gegen Ende des 19. Jahrhunderts vorgeschlagen; herausragende Beispiele waren Giuseppe Peanos Axiome für die natürlichen Zahlen und David Hilberts Axiomensystem für die Euklidische Geometrie.

Die Beziehung zwischen dem Zahlensystem und Euklidischer Geometrie war ebenfalls etwas vage, und es gab große Anstrengungen, eine logische Basis für die Zahlen zu finden, die unabhängig von Geometrie ist. Bernhard Bolzano und Richard Dedekind waren dabei die führenden Köpfe. Georg Cantor entwickelte seine *Mengenlehre*, die zur großen Genugtuung der Mathematiker-Gemeinde das Zahlensystem in einen befriedigenden Rahmen stellte. Die feste Grundlage für die Mathematik, welche das Rahmenwerk der Griechen ersetzen würde, schien in Reichweite zu sein. Und schließlich verkündete David Hilbert sein großes Programm: alle Mathematik auf ein endliches, konsistentes und vollständiges Axiomensystem zurückzuführen.

Zwei große Krisen erschütterten Hilberts Programm. Die erste wurde ausgelöst durch das 1901 entdeckte *Russellsche Paradoxon*, welches ein Fragezeichen hinter die gesamte Basis der griechischen Methode setzte. Das Paradoxon ist ähnlich wie das Lügner-Paradoxon, das schon den Griechen bekannt war. Viele Jahrhunderte lang wurden dieses und ähnliche Paradoxa durch einen Kunstgriff scheinbar aufgelöst, indem man keine Argumente zuließ, die sich auf sich selbst beziehen. Nachdem Russell sein Paradoxon veröffentlichte hatte, war jedoch klar geworden, dass insbesondere das Gesetz vom ausgeschlossenen Dritten „für jede Aussage P gilt: entweder P ist richtig oder P ist falsch" eine Aussage ist, die sich auf sich selbst bezieht. Sollten wir also dieses Gesetz verwerfen und damit als Konsequenz den Beweis durch Widerspruch? Ein Versuch, diese Schwierigkeit zu überwinden, wurde von Ernst Zermelo und nachfolgend Abraham Halevi Fraenkel unternommen, als sie das berühmte Zermelo-Fraenkel Axiomensystem der Mengenlehre vorschlugen. Die Aussichten schienen gut, doch dann kam der zweite Schlag, als Kurt Gödel im Jahr 1931 seinen „Unvollständigkeitssatz" publizierte, und die Unmöglichkeit, die Widerspruchsfreiheit der natürlichen Zahlen innerhalb des Systems zu beweisen. Das Ziel des Hilbertschen Programms war auf diesem Wege also nicht zu erreichen. Kein weiterer Zugang schien zu funktionieren, und obwohl Forschung in dieser Richtung weiterhin betrieben wird, sind die Hoffnungen auf einen Durchbruch gering.

Obwohl es nicht gelungen war, die axiomatische Mathematik auf solide Grundlagen zu stellen, begann in der Praxis eine Blütezeit der streng begründeten Mathematik. Forschung in Mathematik ging weiter, als ob eine feste Grundlage vorhanden wäre. Ja sogar dann, wenn Hilberts Programm abgeschlossen worden wäre, hätte es keine Auswirkungen auf die tägliche Praxis gehabt. Es ist einfach unpraktisch, neue Entwicklungen den ganzen Weg zurück bis hin zu den Axiomen zu verfolgen. Neue Resultate basieren auf früheren Ergebnissen, die – hoffentlich – genau auf ihre Richtigkeit geprüft worden waren. Die tägliche Forschung vollzieht sich also, als ob es ein solides Fundament der Mathematik gäbe.

Durch die breite und weitreichende Grundlagenforschung wurden sich zudem die Mathematiker bewusst, mehr als das früher der Fall gewesen war, welche Schwierigkeiten auftreten können, wenn man sich allein auf die Intuition verlässt. Wie zu Zeiten der Griechen wurde die Forderung laut, dass Intuition durch Schlussfolgerungen ersetzt werde, die auf Logik basieren. Obwohl die tägliche Forschung sich nicht auf die, sagen wir, Axiome der Mengenlehre bezog, so wurde doch besondere Sorgfalt darauf verwendet, eine exakte Grundlage für jedes Gebiet herzustellen.

Nehmen wir als Beispiel die mengentheoretische Topologie, die heute Bestandteil der meisten Bachelor-Curricula ist. Man beginnt mit einer langen Liste von Eigenschaften (Axiomen) und einer gründlichen Untersuchung, was jede dieser Eigenschaften impliziert. Solch eine Analyse ist notwendig, doch ihre Bedeutung für den Großteil der Mathematik, der man später begegnet, ist begrenzt. Natürlich gebrauchten die Mathematiker in ihrer Forschung nach wie vor eher die Intuition – das ist die einzige Art und Weise wie wir denken – und begannen nicht mit dem zugrundeliegenden logischen Gerüst und den Folgerungen daraus. Aber eine Menge intuitive Arbeit war darauf gerichtet, eine logische Struktur für die neuen Entdeckungen zu erstellen oder logisch begründete Beweise für Probleme zu finden, die im Lauf der Untersuchungen aufgeworfen worden waren. Generationen von Mathematikern wurde gelehrt, dass eine intuitive Vorstellung zuerst in exakten logischen Begriffen formuliert werden sollte, bevor Vorstellungskraft und Intuition weiter schreiten. Axiome oder Annahmen sollten klar dargelegt und geprüft werden, um Mehrdeutigkeiten zu vermeiden. Wenn wir uns an das oben erwähnte Zitat von Picard erinnern, so können wir darüber spekulieren, ob Newton und Leibniz – wären sie im 20. Jahrhundert ausgebildet worden – jemals die Infinitesimalrechnung erfunden hätten.

Man sollte auch erwähnen, dass in anderen Wissenschaften – eingeschlossen Disziplinen, die Mathematik extensiv benutzen – diese mathematische Praxis der logischen Strenge im Wesentlichen ignoriert wird. Die Anwendung der Mathematik auf andere Wissenschaften beruhte auf Intuition und auf Rechenprozeduren gestützt durch Intuition, genauso wie es die Mathematiker in der vorgriechischen Ära getan hatten. Intuition ohne logische Strenge gedieh in den Anwendungen der Mathematik. Physiker, als ein Beispiel, hatten keine Hemmungen, Deltafunktionen zu verwenden, sie zu differenzieren, zu integrieren und andere Rechnungen durchzuführen, lange bevor die Mathematiker dazu kamen und mit gemeinsamer Anstrengung eine exakte Grundlage für die Deltafunktionen schufen und sie als legitimes mathematisches Objekt in die mathematische Welt einführten. Die Physiker zögerten auch nicht – und tun es nach wie vor nicht – nichtintegrierbare Funktionen zu integrieren, und so fort. In einigen Fällen folgten Mathematiker dieser intuitiven Vorgehensweise und erstellten die exakte Grundlage erst später. Ein einprägsames Beispiel dafür ist die Nichtstandard Analysis, die von Abraham Robinson in den frühen 1960er Jahren entwickelt wurde. Sie stellte erstmals ein logisches Gerüst für die Infinitesimalrechnung bereit, eingeschlossen den Divisionskalkül von infinitesimalen Ausdrücken dx/dy, der von Leibniz mehr als zweieinhalb Jahrhunderte vorher eingeführt worden war und seitdem auf einer intuitiven Ebene praktiziert worden war. In anderen Fällen ist eine logisch exakte Grundlage noch nicht vorhanden. Auch andere Forderungen der logischen Strenge werden in den Anwendungen nicht beachtet. Zum Beispiel sprechen die Physiker in ihrer Forschung manchmal von Axiomen oder Prinzipien. Nehmen wir einen Physiker, der beispielsweise das Energieerhaltungsgesetz voraussetzt. Wenn dieser Physiker entdeckt, dass in dem System, das er gerade studiert, die Energie zunimmt, so wird er nicht sofort das ganze System in Frage stellen, sondern weiter arbeiten und schauen, wo die Energie herkam. Man kann sagen, dass das Beharren auf logischer Strenge, auch schon im Anfangsstadium mathematischer Forschung, zur größer werdenden Kluft zwischen dem Kernbereich der Mathematik und ihren Anwendungen beitrug. Es sollte aber auch erwähnt werden, dass einige Anwendungsgebiete sich in der Tat auf exakte Methodik stützen. Ein Beispiel dafür sind die Bemühungen, menschliche Entscheidungsmechanismen zu modellieren, zum Beispiel durch spieltheoretische Ansätze. Der Erfolg in diesen Arbeiten war aber eingeschränkt auf Erkenntnisse, wie Menschen handeln *sollten*, während dieser streng logische Ansatz nicht erfasste, wie Menschen *wirklich* Entscheidungen treffen. Überraschend kommt das eigentlich nicht, denn unsere Gehirne sind eben nicht dafür eingerichtet, mathematischer Logik Rechnung zu tragen.

Man könnte aus diesen Zeilen schließen, dass ich Intuition über Exaktheit und Logik setze. Das wäre ein falscher Eindruck. Die Mathematik wäre nicht mehr was sie ist, falls man sich allein auf Intuition verließe. Aber da Kreativität untrennbar mit Intuition und Phantasie zusammenhängt, wäre es andererseits genauso falsch, sie durch logische Strenge zu ersticken. Die Antwort ist, die richtige Balance zu finden.

5   Dann kamen die elektronischen Computer

Bereits in der Mitte des 20. Jahrhunderts wurde der elektronische Computer mit seiner erstaunlichen Rechenkapazität im Dienste der Wissenschaft eingesetzt. Seither hat die Leistungsfähigkeit der Rechner enorm zugenommen und ebenso ihre allgemeine Verfügbarkeit. Welchen Einfluss hatte diese Entwicklung auf die weitere Entwicklung und die tägliche Praxis der Mathematik, insbesondere in Bezug auf unser Thema logische Strenge versus Intuition?

Der elektronische Rechner wurde konzipiert als ein vollkommener Idiot, der imstande ist, exakte Anweisungen zu befolgen und Rechnungen unfassbar schnell auszuführen. Wenn wir diese Ausgangskonzeption im Sinn behalten, so war ein Beitrag der Computer – allerdings ein eher geringer bis jetzt –, Menschen in exakten, aber langwierigen, Beweisen zu ersetzen. Eines der ersten größeren Resultate in dieser Hinsicht war die 1976 erfolgte Lösung des 4-Farben Problems durch Kenneth Appel und Wolfgang Haken. Die Aufgabe, tausende von Fällen durchzurechnen, wurde an den Computer übergeben. Zunächst protestierten einige Mathematiker gegen eine solche Praxis, aber dann wurde schnell klar, dass die Wahrscheinlichkeit eines Fehlers, der dem Computer unterläuft, viel kleiner ist als die Fehlerwahrscheinlichkeit bei Menschen, und diese Art von Beweisen wurde akzeptiert. Die Entwicklung des symbolischen Rechnens, also von Computerprogrammen, die mit Symbolen statt Zahlen umgehen, hat auch zur Fähigkeit von Rechnern beigetragen, Beweise von mathematischen Behauptungen zu unterstützen, zum Beispiel, um interessante Identitäten zu verifizieren. Ein weiterer Schritt in dieser Richtung wurde von Shalosh B. Ekhad und seinem Mitarbeiter Doron Zeilberger getan, wo der Computer verwendet wurde (und wird), interessante Identitäten nicht nur zu *beweisen*, sondern sie zu *entdecken*.

Computerprogramme werden auch benutzt, wenn Mathematiker eine Vermutung haben. Bevor man daran geht, langwierige Beweisversuche zu starten, kann man – wenn es möglich ist – versuchen, die Vermutung für Spezialfälle auf dem Computer zu testen. Das würde entweder die Vermutung widerlegen und damit eine Menge Arbeit ersparen oder als Hinweis dienen, dass die Vermutung richtig sein könnte, und als Ermunterung, nach einem vollständigen Beweis zu suchen. Während die mathematische Community also den Einsatz von Computern als ersten Schritt zum Beweis begrüßt, wird das Ergebnis dieser Experimente als unabhängige Leistung kaum anerkannt. Man kann die Computer-generierten Resultate privat verbreiten, was mit dem Fortschritt der Computertechnologie immer praktikabler wird. Aber es wäre unmöglich, das Siegel der Anerkennung einer renommierten mathematischen Zeitschrift zu bekommen, ohne Rücksicht darauf, wie wichtig die Resultate auch sein mögen.

Eine andere Praxis hat sich beim Einsatz von Computern in mehr angewandten Disziplinen entwickelt. Mathematiker und andere Wissenschaftler, die Mathematik anwandten, benutzten Computer zur Lösung komplexer Gleichungen. Die Gleichungen mussten sehr genau beschrieben werden, und ebenso die verwendeten Rechenprogramme, welche die Lösungen produzierten. Die numerischen Lösungen aufgrund von Computerrechnungen gaben dann gute Hinweise darauf, wie die wirkliche Lösung aussehen könnte, aber die Hinweise ersetzten nicht einen Beweis. Tatsächlich führten Rundungsfehler und die Notwendigkeit, das Modell so anzupassen, dass es vom Computer verarbeitet werden kann, in vielen Fällen zu irreführenden Ergebnissen. Große Anstrengungen werden unternommen, um die Aussagekraft der numerischen Resultate durch Verbesserung der Modelle und der Computerprogramme zu steigern. All diese Fragen stehen heute im Mittelpunkt numerischer Forschung. Die Mathematiker-Gemeinde erkannte die Wichtigkeit dieser Art von nicht beweisbasierter Forschung, und es gibt inzwischen eine Anzahl von Fachzeitschriften, die Resultate in dieser Richtung publizieren. Eine ähnliche Entwicklung passierte mit Simulationen. Naturprozesse, die von den Wissenschaftlern angedacht werden, können mit Hilfe schneller Computer getestet werden. Wiederum mussten der Prozess und das Programm, das ihn simulieren sollte, sehr genau beschrieben werden, ansonsten könnte der Rechenknecht die Berechnungen nicht durchführen oder, schlimmer noch, falsche Ergebnisse produzieren.

In einem gewissen Sinn befreiten die Berechnungen und Simulationen, die durch den Computer möglich gemacht wurden, die Intuition aus den Fesseln der Beweis-Mathematik. Ideen konnten mit einem gewissen Maß an Verlässlichkeit getestet werden. Ein Anteil an harter Mathematik ist jedoch vonnöten, da das Umsetzen von intuitiven Ideen in ein Computerprogramm exakt und überprüfbar erfolgen muss. Aber es ist insgesamt nicht mehr die Exaktheit, die in einem streng logischen System verlangt wird. Die neue Vorgehensweise geschah hauptsächlich in den Anwendungen, wo die axiomatische Mathematik nicht so sehr im Vordergrund stand. Hier sind zwei Beispiele.

6 Bemerkungen und Beispiele

Chaostheorie. Simulationen, die von dem Meteorologen Edward Lorenz in den 1960er Jahren durchgeführt wurden, ergaben einen Hinweis auf ein neues Phänomen, der sowohl Anwendungen der Theorie wie auch die Untersuchung der mathematischen Aspekte von Chaos in Gang setzte. Nachdem das Phänomen verstanden worden war, bemerkten die Mathematiker, dass die Anfänge dieser mathematischen Theorie schon bei Poincaré zu Beginn des 20. Jahrhunderts und später in den 1960er Jahren bei Stephen Smale zu finden sind. Innerhalb der Mathematik hatte man den Beitrag von Poincaré als einen Hinweis auf eine mathematische Problematik eingeschätzt, während Smales Beitrag als sehr interessantes Beispiel angesehen worden war. Erst nachdem die Chaostheorie entstanden war, schlossen sich Computer und reine Mathematik zusammen und errichteten eine ergiebige mathematische Theorie.

Eine andere, aktuellere Entwicklung ist das Thema *Big Data*. Riesige Datenmengen werden heute in vielen Bereichen gesammelt, zum Beispiel in den Finanzmärkten in Hinblick beispielsweise auf Aktienbewegungen, in Biologie zum Beispiel in den Bereichen DNA oder Genomik, oder in der Signal- und Bildverarbeitung. Die einzige Methode, diese Datenflut zu verarbeiten, ist der Einsatz von Computern. Mehrere Vorschläge sind gemacht worden, wie man mit den Datenmengen umgehen soll. Einer davon ist *maschinelles Lernen*. Das heißt, ein Computerprogramm (die Maschine) beginnt die Daten zu prüfen, und mit der Zeit erkennt die Maschine vorhandene Muster, Zusammenhänge, Beziehungen usf., die dann den Forschern weiterhelfen, die das Programm entworfen hatten. Die Methoden, die bei einem solchen Projekt zum Einsatz kommen, stammen aus der Mathematik, Statistik, Informatik, und natürlich aus dem behandelten Sachgebiet. Dabei kann sich aber ein Dilemma ergeben, ganz ähnlich den Schwierigkeiten, denen sich möglicherweise die Wissenschaftler in antiker Zeit gegenüberstanden. Ich kann mir zum Beispiel einen Bioinformatiker vorstellen (tatsächlich weiß ich von einigen solchen Fällen), der auf das Ergebnis seiner Lernmaschine blickt und zu sich sagt:

> Oh Gott, die unglaublichen Datenmengen, die meine Maschine gesammelt hat, lassen mich ein fundamentales neues mathematisches Prinzip vermuten. Es wird mich allerdings ein hartes Stück Arbeit und viel Zeit kosten, um die Vermutung mathematisch wasserdicht zu beweisen. Ich kann stattdessen dieselbe Mühe darauf verwenden, das Computerprogramm zu verbessern, und dann möglicherweise eine neue Heilmethode für Krebs entdecken. Was soll ich tun?

Priorität in diesen Fällen war stets die zweite Alternative – für die Mathematik war es allerdings ein großer Verlust.

7 Was erwartet uns in Zukunft?

Das Tempo, mit dem sich Wissenschaft und Technologie in diesen Tagen entwickeln, ist beispiellos. Neue Entwicklungen beruhen auf der vorhandenen Mathematik, und umgekehrt resultieren diese Entwicklungen in neuen, manchmal durchaus ungewöhnlichen, Herausforderungen an die Mathematik. Man kann erwarten, dass sich die Tendenz zur Bildung neuer mathematischer Gebiete weiter verstärkt. Es ist unmöglich, den heutigen Stand der Mathematik in die Zukunft zu projizieren, genauso wie es unmöglich ist, eine Vorhersage für den Zustand von Wissenschaft und Technologie für nicht einmal die nächsten zehn Jahre zu treffen. Was wir versuchen können, ist über die Methoden zu spekulieren, die in der Mathematik in Zukunft eine Hauptrolle einnehmen werden, vor allem im Hinblick auf unser Thema logische Strenge versus Intuition.

Natürlich werden aktuelle mathematische Probleme weiterhin die Mathematiker beschäftigen. In dieser Hinsicht unterscheidet sich die Mathematik von anderen Wissenschaften, wo Gebiete nach einer relativ kurzen Zeit überholt sind. Was aber die Praxis sogar der traditionellen Mathematik beeinflussen wird, ist die Präsenz von immer schnelleren und immer intelligenteren Computern. Wir werden gleich darauf zurückkommen.

Was neue Gebiete betrifft, nehmen wir zum Beispiel die *Informationstechnologie*. Niemand kann vorhersagen, wie diese Technologie in zehn Jahren aussehen wird. Aber eines ist klar, die Entwicklungen in IT werden neue Herausforderungen an die Mathematik stellen. Dasselbe gilt für die *Lebenswissenschaften*. Diese Thematik hat in den letzten Jahren enorm an Bedeutung gewonnen, wobei die Fortschritte zu einem großen Teil auf der Mathematik von Big Data und Maschinenlernen beruhen, die weiter oben schon erwähnt wurden. Es ist überhaupt nicht klar, welche Gestalt die Lebenswissenschaften in zehn Jahren haben werden, aber sicherlich werden sie wieder neue Herausforderungen an die Mathematiker stellen. Einige glauben, dass die Zeit reif ist für eine Revolution in Biologie, ähnlich wie Newtons Revolution in Physik. Wieder andere meinen, dass Newtons Infinitesimalrechnung und die daran anschließenden Theorien ausreichen, um die neuen Lebenswissenschaften abzudecken. Jedenfalls werden zukünftige Entwicklungen in den Lebenswissenschaften eng mit Mathematik verbunden sein.

Darüber hinaus – und dies ist im Einklang mit der Geschichte der Mathematik – wird die spannendste Mathematik im Zusammenspiel mit Anwendungen entstehen. Und genauso wie in der Vergangenheit werden die Naturwissenschaftler und Ingenieure mit der Auswirkung der neuen Entwicklungen auf ihr eigenes Gebiet zufrieden sein, während die Mathematiker sie als mathematische Probleme auf mathematische Weise umformulieren werden, so dass sie logisch exakt untersucht werden können. Lassen Sie es mich also wiederholen: Mathematischer Fortschritt beginnt mit Intuition und fährt fort mit logischer Strenge. Mit der richtigen Balance zwischen diesen zwei Formen der Forschung wird die Mathematik weiterhin gedeihen. Die Mathematiker sollten aber ihre Augen und Herzen für die neuen Möglichkeiten öffnen: Sie sind überall vorhanden. Wenn das eintritt, dann sind die Zukunftsaussichten der Mathematik glänzend.

Wie schon erwähnt, werden die Computer eine immer größere Rolle in der Praxis der Mathematik einnehmen. Ich will nun riskieren, meine Ansicht zu äußern, in welche Richtung Mathematik und Computer voranschreiten könnten, und wahrscheinlich sollten. Diese Ansicht basiert auf folgender Beobachtung:

> Wir wissen nicht, wie das Gehirn funktioniert, aber wir kennen, mehr
> oder weniger, seine Grenzen. Wir wissen, wie elektronische Computer
> funktionieren, aber wir sind weit von einem Verständnis entfernt, wo
> ihre Grenzen liegen.

Wir haben kein vollständiges Wissen, wie unser Gehirn funktioniert, aber wir sind
uns der außerordentlichen Fähigkeit des Gehirns bewusst, eine große Zahl von
Aufgaben zu bewältigen; zum Beispiel Sehen, Hören, natürliche Sprachen zu verstehen etc. Man hat große Anstrengungen unternommen, Computer zu bauen,
die ein ähnliches Leistungsniveau erreichen. Wir wissen, wie Computer arbeiten,
also können wir sie programmieren und versuchen, *künstliche Intelligenz* zu er-
schaffen. Die Ergebnisse sind noch nicht optimal, und Computer können nach
wie vor menschliche Gehirne nicht ersetzen. Aber in einigen Gebieten sind Erfolge erkennbar und manchmal durchaus bemerkenswert.

Nehmen wir zum Beispiel Objekterkennung, oder sogar Gesichtserkennung.
Unter den richtigen Voraussetzungen können Computer Gesichter mit einer Genauigkeit, fast so gut wie menschliche Gehirne, erkennen. Die Übersetzung der
technischen Sprache ist durchaus zufriedenstellend und wird zum Beispiel bei der
Übersetzung von Handbüchern verwendet. In einigen öffentlichen Einrichtun-
gen, zum Beispiel Museen, werden Geräte aufgestellt, die imstande sind, Fragen
von Besuchern anzuhören und korrekte Antworten zu geben. Ganz zu schweigen von den Maschinen, die unsere Beschwerden über den Service einer Firma
aufnehmen und die Beschwerden dann beantworten (nicht immer zu unserer Begeisterung). Einige dieser Errungenschaften beruhen auf statistischen Methoden,
andere auf Techniken, die eigens auf das Problem zugeschnitten sind.

Nun, warum versuchen wir nicht, die Fähigkeit des Gehirns zu imitieren, *Intuition* aufzubauen? Genauer gesagt, künstliche Intelligenz zu entwerfen, die zu
Intuition führt in Bezug auf die neuen mathematischen Entwicklungen und zu
neuen Anwendungen von Mathematik auf andere Gebiete. Die Erkenntnis kann
dabei hilfreich sein, dass die Art und Weise wie das Gehirn funktioniert, ein evolu-
tionäres Produkt der menschlichen Spezies ist. Ich meine damit nicht allein, Aussagen auf logische Art zu *beweisen* oder genaue Anweisungen zu befolgen, um
Muster zu *entdecken*. Ich stimme Ekhad und Zeilberger völlig zu (man vergleiche dazu ihren Artikel in diesem Buch), dass Computer gelehrt werden können,
Muster zu erkennen, und zwar Muster, die dem menschlichen Auge entgehen
könnten. Was ich im Sinn habe, ist eine größere Rolle: Computer können dazu
beitragen, *Intuition zu kreieren*. Es gibt viele Strukturen in den Naturwissenschaften und in der Mathematik, die unser bloßes Auge verfehlt. Mengentheoretische
Topologie hätte viel früher entdeckt werden können, als es in Wirklichkeit geschah, wären intelligente Computer verfügbar gewesen und hätten auf die relevanten Probleme hingewiesen. Desgleichen: Hätte es schon Computer vor Beginn
des 17. Jahrhunderts gegeben, die brillante Intuition von Newton in Bezug auf die
Bedeutung der Infinitesimalrechnung wäre vielleicht von einem Computer vorweg genommen worden. Hinsichtlich der beiden neuen Gebiete, die weiter oben

erwähnt wurden, wird ein intelligenter Computer nicht nur die Rolle einer lernenden Maschine spielen, sondern auch als Maschine handeln, die Zusammenhänge entdeckt. Das Computerprogramm müsste dann in seiner Suche genügend „Freiheit" haben. Der Computer könnte potentielle Strukturen aufdecken und sogar potentielle Theoreme. Falls er geeignet eingerichtet ist, könnte der Computer für uns sogar nachprüfen und Hinweise liefern, ob diese potentiellen Sätze nicht Artefakte der riesigen Datenmenge sind. Falls sie es nicht sind, könnten die Computer womöglich exakte Beweise bereitstellen. Die Beurteilung, ob solche Muster oder Theoreme interessant sind, würde ich aber den Menschen überlassen – irgendeine Rolle sollte auch für uns noch übrig bleiben.

Übersetzt und editiert von Martin Aigner

Literatur

[1] Artstein, Zvi, *Mathematics and the Real world: The Remarkable Role of Evolution in the Making of Mathematics.* Prometheus Books, Amherst NY, 2014.

[2] Davis, Philip J. and Hersh, Reuben, *The Mathematical Experience.* Houghton Mifflin Company, Birkhäuser, Boston, 1981.

[3] Kline, Morris, *Mathematical Thought from Ancient to Modern Times.* Oxford University Press. Oxford, 1972.

[4] Kline, Morris, *Mathematics: The Loss of Certainty.* Oxford University Press. Oxford, 1980.

[5] Shenefel, Michael and White, Heidi, *If A, then B: How the World Discovered Logic.* Columbia University Press, New York, 2013.

[6] van der Waerden, B. L., *Erwachende Wissenschaft*, Birkhäuser, 1956.

Autoren

Das Titelbild stammt von Tobias Höllerer, damals Mitarbeiter am ZIB, heute Professor für Informatik an der University of California at Santa Barbara.

Prof. Dr. Martin Aigner, Institut für Mathematik, Freie Universität Berlin, Arnimallee 3, 14195 Berlin. aigner@math.fu-berlin.de

Prof. Dr. Zvi Artstein, Department of Mathematics, The Weizmann Institute of Science, Rehovot 76100, Israel. zvi.artstein@weizmann.ac.il

Prof. Dr. Ehrhard Behrends, Institut für Mathematik, Freie Universität Berlin, Arnimallee 6, 14195 Berlin. behrends@math.fu-berlin.de

Prof. Dr. Albrecht Beutelspacher, Mathematisches Institut, Justus-Liebig-Universität Gießen, Arndtstraße 2, 35392 Gießen. albrecht.beutelspacher@math.uni-giessen.de

Prof. Dr. Ralf Borndörfer, ZIB, Takustraße 7, 14195 Berlin. borndoerfer@zib.de

Dr. Tim Conrad, Institut für Mathematik, Freie Universität Berlin, Arnimallee 6, 14195 Berlin. conrad@mi.fu-berlin.de

Prof. Dr. Peter Deuflhard, ZIB, Takustraße 7, 14195 Berlin. deuflhard@zib.de

Shalosh B. Ekhad, c/o D. Zeilberger, Department of Mathematics, Rutgers University (New Brunswick), Hill Center-Busch Campus, 110 Frelinghuysen Rd., Piscataway, NJ 08854-8019, USA.

Prof. Dr. Klaus Ecker, Institut für Mathematik, Freie Universität Berlin, Arnimallee 7, 14195 Berlin. ecker@math.fu-berlin.de

Dr. Carl Evertsz, Fraunhofer Mevis, Universitätsallee 29, 28359 Bremen. carl.evertsz@mevis.fraunhofer.de

Prof. Dr. Dirk Ferus, Institut für Mathematik, Technische Universität Berlin, Straße des 17. Juni 135, 10623 Berlin. ferus@math.tu-berlin.de

Prof. Dr. Bernold Fiedler, Institut für Mathematik, Freie Universität Berlin, Arnimallee 7, 14195 Berlin. fiedler@math.fu-berlin.de

Prof. Dr. Peter Gritzmann, Zentrum Mathematik, Technische Universität München, Boltzmannstraße 3, 85748 Garching bei München. gritzman@ma.tum.de

Prof. Dr. Martin Grötschel, ZIB, Takustraße 7, 14195 Berlin. groetschel@zib.de

Prof. Dr. Martin Henk, Institut für Mathematik, Technische Universität Berlin, Straße des 17. Juni 136, 10623 Berlin. henk@math.tu-berlin.de

Prof. Dr. Rupert Klein, Institut für Mathematik, Freie Universität Berlin, Arnimallee 6, 14195 Berlin. rupert.klein@zib.de

Prof. Dr. Jürg Kramer, Institut für Mathematik, Humboldt-Universität Berlin, 10099 Berlin. kramer@mathematik.hu-berlin.de

Prof. Dr. Gitta Kutyniok, Institut für Mathematik, Technische Universität Berlin, Straße des 17. Juni 136, 10623 Berlin. kutyniok@math.tu-berlin.de

Prof. Dr. Jack van Lint war an der Technical University Eindhoven. Er starb 2004.

Dr. Andreas Löbel, ZIB, Takustraße 7, 14195 Berlin. loebel@zib.de

Prof. Dr. Stefan Müller, Hausdorff Center for Mathematics, Universität Bonn, Endenicher Allee 60, 53115 Bonn. stefan.mueller@hcm.uni-bonn.de

Prof. Dr. Hans-Otto Peitgen, Fachbereich Mathematik und Informatik, Universität Bremen, Postfach 330440, 28334 Bremen. peitgen@cevis.uni-bremen.de

Prof. Dr. Bernhard Preim, Fakultät für Informatik, Otto-von-Guericke-Universität Magdeburg, Universitätsplatz 2, 39106 Magdeburg, preim@isg.cs.uni-magdeburg.de

Gero von Randow, DIE ZEIT, Pressehaus, 20079 Hamburg. randow@zeit.de

Prof. Dr. Jürgen Richter-Gebert, Zentrum Mathematik, Technische Universität München, Boltzmannstraße 3, 85748 Garching bei München. richter@ma.tum.de

Prof. Dr. Walter Schachermayer, Fakultät für Mathematik, Universität Wien, Oskar-Morgenstern-Platz 1, 1090 Wien, Österreich. walter.schachermayer@univie.ac.at

Thomas Schindewolf, Center for Medical Diagnostic Systems and Visualization GmbH, Universitätsallee 29, 28359 Bremen.

Dirk Selle, Center for Medical Diagnostic Systems and Visualization GmbH, Universitätsallee 29, 28359 Bremen. selle@mevis.de

Prof. Dr. Karl Sigmund, Fakultät für Mathematik, Universität Wien, Oskar-Morgenstern-Platz 1, 1090 Wien. karl.sigmund@mat.univie.ac.at

Wolf Spindler, Frauenhofer MEVIS, Universitätsallee 29, 28359 Bremen. wolf.spindler@mevis.fraunhofer.de

Prof. Dr. John M. Sullivan, Institut für Mathematik, Technische Universität Berlin, Straße des 17. Juni 136, 10623 Berlin. sullivan@math.tu-berlin.de

Prof. Dr. Elmar Vogt, Institut für Mathematik, Freie Universität Berlin, Arnimallee 6, 14195 Berlin. vogt@math.fu-berlin.de

Doron Zeilberger, Department of Mathematics, Rutgers University (New Brunswick), Hill Center-Busch Campus, 110 Frelinghuysen Rd., Piscataway, NJ 08854-8019, USA. zeilberg@math.rutgers.edu

Prof. Dr. Günter M. Ziegler, Institut für Mathematik, Freie Universität Berlin, Arnimallee 2, 14195 Berlin. ziegler@math.fu-berlin.de

Printed in the United States
By Bookmasters